JN255699

安全航海の指針

ボーティングマスター

モーターボートの運用＆操船パーフェクトガイド

小川 淳 著

はじめに

本書は、舵社が発行する『ボート倶楽部』誌において、２０１０年から２０１５年にかけて連載した「ｏｇａｏｇａのボーティングマスター」の内容を最新の情報にアップデートし、1冊にまとめたものです。ビギナーの方から、ある程度経験を積んだ中級レベルのボートオーナーの方に向けて、プレジャーボートのさまざまな仕組みや運用方法について網羅的に解説しています。

ボートは、普段、慣れ親しんでいる陸の上の乗りものとは、また違った世界の乗りものです。操船・運用にはさまざまな知識が必要で、大変、奥が深いものです。でも、ボート遊びを始めるにあたっては、ドライブガイドもなければ、他の人の操船に同乗する機会もなかなかありません。期待に胸膨らませてマイボートを手に入れたんだけど、いったいなにをどうやったらいいんだろうと、思い悩むこともあるかと思います。でも、そんなビギナーの方が必要としている情報って、まとまったものはなかなかないんですよね。

そんな悩みを解決するために、ここでは、ボートや保管場所の選び方から、航海計画やナビゲーション、離着岸のコツや実践的な操船術、アンカリングの方法、エンジン・ドライブ・プロペラの仕組み、電装系のイロハから艤装のノウハウ、さまざまなトラブルシューティングなど、ボーティングを楽しむ上で必要となる知識について、ハード、ソフト両面からお届けします。いずれも、ボートをトラブルなく円滑に進めるために、最低限、身につけておいてほしいテーマといえるでしょう。

この本をご覧いただけば、きっと自信を持ってボートの操船や運用ができるようになるでしょう。また、楽しいボート遊びへの手がかりも得られると思います。ぜひともこれらの知識を身につけ、ご自身のボーティングに役立ててください。

本書が、みなさんのボート遊びの参考になれば幸いです。

２０１８年1月　小川　淳

おことわり

ボーティングはとても奥が深い遊びです。すべてをマスターするためには知識だけでなく実践も必要ですし、独学だけでは難しいことがあるのも事実です。筆者が善意の努力を果たして解説していることはお約束しますが、だからといって、この通りやれば必ず大丈夫だと保証されたものではありません。

本書に掲載されている記述の中でも、特にトラブルシューティングや電装系のＤＩＹなどには難易度が高い手法が含まれます。間違った方法で実施するとケガをしたり、感電事故や火災事故を起こす可能性もあります。不明な点がある場合は、ボート乗りの先輩やマリーナのメカニックスタッフなどに、必ず指導を仰ぐようにしてください。また、各項目の実施に当たっては、必ず内容を十分に理解し、一足飛びに実施せず、少しずつ難易度を上げていくようにしてください。

安全航海の指針
ボーティングマスター
CONTENTS

CHAPTER 4

ANCHORING

CHAPTER 7

TROUBLE SHOOTING

CHAPTER 1

ボート遊びの第一歩

ボート選び&マリーナ選び

ボートに乗る上で、愛艇をどんなボートにするか、
マリーナはどこにするかは、
その後のボートライフを左右する、とても重要なポイントです。
ここでは、自分のボートライフに合わせたボートの選び方や
マリーナの選択について解説していきます。
自分にピッタリの愛艇やフィールドを見つけたら、
その後のボートライフの成功は約束されたも同然です。

INTRODUCTION

【第1回】ボートの選び方

海の上の乗りものであるボートでは、陸上とは勝手が違い、わかりづらいことも多いものです。ここではまず、初めてボートを購入しようと考えている方を対象に、マイボート実現に向けたボート選びのポイントについて見ていきましょう。

筆者の愛艇

自己紹介代わりに、まずは筆者のマイボートを紹介。フィールドや遊び方などを考慮し、海では〈トリトンV〉（ヤマハSF-38）、湖では〈ブルーラグーン〉（ベイライナー 2050）に乗ってボートライフを満喫している

ボートといっても そのタイプはさまざま

海やマリーナを見ると、さまざまなボートが浮かんでおり、それぞれ思い思いに気持ちよさそうにしています。そんなボートを眺めつつ、いろいろなタイプのボートを思い浮かべながら、あれやこれやとマイボートの夢を膨らますのも楽しいもの。予算との兼ね合いで手が届かない、いや、もうちょっとがんばれば……と呻吟《しんぎん》するのも、悩ましく、狂おしいひとときです。

さて、そんなふうに思い悩んだ末に選んだボートなら、きっと自分のスタイルにマッチしているだろう……というと、そうでもないのがボート選びの難しさ。同じように見えても、見た目以上に違いがあるのがボートです。その証拠に、マイボートを購入し、それに乗ってみてから後悔する人がいかに多いことか。買ってみるとあちこち不満が出て、結局、次々に乗り換えていく人も多いものです。

しかし、多大なエネルギーを費やして購入するボートですから、これではもったいないですね。

ひと口にボートといっても、大から小までさまざまですし、オープンボートかキャビン艇かといったスタイルの違いもあります。また、使用目的によっても、クルージングボートにフィッシングボート、ランナバウトなどいろいろ。使用する燃料にもガソリンとディーゼルの違いがありますし、推進方式によっても、船外機、船内外機、船内機、そしてジェットなどの種類があります。インフレータブルボートやカートップボートに代表される可搬艇も、忘れてはならない存在ですね。

これほどまでに多様な種類があるボートですが、なんでもできるオールマイティーなボートは存在しません。釣りがしたいと思っているのにサロンクルーザーを買っても使いにくいでしょうし、家族でゆっくりくつろぎたいと思っているのにオープンタイプのフィッシングボートを買っても具合がよくありません。

クルマだって、2シーターのスポーツカーからファミリーセダン、ワンボックスからRV、果てはキャンピングカーまで、いろいろな種類があり、それぞれに使用目的が異なっているのと同じです。

自分の遊び方を見極めよう

　ボートを購入したあとで、「ああ、自分がやりたかったのはこういうことじゃないんだ」、「もっとこういうことがしたいんだけど……」なんて思うような失敗はしたくないもの。ゆえに、ボートを選ぶときには、「自分がしたいボート遊び」を頭に思い描く必要があります。

　釣りやクルージング、トーイングといったアクティブな遊び方から、別荘代わりの隠れ家として利用するといったものまで、ボートでの遊び方は非常に多彩。そうした遊び方のなかから、漠然とでもいいので、「自分はこんな遊び方がしたい」と想像を巡らしてみてください。ボートを選ぶときにはこれがとても大切です。

　さらに、自分が住んでいる地域や、ボートで遊ぼうとしている海域も、ボート選びの重要なファクターとなります。瀬戸内海や九州の多島海などの穏やかな海域で乗るのなら、自分のスタイルに合わせて自由に選ぶことができますが、外洋に面した、海況の厳しい場所なら、それなりの性能を備えたボートでないと海に出る機会自体が大きく減ってしまいます。このフィールドとボートとの関係は、マリーナ選びについて解説する際にあらためて見てみましょう。

同じ用途のボートでも使い勝手は異なる

　さて、ボートが欲しいと思う方の大半は、釣りを目的としていると思いますが、ひと口にフィッシングボートといっても、さまざまなスタイルがあります。

　静かな内湾や沿岸近くでアンカーを打ってのんびりと釣るのであれば、小型のオープンボートやウオークアラウンドタイプでも十分。一方、少し沖合まで遠征して、遊漁船に交じって流し釣りを楽しみたければ、ある程度の凌波性や風立ち性能、スパンカーの使い勝手や微速装置の有無なども大切になってきます。さらに、沖合はるかまで魚を追いかけて、キャスティングやトローリングをしたいと思っているなら、高い耐航性と運動性能がどうしても必要です。航行距離も長くなるので、故障が少なく、経済的なディーゼルエンジンも欲しいし、長時間の移動の間に逃げ込めるキャビンや、マリントイレもないと不便です。

　このように、ボート釣りというジャンルに限ってみても、どこでどんな釣りをするかによって、適するボートのタイプが異なります。「マイボートがあれば自分だけのポイントで自由気ままに思う存分釣りができる！」と胸を膨らませて、あわててボートを手に入れてみたものの、なかなか思ったとおりの釣りができない、なんていうことがないように、事前に十分リサーチしてください。

　一方、「簡単な釣りもするけれど、基本的にはクルージング派だ」という方は、釣りのしやすさよりも、居住性や航行性能に重点を置く必要があります。目的の場所まで快適に行って帰ってくる。マリーナで快適に滞在することができる。これこそがクルージングボートに求められる性能で、ここにポイントを絞ってボートを選ばなければなりません。

　見逃しがちなのが、航行中にゲストが座ったり寝たりするときの、シートやバースのキャパシティーです。すべての人がキャビンの中で座れる必要はありませんが、艇上に落ち着いていられる場所がないとつらいもの。女性や小さなお子さんを乗せる場合は特に重要です。定員目いっぱいまで乗り込んでクルージングに出たものの、シートからあぶれたゲストのいる場所がなく、コクピットの隅っこで濡れながらうずくまっていたり、オーバーナイトで出かけたときにバースが足らず、着ぶくれしてデッキで寝た、なんて例は枚挙にいとまがないほど

推進方式による違い

釣りもクルージングも楽しめるフィッシングクルーザーというカテゴリーのなかにも、推進方式の違いによりさまざまなモデルが存在する。写真は上から、船外機搭載のヤマハFR-23アクティブセダン、船内外機搭載のトヨタ・ポーナム28L、船内機搭載のニッサン・サンフィッシャー33Ⅱ。推進方式はボートの大きさや使用目的によって決まってくる

です。

また、クルージング派なら、船内のさまざまなアコモデーション（設備）や快適性も重要なファクターです。せっかく非日常のくつろぎを求めているのに、キャビンの内壁がFRPむき出しでは味気ないもの。せっかく、くつろぎのひとときを求めてボートに乗るなら、こうしたポイントにも可能な範囲で気を配ってください。

なんにでも使えるボートは存在しない

遊び方のイメージが固まったら、次はいよいよフネ選びです。

最初は、雑誌やカタログを見ながら、自分の遊び方にマッチしていそうなボートを何艇か絞り込みますが、それらのなかから、単に値段が安いから、いろいろな装備が付いているから、カッコいいからなどという理由で、特定のボートに盲目的に飛びつくのは失敗の元。

ボートは、限られた条件の中で、艇ごとに異なった味付けがされているので、見た目は同じようでも、乗ってみて、使ってみると大違い、ということも多々あります。よって、候補が決まったら、できる限りいろいろなボートに乗ってみることをおすすめします。

メーカーの試乗会に行くチャンスがあればぜひ足を運んでください。限られた時間でも、きっとなにかを体感できるはずです。また、身近な友人や知人がボートに乗っているなら、ぜひ一緒に乗せてもらってください。そうやって乗艇機会を増やしていくと、同じように見えるボートでも個々にその性格が大きく異なっていることに驚くと思います。

フネ選びに迷ったときに、「とりあえず、マルチパーパスをうたっている艇を選んでおけばいいや」と思う方もいるかもしれません。しかし、マルチパーパスとは、「一応、いろいろな使い方ができますよ」という程度の意味です。言い換えれば、マルチパーパスとは、妥協の産物といえるかもしれません。

ボートの設計とは、限られた条件の中で、艇体価格、運航費、維持費、速度、居住性、耐航性、静止安定性、マニューバビリティー（操船のしやすさ）、トーイング性能（ウェイクボートなどのしやすさ）、フィッシャビリティー（釣りのしやすさ）といったような、いろいろなファクターが綱引きをしているようなもので、目的に応じてその性能をバランスさせているのです。例えて言うなら、限られた長さの輪をそれぞれのカテゴリーのベクトルで引っ張り合っている、という感じでしょうか。

さらに、フィッシャビリティー一つを取ってみても、トローリングから流し釣り、カカリ釣り、キャスティングと実にさまざまなベクトルがあります。

つまり、なんにでもすばらしい性能を発揮するボートは存在しないのです。

ある目的に特化していたり、あるいは、優等生タイプで各カテゴリーをまんべんなくある程度のレベルにまとめていたり、さらには、金に糸目を付けずにゴージャスさをねらっていたりと、ボートによってその特性はさまざまです。こういった違いがあることを理解した上で、自分で絞り込んだボートを見てみてくだ

フィッシングボートのいろいろ

近場の手軽な釣りを目的とした小型艇から、外洋でカジキをねらう大型のスポーツフィッシャーマンまで、フィッシングボートもさまざま。その特性や使い勝手は大きく異なる。写真は上から、和船をベースとしたトーハツTFW-17、ベイエリアをおもなフィールドとするセンターコンソール、スズキマリン・ジャック、スパンカーを使った流し釣りを目的としたヤンマーFX27Z

機動性に優れた可搬艇

クルマでの移動を前提とした可搬艇は、アクティブな活用が可能だ。写真上は辻堂加工のカートップボート、エボシ375。下はインフレータブルボートのアキレスPV-300VLT

さい。

ちなみに、国産ボートは多かれ少なかれ釣りをすることをターゲットにしているので、よっぽど純クルージング艇とうたっているもの以外は、それなりの釣りができるはずです。ですから、まだ自分のスタイルがはっきりしないときは、あえてマルチパーパスボートを選んでおくという手もあります。もちろん、そういった選択をするにしても、なにもわからずに選ぶのと、すべてを理解した上で選ぶのとでは、雲泥の差があることは、説明するまでもないでしょう。

国産艇と輸入艇の違い

さて、プレジャーボートは、海外からも数多く輸入されています。そういった輸入艇は、ボートの造りや趣向といったものが国産艇とは大きく異なり、ゴージャスな装備や内装の作り込みなど、国産艇にはない魅力も数多くあります。

一方で、多少雨漏りする、見えないところで手を抜いている、日本の海に合っていない、などと言われることもあります。

しかし、要は自分の使用目的に合わせて選べばいいだけのことです。盲目的に「××はダメだ」なんていうのは、自ら選択肢を狭めてしまっているようなものですからもったいない。同じ価格帯でありながら、豪華な装備が整っている輸入艇も、やはり重要な選択肢の一つなのです。

もっとも、装備ありきで考えるのではなく、あくまでも使用目的に応じて選ぶ必要があるのは言うまでもありません。国産艇だろうと輸入艇だろうと、その艇が設計されたコンセプトや使用目的から外れた使い方をしてはいけない、ということなのです。

輸入艇も重要な選択肢

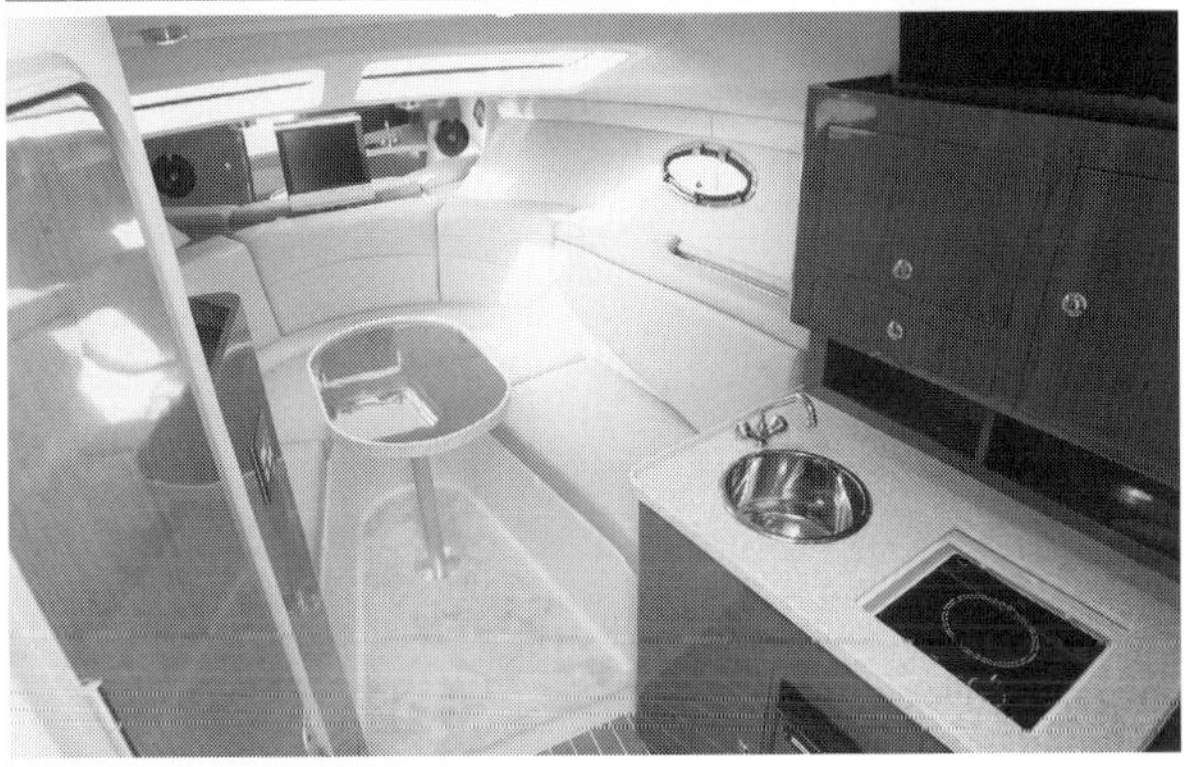

国産艇とは趣が異なるスタイリング、充実した内外装の装備品など、輸入艇には、独特の魅力を備えたモデルが数多くある。装備ありきのボート選びはおすすめできないが、自分が思い描く使い方にマッチしていれば、輸入艇も重要な選択肢となる。写真はリーガル2860

自由度の高い可搬艇という選択も

ボートの選択肢の中には、インフレータブルボートや分割ボート、カートップボート、トレーラブルボートといった可搬艇も含まれます。なかでも、カートップボートに代表される、クルマに積んで運ぶタイプのボートは、低料金の公共マリーナが少ないという制約の中、日本独自の進化を遂げたカテゴリーです。

こうした可搬艇は、保管費用が節約できるだけでなく、自宅に置いておき、必要なときにクルマで運んで好きなところへ行ける、あるいは、その日の海況に応じてフネを出すエリアを選ぶ、長距離遠征するといった、アクティブな活用が可能です。

ただし、出艇場所の問題もあり、必ずしも自由にどこでもボーティングが楽しめるというわけではありませんので、その点には注意が必要です。

なお、可搬艇の用途は、基本的にフィッシングが主体で、クルージングに使うには少々無理がありますし、行動範囲も限られます。それでも、艇自体の価格が安く、これもまた重要な選択肢の一つといえます。

レンタルボートの活用でスタイルを見極める手も

最後に、レンタルボートにも触れておきましょう。

最近では、大都市圏を中心に、レンタルボートや会員制のマリンクラブの整備が進んできました。ひとむかし前は、レンタルボートというと、くたびれた小さな古い船外機艇で、マイボートを買う参考にしたり、爽快に海を楽しんだり、というわけにはいかないのが実情でしたが、最近では、将来の販売を見据えて、さまざまなサイズの最新のラインナップをそろえているメーカーや販売店も登場してきました。

レンタルボートは、なにより経済的な負担が少なくて済みます。また、普通はいろいろな艇を乗り比べることが難しいものですが、レンタルボートを利用すれば、マイボートへの思いがまとまるまでの間、いろいろな艇に乗ってみるよい機会にもなります。場合によっては、ボートの遊び方まで指導してくれるところもあります。

さらに、ヤマハマリンクラブ・シースタイルのように、ネットワークになったメーカー系のシステムを利用すれは、全国津々浦々に拠点があり、旅先でボートに乗るなんていうことも不可能ではありません。旅行に出たついでにボートに乗るのではなく、いろいろな場所をアクティブに体験して回るという使い方もできます。

いずれのクラブも、入会時の手続きや審査が必要だったり、入会金やそれなりの会費が必要だったりしますが、ボートの購入で失敗しないための先行投資と割り切って、あえて、1シーズンくらいはレンタルボートに乗ってみてもいいかもしれません。それで、余計にマイボート熱に拍車がかかってしまうかもしれませんが(笑)。

【第2回】中古艇選びのポイント

ここでは、中古艇の選び方について見ていきます。中古だからと、最初から選択肢から外してしまったのではもったいない。中古艇の特徴をきちんと把握して正しく選べば、ボートチョイスの幅をグンと広げることができます。

新艇と中古艇はどこが違うのか

「ボートが欲しい」と思ったとき、真っ先に立ちはだかるのが予算の壁。そこで、わが家の財務省を口説く際、「中古艇だったら安いから」というのは常套《じょうとう》手段の一つです。

ボートにも中古市場があり、新艇より安く、また、同じ予算であればより大型の、あるいは装備が充実した艇を選ぶことができます。こうして中古艇のメリットを並べると、とても魅力的に聞こえますが、当然、デメリットもあります。ここでは、新艇と中古艇の違い、そして、中古艇を選ぶ際の注意点を見ていきましょう。

新艇は、ボートビルダーから出荷されたままの状態で、エンジンや艇体のすべてがベストコンディションです。よって、なんの心配もなく、楽しいボーティングを始められることでしょう。メーカーの営業マンも親身になってサポートしてくれます。

しかし新艇には、標準装備以外、なにも付いていないので、オーナーが自分なりの使い方に合わせて一から艤装を施す必要があります。その費用は、内容にもよりますが、場合によっては数百万円もかかってしまうケースすらあります。また、艇体自体の価格も、メーカーの希望小売価格から大きく値引いてもらうということも期待できません。

一方の中古艇は、新艇と比較すると価格がかなり安いという点が特徴です。また、前オーナーが取り付けた装備が残っていることも多くあります。つまり、価格的にも装備的にも大変お買い得感があります。

ただし、あまりに古い中古艇では、エンジンや艇体が消耗していることがあります。装備も、古かったり自分には不要なものだったりしたら単に余計なだけで、付いていればいいというものでもありません。

加えて、中古艇は1艇1艇、その状態が異なるため、レストアと呼ばれる化粧直しや整備が必要になることもあります。レストアをするためにボートを買っているんじゃないかと思うほど、「ボートいじりが好き」という方は別として、この整備やレストアもまた、なかなか手間がかかるものです。

新艇にせよ中古艇にせよ、快適で自分が納得できる形に仕上げるには、それなりに費用がかかるもの。ボートはやはり非常に高価なオモチャであり、だからこそ、選択を誤らない必要があるのです。

装備品は中古艇の魅力の一つ

中古艇の魅力の一つに、前オーナーが取り付けた航海計器などの装備品が付いていることが挙げられる。ただし、古すぎたり、自分にとって不要なものだったりすれば、かえって邪魔になるだけ。付いていればなんでもいいというものではない

中古と割り切れないなら新艇を選んだほうが無難

続いて、中古艇を選ぶときの注意

点について見てみましょう。

中古艇を購入する場合、一番重要なのは、その艇が中古であると割り切って考えることです。新艇のようにピカピカではないばかりか、あちこち消耗していたり、故障していたりする場合もありますし、突然、壊れてしまうこともあり得ます。もちろん、艇ごとの程度にもよりますが、中古艇の場合は、そういったリスクがより高いので、それを容認できない方が中古艇を選ぶと、たいてい失敗します。

また、プレジャーボートは文字どおり「遊び」の世界なので、自らを満足させることも大切です。きれいな艇で気持ちよく遊びたいなら、迷わず新艇を買いましょう。反対に、少々古くてもコストパーフォーマンスがよく、実際に遊べれば十分というのなら、中古艇でも満足できます。

仮に、本当は新艇がいいのに、予算の都合で中古艇を選ばざるを得なかったとします。そのとき、自分で納得せずに、心のどこかで「あぁ、中古艇はイヤだなあ」なんて思いながら乗っていたのでは、楽しいはずのボート遊びも楽しくありません。

ボートで遊ぶなら、納得できる愛艇を選んだ上で楽しみたいもの。自分がボーティングでなにを重視するのかよく考えて、新艇、中古艇のどちらにするかを決めてください。

エンジンのチェック

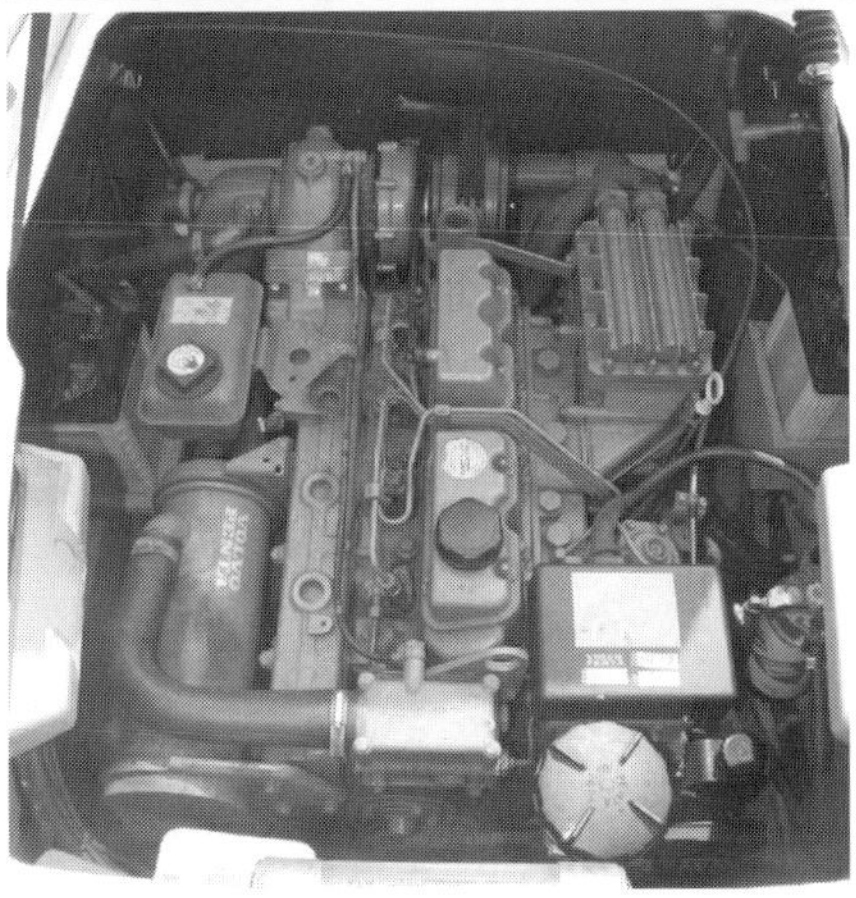

中古艇を見定めるときは、なにはともあれボートの心臓部であるエンジンをチェックする。錆の程度を見るだけでも、どのくらい手をかけられていたのか、また、全体的なコンディションを知ることができる

スターンドライブのチェック

係留保管されていた船内外機艇は、大なり小なり、ドライブが消耗しているもの。フジツボなどの汚れをかき落として、その状態を見極めなければならない。多少の汚れは構わないが、電食しているものは避ける必要がある

中古艇売買では「現状有姿」が基本

中古艇の売買は「現状有姿」が基本です。不具合や不良箇所があっても、そのまま引き渡されるということです。そのため、専門業者から購入する際に、セールストークとして、「引き渡し時に整備します」という言葉を耳にしますが、これはほどほどに聞いておくべきでしょう。

その整備内容は、船外機艇なら、インペラやオイル、プラグなどの交換、燃料フィルターの清掃程度。船内外機艇では、Vベルトの交換、ドライブオイルやエンジンオイルの交換、燃料フィルター、インペラの交換くらいがせいぜいのところです。

もちろん、業者によっては完全整備を実施するところもありますが、それでも、エンジンやドライブなどのオーバーホールまでしているところはまれでしょう。なぜなら、そんなに手を入れてしまうと、経費がかかりすぎて商品として成り立たなくなるからです。よって、具体的に整備した項目を聞いておき、自分で乗り始めたあとで、具合が思わしくない箇所が出てきたら、放置せず、すぐに修理するようにしてください。

とはいえ、中古艇だからとむやみに怖がって、あちこち手を入れるのも考えものです。いくらボートは壊れやすいとはいえ、現状で問題なく走るのであれば、いたずらに怖がっていても仕方ありません。ポイントさえ押さえてメンテすれば十分なのです。あれもこれもと手をつけてしまうと、その修理費用がかさんでしまい、なんのために中古艇を選んだのかわからなくなってしまいます。中古艇選びの難しさは、このあたりのリスクとメリットを十分に吟味しなくてはならないことにあります。

候補にするなら古すぎない人気艇を

ひと口に中古艇といっても、ほとんど乗っていない新古艇に近いものから、相当にくたびれた化石のようなものまで、程度は千差万別です。

初めてボートに乗るのであれば、いくら安くても、進水から10年以上経って、あちこち傷んでいるようなものは避けましょう。船外機艇でも船内外機艇でも、10年を超えると目立って消耗が激しくなり、故障したり大きな整備を要したりするケースが多くなるからです。

また、製造メーカーがすでになくなっているようなものも避けるべきでしょう。特にエンジン周りに関しては、補修する際のパーツの入手などであとあと苦労します。

さらに、保管するマリーナや、艇の面倒を見てくれる業者によって、ブランドごとの得手不得手があるものです。流通量が少なく、業者があまり触りたくないブランドのものを選んだ場合、あとで苦労することになりがちです。

そういう意味では、ワンオフ艇（オーダーメイドで造られたボート）に近いものよりも、量産艇である程度数が出ている艇、すなわち人気艇を候補としたほうが賢明です。そうした艇は、良し悪しや弱点が広く知られていることが多く、同じモデルに触れたことがある人もたくさんいるので、万一、不具合が起きたときにも修理を依頼しやすく、対処してもらいやすいからです。

船外機は取り付け部分をチェック

船外機はチルトアップすることで全体を水面上に出せるので、係留保管艇でもエンジン本体が電食でやられていることはあまりない。ただし、船外機取り付け部分の腐食の有無だけはきちんと確認しておこう

必ず上架して確認を

吃水線から下の艇体などのコンディションは、浮かんだままでは一切わからない。特に係留保管されていたボートの場合は、必ず上架して、水面より下になる部分の状態を確認しておこう

中古艇を選ぶときのチェックポイント

次に具体的なチェックポイントを見てみましょう。

まず最初に見るべきは、ボートにとって最も大切なエンジン周りの外観です。船内外機艇、なかでも海上係留されていた艇では、ドライブの電食やベローズの劣化具合、ジンクアノード（防食亜鉛）の残りの状況、プロペラの消耗度合い、ドライブの上げ下げの具合、配線の腐食状況を確認しましょう。

船外機艇の場合は、チルトアップすれば船外機はすべて水面上に出ているので、エンジン本体はあまり心配ありませんが、取り付け部の腐食だけはよくチェックしましょう。

船内機の場合は、プロペラ、シャフトやブラケット、ラダー（舵板）など、船底にある重要部分の取り付け状態や電食の有無をチェックします。

次に艇体は、バウからトランサムまでじっくり見て、艇体に大きな傷やゆがみ、補修跡などがないかチェックします。ただし、経年変化によるFRP表面（ゲルコート）のごく細かいヒビ（ヘアクラック）は、よほど大きなものでない限り、あまり神経質になる必要はありません。

ハルとガンネルの接合部分や、デッキとハルの合わせ目など、力がかかる部分こそ、ゆがみや割れがないかを入念にチェックしましょう。こういった合わせ目や、窓やハッチの周りから、船内側に大きな水漏れの跡がないかを見るのもポイントです。

次に、ハンドレールの取り付け状況やシートの傷み具合の確認、ウインドラスやマリントイレなどの作動状態を見ることも忘れずに。

こういった基本的な点がクリアできれば、艇体の少々の引っかき傷や光沢のなさ、シートの小さなほつれや汚れなどは目をつぶります。これらは中古艇では当然のことです。

また、上架している状態も必ず見る必要があります。プロペラやドライブ、吃水線下の造作は、水に浮いている状態ではチェックのしようがありません。上架しても、船底塗料が塗られていれば、船底に補修跡がないかを知るのは素人ではほとんど不可能ですが、それでも全体的な程度を知る上では非常に重要な手がかりが得られます。

そのほかに見るべきは、エンジンの全体的な汚れや錆の状態、プーリーの錆、ビルジが溜まった跡やオイル漏れの跡です。こういう点がなおざりな艇では、細かいところの手入れが行き届いておらず、定期的な整備も受けていない可能性が高いのです。

購入前には必ず試乗しておこう

中古艇を購入する際、絶対に外せないのが試乗です。これを怠ると、あとあととんでもない目に遭います。水に浮かんだときのバランスはよいか？ エンジンの始動性はよいか？ 加速や最高速度、巡航速度は問題ないか？ メーター類の指示は適切か？ 動くべきものはちゃんと動くか？ ハンドルの切れ角や動きは正常か？ 前後左右に偏りがないか？ 変な異音や振動はないか？ バッテリーの充電状況は正常か？ リモコンレバーやハンドルの動きは滑らかか？ など、1回試乗するだけで実にいろいろなことがわかります。

どんなにボートに詳しいベテランでも、こういったことは、試乗しない限りわかりません。反対に、初心者の場合は、試乗してもなにをどう判断したらよいかわからないこともあるでしょうから、自信がなければ、ベテランと一緒に試乗することをおすすめします。

なお、専門業者であっても、試乗させてくれないようなところで中古艇を購入するのはやめましょう。試乗させてくれるのは商品に対する自信の表れです。

ただし、試乗は売り主側にそれなりの時間と費用の負担を強いるので、「単にそのボートに乗ってみたいから」と試乗を申し込むのはルール違反。こういうことを繰り返すと、業者との健全なつきあいができなくなります。試乗は、「その艇の状況を最終チェックして、問題がなければ購入する」という段階で申し込みます。

一方で、「さまざまなボートに乗ったことがないのに、どうしてその艇が自分にマッチしているとわかるんだ？」という疑問もあるでしょう。それももっともな意見です。

そこで、ボートショーや専門業者が集まって開催する中古艇フェアなどのイベント、あるいはメーカーや販売店が主催する試乗会などに、できる限り足を運ぶことが重要なのです。こうしたイベントは大都市圏でしか開催されないという問題もありますが、できる範囲で活用したいところ。また、知人にボート乗りがいれば、ぜひ乗せてもらいましょう。

個人売買と業者販売 その違いと注意点

中古艇にはさまざまな流通形態があり、それによって商品としての性格が異なります。中古艇を選ぶ際は、この違いを十分に認識し、それぞれのメリットとデメリット、リスクなどを勘案する必要があります。

中古艇の流通形態は、個人売買と、専門業者から購入する場合とに大きく分けられます。

個人売買は、売り主である個人が直接、インターネットのオークションや雑誌の個人売買情報欄を利用して艇を販売する方法です。業者へ下取りに出すより高く売れるという理由で個人売買に出すケースが多く、当初の値付けは、中古市場における同型艇の相場に合わせているケースが多く見られます。

しかし、専門業者が介在していないこともあり、艇の程度はまさにピンからキリまで。なかには、普通だったらとても売り物にならないようなものまで出ていることもあり、間違ってそんなボートをつかんでしまったら悲劇です。個人売買は現状有姿での引き渡しが基本で、専門業者も通していないため、艇の整備などはすべて購入側の責任において行わなくてはなりません。たとえ安く買ったとしても、故障続きで修理の連続となると、結果的に業者から買うより高くついてしまうこともあります。よって、個人売買では、買い手に豊富な知識と確かな見る目が要求されます。

個人売買がすべてダメというわけではありませんが、安いからという理由だけで、初めて買うマイボートとして、個人売買の中古艇に飛びつくのはおすすめできません。ボートの名義変更などの手続きから、引き渡し場所が遠隔地であれば運送や回航の手配まで、すべて自分でやる必要がありますし、引き渡し時には、船検証と譲渡証明書と引き換えで現金を渡すなどの、売買におけるテクニックも要求されます。

一方、専門業者が扱う艇には、在庫艇と委託艇の2種類があります。

最近では、マリーナやボート業者が下取りしたものを、整備や化粧直しなどをして、自社の在庫艇として自ら販売するという形態が増えています。業者にとっては経費負担などのリスクがあるため、個人売買に比べるとどうしても高額になりがちですが、買い手としては、現物をじかに見て、じっくり品定めできるのはありがたいことです。

また、業者は一定基準以上の物件を選び、それなりに手もかけているので、相応のレベルをクリアしている艇が多く、特にビギナーには安心感がある形態といえるでしょう。

もちろん、業者や艇によっては化粧直しだけをして、短い保証期間を設けて終わりにしてしまう、なんていうケースも見受けられますから、最低限の見る目はきちんと持ちたいもの。そういった点からも、その艇の良し悪しをはっきり伝えてくれる業者のほうが信頼が置けます。

一方の委託艇は、売り主が業者に手数料を支払って艇の販売を依頼したものです。業者は在庫を抱えるリスクがなく、売り主は業者の広い販売網を利用できたり、自分が表に立たずに、面倒な売買の手続きを代行してもらえるメリットがあります。また、売り主が複数の業者に販売を委託するケースも多く、ある程度以上の大型艇では、違う広告に出ていた艇をそれぞれ探してみたら同じ艇に行き着いた、ということもよくあります。いずれにしても、委託艇は個人売買と同じように現状有姿で売買されますから、買い手は十分な注意が必要です。

ボートを見る目を養おう

中古艇を購入する場合には、さまざまな部分に注意を払って、そのボートの良し悪しを見極めなければならない。つまり、ボートを見る目を養うことが重要なのだ

【第3回】マリーナと業者の選び方

ボートライフの質を大きく左右するのが、マリーナと業者（おもにメカニック）の選び方です。マリーナは単なる保管場所というだけでなく、ボートライフ全般の拠点ともなり、メカニックが常駐しているケースも多いので、慎重に選ぶ必要があります。

ボートライフの要 マリーナと業者

ボートライフで大切なのは、ボート選びだけではありません。言ってみれば、ボートはあくまでハードウエア。洋上での遊びのサポートや、どんなマリーナライフを送れるかといった環境など、ソフト面でのサービスも非常に重要です。

つまり、ボート遊びは、ボート買っておしまい、走っておしまい、というものではありません。ボート遊びの重要度に占める割合は、ハード以上にソフトのほうが高いため、楽しい遊びとなるか否かは、このソフト次第ともいえるのです。

また、どんな乗りものでもそうですが、ボートではさまざまなメインテナンスが必要です。というよりも、ボートほど故障しやすい乗りものはほかにない、といってもいいくらいです。

よって、メンテや修理を依頼する業者（おもにメカニック）とのつきあいが深くなるわけですが、業者によって、その腕や技術はピンからキリまで。幸せなボートライフのためには、よい業者を選ぶのが絶対条件です。ビギナーのうちは、このことを決して忘れてはいけません。

さまざまなマリーナのスタイルと特徴

ひと口にマリーナといっても、実にさまざまな形態があります。

例えば、大都市圏を中心に整備されている、ショッピングモールや遊園地などを併設した大型マリーナは、テレビなどで放映されたり、実際に買い物に行ったりして、目にする機会も多いでしょう。

次に、リゾート色の強い民間の大型マリーナは、リゾート地にあって、マンションやゆったりとくつろげるプールなどを併設していることが多く、こちらもテレビドラマや雑誌のグラビアなどでよく目にします。

こういったマリーナは、収容隻数が数百艇から千艇を超えるような規模を誇り、施設や設備も近代的で、自他ともに認めるハイソなマリーナライフを送ることができます。こうしたマリーナでは、スケールメリットがある反面、規模が大きいがゆえの不便さと、費用の高さがネックになることがあります。

一方、規模はずっと小さくなりますが、日本のマリーナの大多数を占めるのが、民間企業が経営するプライベートマリーナです。それこそ日本全国に点在し、過去から現在にいたるまで、我々のボートライフを支えてくれています。規模的には収容隻数がせいぜい数十艇というレベルが大半。また、水面使用権の問題をクリアすることが非常に困難なので、ほとんどが陸置きとなっており、入出港用の桟橋だけを持っているという形態がほとんどです。

より簡素なのが、ボートパークやPBS（プレジャーボートスポット）と呼ばれる、公的な簡易係留施設です。場所によっては、将来的に他の施設に移行することを前提とした「暫定係留施設」と位置づけられているところもあります。管理人もおらず電気、水道、駐車場などのインフラがないことも多いですが、安価で、かつ、行政の公認施設というのが心強いところです。

こうした公的な保管施設に類するものとして、空きが目立つ漁港を再整備してプレジャーボート向けに開放したフィッシャリーナがあります。

最後に残るのが、いわゆる青空係留です。自分で足場パイプを組むなどして置き場を作ってしまうもので、ひどいものになると、勝手に「不法係留マリーナ」を作ってこれを経営し、客を集めて料金を取っているところすらあるというから驚きです。

このように、さまざまなタイプの保管施設がありますが、ビギナーが個人売買で初めてのボートを購入し、なんのサポートも受けられない簡易係留施設や自主管理の場所にボートを置く、というのはあまりおすすめしません。というのも、ボーティングを始めた当初は、どこをどうやって走ればいいのか？ どこへ行って、なにをして遊んだらいいのか？ どうやってメンテしたらいいのか？ と、それこそ、わからないことだらけです。ボート遊びは一人ではできないものなので、やはり、しっかりしたマリーナにボートを保管し、さまざまなサポートが受けられるようにしておいたほうがよいかと思います。

なお、可搬艇（カートップボートやトレーラブルボート）は自宅での保管が一般的で、これらに乗っている方は、マリーナライフといっても、ピンと来ないかもしれません。可搬艇ユーザーの方は、エンジンや艇体のメインテナンスのために、それらを購入した業者とのつきあいの中で、あるいは、同じく可搬艇に乗る仲間同士の交流を通して、各種の情報を得る機会が多いでしょう。

また、出艇場所としてビーチや漁港のスロープなどを利用するため、ほかのボート乗りとはまた違ったルールやマナーが存在します。

海上係留と陸置き それぞれの長所と短所

さて、一般的なマリーナでのボートの保管方法には、大きく分けて海上係留と陸置きの二つの形態があります。

出港しなくても、桟橋に係留したボートの上でゆったりとした時間を過ごす、なんていうことができるのは、海上係留ならではのメリットです。また、昼夜を問わず、思い立ったときすぐに出港できるというのもメリットです。

その半面、年に数回、上架して船底塗料を塗ったり、ジンクアノードを交換したりというメインテナンスが必須ですし、ドライブ艇では電食にも注意が必要です。

加えて、係留保管では常に沈没の危険と隣り合わせです。また、台風来襲時などは増し舫いも取らねばならず、これを怠ると係留ロープが切れてボートが流れてしまったり、周りの艇にぶつかってしまったりと、重大な事態を引き起こします。よって、保管場所が遠くて足しげく通えない、というような場合は、陸置きにしたほうがずっと安心でしょう。

一方、陸置きは、艇が傷まないというのが一番大きなメリットです。船底も汚れなければ、ドライブの電食もありません。また、係留保管にはつきものの、さまざまな心配と手間から解放されるというのも大きいです。

ただし、上下架するのに意外と時間がかかりますし、上下架ができるのは基本的にマリーナの営業時間内に限られます。また、上下架するだけで費用がかかるのが普通ですから、「ちょっとそこまで、海上散歩に……」というような、気軽な出港はしにくくなります。

このように、陸置きと海上係留にはそれぞれ一長一短があります。海上係留は楽しみが多いけど苦労も多く、自分でやらなければならないことも多い。一方、陸置きは上架中の楽しみはないけれど手間要ら

さまざまなタイプの保管場所

ショッピングモールが隣接した、大型３セクマリーナ
日本最大級の規模を誇る神奈川県の横浜ベイサイドマリーナは、横浜市と民間企業が共同で開発した「第３セクター方式」のマリーナ。保管艇はすべて係留保管となっている

マンション併設型のリゾート型マリーナ
リゾート型マリーナの先駆けともいえる、神奈川県三浦市のシーボニアマリーナ。マンションを併設するほか、敷地内にはプールもあって、リゾート感たっぷり

河川に設けられたPBS（プレジャーボートスポット）
PBSとは、おもに不法係留の解消を目的に、行政が設置した簡易保管施設。電気や水道、施設といった設備はもちろんのこと、駐車場やトイレすらないこともある

河川に面した民間マリーナ
筆者のホームポートでもあるイズミマリーンは、旧江戸川に面した民間マリーナで、陸上保管が前提となっている。決して規模は大きくないが、アットホームな雰囲気が魅力だ

海上係留と陸置きの比較

	海上係留	陸置き
保管費用	格安のPBSから高額リゾート型までバリエーションに富む	施設などが必要になるので格安のものは少ない
上下架料金	不要	必要（まれに不要なところもある）
停泊時のマリーナライフの楽しみ	ある	ない
艇の傷みとメインテナンス	年に数度の船底塗料やアノードの交換が必要 ドライブ艇では別途高額の整備／修理費用が必要	船底塗料やジンクの交換は不要 海水域ではエンジンをフラッシングしないと錆を呼ぶ
台風時などの手間や心配	増し舫いやフェンダーの増設 場所によっては終日のワッチが必要なことも	基本的に心配無用
出港時の手間	思い立ったときいつでも出港できる 保管場所が横抱きになっていると多少手間がかかる	営業時間以外は上下架できないので、 突然出港したくなっても出られない
その他	―――	保管契約時に、別途、船台作成料金が必要

ず、という感じです。

　このどちらを選ぶかは、自分が過ごしたいボートライフを想定し、さらには保管形態のメリット／デメリットに当てはめて選択しなければなりません。

　なお、マリーナのなかには、海上係留と陸置きの楽しさをミックスして味わえるように工夫したところもあります。こうした施設では、通常は陸置きですが、上下架料がかからず、大きな一時係留用の桟橋があり、週末などにはある程度の期間、係留したままで楽しむことができます。

マリーナの立地条件と使い勝手

　普通に考えれば、マリーナは自宅から近いに越したことはないでしょう。しかし、自分の遊び方に合ったマリーナならば遠くても可、なかには、飛行機でマリーナまで通うという人もいるようです。さすがに、飛行機で通うのは極端な例としても、海なし県にお住まいで、クルマで数時間かけてボートに乗りに行く方は多いですし、関東在住の人が新潟県のマリーナにボートを置いたり、大阪府在住の人が和歌山県のマリーナにボートを預けたりするのはよくある話です。ボート遊びとは非日常を楽しむものですから、少々遠くのマリーナへ通うというのも、一つのスタイルとしてあるわけです。

　つまり、自宅とマリーナとの距離をどう捉えるかは、各人の遊び方に大きく依存します。逆にいうと、マリーナを選ぶには、ボート選びと同じように、まずは自分のボートライフのスタイルをはっきりさせ、それに合った施設を選ぶ必要があるのです。

　例えば、釣りを楽しみたい、透き通った海の上を走りたいというのであれば、自宅からの距離は少々遠くても、自分の釣りたい魚がいる、あるいは、海がきれいな場所にあるマリーナを選んだほうがいいでしょうし、反対に、自宅からクルマですぐの、気軽に遊びに行ける都市型マリーナにこそ魅力を感じる人もいるでしょう。

　また、愛艇の大きさによって耐航性が変わるので、それに合わせてマリーナ選びを考える必要があります。例えば、外洋で釣りをしたいとなった場合、40フィートの大型艇であれば、湾奥のマリーナからでも外洋まで簡単に走破できるでしょうが、18フィートの小型艇だと外洋に出るまでの航程で気が重くなってしまうので、陸上の移動時間が長くなったとしても、外海に近いマリーナを選んだほうがいいということもあるでしょう。

　さらに、あちこちに点在しているマリーナは、どこも使い勝手が同じというわけではありません。

　初心者は、出入港に気を使うところは敬遠したほうが無難です。特に河川にあるマリーナは、河口付近が浅瀬になっていることが多く、出入港のたびに気を使います。場所によっては、座礁することは当たり前、ちょっと荒れてしまうと河口の出入りが命がけ……というくらい難しいところもあります。

　そのほか、橋げたが低く潮待ちする必要がある、運用時間が制限された水門がある、といったようなところでは、門限があるようでゆっくり遊んでいられません。また、河川マリーナでは、大雨のたびに増水して危険だったり、被害を受けたりして、毎回どこか安全な場所へ逃げなければならないような施設も敬遠したいものです。

　それから、台風のときは、内陸の川沿いにある陸置きのマリーナはともかく、開けた外洋に面した係留保管のマリーナでは、その影響は深刻です。とある海沿いのマリーナでは、台風の直撃を受け、高波で艇が次々と岸壁に打ち上げられる……なんていうショッキングな被害の様子が、テレビの中継でお茶の間に映し出されたこともありました。

　このほかにも、夏場の海水浴場に近いマリーナでは、日中の渋滞がひどいので、明け方に行って仮眠し、帰港後も片付けをして食事をとったあと、再度仮眠して夜中に帰ってくる、というようなボートライフを送っている方もいます。こういった点も、立地条件から受けるマリーナライフの制約の一つでしょう。

　このように、愛艇のホームポートをどこにするか決めるには、いろいろなことを考えねばなりません。こういったさまざまな要素を加味しながら、自分にもっとも適したマリーナを探してください。

信頼できるマリーナや業者を見つけよう

　繰り返しになりますが、ボートライフは人によっていろいろなパターンがあります。そして、そのどれもが、自分一人でできるものではありません。ベテランで、ほとんどのことを自分の力だけで解決できるのならいざ知らず、楽しいボート遊びは、マリーナなり業者なりのサポートがあって初めて成り立つものです。ボートライフにおいて、こうした周囲の環境が占める割合は大変大きなものです。

　ゆえに、ボートライフがうまくいくもいかないも、よい業者との出合いにかかっていると言ってもいいでしょう。反対に、いい加減な業者の言いなりになったばかりに、悲惨なボートライフを送った人が何人いたことか？ だからこそ、いろいろと見比べて、自分が納得できるマリーナ、業者を選ぶ必要があるのです。

　特に、なにか故障があった場合、ビギナーが手を出せる部分は限られているものです。よって、ボートを購入するときは、艇選びよりも先に、今後の世話をしてくれるマリーナや業者を選ぶほうが大切だと言っても過言ではありません。ぜひ、ボート購入と同時に信頼できる業者を選んでおきましょう。

　また、ボートライフは、決して値段がすべてではない、ということも覚えておいてください。

　たとえ大安売りだろうが、ローンの利率が低かろうが、ビギナーが、ただ安いだけであとのフォローなんてなにもしないというような業者から最初のボートを買おうものなら、悲惨の一言です。

　逆に、たとえ同じ年式の艇で、ちょっと高めだったとしても、遊び方の指導もしてくれ、十分な技術力があり、アフターサービスがしっかりしているところであれば、そんなわずかな差額など簡単に元が取れるのです。

　また、数あるマリーナや業者の、メカに対する技術力は千差万別です。残念ながら、腕がいま一つで乗るたびに壊れるようないい加減な修理をしておきながら、法外な修理費用を吹っかけてくるような業者もあるようです。また、仕事が遅く、修理が完了するまで長期間待たされるという業者もあります。ボートライフにおいて、故障やトラブルは仕方ないにしても、何カ月もシーズンを棒に振るのはつらいですね。

　一方、どんなトラブルでも任せておいて大丈夫、安心して愛艇を委ねられる、という業者もあります。こういう業者とめぐり合えたら幸せですね。ぜひ信頼できる業者を探してください。

　ただ、残念ながら、こうしたマリーナや業者の技術力は、外から見ただけではわかりません。周りからの評判を聞いたり、そのマリーナにボートを置いている、あるいは、その業者に整備を依頼しているオーナーの生の声を聞いたりするといいでしょう。ボート乗りの先輩は、みんな快く相談に応じてくれるはずです。

　言うまでもなく、マリーナや業者の選択権は、われわれユーザー側にあります。よいマリーナを見つけるのも、悪いマリーナにはまるのも自分の責任です。自分のこれからのボートライフがかかっているのですから、臆せず調べましょう。

　ただし、ボート選びもマリーナ選びも、なかなか100点満点とはならないものです。すべてが自分の理想どおりではないからと、そのことばかりを気にしていたら、自分が本当に楽しみたいボートライフが実現できなくなってしまい、本末転倒ですので、広い視野と心も持っていたいものです。

業者といい関係を築く

ボート遊びをする上では、さまざまなトラブルに対処するため、必ず業者のサポートが必要になる。確かな技術力を持ったメカニックに出会えるか否かは、ボートライフを続けていく上で、非常に重要なポイントでもある

CHAPTER 2

大海原を自由に走ろう

航海計画とナビゲーション

NAVIGATION

海の上には道がありません。
その進路はすべてキャプテン自らが計画し、
ナビゲーションしなくてはならないのです。
慣れないうちは難しく感じますが、これをマスターすれば
行ったことのない港にも自由に訪れることができるようになります。
まさにクルージングの醍醐味と言えるでしょう。
ここでは、そんな航海計画の立て方と
ナビゲーションについて解説します。

利用対象図誌

航海用海図 W1061 東京湾北部 平成18年07月06日 刊行、航海用海図 W1062 東京湾中部 平成16年02月26日 刊行、航海用電子海図(ENC)東京湾付近

【第1回】

航海は事前の準備が大切

たとえどんなに短い距離であっても、ボートを出す場合には航海計画を立案する必要があります。今回はその航海計画のために考えなければならないことや、立案のコツなどについてご紹介します。

航海計画とは

航海計画とは、文字どおり、航行にあたって必要な計画を立てることを指します。目的地の選定から停泊の交渉、入港経路の調査、航行距離の算出、出港時間や帰港時間、航海時間の見積もり、燃料補給の必要性や可否の判断、荒れたときの避難港の選定、食事の手配などといったことを考え、調査し、そして決断するプロセスをとります。

たとえどこにも寄らない日帰りのクルージングだったとしても、初めての場所へ行くときには航海計画を立てる、これが大切です。ボーティングが楽しいものになるもならないも、事前の準備とプランニングによって決まるといっても過言ではありません。

初めて行くところならば、クルマだって地図を見てみようという気になるじゃないですか。もっとも、近ごろでは、カーナビに目的地を入力しておしまい、という人も多いかもしれませんが……。日本国内の陸上を移動するのであれば、たいていの場所にガソリンスタンドがありますし、コンビニだってありますから、道に迷ってどうしようもなくなる、ということはないでしょうが、さすがに、初めての場所へ泊まりがけで行こうとなれば、なにかしら準備しますよね？

ボートの場合、この事前の準備が、クルマ以上に大切になるのです。航海計画というと、もっぱらクルージングの際に行うものと思われがちですが、釣りのポイントへ向かうのも航海には変わりないので、同様の心構えが必要です。

ちなみに、ボーティングのベテランともなると、何度か訪れたことのある場所へ行く場合は、それまで蓄積した経験や知識を基に、航海計画を一瞬のうちに考えてまとめているので、はたから見ると、計画なんてしないで行動しているように思えるかもしれません。しかし、ベテランほど、初めて行く場所、行ったことのない海へ行くときは、ちゃんと事前に調査して、きちんと計画を練っているものなのです。

ビギナーのみなさんは、どこかへ行こうと思ったとき、その距離がどんなに短かったとしても、あるいは、単に釣りのポイントへ移動するだけだったとしても、ぜひ目的地へ行くまでの計画を練ってみてください。スキルアップにもつながりますし、行ったことのない場所にも自信を持って行けるようになりますよ。

目的地、コンセプトを決める

泊まりがけのロングクルージングや遠征釣行のプランを立てるとき、一番に決めるべきことが、その目的地やコンセプトです。もちろん、近場へのデイクルージングであっても、いままで行ったことがないところへ行くときは同様です。

普段、行けないところを訪れるのもボーティングの大いなる楽しみ。だからこそ、「行き方がわからないから行かない」のではなくて、「しっかりとプランニングして、未知の場所を訪れる楽しさを満喫する」となってほしいものです。

航海計画を立てる際には、いろいろと考慮しなくてはならないことが多いのですが、特に泊まりがけで遠方まで出かける際に最も大切なことは、天候や海況の悪化で避難する場合を考えて、せめて1日、予備日を設定しておくということです。翌日にどうしても外せない予定がある、というようなギリギリの日程で計画を立てると、つい無理をしてしまいがちで、最悪の場合、事故につながりかねません。予備日を設けておくと、気分的にも楽になるのです。日帰りの場合も、必ず時間的な余裕を取ることが重要ですので、ぜひ心に留めておいてください。

続いて目的地、寄港地の選定方法です。目的地は係留や燃料の補給が可能で、入港時に困難がない場所を選定します。港の入り口付近に危険な浅瀬が点在する、ちょっとした風でも波が立ちやすいなど、出入りの難しい港は最初に候補から外してしまいましょう。港は、近いところが安全とは限らないのです。

10年ほど前までは、地方の漁港と交渉して係留場所を確保する、といったことが普通でしたが、最近では「海の駅」が整備されるなど、われわれプレジャーボートが気軽に立ち寄れる場所も増えました。周辺に便利な繁華街をひかえた場所も多く、オーバーナイトをする場合も、燃料や清水、飲食物の補給などに関する心配事が少なくなって、とても助かります。ロングクルージングに慣れるまでは、ぜひこういった便利なマリーナなどを利用しましょう。なお、海の駅の所在地や連絡先などは、「海の駅ネットワーク」のサイトなどで確認することができます。

ただ、いくら便利になったとはいえ、目的地選定にあたっては、時間的余裕を持つのが絶対条件です。クルマでのドライブであれば、到着が少々遅れて暗くなってもさほど問題ありませんが、ボートの場合は「暗くなったら走れない」と肝に銘じておく必要があります。よほどの凪であれば別ですが、少しでも波立ってくるとかなり怖いものです。まして、慣れない海域で、漁具や危険な浅瀬、暗い灯台、照明のない防波堤などがある港に入港することはできません。日没時刻は季節によって異なりますが、いずれの場合も早め早めに到着する計画を立てましょう。

自艇の力を知る

航海計画を立てるにあたって、もう一つ大切なことは、目的地選定の際に、自艇の能力以上の場所を選ばない、ということです。複数艇で一緒に行動する場合は、当然、僚艇の能力も検討しなければなりません。自艇や僚艇の能力を十分に把握した上で、毎回少しずつ航程を延ばしていくようにしたいものです。

なお、複数艇で行動するときは、まず参加する艇や構成メンバーを把握しましょう。40フィートのディーゼル船内機艇と、20フィートのガソリン船外機艇では、巡航速度や航続距離、耐航性などが違ってきますから、同じことをしろといっても無理があります。また、ビギナーがいる場合は、ベテランと同じ難易度の高いコースを走るのは荷が重いでしょう。ボートに不慣れなゲストが大勢乗っている場合も同様です。このように、参加する艇やメンバーによって、目的地、つまりは航海の難易度のランクが変わってくるのは当然です。

なお、航海計画立案時に検討すべきボートの能力には、以下の点が挙げられます。

○巡航速度はどのくらいか?
(決して、最高速度ではない)
○どのくらい航続力があるのか?
(燃料搭載量と燃費)

必要な事柄を具体的に

航海に出る前には、どんな目的で、どこへ行くかという基本的なコンセプトを決めたのち、どんなメンバーで行くのか、どこで補給ができるのかなどを、具体的に想定する必要がある。航海は必ずしも予定通りに進むとは限らないので、天候の急変やトラブルに備え、次善の策を考えておくことも重要だ

航海計画の基本はチャートワーク

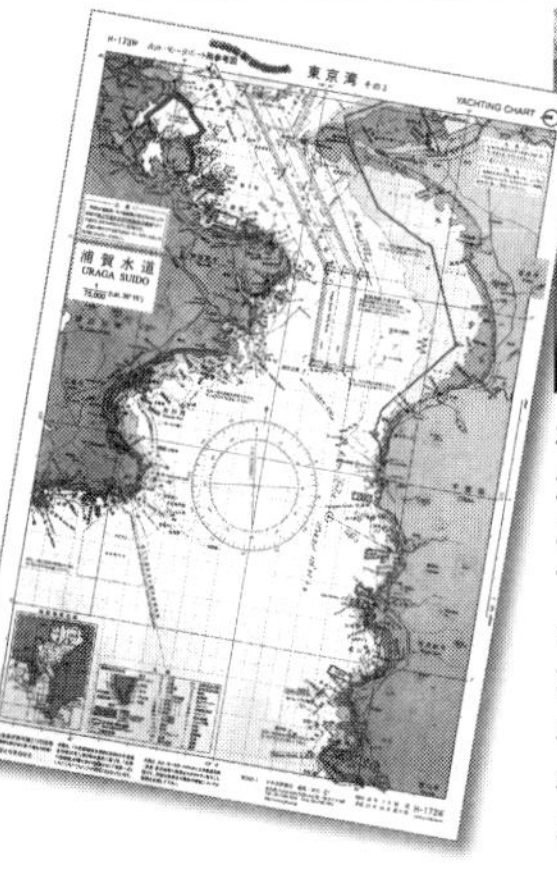

ボートを走らせる前には、きちんとした航海計画を立てる必要がある。その基本となるのがチャートワーク。海図類を見て、航程の途中に危険なエリアがないかなどをきちんと確認しながら、どんなコースを通るかを検討する。プレジャーボート用の『Yチャート(ヨット・モータボート用参考図)』(左)は、サイズが手ごろで、ボートの上でも使いやすい

「海の駅」を活用しよう

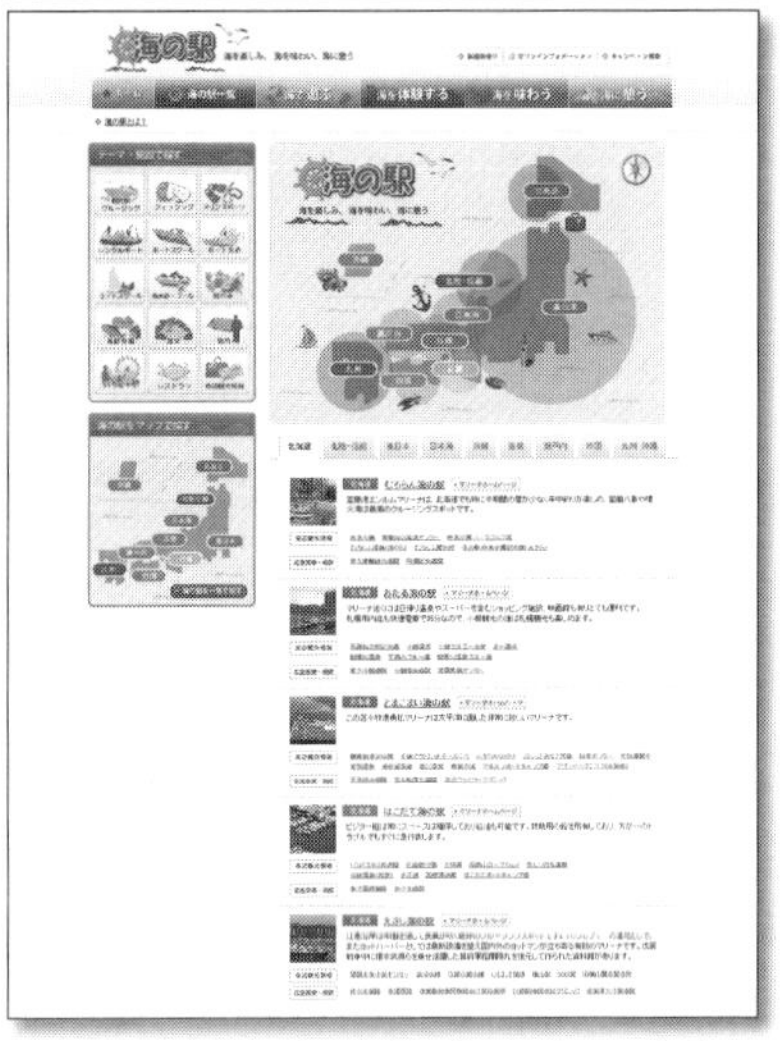

既存のマリーナなどを、プレジャーボートが気軽に立ち寄れる場所として認定している「海の駅」。初めての海域を訪れる場合や長距離航海の際に、安心して利用できる。全国の海の駅の情報は、「海の駅ネットワーク」のサイト(http://www.umi-eki.jp/)を参照のこと

ボートの実力を知る

艇速、航続距離、耐候性などといったボートごとの能力は、艇のサイズやタイプ、搭載しているエンジンなどにより大きく異なる。また、実際に航行に関する能力だけでなく、快適に過ごせる人数の上限なども把握しておかないと、海の上でつらい思いをすることにもなりかねない

コースを設定する

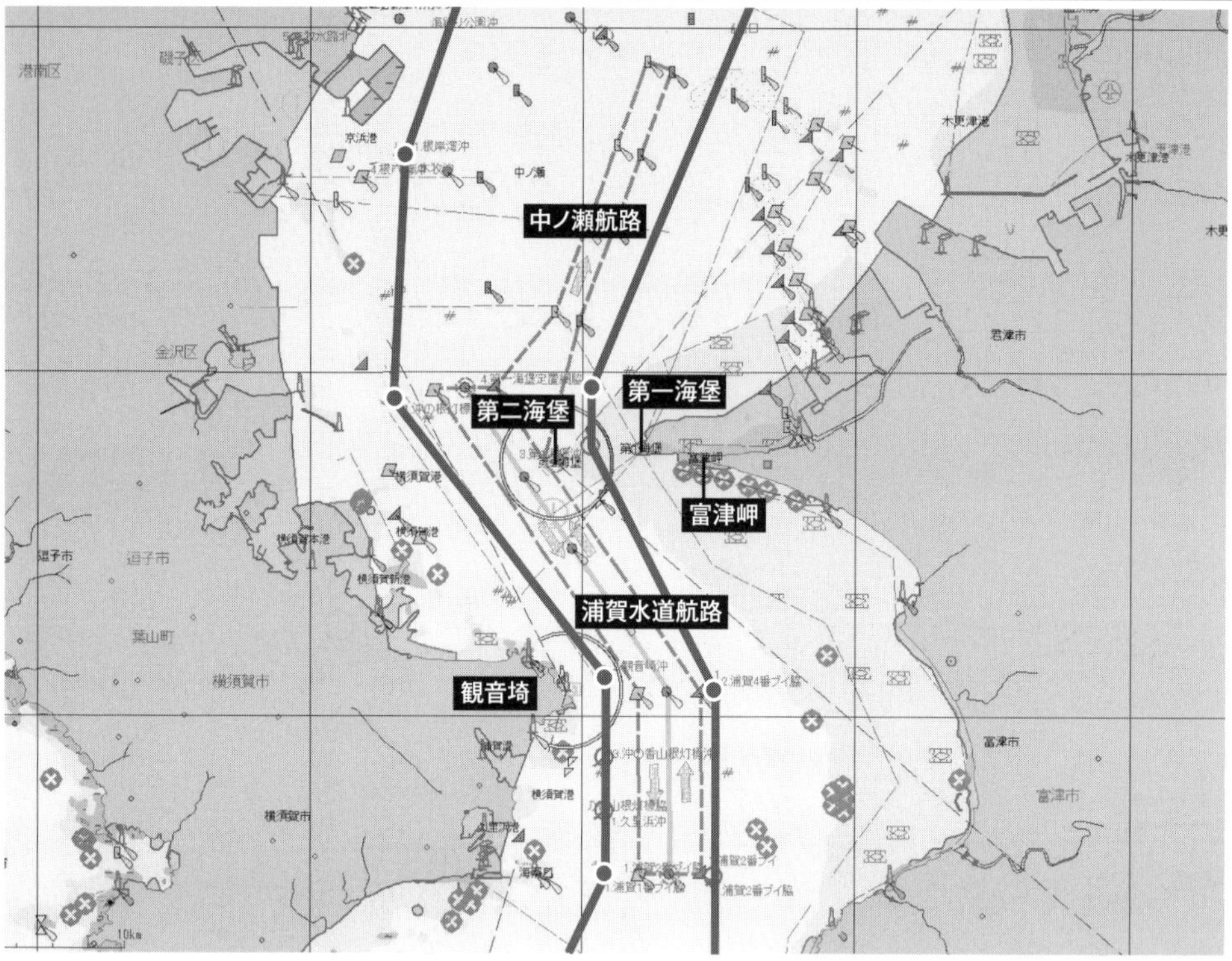

ここに挙げたのは、電子海図とそのビューワーソフト「チャートビューワー」による、東京湾の中ノ瀬航路、浦賀水道航路周辺の様子。この航路の両側は、最狭部が1マイル前後しかなく、多数の船舶がひっきりなしに航行しているので、十分な注意が必要だ。コースを設定する際には、定置網などの漁具、浅瀬や岩礁、急潮流が起こるエリアなどを避けるとともに、どうしても通らなければならない要注意エリアの確認も行う

○どのくらいの海況まで耐えられるのか？
（耐候性や凌波性）
○長距離航行時に快適に過ごせる搭乗者数の限界は何人か？
（決して、定員と同じではない）

こういったことを知らないと、痛い目に遭うことがあります。

また、キャプテンにとって、燃料が欠乏してしまったときほど心細いものはありません。飛行機と違い、ガス欠したからといってすぐ墜落したりするわけではありませんが、特にちょっと荒れ始めたときなどに沖で止まってしまったのでは、身動きが取れずに大変な思いをすることになります。

ちなみに、クルージングの寄港先では、夕方ギリギリに入港すると燃料の補給ができない場合も少なくありません。そうすると翌日の予定が狂ってしまいますから、できれば、翌朝のぶんの燃料を残した状態で入港できるように、早め早めの補給を心がけましょう。

具体的な計画は？

では、具体的な航海計画の立て方について見てみましょう。初めての場所に行くときにはやらなければならないことは結構ありますので、ポイントだけ挙げてみます。

やはり、なんといっても大切なのは目的地の選定です。クルージングでは寄港地自体が目的地となります。最近では、リゾート施設を併せ持つようなマリーナも増えてきたので、こういった施設を活用するのも一法でしょう。また、釣りを目的とするような場合は、目指すターゲットのポイントに近い便利な港が目的地となります。

一般的な注意事項として、目的地は係留や燃料の補給が可能で、入港時に困難がない場所を選定します。もちろん、航続距離ギリギリの場所を選んではいけません。燃料消費量は海況によって大きく異なるので、途中での補給を考慮するなり、多少の余裕を持った距離にとどめるなりしておきましょう。また、入港に当たっては、燃料のみならず、時間的な余裕を持つことも忘れないでください。

海の駅などではない一般の漁港の片隅に停泊させてもらう場合は、停泊の可否を含めて、漁港へ事前に問い合わせしておきましょう。また、停泊時には、ローカルルールとマナーを守ることを忘れずに。

日程が決まったら、当日の潮位の確認もお忘れなく。場合によっては浅瀬が出たり、特に漁港などに係留する場合は潮位差が大きくて護岸の上り下りが大変だったり、係留中のフェンダーや舫いの管理が大変だったりすることがあります。

次に、具体的なコースの設定を行います。まずは海図を見ながら、机上でおおよそのコースを考えてみ

GPSプロッターを活用する

海図上でコースを設定したら、そのコースをGPSプロッターに登録し、航行中の目安とする。マップデータ上に自船位置が表示され、航路の位置なども表示されるGPSプロッターは非常に便利だが、マップの精度が低かったり情報が古かったりすると、かえって危険な場合もある。常に現況と見比べながら、過信することなく、賢く活用したい

ましょう。最近はパソコンで利用できる電子海図類も身近になってきました。とても便利なものですので、ぜひ活用してみましょう。

なお、コースを設定する際は、浅瀬や定置網、航路や大型船の常用コースを十分に避けること、そして、目的地までの間に避難港を選定しやすい海域を選ぶことが理想です。

次に、航行途中に変針点（ウエイポイント）や位置を確かめやすいところ、避航の判断をするところなど、そのときどきの海況によって避航するかしないかを判断するポイントを決めておきます。筆者はこうしたポイントを「マイルストーン」と呼んでいますが、通常は、半島をかわしたり、外洋に出たりして、海況が変わるであろう地点に設定します。

こうして海図上に設定したコースは、自艇のGPSプロッターに入力して、実際の航行中の目安とします。最近はGPSプロッターの性能や操作性が向上し、搭載されたマップデータも詳細になっているので、直接、GPSプロッター上でコースを検討することもしやすくなってきました。コースの設定方法は、自艇の装備に合わせてチョイスしてください。

なお、港への入出港時には、海図やGPSプロッターのほかに、日本水路協会発行の『Sガイド（プレジャーボート・小型船用港湾案内）』があると便利です。日本全国の主だった港への入出港針路が記載されていて大変重宝しますので、ぜひ、目的の港のデータをダウンロードしておいてください。

入港時にはSガイドを

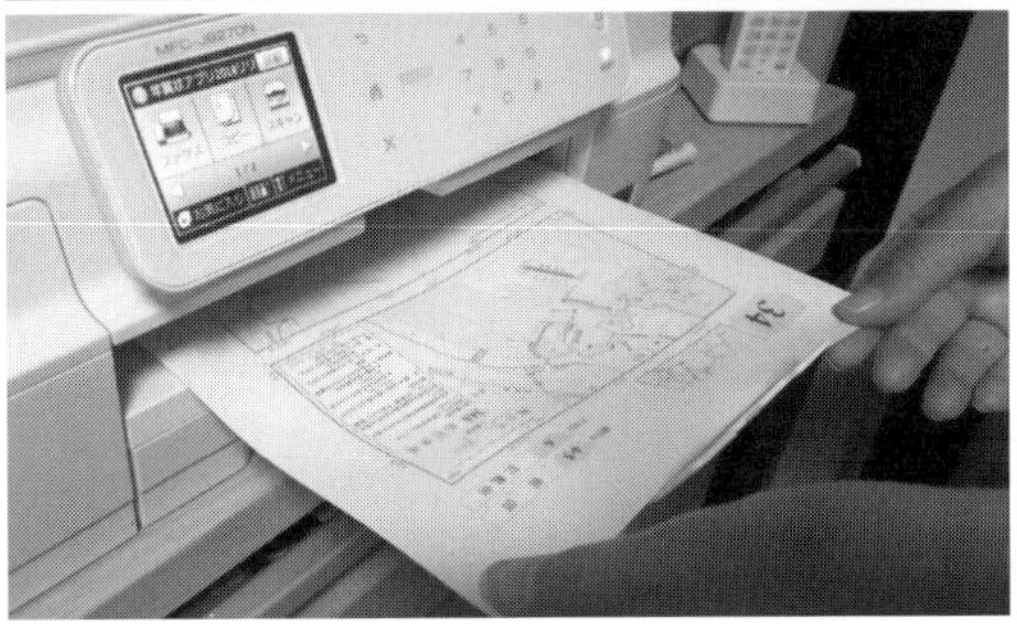

航行中は海図でナビゲーションを行うが、目的の港付近の情報については『Sガイド（プレジャーボート・小型船用港湾案内）』の画像を活用しよう。主要な港の情報が詳細に記された画像データ（PDFファイル）は、海図ネットショップ（http://www.jha.or.jp/shop/）からダウンロードし、プリントできる

航路には近づかない

海上交通安全法で定められた航路へは、入りこまないように注意しなければならない。とはいえ、海上で航路の位置を示す航路標識は設置間隔が広いため、それを見ただけでは航路の位置はつかみにくい。海図やGPSプロッターを活用しながら、普段からその位置をきちんと認識しておこう

要注意の航路周辺

コース設定の際、特に注意しなければならないのは、海上交通安全法に定められた航路の存在です。

タンカーなどの大型船は吃水が深く、航行できるエリアが限られる上、その大きさゆえに機敏な動きが取れません。また、こうした大型船がひとたび事故を起こせば、その被害は甚大なものとなります。

そこで、こうした大型船が安全に航行するために、狭小な海面に多くの船舶が行き交う東京湾、伊勢湾、瀬戸内海には、全部で11の航路が設定されています。この航路内では、大型船が安全に航行できるように、一方通航だったり、横切りや航行速度が制限されていたりします。さらに、大型船の航行の安全を確保するため、レーダー管制が行われているほか、超大型船や危険物搭載船の入出港予定が公開され、タグボートによる先導や通航船舶への水先案内人の乗船など、相当な努力が払われています。

このため、われわれプレジャーボートがうっかり航路に入り込んでしまうと、海上保安庁の巡視艇がすっ飛んで来ますし、通航ルールに反している場合は、たとえそれが故意でなかったとしても検挙され、厳しい取り調べを受けることになります。

プレジャーボートの場合、よほどのことがない限り、こうした航路を走ることはありませんし、誤って入りこまないように十分に注意しなければなりません。そのためには、航路の存在を漫然とでなくはっきり認識し、常に自船の位置を把握して航行することが重要です。もし、航路内に入らなければならない場合は、そのルールに従って航行するということを忘れないでください。

加えて、前述のとおり、航路が設定されている海域はスペースに余裕がなく、船舶がひしめき合っているので、その付近を航行する際にも注意が必要です。

東京湾の場合、浦賀水道航路の両サイドは、神奈川県・三浦半島側（西側）の観音埼沖が1マイル弱、千葉県・房総半島側の富津岬沖（第一海堡《かいほ》まで）が1.2マイル程度しかありません。こういった水域では、プレジャーボート以外に、航路の航行義務がないサイズの船舶も多数往来しています。その上、水深の深くなっている航路の際《きわ》がカケアガリ（釣りのポイント）となっているので、多くの遊漁船もひしめき合っているのです。

というわけで、航路が設定されている海域を普段のゲレンデとしている方、また、長距離航海などでこうしたエリアを通る方は、くれぐれも注意してください。

なお、港則法によって定められた特定港（大型船が出入りできる港など）には、その港ごとの航路が設定されています。この航路では、並列航行禁止、追い越し禁止などの航法が定められていますので、こちらにも十分注意しましょう。

【第2回】
安全に対する準備と心構え

今回は、ちょっと長めのクルージングに出る際の、安全確保に関する準備と心構えについて解説します。航海を無事に終えるには、ボートも人も十分な装備を整え、適切な情報をもとに慎重かつ柔軟な判断を下すことが大切です。

始業点検の重要性

特に長距離のクルージングに出かける際には、普段のボーティングとはまた違った、念入りな事前の準備が必要です。その筆頭に挙げられるのが始業点検です。

クルマやボートの免許取得時に一番最初に習う始業点検ですが、試験が終わったらきれいさっぱり忘れてしまい、ちっとも覚えていない、という方もいるでしょう。

最近のクルマでは始業点検をしている人を見かけませんが、それだけ信頼性が高くなっているということでしょうか。それに、よほど人里離れた山奥ならともかく、都会で乗っているぶんには、クルマが故障してもすぐに命にかかわることはありません。

一方、飛行機などでは、離陸前にパイロットや整備士が必ず念入りな点検をします。なぜなら、いったんなにかのトラブルが起こったら命にかかわってくるからです。人の命がかかっている場合は、誰に言われなくても点検をするのです。クルマだって、砂漠を行くときなどは念入りなチェックをすると聞きます。どうやら、始業点検するかしないかは、危機意識の差に基づくもののようです。

ひるがえって、プレジャーボートの世界ではどうでしょうか?

以前に比べると、ボーティングもずいぶん手軽になった感があります

クルージング前の始業点検と確認事項

点検項目	備考
燃料の搭載量	
清水の搭載の有無	
飲料水、非常食の搭載	
ビルジのたまり具合	
Vベルトの張り具合	船内外機艇、船内機艇のみ
エンジンオイルの質と量	
冷却水(クーラント)の質と量	間接冷却のみ
ドライブオイルの質と量	リザーバータンクが付いている場合のみ
ミッションオイルの質と量	ミッションを持つ船内機艇のみ
トリムタブのオイルの量	トリムタブが付いている場合のみ
パワステオイルの質と量	パワステが付いている場合のみ
バッテリーの液量	
および充電状態	
アワーメーターの確認	ディーゼルエンジン搭載艇の場合。 軽油免税券使用時に報告が必要
ビルジポンプの作動確認	
航海灯の作動確認	
アンカーの固縛確認	
アンカーロープの搭載	
係留用具の搭載	十分なロープとフェンダー、ボートフックなど
法定備品の搭載	
海図類の搭載	
連絡手段の搭載	携帯電話や国際VHF、アマチュア無線など、 複数の手段を持つのが望ましい
気象、潮汐の確認	

が、それでも、海という大自然を相手にするだけに、航行中にエンジントラブルなどを起こしたら、危険な状態になる可能性があります。海の上では、ほんのちょっとの手間を惜しんだがために、とんでもない事態を引き起こしたりすることがあるのです。

もちろん、始業点検をしたからといって、すべてのトラブルを未然に防げるわけではありませんが、ほんの少し見ておきさえすれば防げたはずのトラブルが多いのもまた事実。出航前の始業点検は義務化されていますが、義務化されずとも自分の身を守るために必要なことです。海に乗り出す前は必ず始業点検してください。

具体的な点検項目

長距離クルージング時の始業点検といっても、特別なものではありません。具体的な項目は右ページの表にまとめましたので確認してください。慣れれば、全部を点検しても10分とかかりません。

さて、始業点検を行って出港し、普通は何事もなく帰ってくることと思います。そうなると、「別に、始業点検をしなくても大丈夫だったんじゃない?」と思う人がいるかもしれません。

でも待ってください。もし、Vベルトの張りがゆるくて滑っていたら、あるいは、リザーバータンクの水を足さないで冷却水不足になっていたら、いずれもオーバーヒートしていたかもしれません。

実は、「トラブルを未然に防ぐ」ことで、どのくらいのコストが抑えられたかは、わからないんです。これは、企業などで安全にかかわる部門の方の悩みと同じですよね。なにもトラブルがないと、その部門のコストは余計なもののように思われ、うとまれる。だからといって、対策を講じないとトラブルを起こしてしまう……。こんな関係とよく似ています。

始業点検の一番の効用は、キャプテンの精神面に与える影響にあるのかもしれません。「自分はきちんとポイントを押さえて始業点検をした。だからこのフネはトラブルを起こさないで帰ってくる」と、自信を持って海に乗り出せる。筆者は案外、こういった効用が一番重要なのではないかと思っています。みなさんも始業点検をして、自信を持って海に出てください。

乗り手のための準備

クルージングでは、ボートだけでなく、乗り手の準備も重要です。そして、同乗者がいる場合は、そのケアとマネジメントもキャプテンの重要な役割となります。

まず、ライフジャケットを着用するのは必須事項。いったんボートに乗ったら、下船するまでは必ず着用してもらってください。

２０１７年2月に船舶職員及び小型船舶操縦者法が改正され、２０１８年2月1日からは海中転落による死亡・行方不明を防止するため、原則として、すべての小型船舶乗船者を対象に乗船中のライフジャケットの着用が義務化されました。つまりボートに乗っている間は、壁と屋根に囲まれた船室内にいる場合など一部の例外を除き、必ずライフジャケットを着用する必要があるのです。まあ法によらずとも、安全に関しては厳しく接することが船長の務めといえます。

とはいえ、法定備品としてそろえた固形のライフジャケットでは着心地も悪く、特に夏場は暑すぎて、ちょっと気が引けるのも確かです。

クルージング前の始業点検

海の上で起こりうるトラブルを未然に回避するため、航海に出る前には、始業点検を励行しよう。行うべき項目は、エンジンル　ム内の点検、メーター類での燃料や清水の量、バッテリーの充電量や油圧、搭載している備品のチェックなど、どれも一般的な内容だ

ライフジャケットの着用は必須

2018年2月からライフジャケット着用の義務付けられる。ボートに乗ったら、同乗者にも必ず着用させなければならない。ただ、船検対応の固形式ライフジャケットしか積んでいないと、特に夏場は厳しいので、首かけタイプ、ウエストベルトタイプの膨張式のものがおすすめ。子どもには、体格に合った固形式を着用させ、落水時の脱落を防ぐ股紐をきちんと留めておかなければならない。こと安全に関する事項については、厳しい態度で臨むこともキャプテンの務めだ

飲み物や食べ物の用意

クルージングでは、不意のトラブルやコンディションの変化により、予定していたよりも長い間、海の上にいることもしばしば。そんなときのために、飲み物や食べ物を用意しておこう。保存性のよいものだと、無駄にならずに重宝する。特に暑い季節は、熱中症を避けるため、飲み物を十分に用意しておきたい

できれば、着心地のよいインフレータブルタイプのものなどを用意しましょう。

　また、子どもに無理やり大人用のものを着用させているケースが散見されますが、これでは、いざというときにサイズが大きすぎて脱げてしまい、役に立ちません。キャプテンとして子どもを招待する際は、サイズが合ったライフジャケットを用意する心配りをしてください。

　なお、子どもの場合、インフレータブル式のライフジャケットだと、誤って膨らませてしまうこともあります。嫌がるかもしれませんが、固形式のものを着用させたほうがトラブルは少ないでしょう。

　次に衣類についてです。ボートの世界では「夏でも冬支度」といいます。暖かい季節であっても、海の上で風に吹かれると案外寒いもの。荒れてくると、スプレーを浴びるかもしれません。冬にオープンボートでスプレーを浴びたりすると、歯の根も合わなくなります。雨やスプレーで濡れることも含め、寒さは体力消耗に直結しますので、ボート上での防寒・防水対策は必須です。上に羽織るカッパなどは、余分に用意しておきましょう。

　ゆったりして風通しのよい長袖の上着があると、日焼け対策用として夏場も重宝します。

　また、停泊時を含め、ボートに落水はつきものです。真夏のごく限られた時期を除けば、濡れたままでいるというわけにはいきませんので、防水パックに着替え一式を入れて用意しておきましょう。毛布もあるといいですね。

　加えて、ゲストを招待する場合には、動きやすい服装と、滑りにくい靴を選ぶことを案内しておきましょう。特に女性のスカートやヒールは厳禁です。

　服装以外では、ちょっとしたもので構わないので、飲み物と食べ物を用意しておきましょう。

　特に飲み物は重要。ボートの上では常に水分補給を忘れないでください。トイレに行きたくないために水分の摂取を控える女性がいますが、これはとても危険です。というのも、艇上は日差しが強い上に、風に吹かれることもあって、体の表面から汗が蒸発して、体内の水分がどんどん失われるからです。

　びろうな話で恐縮ですが、おしっこが出なくなったら要注意、と思ってください。「どんどん飲んで、どんどん出そう」というのが筆者のモットーです。そうすれば熱中症にもなりにくいですし、脱水症状を起こすこともありません。

　そのぶん、船内のトイレを使いやすくする、適度に寄港して休憩を挟むといった配慮も必要です。

　また、チョコレートやスナック菓子などで十分なので、食べ物も用意しておきましょう。食べなかったら持ち帰れる、あるいはボートに積んでおけるくらい日持ちのするものが便利です。

　ボートは海況やトラブルによって、帰港する、あるいは目的地に到着するまでに、予想以上に時間がかかることがあります。そんなとき、食べるものがなにもないと、とてもひもじい思いをします。筆者も、エンジントラブルで何時間も空腹に耐えたことがありました。

　さて、個人の装備や衣類、飲み物、食べ物といったものは、乗員それぞれが準備すべきものですが、そういった点にまで気を配り、アドバイスしたり指示したりするのもキャプテンの務めです。

機能的なトイレ

ゲストが乗船する場合は、熱中症にも気を配る必要がある。十分な水分補給に心がけるとともに、トイレにはこまめに行くよう指示しておこう

　加えて、安全管理とボートの運航に関しては、キャプテンがすべての権限と責任を持つということを、乗員全員に徹底しておくことも大切です。

連絡と気象確認

　クルージングに出る際には、必ずマリーナに出航届を提出し、その日の行動予定を連絡しましょう。最低限、どの方面に向かうのか？　いつご

ろ帰港する予定か？ といったことは伝えておくべきです。

マリーナスタッフは、ボートに乗り始めて間もないオーナーが出港していくと、「なにかトラブルが起きていないかな？」と、とても心配しているものです。そして、無事に帰港するまでは、営業時間が過ぎても帰る気になれない、なんてこともあるそうですよ。

一方、出先で寄港するときは、先方への事前連絡を忘れずに。ビジターバースの予約や漁港での係留の可否などは、必ず前もって連絡しておきましょう。

寄港地への事前連絡

クルージング中、ほかのマリーナや漁港などに寄港する場合は、現地の天候を確認するとともに、先方への事前連絡を忘れてはならない

また、少なくともクルージング当日の2～3日前から、天気予報や海況速報を確実に調べ、天気の変化の傾向をつかんでおきましょう。もちろん、当日の予報もしっかり確認することが必要です。

当日、出航するか否かは、天気予報のほか、出港地での風や波の具合、航程の途中に設けた各マイルストーンや目的地の周辺の実況によって判断します。出発地点だけでなく、途中や目的地の天候も確認する、というのがポイントです。

最近では、インターネットや携帯電話などの普及により、海上での予報や実況値といった気象情報が入手しやすくなりました。せっかくの情報ですので、積極的に活用したいものです。

やめる勇気を持とう

「ボートを出そうか、やめようか」と迷うようなコンディションのときは、潔くあきらめることが肝心。荒天に巻き込まれない最大の秘訣は、「荒天が予想されるときは出ない」ということに尽きるのです。

せっかくの休みだから、せっかくマリーナに来たのだから、せっかく計画したクルージングだからなどといって無理をすると、ロクなことがありません。都合があってどうしても出たい、という気持ちはよくわかります。特にゲストを招待している場合などは無理をしがちです。でも、無理をした結果、大きなトラブルに見舞われたり、海難事故を起こしたりしたのでは元も子もありません。

われわれボート乗りは、あくまで遊びでボートに乗っているわけですから、決して無理をしてはいけないのです。荒天時に無理に出航し、荒れた海を乗り切って帰ってきても、誰もほめてはくれません。レジャーとして海に出る以上、まずは出ない勇気、やめる勇気を持ちましょう。

ちなみに、天候による出航可否の判断には、その日のメンバーを考慮に入れる必要があります。屈強なシーマンばかりなら、少々荒れた海での強行軍も不可能ではないかもしれませんが、初めてボートに乗る人、女性や子どもがいる場合は、細心の注意を払って判断を下すべきです。最初に怖い思いをさせると、それ以降は一緒に乗ってくれませんし、ボーティングに関する家族の理解も得られません。事前に計画を立てることは重要ですが、その計画にとらわれることなく、臨機応変に対応しましょう。

行程の途中で天候が荒れそうな予兆があった場合も、引き返して帰港するなり、コースを変更して避難するなり、早め早めに安全策を講じることが重要です。

同様に、少しでもエンジンに不調を感じたら、出航を取りやめる、航行途中であれば目的地を変更して最寄りの港に入るといった対応が必要です。「これくらいなら大丈夫だろう」という素人判断は禁物。楽しいボーティングは愛艇がベストコンディションであってこそ、というのを忘れないでください。

野球などで、「本当のファインプレーはファインプレーに見えない」と聞いたことがあるかと思います。それと同様に、ちょっと臆病なくらいに危険を回避して、常に安全第一でボーティングを楽しむことこそが、最も重要なのです。

「やめる勇気」を持とう

せっかくの休日でも、ゲストを呼んでいたとしても、天候やボートの状態に不安があり、出港するか否かの判断に迷うときは、潔く中止を決断しよう。無理に出港して大きなトラブルが起きたのでは元も子もない。遊びでフネに乗る以上、安全を最優先するのは当然のことだ

【第3回】具体的なコース設定①

ここからは、東京湾湾奥から伊豆大島・波浮港までのクルージングを例に取り、具体的なコース設定の方法と、コースを立案する上で、そして、実際の航行中にナビゲーションする上で、注意しなければならないポイントを解説します。

航海計画の立案で必要なもの

ここでは、実際の航海を想定し、具体的な航海計画の立案方法について見ていくことにします。まずは航海計画を立てるにあたってのおさらいです。

航海計画立案の際には、

①海図や『Yチャート（ヨット・モータボート用参考図）』を利用する

②パソコンで航海用電子海図や電子参考図『ニューペック』を利用する

③詳細かつ最新のマップデータを搭載したGPSプロッターを利用する

などの方法で、目的地までのコースを検討します。ただし、GPSプロッターの場合、メーカーの注意事項として、「掲載されているデータはあくまでも参考図なので、航海計画の立案には利用しないこと」というただし書きがありますので、使用するGPSプロッターのマップデータの詳細度を判断し、自己責任で利用しましょう。

さて、海の上では、基本的に自由にコースを設定できますが、燃料代を考慮しなければならないため、できる限り最短距離を走る「プロパーコース」を取るのが基本となります。ただし、そのコースの途中に浅瀬や漁網などの障害物、航路がある場合は、そういったものを十分に回避しなければなりません。

また、微妙な角度でコースを設定すると覚えるのが大変ですから、できれば5度や10度単位のきりのよい角度にしておくと、実際の航行中に楽になります。

変針点は、目印となる顕著な目標物を真横に見る位置まで来たら曲がるように設定するのが基本ですが、GPSプロッターなどを用いたルート航法を使うなら、あまりこだわる必要はないかもしれません。

目的の港へのアプローチを検討するには、海図類よりも、『Sガイド（プレジャーボート・小型船用港湾案内）』を参照すると便利です。各港の入港針路や障害物の有無、漁協や給油施設の案内など、プレジャーボートが知らない港を訪れるときの心強い味方になってくれます。

なお、紙の海図やYチャートを用いてコースを検討するときは、多少道具が必要です。本格的に検討するなら、少なくとも大型の三角定規一組とコンパス、ディバイダーは準備しておきましょう。直線を引いたり、引いたコースの角度を測るために海図上のコンパスローズまで平行移動したりする三角定規は、大きめで、目盛りがないものが使いやすいです。そのほか、芯が柔らかめの鉛筆と上質の消しゴムを準備してください。

所要時間を計算する際には、電卓があると便利です。例えば、区間距離が6.8マイル（海里）の航程を18ノットで走るとすると、所用時間は、

> **6.8マイル／18ノット＝0.378時間**
> **0.378時間×60（分）≒23分**

と計算できます。

紙海図類とチャート用具

紙の海図類でコースを作成する場合には、三角定規一組、ディバイダー、芯の柔らかい鉛筆と消しゴム、電卓などが必要だ。写真は、日本水路協会発行のYチャートでコースを検討しているところ

紙海図を用いたコース作成

海図上でのコースの設定方法は、出発地を定めて、そこから目的地（あるいは変針点）まで、順にコースラインを引く作業の繰り返しです。

まず、出発地に当てた三角定規の角を指で押さえて固定し、そこを中心に、もう一方の角で弧を描くように左右に動かします。途中に浅瀬や網などがないコースを探り、そのコース上に変針点を決めて、出発地から変針点まで線を引きましょう。あとは、この作業を繰り返し、目的地まで変針点を順につないでいきます。もし、GPSプロッターを用いず、コンパスだけで航行する場合は、多少遠回りになったとしても、灯浮標や顕著な山、建物など、海図上にも記載されているわかりやすい物標を目印にして、コースや変針点を設定します。

こうして引いたコースラインのそばには、三角定規を平行移動させ、最寄りのコンパスローズから読み取った針路を記入しておきます。さらに、変針点間の距離をディバイダーで写し取り、海図の外枠にある緯度尺に当てて距離を読み取り、これも記入しておきましょう。緯度尺の目盛りは、1分が1マイルに相当します。こうして針路と距離を書き込めば、目的地まで巡航速度で何分かかるかが簡単にわかりますし、霧などで視界が閉ざされて陸地が見えなくなっても、針路を一定にして走っていれば、コンパスの指す方位とスピード、経過時間から、大よその位置を推測することができるようになります。

海図上で作成したコースをGPSプロッターに写し取るには、各変針点の緯度経度を読み取ってメモしておき、これをGPSプロッターに順に入力して変針点を作成、さらにその変針点をつないでルートを作成します。

電子海図類を用いたコースの作成

電子海図は、紙海図に記載されている情報を電子化したものです。パソコンがあれば、どこでも海図を見ることができ、もちろん拡大や縮小も自由自在です。

最近はプレジャーボート向けの航海用電子参考図『ニューペック』も発売されて、大変便利になりました。いずれも、パソコンにGPSレシー

三角定規でコースを探す

出発地点（あるいは変針点）から、次の変針点を目指すコースを探す際には、出発地点に合わせた三角定規の角を押さえ、もう一方の角を弧を描くように動かしながら、障害物がないコースを探っていく。その後、海図上のコンパス図でこのコースの角度を測り、ある程度キリのよい角度に修正。この作業を繰り返して、コース全体を立案する

ディバイダーで距離を測る

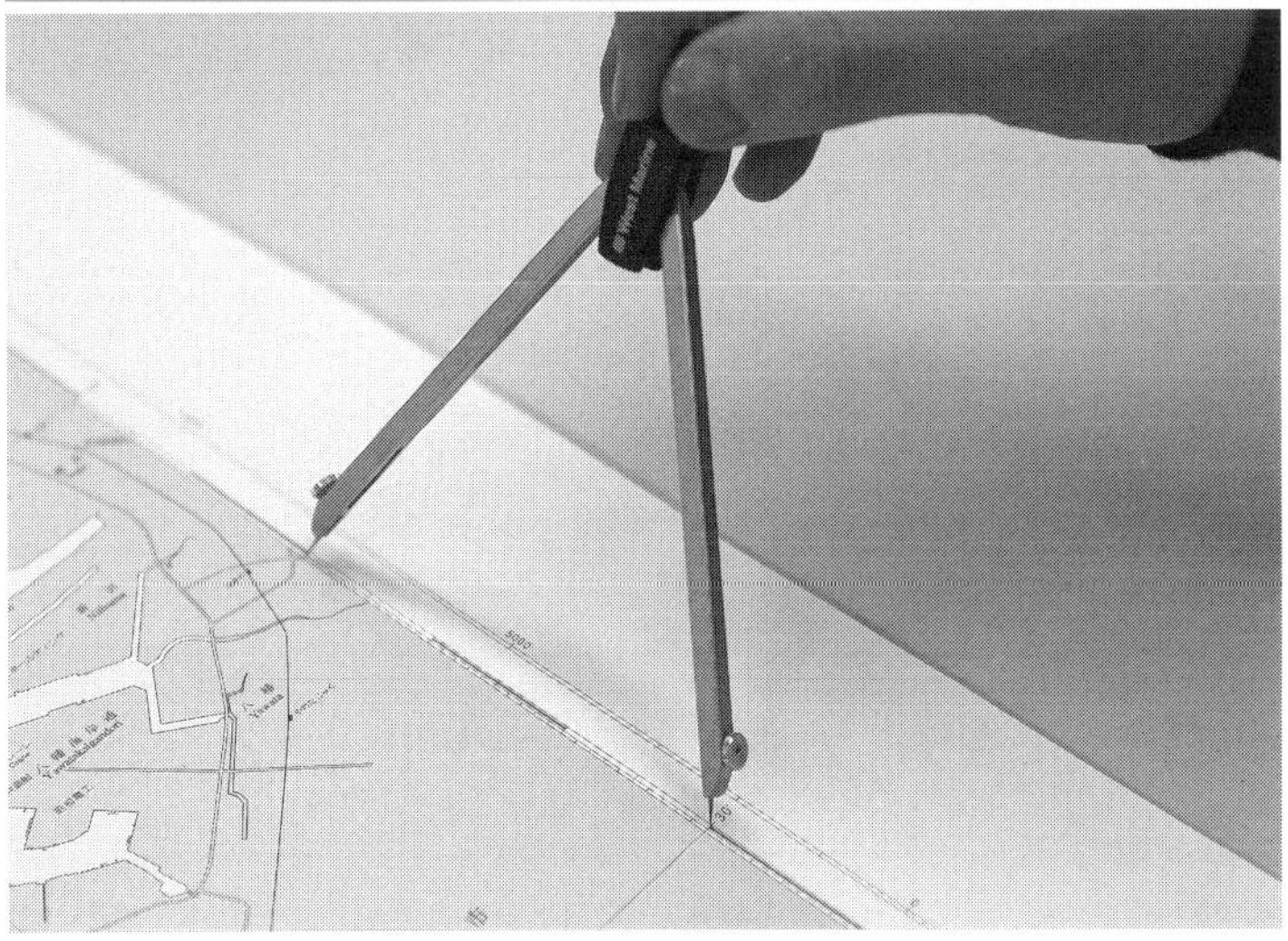

コースが決定したら、変針点と変針点にディバイダーを当てて、その間隔を保ったまま海図の緯度尺に合わせて距離を測る。距離が長く、1回で測れない場合は、先にディバイダーの幅をきりのいい距離に合わせておき、コース上で何度か回転させ、余ったぶんを改めて計測する

距離や針路を記入する

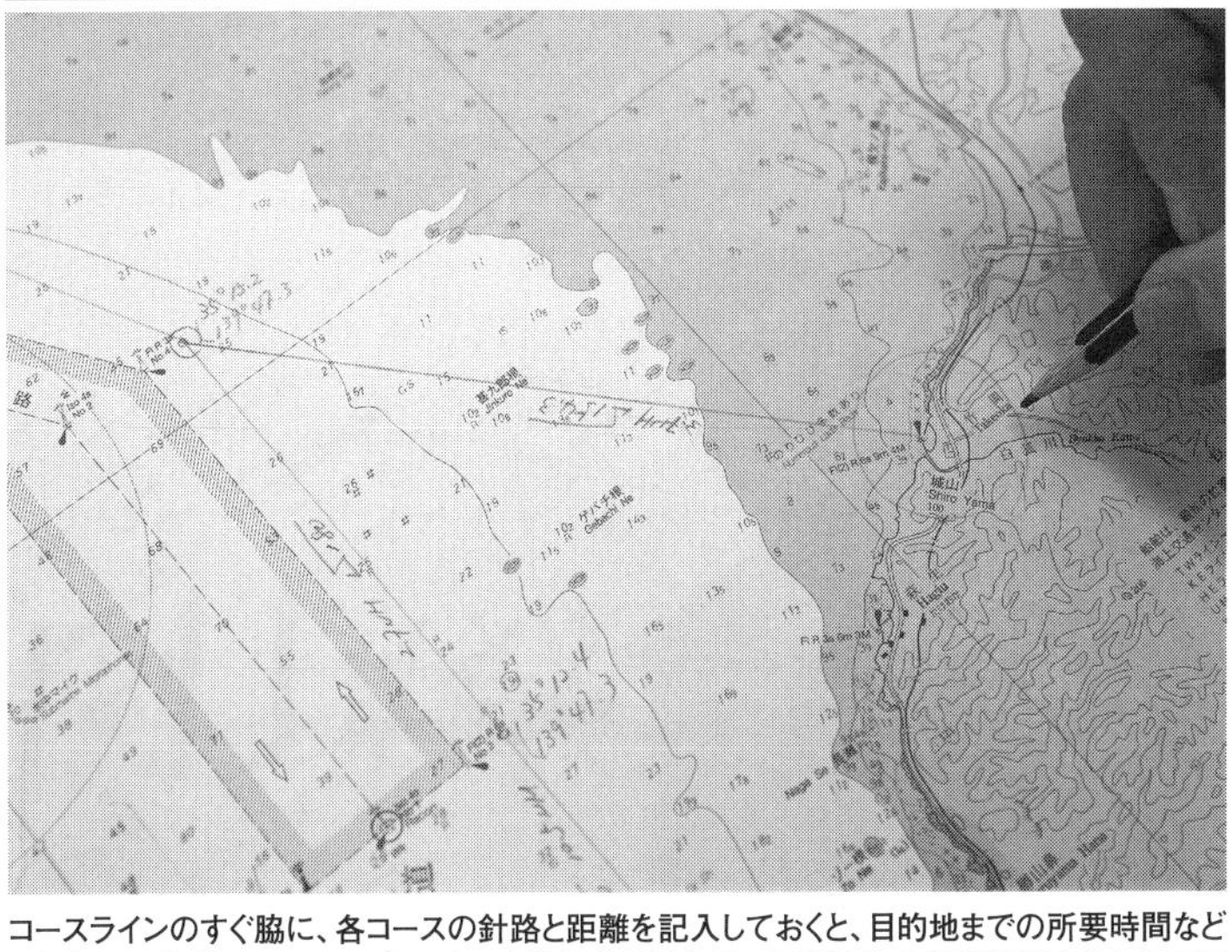

コースラインのすぐ脇に、各コースの針路と距離を記入しておくと、目的地までの所要時間などを把握しやすくなる。GPSプロッターを使用する場合は、各変針点の緯度経度も合わせて記入しておく

GPSプロッターでのコース作成

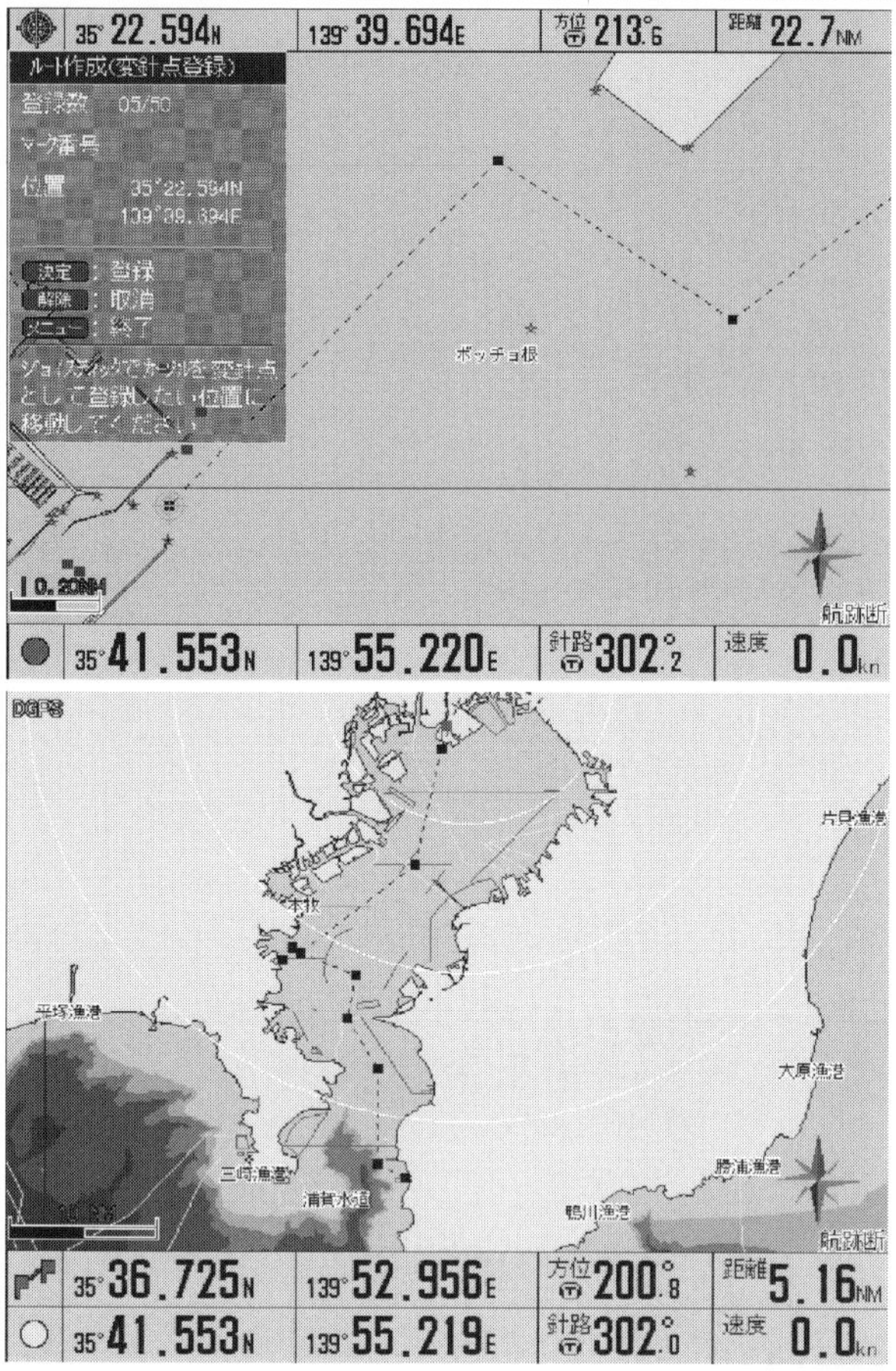

GPSプロッターでコースを作成する方法はいくつかある。この画面は、カーソルを移動させて変針点を登録していく方法。一つ変針点を打つと、そこからカーソルを結ぶ直線が表示されるので、この線が障害物の上を通らないようにコースを設定していく。電子海図類と同様、縮小表示のままコース設定してはならない

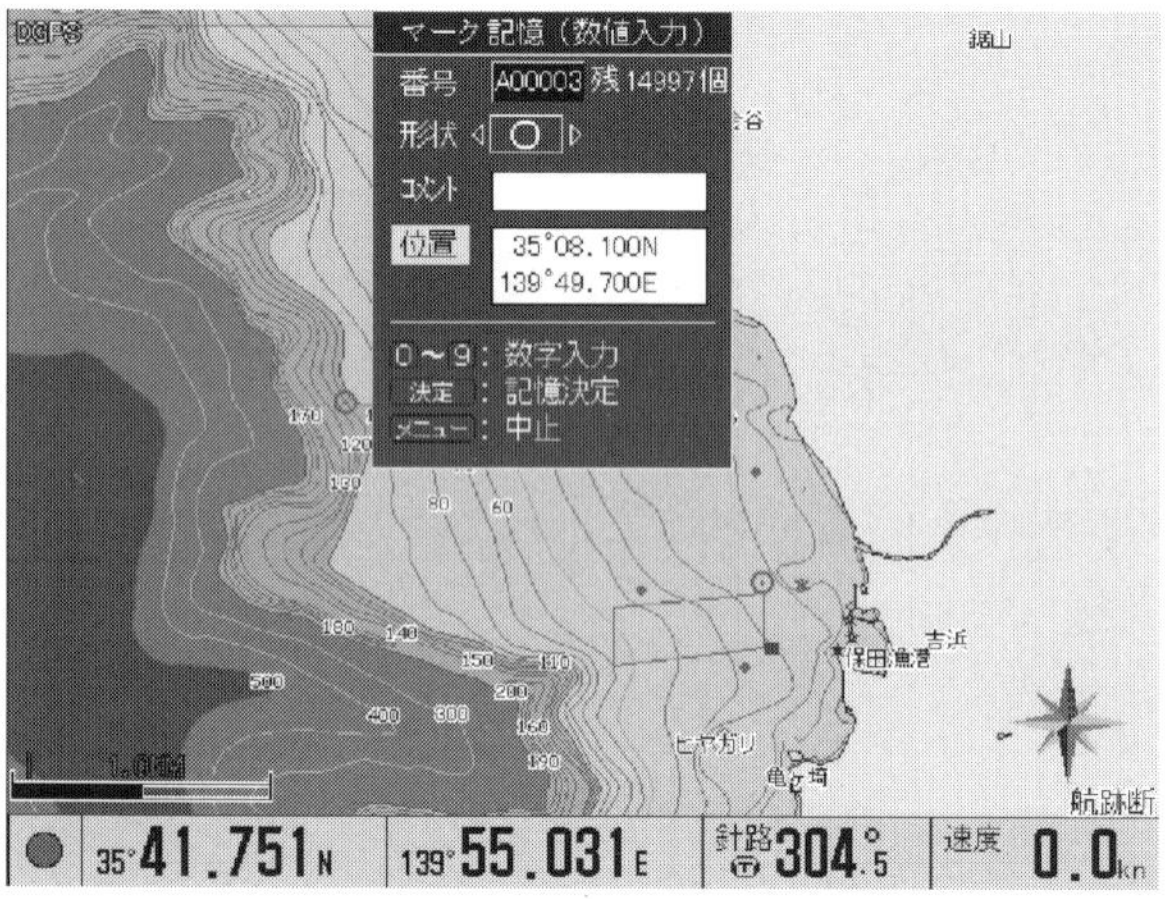

GPSプロッターでは、海図上で割り出した緯度経度の数値を入力して変針点を登録し、この変針点を通過する順番に登録してルートを作成する方法もある

電子海図類でのコース作成

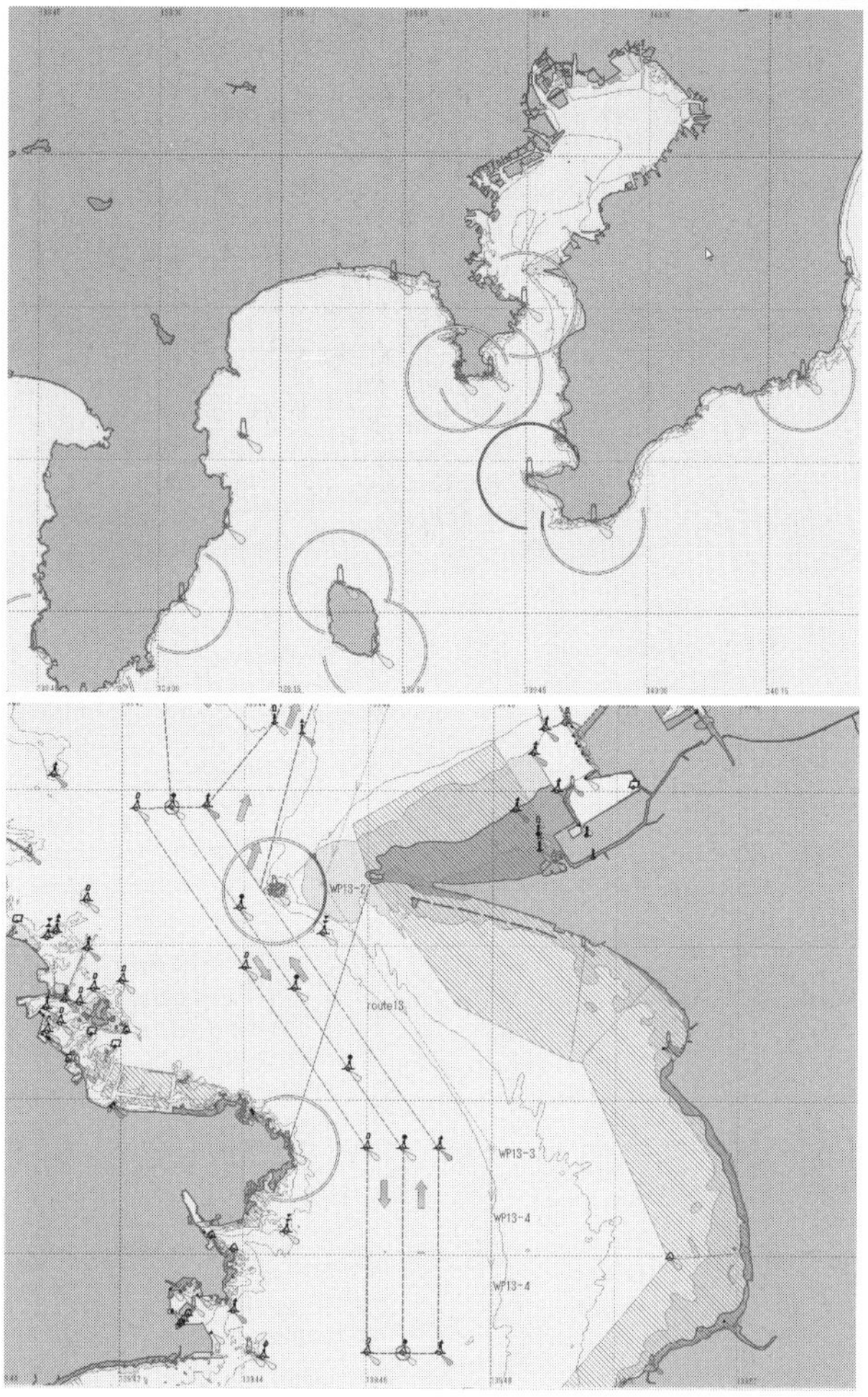

航海用電子参考図『ニューペック』の画面例。上が東京湾湾奥から伊豆大島までを表示、下が浦賀水道航路付近を拡大表示したもの。パソコンで使用できる電子海図類は、拡大縮小が自由にでき、コース作成が簡単なのが大きなメリット。ただし、上のように、出発地から目的地までがすべて収まるように縮小表示すると、航路や障害物などの表示が消えてしまうので、この状態でコース作成をしてはならない
(一財)日本水路協会 承認番号280101号

バーを接続すれば、GPSプロッターと同じように、ルート航法の利用や、自艇の航跡表示も可能です。情報の細かさは折り紙つき。より安全なクルージングにもつながります。

これらの電子海図類を用いてコースを設定するときは、出発地から目的地まで変針点にカーソルを置いて、カチカチとクリックしていくだけ。ある程度適当にコースを引いても、あとで簡単に修正できますし、チェック機能を備えたソフトであれば、浅瀬や障害物などの危険水域上にコースを引くと、これを自動的に検出してくれます。

電子海図類の場合、各変針点間の緯度経度がすぐにわかるほか、針路や距離なども自動的に算出されるので、ほとんど手間がかかりません。そして、なにより優れているのは、作成したコースを保存しておけること。複数のコースを保存しておき、目的やそのときどきの条件に応じてコースを組み合わせ、自在にルートを設定できるのです。三角定規とディバイダーを使って悪戦苦闘しながらチャートワークをしていたのが、まるで嘘のようですね。

ただし、これらの電子海図類をボート上で利用する場合は、信頼性の面で不安があるパソコンを使わなければならないのが難点です。もし、航行中にパソコンが故障して、コースを知る手段がなくなってしまったら大変です。そこで、万一に備えるために、バックアップとしてGPSプロッターを搭載し、電子海図類の上で設定したのと同じルートを設定しておきましょう。

もう一つ、電子海図類を利用するときの注意点として挙げられるのが、縮小表示のままでコースを設定しない、ということです。

電子海図類は縮小・拡大が自由なので、出発地から目的地までを一度に画面に入れることも可能です

が、そんな縮小表示のままでコースを引くと、コース途中にある浅瀬や障害物を見落としてしまいます。また、なんとなく障害物から離してコースを設定したつもりでも、拡大して見ると、障害物のすぐ近くを通っていた、なんていうことも起こりがちです。

よって、コース設定の際には、画面を適宜拡大して、障害物の有無などを確認しながら作業を進めましょう。

GPSプロッターを使うにせよ、電子海図類を使うにせよ、海上で機器が故障した場合に備えて、常にバックアップを備えておくことが重要だ

GPSプロッターでのコース作成

ニューペック搭載の最新GPSプロッターを用いたコースの作成は、電子海図を用いたコース設定とよく似ています。コース作成モードにしてカーソルを動かし、出発地から順に変針点を入力していくだけ。もちろん、紙海図ですでに作成してあるコースを引き写す際などは、緯度経度を数値入力して変針点を設定することもできます。入力するのは多少手間ですが、ぜひ、使用しているGPSプロッターのマニュアルを読んで、この便利な機能を使いこなしましょう。

さて、GPSプロッターでは、入力した変針点をつなげて、航行中の案内として利用することができます。カーナビとは違って、出発地と目的地を入力すれば自動的にルートを見つけ出してくれる、というわけではありませんが、事前にルートを登録しておけば、そのルートをたどって走ることができるのです。これをルート航法と呼び、この機能を使うと、現在地から次の変針点までの距離、方位、現在の船速での到着予定時間、目的地への到着予定時間などを教えてくれます。

GPSプロッターでコースを設定するときの注意点は、電子海図を用いるときと同様、縮小表示のまま作業しないことにつきます。加えて、自艇のGPSプロッターのマップデータが、どの程度の情報まで記載しているかを十分把握し、かつ、マップデータを最新のものに更新しておく必要があります。

東京湾湾奥から波浮港へのコース概略

コース作成の基本を復習したところで、モデルケースとして、東京湾湾奥から伊豆大島までのコースラインを引いてみましょう。関東以外の地域にお住まいの方は、この例を通して、どんな場所を避け、どんな場所にコースを引けばよいのかなどを参考にしてください。

さて、伊豆大島は、黒潮流れる太平洋に浮かぶ周囲50キロほどの火山島。シンボルともいえる三原山が島の中央にそびえ立ち、白い噴煙を上げています。伊豆七島の中で最も大きく、最も東京に近い場所に位置しており、海の幸と大自然があふれている、とてもすてきな島です。

晴れて視界のよい日なら観音埼沖あたりからでも望見でき、いかにもすぐ行けそうなたたずまいを見せていますが、もっとも近い陸地である伊豆半島東海岸からも5マイル以上離れていて、1級ボート免許がないと行けません。しかも、島までの航程の間には、黒潮流れる太平洋が待っています。

現在より免許制度が難しかったころは、大島に行けることが、ある種のステータスシンボルだったようなところもありました。時代は変わりましたが、それでも関東のボート乗りにとってあこがれの地であり、大島への航海が登竜門であることに変わりはなく、いつかは行ってみたいところの筆頭です。

さて、本稿での目的地は、大島の南東端にある波浮港に設定します。この波浮港は、元は火山の噴火口だったところで、まさに天然の良港。広域の避難港に指定され、外洋に浮かぶ島の港としては入港しやすい部類に入ります。給油、給水や氷の補充もでき、プレジャーボートも受け入れてくれるとあって、ゴールデンウイークやお盆の時期などは、プレジャーボートでびっしり埋め尽くされます。

さて、東京湾湾奥から伊豆大島・波浮港へ向かうコースは全航程130マイル。千葉県の浦安沖を出発後、東京湾アクアラインの風の塔を右手に見て第一海堡を目指し、富津岬をかわします。さらに、千葉県の竹岡、金谷沖を抜けて、布良《めら》瀬や沖の山を迂回しながら、大島南東の竜王埼沖を目指し、回り込んで波浮港へと入港します。

コース全体の概略は、左の図を参考にしてください。

東京湾湾奥から伊豆大島・波浮港までのコース概略

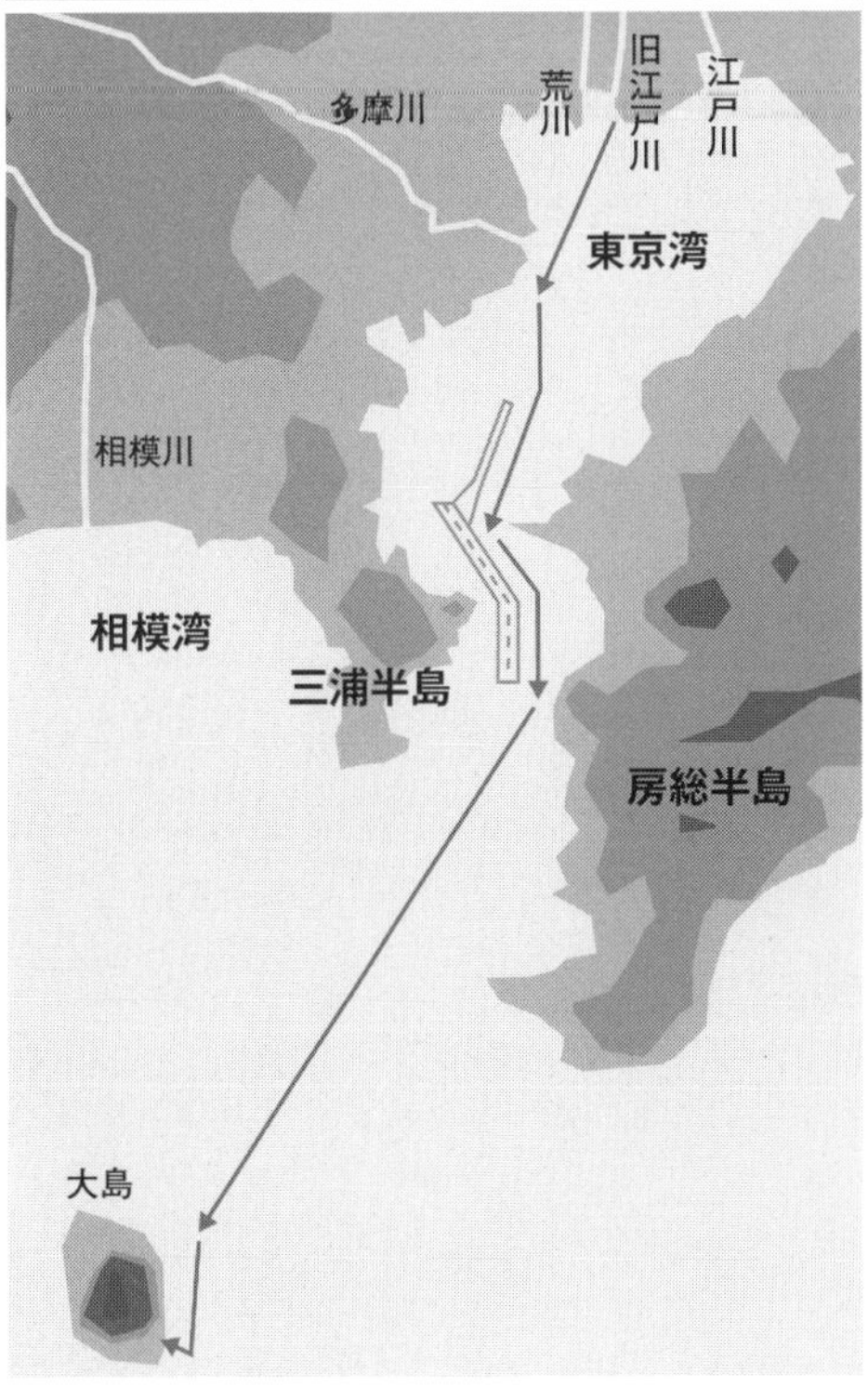

【第4回】
具体的なコース設定②

ここでは東京湾湾奥から伊豆大島・波浮港までのクルージングを例に取り、おもに東京湾内での、コース設定をする上でのポイントを解説します。
東京湾は、日本でも屈指の船舶輻輳海域で、なおかつ、定置網なども多い場所です。細心の注意を払ってコースを設定しましょう。

東京湾湾奥から波浮港までのコース設定

■ 湾奥から風の塔まで

東京湾アクアラインの橋の部分から、「海ほたるパーキングエリア」、地下道部分の通風口として設けられている「風の塔」を結んだ線より北の海域は、東京湾の広くなった内懐で、障害物が少なく、比較的気を使わずに走れます。

ここでは、浦安沖南方位灯標から風の塔まで向かうことにしましょう。

東京港（正確には京浜港東京区）の沖合には、東京港西航路に出入りする際の危険回避のために「東京沖灯浮標」が設置されています。これは、羽田空港の拡張工事により滑走路が沖合まで延びたため、大型船が安全に通れる場所が少なくなってしまったことによるものです。東京港に出入りする大型船は、このブイを中心として、反時計回りにロータリー式に周辺を通っていきますので、大型船が集中するところです。

浦安沖から風の塔に向かう場合、ちょうどこのブイの付近を通過しますので、このブイから少し距離を取ってコースを設定します。

なお、このブイの西側にあたる羽田沖は、滑走路がかなり沖合まで大きく張り出していて、周辺には浅瀬もあるので、近づかないようにしてください。

■ 風の塔から中ノ瀬航路出口付近まで

風の塔はヨットのセールを模したデザインで、遠くからでもよく目立つ、航行上、重要な物標です。この風の塔と海ほたるの間、風の塔と川崎浮島の間には、それぞれ西水路と東水路が設けられており、羽田空港の拡張により、3000トン以上の大型船は東水路を航行することが義務付けられました。特に東水路には、三つの中央ブイが設置されており、中ノ瀬航路を出て東京港や千葉港に向かう大型船は、真っすぐこの東水路へと向かいます。

プレジャーボートも、この両水路を航行する際には、右側通航のルールを守らなければなりません。基本的には、湾奥に向かうときも、湾口に向かうときも、風の塔をすぐ

海ほたる

海ほたるは東京湾アクアラインの途中にあるパーキングエリアの名称。これと風の塔の間には航路が設定されているので右側通航のルールを守る

風の塔

風の塔は川崎浮島の沖に建造された人工島の換気施設。ヨットを模したデザイン（高さ90メートル）で、遠くからでも視認することができる

CHAPTER **2** 航海計画とナビゲーション

浦安沖南方位灯標から風の塔へのコース検討中

ここで使用している画像はすべて、海上保安庁発行の航海用電子海図『ENC』を、日本総合システムのビューワーソフト「チャートビューワー」で表示させたもの。電子海図類の場合、コースの検討をマウス操作で簡単に行える点が大きなメリットだ。なお、この画面では、浦安沖から風の塔に向かうコースを検討中の様子。細い実線で示されているのが、確定前のコースで、こうした線を表示させながら、途中に障害物がないコースを検討していく。浦安沖から風の塔に向かって真っすぐ進んだ場合、大型船が進路変更する際の目標となる東京沖灯浮標にぶつかってしまうので、これを避けるコースを設定する必要がある

浦安沖南方位灯標から風の塔までのコース

上の画面での検討を経て、浦安沖南方位灯標から風の塔までのコースを確定させた状態。東京沖灯浮標とその周辺海域を避けたことにより、風の塔周辺で、若干のコース変更を行うこととした。なお、実際の航行中は、必ずしもこのコースラインと完全に同じコースをたどる必要はない。状況が許せば最短コースを取っても構わないし、他船などを避けるために大きくコースをそれなければならないこともある。コースラインを目安としながら、臨機応変に対応したい

東京沖灯浮標を回りこむ大型船に注意

海ほたると風の塔の間は、中央のブイによって分けられ、左右とも一方通行になっている

風の塔から富津岬沖まで

中ノ瀬航路北端付近から南側の東岸海域は、木更津港への航路や定置網が多く、また、荒天時にはやや視認しにくい第一海堡、第二海堡もある。海上交通安全法に定められた航路（中ノ瀬、浦賀水道）に侵入しないよう注意しつつ、富津岬を大きく回りこむようにして、第一海堡、第二海堡の間を目指す。なお、東京湾湾口から湾奥を目指す場合、この周辺の物標は、背後の横浜の街並みに溶け込みやすいので、十分に気をつけよう

中ノ瀬航路を出て、東京湾湾奥に向かう大型船のコース

ノリ網、浅瀬に注意

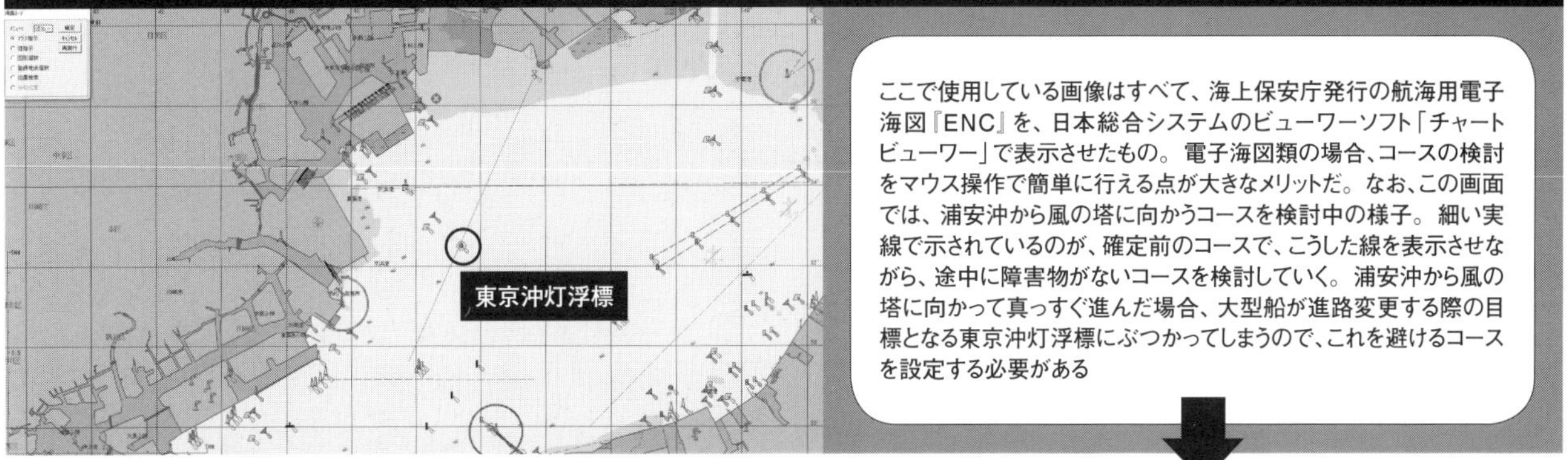

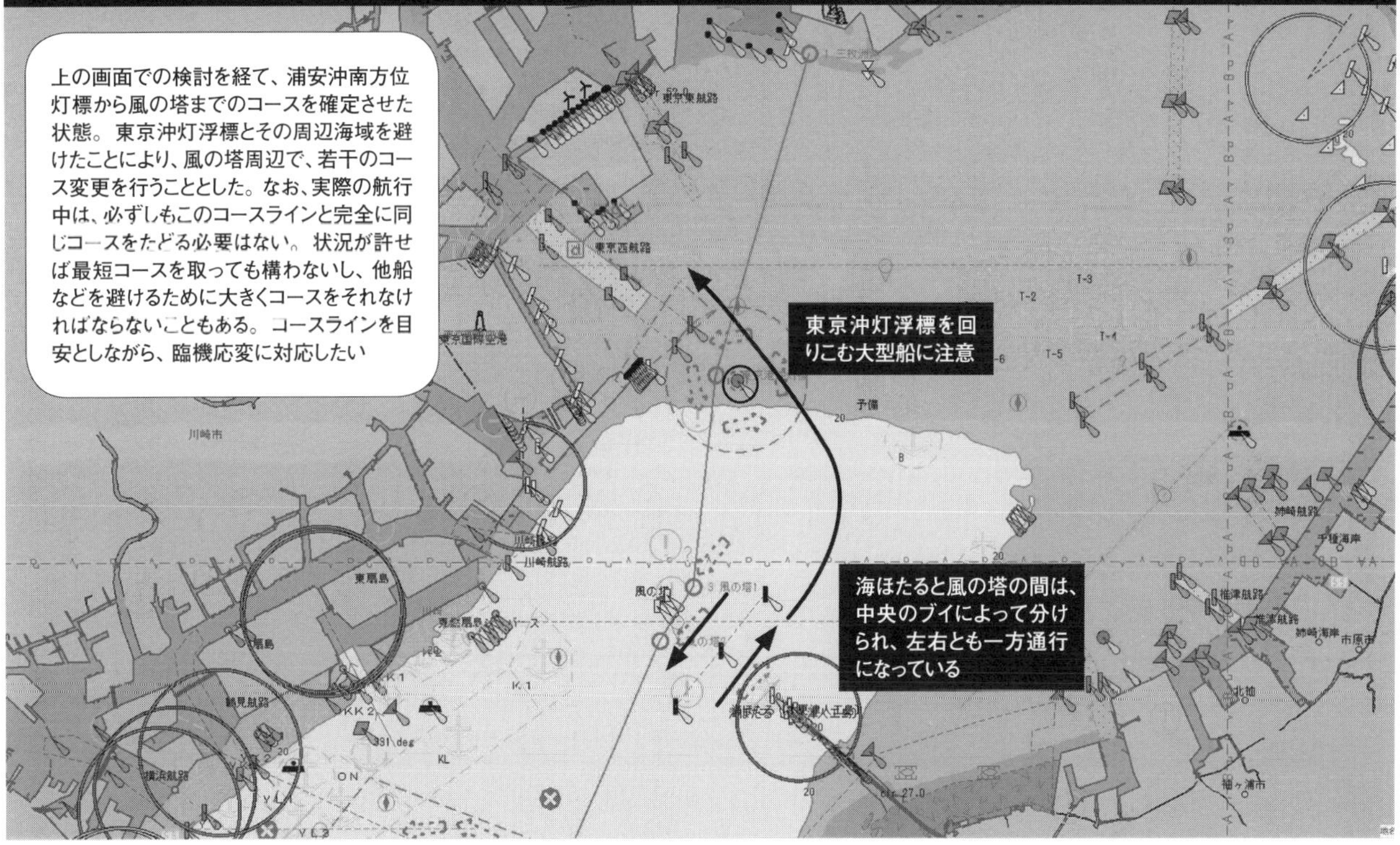

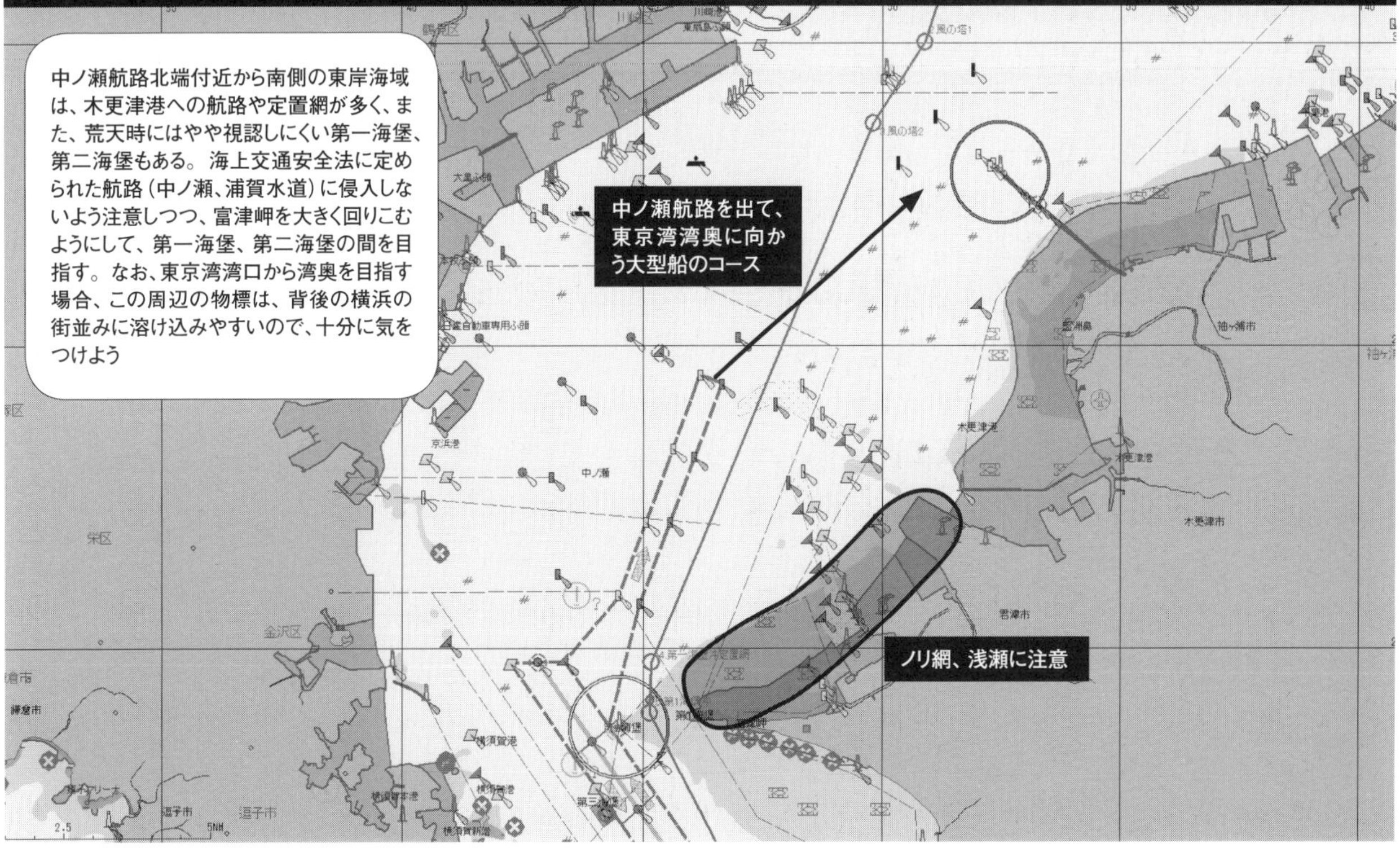

富津岬沖から浦賀水道航路南端まで

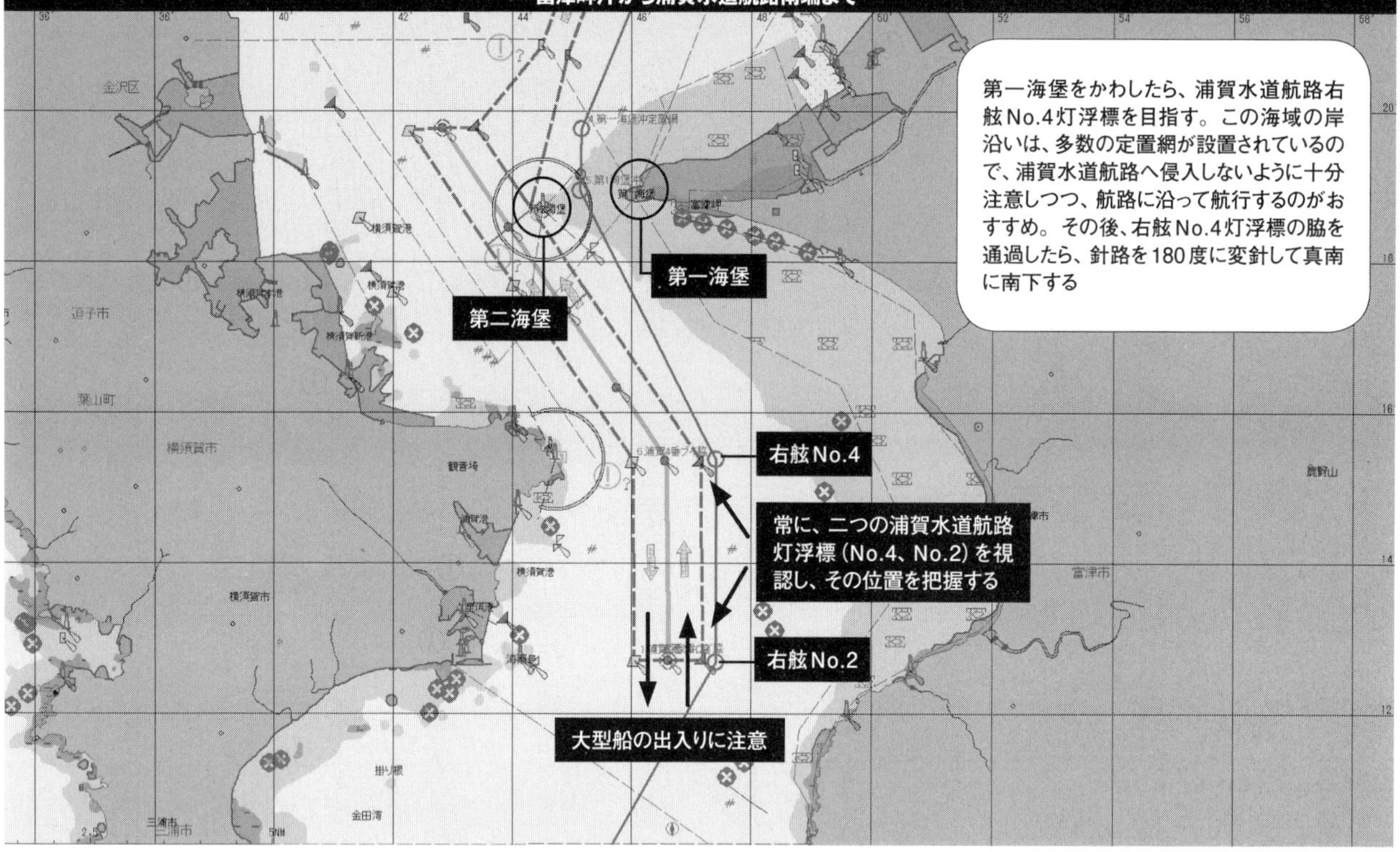
第一海堡をかわしたら、浦賀水道航路右舷No.4灯浮標を目指す。この海域の岸沿いは、多数の定置網が設置されているので、浦賀水道航路へ侵入しないように十分注意しつつ、航路に沿って航行するのがおすすめ。その後、右舷No.4灯浮標の脇を通過したら、針路を180度に変針して真南に南下する
第一海堡
第二海堡
右舷No.4
常に、二つの浦賀水道航路灯浮標（No.4、No.2）を視認し、その位置を把握する
右舷No.2
大型船の出入りに注意
金沢区
逗子市
葉山町
横須賀市
富津岬
富津市
観音埼
掛ノ根
金田湾
三浦市

浦賀水道航路南端から大島へ

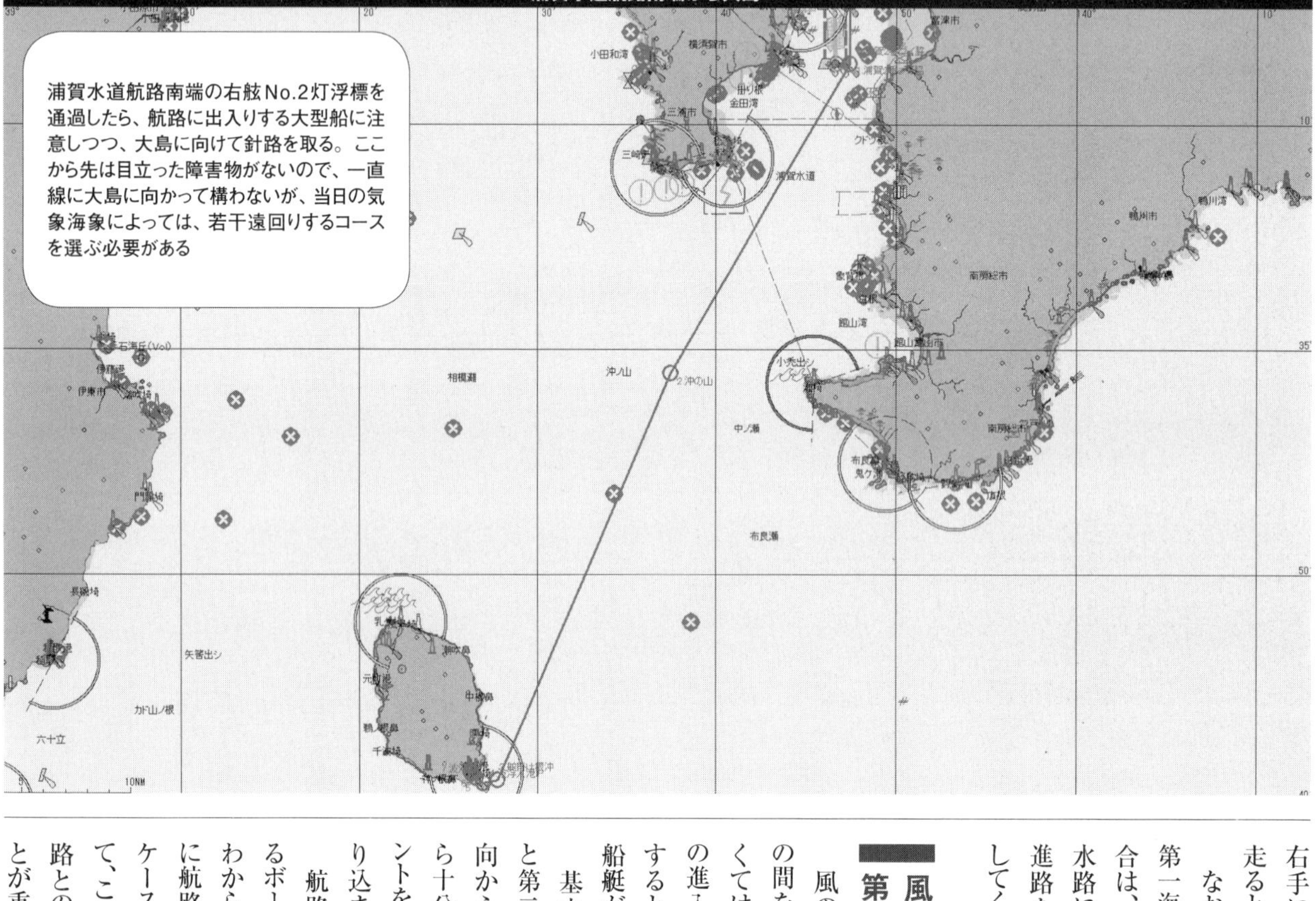
浦賀水道航路南端の右舷No.2灯浮標を通過したら、航路に出入りする大型船に注意しつつ、大島に向けて針路を取る。ここから先は目立った障害物がないので、一直線に大島に向かって構わないが、当日の気象海象によっては、若干遠回りするコースを選ぶ必要がある
横須賀市
小田和湾
三浦市
浦賀水道
館山湾
南房総市
鴨川市
沖ノ山
相模灘
伊東市
中ノ瀬
布良瀬
矢筈出シ
カド山ノ根
六十立

右手に見て、各水路の右端寄りを走るとよいでしょう。

なお、湾奥からこの水路を越えて第一海堡（湾の東岸側）に向かう場合は、各水路を逆走しないことと、水路に進入しようとする大型船の進路を横切ることになる点に注意してください。

風の塔から第一&第二海堡まで

風の塔から第一海堡と第二海堡の間を目指すとき、最も注意しなくてはならないのが、中ノ瀬航路への進入です。誤って航路内に進入すると、すぐに海上保安庁の巡視船艇が飛んできて検挙されます。

基本的に、風の塔から第一海堡と第二海堡を結ぶ線へは一直線で向かえますが、中ノ瀬航路出口から十分に離したところにウェイポイントを設定し、万が一にも航路に入り込まないように注意しましょう。

航路逆行などの違反で検挙されるボートは、自分がどこにいるのかわからずに走っていて、知らないうちに航路に入り込んでしまったというケースがほとんどのようです。よって、このコースを走るときは、常に航路との位置関係を把握しておくことが重要です。

一方、中ノ瀬航路を恐れて千葉県側に寄りすぎると、富津岬の浅瀬やノリ網のある水域に入りこんでしまいます。過度に恐れることなく安全なコースを引きましょう。

実際に航行すると、中ノ瀬航路出口付近は、半径2マイルほどのエリア内に木更津航路や中ノ瀬航路などの灯浮標が20個以上あります。視界がよいときはまだしも、霧や雨で見通しが悪い場合や、夜間の場合は、非常に識別が難しいのです。よって、GPSプロッターなどを使って常に船位を確認しておいてください。

なお、第一海堡手前の北側には、季節によって大きく定置網が張り出しているので、風の塔から第一海堡をギリギリにかわす針路を取ると、必ず引っかかります。

また、風の塔から第一海堡にアプローチすると、木更津港への航路を横切ることになります。

さらに、第一海堡と第二海堡、そして第一海堡と富津岬の展望台は見間違えやすいので要注意。第一海堡と第二海堡の間を目指しているつもりが、第一海堡と富津岬の浅瀬に向かって突き進んでいる、ということがよくあります。

よって、岸側に余裕を持たせるよう、コース自体を第二海堡寄りに設定し、確実に視認しながら第二海堡に向かって進みます。

このように、コースを設定するときは、航路や浅瀬、網など、航行の障害となるものをきちんと把握した上で、十分な安全マージンを確保することが大切です。

第一&第二海堡から東京湾口まで

第一海堡と第二海堡の間を抜けたすぐ目の前には、途中で折れ曲がっている浦賀水道航路があり、東京湾湾口の開けた水面へと一直線に進もうとすると、この航路に侵入してしまうので、十分に注意する必要があります。

そこで、浦賀水道航路右舷No.4灯浮標の脇にウェイポイントを設定し、第一海堡を大きく迂回するようにして、航路に沿って進んでいきます。おおよそ150度の方向です。

また、第一海堡と竹岡を結んだ線の陸側には、一面にノリ網が広がっていますので、この海域を十分に回避するコースを設定しましょう。

浦賀水道航路右舷No.4灯浮標を越えたら、針路を航路に沿う180度として、浦賀水道航路入り口である右舷No.2灯浮標の脇に向けて真っすぐ南下します。浦賀水道航路の千葉県側を航行するときは、必ずこれら二つの灯浮標を視認してください。大変重要な物標です。

浦賀水道航路右舷No.2灯浮標を越えたら、大島に向かうため大きく右に変針します。このコースは、東京湾、つまりは浦賀水道航路に出入りする大型船の行き来するなかを斜めに横切ることになるので、十分に見張りを行ってください。

とはいえ、湾口を抜けたあたりからは、特に大きな障害物がないので、大島まで一直線のコースを取って構いません。もちろん、当日の天候や海況によっては、大島に真っすぐに向かえないケースもあることを頭に入れておいてください。

なお、東京湾湾口から北上する場合は、浦賀水道航路右舷No.4灯浮標を左に見て通過したら、必ず大きく左に転じてください。直進すると、第一海堡と富津岬の間の浅瀬やノリ網地帯に突っ込んでしまいます。

ちなみに、北上するときは、第二海堡が横浜側の背景に溶け込んで視認しにくいので要注意です。

第一海堡

第一海堡は、富津沖のすぐ近くに位置する人工島。季節によっては、その北側に大きな定置網が設置されるので、航行時の見張りを忘れずに

第二海堡

第二海堡は、浦賀航路のすぐ近くにある人工島。都心部から第一海堡と第二海堡の間を目指す場合は、中の瀬航路を逆走しないように注意する

浦賀No.2 & No.4灯浮標

浦賀水道航路にある右舷No.2灯浮標（上）と右舷No.4灯浮標（下）。いずれも、東京湾内の重要な航路標識なのでしっかりと位置関係を把握しておく

浅瀬や網の警告

湾内をクルージングする場合は、浅瀬や定置網の位置を事前に確認しておく

【第5回】

具体的なコース設定③

前項に引き続き、東京湾湾奥から伊豆大島・波浮港までのクルージングを例に取り、東京湾湾口から波浮港までのコース設定をする上でのポイントと、東京湾内での神奈川県側を航行する場合のコース設定について解説します。

東京湾湾奥から波浮港までのコース設定

東京湾湾口から伊豆大島まで

伊豆大島の波浮港に向かうときは、房総半島先端の洲埼《すのさき》と、三浦半島先端の剱埼《つるぎさき》を結んだ中間地点より、やや剱埼寄りを進みます。千葉県側から向かうときも、神奈川県側から向かうときも、遠くに見える大島の中央、三原山を目標にするといいでしょう。この針路は、波浮港に向かう最短コースよりもちょっと右に寄っています。その理由は、房総半島先端の洲埼沖の、波の悪い海域をできるだけ避けるためです。

洲埼沖は海底が隆起して水深が浅くなっており、その海底の山並みが、三浦半島南端にある城ヶ島の南南西の海底にそびえる「沖ノ山」まで続いています。洲埼から沖ノ山にかけての海底は、水深1000メートル以上から水深50メートルほどまで一気にかけあがる険しい地形で、このエリアの海面は、穏やかな日にも波立っていることが多い難所となっています。よって、そのエリアのなかでも水深が深く、海面が比較的静穏なところを選んで航行するわけです。

大島方面に向かうときは、どうしてもこの周辺を通過する必要があるのですが、水深が浅いエリアをちょっと外すだけで波の立ち方がだいぶ違ってくるので、コース設定を工夫してみてください。その日の風向きによって、沖ノ山の東側と西側の、どちらを迂回しても構いません。

もちろん、波が穏やかで、どこを走っても問題がないような日であれば、大島南東端の龍王埼を目指し、一直線に進んでいっても問題ありません。

このように、コースを設定するときは、水面上の障害物だけでなく、海底の地形も加味して考えることが重要です。

さて、東京湾から出て伊豆大島に向かう場合は、外洋のうねりのなかを走るのが普通です。湾内と湾外では波の性質が異なるため、外洋では、波長が長いうねりの場合、波高が2メートル程度あっても問題ないこともあります。ただし、こうした場合、すぐ近くを一緒に走っている僚艇が波間に隠れて見えない……という状況になります。フライブリッジがないボートでは、波の谷間に落ちたときに周りが水の壁になり、ちょっと怖いのですが、そんなものだと思って慣れるしかありません。

とはいえ、外洋を走る場合は、くれぐれも天候や海況に注意を払い、それに応じてコースを変えることも必要です。状況に応じて臨機応変に対応しましょう。

なお、外洋に出ると、周囲に顕著な物標のない開けた洋上を航行するため、少し視界が悪いと周りになにも見えなくなります。そうなると、海図類やGPSプロッターに設定したコースだけが頼りなので、こ

波浮港

見晴らし台から眺める伊豆大島波浮港のたたずまい。もともと噴火口だった場所で、まさに天然の良港となっていて、寄港地としての人気も高い

浦賀水道航路南端から大島へ

沖ノ山
浅瀬エリア

海上保安庁発行の航海用電子海図『ENC』を、日本総合システムのビューワーソフト「チャートビューワー」で表示させた画像。この画面は、浦賀水道南端から、伊豆大島波浮港へ向かう際のコースを示している。最短コースとは異なるが、洲埼沖の浅瀬エリアと城ヶ島沖南南西に位置する沖ノ山を避け、できるだけ水深が深く、波が穏やかなエリアを通過するよう、途中に変針点を設けている。海図を見ると、洲埼沖、伊豆大島の南北沖にはそれぞれ、「急潮」を示す波のマーク（点）が描かれているのが確認できる

伊豆大島周辺のコース（東回り）

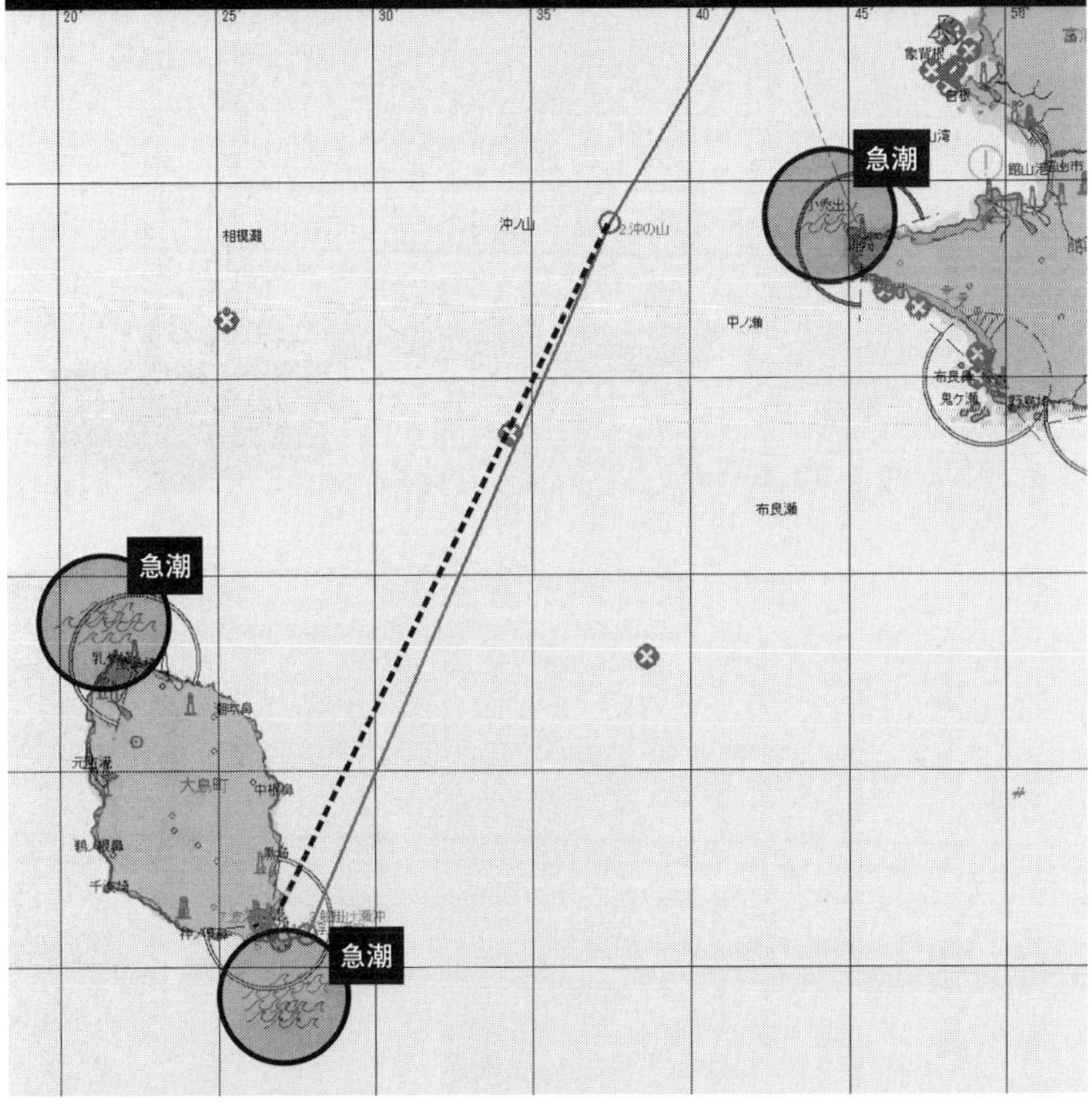

急潮
相模灘
沖ノ山
中ノ瀬
布良瀬
急潮
急潮

洲埼沖から波浮港へ（東回り）

洲埼～沖ノ山間の変針点から一直線に龍王埼を目指すと、浅瀬に入り込んでしまう
龍王埼沖の浅瀬に注意し、十分に回りこんで沖側からアプローチする

伊豆大島東岸を経て波浮港に至るコース。洲埼～沖ノ山間の変針点からは、一直線に龍王埼を目指すのではなく、大島南東端の少し左を目標に進み、龍王埼沖の浅瀬を大きくかわして波浮港に入る。状況によっては、龍王埼付近の返し波が危険な場合もある。風や潮などの状況によっては、もっと早めに大島に接近しても構わないが、岸に近づき過ぎないように注意しよう。その場合も、龍王埼沖ではいったん沖出しして、浅瀬を避けるように心がける

洲埼沖から波浮港へ（西回り）

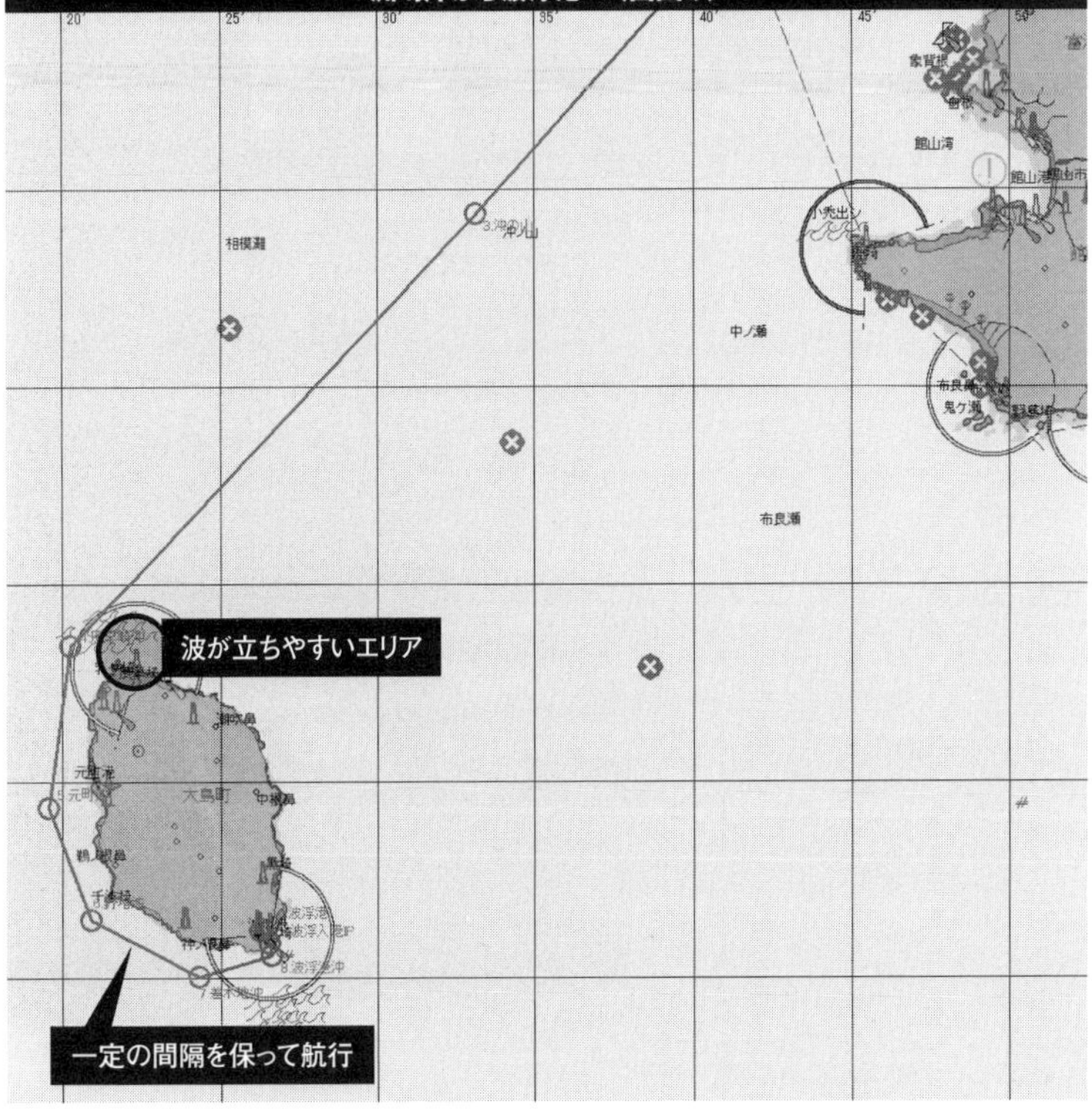

相模灘
中ノ瀬
布良瀬
波が立ちやすいエリア
一定の間隔を保って航行

伊豆大島周辺のコース（西回り）

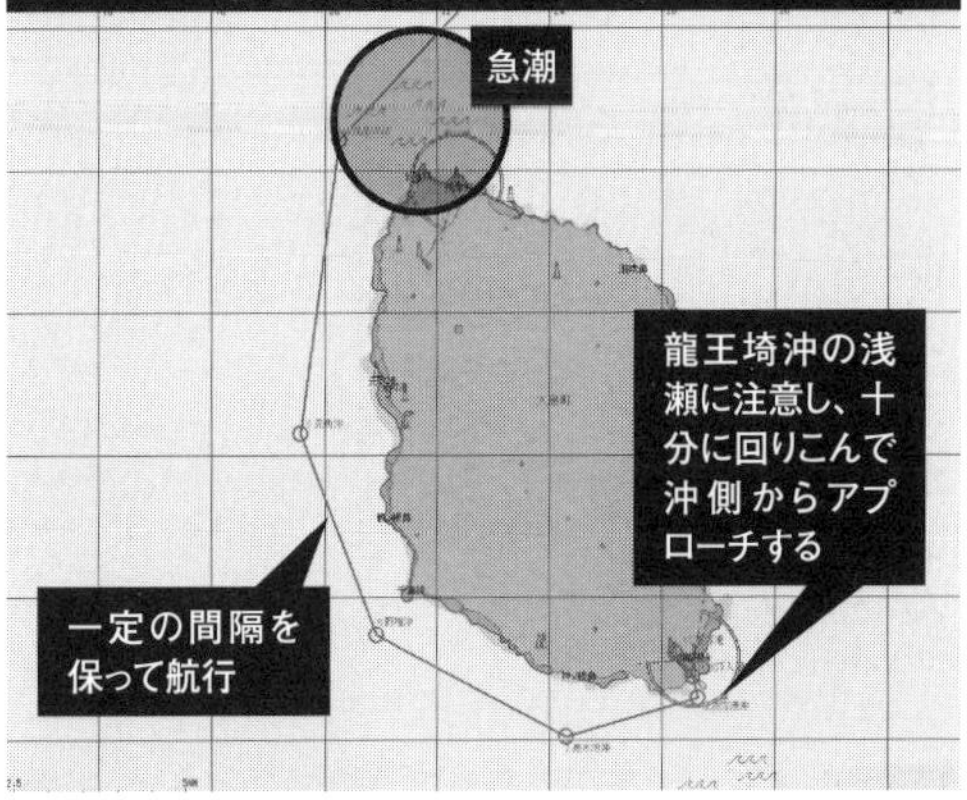

急潮
龍王埼沖の浅瀬に注意し、十分に回りこんで沖側からアプローチする
一定の間隔を保って航行

伊豆大島西岸を経て波浮港に至るコース。最初からこのコースを取る場合は、沖ノ山の西側を通って、伊豆大島北西部の風早埼を目指す。ただし、風早埼と隣の乳ヶ埼（ちがさき）の沖は、海図に急潮の印がある通り、波が立ちやすいエリアなので、あまり近づき過ぎないように注意する。伊豆大島西岸沖は、岸からの返し波などの影響を避けるため、岸から一定の間隔を保って航行。波浮港入港時には、東回りのコースと同様、沖側からアプローチする

波浮港へのアプローチ

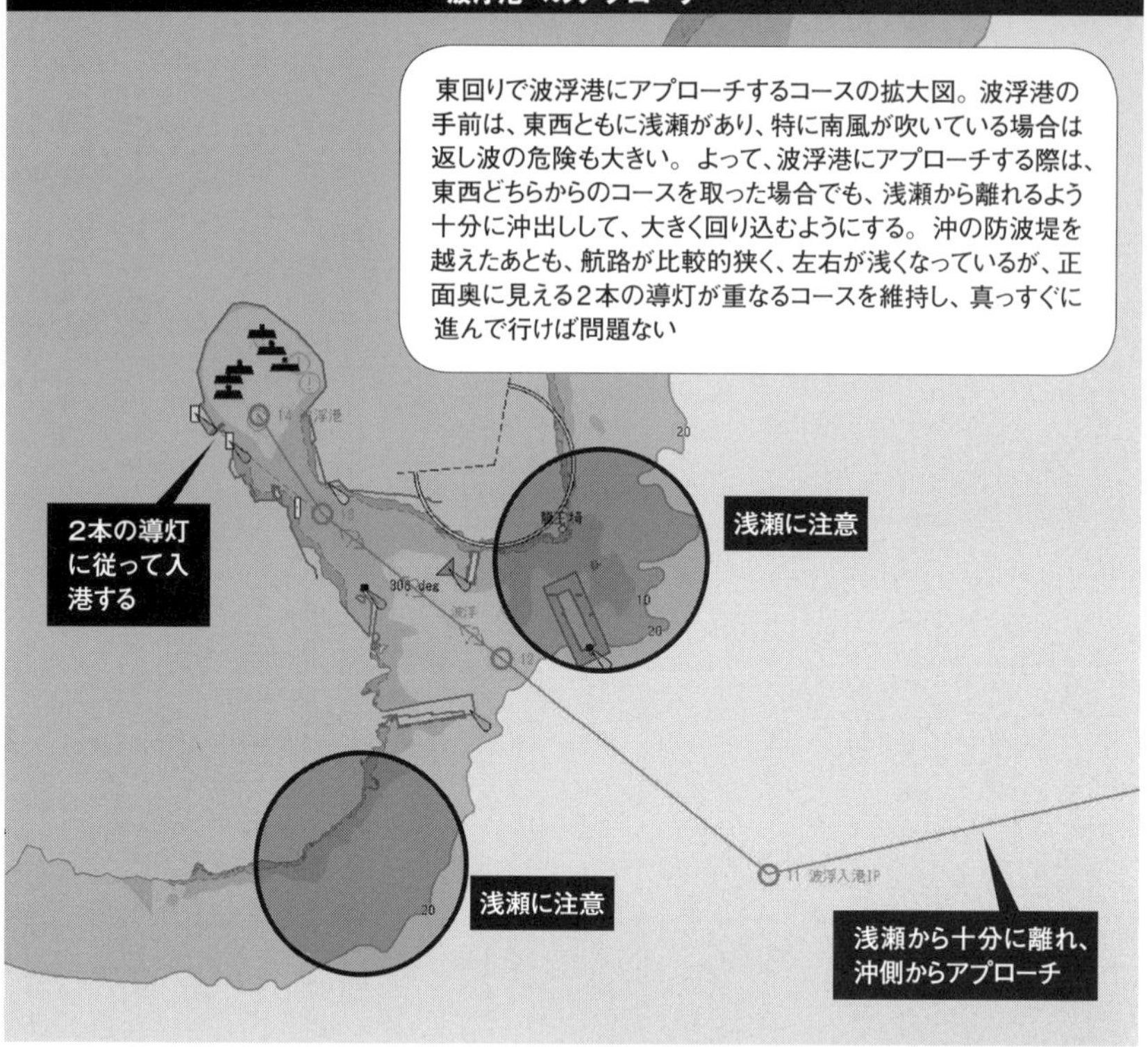
東回りで波浮港にアプローチするコースの拡大図。波浮港の手前は、東西ともに浅瀬があり、特に南風が吹いている場合は返し波の危険も大きい。よって、波浮港にアプローチする際は、東西どちらからのコースを取った場合でも、浅瀬から離れるよう十分に沖出しして、大きく回り込むようにする。沖の防波堤を越えたあとも、航路が比較的狭く、左右が浅くなっているが、正面奥に見える2本の導灯が重なるコースを維持し、真っすぐに進んで行けば問題ない
2本の導灯に従って入港する
浅瀬に注意
浅瀬に注意
浅瀬から十分に離れ、沖側からアプローチ
305 deg
11 波浮入港IP

のコースに沿って針路を保持しましょう。

波浮港へのアプローチ

さて、波浮港に入港するには、大島の南側まで回り込まなくてはなりません。

伊豆大島の東側を通って波浮港にアプローチする場合、龍王埼スレスレのポイントをねらってしまうと岸近くの返し波に翻弄されますし、波浮港の入り口には沖堤が設置されています。よって、波浮港の入り口が見える位置まで、必要以上の接近は禁物。少し沖合からアプローチしましょう。

反対に、伊豆大島西岸を大きく回り込むコースを取っても構いません。多少行程は長くなりますが、最短距離を走るだけがクルージングではありません。雄大な海岸線や山並みを見ながら走るのも大いなる楽しみです。このコースでは、岸からの返し波がきつくならないよう、常に海岸から十分離れて進むことが重要です。

東西いずれかのコースで波浮港沖までたどり着いたら、慎重に港へのアプローチを開始しましょう。波浮港入り口の左右には浅瀬や暗岩があって、特に風が強いときは細心の注意が必要です。

とはいえ、波浮港には、港の入り口から奥に進入する際の目印となる2本の導標が設置されており、この2本の導灯が重なるような針路を真っすぐ進んでいけば、入港は難しくありません。

防波堤を越えてすぐ左が新港、そのまま奥に進むと本港です。本港の突き当たり正面の岸壁が、プレジャーボートが着けられる場所です。邪魔にならないように係留させてもらいましょう。本港の右手は漁協の荷揚げ場なので、空いていても係留はできません。

給油は、夏場なら漁協近くの岸壁にタンクローリーが常時いますし、いない場合は、電話して呼ぶとどこにでも来てくれます。

東京湾内の神奈川県側のコース

ここまでは、東京湾内の千葉県側のコースについて解説しましたが、場合によっては神奈川県側のコースを設定しても構いません。

神奈川県側を走るときは、横浜港～本牧沖の大型船が多く行きかう海域を走らねばならないこと、浦賀水道航路が張り出しているためにこれを大きく迂回して観音埼を回り込まなければならないことなどから、筆者は特段の理由がない限り、千葉県側を航行します。しかし、その日の天候や海況により、神奈川県側を走ったほうが楽なケースもありますし、横浜方面がホームポートの方はこちらを通るのが普通です。

ここでは、神奈川県側のコースを設定する際の注意点を見てみましょう。

風の塔から横浜方面に向かうのは比較的容易です。ただ、東水路

波浮港導灯

波浮港入り口から見て左岸の奥に、白色三角形のトップマークを持つ2本の「波浮港導灯」があり、これが重なるように見ながら（写真下）入港する

東京湾内・神奈川県側のコース

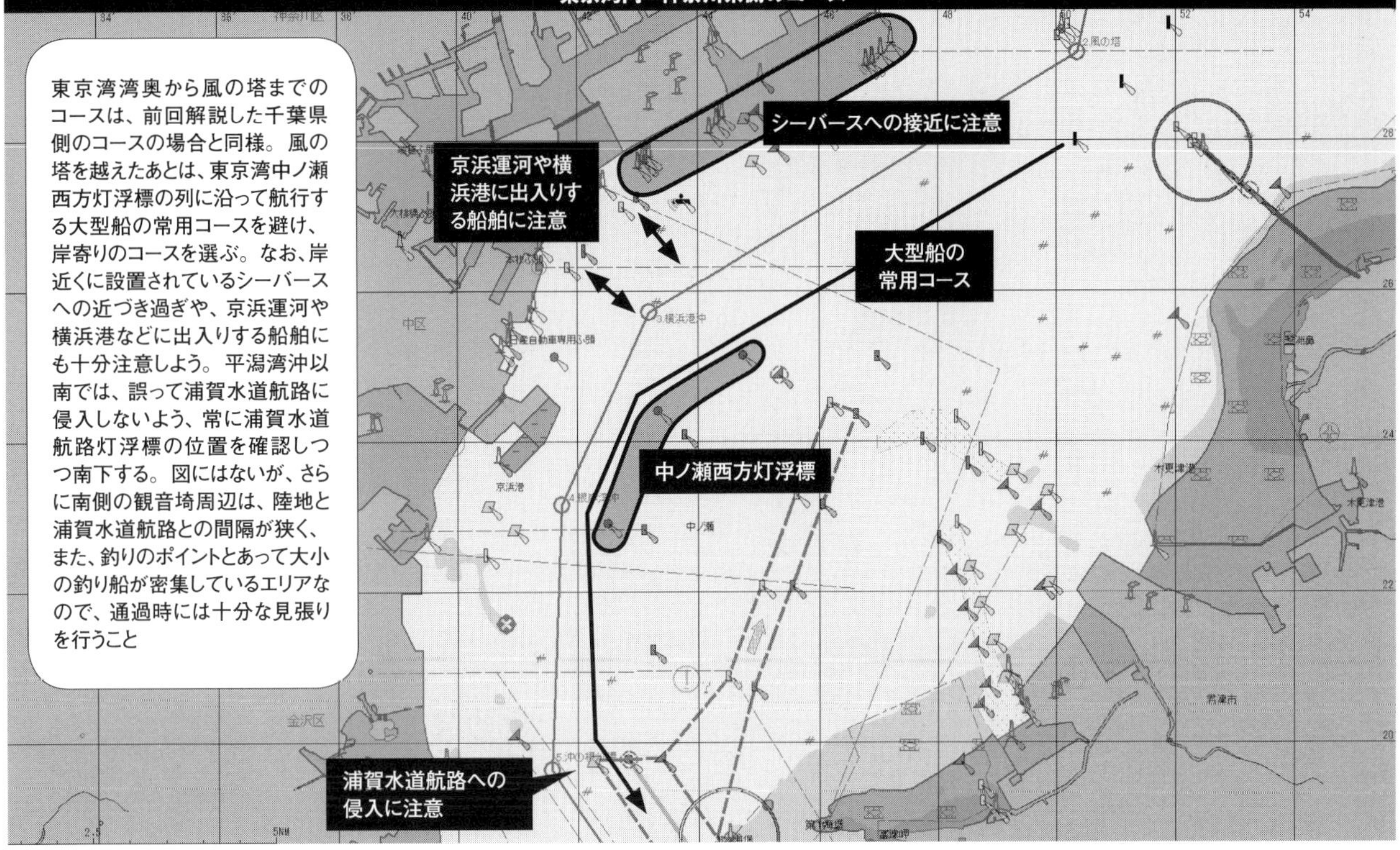
東京湾湾奥から風の塔までのコースは、前回解説した千葉県側のコースの場合と同様。風の塔を越えたあとは、東京湾中ノ瀬西方灯浮標の列に沿って航行する大型船の常用コースを避け、岸寄りのコースを選ぶ。なお、岸近くに設置されているシーバースへの近づき過ぎや、京浜運河や横浜港などに出入りする船舶にも十分注意しよう。平潟湾沖以南では、誤って浦賀水道航路に侵入しないよう、常に浦賀水道航路灯浮標の位置を確認しつつ南下する。図にはないが、さらに南側の観音埼周辺は、陸地と浦賀水道航路との間隔が狭く、また、釣りのポイントとあって大小の釣り船が密集しているエリアなので、通過時には十分な見張りを行うこと
シーバースへの接近に注意
京浜運河や横浜港に出入りする船舶に注意
大型船の常用コース
中ノ瀬西方灯浮標
浦賀水道航路への侵入に注意

を通って南下する大型船が多数航行しているので、それらを避けるためにも岸寄りに走ります。もちろん、あまりに岸（扇島）に寄り過ぎてしまうと、シーバースなどがあるので、大型船の常用コースから離れつつ、岸からも十分な距離を取ったコースを設定しましょう。

横浜港沖では大型船やタグボートなどがひっきりなしに出入りしているので、見張りに注意して、早め早めに相手の進路を避けましょう。この横浜沖から本牧沖、根岸湾沖にかけては、海底の地形のせいか、航行する船舶が多いからか、常に波長の短い嫌な波が立っています。

横浜港沖から根岸湾沖にかけては、東京湾中ノ瀬西灯標が設置されており、湾奥から湾口に向かう大型船はこの西灯標の西側を通ります。よって、これらの大型船を避けるため、横須賀の山並みを目標に、南本牧ふ頭に寄って航行します。もちろん、どこをどう走っても自由ですが、わが身の安全のために、できるだけ大型船の常用航路を避けるのが鉄則です。

なお、本牧沖から東京湾湾口に直接向かう針路を取ると、浦賀水道航路に侵入してしまいます。

南本牧ふ頭を過ぎて根岸湾沖に達したら、針路を少し左に取って猿島を目指し、平潟湾の入り口にある住友重工の赤白のガントリークレーンを右正横に見るあたりまで直進します。

猿島ではなく八景島を目標にするときは、本牧沖から真っすぐ進み、沖ノ根灯標に向かいます。八景島のピラミッド状の建物や展望タワーが目立つので、それらを目標として進みたくなりますが、そうすると、網がたくさんある水域に入り込んでしまいます。少なくとも、住友重工のガントリークレーンより右側には向かわないでください。

住友重工のガントリークレーンの正横付近まで来ると、左手に浦賀水道航路北端のブイが三つ並んでいるのが見えるはずです。航路に侵入しないよう、必ずこのブイを視認しましょう。

その後、観音埼の真横までは、浦賀水道航路に沿って南下します。可航幅が狭く、東京湾を航行する上で、特に注意を要する場所です。常に航路の存在を意識しつつ、GPSプロッターに注意して、航路との距離を置きながら走りましょう。房総半島の山並みの中で一番目立つ鋸山《のこぎりやま》を、やや斜め右に見るようにするのがおすすめです。

また、走水《はしりみず》沖から観音埼にかけての海域は、小型のカートップボートや手漕ぎのレンタルボート、遊漁船など、たくさんの釣り船が出ているので、これらにも要注意です。

観音埼をすぐ右手に仰ぎ、緑色の浦賀水道航路左舷No.3灯浮標を左手に視認したら、右に45度ほど変針し、方位180度で真っすぐ湾口に向けて南下します。

観音埼を越えると、東京湾はぐっと開けて左右に視界が広がります。ここで大島へ一直線に向かいたくなりますが、途中には久里浜沖に浮かぶ難所、海驢島《あしかじま》があるので、ショートカットは禁物。必ず浦賀水道航路に沿って南下してください。浦賀水道航路左舷No.1灯浮標を通り過ぎたら、初めて伊豆大島に向けて右に変針します。

＊

以上、東京湾湾奥から伊豆大島・波浮港までのコース設定に関する具体的な注意点を見てきました。コース設定は一見、難しく思えるかもしれませんが、習うより慣れろですので、まずは身近なクルージングプランの立案から始めて、ぜひ、未知の場所を訪れるために、自由自在にコース設定できるようになってください。

【第6回】航海中のナビゲーション

ここでは、実際に航行する際のナビゲーションに関して解説します。せっかくコースを設定しても、これに従って航行できなければ意味がありません。あわせて、障害物の避け方や、初めての港へのアプローチ方法も見てみましょう。

簡単なコースのトレース方法

ホームポートを出港したのち、事前に設定したコース通りに走るには、基本的にはウェイポイントを目指して走るようにします。GPSプロッターがあり、そこにコースラインが設定してあれば、別に難しいことはありません。逆にいうと、GPSプロッターがなければ、長距離航行や初めての海域を走ることは考えられません。

ただ、とても手軽なGPSプロッターにも、ちょっとした使い方のコツがあります。

別途、GPSコンパス(二つのアンテナを設置し、その位相差によってボートの船首方位を割り出す装置)などを搭載していない限り、GPSプロッターに表示される船首線の方位は、実際の船首の向きとは異なり、ボートの動きからワンテンポ遅れます。というのも、この船首線は、ボートが一定時間移動したあとで初めて、その軌跡を基にして進行方向を示すものだからです。

最新のモデルでは、この遅れが小さくなっていますが、それでも、GPSプロッターに表示された船首線だけを頼りに操船すると、旋回時に行き過ぎてしまいがちですし、ただ真っすぐ走るだけでも、フラフラと蛇行してしまいます。

こうした理由から、船首方位の決定は、マグネットコンパス(以下、コンパス)を見たほうがやりやすいことが多いです。確かに、コンパスには偏差や自差があるので、すべてを頼るわけにはいきませんが、いったんGPSプロッターで針路を定め、「そのときにコンパスが指し示している方位」を維持して進むようにすれば、偏差も自差もまったく関係なく使うことができます。

また、コンパスは操船者の真正面に設置されている場合が多いものですが、特にGPSプロッターは、操船者の正面から左右どちらかに角度を持って設置されているのが普通で、針路を確認するのに、いちいち横を見るのは結構疲れます。

そこで、GPSプロッターの船首線が次のウェイポイントに向かって安定したら、そのときコンパスが示す方位を覚え、さらに、船首方向の遠く先にある山や灯浮標などを目標に定めて、その目標を目指しつつ、時折コンパス方位を確認しながら走るとラクです。

GPSプロッターは確かに手軽で便利な計器ですが、ずっとにらみ続けて走っていると疲れてしまいますので、ときどき、ボートがコースから外れていないかをチェックする程度に使うというのが、筆者おすすめの方法です。

GPSプロッターとコンパスの併用

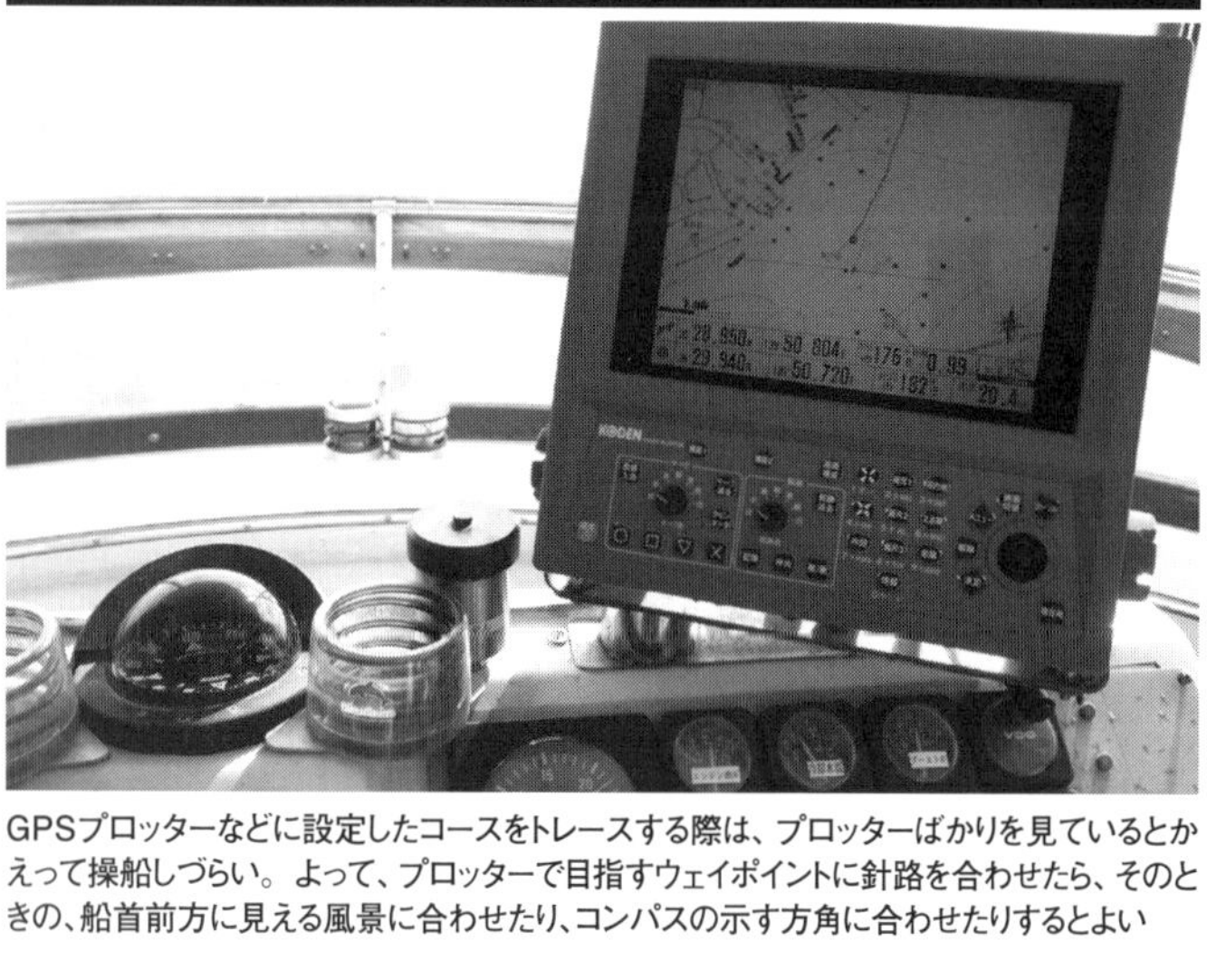

GPSプロッターなどに設定したコースをトレースする際は、プロッターばかりを見ているとかえって操船しづらい。よって、プロッターで目指すウェイポイントに針路を合わせたら、そのときの、船首前方に見える風景に合わせたり、コンパスの示す方角に合わせたりするとよい

臨機応変な回避行動で障害物や他船を避ける

ボートのナビゲーションで最も大切なことの一つとして、浅瀬や定置網など、航行する上で危険な障害物に近づかない、ということが挙げられます。「君子危うきに近寄らず」が一番。そこで、GPSプロッターのマーク機能や作図機能を使って、プロッター上に危険な箇所をわかりやすくするための印を付けておきましょう。

特に、どうしても港の出入り口や河口などの危険地帯を通らなければならない場合は、より慎重なアプローチが求められます。こんなときは、コースを設定するのは当然として、どこまで航行可能な水深があり、どこからが限界よりも浅いのか、作図機能を使ってマーキングしておきましょう。こうしておけば、航行中にほかのことに気を取られることがあっても、うっかり近づいてしまう可能性を減らせます。

一方、航行中には、他船と行会いの関係になったり、停泊している遊漁船団がいたりと、状況に応じて臨機応変に回避行動をとる必要性もあります。

こうした危険を回避するためには、なによりもまず見張りが必要です。GPSプロッターやレーダーを使っているからといって、周りを見なくてもよいというわけではありません。どうやって回避するかを判断する上でも、状況の把握は絶対に必要なので、周囲の状況には常時、注意を払ってください。

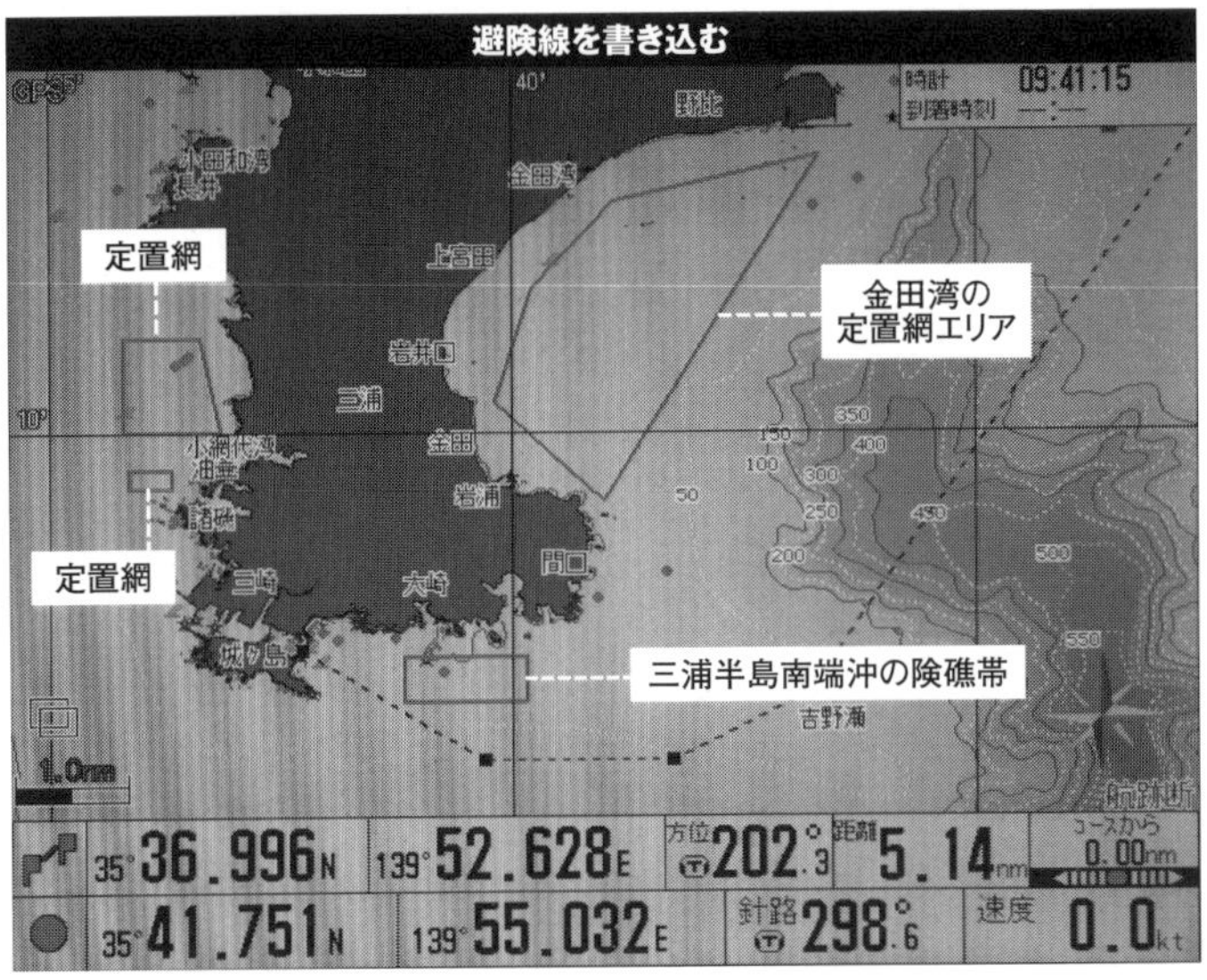

浅瀬や暗礁帯、定置網の設置場所など、近づいてはいけない場所には、前もって避険線を引いておく。写真は、三浦半島南部に避険線を設定した、GPSプロッター（コーデンSDP-300）の画面。点は、孤立した岩礁帯などの障害物。モノクロなのでわからないが、避険線も障害物を示すマークも、すべて目立つ赤色にしてある

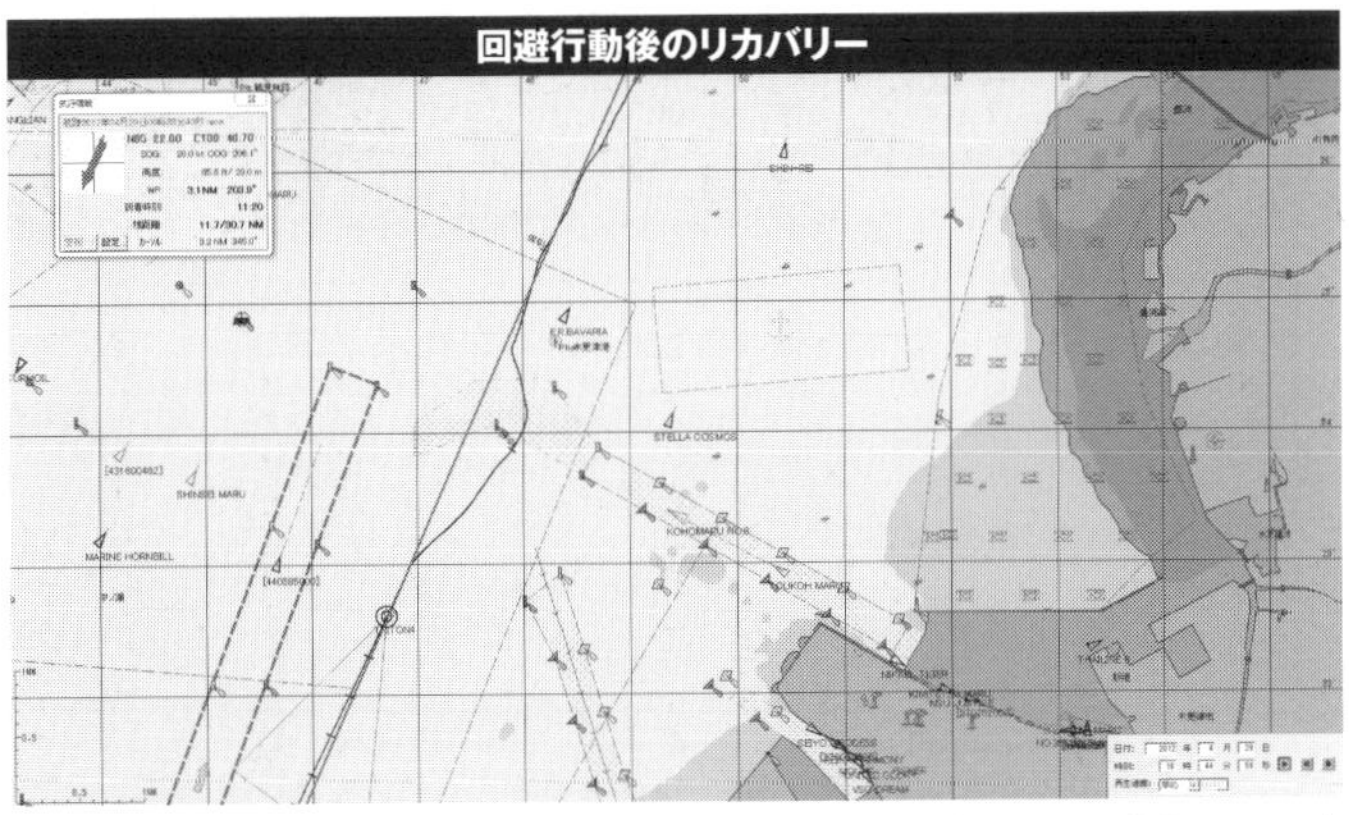

あらかじめ設定していたコース上に、他船や浮遊物などの障害物があった場合は、いったんコースラインから離れて、これらの障害物から十分な距離をとって回避する。その後は、コースラインをトレースするように戻ってもいいし、回避した地点から直接、次のウェイポイントに向けたリカバリーコースを進んでもよい。ただし、リカバリーコースを取る場合は、その進路上に障害物がないか、安全マージンが十分にあるかを確認しよう

航行中に障害物を見つけた場合は、事前に設定したコースをトレースするのは二の次にして、早めに十分な距離を取って避ける必要があります。

危険を回避するため、設定したGPSプロッターのコースラインから大きく外れてしまうこともあるでしょう。そんなときは、十分安全に危険を回避したところで元のコースに戻っても構いませんし、あらためて次のウェイポイントに針路を合わせて走っても構いません。状況に応じて、臨機応変に対応すればいいのです。

ただし、1点だけ注意したいのは、設定していたコースの周辺に、どのくらいの安全マージンがあるか？ということです。GPSプロッターを見れば、自船位置と進むべき方向はわかりますが、障害物を避けたあとのリカバリーコース上に定置網や浅瀬などの障害物があったら大変です。コースを設定する際には、その海域にどのくらい安全マージンがあるかも常に把握しておいてください。

また、特に知らない海域を航行する際は、常にプロッター画面の表示設定について、拡大、縮小を繰り返しながら、周囲の状況をチェックするようにしましょう。

もちろん、詳細な状況を知るには拡大しておいたほうがいいに決まっているのですが、拡大表示のままにしておくことには、意外な落とし穴があります。

というのも、極端に拡大した状態では、表示される範囲が狭くなるので、プロッター上に障害物が表示されてから回避行動をとるまでの時間的余裕が少なくなるのです。航行中は、常にGPSプロッターだけを注視し続けることはできません。このため、表示をあまりに拡大しすぎると、気づいたときには危険地帯に踏み込んでしまっていた、なんてことも起こり得ます。

一方、船首線を遠くのウェイポイントに合わせようとして、あまりに縮小して広い範囲を表示させると、細かな描写が省略されてしまうので、障害物をうっかり見落としてしまうこともあります。

このように、プロッターの表示範囲は、大きすぎても小さすぎてもよくないので、航行中はときどき拡大して障害物がないかを確認したり、反対に、縮小してコース全体を把握したり、コースラインからずれていないかを確認したりと、拡大／縮小を繰り返して使ってください。

船舶の交通量が多い海域での走り方

湾内や航路、港内など、多くの船舶が行き交う海域では、ひっきりなしに他船とすれ違います。また、外洋の開けた水域でも、大型船の常用コース付近では、大型船が等間隔にずら～っと数珠つなぎに並んでいて、一体、いつ横切ったらいいのだろう？と悩んでしまうこともあります。

このような船舶交通量の多い海域では、われわれプレジャーボートは保持船の立場を強調せず、とにかく早め早めに回避行動を取りましょう。相手が大型船の場合は、避ける義務があります。「こちらが保持船だから……」といって、大型船の進路を避けないなど愚の骨頂。万が一ぶつかったら、けがをするのは自分です。

大型船は早めに避ける

大型港湾がある海域など、大型船の交通量が多いエリアを航行する場合は、常に見張りを行い、相手船の動きを想定して、危険な状態になる前に、早め早めに回避行動を取ること。大型船は素早い動きが取りにくく、見た目以上に速い上に、その曳き波はプレジャーボートにとって危険でもある。よって、大型船には決して近づくことなく、常にその動きに注意を払っておく

よって、大型船の姿を見かけたら、まだ十分に距離が離れているうちから、「あの船はどのように走るのか」ということを常に考えて動きを予想し、微妙な位置関係にならないよう、事前に変針しましょう。

筆者が普段、東京湾で見る限りでは、大型船の目の前を平気で横切るプレジャーボートが多すぎます。そんな光景を目にするたびに、

「万一、プロペラにロープでも巻きつけて航行不能になったら、どうするんだろう？」

と心配になります。これは決して大げさな話ではありません。大型船は自船のすぐ前が見えないし、機敏に動作することもできないので、大型船の目の前で急に身動きがとれなくなるようなトラブルが発生したら、間違いなく巻き込まれてしまいます。

また、タンカーや貨物船などの特に大きな船は、効率を上げるために、プレジャーボートのように派手な白波を蹴立てないように造られているので、一見、船足が遅いように見えますが、意外とスピードが出ていて速いものです。速度と距離の判断を誤って、ヒヤッとすることもしばしばです。くれぐれも自分の身は自分で守りましょう。特に夜間は細心の注意が必要です。

加えて、これら大型船の曳き波も要注意です。「別に衝突しなければ、近くを通ったっていいじゃないか」と思う方もいらっしゃるかもしれませんが、われわれ小型のプレジャーボートにとって、大型船の曳き波は大変危険です。派手な白波が立っていないし、それほどスピードも出ていないように見えるので甘く見てしまいがちですが、大型船の曳き波は大きなうねりとなって押し寄せてきます。うっかり油断していると、あっという間もなくひっくり返されてしまうこともありますので、十分に注意してください。こうした事態を避けるためにも、航行中は「一に見張り、二に見張り」です。

マイルストーンでの確認

海況が大きく変化する岬の周辺など、事前に設定したマイルストーンに到着したら、その先の海域の海況、ボートと乗員のコンディションなどを確認し、続航するか否かを判断する。もし、この時点でなんらかの不安がある場合は、引き返すなり、近くの港に避難するなりする

続航か否かはマイルストーンで判断

次に、各マイルストーンでの判断について見てみましょう。

マイルストーンとは、半島をかわしたり、外洋に出たりして、海況が変わるであろう地点に設定する、「このまま続航してもよいかを判断する場所」のことをいいます。

例えば、強い北風が吹いている場合、北側に岬（陸地）がある場所や、南に口を開けた湾の奥を航行しているときは、特に支障なく走れるのに、「岬をかわして開けた海域に出たら海況が一変した」、「湾奥から沖合に出てきたら、だんだんと波が高くなってきた。いまは追い波だから楽だけど、帰りがしんどそうだ……」などと、状況が変わることがあるのです。

もちろん、海況だけでなく、この先の天気の具合、風の変化、ボートの調子、さらには一歩踏み込んで、クルーやゲストのコンディションを確かめ、これらの要素をマイルストーンごとに総合的に判断して、航行を続けられるかどうかを考えるのです。

ちなみに飛行機では、燃料の関係でもう帰れないという「Point of No Return」というものがあります。ボートの場合は、よほど陸地から離れた外洋を航海しない限り、こうした地点を設定することはありませんが、いったん荒れた海域に突っ込んでしまうと、引き返せなくなるケースもあります。天候の判断は特に慎重に行い、早めに荒天を察知するようにしましょう。

こうした判断をするマイルストーンは、GPSプロッター上になんらかのマークをつけておくといいでしょう。

なお、マイルストーンは、近くに避航可能な港があるところが望ましいですね。

初めての港への入港方法

初めて訪れる港への入港は気を使います。『Sガイド（プレジャーボート・小型船用港湾案内）』などで事前に綿密な調査をしておくのはもちろんのこと、ここでもGPSプロッターを最大限活用します。

まずは、海図とSガイドを見比べて、安全な入港方法を調べます。

推奨入港針路があればそれに従い、ない場合は海図で周りの状況をよく見て、暗岩や定置網を大きく避けた安全なコースを選定します。

GPSプロッターには、まず目的の港へ進入を開始する地点をプロットします。筆者はこれを「IP」＝イニシャルポイントと呼んでいて、どの方向から港へ近づいたとしても、必ずこのIPを通ってから港に向かうようにしています。

IPは、障害物から十分離して設定しましょう。あとは推奨針路に沿って、防波堤の入り口にもう一つマークを設定しておけばよいのです。もし、入港針路が折れ曲がっていたとしても、その変針点ごとにマークを打っておけば、IPから常に次のマーク、さらに次のマークへと船首線を向けていけば、安全に入港できるわけです。

もちろん、GPSプロッターの自船位置には多少の誤差がありますし、安価なプロッターでは、マップデータが十分ではないものもあります。

さらには、マップデータが作られたあとで、防波堤などが増設されていることもあります。よって、漫然と航行するのは禁物。もしかしたら、流木や網などの障害物だってあるかもしれません。見張りだけはしっかり行いましょう。

こうして入港コースを設定できれば、あとはそれに従ってゆっくり進むだけです。港から港へと進むコースを設定するときも、このIPをウェイポイントとして設定すれば、かなりラクになります。

なお、港と港を結んだライン、あるいは入港のためのコースラインを事前に設定していても、常に自船の航跡を残しておいて、帰路や次回のための参考にするのはいうまでもありません。

入港針路の検討

初めて訪れる港に入る場合には、事前に海図やSガイドを用いて、入港針路の検討をしておくことが肝心。そこで調べた針路や変針点も、GPSプロッターに登録しておこう

入港針路の例

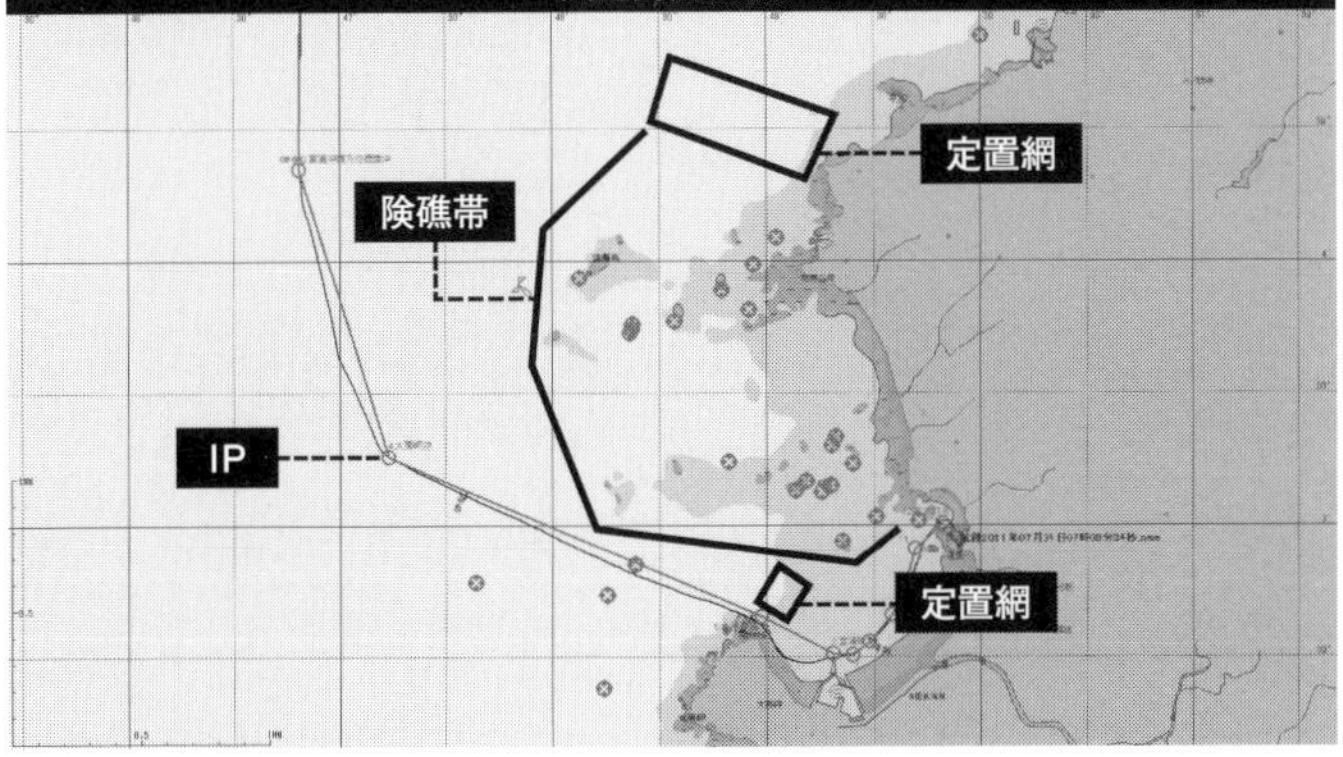

上図は、日本総合システムのビューワーソフト「チャートビューワー」で表示させた航海用電子海図『ENC』画面で、千葉県・富浦港への入港針路を検討したもの。港の北西側に広がる険礁帯や定置網のあるエリアには避険線を設定。その上で、Sガイドなどに基づいた入港コースを設定する。ちなみに、この場合は、「大房岬沖」がIPとなる

安全航海の指針
ボーティングマスター
モーターボートの運用＆操船パーフェクトガイド

CHAPTER 3

離着岸を中心に徹底解説

実践！ボートコントロール

クルマと違う操縦特性を持つボートの操船には、
さまざまなシチュエーションがあり、
その時々に応じて自由自在にコントロールするのはなかなか難しいものです。
それだけに、思い通りにできたときは喜びもひとしお。
離着岸が自信を持ってできれば、ボートライフはより楽しくなります。
ここでは、そんなボート操船のコツについてご紹介しましょう。

BOAT CONTROL

【第1回】ボートの動きの特徴

ここからは、ボーティングには欠かせない操船術をテーマに取り上げます。その手始めとして、まずは、なじみのある陸の乗り物とはまた違った特性を持つ、ボートならではの動きの特徴について見ていきましょう。

状況によって操船方法はいろいろ

キャプテンとして海に乗りだしたら、ボートのコントロールはすべてあなたの双肩にかかっています。ゆえに、「あらゆる場面で自由自在にボートを操ることができる」という理想のキャプテン像に近づきたいところですが、ひと口に「ボートを操船する」といっても、さまざまなシチュエーションがあります。

離着岸に限ってみても、無風で簡単な条件のときから、風や流れのある場合までさまざまです。また、広い沖を走る場合でも、凪の海をただ真っすぐに走る簡単な状況もあれば、時化の中をひと波ひと波、やっとの思いで越えていくというヘビーな状況もあります。さらには、釣りをするときにポイントの真上に位置をキープしたり、トーイングでライダーをピックアップしに行ったり、アンカリングやラフティング（複数艇を接舷させ、いかだ状にすること）をしたりと、特定の目的に合わせた操船が必要な場合もあります。

こういったシチュエーションごとにそれぞれ独特な操船方法があるため、ビギナーは「ボートのコントロールは難しい」と思うのです。

しかし、離着岸がうまくできなければ、1人でボートを出すことすらままなりませんし、ほかのシーンでも、それぞれに適した操船方法を把握しておかなければ、安心してボーティングを楽しむことができません。ゆえに十分な操船の練習を積む必要があるのです。

ところが、やみくもに練習しただけでは、操船は決してうまくなりません。ボート特有の動きを十分に理解し、周囲から受ける影響を把握して、かつ、ロジカルに考える必要があるのです。

そこでここからは、状況別にどんなことが起こるのか、そして、どのように操船したらよいのか、について解説していきます。

まず手始めに、身近なクルマの動きと比較しながら、ボートの動きの特性を見てみましょう。

船尾の振り出しとステアリング位置

クルマとボートで最も異なるのが、ステアリングホイールを切ったときの動き方です。

クルマの場合、ステアリングを切ると、前輪が切れ込んでいくことにより、前の方から、内側へ、内側へと曲がっていきます。一方のボートの場合、船外機やドライブ、あるいはラダーが艇の一番後ろに付いているので、ステアリングを切ると、船尾を振り出すようにして、外側へ、外側へと曲がっていきます。4輪車でいうと、フォークリフトの動きに近いですね。この動きは、上から見るととてもよくわかります。つまり、ボートとクルマでは、旋回の中心点が違うのです。

ボートが船尾を振り出す現象を

クルマとボートの旋回中心の違い

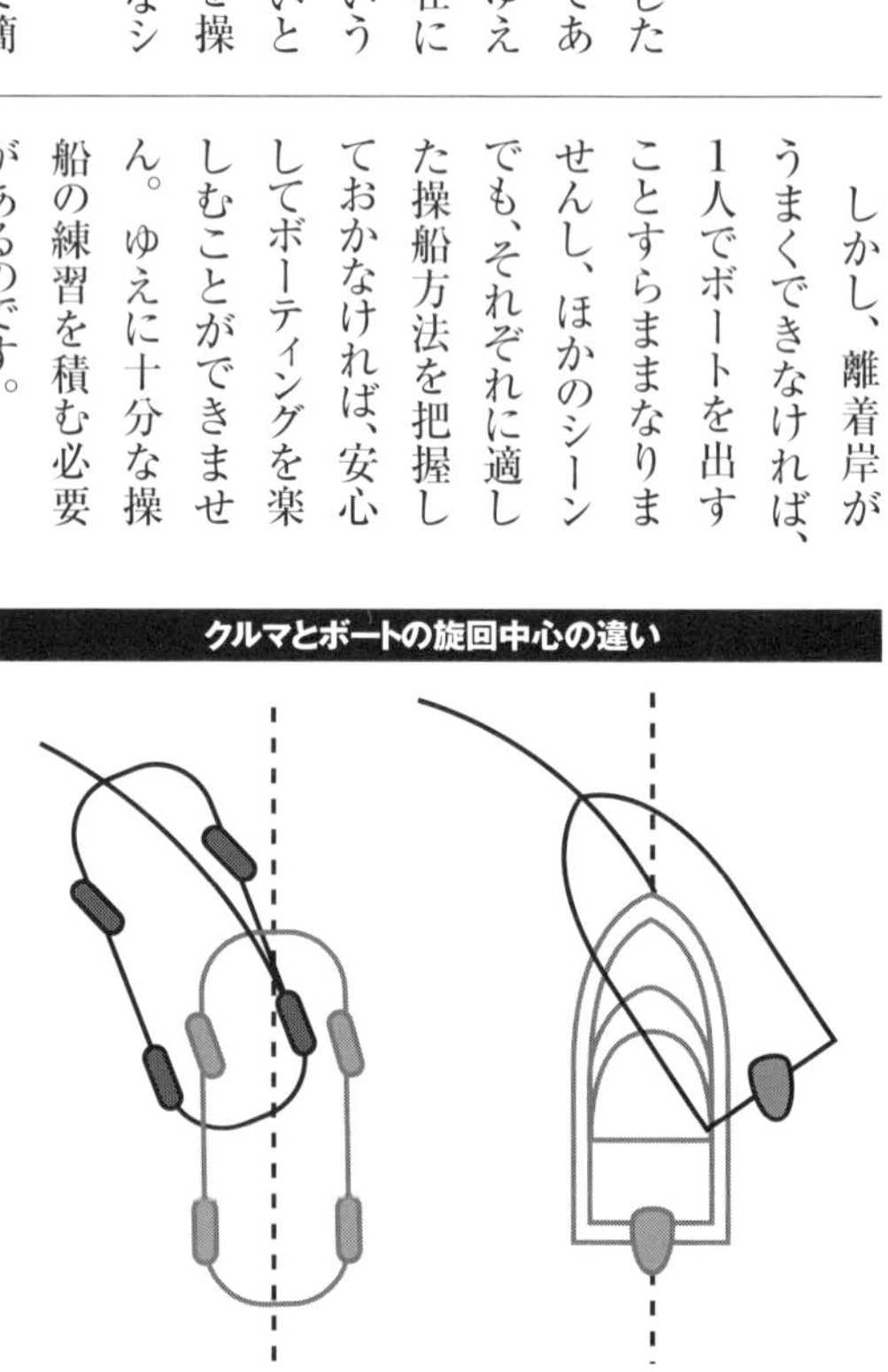

前輪で舵を取るクルマの場合、前のほうが弧の内側へ向かうようにして旋回するが、船尾にあるドライブや舵板で舵を取るボートの場合は、船尾が弧の外側に振れるようにして旋回する

キック

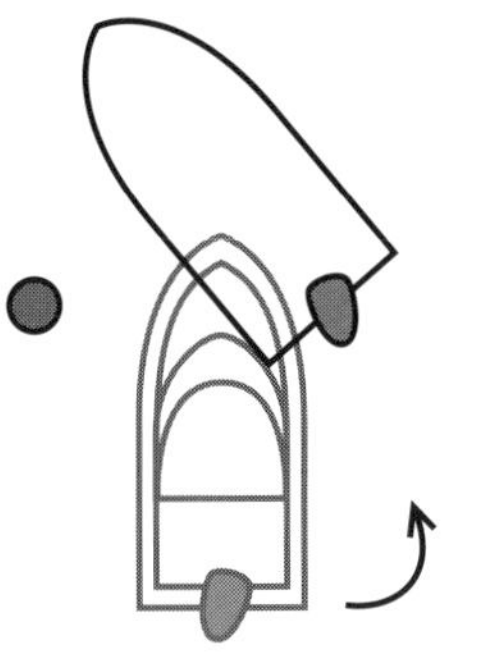

舵を切ってエンジンを吹かすと船尾を大きく振り出す現象をキックと呼ぶ。この現象は、航行中に障害物を避ける際などに利用できるが、離着岸時など近くに障害物や他艇がある場合は、思わぬ振り出しで船尾をぶつけないように注意する必要がある

「キック」と呼びますが、これは操船を覚えるときには必ず意識しておかなければならないものです。特に離着岸時には、この特性を頭に入れておかないと、思い通りに動かせなくなります。

例えば、着岸時に桟橋からちょっと離れている位置までたどり着いたとき、もう少し寄せようと思って桟橋側にステアリングを切ってシフトを前進に入れると、バウは近づくかもしれませんが、スターンは離れてしまい、あっという間に桟橋に直角になってしまった……。こんな経験をされた方も多いかと思いますが、こうなるのも、キックというボートならではの特性によります。

もう一つ、ビギナーの方がボートの操船で戸惑う原因として、舵の向きを意識していない、ということも挙げられます。

クルマだって、ステアリングを切った状態でアクセルを踏めば、あらぬ方向に走って行きますが、少なくとも手を放せば、勝手に直進するようになっています。

ところが、ボートはそうではありません。必ず自分でステアリングを操作する（あるいは保持する）ことが必要なのです。

この舵の向き、すなわち、自分が今、どの方向にステアリングを切っているのかは、常に意識しておきましょう。船外機艇では、振り返ればエンジンの向きが見えるのでまだ楽ですが、船内外機艇のドライブや船内機艇のラダーは通常見えませんから、なおさら、ステアリングの位置を意識しておく必要があります。

そのためにも、自艇のステアリングについて、ロック・トゥー・ロック（左右いずれかいっぱいに切った状態から、反対にいっぱいまで切った状態）の回転数を覚えておきましょう。

風や流れによるボートの動き

ボートならではの特性として、風や波、川の流れや潮の流れに翻弄され、「常に動いている」という点も挙げられます。大地にしっかりとタイヤをつけて、勝手に動くことはないクルマとは大違いです。

クルマは風で流されることはありませんし、万一、おかしな体勢になったとしても、ブレーキを踏んで止まれば、少なくともぶつかることはありません。止まってからゆっくり考えても大丈夫です。

一方のボートは、風や流れといった外的要因を受けて常に動いている上、ブレーキもないため、危ないと思ってシフトをニュートラルにしても、じっとしてはいません。こうした特徴は、ボートが水という流体の上に浮かんでいることにより起こるもので、ここがボートの操船の難しさにつながっているのでしょう。

具体的には、常に風上から風下に、流れの上流から下流に流されます。この影響を計算に入れてコントロールするのが、うまい操船のコツでもあります。とはいえ、風や流れはたえず変化していますし、乗員や燃料の多寡などによって影響の受け方が変化するため、同じ艇、同じ場所でも、その挙動が異なります。

また、風や流れの影響は、止まっているときのみならず、走航中にも受けるため、ボートは必ずしもバウが向いているほうに進んでいるとは限りません。特に離着岸時などの低速航行中は、バウが向いている方向を忘れたほうがいい場合もあります（といっても、なかなか難しいことではありますが……）。

外的要因による針路のズレ

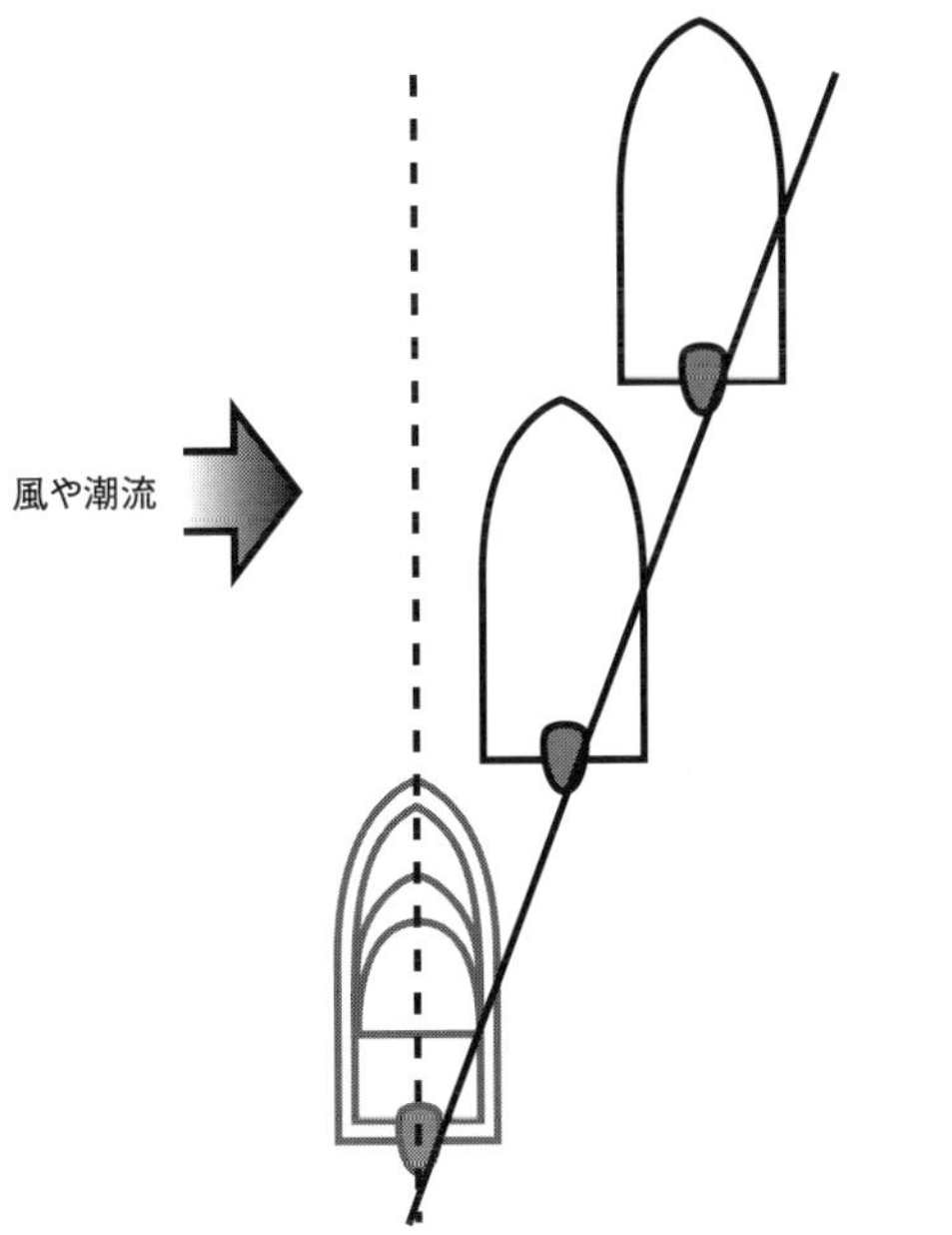

航行中に、横からの風や潮流といった外的要因の影響を受けると、バウは常に一定の針路に向いていたとしても、実際のボートの航跡は大きくズレてしまう。こうしたズレは、ごく低速で移動する離着岸時にも発生する

船首が風下に落ちる理由

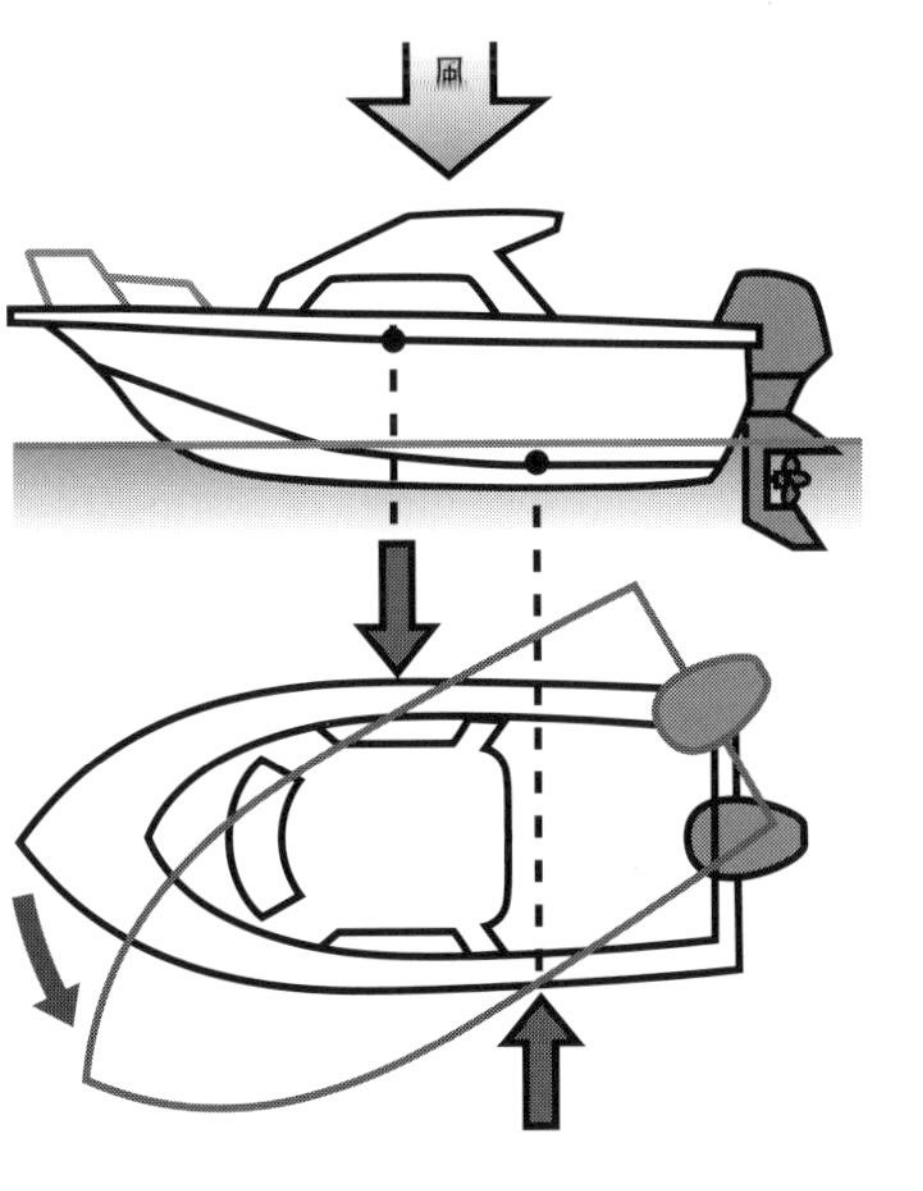

プレジャーボートの多くは、水圧を受けるドライブなどの吃水線下の造作が船尾側にあり、風を受けるパイロットハウスなどの造作が船首側にある。そのため、吃水線下における水中の抵抗中心よりも、吃水線より上の風圧中心のほうが船首寄りにあり、風を受けると船首が風下側に流されてしまう

いずれにせよ、操船方法に習熟するためには、ボートが本当に進んでいる方向を理解することがとりわけ重要です。これが理解できるようになれば、ボートの操船を半分以上マスターしたことになります。

なお、風による影響の受け方は、艇体の前と後ろで異なります。特に船外機や船内外機などのプレーニング艇では、パイロットハウスなどの上部構造物があって投影面積が大きく、吃水も浅いバウのほうが風の影響を受けやすく、ドライブが水中深くに沈んでいて、重いエンジンがあるスターンはあまり流されません。このため、ボートはバウが風下に落とされやすいのです。よって、風の中で真っすぐに走るには、少し風上に向かって進みます。

一方、流れの影響もよく似ていて、横からの流れの中をまっすぐ走るには、流れの上流に向けて斜めに走らねばなりません。ただし、艇体全体が影響を受けるので、バウだけが落とされることはありません。この点が、風と流れの違いです。

それから、風も流れも、風上や上流に向かって進むほうがコントロールしやすいことを覚えておいてください。特に1基掛け艇が前から風を受けているときは、すぐにバウを落とされてしまうので、真っすぐバックするのは難しいものなのです。

変針時の軌跡の膨らみ

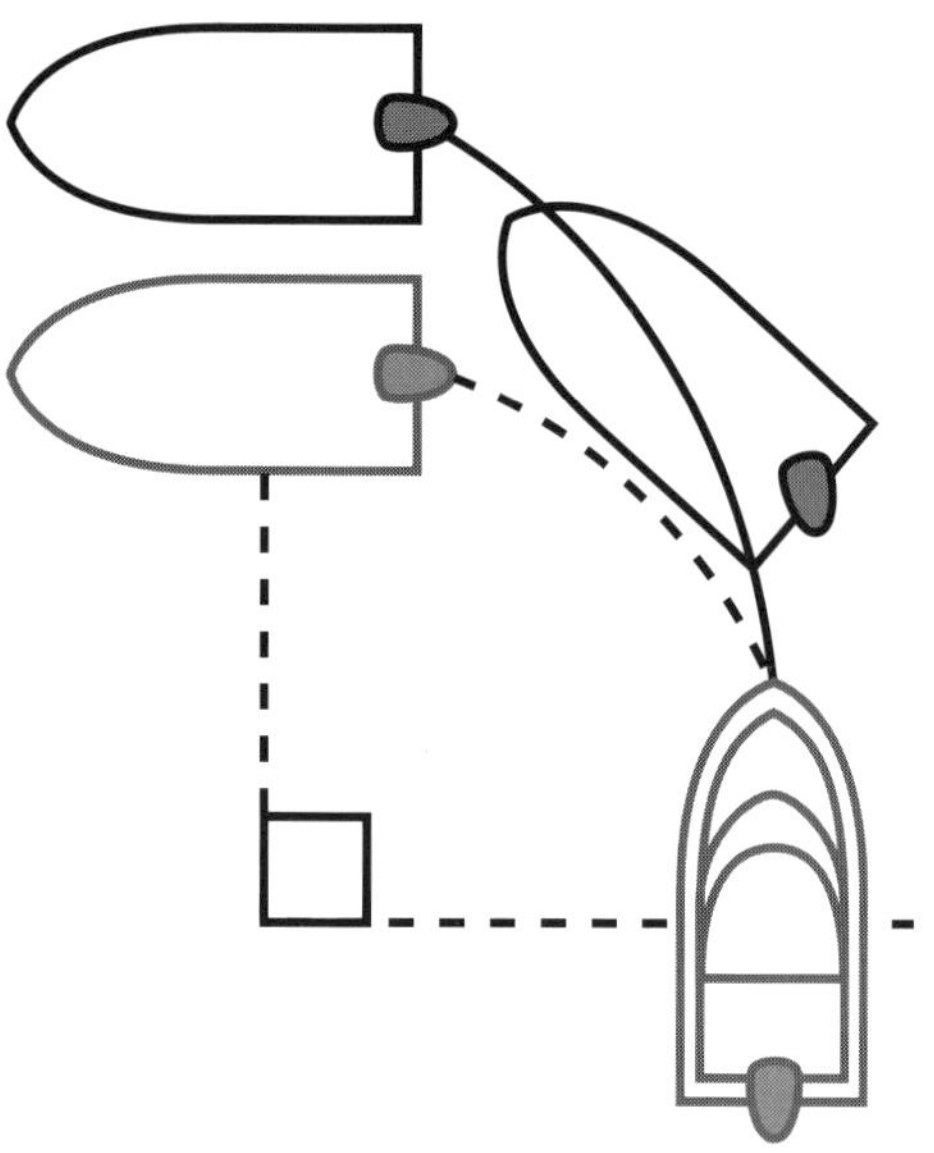

直進状態から直角に変針しようとした場合など、船首の向きを90度変えても、直進モーメントによって、軌跡は大きく外側に膨らんでしまう

着岸時の船尾の振れ

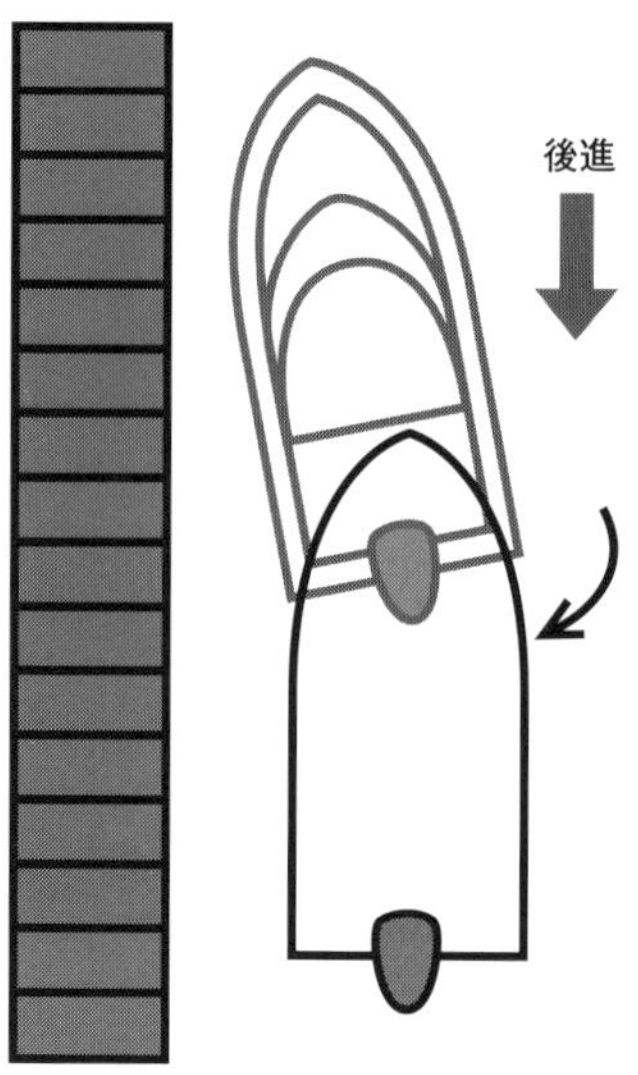

1軸右回り船の場合、舵を中央にしたまま後進すると船尾が左に振れる。このクセをうまく利用することが、離着岸を容易に行うコツにもつながる

プロペラ推進のクセを把握する

クルマでは、ステアリングを真っすぐにして前進し、そのままバックすれば元の場所に元の向きで戻ります。ところが、1基掛けのパワーユニットを持つボートの多くは、ステアリングを真っすぐにしたまま前進し、そのままバックすると、全然違う方向を向いてしまいます。特に、着岸時などに勢いがつき過ぎたとき、慌ててバックに入れると、艇の向きが

後進時に船尾が振れる理由「横圧力」と「放出流」

プロペラは水中で回転することによりスラスト（推力）を発生させますが、プロペラの上下で受ける水圧が違うのと、水流がねじれることにより、前後方向へ進むためのスラストのほかに、船尾を左右方向へ引っ張ろうとする力も発生します。この横方向への力は、プロペラが水圧に逆らって動くために発生するものなので、より深いところにあって、より大きな水圧を受ける、プロペラ下部で発生する力のほうが大きくなります。そのため、1軸右回り船の後進時には、船尾を左に動かす力が発生します。この横方向に働く力を「横圧力」といいます。前進時にはトリムタブによって調整しているので、横圧力を感じる機会は少ないかもしれませんが、後進のときは船尾を左へ左へと振ろうとするクセを感じるはずです。

1軸右回り船が後進時に船尾を左に振るもう一つの原因が、プロペラの回転によって発生する、らせん状の「放出流」の影響です。1軸右回り船が後進するときの放出流は、右舷側では上方の船底側に向かって流れるのに対し、左舷側では下方の水中に向かって流れます。これにより、右舷側の船底だけが押されるため、船尾が左に振れるのです。

■ 横圧力で船尾が左に振られる仕組み

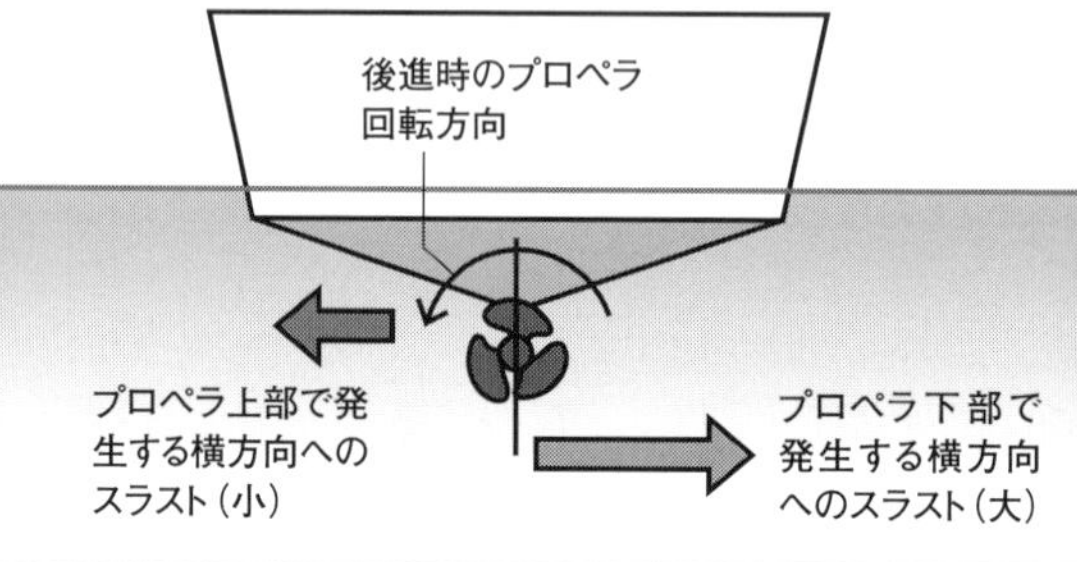

■ 放出流で船尾が左に振られる仕組み

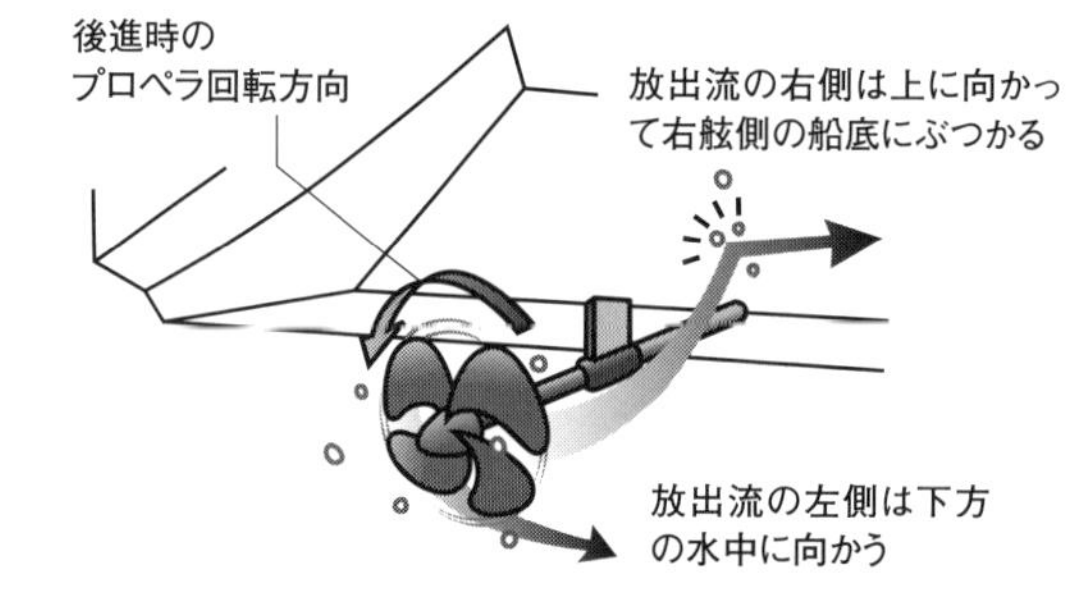

旋回時のステアリング操作

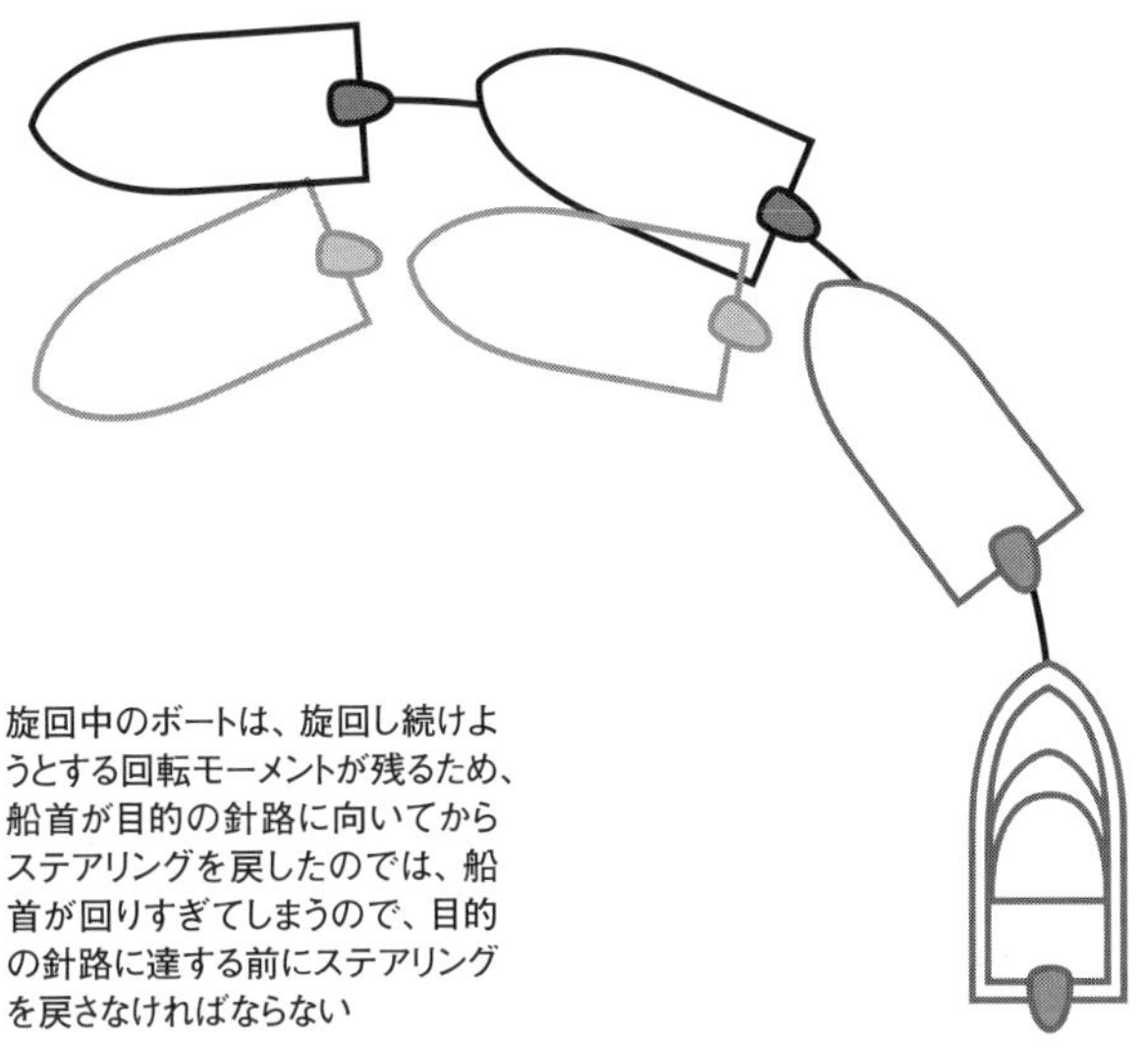

旋回中のボートは、旋回し続けようとする回転モーメントが残るため、船首が目的の針路に向いてからステアリングを戻したのでは、船首が回りすぎてしまうので、目的の針路に達する前にステアリングを戻さなければならない

惰性を利用した着岸

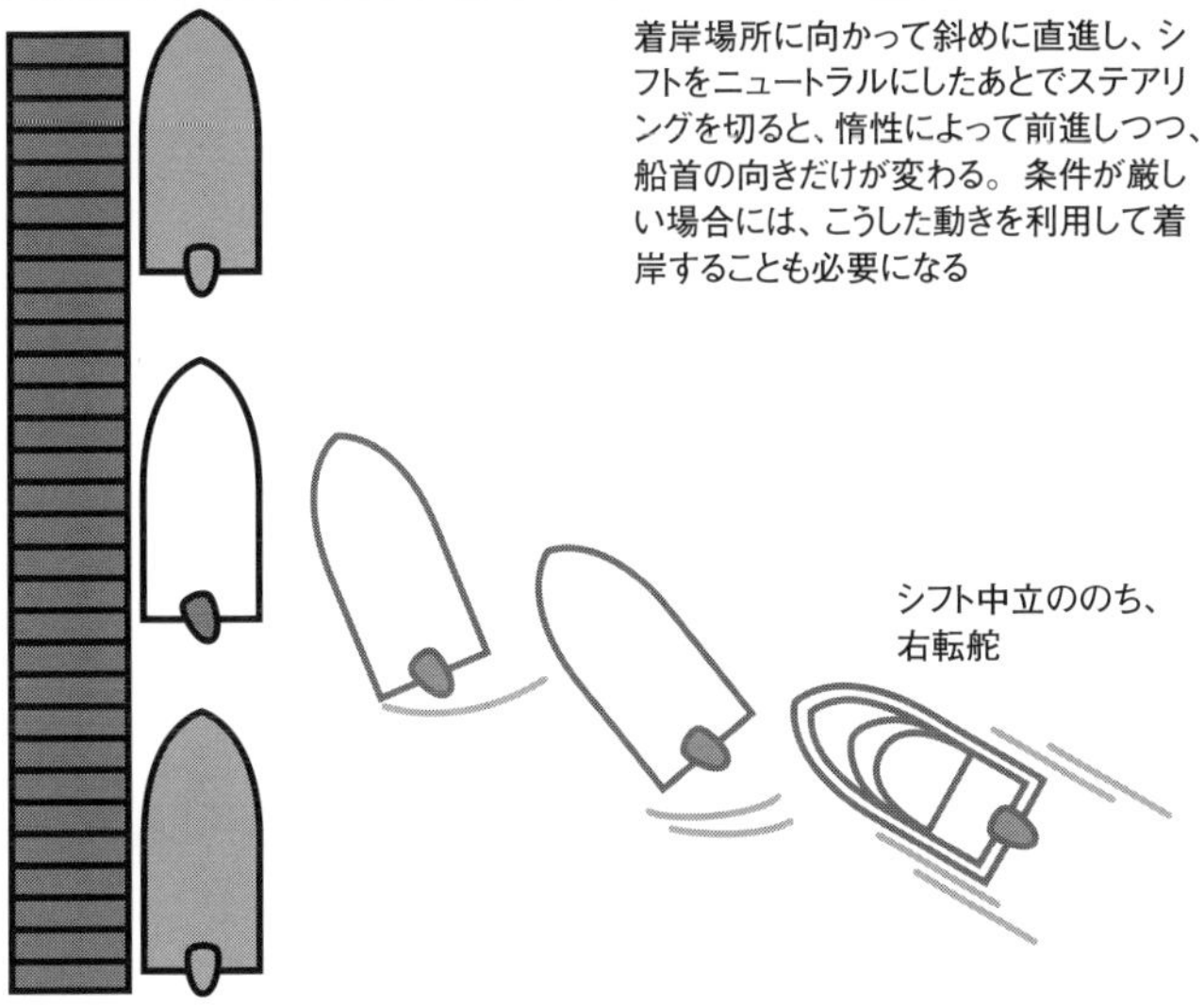

着岸場所に向かって斜めに直進し、シフトをニュートラルにしたあとでステアリングを切ると、惰性によって前進しつつ、船首の向きだけが変わる。条件が厳しい場合には、こうした動きを利用して着岸することも必要になる

変わってしまうことすらあります。こういった動きのクセは、プロペラで推進するボート特有のものです。

多くの1基掛けのパワーユニットのプロペラは、船尾側から見たときに、前進時は右回り、後進時は左回りに回転しています。こうしたボートを1軸右回り船というのですが、このタイプのボートでは、後進時に船尾を左へ左へと振ろうとするクセを感じるはずです。

このクセの原因となっている力は前進時にも発生しているのですが、アンチベンチレーションプレートにあるトリムタブによって調整されているので、実際に感じる機会はほとんどないでしょう。

このような後進時の船尾の振れを利用すると、思ってもみなかったような動きをして、離着岸が容易になることもあります。この点については、離着岸の項であらためて説明します。

なお、1基掛けでも二重反転プロペラを採用している船内外機や、2基掛けでカウンターローテーション（左右のパワーユニットのプロペラ回転方向が、それぞれ左回り、右回りになっている）の場合は、クセを発生させる力が打ち消されるので、船尾を一方に振ることはありません。

惰性があることを意識しよう

惰性（慣性モーメント）とは、動いているものがそのまま動き続けようとすることをいいますが、ボートでは、ありとあらゆる操作においてこの影響が表れるため、操船をより難しくしている、といえるでしょう。

例えば、舵を切っても、バウが左右に振れ始めるまでは若干のタイムラグがあります。また、いったん回頭を始めると、舵を戻してもバウの振れはすぐには止まりませんし、慌てて反対に舵を切ると、今度は行き過ぎて反対に回ってしまいます。同様に、前後進するときも同じで、エンジンを吹かし過ぎたり、クラッチ操作が遅れたりすると、前や後ろに進みすぎて、行ったり来たりを繰り返すことになります。

つまり、ボートは惰性によって動き続けようとするため、ステアリングやシフトレバーの操作に対して、すぐには反応しないのです。

なお、惰性には、基本的に2種類あります。

一つは、真っすぐ進んでいるものがいつまでも真っすぐに進んでいこうとする「直進モーメント」です。例えば、直進しているボートが直角に曲ろうとして、バウの向きだけを90度曲げたとしても、艇全体は以前の針路のまま真っすぐ進もうとするので、大きく膨らんでカーブの外側にスキッド（横滑り）します。

もう一つが、回転しているものは回転し続けようとする「回転モーメント」です。旋回中のボートでは、ステアリングを戻しても旋回し続けようとする動きを指します。この回転モーメントを打ち消すため、舵を切ったあとは、目標の針路になる前にステアリングを戻し始めるのです。

惰性による影響がより顕著に出る着岸のアプローチでは、常にこれを意識し、利用することが重要です。

その具体的な方法の一つが、「足し算の操船」です。ステアリングにしても、シフトレバーにしても、大きく操作しすぎると、思っている以上に行きすぎてしまい、リカバリーするのが大変です。そこで、いずれの操作も少し足りないかなと思う程度に留めておき、回頭の仕方や進み方が足りなかったら、それぞれを少し足してやるのです。

もう一つが、直進モーメントと回転モーメントを、上手に組み合わせて使うことです。例えば、前進の行き足を残したまま舵を切ると、バウはステアリングを切ったほうに向きますが、艇自体は前進していた方向に、横滑りするように動き続けます。条件が悪いときに桟橋へ寄せるには、こんな動きを利用するのです。

惰性は、見た目にわかりやすいものではありませんが、これを理解すると、操船時に大変心強い味方となってくれます。

【第2回】海況別の操船方法

ここでは、基本的なボートの操船方法の一つとして、海況別の走り方について見てみましょう。海のコンディションは常に変化しています。安全のため、そして、乗り手が快適に過ごすためにも、さまざまな海況に合わせた適切な操船を覚えてください。

最も基本の直進は意外と難しい

前項で解説したボートの動きの特徴を理解したところで、各海況別にどのように操船したらよいかを見てみましょう。

まずは、最も基本的な「直進」からです。

直進と聞いて、「なんだ、簡単じゃないか。そんなこと、教わらなくたってできるよ！」という方もいらっしゃるかと思いますが、ボートで真っすぐ直進するのは、意外と難しいものです。というのも、クルマは道路に沿って走ることができますが、ボートでは、目の前に目標にするものがなにもないところを走らねばならないことも多いからです。

真っすぐ走るためには、「遠くに目標を定め、そこに向かって走る」ことが大切です。例えば、外洋に出て正面にはなにもない海原が広がるだけ……という状況でも、ちょっとした雲や、空の濃淡の違いなどを目標に決めて走ると、ずいぶん楽になります。もし、視界が制限されてきたり、本当になにも目標がなかったりしたら、コンパスを見ながら針路を維持して走ります。

本人は真っすぐ走っているつもりでも、後方に延びる航跡を見ると蛇行しているという、初心者が陥りがちな「ジグザグシンドローム」は、GPSプロッターばかり見て走っていることに原因があります。

GPSプロッターだけを頼りにするとなかなか真っすぐに走れないのは、GPSプロッターの針路表示が間欠的かつ遅れて表示されるからです。GPSプロッターは、自艇の位置を間欠的に測位し、その位置の変化から針路を割り出しているため、ボートが動かない限り針路は変わりません。言い換えれば、針路が変化したあとでないと、それが反映されないのです。よって、針路の維持には、連続的かつ素早く変化するコンパスを見ていたほうがラク、ということを覚えておきましょう。

コンパスを見たほうがラクというのは、月明かりや周りに灯火が見えない場合の夜間航行時にも当てはまります。たとえコンパスの自差（磁北と、コンパスが指し示す北とのズレ。艇内の金属などによる影響で発生する）を調整していなかったとしても、GPSプロッターでセットしたコースに合わせて走ったときのコンパス方位に進めばいいのです。これなら自差は関係ありません。

また、波の影響によって船首が振られたときは、早い段階でステアリングを操作し、針路を修正します。船首の振れに気づくのが遅れ、慌てて大きく舵を切ると、どうしてもウネウネ蛇行してしまいます。ボートを真っすぐ走らせるには、艇の動き、波や風、他船の曳き波などの外乱といった、針路を乱すさまざまなファクターを予測しながら、それをステアリング操作にフィードバックする必要があります。ぜひ、自分自身のセンサーの感度を磨いてください。

それから、これはとても単純なことなのですが、舳先《へさき》を目標に向けて走ると、本来進むべき針路からズレてしまう、ということも理解しておきましょう。

ヘルムステーションは左右どちらかに寄っているのが普通で、なおかつ、バウは先細りになっているので、舳先はヘルムステーションの真正面からズレたところにあります。「そんな理屈は、言われなくてもわかっている」という方が多いのですが、にもかかわらず、目の前にあるバウはよい目印となり、舳先と進みたい方向を合わせてしまいがちです。よって、ヘルムステーションの真正面にあるバウレールなり、デッキ上なりに、目標と合わせる自分なりの目印を定めておくとよいでしょう。

ちょっとしんどい向かい波での操船方法

海の上では「さざ波一つないベタ凪《なぎ》が常に続いている」ということはありません。大小の差はあれ、波はつきものです。プレジャーボートが走航可能な波の高さは、波長にもよりますが、せいぜい2メートルくらいのもの。それより小さい波であっても、波長によってはボートの航行に重大な影響を与えます。ここでは、波があるシチュエーションでの走り方について見てみましょう。

なお、多くの場合、風の向きと波の向きは同じなので、ここでいう向かい波、追い波は、向かい風、追い風と読み替えていただいて結構です。

さて、自艇が進んでいく方向から波がやって来る状態を、向かい波といいます。向かい波では、ボートの推進力と、波の進む向きと力とがぶつかり合う上に、波の形もボートの側にせり上がっているため、波当たりがきつく、ドシンドシンと脳天に響いて、結構しんどい思いをします。艇の安全性という面から見ると、バウから波を受けるのは最も安定しているのですが、いかんせん、乗り手がつらい思いをします。よって、こんなときは無理せずスピードを落として、波の衝撃を小さくします。

また、波が高くなってくると、バウが大きく跳ね上がってしまい、危険を感じることも出てきます。仮に、波が来る方向と目的地の方向が同じだった場合、真正面から波に向かって進むと、バウをたたかれ、跳ね上げられて、つらいばかりです。そんなときは、波のピークを乗り越えるときに、波に対して少し角度をつけて走るのがコツで、ピークを越えたところで元の針路に戻します。

波に対する角度は、状況によっても変化しますが、20〜30度くらいが目安です。ただし、こうすると艇はこじられるように揺れるので、波が大きいときは、あまり角度をつけてはいけません。スピードを落とし、乗り心地が悪くてもひたすら我慢して、波に真っすぐに進むのみです。

なお、向かい波で波の谷間に落ちたとき、バウが波をしゃくり上げるようであれば、その艇の限界ですから、素直にあきらめて帰航するか避難しましょう。また、こういった状況に陥らないよう、常に気象情報をチェックすることも忘れずに。

比較的走りやすい追い波での操船方法

自艇が進んでいく方向とは反対側から波がやって来る状態を、追い波といいます。文字通り、波に追われて走るような状態で、波が小さいうちは結構ラクに走れます。艇の速度が速ければ、波との相対スピードが小さくなりますし、波のピークを越えると、ボートが進む方向に向かうなだらかな斜面になっています。

同じ海況のときに、波に向かって走るのと、追われて走るのとを試してみてください。きっと、あまりの乗り心地の違いにびっくりするはずです。

さて、この追い波のときは、艇のスピードによって、波に追い越されつつ走るのか、それとも、ゆっくり追い越

直進時にはコンパスを活用

GPSに表示される針路は、間欠的に得た位置情報を基にしているため、実際のボートの向き（ヘディング）とは若干のズレがある。よって、直進時には、素早く反応するマグネットコンパスを使用する

目標は操船者の真正面に

ボートの操舵席は、そのほとんどが左右どちらかに寄っている。そのため、直進中の目標物を、舳先を見通す線の上に合わせて進もうとすると、実際の針路はズレてしまう。よって、操船者の真正面にあるレールやクリートなどを目標物に合わせるようにする

向かい波を越える

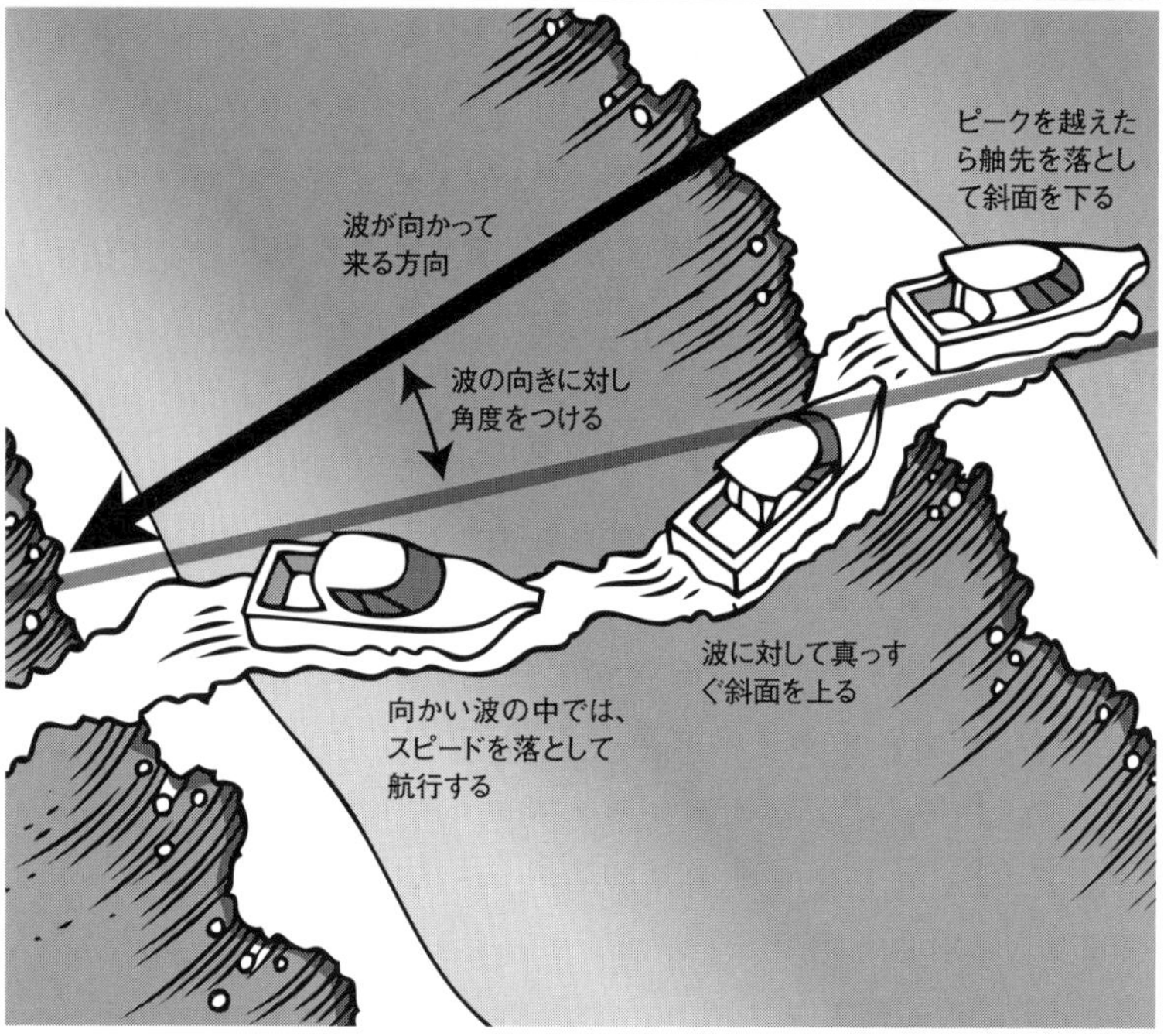

向かい波を越える場合は、波が来る方向に対して少し角度をつけた針路で進むとよい。また、波に当たる衝撃を軽減するため、スピードを落として航行する。波のピークを越えるとき、バウを跳ね上げられたり、波の谷間でバウが波をしゃくるようになったら、その艇の限界なので避港する

しながら走るのかで、だいぶ感じが変わります。偶然に左右されるので、ねらってできるものではありませんが、ずっと波のピーク部分に乗ったまま走れるのが理想、こういう状況になったらラッキーです。上り斜面にいることになるので、スピードが出ないわりにスロットルを吹かさなければなりませんが、揺れも少なく、安定して走れます。

　一方、波を追い越していくときは、上り斜面だとエンジンをいっぱいに吹かしてもスピードが出ず、波を乗り越えて下りに差しかかったときに急にスピードが出て斜面を駆け下りる……という感じになります。このとき、波が大きく、斜面を下るときもスロットルを開け続けると、スピードが出すぎて波の谷間でバウを突っ込むような挙動を見せることがあります。これを避けるためには、駆け下りているときに少しスロットルを絞ってスピードを落とします。波の大きさやスピードなどの状況によって加減しましょう。

　反対に、波に追い越されるときは、波の斜面が後ろから迫ってくると、だんだんスターンが持ち上げられてサーフィング（まさに、ボートでサーフィンをするような感じ）し、スピードもすーっと上がります。そのまま気にせず構えていると、波のピークがボートの下を通り過ぎ、今度は下り斜面をあとずさりするようになります。前進しているのにあとずさりするというのは変かもしれませんが、キャプテンの感覚としてはそう感じるから不思議です。

　いずれにせよ、追い波のときは、艇も乗員も負担を感じず快適に走ることができます。

一番怖いのはブローチング

　比較的楽に走れる追い波ですが、注意しなくてはならないことがあります。それが、ブローチングです。追い波も、波が一定以上に大きくなってきたら注意が必要なのです。

　ブローチングとは、波の斜面を駆け下りたあと、波の谷間でバウを突っ込んでブレーキがかかったときに、追い付かれた波を船尾に受けて、そのまま船尾を横に持っていかれ、艇が傾きながら横を向いてしまう現象です。この横を向いた瞬間に、次の波を食らって大きくヒールする……というのが、ブローチングでよくある危険なパターンで、転覆、沈没に至ることもあり、大変危険です。

　ブローチングを防ぐには、波のピークから駆け下りるときにスロットルを絞ってスピードを落とす、下りきったあと、波の斜面を上るときにはスロットルを開けてバウを上げる、波に対してある程度の角度をつけて、バウが波に突っ込むのを逃げやすくする、といった操船をしますが、なにより、ブローチングの兆候をいち早く感じ取ることが大切です。

　また、ドライブや船尾のトリムタブ（フラップ）の位置にも注意が必要です。トリムタブは左右の傾きを直すだけの最低限の使用にとどめ、できるだけ引っ込めておきましょう。これはトリムタブを両舷とも下げっぱなしにしていると、船尾側が浮き上がって波に持っていかれやすくなるからです。同時に、ドライブや船外機のトリムを少し蹴り上げて、バウを持ち上げます。こうして、波を駆け下りたときにバウを突っ込みにくくして、なるべく前へ前へと逃げやすくするのです。

　このブローチングは、沖合よりも、岸近くの浅場のほうが怖いのです。というのも、岸が近いと水深が浅くなり、波長が短くなって、しかも波頭が巻いているので、よりブローチングしやすいからです。ブローチングに至らないまでも、極端なサーフィ

ブローチング

適度な波高の追い波のなかを走航するのは比較的快適だが、一定以上の波高となると、ブローチングを起こしやすくなる。ブローチングとは、後ろから来た波に船尾が持ち上げられてそのまま船尾が横流れし、操舵不能となる状況のこと。そして、真横からの波を食らって、転覆、沈没といった最悪の状況につながりやすい

ングの状態になると、艇のコントロールを失うので危険です。

そもそも、岸近くは沖合からの波が浅瀬にぶつかって返し波になり、三角波を作ったり、定置網などの障害物が見えにくくなったりします。沖で荒れると心情的に岸に近づきたくなりますが、山の陰の風裏で海面が穏やかになっているようなケースを除けば、陸には近づき過ぎないほうが賢明でしょう。河川マリーナなどがホームポートで、どうしてもこういう場所を走らねばならない方は、あまり荒れないうちに逃げ帰るしか手がないかもしれません。

船にとって危険な横波での操船方法

船は、横波を受けていると常に転覆の危険が伴います。よって、最短コースだからといって、横波を受けながら目的地へ直進してはいけません。特に危険がなくても、横波を受けると艇が左右に大きくローリングするので、乗っていて気持ちのいいものではありませんし、揺れに弱い同乗者は一発で参ってしまいます。

横波を受けるような状況のときには、少し遠回りでも、針路を少し右や左にずらし、波に対して角度をつけて、乗り越えるように走ります。ちょうど、ヨットが風上に走るときに左右に方向転換（タッキング）するのと同じ要領で、目的地に向かってジグザグに進みます。ボートでも、海況によっては、目的地に向かって真っすぐ走れないこともあるのです。

波が高いなか、横波を受けながら無理に航行すると、波の斜面をサササーッと流し落とされ、怖い思いをすることもあります。こういう危険を防ぐためにも、波に対して角度をつけて走るということを覚えておいてください。

荒天時は適切なスピードで

海に出ているときは天候が荒れないことが一番ですが、なかなかそううまくいきません。

もし、荒天に遭ってしまったら、とにかくスピードを落とし、海況に応じた無理のない速度で走ることが肝心です。クルマだって、コンディションがいい日の高速道路はスピードを出せますが、路面の悪い田舎道や砂利道ではスピードを落とすのと同じです。

ボートで波による強い衝撃を受け続けると、艇に大きな負担がかかるのはもちろんのこと、乗員も参ってしまいますし、転倒したり、ぶつけたりして、思わぬケガを負ってしまうこともあります。

また、荒天時には、乗員がむやみに動き回らないよう、キャプテンが注意しておきましょう。揺れた拍子に転倒したり、場合によっては落水してしまったりするかもしれません。操船するだけで手いっぱいという状況の中で、余計なトラブルは手に余ります。そうした危険な状況にならないよう、事前に予防するのがスマートな操船といえるでしょう。

横波の中を走る

ボートにとって、波高が高いときに横波を受ける状況で走り続けるのは危険。目的地に向かって直進すると横波を受けるような場合は、多少遠回りとなっても、波に対して角度をつけた針路を取り、ジグザグに進んでいく

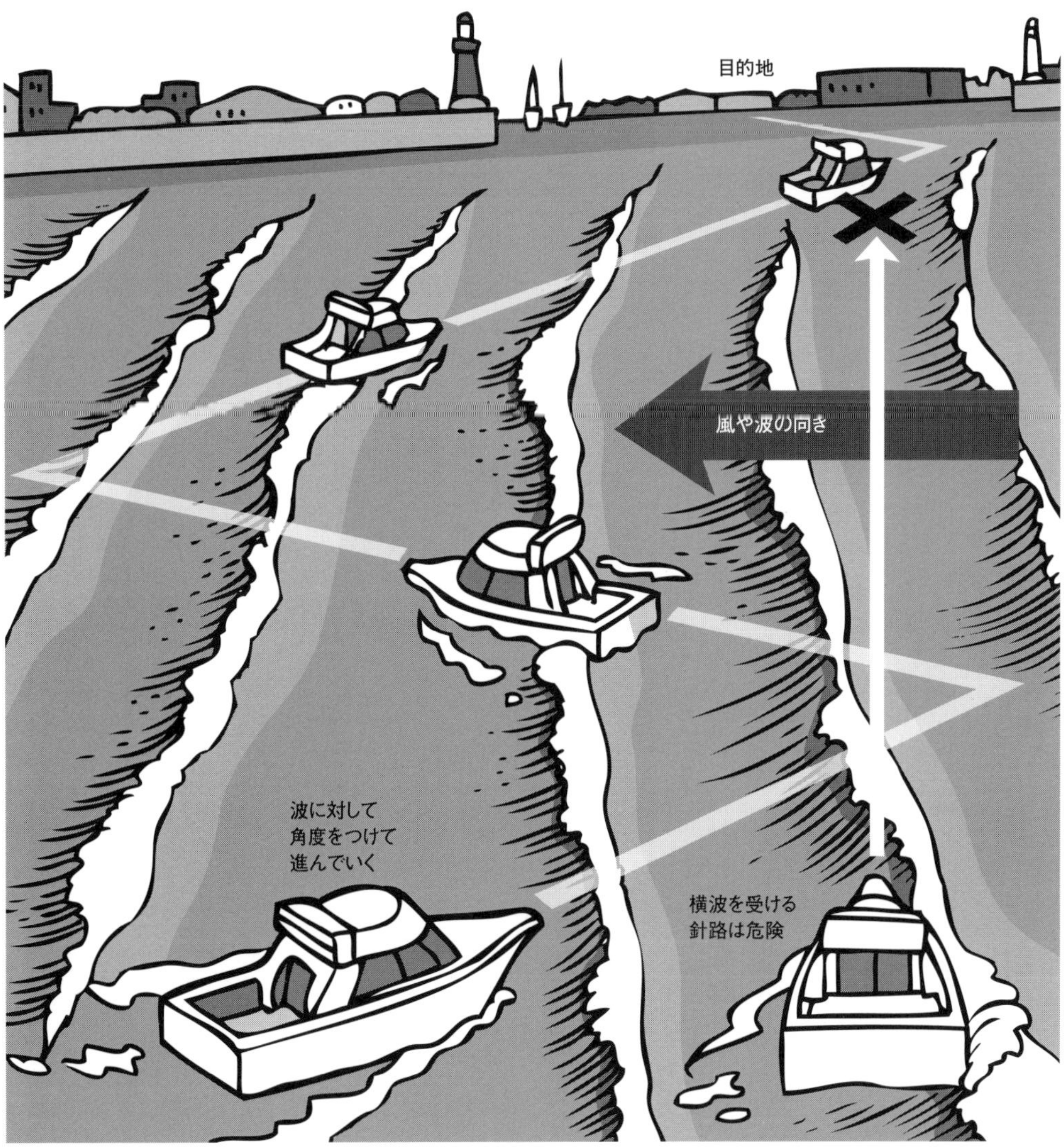
目的地
風や波の向き
波に対して
角度をつけて
進んでいく
横波を受ける
針路は危険

【第3回】スマートな離岸①

ここからは、海に乗り出すための「離岸」について見てみましょう。離岸は、ただエンジンをかけて走りだせばいいだけのようにも思えますが、なかなかどうして、奥の深いテクニックが必要となります。

暖機運転とドライブのチェック

　出航する前には、エンジンをかけたあと、短時間でも必ず暖機運転をしてください。暖機運転することにより、エンジンオイルを温め、これを摺動《しゅうどう》部《ぶ》に行き渡らせることができますし、同時に、スロットル操作に対してきちんとレスポンスがあるかどうかを確認したりすることもできます。飛行機などでは、きちんとランナップ（試運転、暖機運転）をしてから飛び立ちます。ボートでも同様に、この用心深さを持ってください。

　エンジンをかけてすぐ走りだす人がいますが、特に旧来の大型ガソリン船内外機の場合は、暖機せずにいきなりスロットルを開けると、エンジンが冷えているために適正な燃焼とならず、リーンバーン（希薄燃焼）のような状態になっていますから、その瞬間にプスッとエンストしてしまうこともあります。こうなると、再始動に手こずって慌ててしまう、といったことにもなりがちです。

　特に、キャプテンが乗った状態でクレーンで下架するマリーナの場合、ボートが水に浸かってエンジンをかけたら、一刻も早く動かないと悪いような気がして、すぐに動こうとする人がいますが、下手にエンストでもしたら余計に始末に負えません。せめて30秒くらいはアイドリング状態とし、ニュートラルのままひと吹かししてから動きましょう。これが、出航時の余計なトラブルを防ぐ秘訣です。

　また、船内外機艇では、エンジンをかける前に、ドライブがちゃんと下りているかどうかを確認してください。これを怠ってエンジンをかけてしまうと、ドライブ内部でユニバーサルジョイントが擦れて、ゴム製のベローズに穴を開けてしまうかもしれません。そうなっては一大事です。

　もう一つ、これは当たり前のことですが、「解《かい》らん（舫いを解くこと）するのはエンジンをかけてから」です。なかには、エンジンをかける前にさっさと解纜してしまう人がいますが、「もしエンジンがかからなかったら、どうするつもりですか？」と聞いてみたくなります。

　エンジン始動は、とても単純な操作にも思えますが、いろいろと気を使う必要がありますし、その一連の操作を見るだけでキャプテンの腕がわかるもの。一日のボーティングの出だしでつまづかないよう、十分に注意してください。

　ちなみに、これらの注意点は、「出航前の始業点検は済んでいる」ことが前提なので念のため。

前進／後進で異なる離岸の基本

　離岸には、前進離岸と後進離岸がありますが、このうち、前進離岸では特に注意が必要です。

　前進時にステアリングを右に切ると、前述した「キック」によって、スターンが左に振れます。仮に、左舷着岸している状態から前進離岸しようとした場合、よほど桟橋から離さない限り、あまり大きなステアリング操作をするわけにはいきません。

　桟橋から十分に離さずにステアリングを右に切って前進すると、スターンを桟橋にこすりつけながら走る羽目になってしまいます。ひどい場合は、桟橋にドライブをぶつけてしまったり、前に留まっている艇に自艇のスターンをぶつけてしまったりといったことにもなるので、甘く見てはいけません。

　しかも、この前進時のキックによる船尾の振れは、プロペラによる推進力がかかっているだけに、人力で抑えるのはなかなか困難です。

前進離岸の場合、ステアリングを切って向きが変わったら、舵を真っすぐに戻す必要がありますが、この加減を間違えて、いつまでもステアリングを切り続けたままだと、スターンをぶつけてしまいます。ただ、少しずつステアリングを切ると、桟橋から離れる角度が浅くなり、前後に他艇が留まっているときはなかなか気を使います。

前進離岸での船尾の振れによる衝突を避けるには、シフトを前進に入れる前に、ボートを桟橋から十分に離すしかありません。このとき、バウ側をより離すようにすれば、ステアリングを切ることなく直進で外側に出られるので、スターンが振れることはなく、ぶつける心配もありません。

一方、後進離岸ではどうでしょうか？

船外機艇、船内外機艇の場合は、舵を切るドライブが前になって進むので、前進離岸のようなキックがなく、ステアリングを切った方向に素直に進んで行きますし、なで肩状になった船首の形状もあって、前進離岸より容易な場合もあります。

ただし、1基掛けの船内機艇で、左舷着けの状態から後進離岸しようとした場合は、以前説明した横圧力や放出流の影響で船尾が左に振れるため、右後方へ後進するのはなかなか難しいので、前進離岸とは反対に、船尾側を押し出すようにして離岸するか、一度、ステアリングを左に切ってほんの少し前進し、船尾を右側に振ってから後進するといったテクニックが必要です。

ちなみに、後進離岸の場合は、万一、バウが左右に振れて桟橋や他艇に当たりそうになっても、推力がバウに直接働いているわけではないので、手で抑えることも比較的簡単です。

風向き別離岸のテクニック

ボート免許取得時の講習／試験に「離着岸」という項目がありますが、実際のボーティングでの離着岸は、教科書で説明されているほど単純なものではありません。

まったくの無風で、舫いロープを解いても艇が微動だにしないときは、桟橋を蹴って艇を十分に離してから、シフトを前進または後進に入れればよいのですが、こんな好条件はそうそうありません。

ボートは、離岸する時点から風の影響を受けるため、風向きによって、どうにも桟橋から離れられない場合がある一方、舫いを解いたらサーッと流されて前後に留まっている艇にぶつかりそうになり、慌てて手で抑えた、なんていう場合もあります。

実際のボーティングでは、その日の風の向きや強さによって、離岸時の

前進離岸時の船尾の振れ

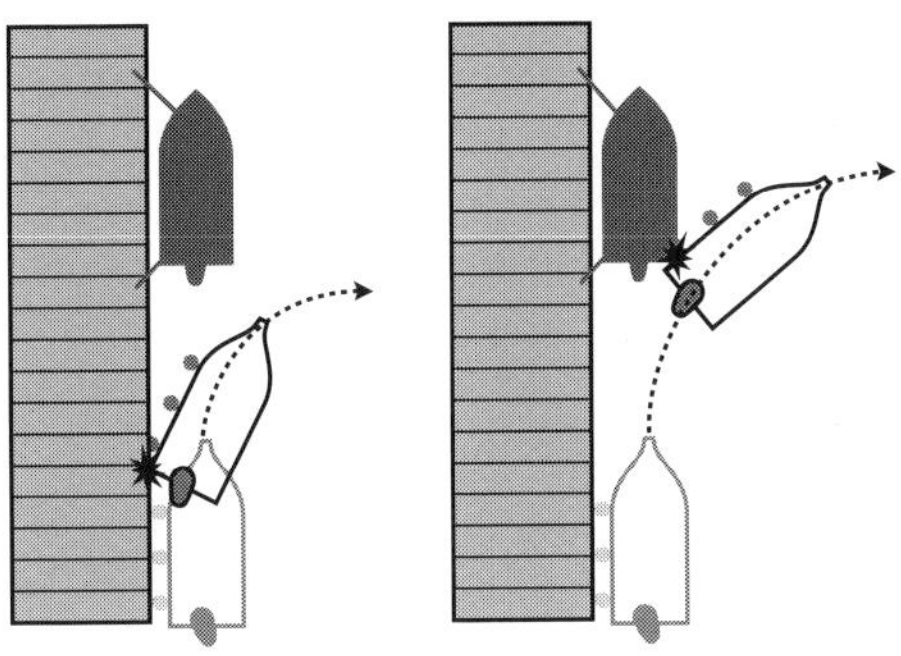

ボートを桟橋から十分に離さず、ステアリングを右に切って前進に入れると、船尾を桟橋にぶつけてしまう（左）。同様に、前方に十分な旋回余地がない場合は、前に留まっているボートに船尾が当たってしまうことにもなりかねない

前進離岸はボートを押し出してから

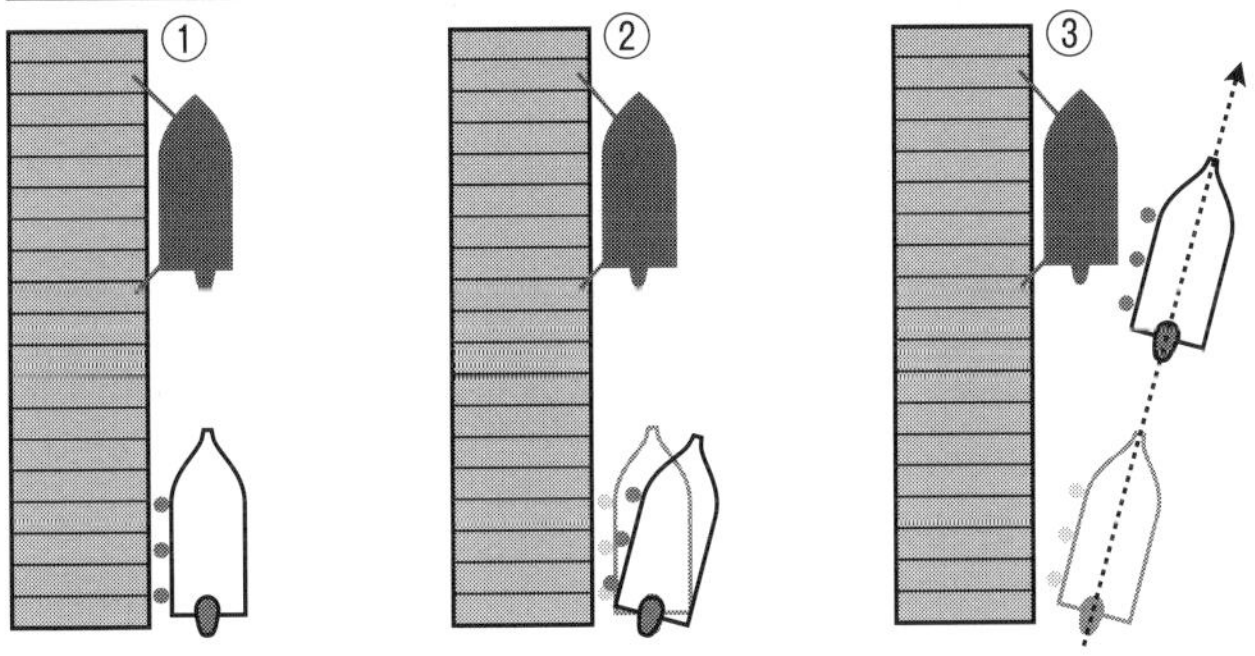

前進離岸する場合は、乗り込む際に桟橋を蹴る、ボートフックを使うなどして、ボートを桟橋から十分に離すことが肝心。特に、船首をより沖側に押し出せば、そのまま直進で出航することも可能になる

船外機艇、船内外機艇での後進離岸

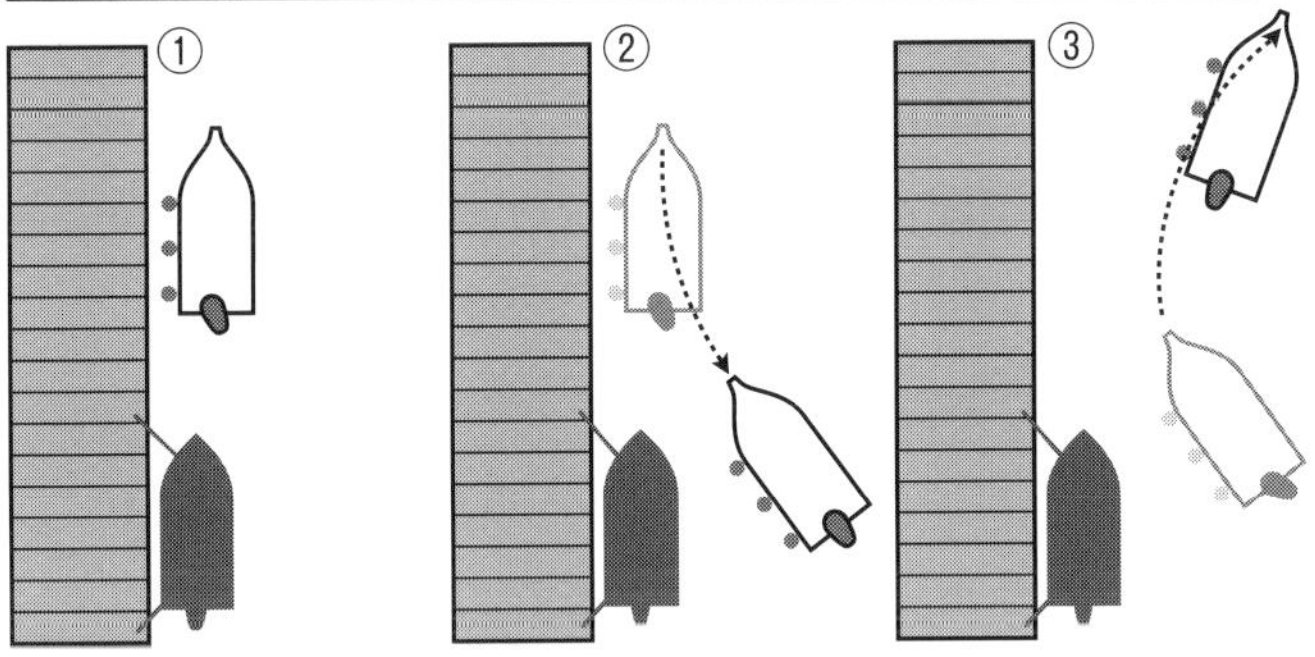

船外機艇、船内外機艇では、ドライブ自体の向きが変わり、キックの影響も受けないため、後進離岸のほうが容易な場合も多い。いったん桟橋から離れ、十分な旋回余地ができたところで、本来進みたい方向へとステアリングを切る

船内機艇での後進離岸

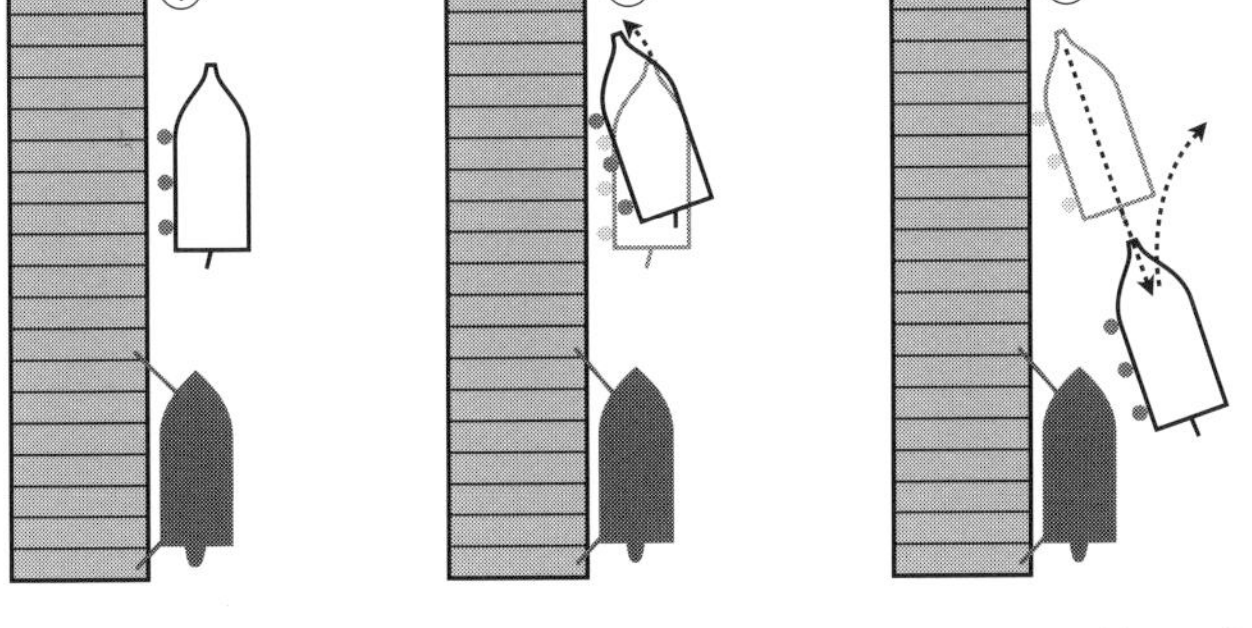

1基掛けの船内機艇（いわゆるシャフト船）の場合、横圧力や放出流の影響で、特に右方向への後進がしにくい。よって、左舷着けからの後進離岸では、ステアリングを左に切ってほんの少しだけシフトを前進に入れ、船尾を右舷側に振ったのちに（②）、真っすぐ後進して旋回余地を作る。船尾の振りが足りない場合は、切り返し（左転舵前進→真っすぐ少し後進を何度か繰り返す）を行う。なお、この方法で離岸する場合は、特にフェンダーをしっかりセットしておくこと

桟橋側から風が吹いているとき、片方の舫いを外すと……

桟橋から沖へと風が吹いているとき、片方の舫いを外すと、残った舫いを支点にしてボートが流れてしまう。特に、船首側の舫いを離してしまうと、ボートが流され、ドライブが桟橋にぶつかってしまうこともあるので要注意

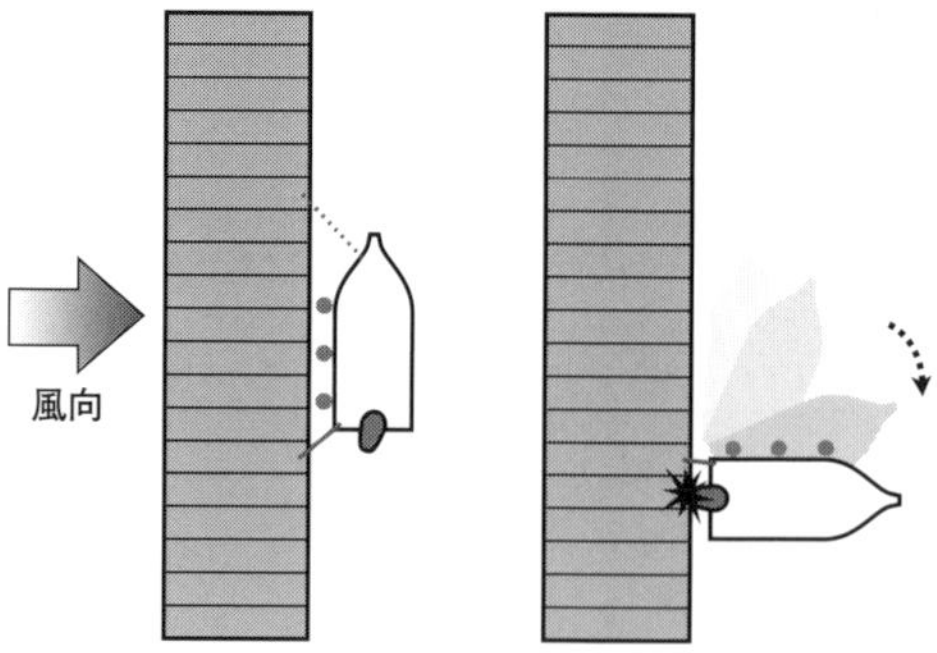

状況がさまざまに異なります。特に、離岸時に解らんする際には、「風下側から舫いを離す」のが基本で、風向きによって前後の舫いロープを離す順番を変える必要がある、ということを覚えておいてください。

以下では、風向別に離岸のテクニックを見ていきましょう。

①桟橋から沖へと風が吹いているとき

こと離岸に関しては、桟橋から海に向かって吹く風向きのときが一番楽です。特になにをするでもなく、エンジンをかけて舫いを解けば、自然にボートが桟橋から離れてくれるので、特別なテクニックは必要ありません。

ただし、裏を返せば、いったん桟橋から離れたあと、なにかトラブルが起こったり、忘れ物があったりして桟橋へ戻る必要が出てくると、桟橋からの風が吹く中での着岸操作が必要になる、ということですので、くれぐれも忘れ物などしないようにしてください。

また、いくら理想的な風向きだとしても、そうそうちょうどよい具合に風が吹いているわけではありません。あまりに強い風が吹いていると、舫いを解くと同時に艇はどんどん流されてしまうため、気をつけないと、人や荷物が桟橋に取り残されてしまう、ということにもなりかねません。慌てて飛び移ろうとして落水するのは、こういうシチュエーションで起きることが多いのです。

基本的には、前後の舫いにクルーを配し、「いちにのさん」で前後同時に舫いを解いて乗り移ってもらいます。一方、船長一人だけだったり、あるいはクルーが少ないショートハンドのときはどうしたらいいでしょうか? 桟橋から海に向かって強めの風が吹いているときは、桟橋で1本ずつ順番に解らんして……なんていう悠長なことは、してはいけません。こんなことをすると、一方の舫いを解いたと同時にどんどん流されて、ボートが桟橋に対して斜めになってしまったり、ドライブをぶつけてしまったりする可能性があります。

こんなときは、舫いを完全に解いてしまわずに、ロープを艇から桟橋に向かって「行って来い」の状態にします。この「行って来い」というのは、艇の舫いロープを桟橋のクリートやボラード、リングなどに、ただ引っかけて往復させた状態にすることを言います。この状態のまま、ボート上でロープをつかんでおけば、艇は動きません。前後の舫いともこの状態にしておいて、出航準備が整ったら、ロープを離して反対側を素早く手繰り寄せると、人間はボートに乗ったまま、安全に舫いを外せます。もちろん、このテクニックを使うときは、ロープが団子状になって引っかかったりしないように、十分注意することが必要です。ボートでは、この「行って来い」をよく使うので、ぜひ覚えておいてください。

桟橋側から風が吹いているときの離岸

■ 2人以上での離岸

桟橋から沖に向かって風が吹いているとき、2人以上の乗員がいる場合は、出航準備が整ったら前後の舫いに1人ずつ配置し、舫いを外すと同時にボートを押し出しながら一気に乗り込む。乗り込むタイミングが遅れたりすると、落水しやすいので十分注意しよう

■ 1人での離岸

桟橋から沖に向かって風が吹いているとき、1人で出航する場合は、出航準備が整ったら前後の舫いを「行って来い」の状態にして、ロープのエンド側を抑えたままボートに乗り込む。ロープを離すと風に流されて桟橋から離れるので、素早く舫いを回収する

2基掛け艇ならではの操船方法

2基掛け艇、特に船内機艇では、舵を直進にしたまま、左右のエンジンのシフトを同時に互い違いに操作することにより、キックの影響を受けることなく、その場で艇の向きを変えることができます。これが2基掛け艇の最大の特徴で、離着岸はもちろんのこと、狭い場所での「その場回頭」などのマニューバリングのときにとても便利です。

例えば、左舷着けしている状態からの後進離岸では、右舷のシフトを前進に、左舷のシフトを後進にして左に回頭し、ボートの向きが十分に変わったところで両舷を後進にします。

こうした操作をする際、風の影響が少ない場合は、左右のシフト操作だけでコントロールするのが基本で、ステアリングは中立のままで構いません。スロットルは後進のほうが利きにくいので、その動きに応じて操作量を加減します。

後進に関しては、プロペラの回転方向にもよりますが、左右の回転方向が異なるカウンターローテーションの場合は、横圧力や放出流の影響が相殺されるため、1基掛けよりも素直に直進することができます。

ただし、こうした左右のシフト操作によるコントロールが可能なのは、2基掛け艇の中でも、推力の軸（つまり、プロペラ同士の間隔）が離れているボートでなければならず、船内機艇と、一部の船内外機艇がそれに該当します。

よって、プロペラが比較的近接している2基掛け船外機艇の場合は、左右のシフトによるコントロールはあまり期待できませんので、1基掛けと同じと思ってコントロールしてください。

■ 2基掛け艇ならではの操船

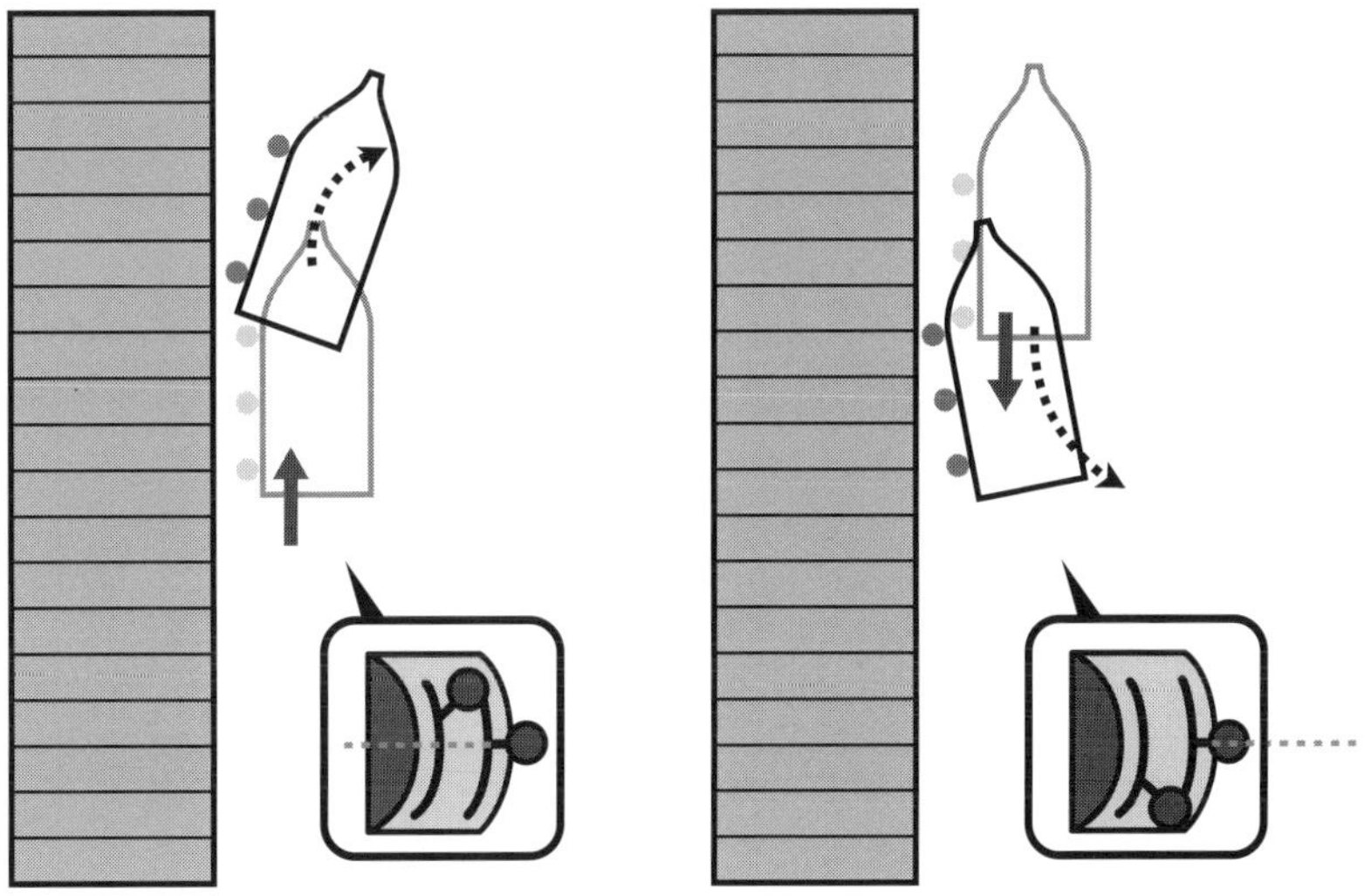

2基掛けの船内機艇と一部の船内外機艇は、シフト操作による操船が可能。例えば、左舷機だけを操作した場合、前進にすれば船首が右に振れつつ前進し（イラスト右）、反対に後進にすれば船尾を右に振りつつ後進する（イラスト左）。シフトの左右と前後進の組み合わせにより、比較的自由な操船が可能になる

■ 2基掛け艇での離岸例

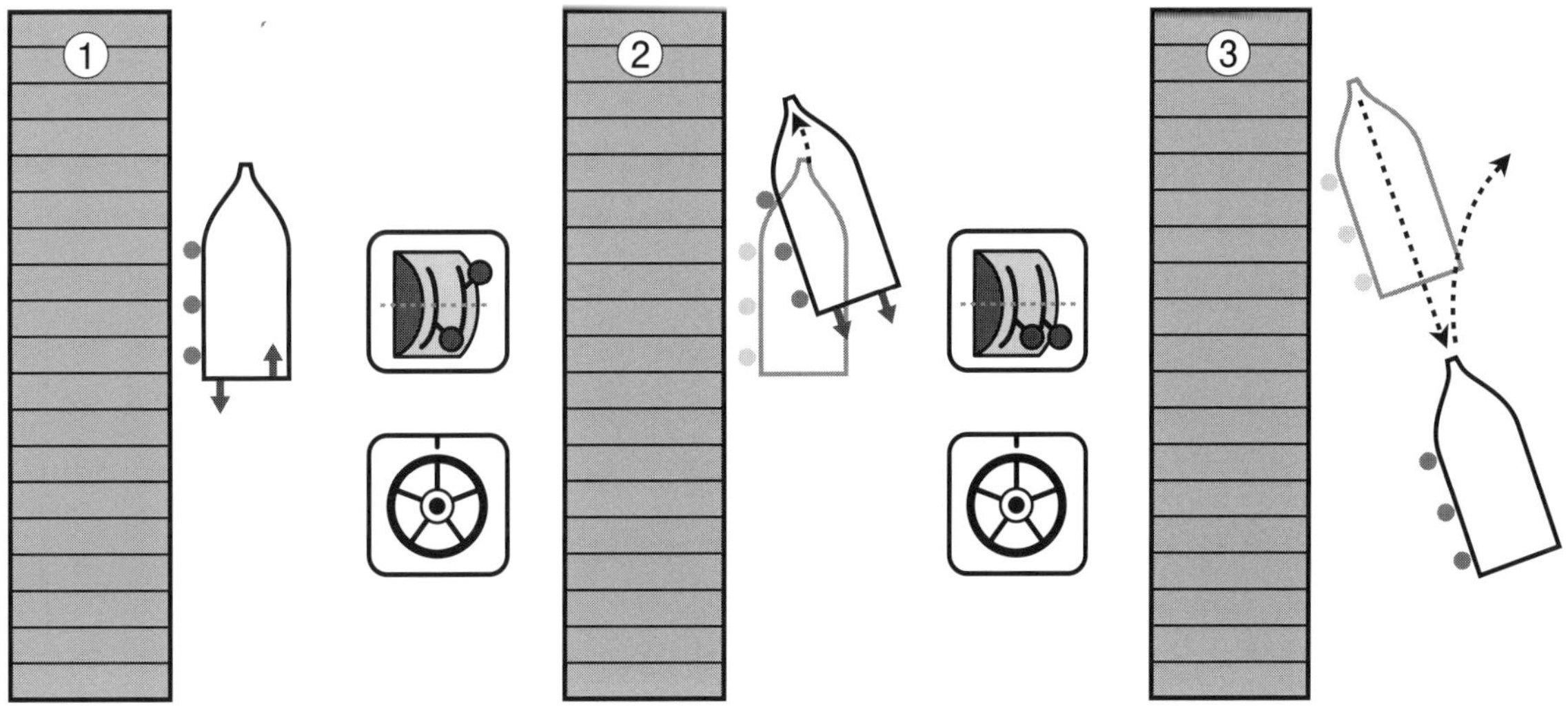

例えば、左舷着けから後進離岸する場合は、①右舷機を前進、左舷機を後進に入れ、②船尾が右に振れたところで両舷機を後進にし、③十分な旋回余地ができたところで、本来進みたい方向へと進む。なお、風などの影響が大きい場合は、適宜、エンジン回転数を上げて針路を補正する。ステアリングは基本的に中央のままでよい。フェンダーもしっかり用意しておこう

【第4回】スマートな離岸②

引き続き、さまざまなコンディション下での離岸について見てみましょう。離岸時、着岸時とも、風によるボートの動きを把握し、それに合わせて操船することが、上達の近道となります。

風向き別 離岸のテクニック

② バウ側から風が吹いているとき

ボートのバウ側から風が吹いているとき、舫いを外すと、ボートは風に押されて後ずさりを始めます。こんなときに後進離岸しようとすると、どんどん風に押し流されてしまい、思っていた以上に進んでしまって、ヒヤッとすることがあります。もし、後ろに他艇がいたら、ぶつかってしまうので大変です。

　左舷着けしていた場合、スターン側を蹴り出してから離岸したとしても、右舷側に風を受けて桟橋と平行に戻ろうとしますし、ステアリングを切って斜めに後進しようとしても、風に押されてなかなか思う方向を向いてくれません。その間に、艇はどんどん流されてしまい、ますます焦ります。

　同じ状況のとき、前進離岸しようと右にステアリングを切ると、ボートが斜めになると同時に左舷側に風を受けて、艇はバウを振ってより桟橋から離れる方向に動きます。このため、短い前進距離で桟橋から大きく離れることができます。万一、操作を間違えたとしても、ニュートラルにすれば、風に押されて自然と後方に戻されるので、リカバリーも容易です。

　このように、前から風が吹いているときは、後進離岸するのはなかなか難しく、前進離岸が基本となることを覚えておいてください。

　ちなみに、離着岸のときは、よほどの強風でない限り、風上に向かって進むほうが、ボートの姿勢を能動的にコントロールしやすい、ということも覚えておきましょう。風上に向かって進めば、風下に向かった場合と比較すると、同じスロットル開度での艇速が遅くなりますから、何事もゆっくりできるのです。

　では、バウ側から風を受けているときの具体的な手順を見てみましょう。

　風があるときは、解らんする際のロープを放す順序を間違えると、大変な事態に陥ってしまいます。

　例えば、バウ側のロープを先に外してしまうと、スターン側しか止まっていないので、バウが風にあおられて桟橋から離れてしまいます。こうなると押さえが利かないので、ますます離れる方向に動いてしまい、船外機やドライブを桟橋にぶつけて壊してしまうことすらあります。舫いは風上から外してはならない。これが鉄則です。

　では、スターン側を先に外したらどうでしょうか？ バウ側が止まっているので、あおられてしまうことはありません。鯉のぼりのようにたなびくだけです。

　ただし、バウ側だけつないだ状態で風にたなびくと、艇が桟橋の方を向いてしまうという、困った癖があります。つまり、桟橋へとバウから斜め前方に張られたロープ1本では艇を押さえきれずに、それまでおとなしく船体の中央付近で桟橋と当たっていたものが少し後ずさりして、鼻先4分の1くらいのところで桟橋に当たるようになってしまいます。これだけならまだいいのですが、そのあたりのハルは前すぼまりとなっているので、艇は座りをよくしようと、自然と桟橋側を向いてしまうのです。この癖は、バウのクリートが艇の鼻先の真ん中に一つだけある艇のほうが顕著です。

　バウから放しても、スターンから放しても具合が悪いとなったら、どうしたらよいでしょうか？ ここで登場するのがスプリングライン（艇の前後、もしくは艇の中央付近から、斜めに張るロープ）です。このロープを取っておくのが大切なポイント。スプリングラインがあれば、艇が後ずさりすることはありません。

このスプリングラインを取った状態で、風下（スターン）側の舫い→風上（バウ）の舫いの順で解らんし、最後にスプリングラインを放します。風が強くて、バウの舫いを放したら即、流されそうなときは、スプリングラインを「行って来い」にしておいて、クラッチを入れて前進を始めたあとで、ボートの中から素早く回収します。こうすれば、スマートな離岸ができます。バウ側からの風が吹いているときは、艇から斜め前へのスプリングラインを取る、ということをよく覚えておいてください。

③ スターン側から風が吹いているとき

ボートのスターン側から風が吹いているときは、舫いを外すとボートは前に進みます。こんなときに前進離岸しようとすると、どんどん風に押されて、前に進んでしまいます。前項で「離岸時は風上に向かって進むほうが、ボートをコントロールしやすい」と説明したとおり、スターン側から風が吹いているときは、前進離岸より後進離岸のほうが楽なのです。

では、スターン側から風を受けているときの具体的な離岸手順を見てみましょう。

バウ側からの風を受けているときと同様、風上（スターン）側の舫いを先に外すと、バウ側しか留まっていないため、スターンが風にあおられて、ボートが栈橋から離れてしまいます。こうなると押さえが利かないので、ますます離れる方向に動いてしまい、鼻先を栈橋にぶつけて壊してしまうことすらあります。ここでも「舫いを外すのは風下から」が鉄則です。

一方、風下（バウ）側の舫いを先に外しても、ボートはあまり斜めになりません。スターン側はほとんどすぼまっていないので、後ろから押される状態では、そのままで安定するからです。

とはいえ、バウもしくは艇の中央

バウ側から風が吹いているとき、船首の舫いだけにすると……

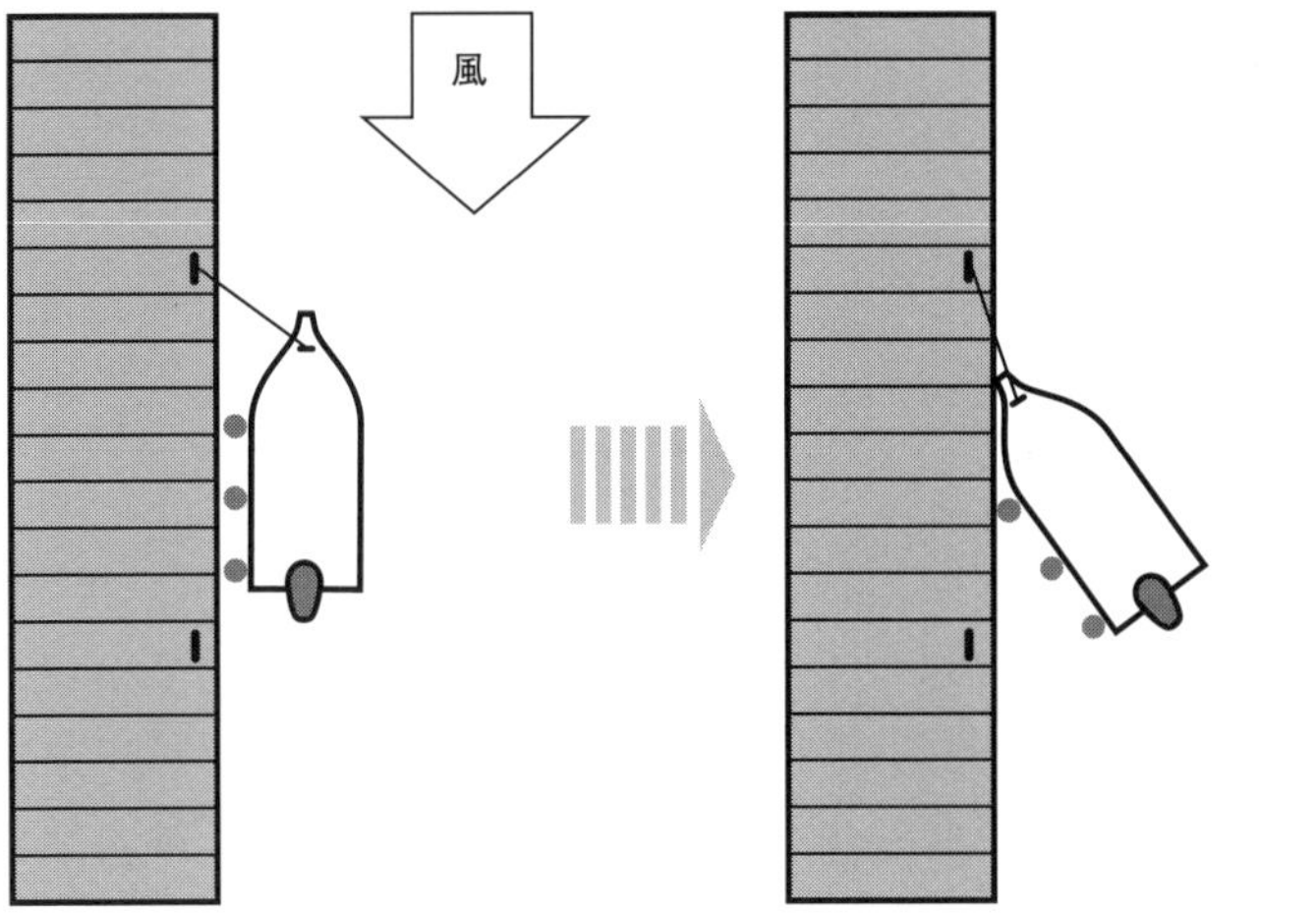

バウ側から風が吹いているとき、船首の舫いだけを残すと、風に吹き流されたボートは、前すぼまりの艇体に合わせて動こうとするため、船首付近が栈橋に接する形で安定し、船首が栈橋に向いてしまう。場合によっては、バウを栈橋にぶつけてしまうことにもなりかねない。また、肝心の離岸も困難になる

バウ側から風が吹いているときの離岸

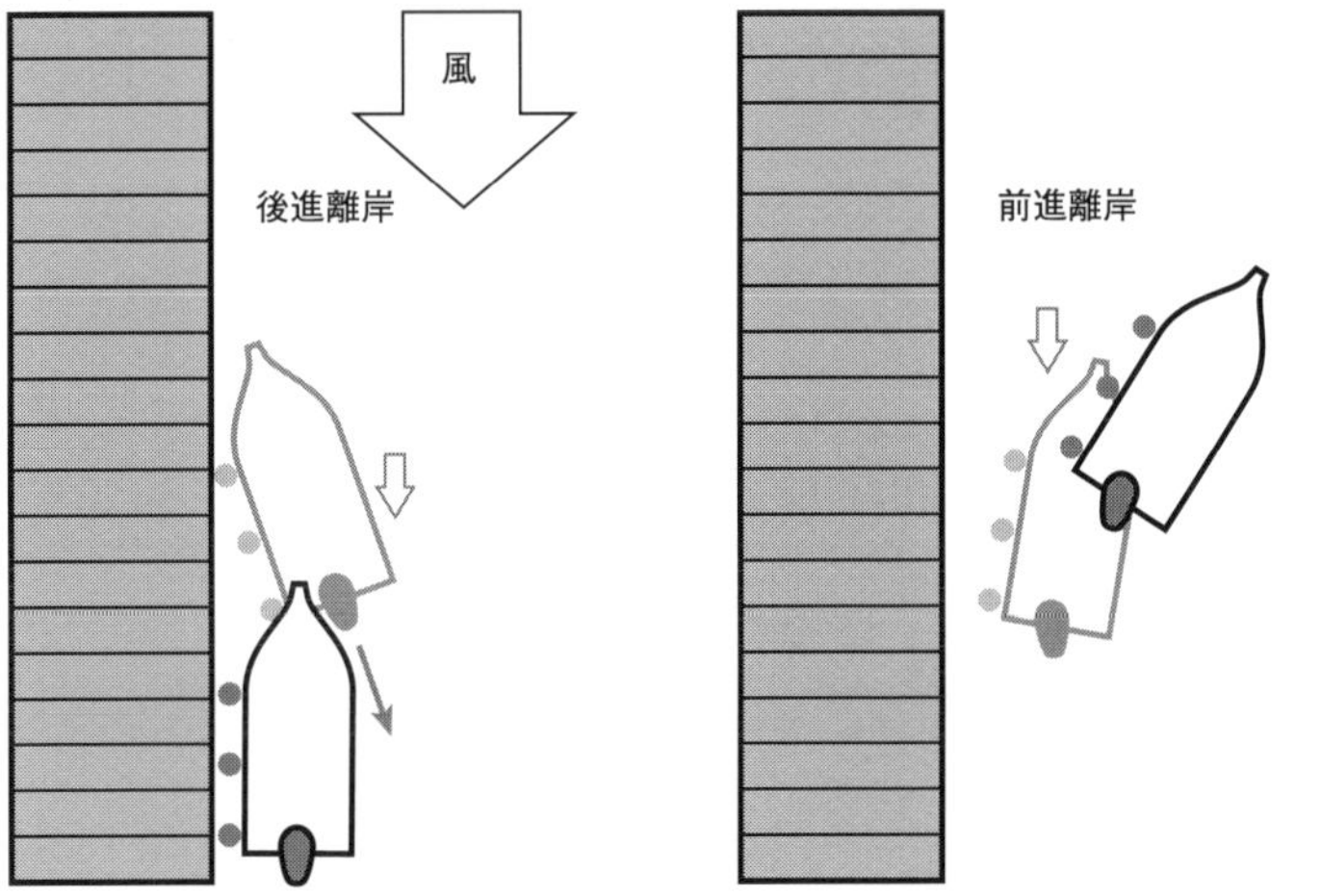

バウ側から風が吹いているときは、後進離岸しようとすると、風で艇体を押さえつけられるようになり、栈橋からなかなか離れられなくなる。反対に、船首を押し出してから前進離岸すると、風によって船首が栈橋から離されるので回頭しやすい

バウ側から風がふいているときの、スプリングラインを使った前進離岸

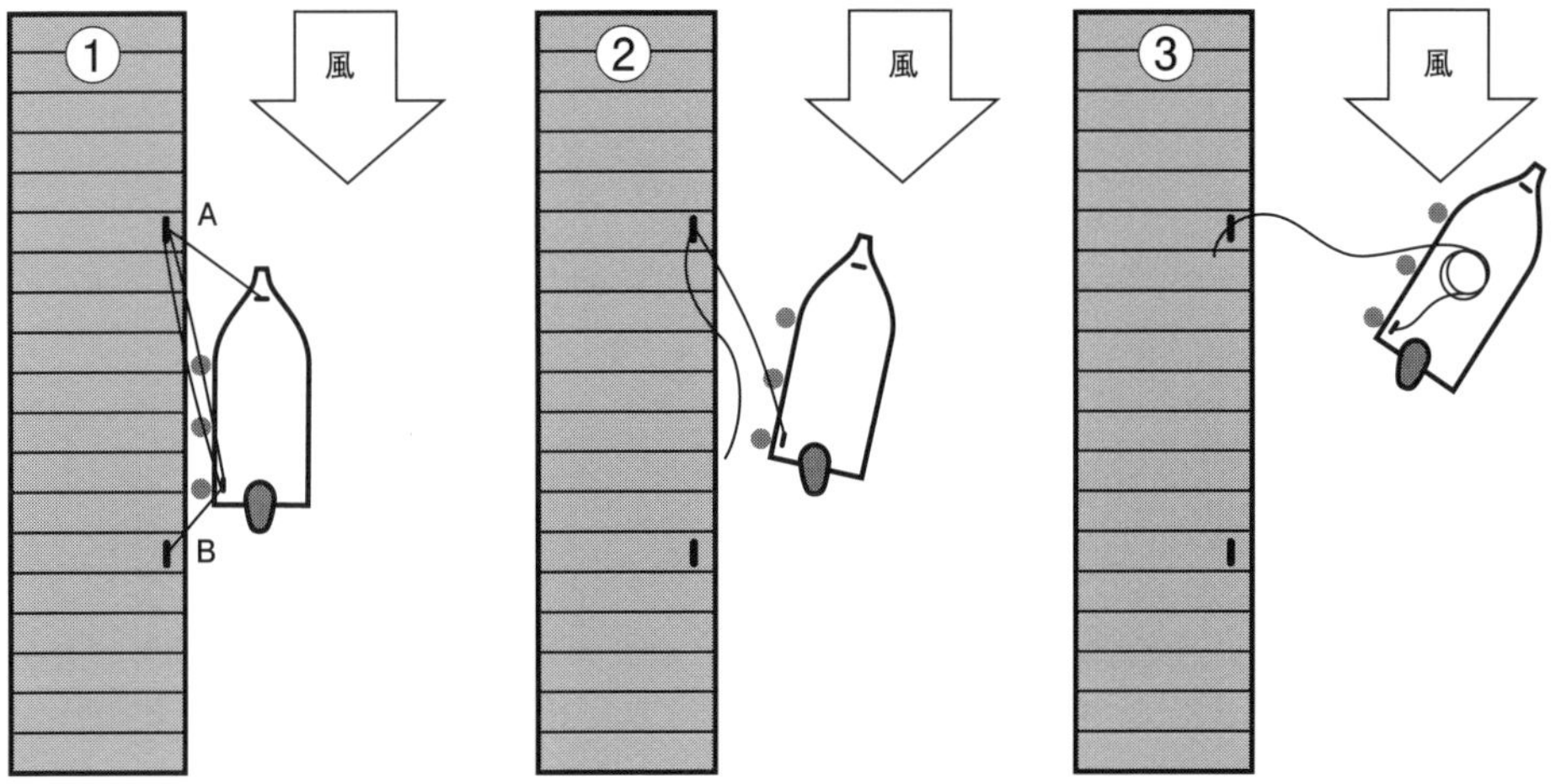

①前後の舫いのほかに、船尾から栈橋前方に「行って来い」にしたスプリングラインを取り、B（船尾）、A（船首）の順で風下側から舫いを外す

②船首を押し出し、ステアリングを右に切ってシフトを前進に入れる。スプリングラインはボートの前進によって自然とゆるんでくる

③ボートが進みだしたら、艇内から急いでスプリングラインを回収。その際、ロープをプロペラにからめないよう注意する

スターン側から風が吹いているときの、スプリングラインを使った後進離岸

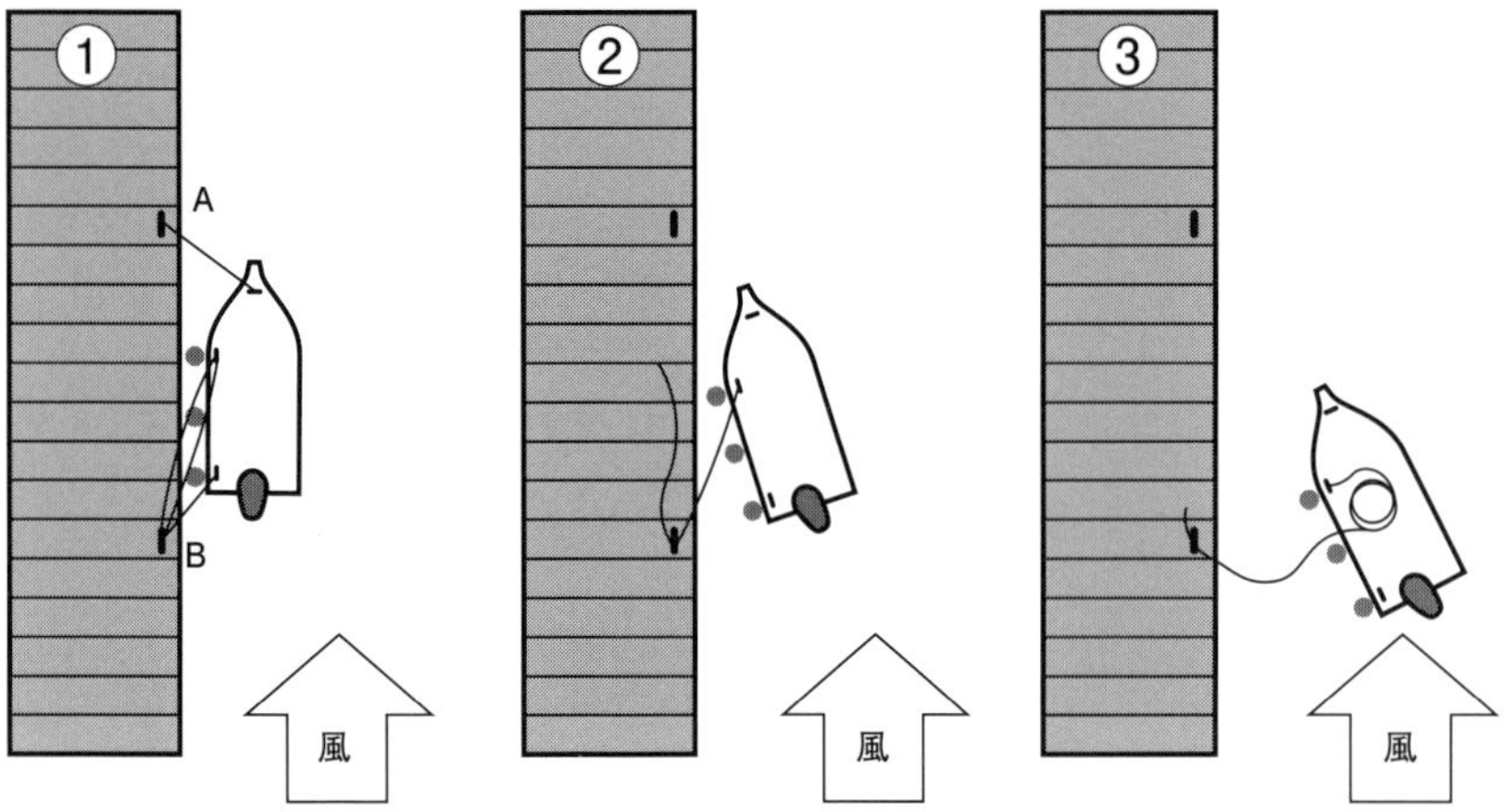

①前後の舫いのほかに、船首から桟橋後方に「行って来い」にしたスプリングラインを取り、A（船首）、B（船尾）の順に舫いを外す。舫いを離す順番は、常に風下側から

②船尾を押し出し、ステアリングを右に切ってシフトを後進に入れる。スプリングラインはボートの後進によって自然とゆるんでくる

③ボートが進みだしたら、艇内から急いでスプリングラインを回収。ロープをプロペラにからめないように注意するのは、バウ側から風が吹いているときと同様

海側から風が吹いているときの、「パワースプリング」を使った後進離岸

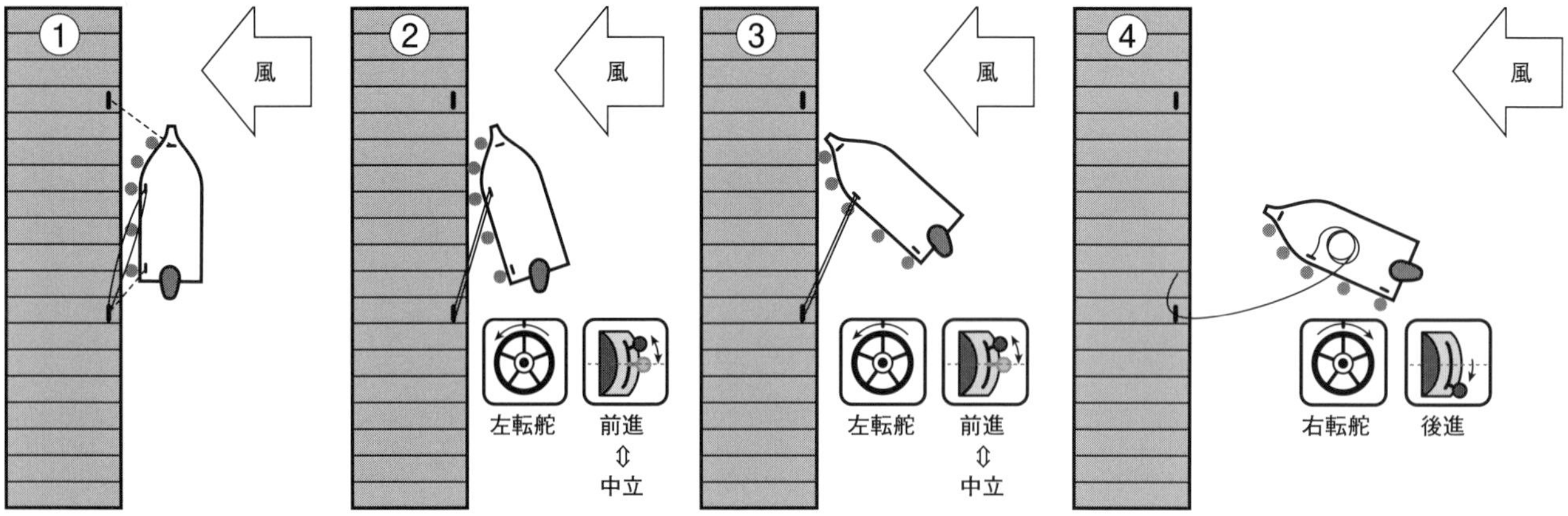

①スターン側から風が吹いているときの後進離岸と同様に、前後の舫いのほかに、船首から桟橋後方へ、「行って来い」にしたスプリングラインを取り、バウの桟橋側に、多めにフェンダーをセットする

②前後の舫いを外したら、スプリングラインを固定したまま、ステアリングを左に切って、シフトの「前進⇔中立」を繰り返しながら、徐々にスプリングラインを張っていく

③ステアリングを左に切ったまま、スプリングを張り、なおもシフトの「前進⇔中立」を繰り返すと、バウにセットしたフェンダーを桟橋に押し付けながら、徐々に船尾が右舷側に振られていく

④十分に船尾を振り出したら、ステアリングを右に切り、シフトを後進に入れて、そのまま少し吹かして、一気に離岸する。スプリングラインは、ボートが後進し始めたら回収する。なお、この離岸方法ではエンジンの推力を使用するので、決して無理をせず、スプリングラインの扱いなどにも注意すること

付近から桟橋の後方にスプリングラインを取ったほうが楽です。この状態にして、バウの舫い→スターンの舫いの順で解らんし、最後にスプリングラインを放します。風が強くて解らんするのと同時に流されそうなときは、スプリングラインを「行って来い」にして、シフトを入れて後進し始めたところで、ボート内から回収するというのは、バウ側から風が吹いているときと同様です。

さらに、ベテランのちょっとしたテクニックをご紹介しましょう。スターン側から風が吹いているときは、バウから後方に取ったスプリングラインだけを残した状態で、シフトを前進に入れると、楽に離岸することができます。筆者はこれを「パワースプリング」と呼んでいますが、とても応用範囲が広いテクニックです。

例えば、左舷着岸している状態のときは、左舷前方にフェンダーを入れ、スプリングラインだけにした状態でステアリングを左に切り、シフトを前進に入れます。そうすると、ボートの鼻先が桟橋に押し付けられ、スターンは桟橋から大きく離れていくのです。この状態になったところで、今度はステアリングを右に切って後進に入れると、最初からスターンを振り出した状態で、桟橋とは反対のほうへと向かって進むことができるのです。シフトを前進に入れた状態で、バウがうまく桟橋のほうに向けば（つまり、スターンを大きく振り出せれば）、後進するときにステアリングを右に切る必要もなく、舵中央のまま後進するだけで安全に離岸できる場合もあります。

ボートが比較的小型で、人力だけで動かせるのであれば、スターン側を大きく蹴り出すことで同じような効果が得られますが、このスプリングラインをとってスターンを離す技を使うのが、ベテランの味といえるかもしれません。

ただし、このパワースプリングは、動力を使うので危険を伴います。シフトを前進に入れるときは、入れっぱなしにしてはいけません。ちょっと入れてすぐに抜く、そしてまたちょっと入れる……、こうやってだんだんとロープを張っていきます。そして、ロープがピンと張ったら、またクラッチを入れて向きを変えていくのです。決して無理をしてはいけませんし、また、クルーにはどういうことをするか、十分に伝えておきましょう。張ったロープに足をすくわれたり、桟橋に挟まれたりしては大変ですからね。

また、2基掛け艇であれば、ステ

アリングを中央にしたまま、桟橋と反対側のエンジンだけシフトを前進に入れれば、同じような動きをすることができます。

ちなみに、前進離岸のときは、この技は使えません。なぜなら、桟橋に接した状態でバウを振り出すと、スターンにあるドライブや船外機をぶつけてしまうからです。

④海から桟橋に向いて風が吹いているとき

離岸するときは、海から桟橋へ向かって風が吹いている状況が、もっとも難しいといえるでしょう。桟橋から離れようとしても、風で桟橋に押さえつけられてしまい、どうにも離れられなくなっている姿を見かけます。

この風向きのときにうまく離岸するコツは、初動でいかに桟橋から離れる方向へとボートを振り出せるか、にかかっています。

まず理解しておくべきなのが、ボートの特性として、スターンよりバウのほうがより大きく風に流される、ということです。スターン側はエンジンなど重量物があり、吃水も深い上に、ドライブや船外機という深く水に入った構造物があるのに対して、バウ側は比較的重量が軽く、吃水が浅くなっています。このことから、水面下で受ける抵抗の中心が船尾寄りにあり、ここを中心にしてボートが振れるため、バウが容易に吹き流されてしまいます。この特性により、ボートはエンジンを切ると風に対して横を向いてしまうので、フィッシングボートでは、風に立てるためにスパンカーを装備したり、バウにオモテ差し舵を取り付けたりと、いろいろ工夫をしなければならないのです。

さて、海から桟橋に向かって風が吹いているときに離岸する場合、前進離岸しようとバウを力いっぱい桟橋から押し出し、海側へステアリングを切りながら前進しても、海のほうを向こうとした途端にバウが吹き落されてしまい、いつまで経っても桟橋から離れられません。ズリズリとフェンダーをこすりつけながら、桟橋と平行に移動してしまうのがオチです。こういう風のときは前進離岸は大変難しいと覚えておいてください。

よって、残る手段は後進離岸しかありません。後ろから風を受けているときの応用編、「パワースプリング」を使い、エンジンの推進力を利用して、ボートを半強制的に桟橋から離すのです。

具体的な手順としては、船首が桟橋側を向いたときに桟橋に当たる部分にしっかりしたフェンダーを出しておき、バウから桟橋後方へ取ったスプリングライン1本だけを残した状態で、舵をいっぱいに桟橋側に切って、シフトを前進に入れ、ボートを桟橋に対して斜めにします。限界まで斜めになったら、素早く反対に切り返して後進に入れ、少々エンジンを吹かします。

特に風が強いときは、モタモタしている暇はありません。せっかく船尾を海側に振り出しても、モタモタしているとまた吹き戻されてしまいます。また、後進するときも、シフトを入れただけでおっかなびっくりやっていたのでは、風の強さに打ち勝つことができません。素早く力強くやりましょう。

同様の理由から、このとき使うスプリングラインも、ゆっくり解らんする余裕などありませんので、「行って来い」の状態にしておき、後進し始めたら素早く手繰り寄せます。もし、桟橋側にロープを置いておくことができるなら、艇側はロープのアイをクリートにひっかけるだけにして、スプリングラインの長さは桟橋側で調整してください。こうすれば、後進し始めたとき、クリートからひっかけてあるアイを外して桟橋に放り出すだけで済み、「行って来い」にしたロープを手繰り寄せるときに、引っかかってほどけなくなってしまうといったトラブルを防ぐことができます。

こうして急速にスターンを風上に向けて振り出してやるのが、海から桟橋へと向かって風が吹いているときの離岸のコツです。このときは、通常の後進離岸よりずっと深く角度がつくまで、十分にスターンを振り出してください。できるだけボートを風に対して平行にして、風の影響を少なくする必要がある、ということです。

なお、こうしたコンディションのときは、万一、離岸に失敗して再度吹き寄せられたときのことを考えて、フェンダーは多めに付けておきましょう。ほかの艇にぶつかってしまいそうなときも、しっかりしたフェンダーを出しておけば、救われることも多いのです。

風でバウが流されやすい理由

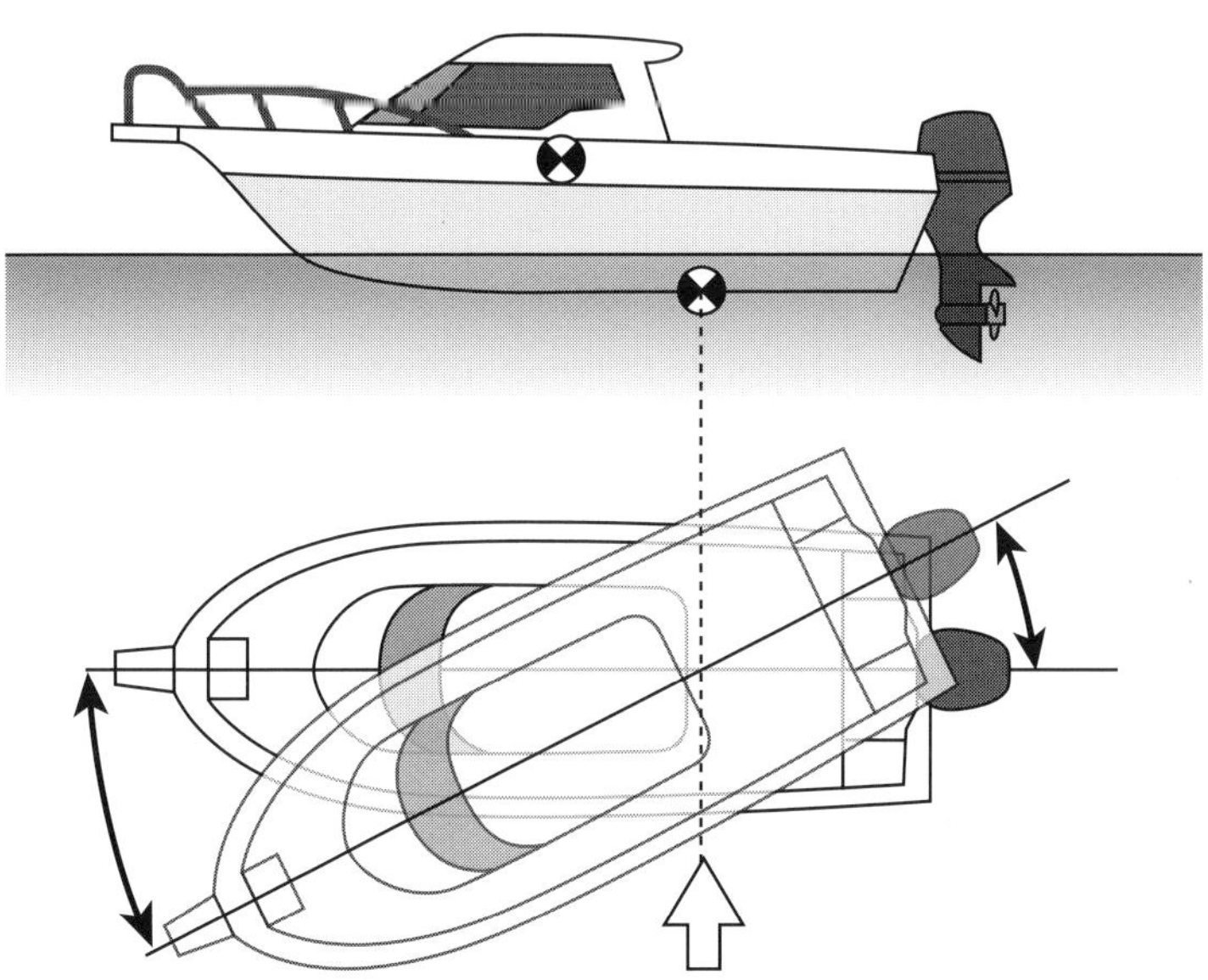

一般的なボートでは、風を受ける面積が大きくなる上部構造物が比較的船首寄りにあり、水中での抵抗を受ける船外機が船尾にあって、吃水線下の船体も船尾側のほうがより深く入っている。このことから、力点となる「水面上の風圧中心」が、支点となる「水面下の抵抗中心」よりも前にあるため、風による振れは船首のほうが大きい。よって、船首のほうが流されやすく、その速さも移動距離も大きくなる。特にパイロットハウスが船首寄りにあるボートでは、この傾向がより顕著に現れる。離着岸時には、こうしたボートの動きを把握することが重要だ

【第5回】

スマートな着岸①

ここからは、操船テクニックのなかでも最も難しい技術の一つである、着岸について解説していきます。着岸は、アーティスティックでありサイエンティフィックな妙技でもあります。ぜひ腕を磨いて、スマートな技をマスターしてください。

離着岸は理屈を覚えることが肝心

離着岸のような細かい操作がうまくなりたいと思ったら、やみくもにチャレンジしていてはダメです。「考えるより体で覚えろ！」とか、「やっているうちにだんだん慣れるよ」というのでは、効率がいいとはいえません。「ここで舵を切ったらどうなるのか？」、「どのくらい吹かしたら桟橋に届くのか？」といった理屈を考えずにやっても上手くならないのです。

一度、こうした理屈と自艇の動きを理解してしまえば、その後の上達の度合いが大きく違ってきます。操船はロジカルに考えましょう。

着岸の成否を左右する準備とクルーの動き

スマートな着岸をするには、キャプテンの操船はもちろんですが、クルーがフェンダーや舫いロープをいかに上手に使いこなせるか？という点も大切です。せっかく、ボートを桟橋にピタリと寄せられたとしても、フェンダーが用意されていなかったり、ロープを渡すのにモタモタしていたら台なしです。逆に、少々操船に失敗しても、フェンダーがしっかり用意されていて、クルーが適切に対処すれば、愛艇や周りの艇を壊さずに、無事に着岸できることも多いのです。

それでは、どのような準備をしたらよいでしょうか？

桟橋に近づく前、例えば、大型マリーナであればマリーナの防波堤の内側に入ったところ、川筋の係留場所なら河口から入ったところなど、波静かな場所に着いたら、キャプテンはクルーに声をかけて着岸準備に入ります。港内が狭い場合も、無理に港外で準備する必要はありません。フェンダーを持ったクルーがボート内で前後に移動することも多く、無理をすると落水の危険もあるので、港内に入ってから、波が静かな水面で停船し、焦らず準備を進めます。

着岸はロジカルに

着岸は、さまざまなボートの操船法の中でも、特にロジカルに考えて行う必要がある。その日の風の強さや向き、水の流れの有無、岸壁に着けるのか、桟橋に着けるのか、手伝ってくれる人はいるのか、といったさまざまな要素を考え合わせ、自分のボートがどんなふうに動くかを予測し、それらに合わせた操船をしなければならないフェンダーをセットし終わったら、次は舫いロープをセットします。前後のクリートにセットするのは当然として、その日の風向きによっては、スプリングラインとしてもう1本準備しておくと完璧です。また、前後のロープとも、レールの下側をくぐらせて出すことを忘れないでください。くれぐれも、レールなどに直接結んだりしてはいけません。

コイルしたロープは、ねじれや絡みがないように十分チェックします。これは、桟橋や岸壁で手伝ってくれる人にロープを渡そうと投げたとき、ロープがダンゴになって届かずにポチャンと落ちてしまうこと、あるいは、クルーが乗り移るときにロープを取り落としたり、最悪の場合、引っかかって落水したりしてしまうことを防ぐためです。ロープのねじれは完全に戻しておいて、いつでもサーっと解けて延びていくようにしてください。

着岸準備も大切

前後の舫いロープはスムースに出ていくようにコイルされているか、フェンダーをセットした位置は適切か、そして、クルーがどんな作業をすべきか理解しているか、といった事前の準備も、スマートな着岸の成功には欠かせない要素だ

たかがロープ1本ですが、その準備がきちんとできていないと、デリケートな着岸の最後の瞬間をぶち壊しにしてしまいます。素早いロープワークができなかったばかりに、ボートが流されて、ぶつけたり、壊したりしてしまうことだってあるのです。

なお、この準備を行っている間、キャプテンは、艇の流れ具合や桟橋の様子などを観察して、着岸の戦術を練ります。

そして、係船位置への最終アプローチを始める前に、左右どちらの舷を桟橋や岸壁に着けるのか、フェンダーの高さはどのくらいにするのか、どこにどのような手順で着岸するのかをクルーに伝えます。こうすることによって、クルーはどのような準備をすればいいのかが理解でき、心に余裕が生まれます。

特に、ゲストなどの即席クルーに作業を頼む場合は、勝手に桟橋に飛び移ろうとせずにキャプテンの指示で動くこと、桟橋に移ったあとでロープをどのようにしたらよいか、などをきちんと指示しておきましょう。

ちなみに、舫いロープを投げるとき、遠くまで届くようにするには、コイルしたロープを左右に振り分けて、両方の手で同時に投げるとうまくいきます。

舫いロープを投げるコツ

場合によっては、着岸場所からやや離れたところから、さらには、向かい風のなか、舫いロープを遠投しなければならないこともある。そんなときは、十分な長さのあるロープをコイルし、それを両手に分けて持って、左右を同時に放り投げるとうまく飛ぶ。もし、1人で着岸作業をしなければならないような場合は、舫いロープのエンドが、桟橋の向こう側に落ちるくらいの気持ちで投げるとよい

着岸のコツは風と流れを読むこと

着岸するときのポイントは、「いったん止まって、そのときの風や流れでボートがどう動くかを確認する」、ということにあります。

いつもと同じ自分のバースに入れる場合であっても、アプローチを開

アプローチ前には必ず停船

桟橋にアプローチする前には、港内などの波静かでスペースに余裕がある場所にボートを止め、その日、ボートがどんな流れ方をするかをしっかり確かめる。この流され方を見た上で、最終アプローチのスタート地点を変えることが、着岸成功のコツだ

始する前には必ずボートを止めて、その日の風向きや潮の流れをよく観察し、ボートがどれくらい流されるのかを確かめます。

そして、その影響を受けながらアプローチしたときに、ボートがどんな動きをするかを考えて、どこからアプローチを始めるかを決定します。つまり、「風向きや流れによって自艇がどのくらい流されるかを予想し、アプローチを開始する位置を変える」という点が、着岸をうまく成功させる秘訣です。

このアプローチを始める場所を、筆者は「IP」＝イニシャルポイントと呼んでいますが、このIPさえ決まってしまえば、ステアリングやシフトレバーを必要以上に忙しく動かす必要はありません。

なお、低速になると舵利きが悪くなりますが、IPを決めるときには、舵が利きにくいことも合わせて考慮してください。

ちなみに、アプローチ前にボートを止めることには、万一のクラッチやケーブルの故障に備えるという意味もあります。止まっている間にシフトレバーを前後に入れたり、中立にしたりして、ちゃんと動くかを試すのです。また、こうすることで、クラッチを入れたり抜いたりしたときの自艇の反応を、着岸直前の瞬間にあらためて記憶することにもなり、心の準備も整います。

もう一つ、着岸時の操作では、ボートの動きには常に「惰性がある」ということを意識しつつ、何事も少し足りないくらいの操作をして、足りないぶんを少しだけ足す、「足し算の操船」をすることが肝心。これが着岸の極意でもあります。

舵の切り過ぎ、エンジンの吹かし過ぎで、慌てて反対の操作をすると、艇の動きが定まらずに収拾がつかなくなり、操船者の心も乱れます。また、前後進を頻繁に繰り返すのは、エンジンやギア、クラッチなどにも悪影響を与えます。

離着岸は、人と競うわけではないので、急いだって仕方ありません。落ち着いて操船しましょう。

加えて、風や流れがあるときは、できれば風下側、下流側からアプローチすること、そして、前後の舫いロープは、必ず「風上側、上流側から結ぶ」ということも覚えておきましょう。

着岸時の落水を防ぐには

通常、落水する危険が最も高くなるのは離着岸時で、なかでも、着岸時に発生する落水は非常に怖いものです。風や潮の流れによっては、どうあがいてもボートが桟橋に吹き寄せられてしまうことがあり、そうなると落水者を桟橋とボートとの間に挟んでしまう可能性があります。また、万一、落水者をプロペラに巻き込んだりしてしまったら大変です。

着岸時に発生する落水でよくあるパターンは、舷側でロープを持って待機しているクルーが、桟橋が近づいてきたときに気が早って飛び移ろ

クルーの判断で飛び移るのはご法度

着岸時は、落水事故が最も起きやすい瞬間の一つ。特に焦ったクルーが桟橋に飛び移ろうとして無理をし、届かなかったというケースが多い。このとき、落水するだけならまだしも、ケガをしたり、ボートやプロペラに巻き込まれたりすると一大事だ。クルーには、あくまでキャプテンの指示で飛び移るよう十分に注意するとともに、操船者も決して急激な操船をしてはならない

うとして起こるものです。片手にロープを持ち、もう一方の手では艇体のどこかにつかまっているという不自然な体勢から、助走もつけずに飛べるのはほんのわずかな距離でしかありません。せいぜい、足を開いて届く範囲でしかないと思ったほうが賢明です。

早まって飛んだクルーが、桟橋まで届かずに水中へ入るだけならまだしも、桟橋にぶつかったりしてケガをしてしまうケースもあります。このときのダメージ次第では、泳ぎの自由も奪われて、緊急の助けが必要になってしまいます。そうなると、いままで着岸時の戦力だったクルーが、単に要救助者となるばかりでなく、代替クルーの必要性が生じたり、キャプテンは回避操作を余儀なくされたりと、いきなり負の存在となってしまうのです。

クルーが飛び移るのは、あくまでキャプテンの指示に基づいて行う、ということを習慣づけましょう。特に即席の素人クルーに頼むときは要注意です。

なお、操船者の急ハンドル、急加速、急停止なども、舷側で待機しているクルーの落水原因となり得ますので、くれぐれも慎重な操船を心がけましょう。

風向き別 着岸のテクニック

① 着岸の基本

離岸には前進離岸と後進離岸がありましたが、着岸では後進着岸するというシチュエーションはそれほど多くありません。ここでは、前進左舷着岸を例にとって、風向きごとの基本的な手順を見てみましょう。

まずは、風も流れもない、最もやさしい場合です。

まず、左舷側に十分なフェンダーをセットします。フェンダーの高さは、実際に当たるであろう相手の高さに合わせましょう。例えば、マリーナの低い浮桟橋であれば水面ギリギリのところに、他のボートに着ける、岸壁に横着けするなど、相手が高い場合は、艇体の中で最も横に張り出しているガンネルの高さに合わせてセットするのが基本です。

また、フェンダーをセットする位置は、桟橋に当たる艇体中央付近とスターン側に1カ所ずつだけでなく、バウのすぼまっている部分にも一つ付けておきます。これは、桟橋に斜めにぶつかったときに備えるためです。

次に、前後の舫いロープを用意して、クルーに持たせておきます。

ここまでの準備が終わったら、着岸点に対して30度くらいの角度でゆっくり近づきます。このときは、シフトを前進に入れただけのデッドスローとし、アプローチ速度が速くなってしまった場合はニュートラルに戻して惰性で進み、また遅くなったらシフトを前進に入れます。

ステアリングは、大きく切ると針路が安定せずに収拾がつかなくなるので、艇のズレを早めに察知して、小さく操作して対応しましょう。また、低速では舵利きが悪く、何事もスローな動きとなるので、ステアリングを少し切ったら、針路が変化するまでひと呼吸待ちましょう。ステアリングを切ってもすぐに反応しないからといって切り足すと、フラフラ蛇行する原因となります。

桟橋の手前5メートル程度のところに来たら、シフトをニュートラルにして、あとは惰性で進みます。そして、桟橋まであと2メートルくらいになったところで、ステアリングを右に切ってバウを右に振り、ボートが桟橋と平行になったらステアリングを素早く戻して、シフトを後進に入れて行き足を止めます。この状態になった時点で、ロープを持ったクルーに桟橋に移ってもらい、ボートを係留します。

基本的な前進左舷着岸（風や流れの影響がない場合）

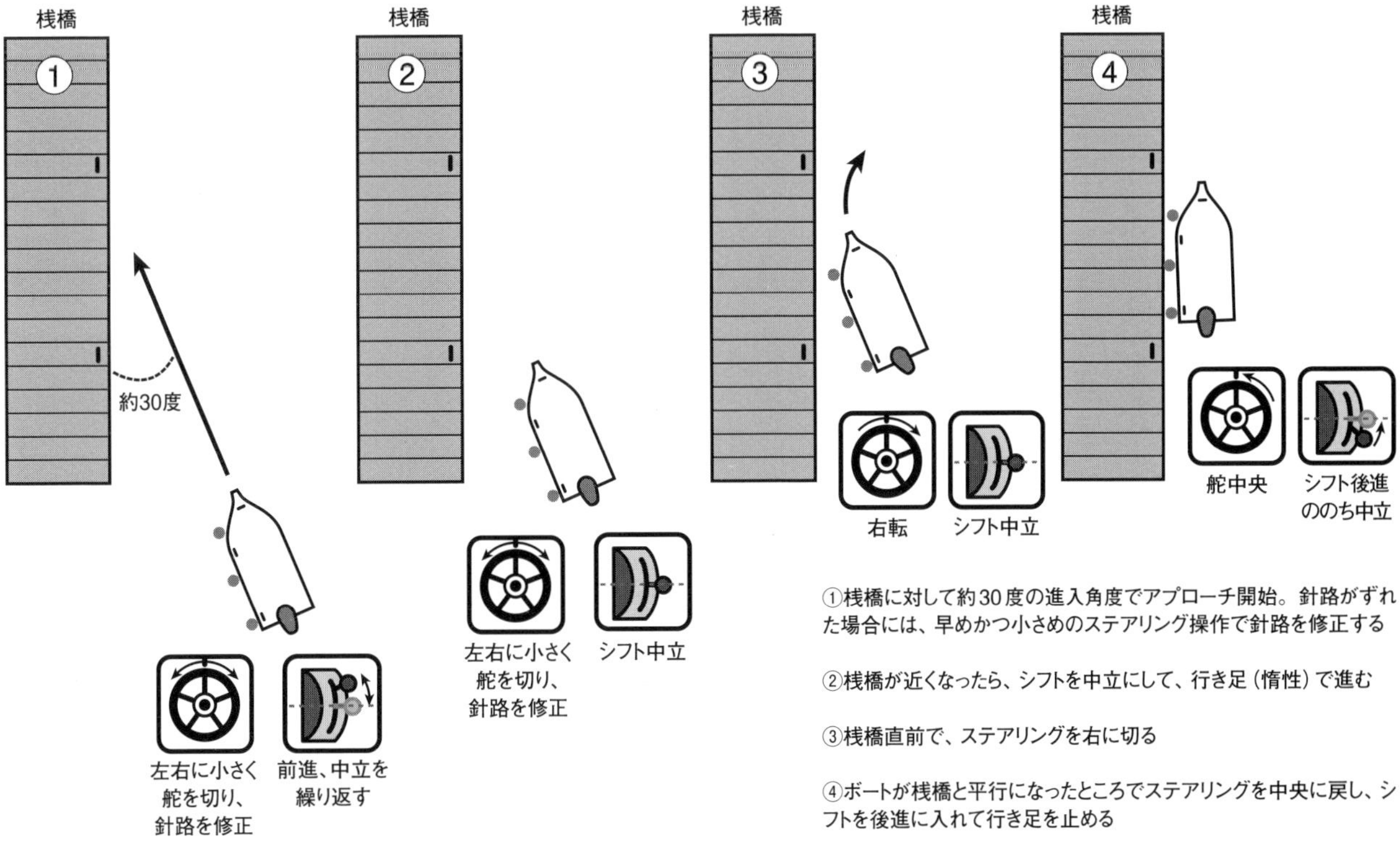

①桟橋に対して約30度の進入角度でアプローチ開始。針路がずれた場合には、早めかつ小さめのステアリング操作で針路を修正する

②桟橋が近くなったら、シフトを中立にして、行き足（惰性）で進む

③桟橋直前で、ステアリングを右に切る

④ボートが桟橋と平行になったところでステアリングを中央に戻し、シフトを後進に入れて行き足を止める

【第6回】 スマートな着岸②

着岸は、そのときのコンディションに合わせて
アプローチを開始する場所を変えるのがコツです。
基本の着岸方法をマスターしたら、
安全に配慮しながら、
さまざまな風向きでの着岸ができるように
練習を重ねてみましょう。

風向き別 着岸のテクニック

「①着岸の基本」に続き、風向きごとの着岸について見てみましょう。以下では、左舷着岸を例にします。

② バウ側から 風が吹いているとき

向かい風のときは、無風のときより進入角度を浅くし、実際にボートを止める場所よりもやや奥のほうをねらって桟橋にアプローチします。というのも、向かい風を受けていると、ボートがどんどん後ろに流されてしまうからです。

バウが風下に流されるような状況を「バウが吹き落とされる」ともいいますが、左舷着けの着岸時には、こうなることを防ぐため、バウをいくぶん風上側（右側）に向けるようにして進入します。つまり、船首を斜め右に振りながら走り、そのぶん風に吹き落とされて、結果として真っすぐ進むというわけです。このバウの振り出し具合と流され具合がうまく調和すると、ボートはねらったラインを一直線に進んでいきます。この加減をどれくらいにするかという「読み」が、向かい風のときにうまく着岸するコツです。

このように、あえて風で吹き落とされることを考慮し、積極的に針路をコントロールしながら進む必要があるため、向かい風のときは、少しスロットルを開け気味にしないとうまく保針できません。もちろん、派手に曳き波を立てるほど回転を上げるのはもってのほかですが、シフトを前進に入れただけの状態からもう少しスロットルを開け気味にする程度であれば、風に押されるぶん、スピードは出ないので、それほど心配しなくても大丈夫です。

また、着岸時の操船では、スロットル、ステアリングの操作とも少なめにして足りない分を補う「足し算の操船が重要」と説明しましたが、向かい風が強いときは、シフトをニュートラルにし、スピードを落とし過ぎてしまうと、極端にコントロールしにくくなります。向かい風が強いときに限っては、あまりスピードを遅くし過ぎない、ということも覚えておいてください。

なお、桟橋ぎりぎりまで近づいたら、最後にステアリングを右に切ってボートを桟橋と平行にする点は、基本の着岸と同じですが、風があるぶん右を向きにくいので、少し余計にステアリングを切りましょう。

無事に桟橋に着いたら、まずは風上側となるバウの舫いロープをつなぎます。スターン側はあとからでも大丈夫。この順番を間違えると、バウが桟橋とは反対に吹き落とされて危険な状態となってしまいます。

よほど風が強いときは、シフトをニュートラルにすると、どんどん後ろに流されるので、クルーに余裕があるときは、スターンから桟橋前方にスプリングラインを取るか、もしくは、キャプテンがシフトを入れたり切ったりしながら、残りの舫いロープのセットが終わるまで、ボートの位置をホールドするかします。

いくつか注意点はありますが、真正面から風が吹いているときの着岸は、スピードが出にくいため、風が相当強くなっても比較的容易です。

③ スターン側から 風が吹いているとき

スターン側から風が吹いているときの着岸は、バウ側から風が吹いているときに比べると、より難しくなります。どんどん前方へ流され、ボートの動きがキャプテンの意のままにならず、勝手に走ってしまうからです。着岸点にピタリと着けるには、かなり手前の場所をねらってアプローチせざるを得ません。しかも、アプローチ開始地点から着岸

バウ側から風が吹いているときの前進左舷着岸

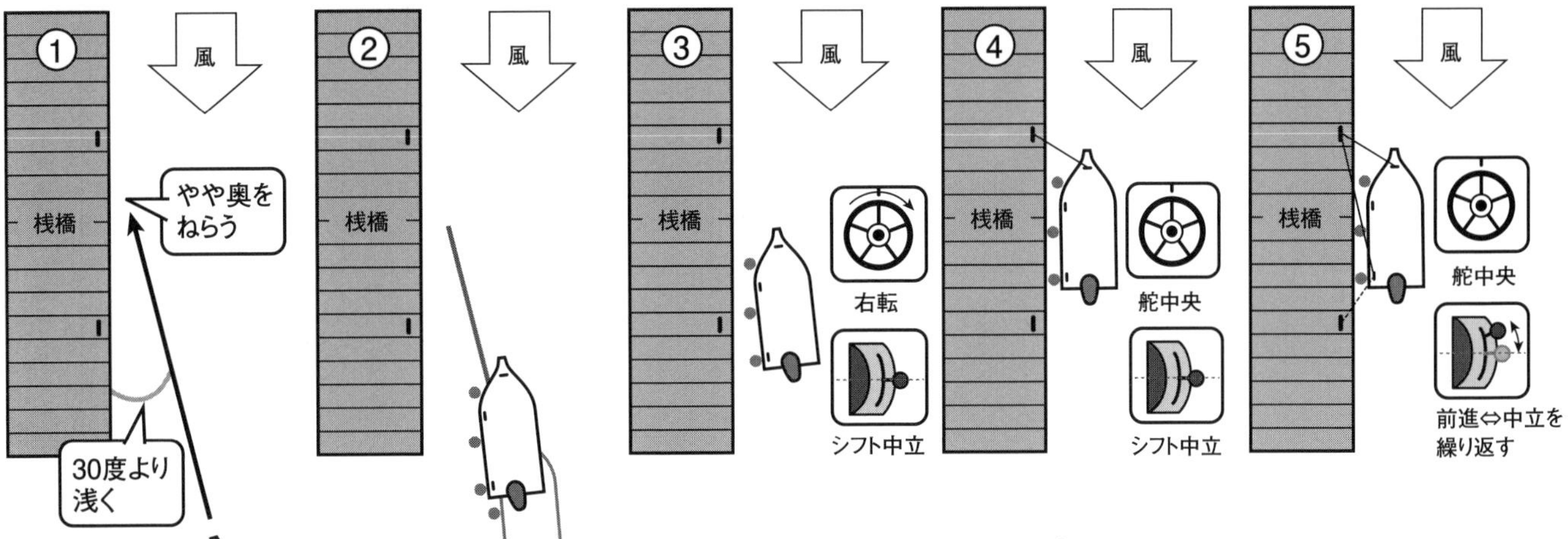

①通常の着岸よりも、浅めの進入角度でアプローチ開始

②シフトを前進に入れ、スロットルを少し開けながら、船首がいくぶん右を向くようにステアリングを調整。風による影響で船首が桟橋側に吹き落とされるので、ボートはねらった針路を真っすぐ進み、なおかつ、スピードが出すぎることもない

③桟橋直前で、ステアリングを少し大きめに右に切り、シフトを中立にする

④舫いを取るのは風上側から

⑤向かい風が強く、ボートが流される場合は、船尾から前方にスプリングラインを取るか、シフトの前進⇔中立を繰り返すかして、舫いを完全に取り終えるまでボートの位置をキープする

スターン側から風が吹いているときの前進左舷着岸

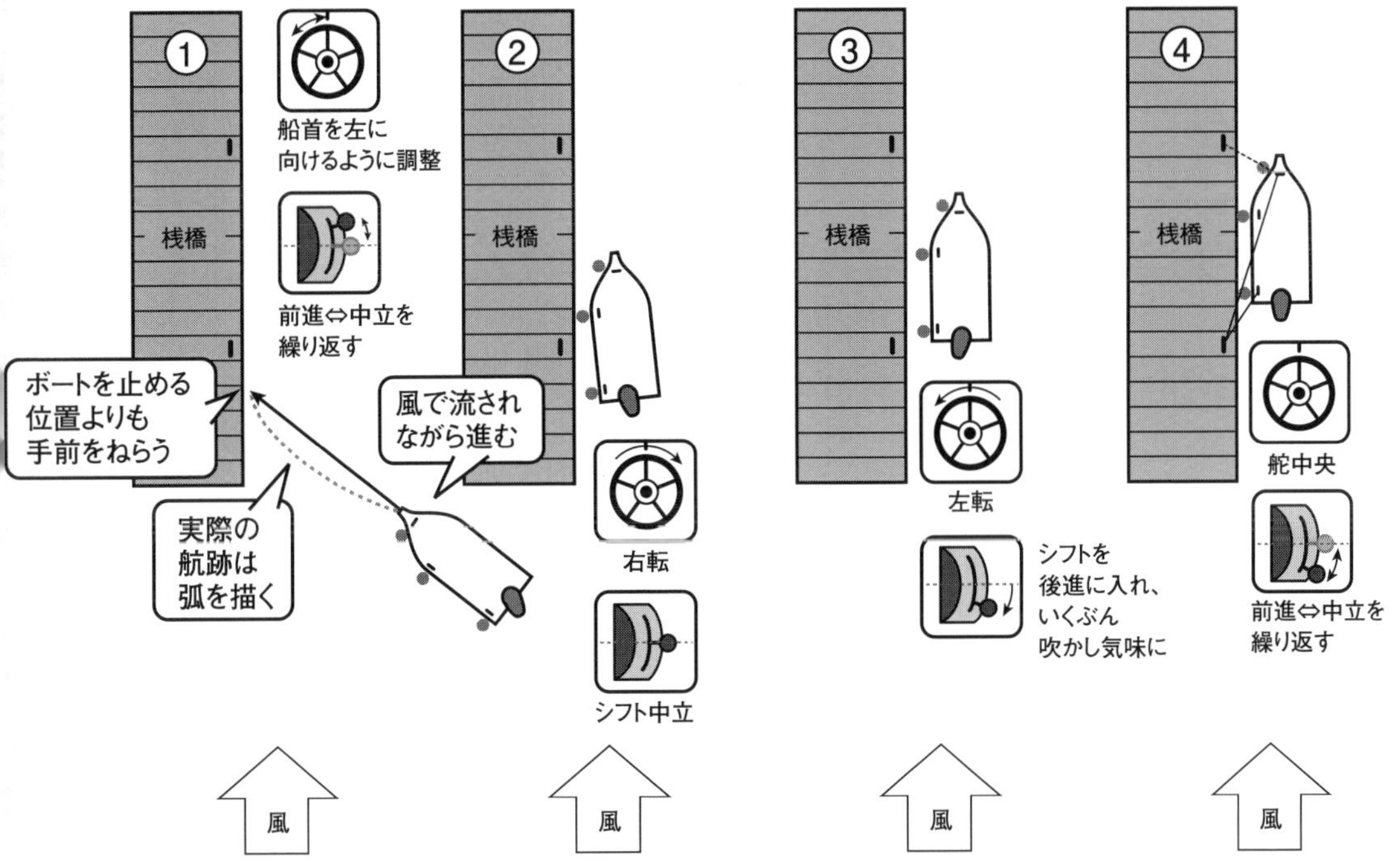

①通常の着岸よりも、深めの進入角度でアプローチ開始。最終的にボートを止めたい位置よりも手前をねらって進入する。風で流されるので、実際の航跡は弧を描く
②ボートが桟橋に寄ったら、シフトを中立にしてステアリングを右に切り、ボートを桟橋と平行にする

③ボートが桟橋と平行になったら、すぐにステアリングを左いっぱいに切り、シフトを後進に入れて、いくぶん吹かし気味にし、風に押されて前に進み過ぎないようにする

④船尾から桟橋後方に舫いを取り、余裕があれば船首から後方へのスプリングラインを取る。舫いを取り終えるまでは、ボートが風に押されて前に進まないよう、キャプテンはシフトの後進⇔中立を繰り返して、ボートの位置をキープする

点までは、かなり大きなカーブを描きながら近づくことになります。

また、風による影響を受けることでバウが振られるので、これを防ぐためにも、バウを風上寄りの左のほうに向けて進入します。

この風向きの場合は、シフトをニュートラルに入れて風に任せて流されるとちょうどよいスピードになる……なんていうこともありますが、流されるに任せるとその速度をコントロールできないため、気をつけないと、ものすごいスピードが出てしまい、かなり速いスピードで桟橋に近づかざるを得ないことが多いのです。

よって、桟橋に近づいたら、バウを桟橋と反対（右）に向けるのもそこそこに、すぐ後進に入れて、桟橋側（左）いっぱいにステアリングを切ります。スロットルも少々開けないと止まりません。ボートが止まったら、すぐに風上側（スターン側）の舫いロープを固定します。その間、キャプテンは、シフトを後進に入れたり抜いたりして、停船位置を保ちます。余裕があれば、バウ側から桟橋後方にスプリングラインを取りましょう。

なお、追い風での着岸はなかなか難易度が高いので、反対の風下側か

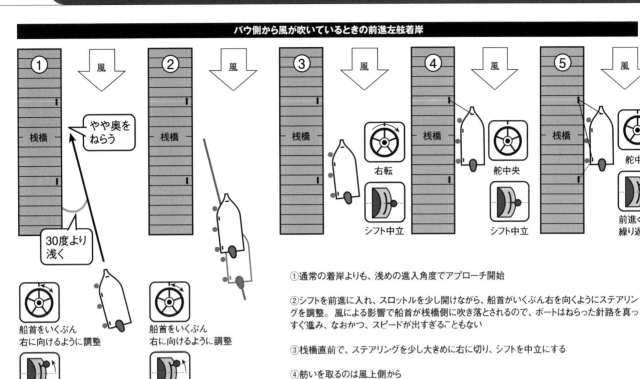

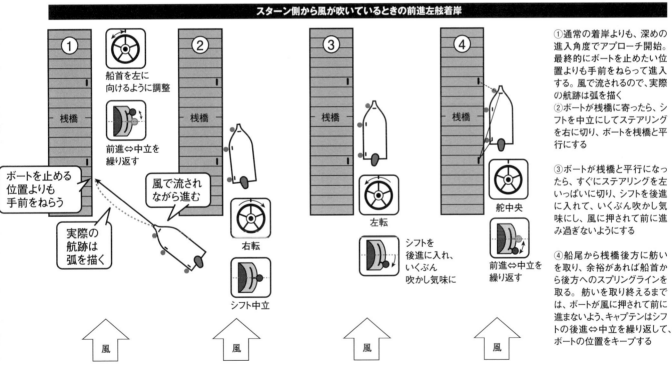

らアプローチできるなら、右舷前進着岸することをおすすめします。

④ 海から桟橋に向かって風が吹いているとき

海から桟橋に向かって風が吹いているときは、黙っていてもボートが吹き寄せられるので、着岸するのは比較的ラクですが、注意しなければならない点もあります。

まず、アプローチ中にバウがどんどん桟橋側に吹き落とされます。

次に、アプローチ距離を大きく取りすぎると、風で流されるスピードがつきすぎて、桟橋に激しくぶつかりかねません。もちろん、フェンダーはセットしてあるでしょうが、ボートが風に任せて桟橋に吹き寄せられ、ドンッと当たる衝撃は想像以上に大きいものです。着岸の最後の瞬間は、風に逆らう動きが取れないので、あまり勢いがつかないように、着岸開始地点を桟橋の近くに取り、ショートアプローチとするのが、この風向きのときのコツです。

加えて、この風向きのときは、リカバリーが難しいことも覚えておいてください。万一、途中でやり直そうと思ったときは、どうしても風上側へ進まざるを得なくなり、いきなり、難しい向かい風での離岸操作が必要となります。この風向きのときは、アプローチを開始したあと、やり直しできるギリギリのポイントが、ほかの風向きのときよりも、桟橋からずっと離れた地点になります。

特に前進でリカバリーするときは、桟橋と反対側（右）へいっぱいにステアリングを切って、スロットルを少し開けます。そうしないと、いつまでもバウを風上に振らないので、その場から動くことができません。また、スターンを桟橋側に大きく振り出しながら曲がるので、桟橋に停泊中の艇に近すぎるとぶつかります。よって、前進してリカバリーするには、かなりの余裕が必要なのです。

桟橋に近くなってからリカバリーするには、後進するしかありません。このときも、お上品にやっているとそのまま桟橋に吹き寄せられるので、やり直すときは、思い切りよくスロットルを開ける必要があります。

また、このとき、ステアリングは少し右に切っていますが、もっとずっと右に切り足す必要があります。特に左舷着岸の場合、1軸右回り艇では、シフトを後進に入れると、横圧力の関係でスターンを左に振ろうとするので、ステアリングを切り足さずに後進に入れると、ただでさえ風に押されているのに、スターンがさらに左に振れて、桟橋と平行になってしまい、収拾がつかなくなります。

これを防ぐためにも、ステアリングを右に切って、スターンをぐっと右に振り、風上に向けるのです。これが、この風向きでのリカバリーのコツです。

⑤ 桟橋から海に向かって風が吹いているとき

こと着岸に関して、一番難しいのが、桟橋から海に向かって風が吹いているときです。なにしろ、ボートは桟橋からどんどん離れようとするので、近づくだけでも容易なことではありません。でも、この風向きのときに、スマートにスパッと着岸できるようになったら、もう免許皆伝。周囲のあなたを見る目も変わってきますので、ぜひマスターしてください。

海側から風が吹いているときの前進左舷着岸

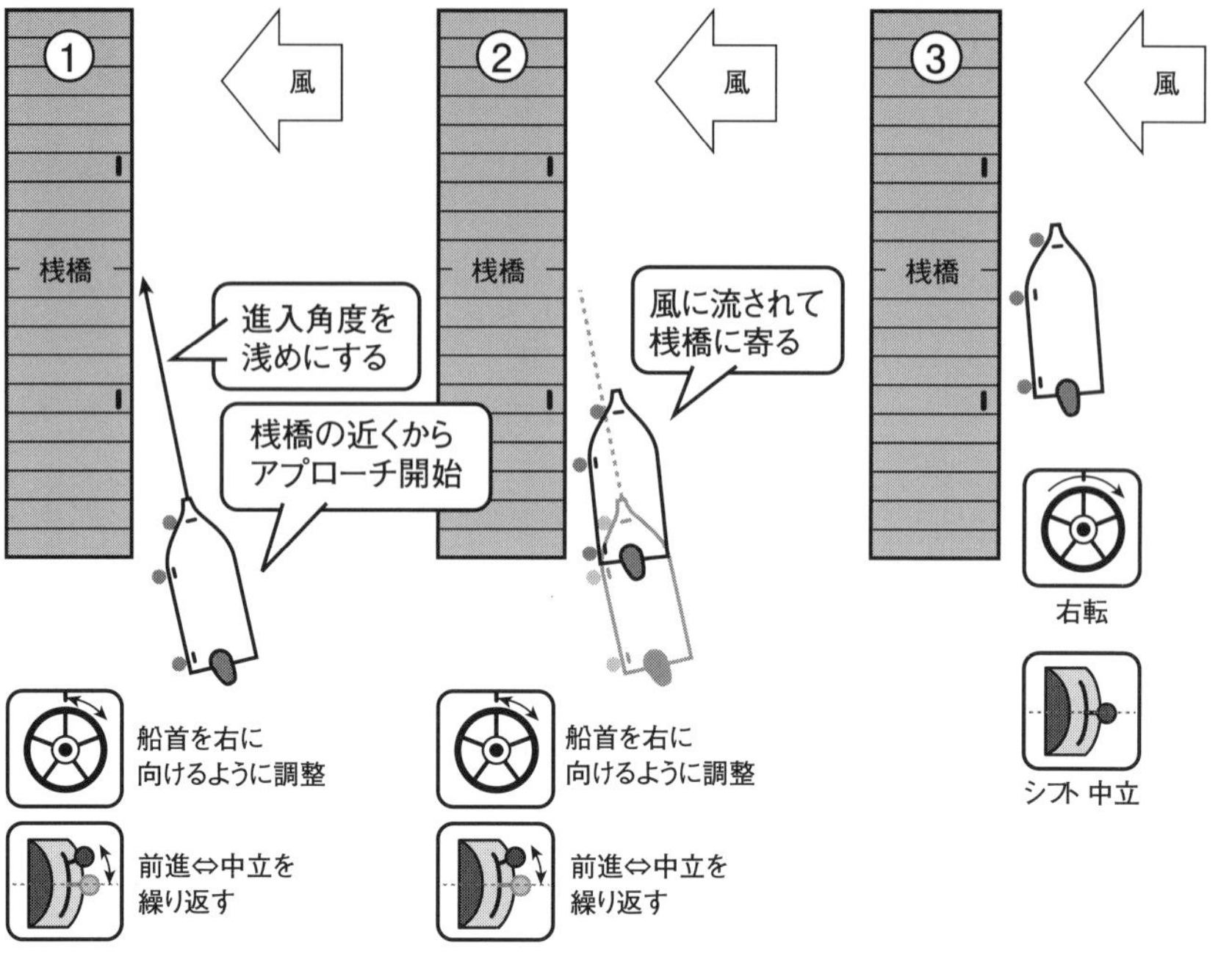

①
②
③
風
桟橋
進入角度を浅めにする
桟橋の近くからアプローチ開始
船首を右に向けるように調整
前進⇔中立を繰り返す
風に流されて桟橋に寄る
右転
シフト 中立

①アプローチの開始位置を桟橋の近くにし、通常の着岸よりも浅めの進入角度でアプローチ開始

②風で桟橋側に寄せられるので、適宜、針路を修正する

③桟橋に近づいたら、シフトを中立にしてステアリングを右に切り、ボートを桟橋と平行にする

アプローチし直す場合

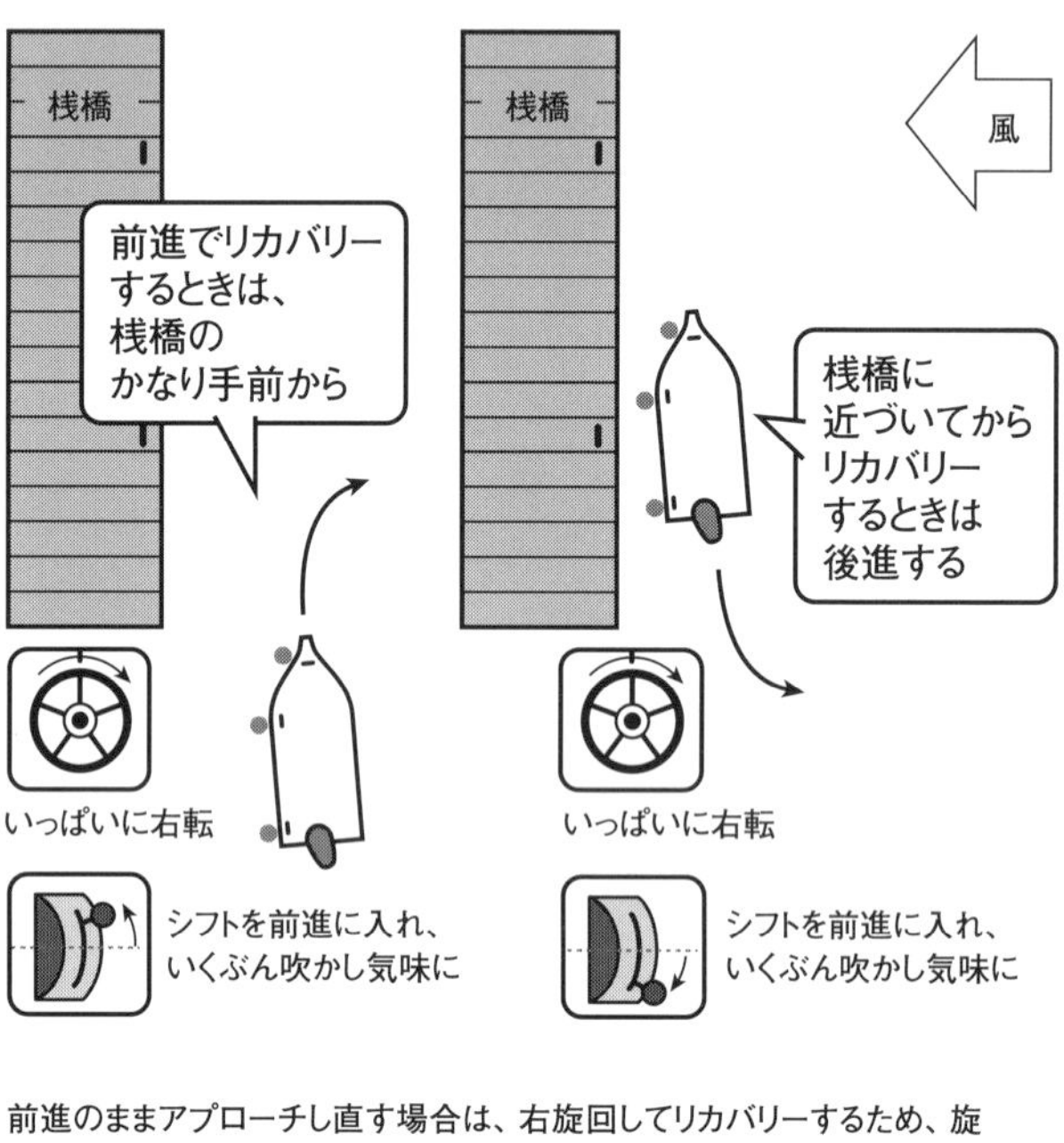

桟橋
風
前進でリカバリーするときは、桟橋のかなり手前から
桟橋に近づいてからリカバリーするときは後進する
いっぱいに右転
シフトを前進に入れ、いくぶん吹かし気味に

前進のままアプローチし直す場合は、右旋回してリカバリーするため、旋回時に船尾を桟橋や係留中のボートにぶつけないように注意する。そのため、桟橋のかなり手前でリカバリーを始めなければならない。一方、桟橋に近づいてからアプローチし直す場合は、ステアリングを右に切り、少し吹かし気味にして後進するほかない

桟橋側から風が吹いているときの前進左舷着岸

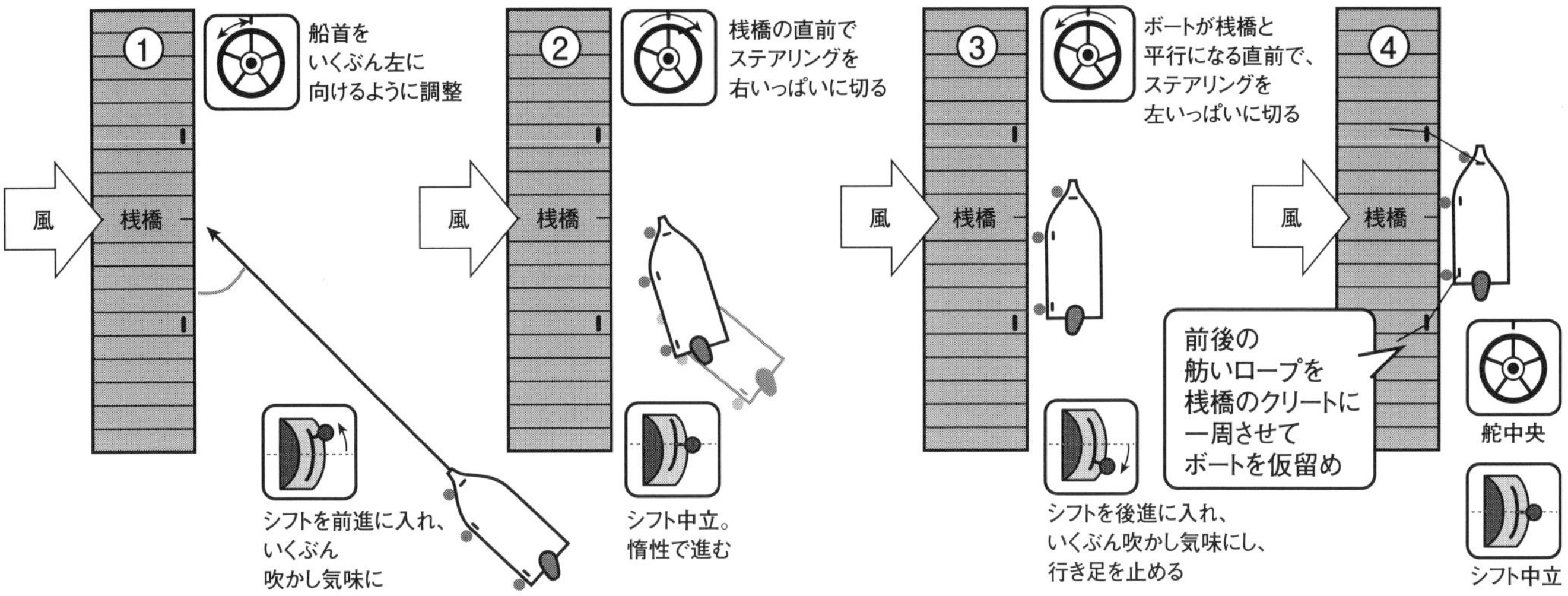

①進入角度をかなり深めに取ってアプローチ開始。やや吹かし気味で進む

②桟橋に寄ったら、シフトを中立にしてステアリングを右いっぱいに切り、惰性で進む

③ボートが桟橋と平行になる直前でステアリングを左いっぱいに切り、シフトを後進に入れて、行き足を止める

④前後の舫いロープを取り、とりあえず、桟橋側のクリートにロープを一周させ、ボートが桟橋から離れるのを防ぐ。落ち着いてから、舫いロープをクリートに結ぶ

舫いロープの仮留め

桟橋側から風が吹いているときの着岸では、もたもたしているとボートが桟橋から離れてしまう。よって、クルーとキャプテンが桟橋に下りたら、舫いロープを桟橋側のクリートに一周させ、まずはボートを仮留めする。その際、手に持っているロープを持ち上げ気味にして、クリートの角で押さえるようにするとよい

さて、この風向きのときは、桟橋にアプローチする角度をぐっと深くする必要があります。そうしないと、どんどん風に吹き落とされて、いつまでたってもバウが桟橋のほうを向かないからです。風速によって異なりますが、極端な場合は70～80度くらいの深い角度で近づかなければならないこともあります。

そして、この風向きでの着岸で大切なことがスピードです。桟橋に近づいた最後の瞬間には、右に大きくステアリングを切って、ボートを桟橋と平行にしなければなりませんが、このときゆっくりやっていると、右に向くはなから流されてしまい、「桟橋に届かない！」という悲鳴を上げることになってしまいます。

こうした事態を避けるには、ある程度スピードをつけて桟橋に接近し、惰性を利用します。ちょっと怖い気もしますが、条件が悪ければ悪いほど、スピーディーに操船することが必要です。アプローチする角度とスピードは、風速のほか、ボートの種類や大きさによっても違いますので、いろいろと試してみてください。

着岸の最後、頭を振り終える直前にシフトを後進に入れ、桟橋側(左)にステアリングをいっぱいに切ります。この後進も少し強めに吹かし、ボートを素早く止めましょう。

なお、バウは前のほうにせり出しており、実際に水に触れている部分(ステムの吃水線部分)は、かなり操船席側にあります。しかし、操船席からバウ側を見ていると、いまにもぶつかりそうに思えて、かなり手前でステアリングを切ってしまいがちです。特にフライブリッジを持たないボートでは余計にそう見えます。よって、目測を誤らないよう、信頼できるクルーにバウにいてもらい、距離を報告してもらうとよいでしょう。

こうしてうまく桟橋に寄せることができたら、前後の舫いロープとも素早く桟橋に渡し、艇をホールドする必要があります。ただし、悠長に舫い結びやクリート結びをして……なんてやっている暇はありません。かといって、桟橋に立つ人とボートとが綱引きをすると、流される力が意外に強くて驚くことになります。女性ではとても抑えられないくらいの力がかかることもしばしば。サイズにもよりますが、ボートが流される力はとても大きいのです。

こんなときは、舫いロープを桟橋のクリートにクルッと一周巻き付けるだけでだいぶラクになるので、舫いを持ってもらうクルーには、桟橋に下りたら、結ばずにクリートにただ一周巻き付けて持っていてもらうよう指示しましょう。そして、ボートの動きが落ち着いたところで、キャプテンが下りて、一緒にゆっくり結べばいいのです。悪条件下では、何事もスピーディーに行う必要があることを覚えておいてください。

さて、大変難しいこの風向きでの着岸ですが、一つだけいいことがあります。それは、着岸をやり直そうとしたとき、簡単にリカバリーできることです。危ないと思ったら、ちょっとシフトを後進に入れれば、すぐに桟橋から離れられます。よって、条件を変えながら、いろいろと試してみてください。

【第7回】
スマートな着岸③

引き続き、着岸時の操船方法について解説します。着岸では、ときに、風や流れがある、もしくは、操船余地が少ないなど、非常に厳しいコンディション下での操船を強いられることがあります。ここでは、そういった状況下での着岸方法について見てみましょう。

風向き別 着岸のテクニック

⑥桟橋側からの強風が吹いているときの裏技

最後に、とっておきの着岸テクニックをお伝えしましょう。ここまで説明してきた風向き別のノーマルな方法ではとても着岸できないほど風が強かったときに使える、1本の舫いロープと自艇のエンジンの力で艇の向きを変える方法です。

まず、左舷の前のほう、普段は桟橋に当たらない、ボートがすぼまっているあたりにしっかりしたフェンダーを出しておきます。ちょうど、後進離岸するときに、スプリングラインを利用してスターンを海側に振り出す「パワースプリング」を使うときにフェンダーをセットしたあたりです。

次に、クルーに左舷のバウクリートからとった舫いロープを持って、バウにいてもらいます。そうしておいて、桟橋と直角に（正確には風の向きに正対して）、そろりそろりと近づきます。このとき、スピードを出す必要はありません。バウのクルーに桟橋までの距離を教えてもらいながら、鼻先を桟橋の上に突き出すまでボートを進め、この段階でクルーにロープを持って桟橋に降りてもらいます。

ボートの大きさによって異なりますが、桟橋に降りたクルーに、舫いロープを2～3メートルの長さでクリートにしっかり結んでもらいます。その間、キャプテンはクラッチを入れたり抜いたりしながら位置をホールドしておき、舫いロープをクリートに結び終わったら、少し後ずさりします。この状態では、鯉のぼりよろしく、桟橋から頭を少し右に振った状態（左舷側のクリートからロープをとっているから）でたなびいています。

この状態でステアリングを右いっぱいに切ってシフトを前進に入れると、ボートは頭を右に振りながら前進しようとしますが、ロープがピンと張ったところで抑えられるので、それ以上前に出られなくなります。そうすると桟橋に引き寄せられて、鼻先の斜め左の部分が桟橋に押し付けられていることと思います。

桟橋のクルーはしっかりフェンダーが当たるようにしておいてください。また、前進したときバウが桟橋にぶつかりそうになったら、桟橋と反対方向に押して手助けするのもクルーの大切な役割です。

この状態で前進に入れたままにしておくと、だんだんとスターンが左へ左へと振れていくので、桟橋にいるクルーにスターン側の舫いロープを渡します。

これが、桟橋側からあまりにも強い風が吹いていてどうにもならないときの、とっておきの技です。もちろん、エンジンの推力を使うので危険を伴いますから、注意して実行してください。

流れがある場合の着岸の極意

ボートの離着岸にとって、風はいろいろと厄介ですが、風以上に厄介なのが水の流れです。潮の干満による流れはまだしも、川筋に係留している方は、川の流れによる影響を大いに受けます。

流れの影響を受けるときのボートの動きは、基本的には、風に押されるときと同じなのですが、決定的に違うところがあります。その違いについて、順を追って見てみましょう。

まずは、川の流れと並行な桟橋があり、そこに川上に向かって着岸する場合を考えます。

桟橋に近づくためには、川の流れに逆らうぶん、余計にスロットルを

桟橋側から強風が吹いているときの着岸の裏技

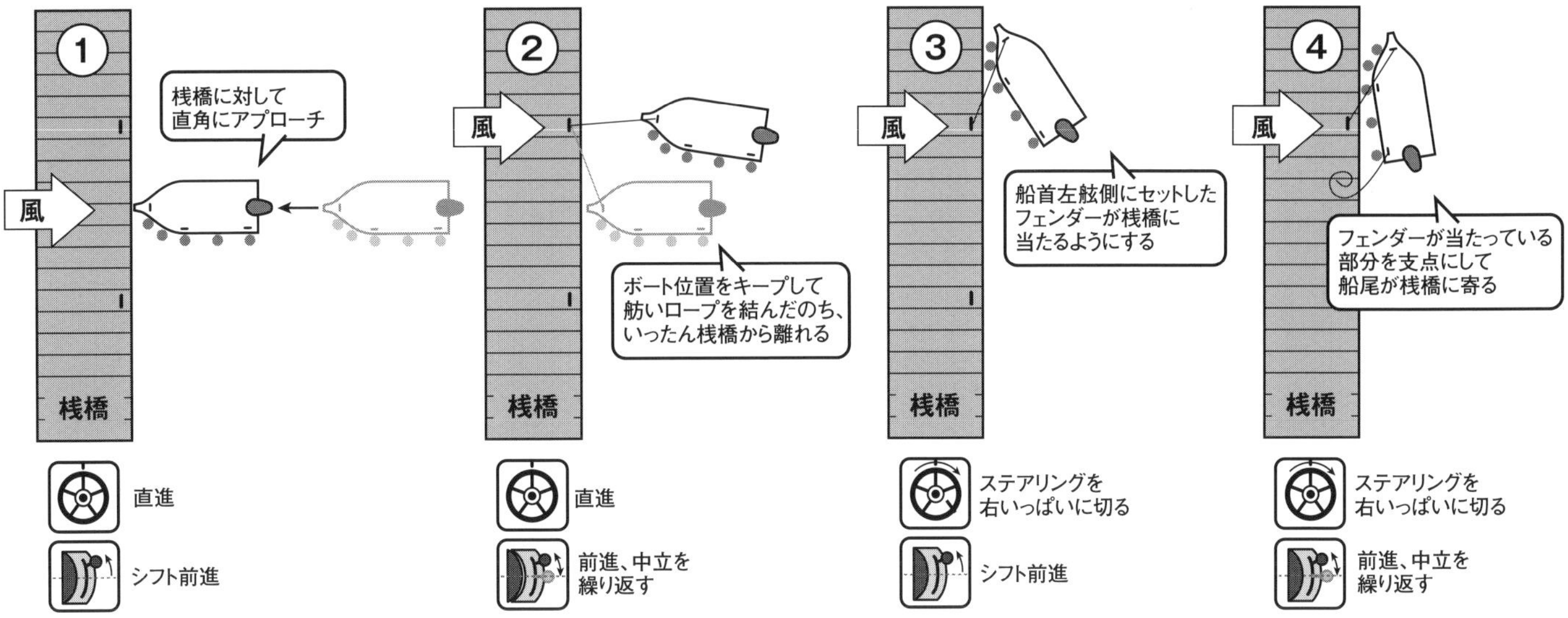

①船首左舷側にしっかりとフェンダを用意したら、桟橋に対して直角に（本来は風軸と平行に）進入。クルーの指示を受けながら、船首が桟橋に重なるくらいまで前進させ、左舷側にセットした舫いロープを持ったクルーを桟橋に降ろす

②クルーが舫いロープを桟橋のクリートに結び終わるまで、前進、中立を繰り返してボートの位置をキープ。その後、シフトを中立にし、風に流されながら桟橋から離れる

③桟橋から離れたら、ステアリングを右いっぱいに切り、シフトを前進に入れる

④ロープのテンションを見ながら、シフト前進と中立を繰り返すと、フェンダーが当たっている部分を支点にして徐々に船尾が桟橋に寄ってくるので、十分に近づいたところでクルーに船尾の舫いロープを渡す

川の流れに直交する桟橋への着岸

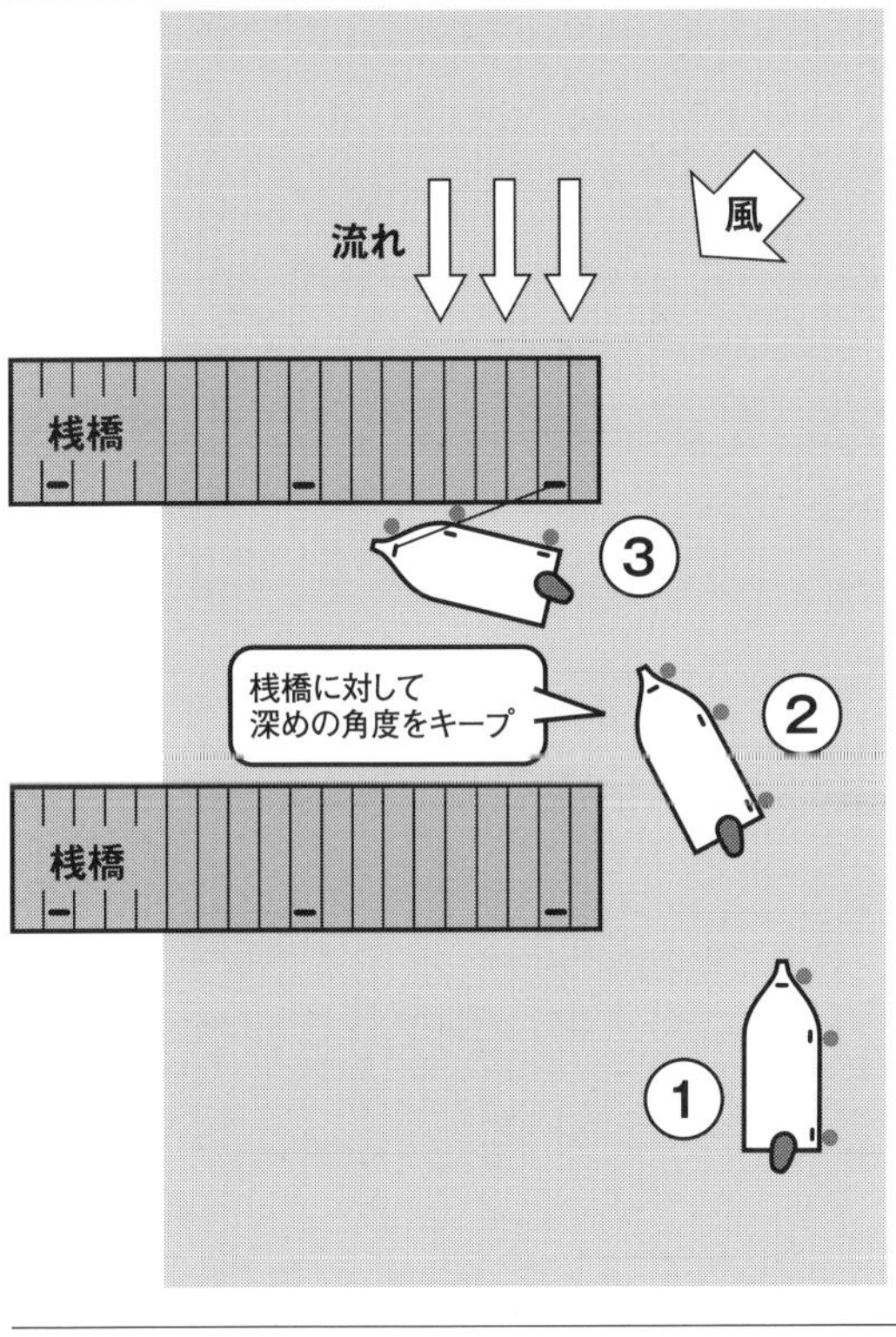

川の流れに直交する桟橋への着岸は非常に難しい。図は、右斜め前からの風があると仮定した場合のもの。

①障害物をかわすまでは川筋と平行に直進

②障害物をかわしたら、流れに逆らい、なおかつ、風で船首が吹き落とされないよう、桟橋に対して深めの角度をキープしながらアプローチ

③桟橋の直前で左いっぱいにステアリングを切って、いくぶん吹かし気味にし、船尾を滑らせるようにしてボートを寄せる。船尾が十分に寄らなかった場合は、船首からクルーを降ろし、ひとまず船首から桟橋後方へのスプリングラインを取る

開けなくてはなりません。そうして静々と近寄って、ボートを停止させるときは、単にスロットルをアイドリングに戻すだけでいい（シフトを中立にしなくてもよい）かもしれません。このような状態のとき、ボートは桟橋に対して止まっていても、実は走り続けているのと同じです。

こういう状態のときは、スロットルを開けていますし、桟橋に対しての対地速度は低くても、対水速度は高いので、きちんと舵も効き、大変コントロールしやすいのです。

ここまでは、風があるときの着岸と同じですね。そう、流れに逆らっての着岸と、向かい風の中での着岸はよく似ているのです。

一方、同じ桟橋で、川下に向かって着岸する場合は、ちょっと気をつけないと、ものすごいスピードが出てしまいます。クラッチを切って流れに任せてちょうどよいスピードになる……。ここまでは追い風のときと同じですが、これでは、水の流れとともに運ばれている状態で、対水速度がゼロですから、ボートの動きをコントロールすることはできません。ボートやドライブ（あるいは舵板）と周囲の水とが同じ速度で一緒に動いているので、ステアリングを切っても、ボートの向きを変える力が発生しないのです。

追い風で着岸するときは、たとえニュートラルにしていても、風で押されているために対水速度がありますから、多少なりともコントロールはできます。しかし、流れに運ばれているときは、対水速度がゼロになるので、どうにもコントロールできないのです。

この対水速度の有無と、ボートコントロールが可能かどうかという点が、風の影響と流れの影響とで決定的に違うところです。

こうした理由により、流れに従って着岸するのは、追い風で着岸するより難易度が高くなります。しかも、ボートは風と流れ、双方の影響を受けますから、両方の影響をミックスした状態で、その流され具合を読まなければなりません。より難易度が高いということも、容易に想像がつくでしょう。

なかでも、川の流れに対して直角に入る着岸は、ことさら難易度が高い技です。ゆっくりやると流されてしまうので、出るのも入るのも、ある程度思い切りよく勢いをつけなくてはならないですし、流される量を読んで、予想される未来位置にボートを動かさなければなりません。しかも、やり直しがきかないため、足が震えるほどの恐怖を感じることもあるでしょう。

でも、行くか戻るか逡巡《しゅんじゅん》するのは禁物。艇が流されて余計に悪い体勢になってしまいます。おかしな体勢になって「マズい」と思ったら、行くにしても戻るにしても、思い切りやるのがコツです。戻るなら一気に吹かしてバックする、そのまま行くときは覚悟を決めてためらいなく突っ込む……これが極意です。

このように、水の流れは風以上に厄介ですので、その点を頭に叩き込

その場回頭は余裕のある場所で

ポンツーンの奥など非常に狭い場所では、ときにその場回頭が必要になることも多いが、その場合、風下側に十分な操船余地のある水面で行わないと、回頭中に吹き流されてしまい、身動きが取れなくなってしまいがち。その場回頭を行う場合は、できる限り風上側にボートを移動させてから行う。場合によっては、無理に回頭しようとせず、後進のまま広いスペースまで移動したほうがいい場合もある

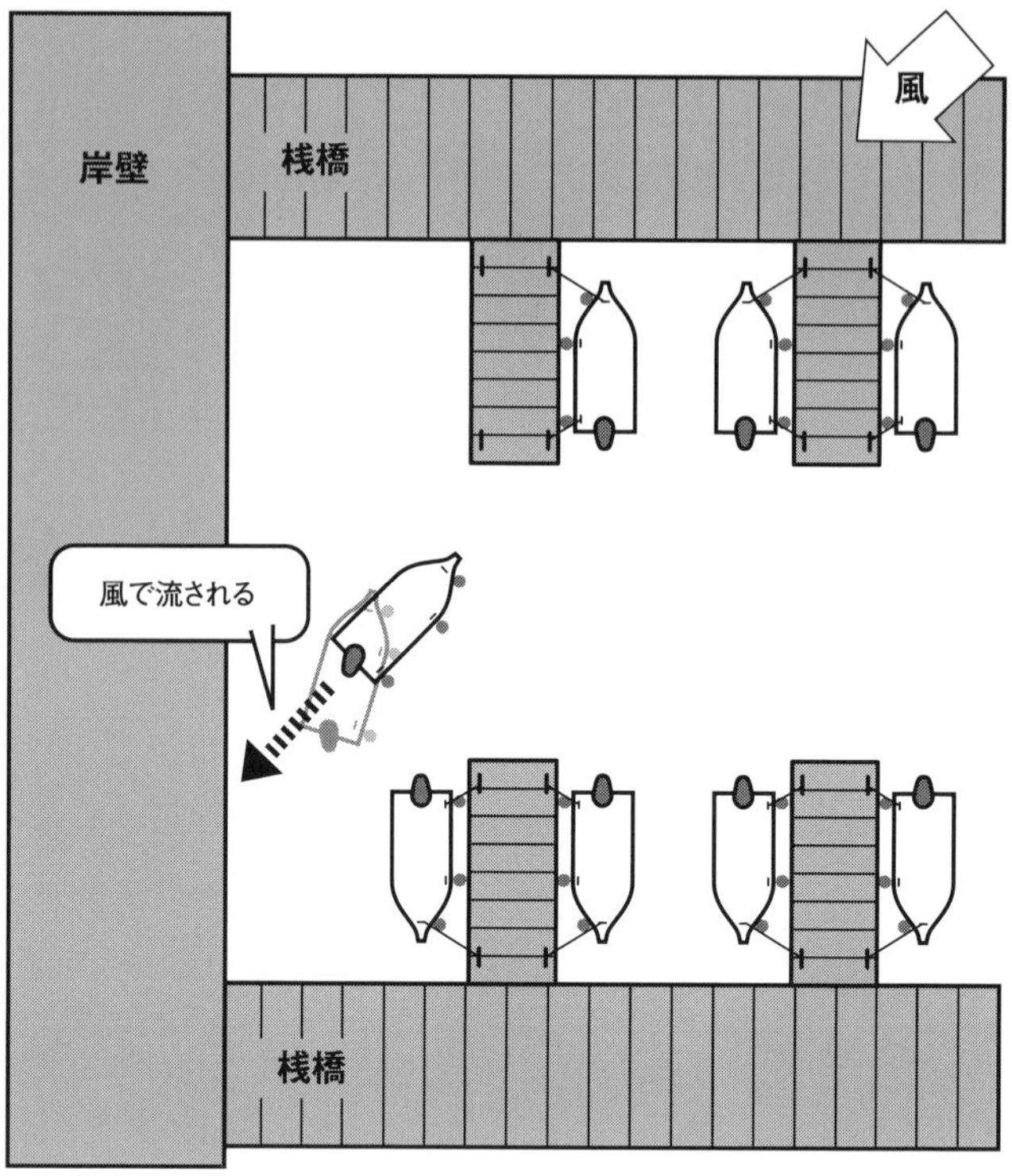

1基掛け艇での「その場回頭」

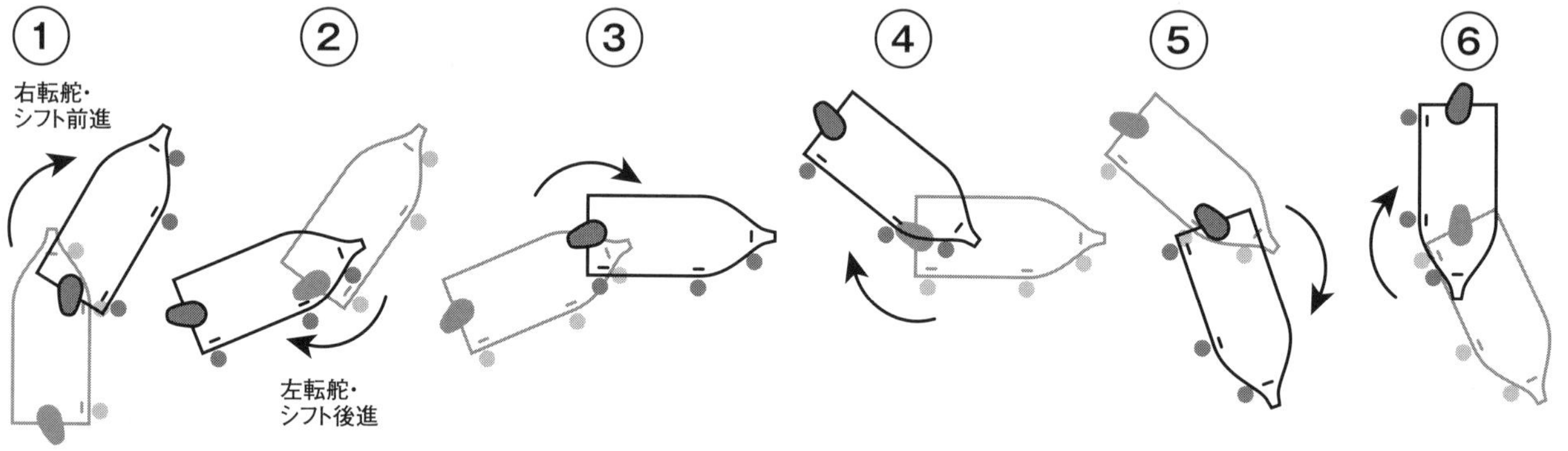

ボートの位置をほとんど変えずに、向きを変えるテクニックが「その場回頭」。まずは右いっぱいにステアリングを切ってシフトを前進に入れ、船首の向きが30度ほど変化したら、左いっぱいにステアリングを切ってシフトを後進に入れ（1軸インボード艇の場合、後進時はステアリング中央でもよい）、船首の向きが30度ほど変化したら、またステアリングを右に切ってシフトを前進に入れる。これを何度か繰り返し、クルマの切り返しの要領でボートの向きを変える。1基掛けのボートの場合、後進で向きを変えるときは、横圧力や放出流の影響を利用して船尾を左に振るとラクなので、右回りで向きを変える

2基掛け艇ならではの後進着岸

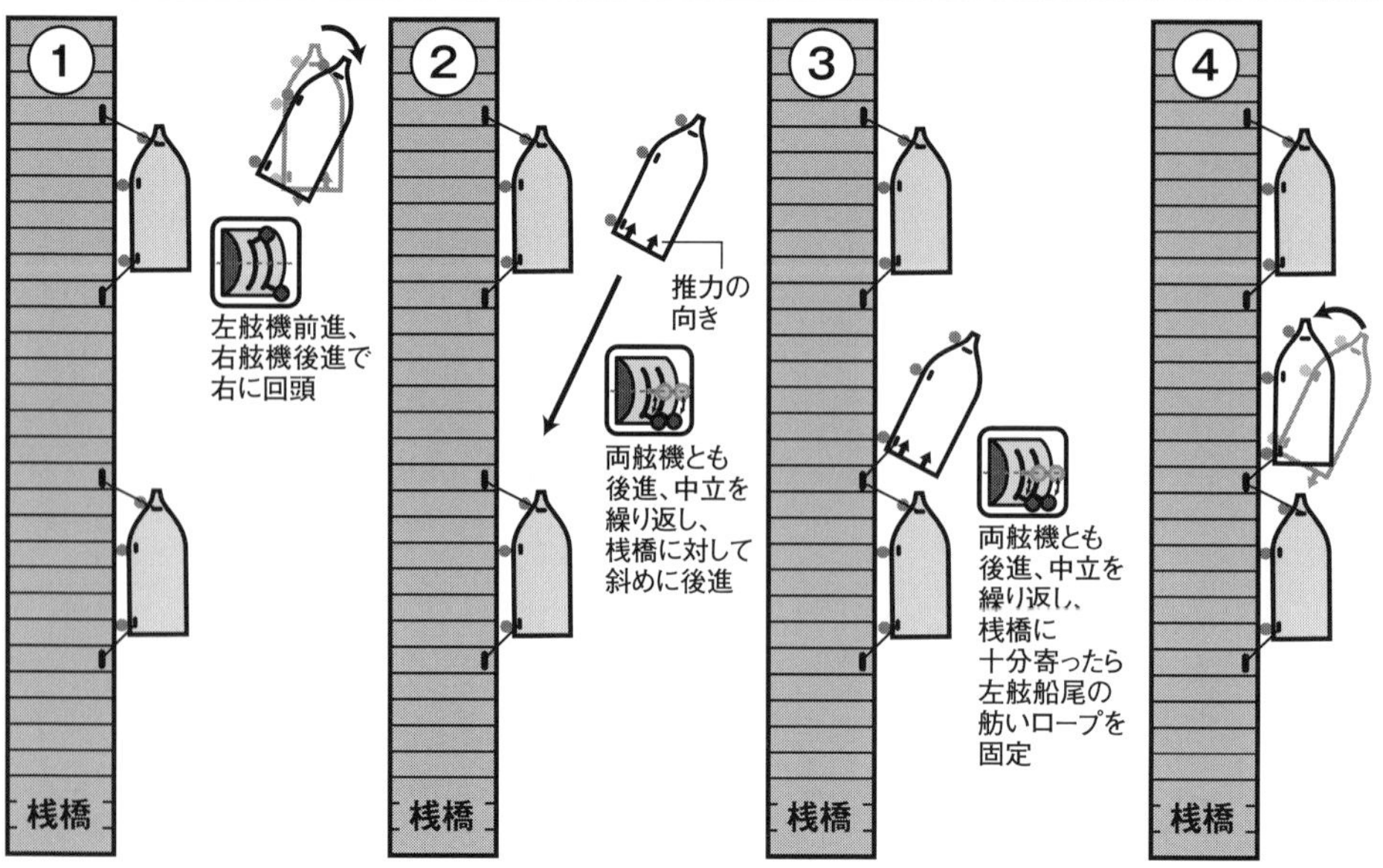

左右のエンジンのシフト操作で回頭が容易な2基掛け艇では、特に前後のスペースに余裕がない場合、後進着岸が有効な選択肢となる。クルマの縦列駐車と同じ要領で桟橋に対して斜めに後進でアプローチし、ボートが十分桟橋に近づいたところで、左舷船尾のクリートからの舫いロープを桟橋のクリートなどに固定する。その後、右舷機のみ、シフトを前進に入れると、徐々に船首が左に振れて、着岸完了

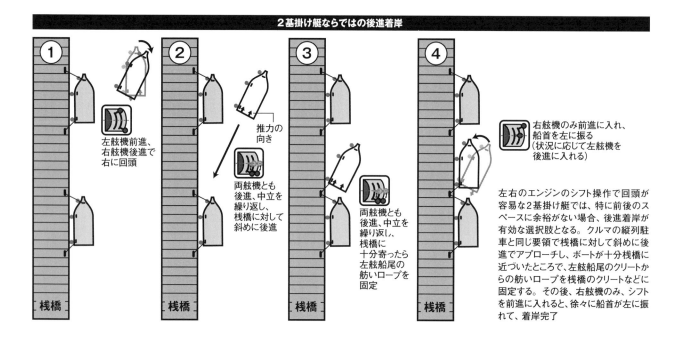

んでおきましょう。そして、基本的には、流れに逆らって着岸するのが鉄則だということを覚えておいてください。

狭いバース内での ボートハンドリング

マリーナの内部で着岸する際には、狭いバース内で複雑な運動を強いられることがあります。折れ曲がった桟橋に沿って直角に曲がったり、その場で90度回頭させて狭い隙間に船を押し込んだりしなければならないことはザラです。

こうした桟橋の中で、その場回頭の技術などを持ち合わせておらず、途方に暮れてしまったという方も少なくないでしょう。そもそも、そういった操船方法は、ボート免許講習で教えてくれません。

さて、狭い水面でのその場回頭は、インボードやスターンドライブの2基掛け艇なら、迷わず左右のプロペラを前進と後進に入れて推力で回す方法を選択してください。1基掛けのボートや船外機2基掛けでこの方法が使えないときは、右にいっぱい切って前進、左にいっぱい切って後進……と繰り返し、クルマと同じように切り返すしかありません。

この回頭中に風などで艇が流されたとき、その流されたぶんを修正するだけの余地が残されていないと、大変なことになってしまいます。よって、狭い場所でマニューバリングする場合は、できるだけ風上に寄って、風下側にスペースを空けておくことが大変重要なコツです。

また、素早く回頭するためには、少々エンジンを吹かして、十分な推力を得ることも肝要です。特に、風上側にバウを振ろうとするときは、推力が十分でないと、風に抑えられて船首が振れず、ただ無為に前進して貴重なスペースを浪費してしまうことも多いのです。

狭い水面でのマニューバリングでは、中途半端なところでやり直そうとバックすると、単に惰性による動きを止めるだけとなってしまい、そのまま吹き流されて収拾がつかなくなります。よって、ある程度の思い切りも必要ですし、うまくいかないと思ったら早めにやり直す判断力も要求されるということを肝に銘じておきましょう。

後進着岸

これまでも何度か触れてきましたが、1基掛け艇の後進着岸は難しいものです。これは後進でのマニューバビリティー（≒運動能力、操向能力）が低いからです。

ボートの場合、クルマと違って、後進ではなかなか真っすぐに進みません。特に、バウから風を受けているときは、吃水の浅いバウがすぐ風下に落とされて、クルッと回ってしまいます。

また、前進から後進に切り替えると、横圧力や放出流の影響を受けてスターンがぐっと振られてしまい、思っていたのとは別の方向に進んでしまう、といったことも多いはずです。

どうしても後進で着岸しなければならないときは、いくぶん保針しやすいように、少しスロットルを開き気味にして後進します。また、できれば、風上に向かって後進してください。風下に後進するのは特に難しいものです。

一方、2基掛け艇の場合、左右の推力差を使って艇を振れますから、後進着岸もわりと現実的です。特に、推力差での操向が得意な2基掛けインボード艇であれば、十分、選択肢として考えられます。

この後進着岸のよいところは、前後にスペースがない場所に着岸できる、という点です。後進のまま、桟橋に対して斜めに真っすぐ近づいて行って、スターンが桟橋に届いたところで舫いロープを繋いでもらえば、あとは桟橋と反対舷を前進に入れるだけでピタッと着岸させることができます。この場合、ボートの前後に1メートルずつ余裕があれば楽勝です。こうした着岸方法を見ると驚かれるかもしれませんが、これは、2基掛けインボード艇ならではの特性があるからできる技といえるでしょう。

さらに、離島の漁港など、混雑した港に着岸するとき、横着けすると泊められる艇数が減ってしまうので、アンカーを落としながら岸壁に直角に着岸する「槍《やり》着け」、「艫《とも》着け」をしなければならないこともあります。そのうち、艫着けの場合は後進着岸が必須です。高度なテクニックを必要としますが、場合によってはやらざるを得ない場合もあるので、離島へのクルージングを考えている方は、アンカーの用意とともに、後進着岸の練習もしておきましょう。

岸壁での艫着け

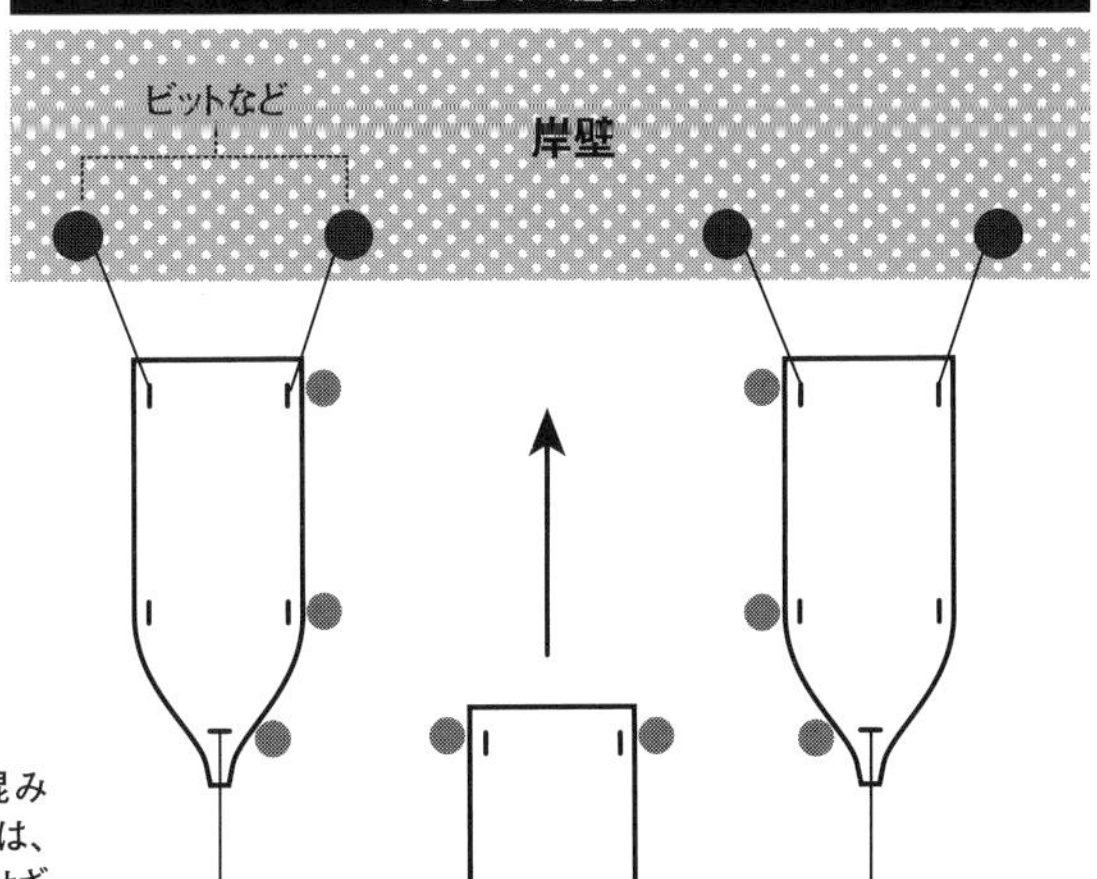

1基掛けの船内機艇でも、混みあった漁港に寄港した際などには、艫着けにするために後進着岸せざるを得ない場合もある。艫着け、槍着けともに、アンカーを併用する必要があるので、アンカリングや後進着岸も練習しておきたい。ちなみに、船外機、船内外機の場合は、万が一の場合、岸壁にぶつかって船外機やドライブが破損するのを防ぐため、通常は槍着け（船首を岸壁に向ける）で着岸するのが一般的だが、その場合、プロペラにアンカーロープを絡めないよう、十分注意する必要がある

【第8回】スマートな着岸④

着岸時の操船方法の解説の最後として、簡易係留施設などに見られるパイル（杭）式のバースへの着岸方法と、着岸後の終業点検について解説します。さらに、「着岸に際しての9カ条」をまとめたので、参考にしてみてください。

パイルバースへの初めての着岸

桟橋がないパイルバースへの着岸は難易度が高いので、特に初めて着岸する場合は、ボートの四隅にクルーを配置して、万全の態勢をとっておきたい。船首が手前のパイルの間に入ったら、各クルーがパイルを押さえ、人力でボートを奥まで進めていく。また、クルーはフェンダーがきちんと当たるように気を配る必要もある

パイルバースへの着岸の基本

PBS（プレジャーボートスポット）をはじめとする簡易係留施設では、桟橋ではなく、パイル（杭）が並ぶバースに留めている方も多いでしょう。ただの杭があるだけで、乗り降りや整備、そのほかの運用も含めた作業のためのスペースとなる桟橋がないこうした施設だと、ビギナーがいきなり愛艇を保管するのは結構つらいものがあり、あまりおすすめはしません。

しかも、このパイルバースへの着岸は、実はかなり難易度の高い技です。こうした簡易係留施設は、川などの流れがある場所に設置されていることが多いため、前回説明した流れがある中での着岸操船が必要となります。

パイルバースにボートを着けるとき、特に初めての場合は、どうしても優秀なクルーの手を借りる必要があります。艇の大きさにもよりますが、欲をいえば、バウとスターンの両舷に計4人は欲しいところです。

フェンダーは、通常のように縦に吊るのではなく、パイルの当たるところに横向きにセットしておきます。場合によっては、パイルが当たる場所のフェンダーの座りが悪いということもあり、悩ましいところです。そんなときは、なんとかちょうどよくなるように、クルーに調整してもらってください。

このような準備をした上で、前進でパイルとパイルの間に進入します。乗り降りのことを考えると、本来は後進で入れたいところですが、欲をかいてはいけません。1基掛け艇を後進でパイルバースに入れるのは、とびきり難しい高等テクニックです。

さて、準備ができたら、静々とパイルとパイルの間に船首を入れていき、クルーに手前左右のパイルを押さえてもらいましょう。そして、そのまま奥のパイルまで、人力で押し込みます。初めて入るときは人海戦術が最も有効。無理にエンジンでどうにかしようとすると、かえってうまくいかない場合も多々あります。

こうしてボートを奥まで進めたら、前からの舫いロープと、後ろの左右のパイルに回した舫いロープの長

さを調整し、ボートが前後のパイルの中間に収まるように固定します。

パイルバースでの係留における工夫

パイルバースへボートを入れたら、次回、ショートハンドでも出入りできるように工夫をしましょう。まずは、舫いロープが沈まないようにするために、浮き玉を付けておきます。

なおかつ、ロープエンドは、いちいちクリート結びをしなくてもいいように、長さを調整した上でスプライスか舫い結びでアイ（輪）にして、ひっかけるだけにしておきます。こうすれば、外した舫いロープが沈んで着岸時に拾うのに苦労したり、毎回長さを調整しながらクリート結びをしたりといった面倒がありません。

さらに、パイルにセットした舫いロープを拾いやすくするために、前後のパイル間にロープを張って舫いロープを引っかけておいたり、前後の舫いロープ同士をロープで結んでおいたりします。このへんは艇ごとにやりやすい方法が異なるようなので、ぜひ自艇に合わせて工夫してください。

また、ボート側にフェンダーをセットすると、うまくパイルが当たる場所に止まらないケースも多いので、隣の艇と相談して、パイルのほうにマットフェンダーを巻いたり、筒状のフェンダーをかぶせたりしておくことも有効です。

流れがあるときのパイルバースへの着岸

パイルバースへの出入りで特に難しいのが、流れがある川筋に対して直角に出し入れしなければならない場合です。常に流れに押され続けますから、もたもたしているとボートが流されて大変なことになってしまいます。

出航するときは、十分暖気をしたあと、少し上流側に舵を切りながら、エンジンを吹かし気味にして一気に離れる必要があります。

一方、着岸するときは冷や冷やものです。海から戻り川筋に沿って進んできたら、自分のバースのちょっと手前で舵を切り始め、隣の艇をギリギリかわすあたりでやや大きく左（もしくは右）に転舵しながら、ボートの船首をパイル間にこじ入れていきます。転舵の目標は、艇が流されることを考慮に入れて、上流側のパイルにぶつけるくらいのつもりでねらってください。このあたりは、流れの速さと自艇の回頭性の兼ね合いになります。

回頭が遅くて船首を奥側のパイルにぶつけそうになったら、ちょっとスピードを落としてやるだけでOK。流れによって船首が自然と下流側に運ばれます。逆に、思い切りが足らず、船首が下流側へ向かったら、少し舵を戻してスピードを上げます。このとき、危ないと思ってスピードを落とすと逆効果。前進の惰性がなくなって、艇はすごい勢いで下流に流されます。こうなるともう収拾がつきません。慌てて後進に入れると、下流側のバースに近づき、もっと悪い体勢になります。

流れのあるときのパイルバースへの着岸は、前項、「川の流れに直交する桟橋への着岸」で説明した通り、惰性が非常に大切なのです。こういうとき、ギリギリまで近づいてか

パイルバース係留時の工夫

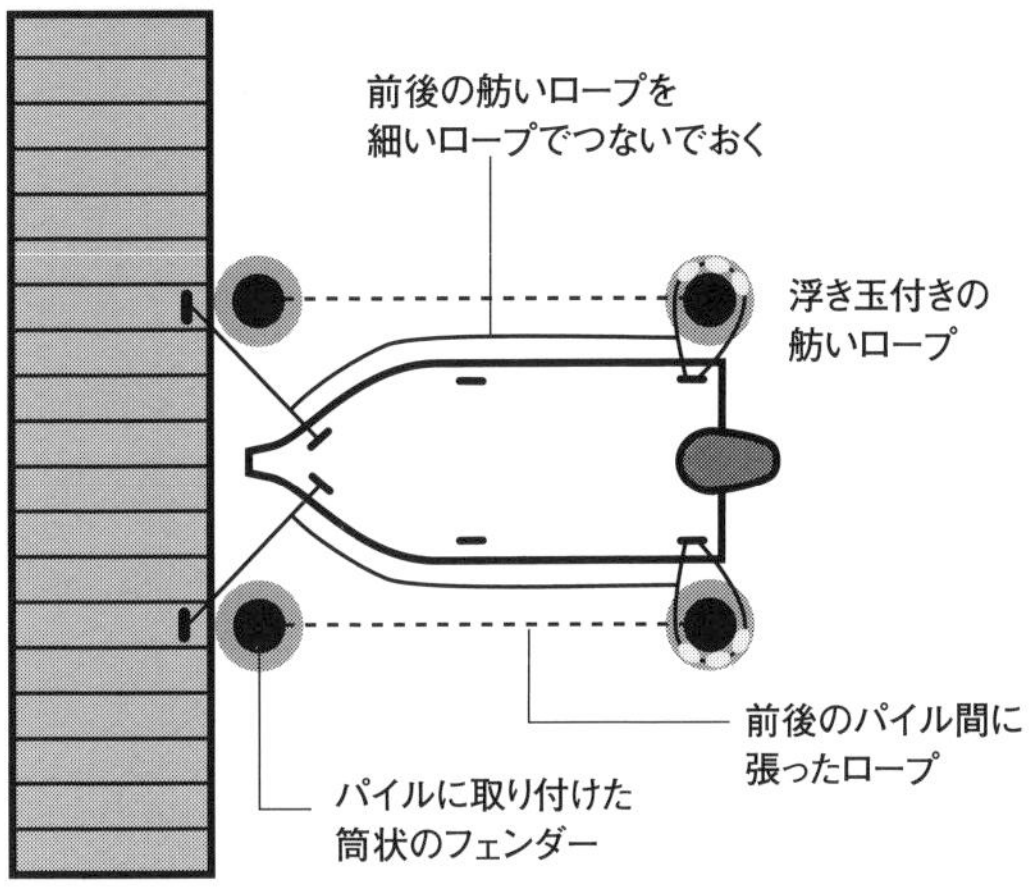

パイルバースに係留する場合、離着岸に備えた工夫をしておこう。まず、手前のパイルには、パイル側に浮き玉を付けて、長さを調整してエンドにアイを作った舫いロープをセットしておく。この舫いロープと、陸側の舫いロープとを細いロープでつないでおいたり、前後のパイル間に張ったロープに引っかけておくことも有効。なお、干満によってボートが上下するので、舫いロープはパイルを上下に自由に動けるようにしておくことが大変重要。フェンダーは、ボート側にセットするとうまく当たらないことが多いので、パイル側に筒状のフェンダーやマットフェンダーをセットしておいてもいい。なお、パイルは隣のバースと共用なので、両隣のオーナーとのコミュニケーションも大切だ

流れがあるときのパイルバースでの離着岸

特に、川に設置されたパイルバースの場合、ボートを出し入れする方向と直交する流れがあり、離着岸時の操船は非常に難易度の高いものになる。よって、大雨のあとなど、流れが非常に強い場合は、ボートを出さないのが鉄則だ

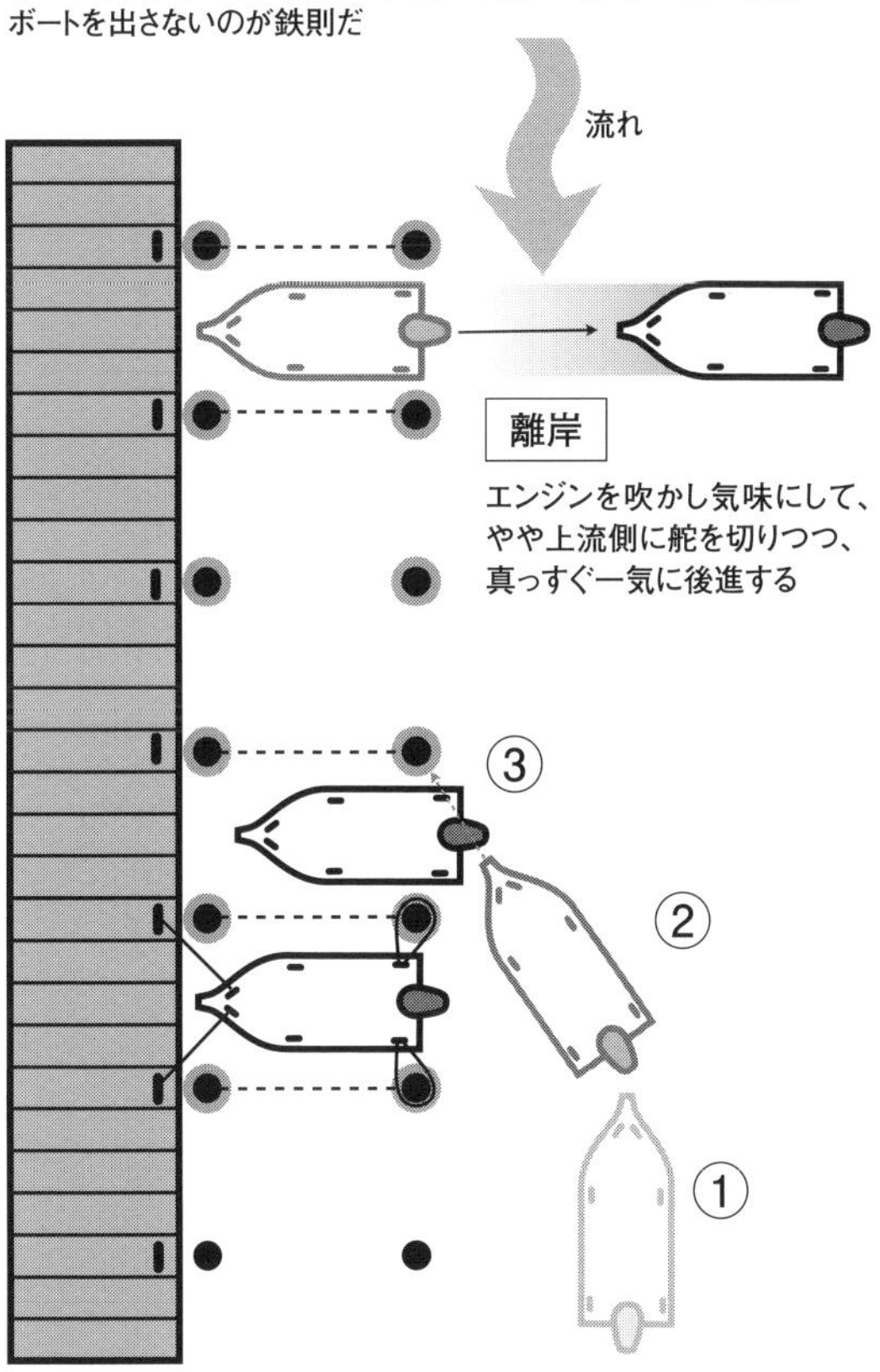

着岸

①川筋と平行にボートを進める。流れが速い場合は、やや吹かし気味にして進路を安定させる

②図のように、左舷側のバースに入る場合は、隣のボートをかわしたあたりで左転舵し、手前右舷側のパイルを目指してボートを進める。舵を切りすぎた場合は、舵を戻して少し吹かす。反対に、足りなかった場合は、シフト中立にして船首が流されるのを待つ

③船首が手前のパイルの間に入ったら、舫いロープを取り、あとはエンジン＋人力でボートを奥まで入れる

らのためらいは禁物。思い切りよく一発勝負で臨みましょう。

経験を積んだベテランでも、流れが強いときのパイルバースへの着岸はかなりドキドキするものです。ですから、「大雨直後の増水時など、あまりに流れが速いときはボートを出さない」のが原則です。

パイルバースへの後進着岸

ここまでの離着岸の解説で何度か触れてきたように、1基掛け艇の後進着岸は難しいものです。パイルバースへの着岸、なかでも流れに直交するような場合は、相当難しい操船が要求されます。

でも、この後進着岸ができるようになると、乗り降りは楽になります。特に、バウの乾舷が高い大型艇では、前からの乗り降りは大変だし、2基掛け船内機であれば後進時の操船も楽なので、パイルバースへの後進着岸も現実的な選択肢となります。

一方、ドライブ艇や船外機艇でパイルバースに後進着岸すると、ドライブが岸に近くなるので、浅くて底突きをしないかな？とか、チルトを蹴り上げたときに桟橋にぶつけないかな？という点がやや心配です。

また、乗り降りがしやすいというのは、防犯上は不利になるということでもあり、なんらかの対策を講じる必要があるかもしれません。

着岸後の後片付けと終業点検

ボートに乗るキャプテンは、ぜひ、着岸後の「終業点検」をしてください。始業前点検なら、その必要性もすぐに理解できるかと思いますが、なんで乗り終わったあとにわざわざ点検しなくてはならないのか？と思う方もいるでしょう。なんだか面倒くさいだけのような気がするかもしれませんが、この終業点検をするかしないかで、愛艇を救うか救わないかの分かれ道になったりしますから、軽んずるのは禁物です。

例えば係留保管艇の場合、冷却水ホースや船内機艇のスタッフィングチューブなどから水漏れしていたらどうなるでしょうか？ボートを離れたあと、保管中に沈んでしまうかもしれません。

また、オイルクーラー関連のトラブルで、オイルに水が混じっていたらどうなるでしょう？運転中にエンジンの隅々まで回ってしまった水分で、内部が錆びついてしまうかもしれません。終業点検は、こういったクリティカルな事態が発生するのを防ぐ、最善の手立てなのです。

ほんの数分でも構いません。エンジンルームを開けて、ビルジがたまっていないか？ディップスティックを抜いて、オイルが白濁していないか？

終業点検を励行しよう

着岸後、すべての後片付けが終わったら、ボートを離れる前に全体を再確認。水漏れの有無、エンジンの状態、係留ロープの状態などを確認することで、保管中にトラブルが発生する確率を下げることができる。ぜひ、この終業点検を行う習慣をつけよう

航海日誌をつけよう

その日の航行エリア、エンジンの稼働時間、不具合のあった場所、主なメインテナンスの実施内容などは、航海日誌に記録しておこう。こうした記録を残しておくと、愛艇のコンディションを把握する上で非常に有効だ。仮に、中古艇として売却する場合も、整備記録が残っているとプラスになることが多い

忘れてはならない 着岸に際しての9カ条

■ プランニングせよ
着岸するときは、その日の風や潮の流れ、クルーの人数と技量によって、どのような着岸をするかプランニングをしてから臨みます。どのくらいの角度、どのくらいのスピードで着岸場所にアプローチしようか? さらには、どのあたりで舵を切ろうか? 舫いロープの取り方をどうしようか? 失敗したらどの時点でやり直そうか? といったことを、アプローチを開始する前に整理しておくのです。

■ 準備を怠るな
着岸場所へのアプローチを開始する前に、フェンダーや舫いロープを準備しておきましょう。栈橋間近になってまだあたふたと準備しているようでは、クルーとして失格です。一方で、クルーが準備する時間をきちんと確保することが、キャプテンの務めでもあります。なお、コクピットやデッキにある、クルーワークを阻害するようなものは、きちんと片づけておきましょう。

■ バックアップ方法を考えよ
着岸する際には、「あの手がダメならこの手でいこう」と、常に先手先手で考える必要があります。また、「これ以上進んでしまったら、もうやり直しがきかない」という地点を必ず設定して意識しておきましょう。

■ クルーやゲストへ意図を伝えよ
着岸は、キャプテンとクルーが総力を合わせ、一糸乱れぬ調和が取れた状態で取り組まなければならない作業です。キャプテンは自分の意図をクルーに十分説明して、いつ、なにを、どのようにしてほしいのかを、きちんと理解してもらいましょう。また、ゲストやクルーには、キャプテンの指示以外で勝手な行動をとらないように注意しておくこともポイントです。

■ ステアリングやシフトのテストをせよ
着岸のアプローチを開始する前には、ハンドルを右に左に動かしたり、シフトを入れたり抜いたりして、各操作がスムースにできることをチェックしましょう。万一の故障によるトラブルを未然に防ぐとともに、アプローチ開始直前に、艇の動きや流され具合を再確認することもできます。

■ 栈橋には飛び移るな
着岸の最後の瞬間、クルーが栈橋に飛び移ろうとすることがよくあります。でも、この飛び移りは大変危険ですから、ボートが十分に近づいたところで静かに乗り移るように伝えましょう。

■ 手伝いにも善し悪しあり
もし、操船に自信があって、クルーも十分にいるときは、栈橋から手助けの申し出があっても、ていねいにお断りしましょう。着岸時は、外野がワイワイ騒いでいると、心穏やかでいられず、できるはずの操船でさえ失敗することにもなりかねません。

■ 人海戦術は間違い
着岸時にボートが栈橋にぶつかりそうになったとき、人海戦術で押さえ込もうとか、行き足のある艇を舫いロープを張って止めようとするのは禁物。一歩間違うとケガをしかねません。ボートの慣性は、思っている以上に大きいのです。

■ 操船し続けよ
キャプテンは、着岸を終える最後の瞬間まで操船し続ける義務があります。危ない体勢になっても諦めずにコントロールし続けなければなりません。ゆえに、栈橋の近くになっても、ヘルムステーションを離れてロープを取りに行ったり、フェンダーを直しに行ったりしてはいけません。離れていいのは、自分が操船席から離れても、流されずに安心していられると確信したときだけです。

ヒートエクスチェンジャーのリザーバータンクを見て、クーラントが減っていないか? それらを見るだけでも十分です。

船外機艇では、見る場所が少なくなりますが、それでも、最後にボートから降りるときに、グルッとひと回りして、異常がないか確認してから降りるようにしましょう。ぜひ、そういった習慣をつけてください。

そしてできれば、航海日誌を書いておきましょう。これは、愛艇のコンディションを知るという面で、大変重要な記録となります。エンジンの運転時間、調子が悪かったところ、故障した箇所、メインテナンスの実施時期と内容、定期交換すべき部品やオイルの交換時期などを記載しておけば、あとで大変参考になります。もちろん、次回の航海計画の参考になることは間違いありません。思い出の詰まった航海日誌は自分だけの宝物です。

何度も練習して苦手意識を克服しよう

繰り返しになりますが、着岸は、その技術を競い合う機会でも、ましてやレースでもありません。ゆっくり安全にボートを留めることができれば、それでいいのです。決して焦らないようにすることが、最も大切なポイントかもしれません。

まずは手だれのクルーがいる静かな日に、納得がいくまで練習してください。何度失敗してもいいのです。「どうも着岸は苦手で」といわずに、ぜひ愛艇を自分の手足のようにコントロールできるようになりましょう。そうやって技術を身につけてから、自信を持って本番に臨んでくださいね。

最後に、着岸編のしめくくりとして、「着岸に際しての9カ条」をまとめましたので、ぜひ確認してください。いずれも、着岸時にやってはならないこと、もしくはやらなければならないことです。

安全航海の指針
ボーティングマスター
モーターボートの運用＆操船パーフェクトガイド

CHAPTER 4

遊びの幅が大きく広がる

アンカリングテクニック

ANCHORING

アンカリングのテクニックを身につければ、
同じポイントで釣りを楽しんだり、泊地でのんびりした時間を過ごしたり、
ビーチングしたりと、ボート遊びの幅をぐっと広げることができます。
また、島の漁港で槍着けしたり、
いざというときの安全確保に役立てたりと応用範囲は無限大です。
ここではそんなアンカリングの基本について解説していきます。

【第1回】アンカーの仕組みと準備

ここでは、ボートを水面上に止めるための必須アイテムとなるアンカーについて解説します。普段はアンカリングしないという方も多いかもしれませんが、アンカーは、いざというときの最後のよりどころ。ぜひ、その正しい使い方をマスターしてください。

アンカーの種類とボートを止める仕組み

アンカーの目的は、いうまでもなく「ボートを水面上に安全に止めておく」というもので、基本的には、アンカリングスポットに錨泊する、カカリ釣りでポイントの上にボートを止める、といった使い方をします。

流し釣りでは、わざとアンカーを引きずりながら流されるスピードを抑える、なんていうこともしますが、これはあくまでも裏技的なテクニックなので、ここでは省略します。

さて、桟橋や岸壁に係留する以外でボートを止めることがない、あるいは、流し釣りしかしない、といった方のなかには、「アンカーを使ったことがない」という人も多いかもしれません。

しかし、アンカーは、岸近くで発生したエンジントラブルで座礁の危険がある、などといった万一の際に、ボートの安全を確保する上でなくてはならない装備ですし、それを適切に使うためには、アンカリングのノウハウを習得することが必須です。よって、ぜひ正しいアンカーの使い方を覚えてください。

では、まず始めに、アンカーがボートを止める仕組みから見ていきましょう。この仕組みを理解してはじめて、アンカーを正しく使うことができるからです。

ひと口にアンカーといっても、実にさまざまな種類があり、それぞれに特徴がありますが、プレジャーボートでよく使われるダンフォース型やCQRなどの「埋まるタイプ」のアンカーでは、いずれもそのフルークで海底の泥や砂を掻《か》いて（食い込ませて）止まります。アンカーは、その重さでボートを止めているのではありません。まず、これが非常に大事な点です。

アンカーがボートを止める力を把駐力《はちゅうりょく》といいますが、設計された把駐力をきちんと発揮させるためには、このフルークを正しく海底に食い込ませる必要があります。

一方で、釣りのために岩場でアンカリングしなくてはならないときには、ダンフォース型などのアンカーでは食い込んで抜けなくなってしまうため、細い棒状のフルークを岩に引っかけるロックアンカーなどが使われます。このほか、収納性を第一に考えたフォールディングアンカーや、小型のインフレータブルボートでよく使われるマッシュルームアンカーも「引っかけるタイプ」で、把駐力という表現でその性能を表すことはなかなか難しいものがあります。

なお、クラシックなタイプの唐人アンカーなども引っかけるタイプですが、これらの場合はアンカー自体が重く、その形状と重さによって把駐力を発揮します。

海底でのアンカーの様子

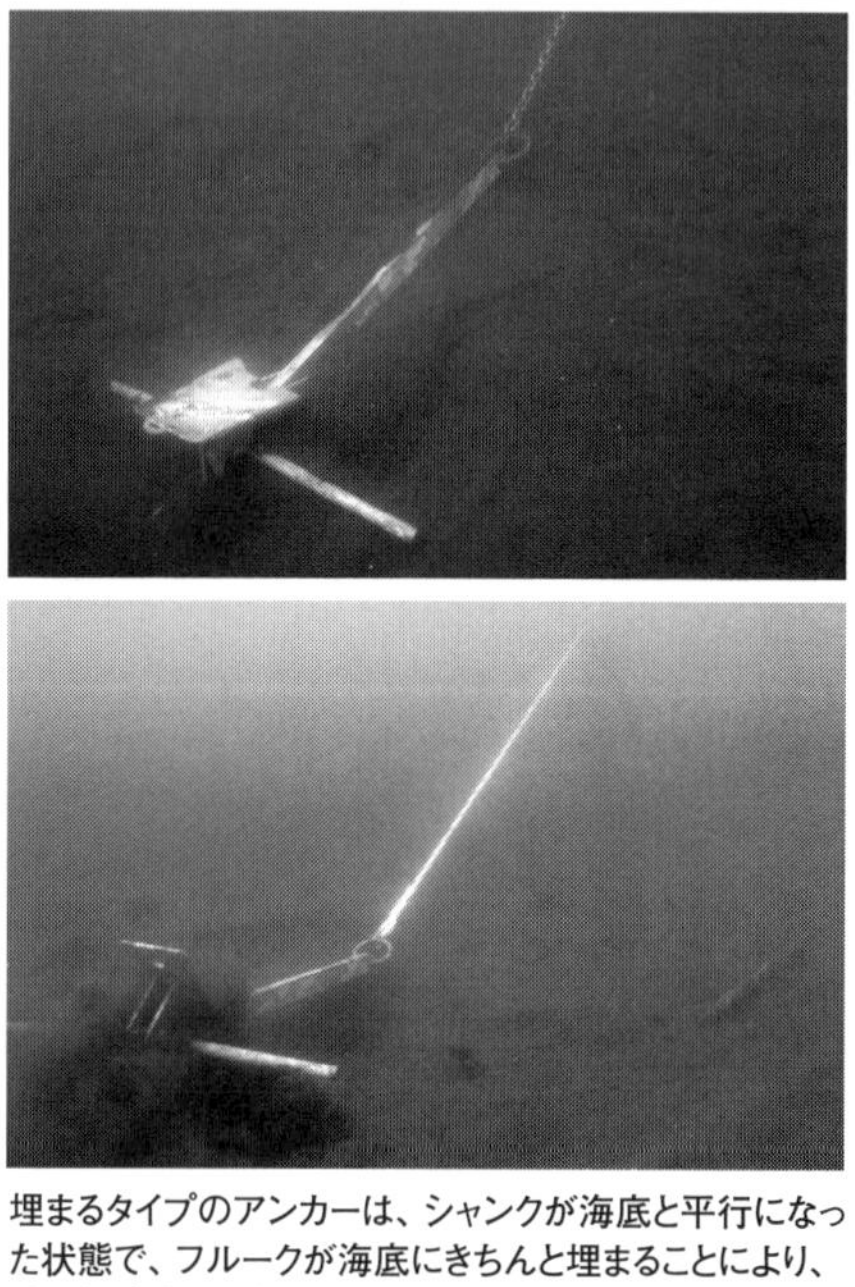

埋まるタイプのアンカーは、シャンクが海底と平行になった状態で、フルークが海底にきちんと埋まることにより、その把駐力を発揮させる。下の写真のように、アンカーに直接、上方向に引っ張る力が加わると、「立ち錨」という状態になって把駐力が発揮できなくなり、走錨の原因となる

ダンフォース型アンカー

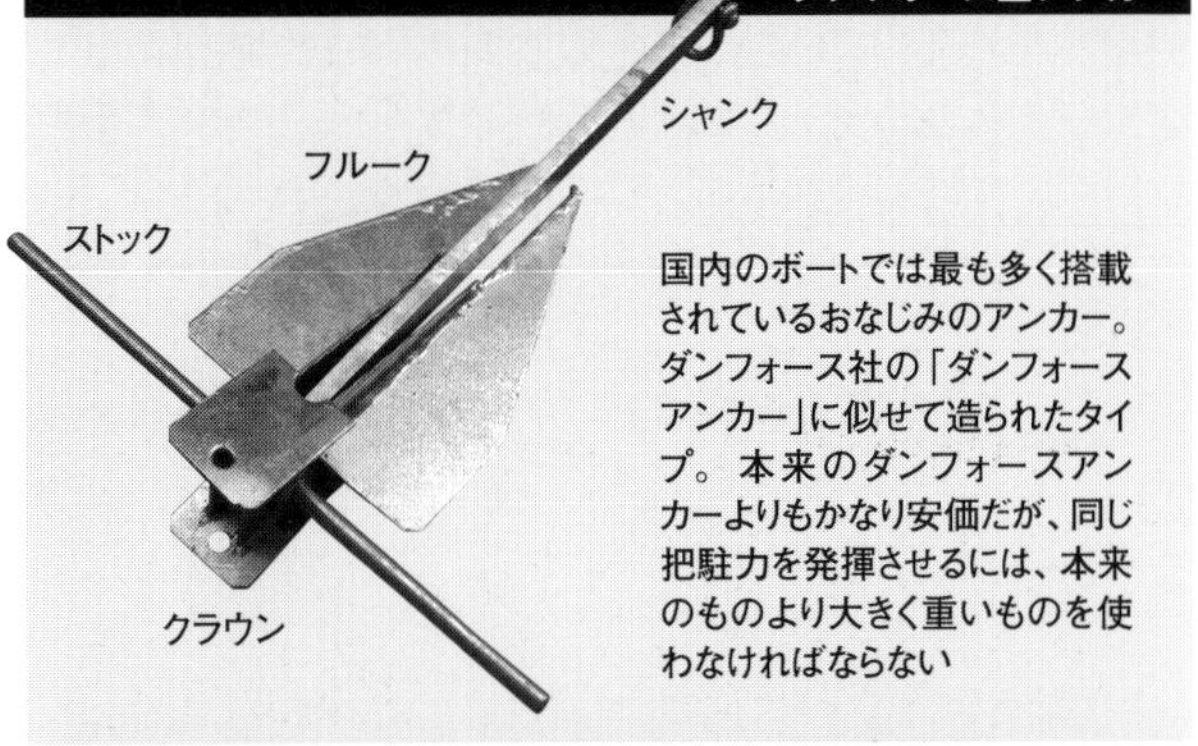

国内のボートでは最も多く搭載されているおなじみのアンカー。ダンフォース社の「ダンフォースアンカー」に似せて造られたタイプ。本来のダンフォースアンカーよりもかなり安価だが、同じ把駐力を発揮させるには、本来のものより大きく重いものを使わなければならない

CQR

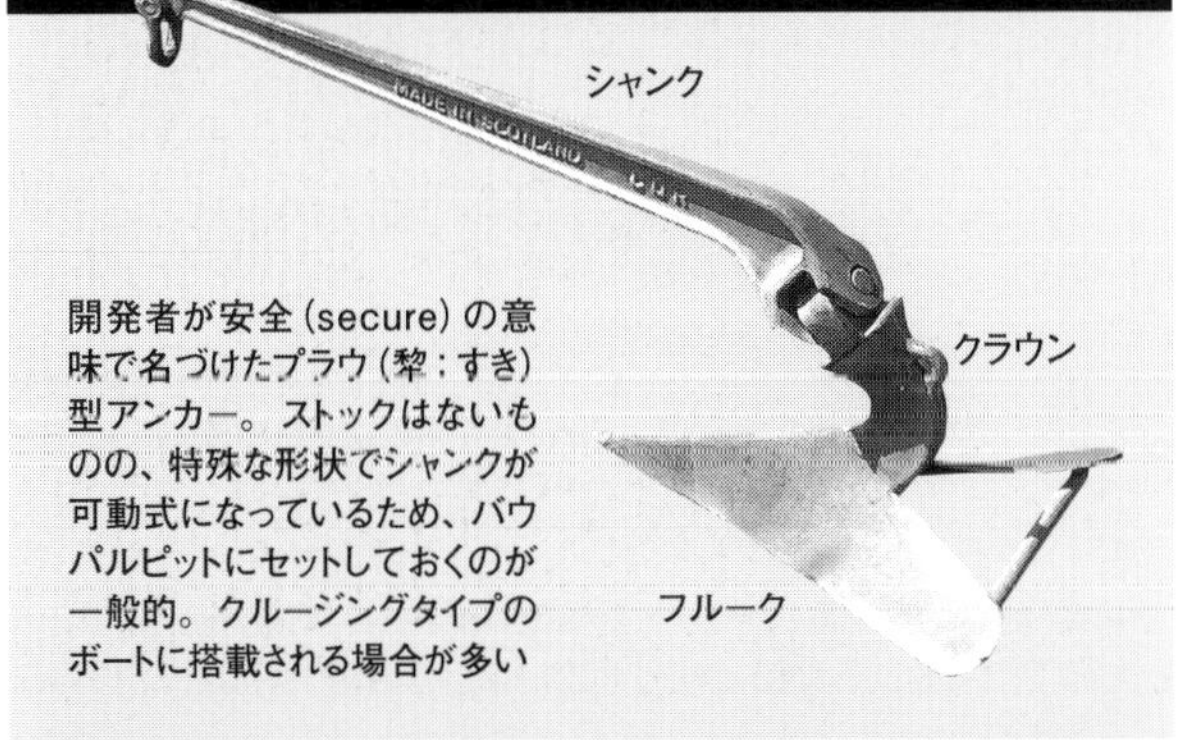

開発者が安全（secure）の意味で名づけたプラウ（犂：すき）型アンカー。ストックはないものの、特殊な形状でシャンクが可動式になっているため、バウパルピットにセットしておくのが一般的。クルージングタイプのボートに搭載される場合が多い

ロックアンカー

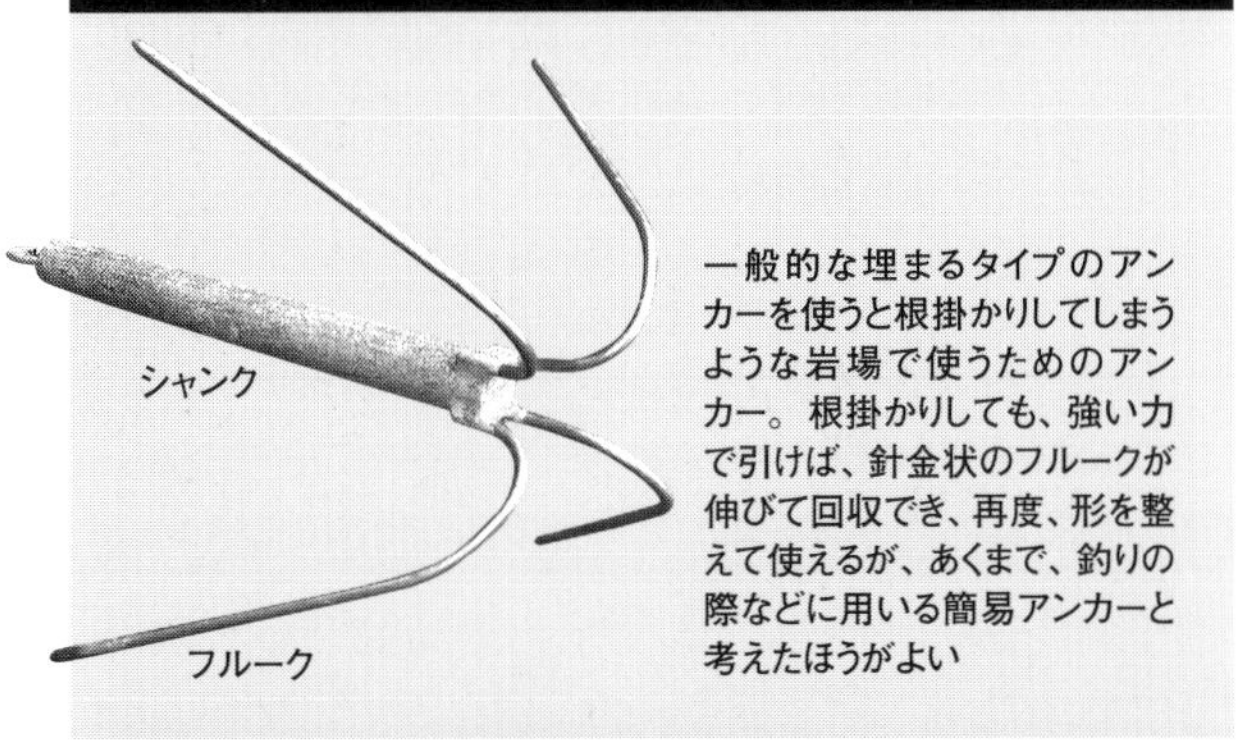

一般的な埋まるタイプのアンカーを使うと根掛かりしてしまうような岩場で使うためのアンカー。根掛かりしても、強い力で引けば、針金状のフルークが伸びて回収でき、再度、形を整えて使えるが、あくまで、釣りの際などに用いる簡易アンカーと考えたほうがよい

フォールディングアンカー

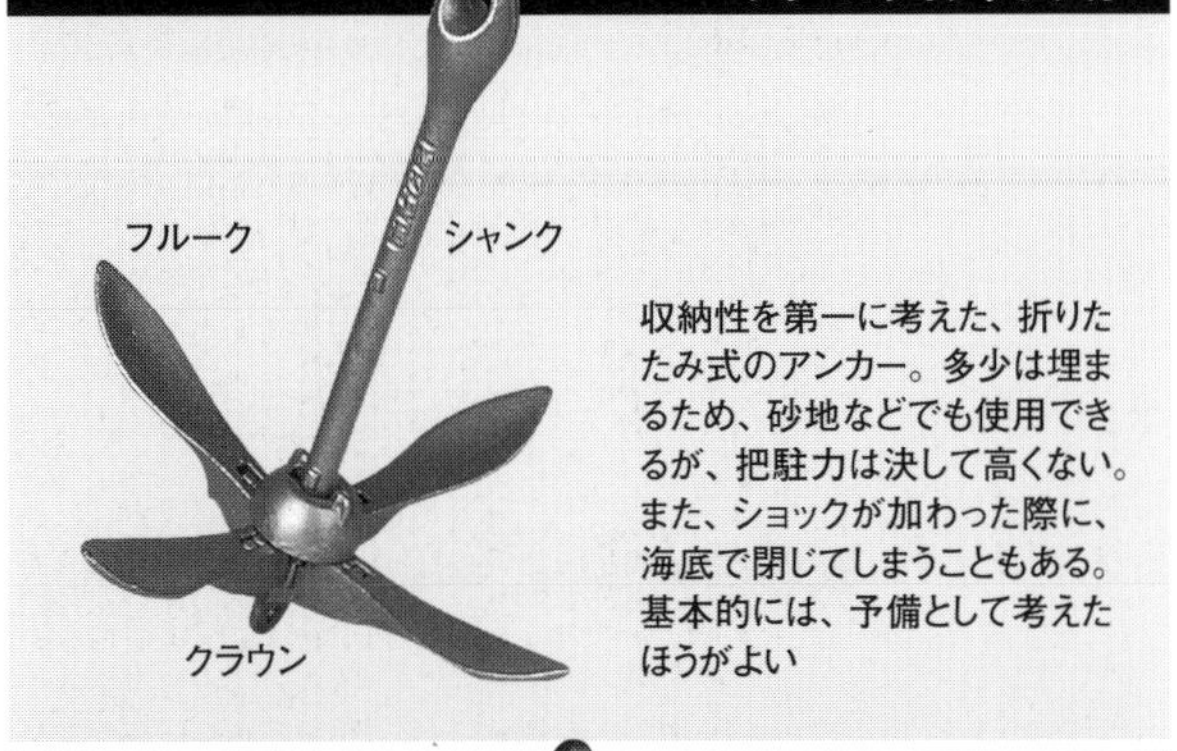

収納性を第一に考えた、折りたたみ式のアンカー。多少は埋まるため、砂地などでも使用できるが、把駐力は決して高くない。また、ショックが加わった際に、海底で閉じてしまうこともある。基本的には、予備として考えたほうがよい

唐人アンカー

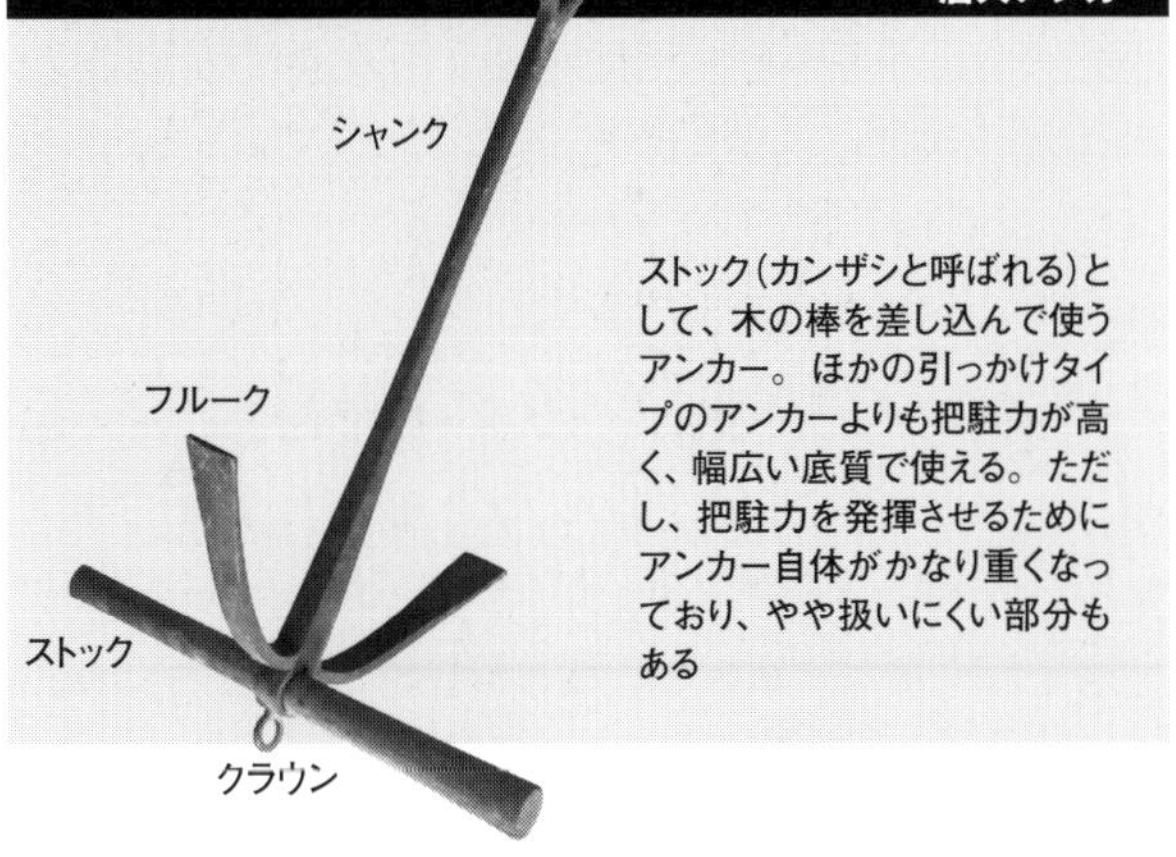

ストック（カンザシと呼ばれる）として、木の棒を差し込んで使うアンカー。ほかの引っかけタイプのアンカーよりも把駐力が高く、幅広い底質で使える。ただし、把駐力を発揮させるためにアンカー自体がかなり重くなっており、やや扱いにくい部分もある

アンカーは底質によって使い分ける

アンカーにはいろいろな種類があり、それぞれに特徴が異なっていて、底質ごとに得意・不得意、あるいは、ボートへの収納性などが違います。

陸上がどこも平らな野原だけではないのと同じように、海底も、岩あり、泥あり、砂あり、海草・海藻あり、ヘドロありと、その表情は千差万別で、さまざまな底質すべてに効く夢のようなアンカーはありません。

つまり、アンカーの種類によって、アンカリングするのに適した水域、適さない水域が異なるのです。これを意識せずにアンカリングすると、あとあとトラブルの原因となります。海図にはS（Sand：砂）、M（Mud：泥）、R（Rock：岩）などと海底の底質が記載されていますが、あれはアンカリングする場所を検討するための重要な情報なのです。

というわけで、自分がアンカーを打とうとする水域の底質は必ず調べておきましょう。さらに一歩進めて、底質に合わせたアンカーを何種類かボートに搭載しておけると理想的です。底質とアンカーの組み合わせによっては、全然効かない、ということもあり得るからです。後述するように、予備のアンカーも用意しておきたいところですので、収納の都合もありますが、できれば、メインのアンカーとは別の種類のアンカーを積んでおくとよいでしょう。

ちなみに、アンカーは重さでボートを止めるわけではないとはいえ、ボートが大きくなれば、当然、アンカーも大きく重いものが必要になります。よって、各アンカーに表示された選択の目安を参考に、自艇のサイズに応じたものを選びましょう。もし、自艇のサイズが25フィートで、使いたいアンカーのモデルが20～25フィート用、25～30フィート用と、25フィートを境に分かれている場合は、能力ギリギリに近い20～25フィート用ではなく、1サイズ上の25～30フィート用を選ぶようにしましょう。こういったアンカーの選択は、自艇のタイプや重さ、上部構造物などによる風を受ける面積の大小によって多少変化します。

アンカーロープは太さと長さが肝心

アンカーを使用する際には、アンカーロード（アンカーとボートをつなぐ、ロープとチェーンの総称）が必要不可欠です。そこで、これらロープとチェーンについても見てみましょう。

まず、アンカーロープを選ぶ際には、その太さと長さが重要になります。

太さについては、おもにボートの重さに合わせて、指定されているものを選ぶ必要があります。

同じ25フィートのボートでも、オープンタイプのフィッシングボートから、フライブリッジを持つクルーザーまで、ボートのタイプはさまざまで、重さや風を受ける面積にも大きな差があります。アンカーそのものもそうですが、アンカーロー

プを決めるときは、ボートの全長ではなく、全体の重さを基準にしてください。また、アンカーの選択と同じように、許容範囲ギリギリのものは使わずに、指定された以上の太さのものを選ぶことも肝心です。

風も波も穏やかな条件のよいときは、小型のアンカーに細めのアンカーロープでもそれほど問題はありません。しかし、アンカーやアンカーロープは、万一の際、最後のよりどころともなるものです。よって、くれぐれもプア（貧弱）なものは使わないようにしましょう。

なお、小型艇の場合、ボートの重さの面では、太さ8ミリ程度のロープでも十分……、ということもありますが、細すぎると揚錨時に手繰り寄せる際に手が痛くなるので、こんなときも1サイズ太いものを選ぶとよいでしょう。

一方、長さについては、アンカリングする場所の水深を基に考える必要があります。

アンカリングするとき、アンカーロープは最低でも水深の3倍は必要です。つまり、水深10メートルの場所でアンカリングしようとしたら、30メートルのアンカーロープが必要だということです。しかも、この数値は条件がよいときのもので、風や流れが強かったり、波が打ちつけるような場合には、もっと長く延ばす必要があります。アンカリング用としてパッケージされているロープはたいてい30メートルですが、このロープでは水深10メートル未満のごく浅いところでしかアンカリングできないと思ってください。

なぜ水深の3倍の長さが必要になるのかというと、アンカーを効かせるためには、アンカーを十分に寝かせて、フルークを海底に食い込ませる必要があるからです。ロープが短いとアンカーが立ってしまい、アンカーは効きません。

この点を理解した上で、アンカーロープは十分な長さを持つのが原則です。ボーティングを楽しむ水域が岸から急深になっていて、普段はアンカリングしないという場合も、常用する係留用ロープと合わせて全部で100メートルほどあると、万一の際もひとまず安心していられます。

アンカーチェーンの重要な役目

さて、アンカーはフルークで海底を掻いて止まると書きましたが、設計された把駐力を発揮させるためには、そのフルークが正しい角度で海底に食い込まなければいけません。このためには、シャンク（錨幹《びょうかん》。アンカーロープをつなげる部分）が海底と平行にならないとだめなのです。このため、ロープの延ばし方が足らず、上方に引かれる状態になると、フルークは海底の表面を引っかくだけで、いつまでたってもきちんと食い込まないということが起こるのです。これがアンカーを打つときに意識しなければならない点です。

この問題を解決するために用いられるのがアンカーチェーンです。アンカーチェーンは、アンカーロープとアンカーの間に入れるもので、この重さによってロープが海底に沿うようになり、アンカーを海底と平行に引っ張るのです。

アンカーロードの接続

アンカーを使うためのロープとチェーンの総称をアンカーロードという。アンカーロープのエンドは、アイスプライスしてシンブルを入れておく。ロープとチェーン、また、チェーンとアンカーの接続にはシャックルを使い、そのピンには脱落防止用の針金を巻くなどの対策が必要だ

アンカーロードの長さ

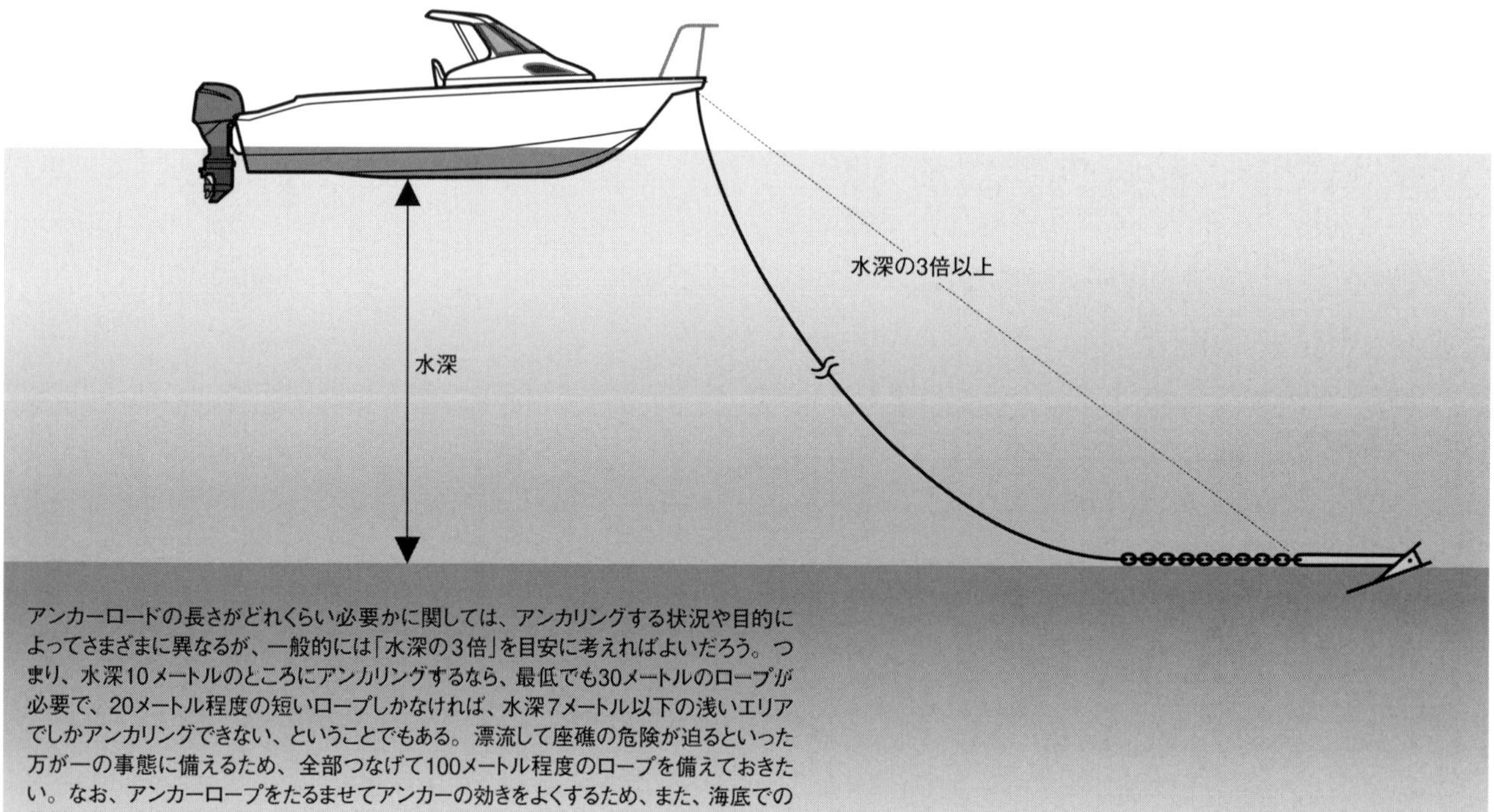

アンカーロードの長さがどれくらい必要かに関しては、アンカリングする状況や目的によってさまざまに異なるが、一般的には「水深の3倍」を目安に考えればよいだろう。つまり、水深10メートルのところにアンカリングするなら、最低でも30メートルのロープが必要で、20メートル程度の短いロープしかなければ、水深7メートル以下の浅いエリアでしかアンカリングできない、ということでもある。漂流して座礁の危険が迫るといった万が一の事態に備えるため、全部つなげて100メートル程度のロープを備えておきたい。なお、アンカーロープをたるませてアンカーの効きをよくするため、また、海底での根掛かり対策の意味でも、アンカーとロープの間には、必ずチェーンを入れておく

アンカーチェーン

チェーンの太さはロープと同様に選択。長さは、長いほどアンカーの効きがよくなり、大型艇ではオールチェーンにする場合もあるが、当然重くなるため、2 ～ 4メートルを最低ラインとして、使いやすさも考慮しよう。なお、チェーンのコマの長さにより、ロング（上）とショート（下）があるが、チェーンに対応したウィンドラスの場合、基本的にはショートしか使えない

アンカーロープ

アンカーロープは、ボートのタイプや重さに合わせて太さを、使用する海域の水深に合わせて長さを考える。色を塗る、テープやリボンを入れるなどして、数メートルごとに目印を付けておくと便利

チェーンを使うと、アンカーが上を向くことが少なくなり、アンカーの効きがよくなります。また、チェーンの重さでロープをたるませるため、波などで一時的に強い張力が生じたときに、たるんだロープがバネのような役割を果たしてくれて、乗り心地をよくするだけでなく、ボートの動きがアンカーに直接作用するのを軽減し、走錨を未然に防ぐという役割も果たします。

このような利点があるため、ロープ専用のオートマチックウィンドラスを使っていて、チェーンを入れることが難しいような場合を除き、できるだけアンカーチェーンを入れておきたいものです。

アンカーは必ず予備を搭載しよう

前述のように、アンカーは底質に合わせて何種類か用意しておきたいところですが、底質以外の面からも、複数のアンカーを搭載することをおすすめします。というのも、アンカーは時として抜けなくなってしまうことがあるからです。特にプレジャーボート用としてよく使われているダンフォース型の場合、岩などに引っかかると、どうにも抜けなくなってしまいます。

カカリ釣りをする場合など、根の近くにアンカーを打つ場合が多いですから、根掛かりの危険性はそれだけ高いといえるでしょう。こんなときは泣く泣くロープを切って捨《しゃ》錨《びょう》するのですが、アンカーを一つしか搭載していなかった場合、捨錨してしまうと帰りはアンカーなしです。

こんなときに、エンジントラブルなどが発生すれば、即、漂流します。近くに岩礁地帯があって、そちらの方向に流されたとしたら……。考えただけでも恐ろしいですよね。「自分はアンカリングしないから関係ないや」などと言わないでください。バウパルピットにつるしてあるアンカーが、荒天時に波にたたかれているうちにロープがゆるんで落ちてしまい、それがプロペラに絡まって航行不能になる、なんていうこともあるんです。こんな場合、推進力とアンカーの二つを同時に失うという悲劇に見舞われるわけで、こうなると、ちょっとでも荒れていると命懸けです。

こんな不測の事態に備えるためにも、小型のものでもよいので、予備のアンカーは必ず積んでおきましょう。特に、座礁したときに予備のアンカーがあると、とても心強い味方になってくれます。

アンカリング直前の準備

アンカリングポイントに近づいて、準備を整えた状態。アンカーとアンカーロードの接続を確認し、アンカーロードがスムースに出ていくようにロープやチェーンをさばいておく

【第2回】アンカリングの手順と注意点

アンカリングできちんとフネを止めるには、その正しい手順をマスターする必要がありますし、快適な錨泊を楽しむためには、さまざまな注意が必要です。ぜひ、それらをマスターしてください。

投錨時の具体的な手順

それでは、アンカリングの手順を見てみましょう。

まず、アンカリングするために適した場所を見つける必要があります。釣りのために沖の広い洋上で投錨する場合を除けば、波静かで他艇の航行の邪魔にならない場所を選びます。もちろん、水深はアンカーロードが届く範囲であることが大切。また、アンカーが食い込んで抜けなくなってしまうことがあるので、海底が岩場になっているところを避け、砂地や砂泥地を選びます。海藻が茂っているところもアンカーが効きにくいので避けましょう。

また、走錨した際にあわてないために、風下に障害物や浅瀬などがないことや、風でボートが左右に振れ回るためのスペースが確保できることなども考慮してください。

続いて投錨の手順です。次ページの連続イラストと合わせて読み進めてください。

❶バウのクルーに投錨の準備をさせながら、船首を風上や流れの上流に向け、微速前進で投錨するポイントにアプローチします。投錨後、ボートがどちらに流されるかは、周囲でアンカリングしている他艇の向きを参考にするとわかりやすいのですが、他艇がいない場合には、一度、アンカーを入れずにシフトをニュートラルにして、自艇の流れ方を確認してみましょう。

投錨するポイントは、アンカーロードを延ばすことを計算して、ボートを止めたい場所よりも風上側に行き過ぎたところにします。この距離は水深に応じて変化することになります。仮に水深10メートルの場所でアンカーロードを30メートル延ばすとしたら、アンカーを引きずって食い込ませるぶんを加味すると、最低でも、延ばすアンカーロードの長さと同じ距離が必要になります。この点を計算しないと、思ったより後ろに止まってしまい、混み合った泊地などでは他艇や浅瀬などとの十分なスペースがなくなってしまいます。

❷投錨ポイントまで進み、ボートの行き足が完全に止まったら、キャプテンは「アンカーレッコ（let go：「手放す」という意味の英語がなまった言葉）」の合図をします。クルーはアンカーを静かに下ろして、投錨したことをキャプテンに伝えます。投錨時は、このアンカーを下ろし始めるタイミングの意思疎通が大切です。まだ前進しているのに勝手にアンカーを下ろすと、プロペラにアンカーロードを絡めるといったトラブルを起こしてしまう可能性がありますし、流され始めてから下ろすと想定していた位置よりも後ろでしかボートが止まらない、といったことにつながります。

キャプテンの合図で投錨したあと、クルーはアンカーロードをスムースに繰り出し、アンカーが着底したところで「着底しました」とキャプテンに伝えます。フルオートマチックウインドラスの場合は、アンカーロードを延ばすのに時間がかかるので、キャプテンはボートの位置をホールドするよう、シフトを操作します。

❸着底の合図があったら、ボートをまっすぐ微速後進させます。クルーはそれに合わせてアンカーロードを繰り出します。

❹水深の1･5倍程度繰り出したら、ロードをクリートにひと巻きするなどして、一瞬、繰り出すのを止めてアンカーを引きずり、その向きを整えます。

❺再び、微速後進に合わせてアンカーロードを繰り出します。アンカーロードが水深の3倍程度出たところで、キャプテンは後進を止め、クルーはアンカーが海底に食い込ん

アンカーを打つ手順

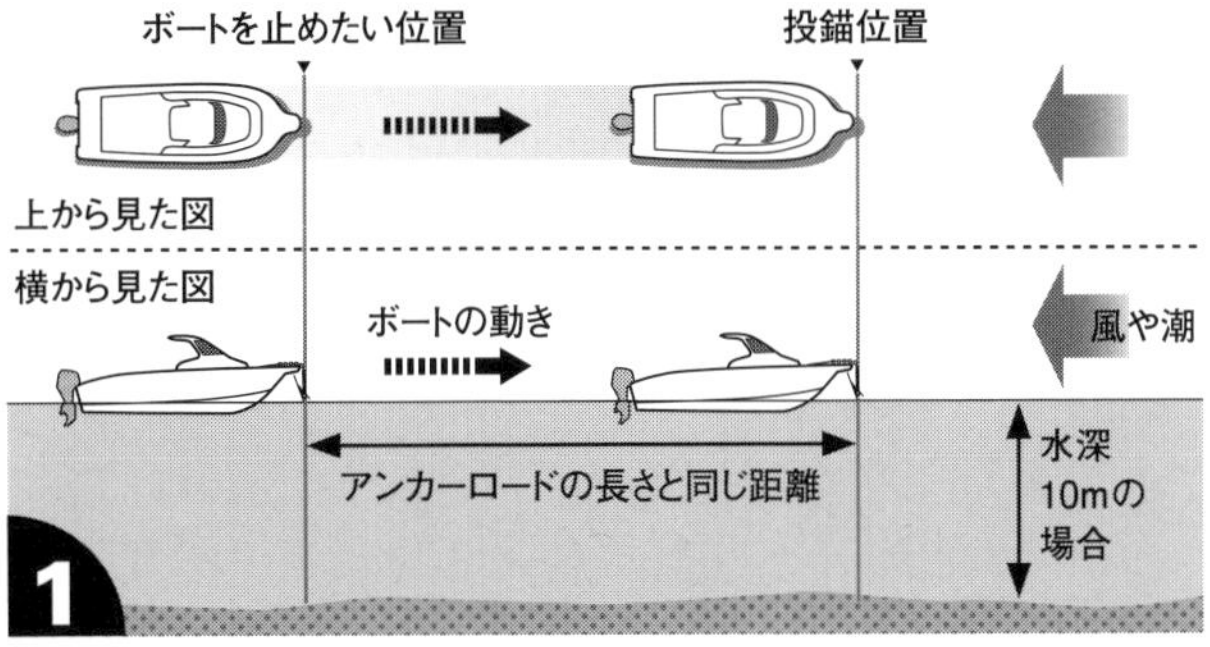

アンカリング後にボートを止めたい位置よりも、風上（あるいは潮上）に前進。その間、クルーは投錨の準備を済ませておく

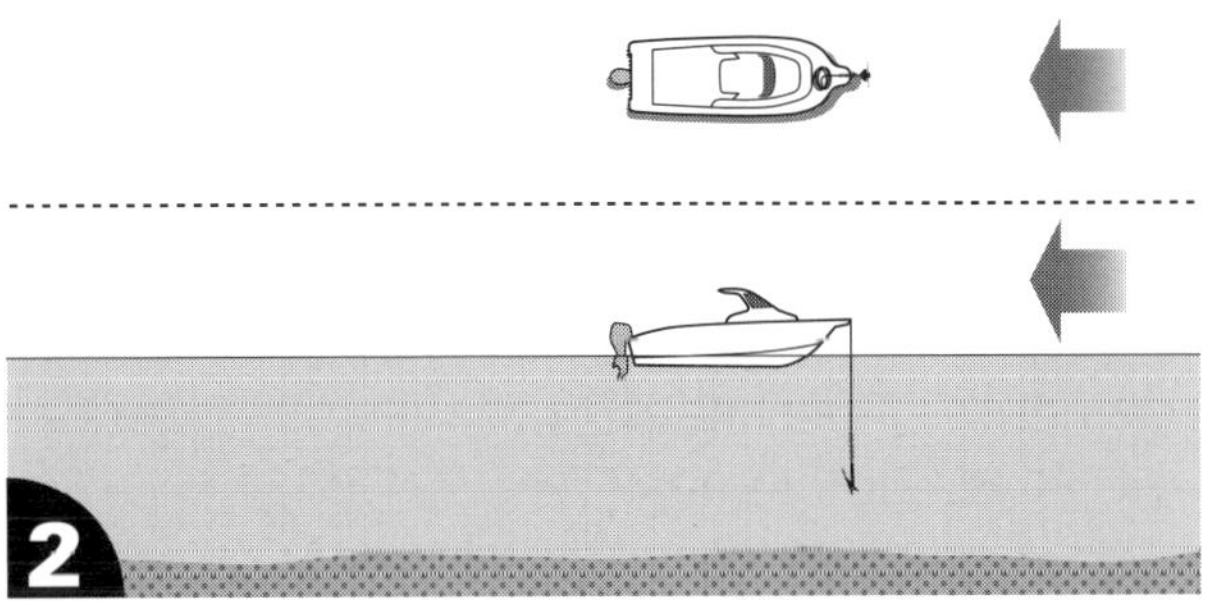

投錨地点に来たら、キャプテンの「アンカーレッコ」の合図に従い、クルーが静かにアンカーを下ろす。キャプテンはできるだけフネのポジションをキープする

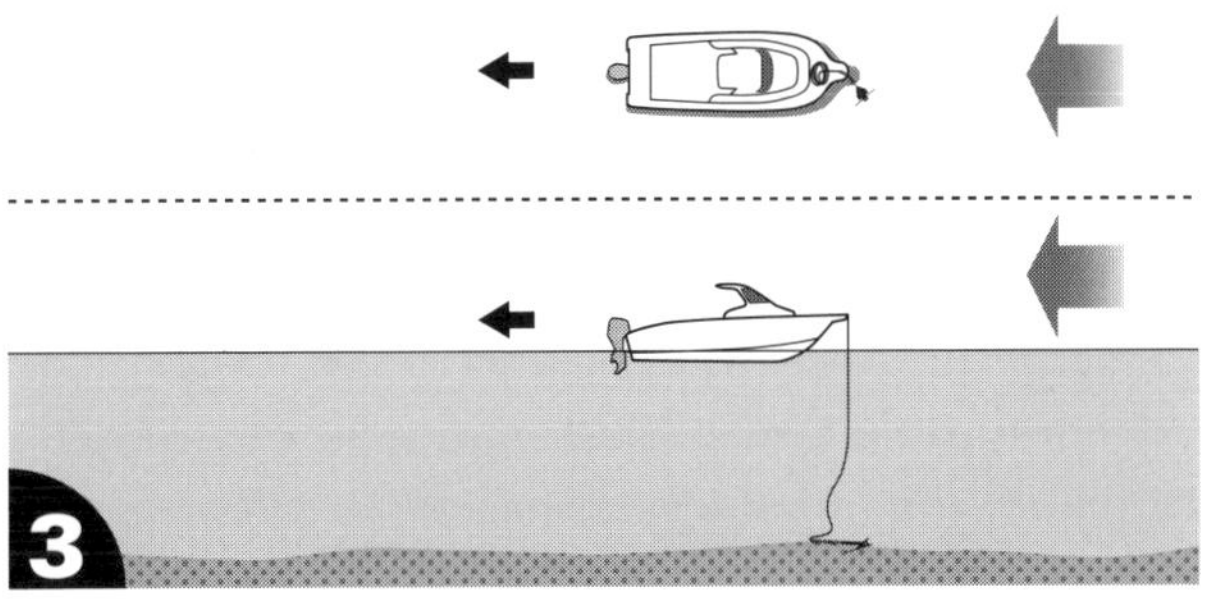

クルーからの「アンカー着底」の合図があったら、キャプテンは風下（あるいは潮下）に後進。クルーはボートの動きに合わせてアンカーロードを繰り出す

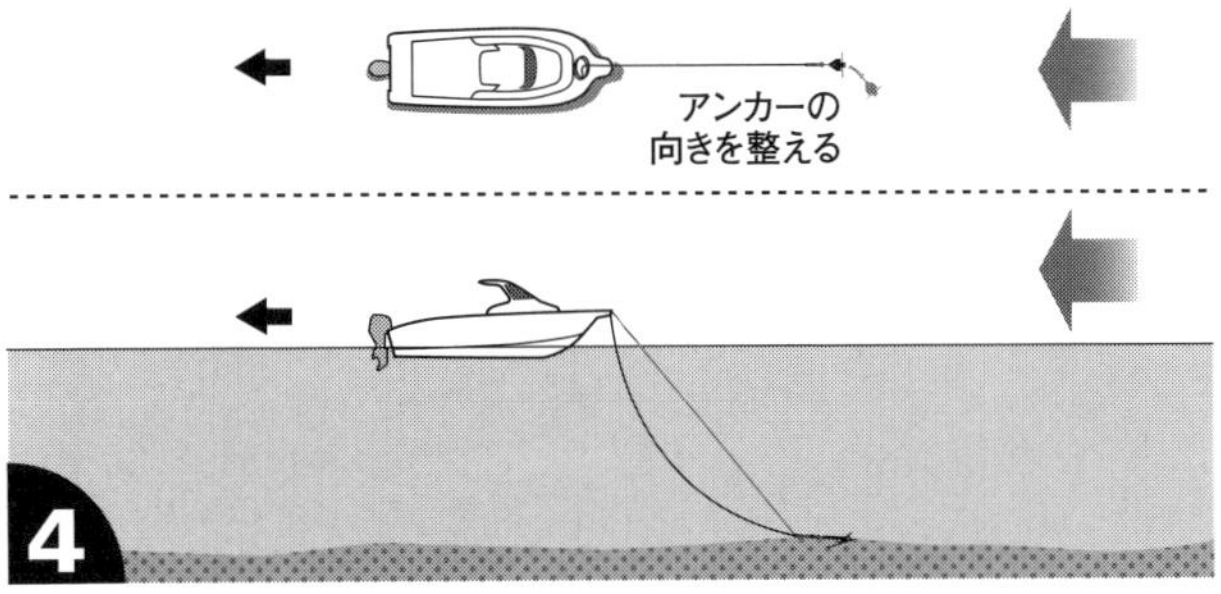

アンカーロードがある程度出たところで、クルーはロードを軽く押さえ、アンカーの向きを整えたのち、さらにアンカーロードを繰り出す

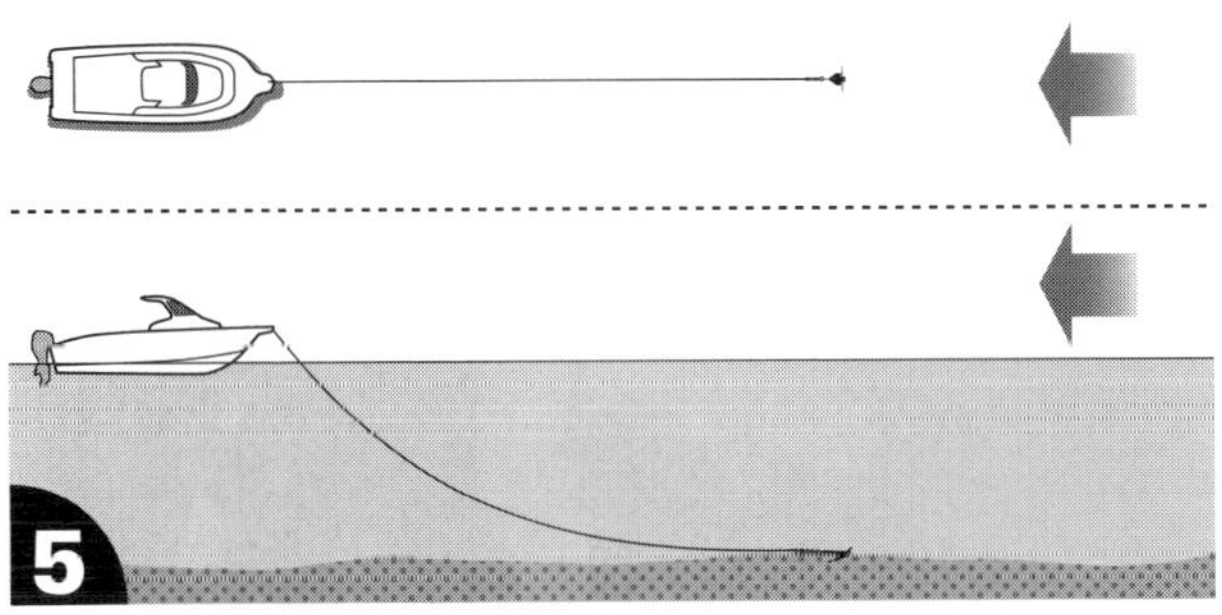

所定の位置まで後進したら、キャプテンの合図により、クルーはアンカーロードをクリートに固定。ロードを手繰って、アンカーの効きを確認する

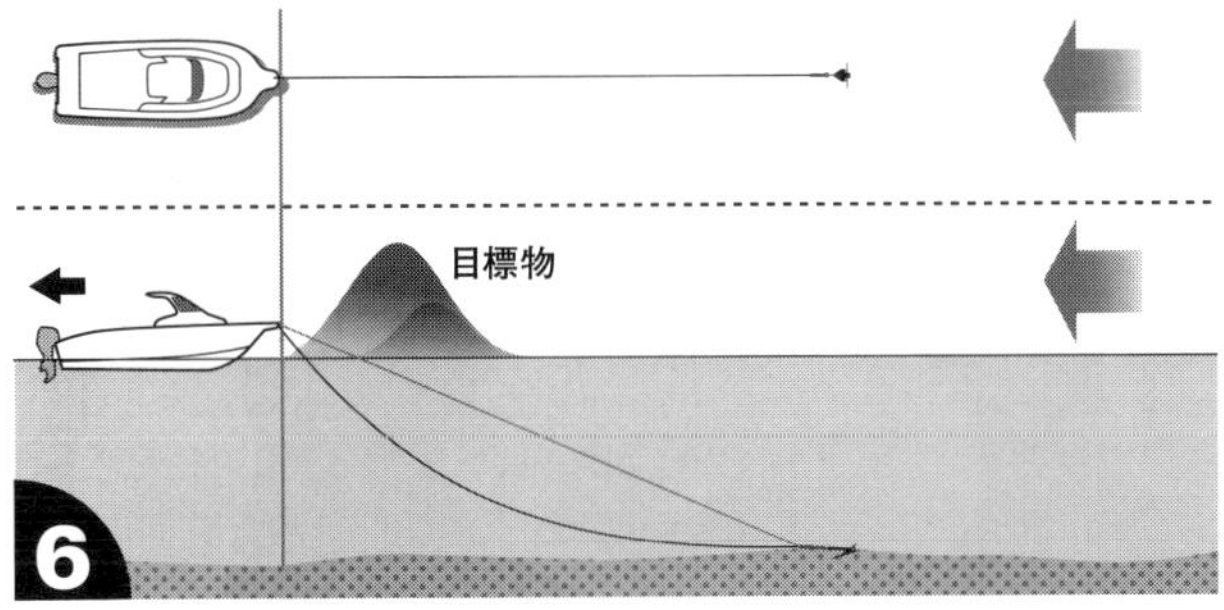

アンカーの効きを確認したら、キャプテンはさらに後進し、アンカーをよりしっかりと効かせる。しばらくはエンジンをかけたまま、目標物などで自艇の位置を確認する

でいるかを確認します。

❻アンカーがしっかり効いていれば、アンカーロードをクリートにとめて、さらに微速後進してアンカーをしっかり食い込ませます。

　最後に、クルーが再度アンカーロードを引いて、アンカーの効きをチェックします。アンカーロードを引こうとすると、反対に体が持っていかれそうになるくらい張っていればＯＫ。キャプテンにしっかり効いていることを知らせます。

　ただし、アンカーを打ち終わっても、すぐにエンジンを止めて遊び始めるのは禁物。キャプテンは黒球を揚げる（夜間なら停泊灯をつける）とともに、ボートの位置が安定したところで、陸上の目標物などで自艇の位置をチェックし、流されていないか、しばらくは様子を見てください。しっかりアンカーが効いていることを確認して初めて、エンジンを止めてくつろぐことができるのです。

　ちなみに、きちんとアンカーが効いていれば、ボートは必ず一定の範囲内で左右に振れ回りますが、目標物の見える方向が大きく変わってきた、あるいは、ボートの向きが常に一定になっているといった場合は走錨しています。また、走錨しないまでも、振れ回りで危険な体勢にならないかも注意しましょう。

　なお、アンカーの食い込ませ方やアンカーロードの延ばしが足りないと、一度は効いたはずのアンカーも抜けることがあります。アンカリング中は、ときどき自艇の位置をチェックしたり、アンカーロードの張りを確認したりしてください。ＧＰＳプロッターのアンカーワッチ機能などを利用してもいいでしょう。アンカーロードがブルブルと振動しているのは、走錨してアンカーが海底を引きずっている証拠。効いていなければアンカーを回収し、最初からやり直します。

投錨前後に気をつけること

　アンカリングの手順を理解したところで、投錨の前後で注意しなくてはならないことを確認しましょう。

　まず、いかに「投錨」とはいえ、アンカーを放り投げたりするのは厳禁。クラウンを下にして、静かにアンカーを下ろします。アンカーを放り投げると、着底時の姿勢が不安定になってきちんと食い込まなかったり、アンカーロードが絡んだりしますし、

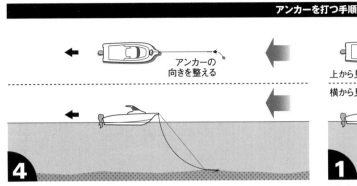

ケガをする原因ともなります。

また、繰り出すアンカーロードを踏んだり、コイルしたロープの輪の中に足を置いたりしてはいけません。その状態のまま投錨して、万一、アンカーロードが足に絡まったら、確実にケガをします。

ボートによっては、船首がレールで囲まれている場合もあります。そんなボートで、普段、アンカーを艇内のアンカーロッカーなどにしまっている場合には、投錨の前に必ずアンカーをレールの下にくぐらせ、アンカーロードがレールの下を通るようにします。レールの上から投錨すると、ロードをクリートに止めることができませんし、大きな力がかかってレールを破損する原因にもなります。

それから、アンカーを打ち終わったら、アンカリングしていることを示す黒球を掲揚しましょう。黒球をきちんと掲揚しているボートはあまり見かけませんが、自艇がアンカリング中で動けないことを他艇に示す大切なポイントです。衝突など、いざ、なにかあったときには、問われる責任が大きく違ってきます。

なお、よほど恵まれたアンカレッジ以外では、夜間に錨泊することは多くないと思いますが、花火大会や夕涼みなどでアンカリングする場合には、停泊灯をつけるのを忘れないでください。

続いて、投錨時に特に気をつけるべき点をまとめてみましょう。

まず一つめは、「アンカーをしっかり効かせるためには、十分に後進する必要がある」ということです。

よく、アンカーを下ろしたあと、向きを整えるためにアンカーロードにテンションをかけたのち、ロードを延ばして申し訳程度に後進して終わり、という方がいますが、これではあまり効きません。

アンカーが海底に食い込んだあと、アンカーロードを十分に延ばした上でクリートに留めてから、再度、十分に後進するのです。こんなに強く後進して大丈夫かな？と思うくらい、やや強めに後進しましょう。こうすれば、フルークが海底にしっかり食い込んで、走錨する危険性がぐっと減ります。

もっとも、しっかり食い込ませるということは、抜錨するのが大変だということでもありますが、走錨して大変な目に遭ったというケースは、たいてい、この正しいアンカリングをしていなかったことが原因です。

二つめは、「きちんとアンカーが効いていることを確認するまで、しばらくはエンジンを切らないでおく」ということです。

投錨してアンカーロードの繰り出

投錨時の注意点

投錨の前には、アンカーロードがレールの上を通らないよう、きちんと確認しておくこと（上図）。また、投錨時、クルーはアンカーロードを踏んだり、コイルした輪の中に足を入れたりしてはいけない

振れ回りの範囲に気をつける

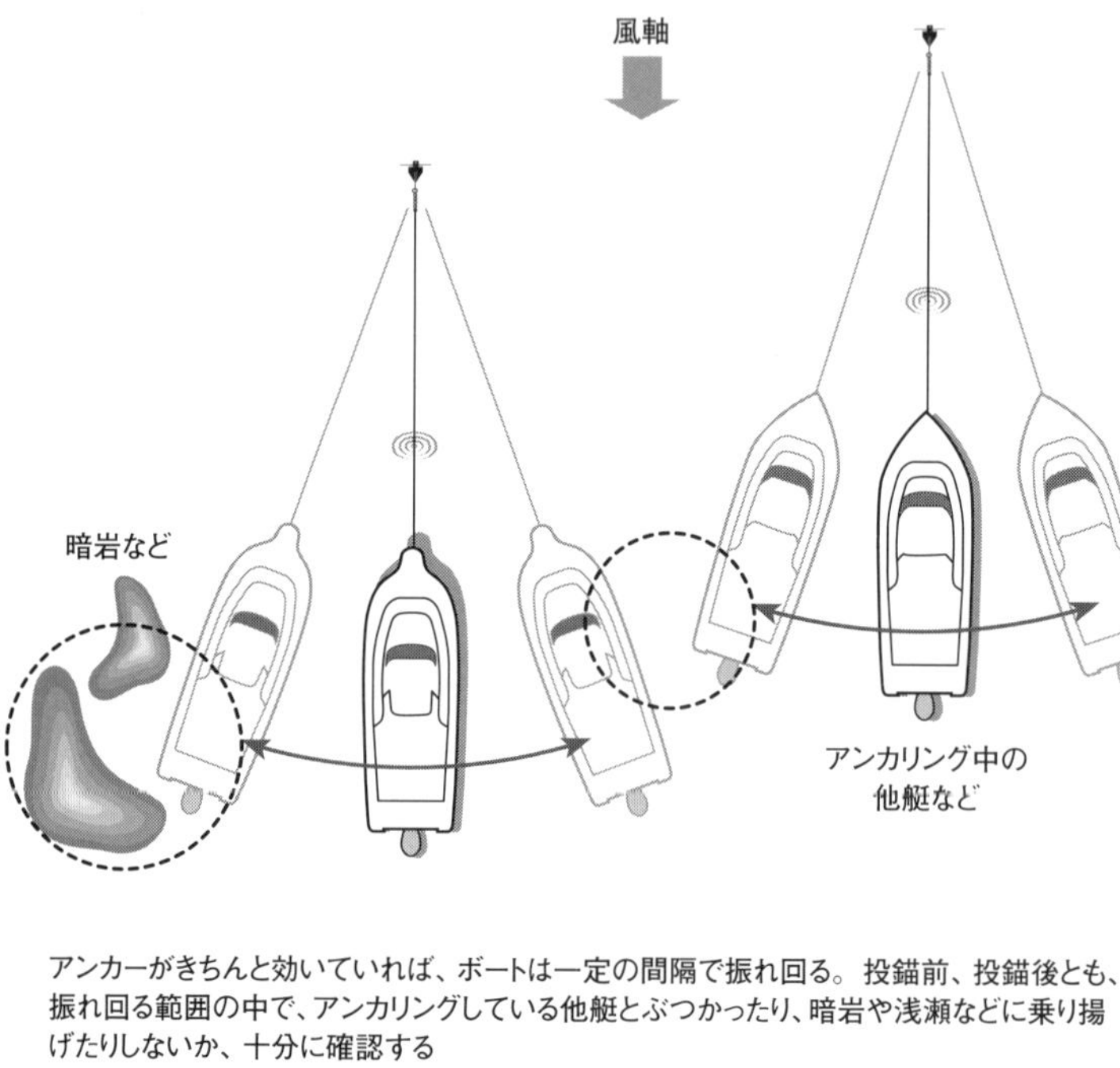

アンカーがきちんと効いていれば、ボートは一定の間隔で振れ回る。投錨前、投錨後とも、振れ回る範囲の中で、アンカリングしている他艇とぶつかったり、暗岩や浅瀬などに乗り揚げたりしないか、十分に確認する

しも終わり、ホッとひと息ついたあと、最低でも5分は艇の状態を観察してください。エンジンを止めてしまうと、どうしても気がそぞろになり、見張りがおろそかになるので、エンジンをかけたまま、アンカーがしっかり海底に食い込んで走錨していないか？ 振れ回って他船や障害物にぶつかったり、浅瀬などに乗り揚げたりしないか？ をじっくり見るのです。

また、エンジンをかけたままにしておくのは、万一、なにか問題があって再度アンカーを打ち直さねばならなかったり、移動しなくてはならなかったりした場合に対応するためでもあります。移動しようとしたら、いったん切ったエンジンが、なんらかのトラブルでかからなくなる、というケースもあります。そんなことになったら一大事なので、エンジンを切るのは、自艇がアンカーで安全に止まっていることを確認してからにしましょう。

アンカリング中は走錨に注意しよう

走錨とは、アンカーが効かず、風や潮の流れに押される状態を指します。走錨することを、「アンカーが引ける」ともいいますが、このとき、アンカーは海底をズルズルと引っ張られているのです。

うっかりすると気づくのが遅れて、大変な事態に発展する可能性もある走錨を回避するためには、なによりもまず、アンカーをしっかり打つこと、そして、常にワッチを怠らないことが肝心です。

アンカリング中は、風向や潮流の向きなどの周囲の状況が変わって、ボートが流される向きや振れ回る範囲が変化することがあります。そうすると、最初はしっかり効いていたアンカーも、引かれる向きが変わることで、海底から抜けてしまいがちなのです。プレジャーボートでよく使われるダンフォース型のアンカーは特に、こうした傾向がよく見られます。つまり、風向や潮流の向きが急変すると、走錨の危険がある、ということなのです。

また、水深の浅いところで投錨したときに、アンカーロードの延ばし方が足りないと、潮位の変化で水深が深くなってきたときや、他船の曳き波を受けて大きく揺れたときなどに、アンカーに直接大きな力が加わり、これがきっかけとなって走錨することもあります。

このような理由からも、錨泊中は見張りを怠ってはならないのです。

なお、花火大会など、多くの艇がひしめき合っているときは、振れ回るだけでも他艇とぶつからないかヒヤヒヤしますが、そんな状況で走錨したら大変です。特に、底質が軟弱なヘドロの海域では走錨しやすいので、くれぐれもアンカーはしっかり打ちましょう。

他艇に「アンカリング中」を知らせる

他艇に対して「アンカリング中」であることを示すため、アンカーを打ったらすぐに、形象物や灯火を掲げる。昼間は黒色球形物（黒球）1個を掲揚、夜間は白色全周灯1個を点灯する

アンカリング中のチェック

一度はきちんと効いたアンカーも、風向の変化などで外れることもあるので、アンカリング中も時折、アンカーの効き具合などを確認しなければならない

船団内ではより慎重に

身動きが取れない船団の中で走錨すると、非常に危険な状態となる。花見や花火、入江での海水浴など、周辺にアンカリングしている他艇がいる場合には特に、走錨していないか、十分気を配ろう

【第3回】揚錨の手順と注意点

ここでは、アンカーを上げる際の具体的な手順と、アンカー回収時に大いに役立つウインドラスの使用上の注意について解説します。加えて、根掛かりの予防&解消法についても触れておきましょう。

投錨中に注意したいバッテリーの管理

アンカリングして仲間と歓談するひとときは、とても楽しいものです。時がたつのも忘れてゆっくりくつろげます。しかし、一つ忘れてはならない大切なことがあります。アンカリングテクニックとは直接関係ないのですが、ぜひ覚えておいてください。

アンカリングしたからには、いつかは抜錨して帰港します。しかし、いざ帰港しようとしたそのとき、エンジンがかからなかったらどうしますか?

ありがちなのが、アンカリング中に電気機器を使いすぎてバッテリーを上げてしまう、というトラブルです。こうなったら大変。周りに僚艇がいたとしても、洋上でブースターケーブルをつないでジャンピングスタートさせることは困難ですし、単独で錨泊していた場合は、救援を待つ以外に方法はありません。

シングルバッテリーなら、アンカリング中の電気機器の使用は厳禁。最低限のものに限定して、極力節電します。

デュアルバッテリーで「1・2・BOTH」の切り替えスイッチが付いていたとしても、正しく切り替えて使用しないと、なんの役にも立ちません。人間はミスを犯しやすい動物ですので、万一のトラブルを避けるため、アンカリングのためのチェックリストを作るなどして、十分に注意しましょう。

アンカリング中のバッテリー管理

いざ、アンカーを上げて帰港しようと思ったとき、バッテリー不足でエンジンが始動できなくなっていたら一大事。よって、アンカリング中は、バッテリーの管理を忘れずに。デュアルバッテリーで、スターティングとサービスの二つを搭載している場合は、メインスイッチを切り替えて、必ずスターティングバッテリーは温存しておくこと。シングルバッテリーの場合は、メインスイッチを切って、節電に努めよう

揚錨の手順と揚錨後の後片付け

アンカリングを終えてアンカーを上げるときに気をつけたいのは、アンカーロードをプロペラに絡めないようにすることです。このタイミングで一番多いトラブルは、前進したボートがアンカーの真上を行き過ぎて、アンカーロードが船尾側に行ってしまうパターン。これを防ぐには、バウで作業するクルーとキャプテンとの意思疎通をしっかり行うことが大切です。

また、アンカーを回収するときは、ウインドラスに任せきりにするのではなく、エンジンでアシストするということを忘れないでください。

では、具体的な揚錨の手順を見ていきましょう。

①アンカーを上げるときは、まずエンジンを始動させ、きちんとボートが動くことを確認します。

②続いて、クルーがアンカーロードをクリートなどから外し、手繰り寄せます。この間、キャプテンはボートを微速前進させて、楽に手繰れるようアシストします。ヘルムステーションからはアンカーロードの方向が見えづらいので、クルーはアンカーロードがどちら向きにあるかを常にキャプテンに知らせ、行き過ぎないように注意します。

③ボートがアンカーの真上に来て、アンカーロードが垂直になったら(こ

揚錨の手順

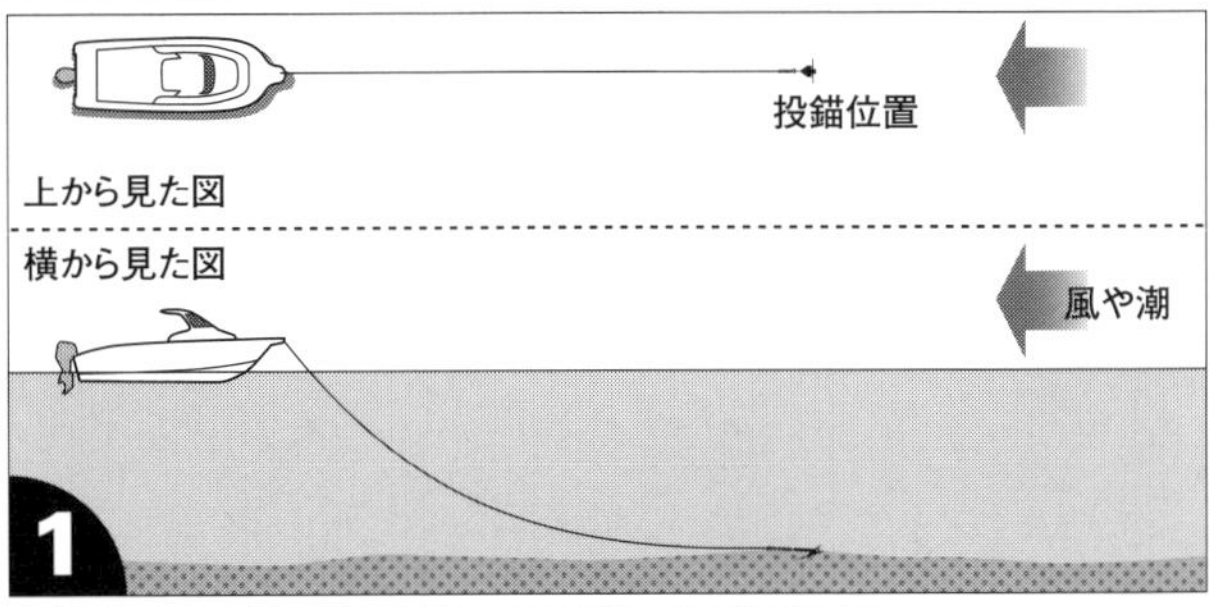

まず最初にエンジンを始動させ、艇を移動させる準備をする

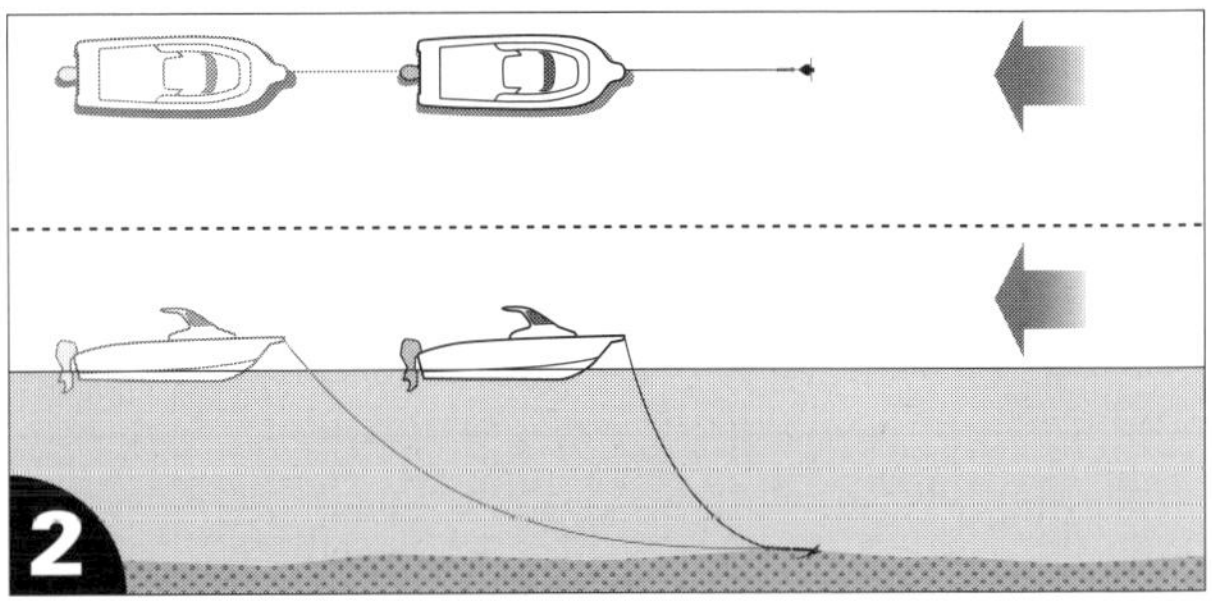

クルーが指示するアンカーロードが伸びている方向に合わせて、キャプテンはシフトを前進に入れて微速でボートを移動させる。クルーは適宜、アンカーロードを手繰っていく。ウインドラスを使用する際も、必ず、エンジンで微速前進しながらアシストすること

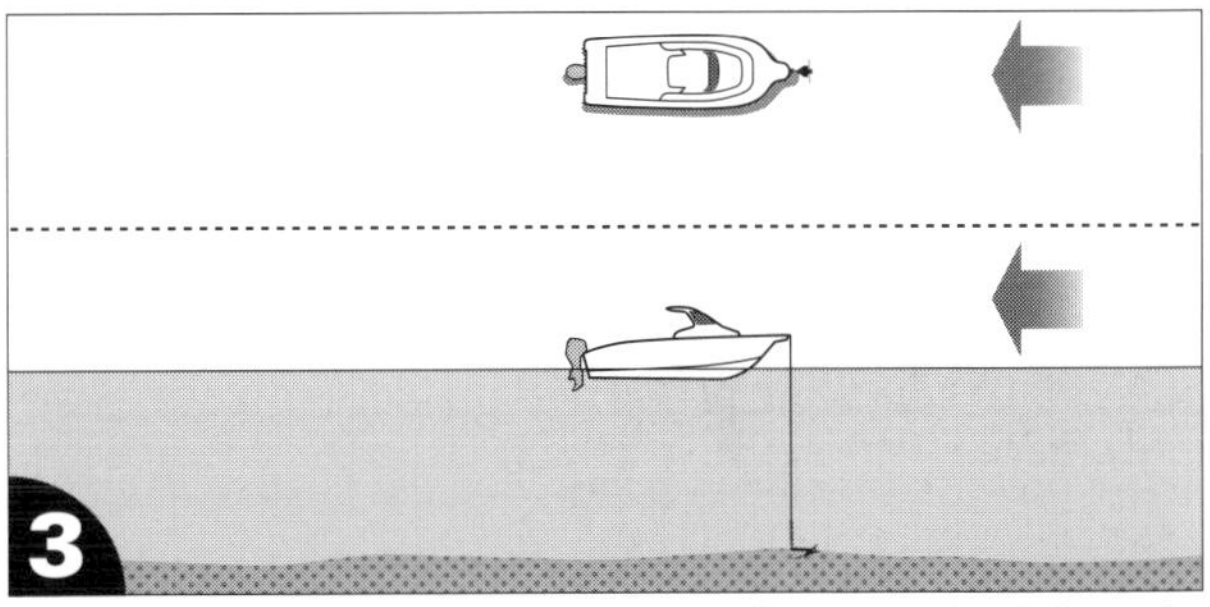

ボートがアンカーの真上まで来たら（立ち錨の状態）、クルーが合図を出してボートを止める

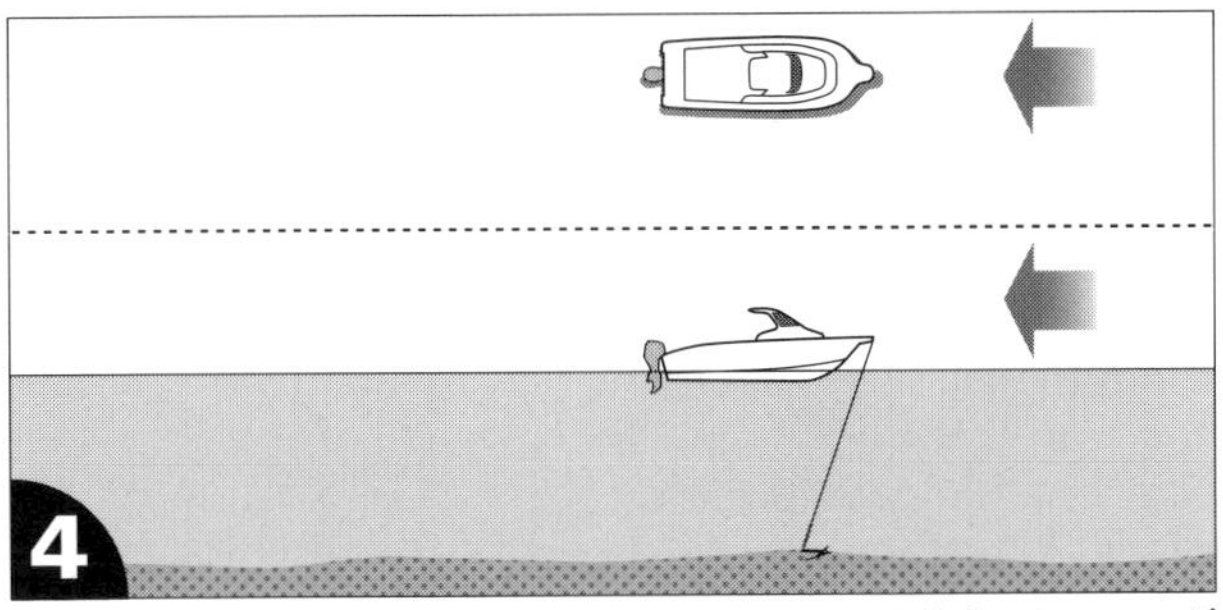

クルーがアンカーロードをクリートなどに固定したら、シフトを前進に入れ、エンジンの力で抜錨する

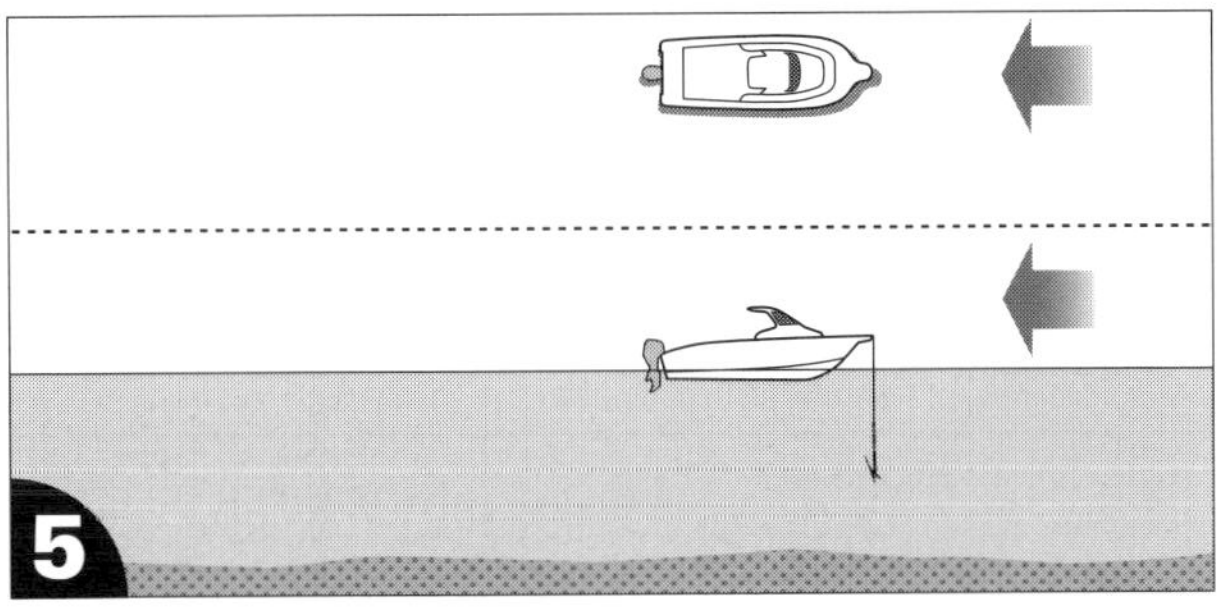

アンカーが抜けて海底を引きずり始めたら、クルーが合図を出してボートを止める。それ以降、キャプテンは、アンカーロードをプロペラに巻き込まないように注意しながら、できるだけボートの位置をキープ。その間、クルーは人力もしくはウインドラスを使用して、アンカーを回収する

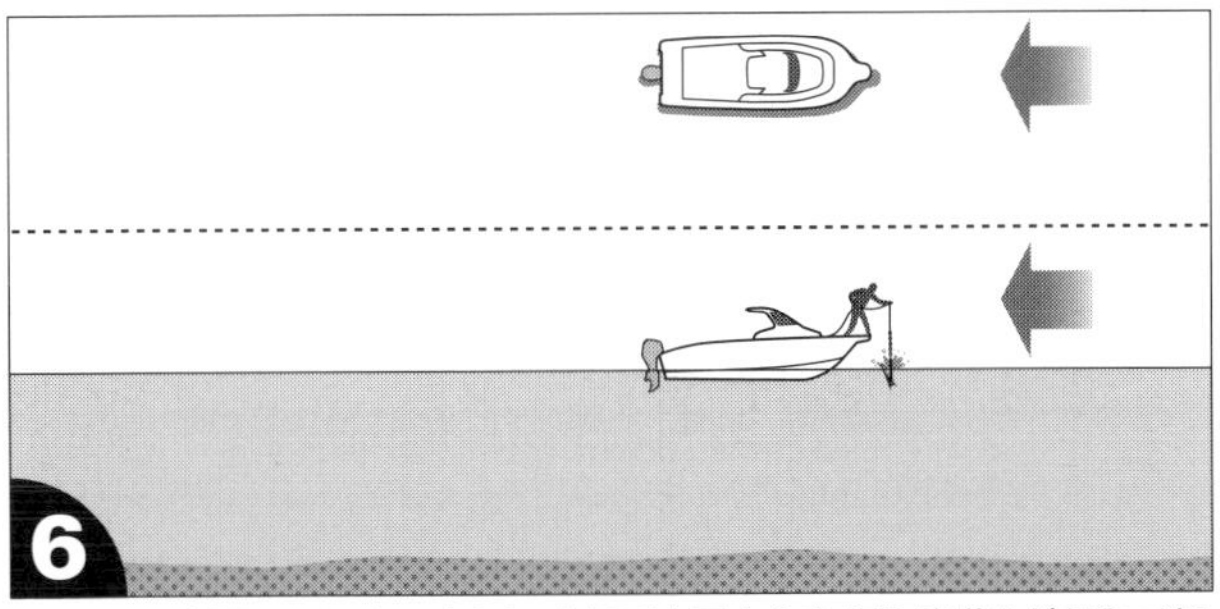

アンカーが水面まで上がってきたら、水面で上下させて、泥や海藻などを洗い流したのちに、艇上に回収。アンカーをしっかり固定し、アンカーロードもきちんとコイルして収納する

の状態を立ち錨といいます）、クルーはそれをキャプテンに伝え、キャプテンは直ちにボートを停止します。

④軽く打ったアンカーなら、アンカーロードを垂直方向に引けば抜けますが、投錨時にしっかり海底に食い込ませていると、手で引っ張ったくらいではなかなか抜けません。そんなときは、クリートなどにアンカーロードを留めてボートを前進させ、エンジンの力を借りて抜錨します。このときアンカーロードが長すぎると、ボートがアンカーの上を通り過ぎてしまい、プロペラにアンカーロードを絡める恐れがあるので、必ずアンカーロードが垂直になる位置までボートを進め、アンカーロードのたるみを取って長さを最低限にしておくことが大切です。

⑤その後、アンカーが海底を引きずる感触が伝わり、完全に抜けたことが確認できたら、クルーはその旨をキャプテンに伝え、ボートを再度停止させます。続いて、クルーがアンカーロードを引き、アンカーを回収するのですが、この間にボートを前進させるとアンカーロードをプロペラに絡める恐れがあるため、キャプテンはボートが流されないかどうかを観察しながら、位置をホールドします。ここでも、クルーとキャプテンの意思疎通が大切です。

⑥アンカーが水面まで上がったら、クルーは「アンカー上がりました」とキャプテンに合図します。引き上げたアンカーは、艇上に引き上げる前に水面で上下させて、付着している泥や海藻などを取り除きます。これを怠ると、あとでボートが臭くなって困ります。

アンカーの固定

回収したアンカーは、きちんと所定の場所に固定すること。特に、バウパルピットに固定する場合は、アンカーロードをクリートなどに留めるだけでなく、アンカーを直接固定するロープ類をセットしておこう。写真の場合、アンカーの脱落防止用に細いチェーンとナスカンを使用している

こうして無事に回収したアンカーは、バウパルピットなり、アンカーホルダーなりに固定するか、アンカーロッカー内に収納するかします。アンカーロードは次回の投入に備えて、ていねいにコイルしておきましょう。

アンカー収納の注意としては、アンカーとアンカーロードの固縛がしっかりされていることをきちんと確認することです。

特に、バウパルピットにアンカーをセットする場合は、航行中、アンカーが落ちたりしたら大変です。実際、海が荒れて波にたたかれるうちに、アンカーロードが緩んでアンカーを落としてしまい、ハルを傷つけたり、プロペラにアンカーロードを絡めてしまったりという、重大なトラブルを引き起こしたケースもあるのです。アンカーロードをクリートなどに留めるだけではなく、直接アンカーに結び付ける固定用のロープをセットしておくなど、二重の対策を施しておくと安心できるでしょう。

ウインドラスでのけがに注意

ウインドラスを使用する際には、ウインドラスのすぐ近くのアンカーロードを握らないように注意しよう。特に、ロープやチェーンをかみ込むための、「ジプシー」と呼ばれる歯車状の装置が付いているオートマチックウインドラスやチェーン対応のウインドラスの場合（写真右）、誤って手を挟んでしまったら非常に危険だ

ウインドラスの使用上の注意

アンカリング中はアンカーロードを長く繰り出すので、アンカーの回収は重労働ですが、このとき、ウインドラスがあると楽ですね。しかし、ロードを手繰り寄せるところから抜錨まで、すべてウインドラスに任せっぱなしにしてしまう人がいますが、これは大きな間違い、トラブルの元です。

ひどい使い方になると、アンカーを上げるとなったら、エンジンをかける前にいきなりウインドラスを作動させ、アンカーが上がったころにエンジンをかけて……というケースを見かけますが、それではウインドラスがかわいそうです。こういう使い方をしていると、ヒューズが切れたりブレーカーが落ちたり、モーターを焼いてしまったり、ひどい場合は、何十万円もするウインドラスを壊してしまったりします。

ウインドラスは、あくまで、「アンカーの真上まで移動する際の、アンカーロードの巻き取りを補助する」、「アンカーが海底から抜けたあとに、水面まで回収するのを補助する」という、アンカーロードにそれほど負荷がかかっていない状態で使用するものです。決して、ボートをアンカーの真上まで寄せたり、しっかりと海底に食い込んだアンカーを抜いたりという、高負荷がかかる作業をするために作られているわけではありません。

ウインドラスを使う場合は、アンカーロードを手で持つタイプのウインドラスでも、フルオートのウインドラスでも、ボートがアンカーの真上に位置し、「立ち錨」の状態になるまで、必ずエンジンによる微速前進でアシストしながら巻き取ります。そして、立ち錨となったら、いったんウインドラスを止めて、アンカーロードをクリートなどに固定し、シフトを前進に入れて、エンジンの力で抜錨。その後、あらためてウインドラスを作動させ、アンカーを水面まで巻き上げるのです。

投錨時にしっかりパワーをかけてバックし、海底にガッチリ食い込ませたアンカーは、ウインドラスのモーターの力で抜けるものではありません。逆にいうと、ウインドラスの力で抜けるようなアンカーの打ち方だったとしたら、それは正しいアンカリングができていない、ということでもあります。ですから、仮にオートマチックウインドラス（投錨から揚錨までサポートするハンズフリータイプのウインドラス）を使っていたとしても、抜錨の際は、必ずアンカーロードをクリートなどに固定して、エンジンパワーで行ってください。

また、ウインドラスはかなりの電力を消費するので、ウインドラスをさんざん酷使したあとでエンジンをかけようとしたときに、バッテリー

オーバーライド

「オーバーライド」とは、ウインドラス使用中のアンカーロードのさばき方が悪かった場合に、ドラムやジプシーの上でロードが絡んでしまうこと。オーバーライドを防ぐには、手で引くロードを、アンカーにつながっているロードとは反対方向に引くようにする

の電気が減っていてエンジンがかからない、ということにもなりかねません。そうなると、アンカーはすでに上がっているため、ボートは即、漂流してしまいます。ですから、アンカーを上げるときは、必ず最初にエンジンをかけて、エンジンに異常がないことを確認した上で、揚錨作業に入ってください。

なお、揚錨時にアンカーロードを手繰る際は、アンカーローラーやウインドラスに近い部分を握ってはいけません。というのも、なにかの拍子にロードが引っ張られたときに、手を巻き込んでしまう危険があるからです。

ウインドラスを使えば、アンカーの引き上げはずいぶん楽になりますが、正しい使い方をしないと、トラブルやけがの元になります。特に、チェーンやロープをかみ込むジプシータイプのウインドラスで手を挟まれたら大変です。

一方、ドラムタイプのウインドラスの場合、「オーバーライド」という、巻きつけたロードが重なってしまう状態になると、その状態を解消しない限り、巻き取れなくなってしまいます。こうなるのを防ぐには、ロードを引く方向に注意して、ロード同士を離す方向に引っ張ります。

トリップラインの活用と捨錨について

揚錨時によくあるトラブルが、アンカーが根掛かりして抜けないというものです。特にダンフォース型のアンカーは、岩などに食い込みやすく、根掛かりしがちです。こんなときに、ウインドラスの巻き上げ力で外そうとする人がいますが、これもウインドラスの故障の原因になるのでやめましょう。

この根掛かりを防ぐためにも、アンカーのクラウンには、トリップラインとブイを付けておきたいものです。トリップラインを付けておけば、仮に根掛かりしても、アンカーを逆側に引くことができるので抜けやすいのです。そのため、ほとんどのアンカーは、クラウン部分にトリップライン用のロープを通す穴が空いています。

また、ブイを付けることによって、他船に自艇のアンカーの位置を知らせることにもなるため、アンカーを引っかけられるといったトラブルも少なくなります。ちょっと面倒で、ハンドリングも難しくなりますが、投錨したことがなく、海底の様子もわからないところでは、トリップラインとブイを活用しましょう。

このトリップラインは、離島の混み合った漁港で槍着けするときなど、多くのアンカーが入れられていてロードが交差する恐れがあるときなども、付けておくと安心です。

ちなみに、根掛かり対策として、アンカーロードのエンドをアンカーのクラウンにとり、シャンク先端のリングの部分で、結束バンドや針金を使ってロードを仮止めする、という方法があります。20フィート程度までの小型艇で、頻繁にアンカーを打ち替えるカカリ釣りをするような際には便利な方法ですが、ボートのサイズがある程度以上の大きさになったら、私はおすすめしません。結束バンドなどは思っている以上に切れやすいですし、これが切れてしまったら即、走錨してしまいます。アンカーは確実に艇をつなぎとめておくことを期待するものですから、特に長時間アンカリングする場合などは、「切れるかもしれない」という不安要素は極力排除したいところです。

トリップラインの活用

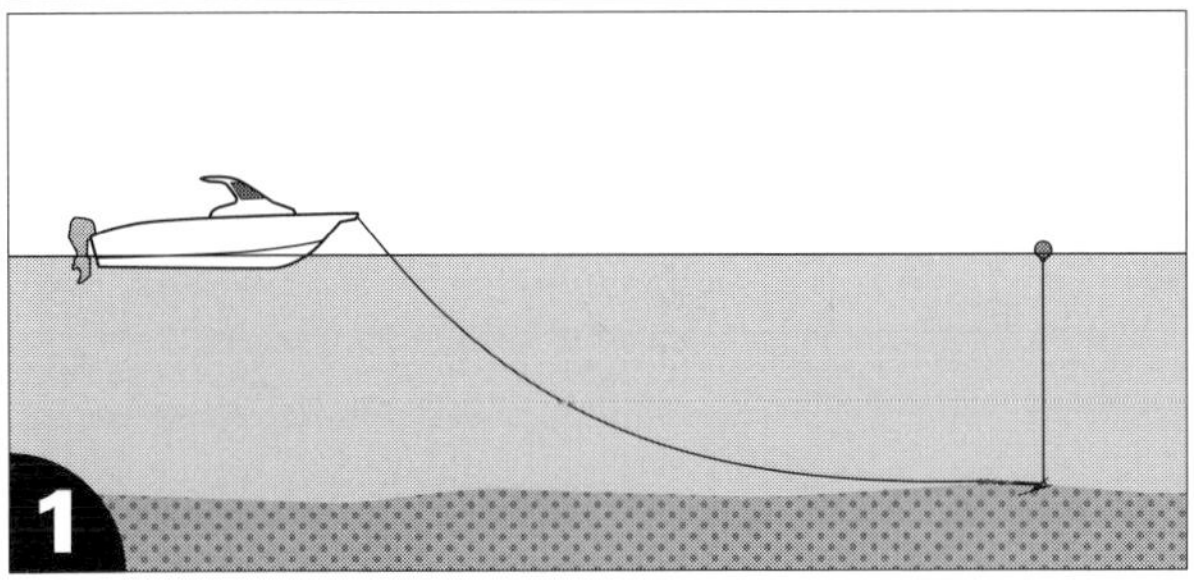

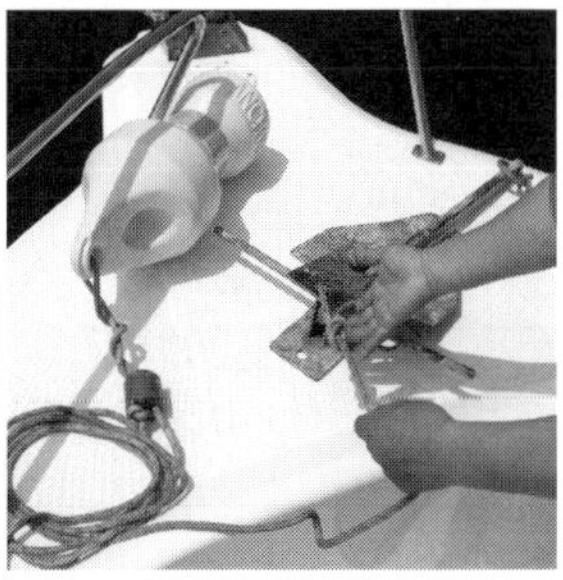

ブイを取り付けた水深よりも少し長めのロープをアンカーのクラウンにセットした状態でアンカーを打つ

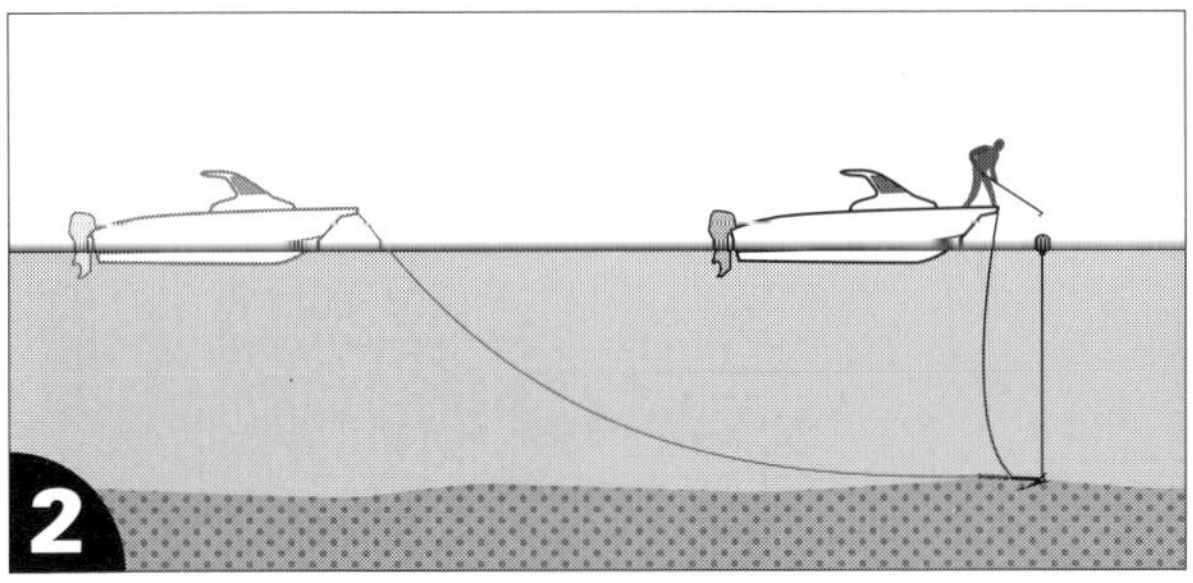

揚錨時は、クルーがアンカーロードを回収しながら、エンジンでブイが浮かんでいる位置まで移動。クルーはボートフックでブイを回収し、そこにつながっているトリップラインを引いて抜錨する

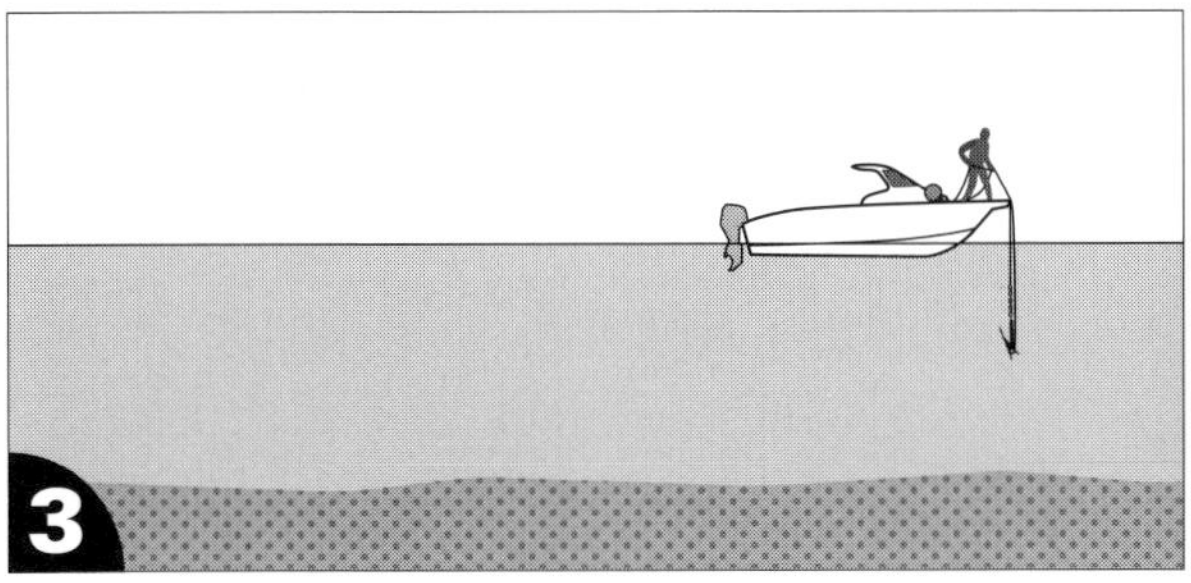

アンカーが刺さっているのと反対側から引っ張ることで、比較的簡単にアンカーが回収できる。アンカーロードとトリップラインの両方を同時に回収する必要があるので、キャプテンはできる限りボートの位置をキープする。なお、ここで使用している「オーシャンアンカーブイ」は、トリップラインのロープに誘導式のオモリが付いており、水深に合わせてロープの長さが自動的に調整されるため、常にブイがアンカーのほぼ真上に位置するすぐれものだ

【第4回】アンカリングの応用

ここでは、アンカリングの応用技として、混みあった漁港などの岸壁に係留する際の「縦着け」と、わざと砂浜に乗り揚げる「ビーチング」について解説します。また、万一の事態に備えたアンカーの重要性についても見てみましょう。

縦着けとビーチング

縦着けとは、混み合った地方の漁港などで、なるべく多くの艇が着けられるように、ボートを岸壁に対して垂直に接岸させることをいいます。この場合、艇が振れ回ったり、岸壁にぶつかったりしないように、沖側にアンカーを打ちます。

一方のビーチングは、潮干狩りや水遊びをする際に、バウをわざと砂浜に乗り揚げさせることを指します。このときは、砂浜と沖側の両方にアンカーを打ちます。

縦着けとビーチングは、いずれもアンカリングの応用編で、テクニックとしては高度なものですが、やり方を理解しておくとボートライフの幅が大きく広がります。

■縦着け

船尾にドライブがある船外機艇や船内外機艇では船首を岸壁に向ける槍着《やりつ》け、船内機艇では反対の艫着《ともつ》けにするのが基本です。

縦着けの準備として、接岸するのとは反対側に、ボートをしっかりホールドできるアンカーを一つ用意します。さらに、接岸する側には係留ロープを用意して、両舷にはフェンダーをセットしておきます。

縦着けで使うアンカーは「命綱」ですから、簡単に抜けないように、大きめのアンカーにチェーンロードを付け、十分な長さのロープを用意します。チェーンがない場合は、アンカーロープの途中に、十分な重さがあるオモリ（小型のマッシュルームアンカーなど）をぶら下げておきましょう。ちなみに、このオモリのことをアンカーモニターといいます。ここまで準備ができたらいよいよアプローチです。

❶接岸地点の沖合から、岸壁に向かってゆっくり近づきます。このときのスピードや角度は、潮の流れや風向きに応じて加減します。水深にもよりますが、他艇のアンカーがあるところを避けつつ、岸壁から30メートルくらいまで近づいたら、キャプテンの合図でアンカーを投入します。スターンからアンカーを入れた場合は、プロペラにアンカーロードが絡まないよう、絶対にアンカーロードをたるませないことが肝心です。

❷アンカーが着底したら、ごく短時間、アンカーロードの繰り出しを止めてアンカーの向きを整えます。その後、ボートの進行に合わせて、たるませることなくアンカーロードを繰り出します。

❸ボートがある程度進んだところでアンカーロードの繰り出しを止め、アンカーがしっかり食い込んでいるか確認します。もし、海底に食い込まずに走錨していたら、大声でキャプテンに知らせ、即座にアプローチを中止してリカバリーします。リカバリーする場合は、慌てて後進してプロペラにアンカーロードを絡ませないように注意しましょう。

縦着けとビーチング

漁港などの混みあった泊地で、できるだけ多くのボートが係留できるようにするためには、沖側にアンカーを打ち、岸壁に対して垂直にボートを止める縦着けにする（写真上は艫着けの例）。一方、潮干狩りなどで砂浜に上陸する場合には、沖側にアンカーを打ち、船首側を乗り揚げさせ、ビーチングする（写真下）。どちらも、アンカリングの応用だ

縦着け（槍着け）の手順

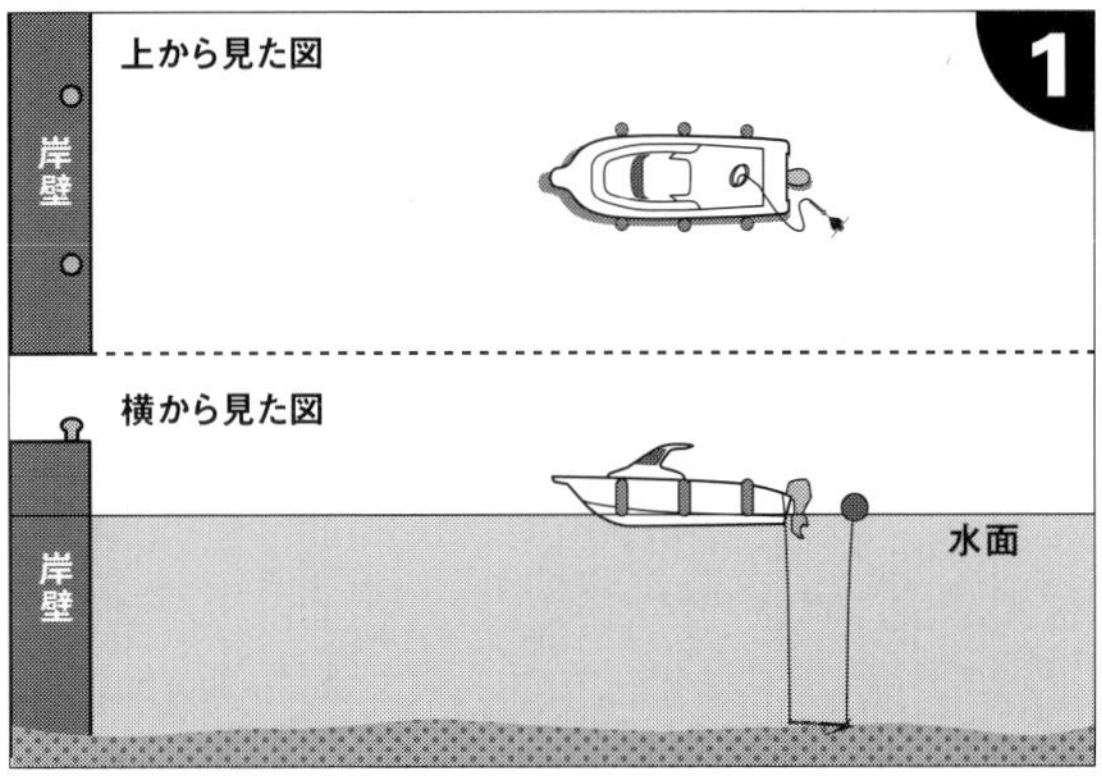

スターンには沖側に打つアンカーを、バウには陸側に取る舫いロープを用意し、両舷にフェンダーをセットしてから、微速でアプローチ開始。岸壁の30メートルほど手前でアンカーを投入する。これ以降、スターン側のクルーは、アンカーロードがたるまないよう、十分に注意する

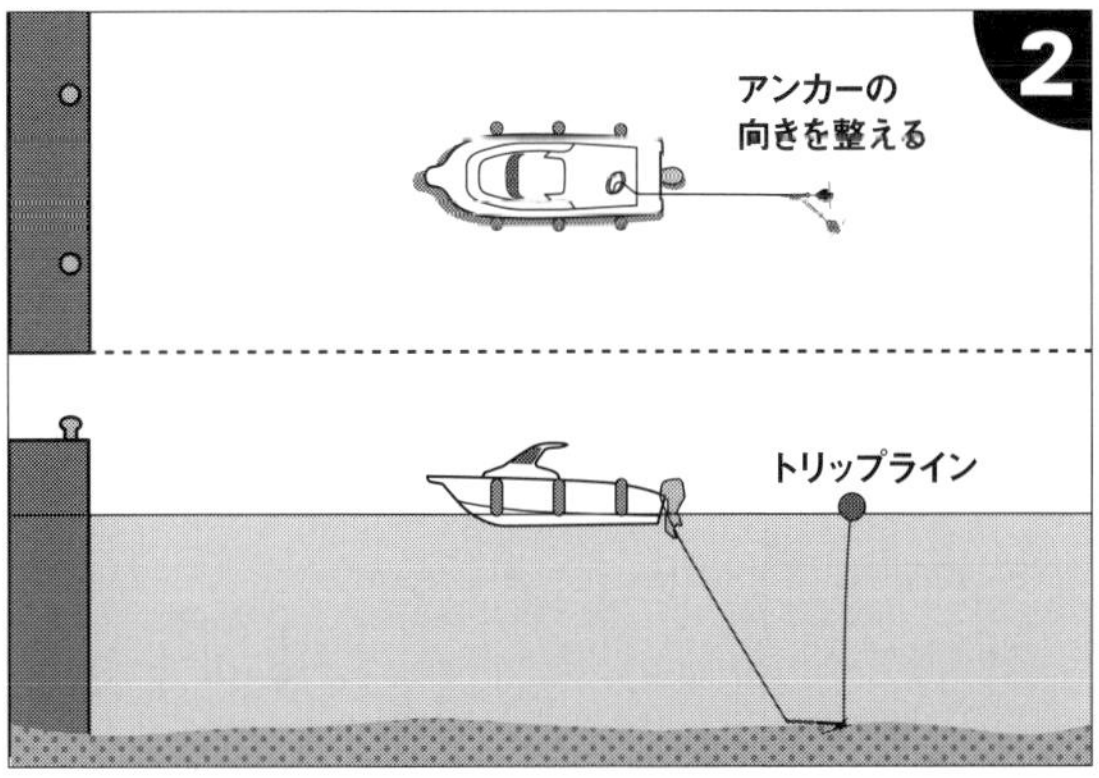

アンカー着底後、ごく短時間、アンカーロードの繰り出しを止めてアンカーの向きを整える。その後、アンカーロードがたるまないように注意しつつ、ボートの進行に合わせてアンカーロードを繰り出す

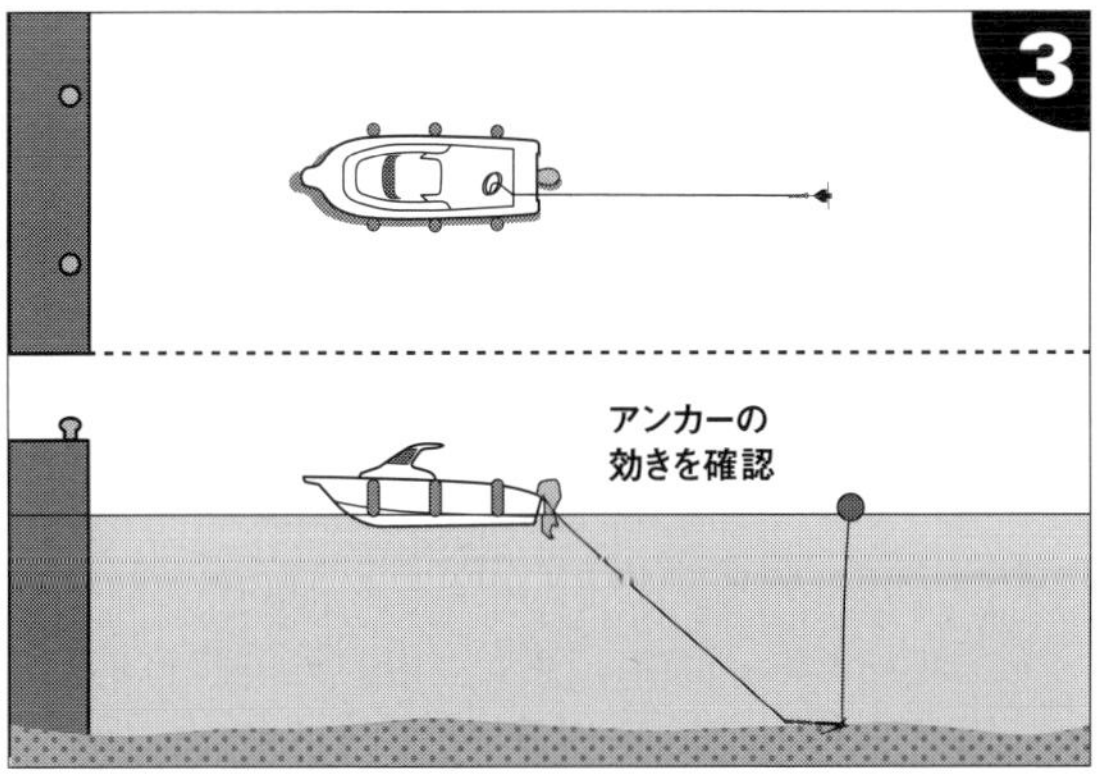

ある程度アンカーロードを繰り出したところで、アンカーの効きを確認。もし、走錨していたら、キャプテンにその旨を伝えて即座にアプローチを中止し、リカバリーする

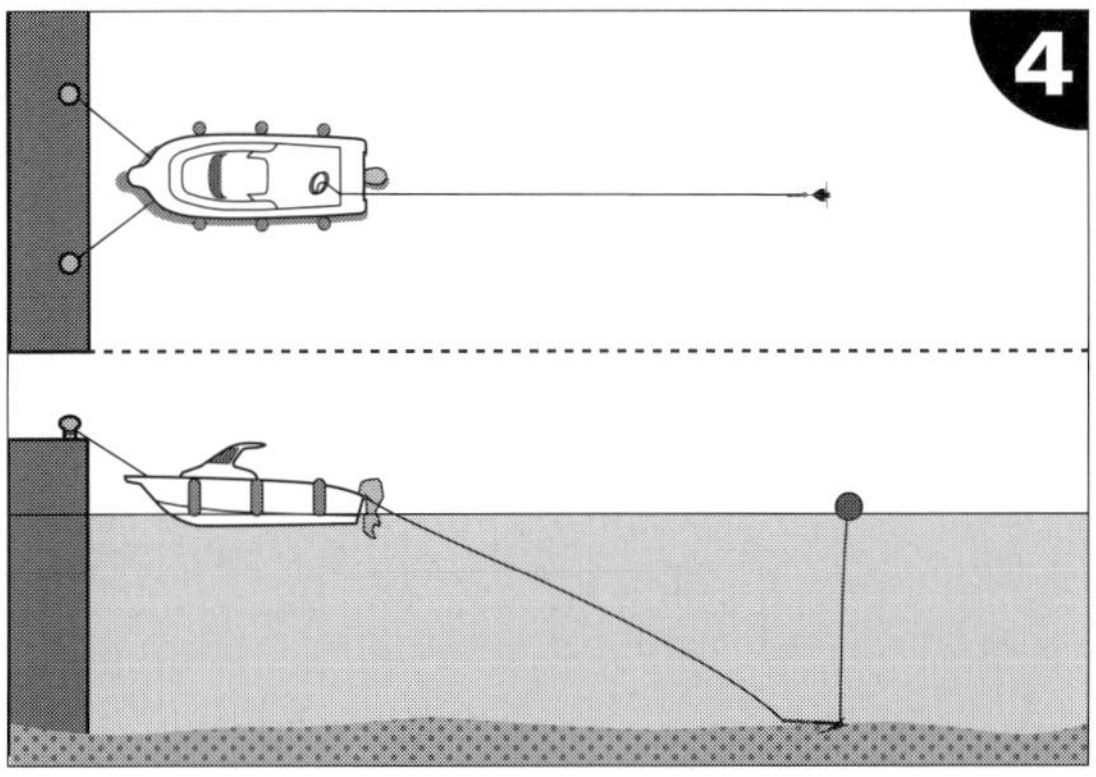

岸壁が近くなったところで、アンカーロードを繰り出すのをやめて行き足を止め、バウ側のクルーは岸壁に移ってバウ側の舫いロープを固定。その後、ボートを岸壁から少し離すように、スターン側のアンカーロードを張り気味にして、前後のロープの長さを調整する

❹アンカーの効きを確認したら、さらにアンカーロードを繰り出しながら岸壁に近づきます。ボートが岸壁まで到達したら、アンカーロードの繰り出しをやめて行き足を止め、バウ側のクルーが岸壁のビットなどに舫いロープを結びます。

着岸作業が無事に終了したら、ボートが岸壁に接触して傷つくのを防ぐため、岸壁から少し離れるように前後のロープを調整し、後ろのアンカーロードを少し張り気味にします。こうすると、岸壁側が離れて乗り降りしにくくなりますが、チェーンロードやアンカーモニターを入れていれば、岸壁側の舫いロープを引くとフネが近づき、ロープを離すとボートが後ろに下がります。

なお、潮位の変化によってボートの位置が変化するので、それに合わせて、前後のロープを調整します。

■ビーチング

ビーチングも、砂浜に対して直角にアプローチし、スターン側のアンカーをきちんと効かせて行き足を止めるといった、基本的な流れは縦着けと同様です。

まず、アプローチを開始する前に、メインとなるスターン側のアンカーだけでなく、ボートの着底後、砂浜にアンカーを打てるよう、バウ側にもアンカーを準備します。

また、キャプテンは、船外機やドライブを、ボートが動くギリギリまでチルトアップしておきます。

この状態で徐々に砂浜に近づいて行き、スターン側のアンカーを打ったあとは、水深が浅くなりすぎる前にエンジンを停止して、ドライブや船外機をいっぱいまでチルトアップします。この時点で推進力がなくなるので、それまでに、砂浜まで届くだけの十分な行き足を付けておく必要があります。

こうして船首船底が砂浜に乗り揚げたら、バウで待機していたクルーはすぐさま飛び降りて、砂浜にバウ側のアンカーを打ちます。

縦着け&ビーチングは離岸も難しい

縦着け、ビーチングとも、離岸はより難易度が高くなります。クルーとキャプテンの間では、着岸するとき以上に息の合ったコンビネーションが不可欠なので、事前に手順を打ち合わせておきましょう。

縦着けからの離岸では、キャプテンの合図でクルーが舫いロープを回収し、急いでボートに乗り移ります。このとき、クルーが岸に取り残されないようにすることと、槍着けやビーチングの場合は、バウ側のロープ類を長く垂らしたままにして、プロペラに絡めないようにすることに注意しましょう。

ビーチングの場合は、ボートが乗り揚げすぎていたら、沖側に思い切り押し出す必要があるのですが、ここでまごまごしているとボートに戻れなくなってしまいます。また、バウの乾舷が高いと、よじ登るのは結構大変です。

陸側の舫いロープやアンカーを回収したら、同時に、沖側のアンカーロードを手繰り寄せます。槍着けの場合は、状況に応じてシフトを後進に入れ、ロードを手繰るのをアシ

後進で離岸する際のアンカーの取り回し

槍着けやビーチングなど、後進して離岸する場合、アンカーロードをプロペラにからめないようにするため、立ち錨に近づいてきたら、回収役のクルーは、ロードをできるだけプロペラから離した位置に移動する。このとき、ロードがプロペラをまたぐ側に移動してはならない

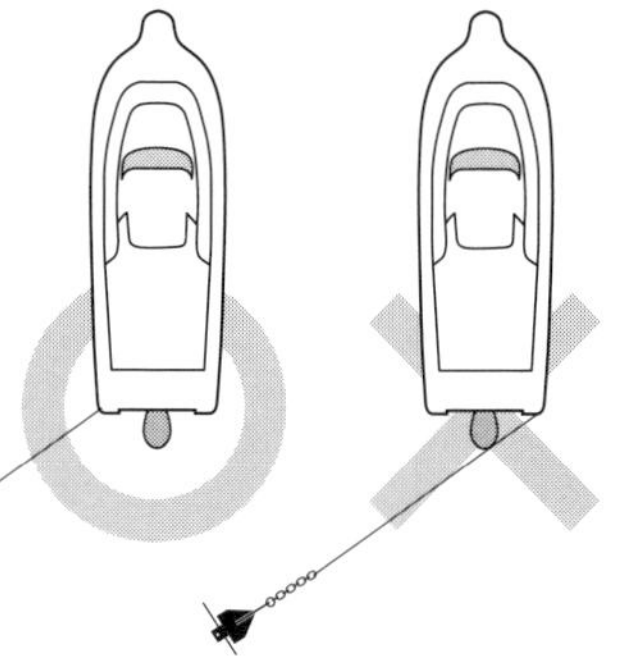

ストすることもできます。

一方のビーチングでは、岸から離れて十分な水深になって初めて、チルトダウンしてエンジンを始動します。通常の揚錨時は、「アンカーを上げる前に必ずエンジンをかけて……」と解説していたのと矛盾しますが、この場合は仕方ありません。ビーチングはそれだけ難しく、ボートのコンディションも万全でなければできないものなのです。

槍着けとビーチングのいずれも、ボートを後進させて離岸する場合は、スターンから延ばしたアンカーロードをたるませないようにすることが大変重要です。なにしろ、すぐそばでプロペラが回っているので、油断するとすぐにアンカーロードを絡めてしまいます。その点、艫着けの場合は通常の揚錨手順と変わらないので、難しい点はありません。

なお、後進しながらアンカーを回収する場合、立ち錨になるころにはボートが流されて、アンカーロードが船底に潜り込もうとするので、アンカーを回収するクルーはボートの脇に回り、アンカーロードを少しでもプロペラから離します。水面に余裕があれば、アンカーロードをバウ側に回してから巻き上げる、という方法もとれます。

いずれにせよ、キャプテンとクルーの間には緊密なコミュニケーションが必要ですから、十分に打ち合わせした上で、大きな声で状況を伝え合いましょう。

アンカーロードの交差に注意

縦着けやビーチングをする際、沖側にアンカーを入れるときには、他艇のアンカーロードと自艇のアンカーロードとを交差させないよう、十分注意しましょう。

アンカーロードが交差した状態のまま、一方がアンカーを上げると、もう一方のアンカーロードを引っかけてアンカーを抜いてしまう、という事態が起こりがちです。

命綱のアンカーが効かなくなるので、抜かれたほうはたまりません。隣のボートや岸壁にぶつかったり、風が強いときには出られなくなったりする恐れがあります。

「混み合った港では、停泊中でも操船できる人間を必ずボートに残しておけ」といわれるのは、こうした事態が起きたときに対応できるようにするためです。

なお、アンカーラインの交差を防ぐためにも、アンカーにはトリップラインとブイを付けておきたいものです。ちなみに、トリップラインの長さが水深の1.5倍だとすると、その振れ回りの範囲（直径）は水深のほぼ倍になることを覚えておきましょう。

抜けないときの最終手段「捨錨《しゃびょう》」

アンカリング全般で起こり得ることですが、根掛かりしてしまって、エンジンのパワーで反対側から引っ張っても、トリップラインをつけていても、どうしてもアンカーが抜けない、という場合があります。岩礁帯でカカリ釣りをしていて根掛かりし、抜

ビーチング（着岸）の手順

①バウ側、スターン側にアンカーを準備してアプローチ開始

②スターン側のアンカーを投入して、微速前進

③アンカーの効き具合を確かめたのち、さらに微速前進。もし走錨していたら、アプローチを中止してやり直す

④砂浜に近づいたら、エンジンを止めてチルトアップし、あとは惰性で進む

⑤船首船底が砂浜に乗り揚げたら、バウのクルーが降りて、バウ側のアンカーを砂浜に打つ

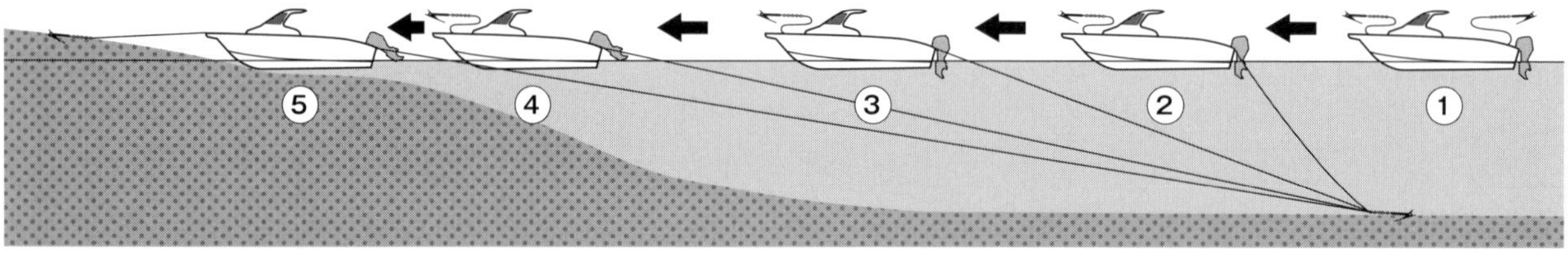

ビーチング（離岸）の手順

①アンカー回収役のクルー以外全員が乗艇したところで、クルーが砂浜のアンカーを回収し、素早くボートに乗り込む。乗り揚げすぎていたり、海側からの風が吹いているときは、クルーがボートを押し出す

②スターン側のアンカーロードを手繰って、ボートを後進させる。陸側からの風が吹いているときは、ロープがたるまないように素早く回収する

③十分な水深のところまで移動したら、チルトを下ろしてエンジンを始動。海側からの風があるときは、慎重にシフトを後進に入れて、アンカーロードの回収をアシストする

④立ち錨の状態に近づくとアンカーが効かなくなるので、流されないよう小刻みにシフトを前後に入れる。このときも、アンカーロードは決してたるませないこと

⑤アンカーとアンカーロードを完全に回収したのを確認してから移動する

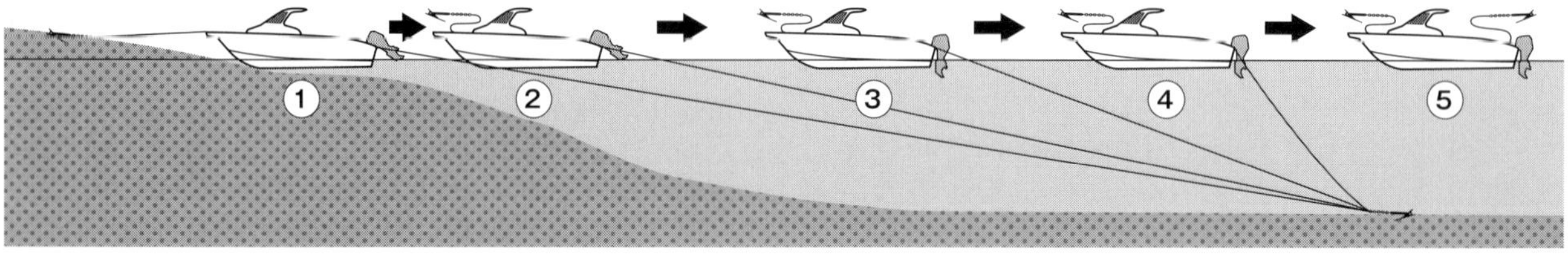

けずに泣く泣く捨てる、といったパターンが最も多いでしょう。

もし根掛かりして、どうしてもアンカーが外れない場合は、あきらめてアンカーロードを切断し、アンカーを捨てる「捨錨」を選択せざるを得ません。

捨錨する際、ロープロードの場合は、切ったロープが他船に迷惑をかけないようにする必要があるので、ロープの長さができるだけ短くなるよう、アンカーの真上でロープを切って、捨ててしまうロープエンドには、オモリを付けて沈めておきます。決して、必要以上に長いまま切ったり、ロープを全部繰り出して丸ごと捨てたりしてはいけません。

捨錨

どうしてもアンカーが抜けなくなったときは、アンカーロードを切ってアンカーを捨てる「捨錨」を選択しなければならないこともある。アンカーロードにロープを使っていた場合は、他船がロープを巻き込んだりしないよう、できる限り短く切って、捨てるロープの端にはオモリを付けて沈めておく。こうした場合に備えて、艇内にはロープ切断用の波刃のナイフを備えておこう

なお、テンションがかかって硬くなったロープは、直刃のナイフではなかなか切れないので、艇内にはロープ切断用の波刃のナイフを用意しておきましょう。

アンカーロードがオールチェーンの艇で捨錨せざるを得なくなったときは、金ノコなどでチェーンを切断することになります。もし、どうしても切れなければ、すべてのチェーンを繰り出して捨ててしまうしかありませんが、その場合は、チェーンのエンドにロープとブイを付けておいて、後日、道具を持って回収しに行きましょう。

こうして捨錨した場合、アンカーを1個しか装備していなければ、帰路はアンカーなしとなってしまいます。その状態で、アンカーが必要になるトラブルが発生したら、どうしようもありません。そういう万一のときのために、予備のアンカーとロープは必ず用意しておきましょう。

いざというときの備えとしてのアンカー

エンジン故障などのトラブルにより、ボートが洋上で動力を失うと、潮流や風によってどんどん流されます。そのまま放っておいて、波打ち際や浅瀬、岩礁、航路などに流されてしまったら大変危険です。

また、風に押されたボートは、波と平行になるか、それよりも風下側に頭が振られてしまう性質があります。ボートが横波に弱いというのは周知の事実。つまり、風に流されたまま放置すると、転覆する危険もあり得るのです。

よって、エンジン故障などで漂流するときも、船首を風波に立てないと危険です。アンカーが届く範囲の水深であれば、迷うことなくアンカリングしましょう。

過去には、アンカリングさえしておけば、なんということもなかったにもかかわらず、無為に漂流した結果、救助艇に発見されるまでに何時間もかかったり、岸壁に打ち上げられて全損したボートもあります。こうした例を他山の石として、ぜひ注意してください。

もし、アンカーが届かない水深だった場合は、シーアンカーを流しましょう。シーアンカーは水中で抵抗となり、船首を風波に立ててくれます。

シーアンカーがなかったとしても、諦めてはいけません。ありったけのロープをつないでアンカーを下ろせば、例えアンカーが着底しなかったとしても、船首を立てるのにそこそこの効き目があります。仮に海岸に吹き寄せられていっても、運がよければアンカーが海底に食い込んで止まってくれるかもしれません。

また、ロープだけでも、100メートルも延ばせば、風に立てるためのドローグ（抵抗物）として立派に役立ちます。これらの手段はわずかな望みですが、なにもしないで手をこまぬいているよりはましです。

「アンカーやアンカーロープの予備を持っておこう」というのは、このような、いざというときのためなのです。実際にこうした事態に陥ったときは、アンカーの活用を思い出してください。

*

以上、アンカーに関するさまざまなノウハウをご紹介してきました。ボーティングの楽しみが広がるだけでなく、いざというときの安全を確保する上でも、アンカーをきちんと扱えることは非常に重要です。何度も練習して、アンカリングのテクニックを身につけておきましょう。

シーアンカー

万一、エンジントラブルなどで漂流する事態となった場合、ボートを風に立て、流されるスピードを抑えるために、シーアンカーを利用する。流し釣りの際に使用するパラシュートアンカーもシーアンカーの一つ。シーアンカーがない場合は、できるだけ長くつないだロープなどを流してもよい

CHAPTER 5

これだけは覚えておこう

エンジン、プロペラ、ドライブの仕組み

POWER UNIT

力強く唸るエンジン、飛沫をあげて水を蹴るプロペラ。
まさにボートの醍醐味ですね。
でも、こういったエンジンやプロペラのことを
どのくらい知っているでしょうか。
クルマと違ってボートは使用条件が厳しいので、
定期的なメインテナンスやいざというときの対処も必要です。
ここでは、各種のパワートレイン別に
その特徴と仕組みについて解説しましょう。

【第1回】 2ストローク船外機

ここからは、ボートの心臓部、エンジンについて見ていきます。まずは、身近な船外機から。なかでも最初に取り上げるのは、構造がシンプルで、エンジンそのものの基本を理解するに最適な、ガソリン2ストローク船外機です。

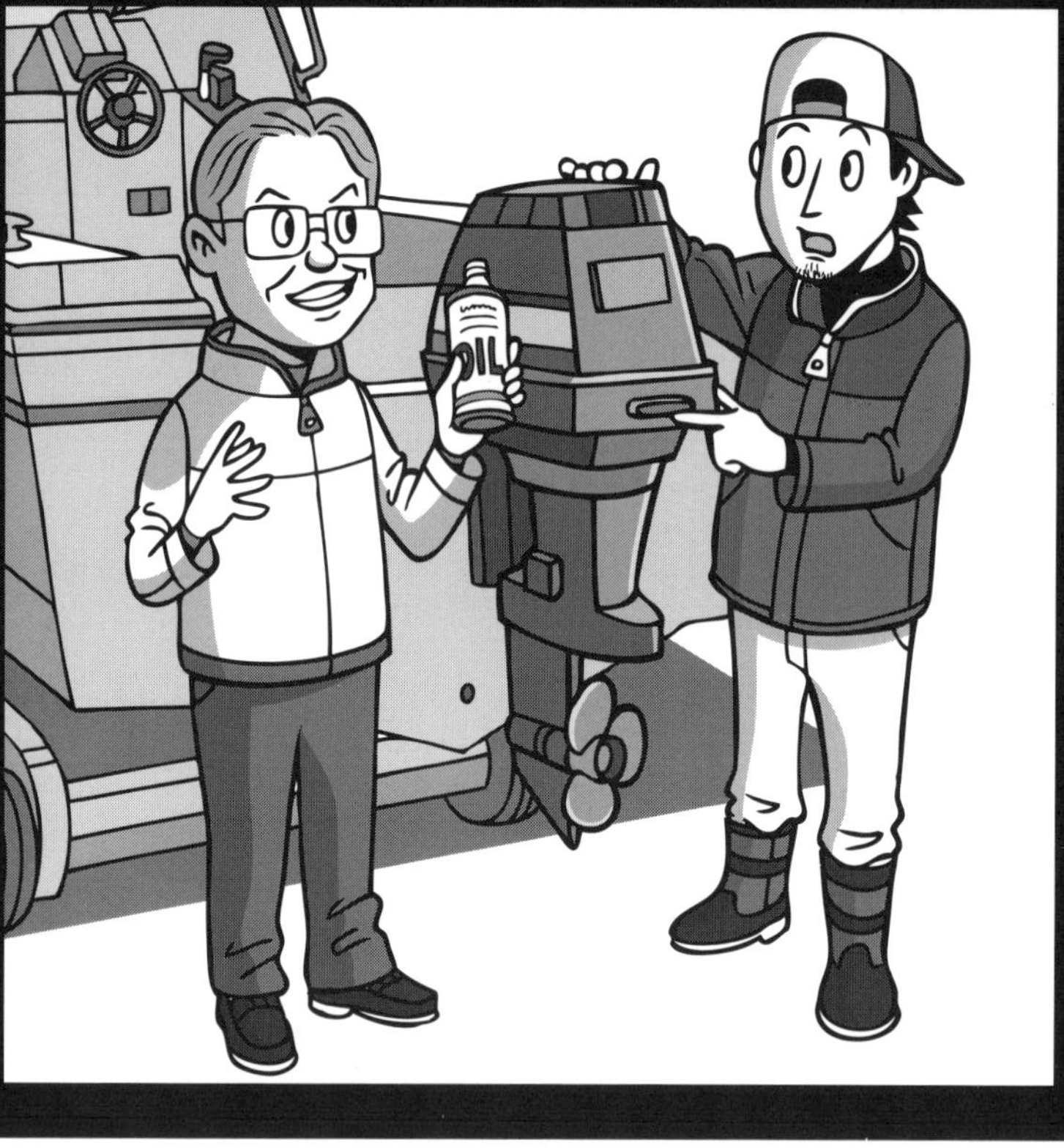

ボートの心臓部 エンジンを知ろう

いうまでもなく、エンジンはパワーボートの心臓部で、気持ちよくボート遊びを楽しむためには、調子のよいエンジンが必要不可欠です。

ボートに使われるエンジンは、小～中型艇では船外機、中～大型艇になると、輸入艇ではガソリン船内外機が、国産ボートではディーゼル船内外機が使われていることが多いですね。

そこで、ここからは、日本のプレジャーボートシーンにおける代表的な三つのパワーユニット、船外機、ガソリン船内外機、ディーゼル船内外機について取り上げ、大切なエンジンの基本的な構造と仕組みについて解説します。ボートに乗っているとさまざまな場面でエンジンの知識を求められますので、基本的な仕組みについては、ぜひとも学んでおきましょう。

まずは近年、高性能化が著しい船外機から。小～中型のプレジャーボートを大きく発展させてきた船外機は、エンジン本体と駆動部分であるドライブがコンパクトにまとめられているのが特徴で、ボートを左右に動かす操向は、船尾に取り付けられた船外機自体を左右に振るという、至ってシンプルな構造をしています。つまり、パワーユニット全体が一体になっているのです。

船外機には、段階的に各種の馬力がそろっているほか、同じ馬力でも艇の用途によってドライブ部分の長さが複数用意されています。ボートビルダーやわれわれユーザーにとって選択の自由度が高く、しかも経済的という、実に喜ばしい状況です。

現在、日本国内で販売されている船外機はすべてガソリン仕様ですが、エンジンの作動方式により、2ストローク船外機と4ストローク船外機とに分けられます。このへんの知識は、すでにご存知かと思いますが、エンジンの基本を学ぶことも兼ねて、この船外機の二つの方式について見てみましょう。

最初は、構造がシンプルな2ストローク船外機からです。

2ストロークって どんなもの?

まず、2ストロークとは、なにを指しているのでしょうか? これはピストンが往復運動するレシプロエンジン（往復運動機関）の方式の一つで、ほかに4ストロークがあります。

2ストロークエンジンは複雑なバルブ機構を持たず、パーツも単純かつ簡単で、部品点数が少なく、小型化も大パワー化も容易と、誕生からつい先ごろまで、船外機用エンジンの主流として君臨してきました。

しかし、後述するように、オイルを一緒に燃焼させてしまうというその機構上の問題から、排ガスに含まれる環境汚染物質がどうしても多くなり、昨今の厳しい環境基準をクリアできず、また、燃料のロスがあって大食らいなので、省エネ志向にもマッチしません。そのため、1990年代後半から登場してきた少数の次世代ハイテク環境対応機種「2ストDI（ダイレクトインジェクション）モデル」を除き、船外機における主力の座はすでに4ストロークエンジンに譲ってしまいました。20世紀から21世紀にかけて、約10年ほどの間に起きたこの変遷は、それはドラスティックなものでした。

それでも、現在のボートシーンでは、まだまだ2ストローク船外機を搭載したものも多く、中古艇を手に入れたときに2ストローク船外機に出合う可能性もあります。

ちなみに、2ストDIとは、ポンプで圧力をかけた燃料を、インジェクターで燃焼しやすい霧状にして各気筒ごとの燃焼室に直接噴射するという機構を搭載した2ストロークエンジンで、燃料消費量を抑制するとともに、各種センサーで得た情報を基にコンピューターが最適な制御を行うことにより、好燃費やクリーンな排気を実現しています。

2ストロークエンジンの行程模式図

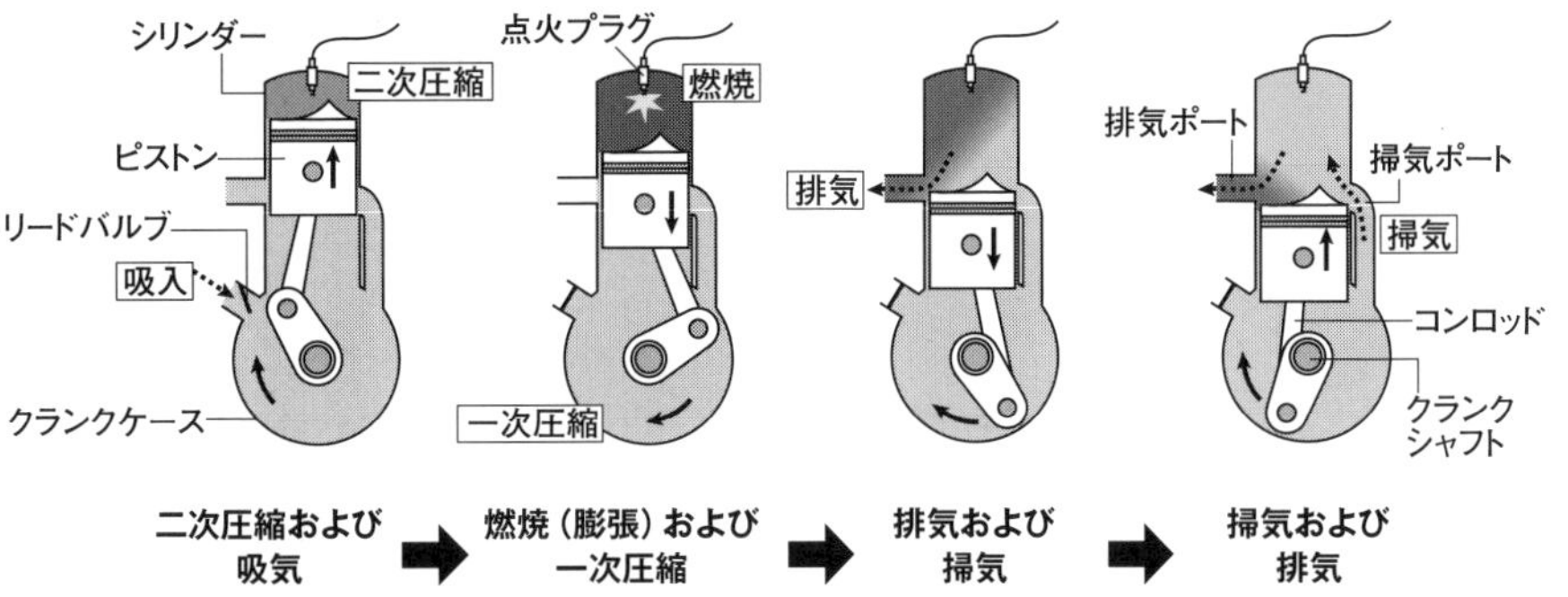

2ストローク船外機の仕組みとは？

それでは、2ストローク船外機の構造について見てみましょう。

エンジン内部では、まず、ピストンの往復運動に従ってシリンダーに混合気（空気とガソリン、オイルが混ざったもの）が吸い込まれます。続いて、ピストンによって圧縮されることで、爆発してエネルギーを生み出す準備を整えます。次に、点火プラグによって火がつけられ、混合気が燃焼し、ピストンを押してパワーを出します。そして、燃焼時に発生したガスが排出され、同時に混合気が吸い込まれ……ということを繰り返しています。この各段階を、吸入、圧縮、燃焼、排気といい、この4段階をひとまとめにして1サイクルといいます。

ピストンが上端（上死点）から下端（下死点）まで、あるいは下端から上端まで動くことを行程（＝ストローク）と呼びますが、2ストロークエンジンはピストンが1往復（上がり下がり）するときに、吸入&圧縮、燃焼&排気という動きをしている、つまり、2行程で1サイクルの運転を終えている……ということで、2ストロークエンジンと呼ばれています。

ちなみに、ここまでは「上端から下端」という表現をしましたが、船外機のシリンダーは、2ストローク船外機、4ストローク船外機とも例外なく、ピストンが上下に動く垂直方向ではなく、90度傾かせた水平方向に設置されています。これはコンロッドで回されるクランクシャフトの出力を、そのままドライブ下部のプロペラに伝えるのに便利だからです。これも船外機のエンジンの特徴です。

シンプルさが特徴の2ストロークの吸排気

続いて、どのように吸排気をしているか、詳しく見てみましょう。図を見ながら読んでください。

2ストロークエンジンでは、吸排気を制御するバルブのようなものはありません。キャブレターで作られた混合気は、クランクケースに吸い込まれ、ピストンが下がるにつれて一次圧縮され、ある程度ピストンが下がると掃気口を通ってシリンダー内に押し出されます。このとき、ピストンは前の燃焼が終わって排気しているところですから、このシリンダー内に吹き込まれたフレッシュな混合気は、排ガスを押し出す役割もしています。これを掃気と呼びますが、2ストロークエンジンでは、吸入と排気がオーバーラップするタイミングがあるので、どうしても未燃焼ガスが一緒に排出されてしまいがちです。

ピストンが下死点まで下がると、混合気の吹き出しが終わり、ピストンは上昇に転じます。今度はピストン自身によって掃気口、排気口の順でふさがれ、シリンダーが密閉状態となります。ここから混合気の二次圧縮が始まり、ピストンが上死点近くまで上昇すると、圧縮された混合気が点火プラグによって点火、燃焼が始まります。このピストンが上昇している間は、クランクケース内は負圧になりますから、キャブレターから燃料が吸い出され、クランクケース内には混合気が満たされ、次の次の燃焼のための準備がすでに始まっているわけです。

さて、シリンダー内の燃焼中のガスは、体積が一気に膨張し、ピストンを押して力を生み出していきます。これがエンジンのパワーの源です。膨張したガスに押されたピストンは下降して、ある程度まで下がると排気口が開き、圧力を持った排ガスは勢いよく排気口から噴出します。このピストンが下降しているときは、次の燃焼に向けてクランクケース内にある混合気を圧縮していて、ピストンの下降が進むと掃気口が開き、シリンダー内にクランクケースからフレッシュな混合気が吹き込みます。

このように、2ストロークエンジンでは、上下するピストン自身が、吸排気口を開いたりふさいだりするバルブの役を担っています。これを称して、わざわざ「ピストンバルブ」という呼び方をすることがありますが、ピストンバルブという名のバルブがあるわけではありません。

エンジンの始動性や中・低速域でのトルクの改善などのために、キャブレターとクランクケースの間に、逆流を防止するリード（一方向からの流れだけを通す弁のようなもの）を設けたものもあります。このような構造を持つエンジンは、ピストンバルブに対して「リードバルブ」と呼ばれますが、エンジン本体の構造はなにも変わりません。単に、インテークマニホールド（吸気管）に逆流防止弁が付いているだけです。

このように、シリンダー自体が弁の役割を果たしていることから、2ストロークエンジンは構造が非常に単純で、部品点数も少なくなっています。なにしろ、エンジン内部で動くのはピストンとクランクシャフトだけ。そのため高回転化も容易で、パワーを稼ぎやすいのですが、反面、その動作原理上、ストロークを大きくとれないので高トルク化が難しく、また1シリンダーあたりの排気量もむやみに大きくすることができないという制約があります。

　こうした理由から、2ストロークエンジンは高回転までブン回すことで初めてパワーを発揮するので、回転が上がればキビキビ走れるものの、回転を落としてしまうとトルクが細くて立ち上がるのが大変……という特徴が生まれるのです。

燃料にオイルを混ぜる 2ストロークの潤滑方法

　2ストロークエンジンは、その吸排気の特徴から、クランクケースががらんどうになっており、常に、次の行程のときに使われる混合気が吸い込まれています。

　よって、エンジン内部には、潤滑油を貯めたり、摺動《しゅうどう》部に回したりする仕組みを作ることができないため、混合気にオイルを混ぜて潤滑の用途に使っています。つまり、燃料と一緒にオイルも燃やしているわけで、このために、2ストロークエンジンは青白いオイルの煙をモクモクさせることになるのです。船外機は水中排気なのでそれほど目立ちませんが、ミニバイクなどが青白い煙の尾を引いて走っているあれがそうです。オイルが燃える特有の匂いもありますよね。

　この、「オイルを燃やして走る」という特徴があるために、2ストロークエンジンは、どうしても排ガス中の環境汚染物質が多くなり、昨今のように環境規制が厳しい状況では、肩身の狭い思いをするようになってきました。陸上では2ストロークエンジンのオートバイが姿を消しており、ボートの世界でもスイスのボーデン湖や琵琶湖に代表されるような環境基準の厳しいところでは、すでに持ち込みを禁止されています。そのほかの水域でも、米国での規制のように、総量規制（メーカーが1年間に製造する全船外機の排ガスに含まれる有害成分量を規制する方式）から、個別規制（船外機1台ごとの排ガスの有害成分量を規制する方式）に変わってくると、その規制をクリアするのはかなり大変なことのようです。

　また、吸排気が同時に行われるという特徴から、混合気、つまりは燃料のロスもあり、省エネの観点からも、主力が4ストロークエンジンに替わってきたのです。

2ストロークエンジンの給油方式

■ 混合給油方式

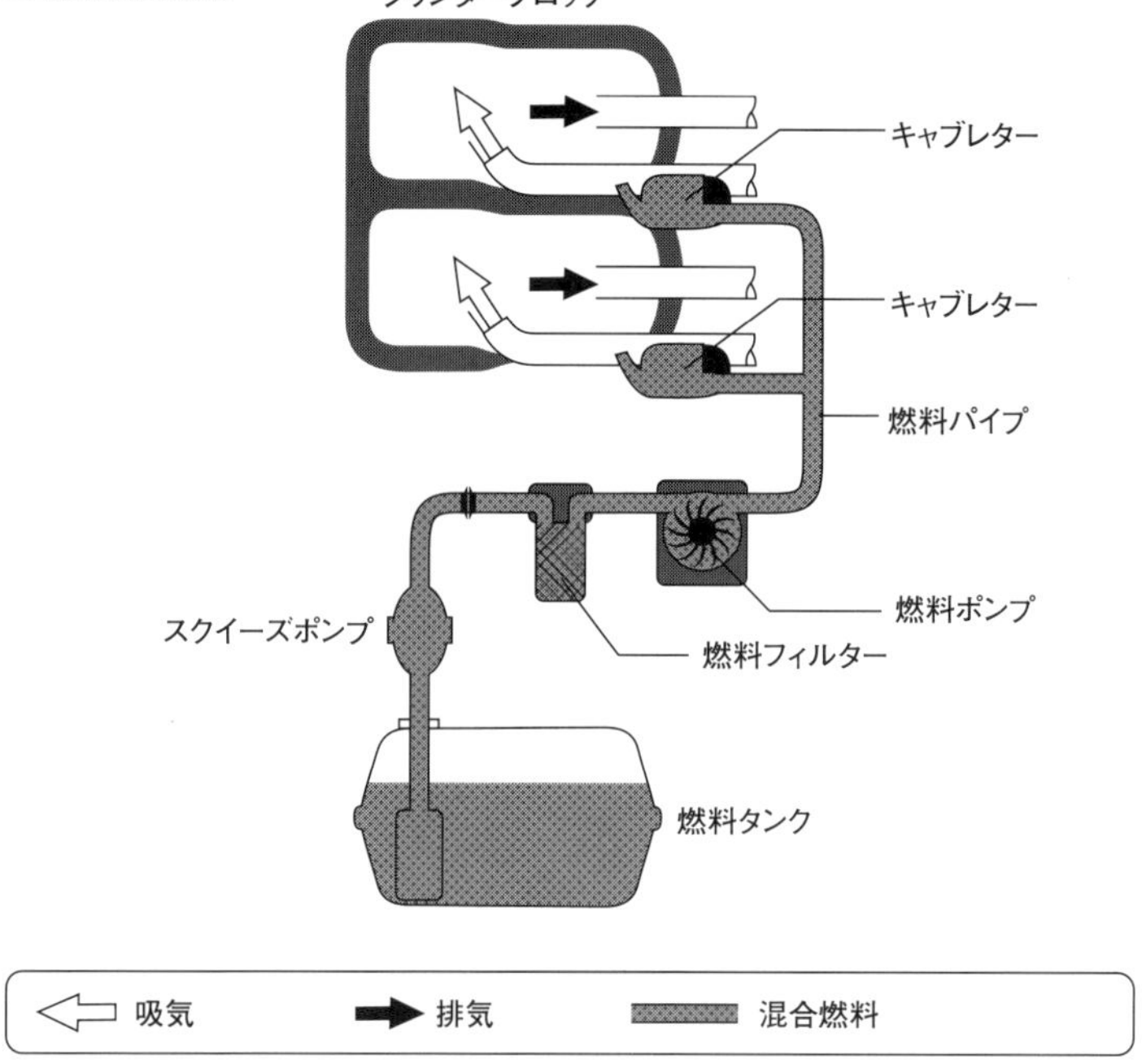

■ 分離給油方式

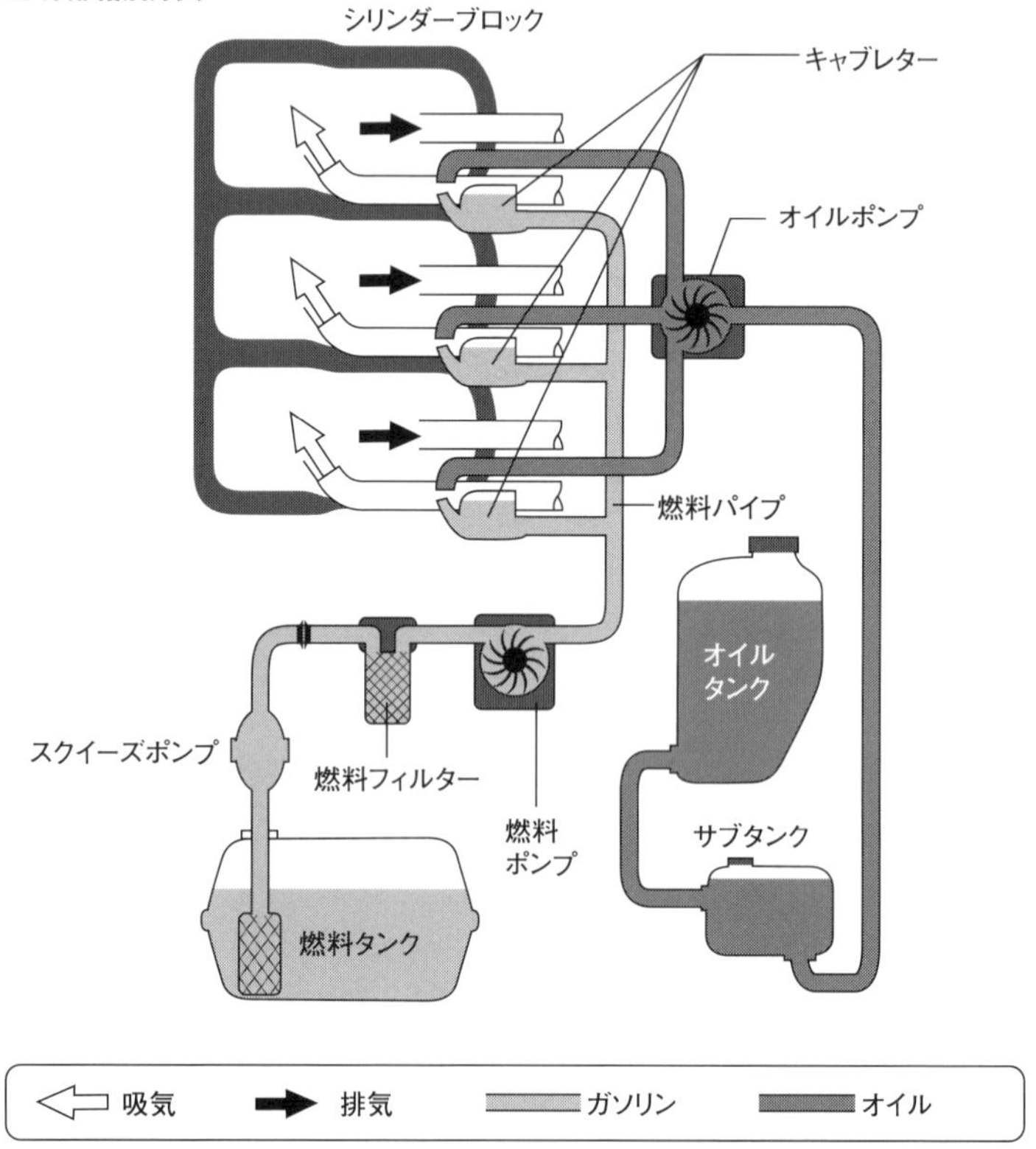

小型／旧型モデルでは 混合給油方式を採用

　エンジンオイルは、エンジンがなめらかに動くように潤滑するためになくてはならないものです。そのほかにもエンジンオイルは、冷却やシリンダーの気密確保、部品の洗浄、防錆と、さまざまな役割を果たしています。

　ここまで説明してきたとおり、2ストロークエンジンでは、ガソリンと一緒にオイルもシリンダー内に吸い込んで潤滑しています。このガソリンにオイルを混ぜる方法で、2ストローク船外機の潤滑系は大きく2

船外機側のサブタンク

分離給油方式の船外機では、エンジンの脇にオイル用のサブタンクが設けられている。分離給油方式では、このタンクにつながったオイルポンプが、エンジンの回転数に合わせて適量のオイルを送るため、混合給油よりも効率がよい

艇体側のオイルタンク

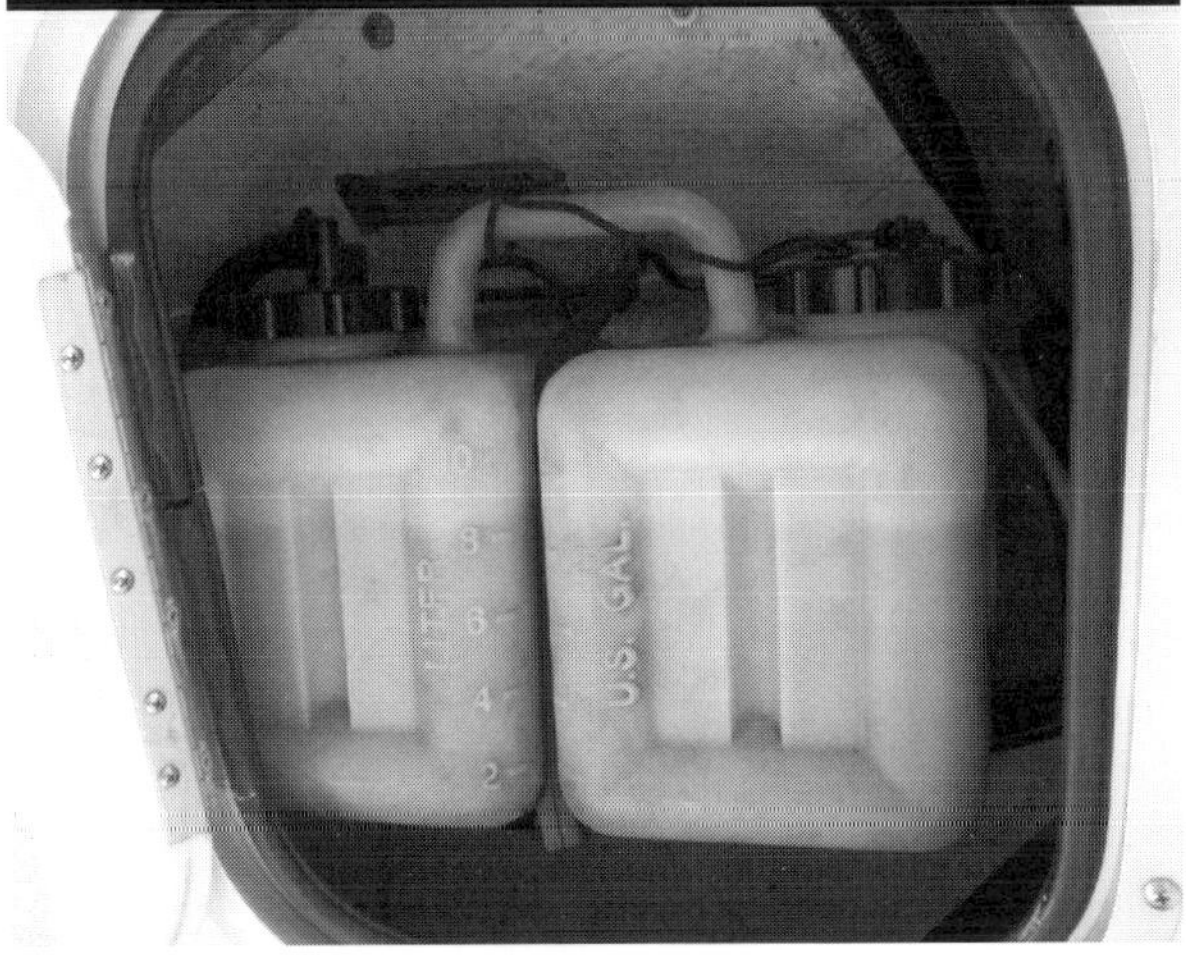

中～大型の2ストローク船外機搭載艇では、艇体側にオイルタンクを設けている場合が少なくない。なお、加圧式のタンクの場合は、キャップがきちんと閉まっていないとオイルが送れなくなってしまう

種類に分けられます。

一つは、あらかじめオイルとガソリンを1対50くらいの一定の比率で混ぜ合わせておいた混合燃料を使用する、「混合給油」と呼ばれる方式です。おおよそ50馬力未満の小型船外機に採用されており、カートップボートなどで小型船外機をお使いの方にはおなじみですよね。以前は100馬力オーバーの船外機にも混合給油モデルがありましたが、最近、大型船外機では、めったに見なくなりました。そうはいっても、まだ大型の船外機で、混合燃料を使用するモデルも生き残っているようですので、古い船外機艇を購入するときなどは注意してください。

混合給油では、オイルを混合するのに特別な機構が必要なく、エンジンの構造は至ってシンプルになりますが、給油時にいちいちガソリンとオイルを混ぜ合わせなくてはなりません。ガソリンとオイルを混ぜるときは、勘や目分量でやるとトラブルを起こしやすいので、メジャーカップなどを用いて計量しましょう。

また、混合燃料は、そのなかのオイル成分がキャブレターを詰まらせてしまうなどのトラブルを起こしやすいので、長期間乗らないときは、キャブレターから燃料を抜いておく必要があります。

新型／中型以上では分離給油方式が一般的

もう一つの潤滑方式は、ガソリンはガソリン、オイルはオイルと別々に補給して、エンジンに送り込まれるときに両者を混合する「分離給油」と呼ばれるもので、オートルーブ、オートミキシングなどの商品名で呼ばれます。オイルタンクに入れたオイルは、機械がキャブレターで自動的に混合してくれるので、いちいちオイルを混ぜる手間がなく、このおかげで2ストロークエンジンも給油時にはガソリンだけをそのまま補給できるようになり、大変利便性が上がりました。

またこの機構は、低速回転域では1対100、高速回転域では1対50のように、エンジン回転数に応じて最適の混合比としてくれるので、オイル消費量を抑える働きもあります。

さてこの分離給油、大型船外機になると、オイルタンクもそれなりの大きさになるため、モーターウエルの近くに、独立したオイルタンクが設けられているのが普通です。このオイルタンクから延びるオイルホースは、燃料ホースと一緒に船外機まで導かれますが、オイルは粘性が高いため、エンジン側にあるポンプだけではうまく吸えません。そこで、オイルタンクにも電動ポンプを付けてタンク側からオイルを送ったり、エンジンから加圧用のパイプを引っ張ってきてオイルタンクに圧をかけたりという工夫をしています。加圧式のタンクでは、オイルを補充したときにキャップの締め込みが甘いと空気が漏れて、加圧できずにオイルを吸えなくなってしまいます。独立したオイルタンクを持つ船外機艇では、自艇のエンジンがどちらのタイプなのか、必ず知っておきましょう。

また、このオイルタンクには残量センサーが付いていて、空になるとワーニングブザーが鳴り響きます。いったんワーニングが鳴ると、オイルを足しても鳴りやまず、メインスイッチを切ってリセットしなければならないタイプのものもありますので、こちらも自艇のタイプをよく理解しておいてください。

こうしてエンジンに送られたオイルは、いったん、エンジンサイドに付いているサブタンクに貯められます。ここには残量センサーや水抜きが備えられ、大切なエンジンオイルを確実に確保しています。

サブタンクに貯められたオイルは、各気筒ごとのキャブレターに細いホースが延びているエンジン側のオイルポンプによって圧送され、キャブレターで燃料とオイルが混ぜられてエンジン内に供給されます。

このオイルポンプは、艇体側のタンクにあるような単純なポンプとは異なり、回転数に応じて各気筒に必要な量を精密に送るという、非常に重要な役割を負っています。そのため、ここにもセンサーが付いていて、うまくオイルを送れなくなるとワーニングブザーが鳴り響きます。

【第2回】4ストローク船外機

楽しいボートライフの強力な味方となる4ストローク船外機。ここでは2ストローク船外機と大きく異なる「吸・排気を制御するバルブ機構」と、「オイルを循環させる潤滑機構」を中心に、その特徴について説明します。

現代の船外機の主流 4ストローク

前項で解説した2ストロークエンジンは、ピストン自身がバルブの役割を果たして吸・排気の制御を行いますが、4ストロークエンジンは、シリンダー頂部（シリンダーヘッド）に組み込まれた吸・排気バルブ（動弁系）が、吸・排気制御の役割を担っています。

4ストロークエンジンでは、この吸・排気専用のバルブを設けることで、一度に一つの作業を確実にこなし、無駄やロスのない動作を実現していますが、そのぶん、動弁系は複雑かつ大きくなりがちで、窮屈な船外機のスペースにすべてを収めるのは大変。そのため、エンジン自体は4ストロークが先に発明されましたが、船外機に用いられるようになったのは2ストロークよりずっとあとでした。

しかし、排ガスがクリーンで燃費がよく、運転音も静かな上に、走りに粘りがあって快適なボーティングが楽しめるとあって、現在では各メーカーから発売されている船外機のほぼすべてが、4ストロークになりました。その開発には各社とも非常に力を入れており、さまざまな工夫が凝らされ、次々と進化しています。まさに、現代工業技術の粋を集めた製品といえるでしょう。

4ストロークエンジンの行程模式図

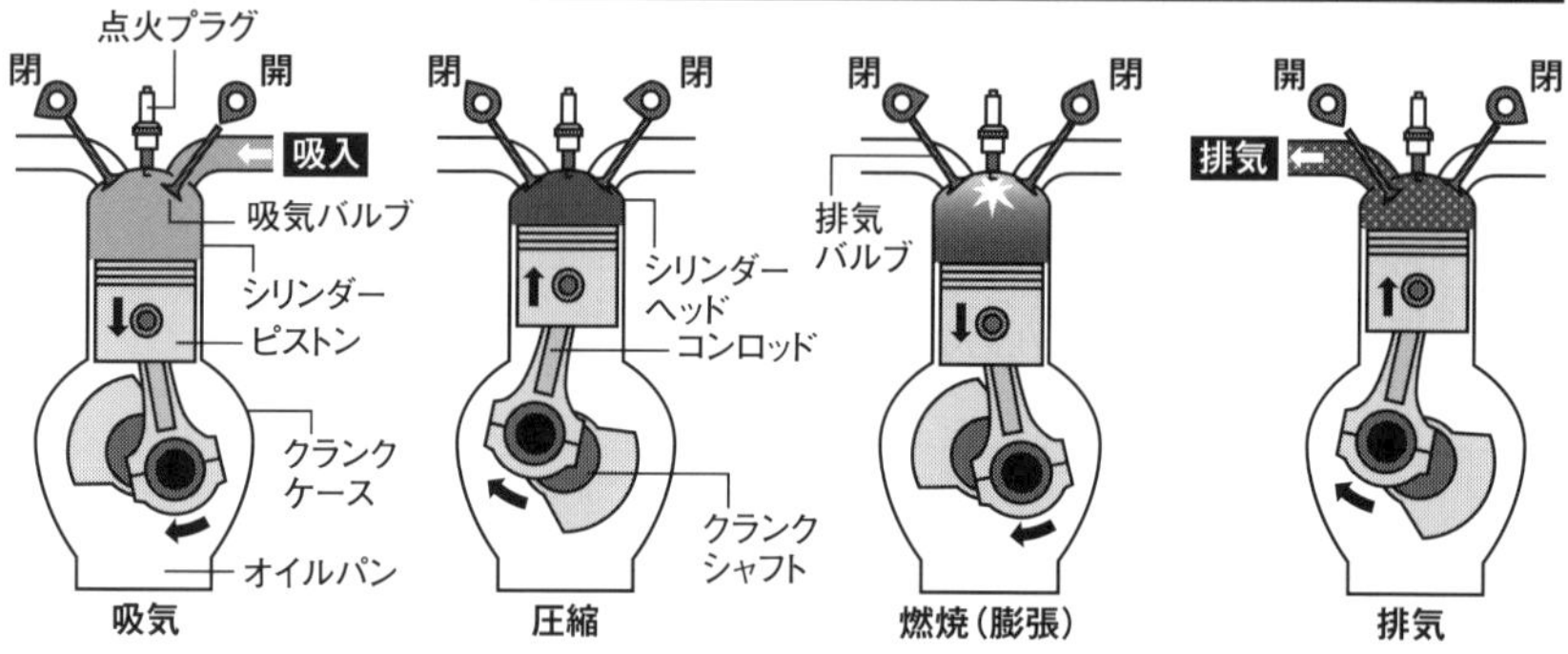

4ストロークエンジンの燃料／潤滑系統

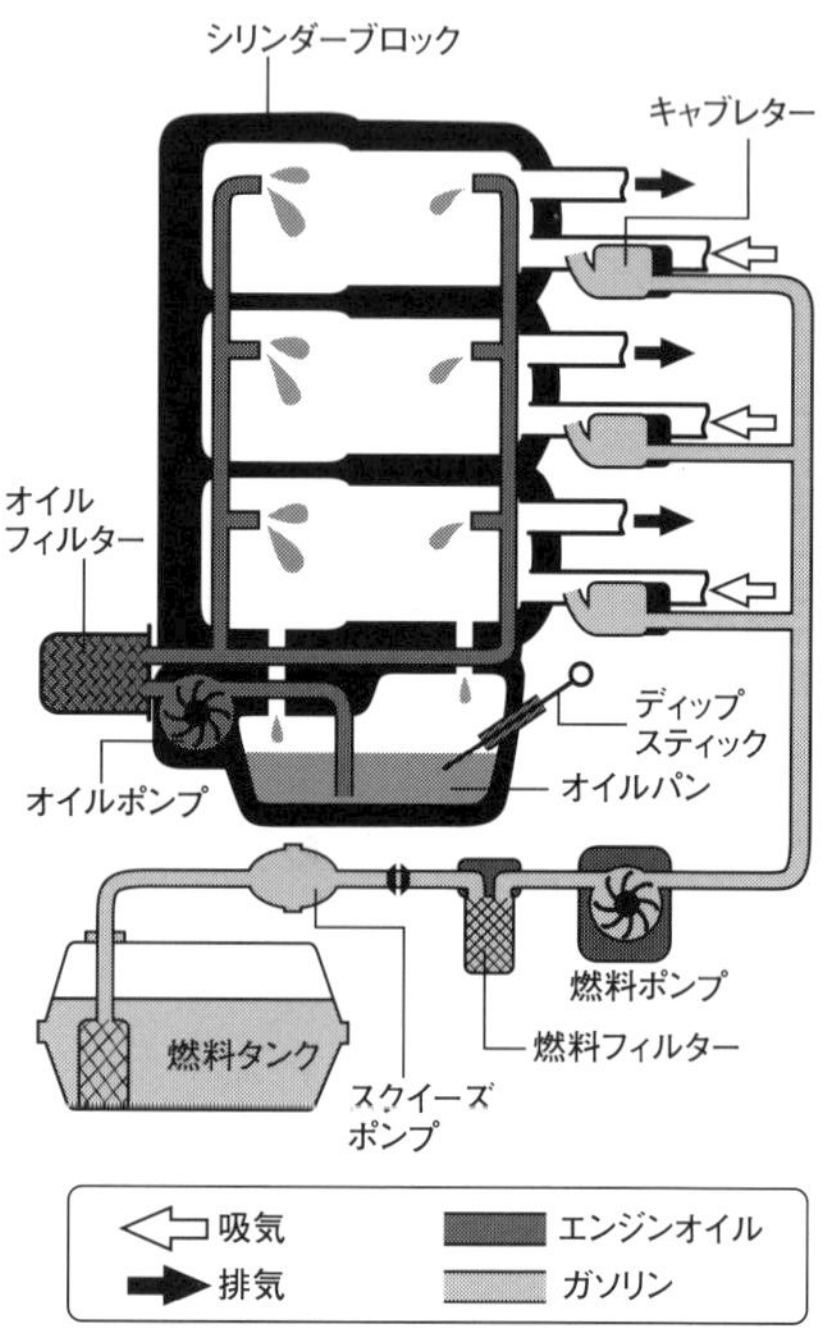

4ストロークってどんなもの?

4ストロークエンジンも、シリンダー内を行き来するピストンがコンロッドを通じてクランクシャフトを回す、という基本構造は、2ストロークエンジンと同様です。ただし、エンジンの基本的動作である吸気、圧縮、燃焼、排気の1サイクルが、ピストンが2回上がり下がりする間に行われます。つまり、4行程（ストローク）で1サイクルを終えているため、4ストロークエンジンと呼ばれるのです。

では、この行程と吸・排気の関係を説明しましょう。右ページの模式図を見ながら読んでください。なお、中型以上の船外機では燃料噴射式が普通になってきましたが、ここでは話を簡単にするために混合気とします。

ピストンが下がり始めると負圧が生じ、吸気バルブが開くとシリンダー内に吸い込まれる空気の流れが発生して、キャブレターで作られた混合気が、インテークマニホールドを経て、吸気バルブを通ってシリンダー内に流れ込み、ピストンが下死点まで行くと吸気バルブが閉じてシリンダーが密閉されます。

続いて、ピストンが上昇に転じると混合気が圧縮されて燃焼の準備が整います。なお、ピストンが下死点にあるときのシリンダーの最大容積と、上死点にあるときの最小容積との比を圧縮比といい、これがエンジンの基本的な性格を決める重要な要素となります。通常は7～8程度が多いですね。圧縮比が高くなると、よりパワーを発揮しますが、そのぶんデリケートになり、万人に扱えるものではなくなります。

さて、圧縮が終わるとシリンダー内の混合気に点火され、ピストンを力強く押し下げます。4ストロークエンジンの場合は、ピストンが下死点に達するまで（シリンダーの長さいっぱいまで）十分膨張させます。

ここで注意したいのは、2ストロークエンジンでは、燃焼行程の後半は排気ポートが開いて排ガスを排出している、という点。つまり、2ストロークエンジンでは、燃焼行程の後半はすでにパワーが出ていないのです。このため、ストロークの距離が同じでも、ピストンを押してクランクシャフトを回す力（トルク）は、4ストロークのほうがずっと大きくなります。

燃焼を終えてピストンが上昇に転じると、排気バルブが開いて燃焼済みの排ガスが排出されます。動弁系のうち、この排気バルブは常に熱いガスにさらされ続けるため、材質的には大変厳しい環境に置かれています。一方の吸気バルブは、混合気やフレッシュなエアで冷やされているので、多少は楽ができます。

ピストンが上昇を終えて下降に入ると、排気バルブが閉じて吸気バルブが開き、次の燃焼に備えて混合気を吸い込みます。実際には、バルブは瞬間的に開いたり閉じたりできないため、少し前から閉じたり開いたりし始めます。これをアドバンス（進角）と呼びますが、この排気行程の最後では、排気バルブが開いているときに吸気バルブが開き始めます。4ストロークエンジンでは各行程をきっちり分けているんじゃないのか？という疑問が出そうですが、実際は、両方のバルブが同時に開くタイミグが少しあると思ってください。これをバルブオーバーラップといい、排ガスを排出しやすくするためにフレッシュな混合気で押し出してやる、という意味合いもあります。

これで4ストロークエンジンの1サイクルは完了です。

なお、最近の4ストローク船外機は、40馬力程度よりも大型のモデルになると、キャブレターではなく燃料噴射ポンプとインジェクター（燃料噴射ノズル）を装備しています。このうち、気筒内に燃料を直接噴射するエンジンでは、圧縮行程の終わりごろに、シリンダーヘッドに組み込まれた燃料噴射ノズルからガソリンを噴射。それと同時に点火プラグによって点火し、混合気が燃焼します。

4ストローク船外機の特徴は？

4ストロークエンジンの特徴は、なんといってもその複雑なバルブ機構にあります。限られたシリンダーヘッドのスペースに、吸気用、排気用の各バルブ、点火プラグ、場合によっては燃料噴射ノズルまで装備しなければなりません。また、毎分何千回もバルブを動かすための、クランクシャフトから取り出した力を伝達する複雑な機構も持っています。そのため、4ストロークエンジンは、2ストロークエンジンに比べてはるかに複雑で、部品点数も多くなり、船外機というパワーユニットに用いる場合は、限られたスペースに、それこそぎっしり詰め込まれた状態となります。

また、特に中型以上の船外機のエンジンでは、高度な電子制御を行うのが当たり前で、コンピューターボックスやセンサーがそこらじゅうに張り巡らされています。よって、船外機の

4ストローク船外機のエンジンのバルブ機構

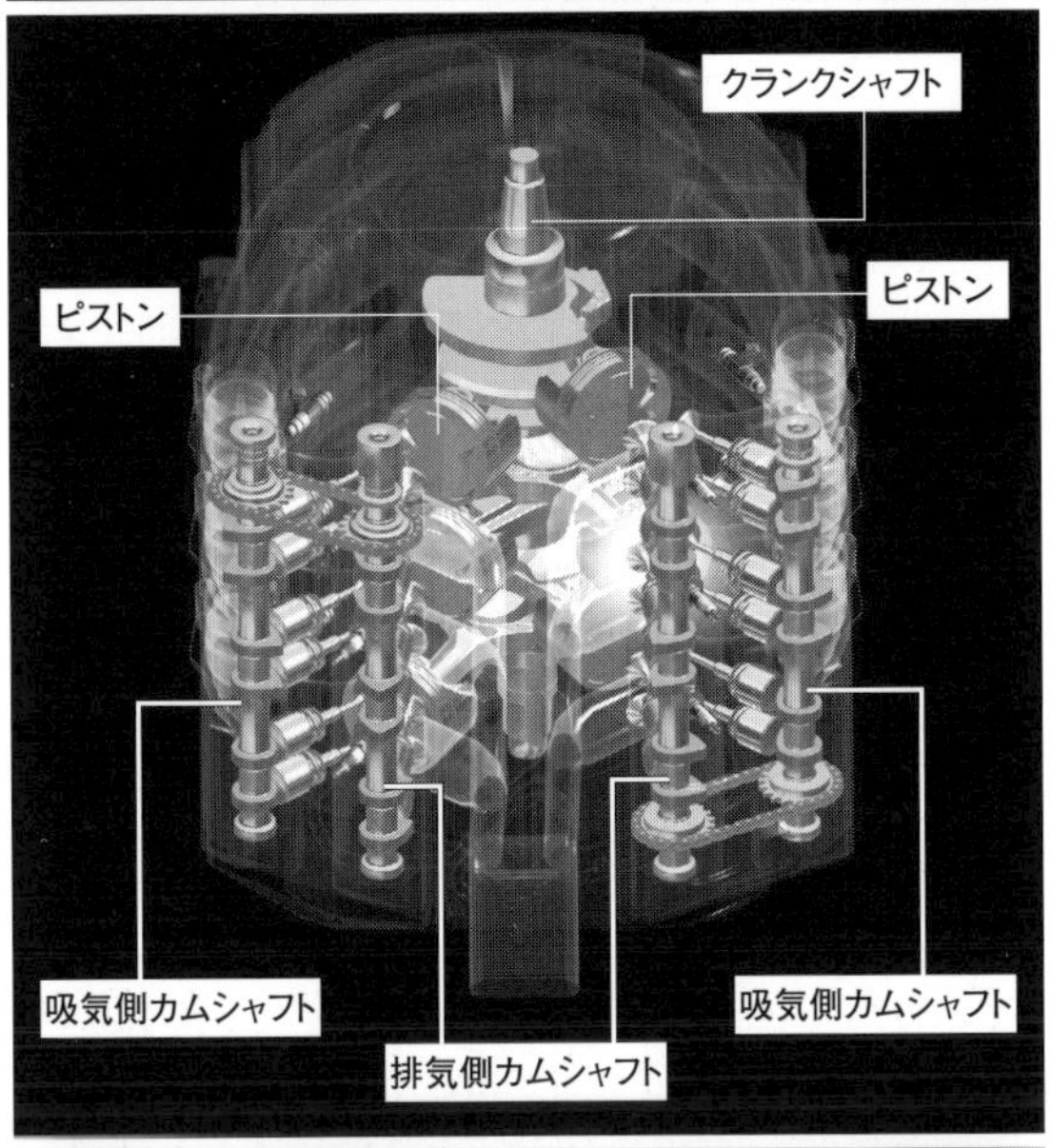

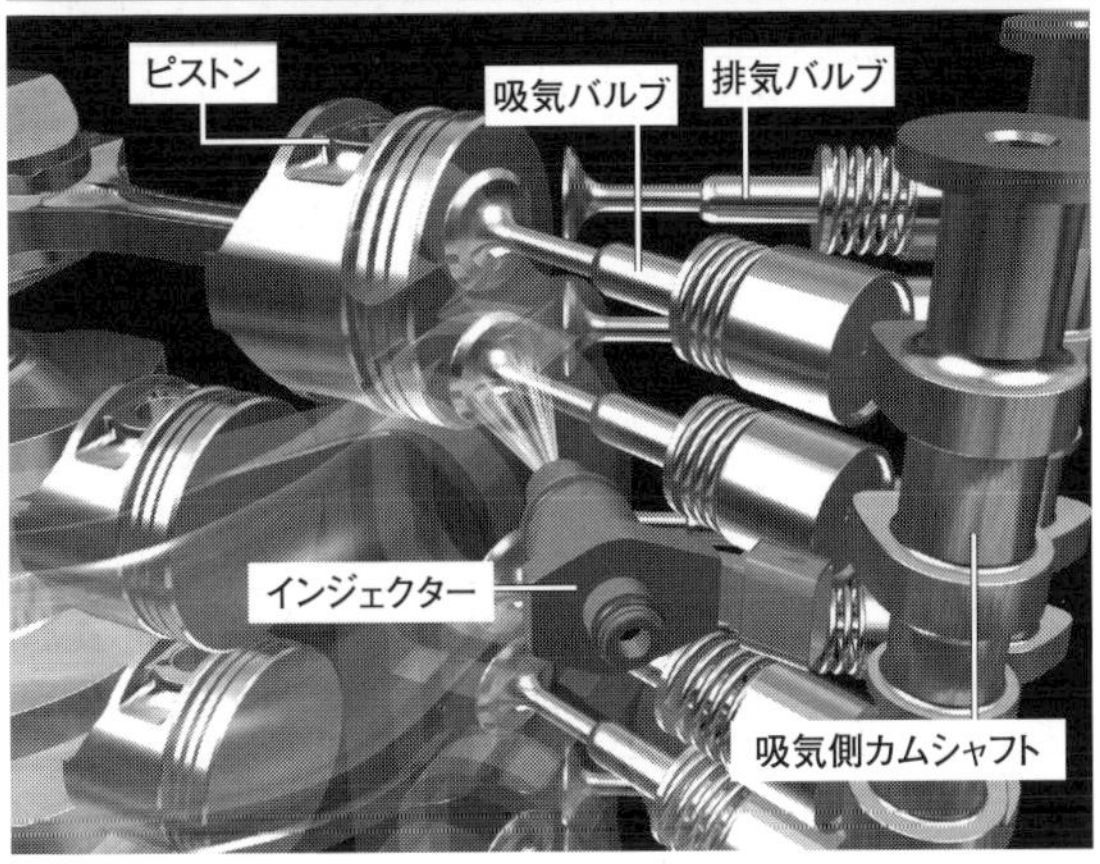

上はヤマハF225（V6 DOHC24バルブ）のエンジン透視図。船外機の場合、OHCのカムシャフトは垂直で、船尾側にある。下はヤマハF90（直4 DOHC16バルブ）のシリンダーヘッド拡大図。近年、中型以上の4ストローク船外機では、燃料噴射装置（インジェクション）を搭載している（図版提供：ヤマハ発動機）

カウルを開けると、なんだかわからないパーツがいろいろあり、ちょっとめげてしまいそうになりますが、基本的な構造は、シンプルな2ストローク船外機と同じなので、がんばって各部の仕組みを理解してください。

なお、4ストロークエンジンは、同じ回転数で比較すると、燃焼する回数が2ストロークエンジンの半分なので、かつては「4ストロークは重くてパワーがない……」なんて言われた時代もありました。しかし、最近では技術革新が進み、非常に軽量、コンパクトになった上、運転音も静かで好燃費、排ガスもクリーンです。それに、2ストロークエンジンよりもトルクがあるぶん粘り強いという出力特性を持っており、ボートではより使いやすくなっています。こうした点からも、船外機用のエンジンとして4ストロークが主力になったのは当然といえるでしょう。

バルブが制御する4ストロークの吸・排気

4ストロークエンジンを知る上で、どうしても押さえておかなければならないのが、バルブ周りの仕組みです。ここは、メーカー各社のエンジンに関する工夫が一番詰め込まれているところでもあります。

バルブは柄の長いキノコのような形をしていて、シリンダーヘッドに組み込まれています。この柄の部分をバルブステムといいますが、ここを押されることでスライドし、シリンダー側に押し込まれてバルブが開きます。押す力を抜くと、バルブステムに組み込まれたスプリングでバルブは元の位置（密閉する位置）に戻ります。

バルブの傘の周囲（リップ）と、シリンダーの座面（バルブシート）とは、金属同士がピタッと合うように、大変精密な構造をしています。また、エンジン回転数が6000回転／分であれば、1分間に3000回（！）と、非常に激しく開閉を繰り返しているので、すり減らないように硬化処理（窒化処理）が施されています。

このバルブを動かすためには、回転しているクランクシャフトから、なんらかの手段で力を伝えなければなりません。エンジンの形式でOHV、OHCという言葉を聞いたことがあると思いますが、これはそれぞれ、オーバーヘッドバルブ（overhead valve）、オーバーヘッドカムシャフト（overhead camshaft）の略で、バルブやバルブを動かすカムシャフトの位置を表したもので、ひいてはバルブを動かす力の伝達手段も表しています。

OHVは、シリンダーヘッドにバルブがある、という意味です。これは以前、側面にバルブが付いているサイドバルブ（SV：side valve）が当たり前だったころに生まれた言葉で、シリンダーヘッドにバルブがあるのが普通になった現代では、わざわざOHVと言うことは少なくなりました。

OHVの場合、バルブを押すカムが付いた駆動軸（カムシャフト）がクランクシャフトの脇にあり、ここからプッシュロッドという棒がシリンダーヘッドまで延びていて、ロッカーアームというシーソーのような部品を突き上げて、これがバルブを押し下げます。4ストローク船外機ではごく小型のもので用いられているだけです。

一方、OHCは、バルブもカムシャフトもシリンダーヘッドにあって、プッシュロッドが不要となり、バルブ関連の可動部の質量を小さくでき、慣性質量が少なくなるため、より高回転に対応した、レスポンスのよいエンジンを作ることが可能です。その代わり、カム機構をエンジン頂部に作らねばならず、ギアトレーンやタイミングベルト、チェーンなどの手段を用いて、クランクシャフトからカムシャフトまで力を伝達する必要があります（最近の船外機では、ほとんどがタイミングベルト、もしくはチェーンでカムシャフトを駆動しています）。こうした機構上の特性から、OHCはOHVより製造が難しく、昔は高性能エンジンの代名詞でしたが、最近の中型以上の4ストローク船外機は、ほとんどすべてOHCとなっており、それだけ性能面でのメリットが大きい形式だともいえます。

さて、このOHC、最も基本的なのは、カムシャフトが1本のSOHC（single overhead camshaft）ですが、この場合、カムシャフトは吸気バルブと排気バルブとの中間に設けられるので直接バルブを押すことができず、OHVと同じようにロッカーアームを使ってバルブを操作しなければなりません。

このため、さらに高性能を求めるエンジンでは、カムシャフトを2本に増やしたDOHC（double overhead camshaft）にして、動弁系の強化が図られます。カムシャフトが2本なので、ツインカムとも呼ばれていますね。吸気、排気の各バルブを独立したカムシャフトで直接駆動するので、ロッカーアームが不要となり、さらなる高性能化、バルブ配置の自由度の向上、コンパクト化など、さまざまなメリットをもたらします。部品点数はさらに増え、高度な設計が必要で、コストも高くなりますが、それを補って余りある性能が得られるので、最近の大型の船外機の多くはDOHCを採用しています。

4ストローク船外機のカム駆動方式の一例

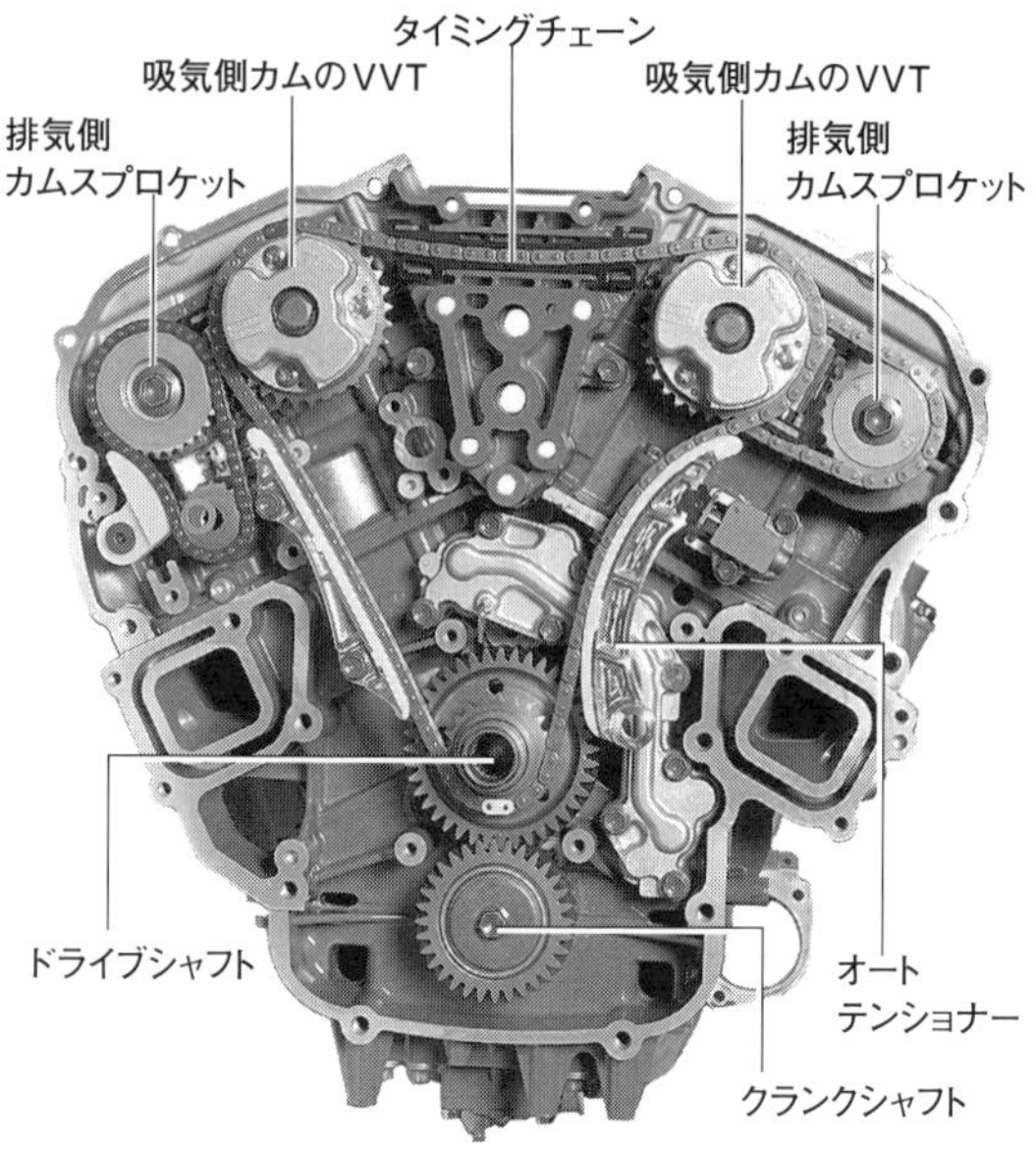

スズキDF250では、ドライブシャフトからカムシャフトへと、タイミングチェーンによって動力を伝達する。このチェーンの張りが、オートテンショナーによって一定に保たれるのも、この船外機の特徴の一つだ。写真はエンジンを下から見たもので、吸気側のカムシャフトには吸気タイミングを調整するためのVVT（可変バルブタイミング）機構が見える（写真提供：スズキ）

動弁機構に詰め込まれたメーカー各社の最新技術

そもそもバルブとは、混合気や排ガスの流れを制御するためのもので、通常は吸気用のインテークバルブと、排気用のエキゾーストバルブ、それぞれ一つずつが基本です。

各バルブは限られた短い時間でより多くの気体を流すため、その面積を大きくする必要がありますが、同じ形のまま面積を単純に倍にすると、「2乗3乗の法則」によって体積は3倍弱になってしまいます。つまりバルブが重くなって駆動するのが大変ですし、慣性質量が大きくなるので、高速回転への対応や素早いレスポンスができなくなります。第一、限られたシリンダーヘッドのなかに、そんなに大きなバルブを配置することはできません。

よって、高性能エンジンになると、バルブの数が増えていきます。同じ形のバルブなら、数が2倍になればバルブ面積も2倍になりますが、1本のバルブをそのまま大きくした場合と違って質量も2倍になるだけですし、バルブ1本1本の質量は変わらないので、動かしにくくなるという問題も出ないのです。

このように、エンジンの目的によって、シリンダー（1気筒）当たりのバルブを、吸気側だけ2バルブ化した3バルブエンジン、吸・排気とも2バルブ化した4バルブエンジンなど、さまざまな工夫がなされています。これが「DOHC16バルブの高性能エンジン！」などと銘打っている話の中身です。最近の4ストローク船外機で、ある程度以上の出力のモデルはどれも、DOHCで、かつ1気筒当たり4バルブです。つまり、直列4気筒でDOHC16バルブ、V型6気筒ではDOHC24バルブとなるわけで、狭いシリンダーヘッド部分にバルブやカムシャフト、燃料噴射ノズルや点火プラグなどがギッシリ押し込まれた、大変高度な設計がされています。

さらに、回転数によって吸気効率を向上させるため、インテークマニホールドの長さ、バルブが開くタイミング、バルブの開く量（バルブリフト）を、低速時と高速時とで可変にするものまであります。このように、バルブ機構には実にさまざまな工夫が施され、メーカー各社の最新技術がぎっしり詰め込まれているのです。

溜めたオイルを利用する4ストロークの潤滑方法

4ストロークエンジンでは、潤滑のためのエンジンオイルをクランクケース内に溜め、これをポンプによってエンジンの隅々まで循環させて、繰り返し使います。このエンジンオイルは、燃料とはまったく別の系統で循環しているので、基本的には、2ストロークエンジンのようにガソリンと混ざって燃焼することはありません。こうした構造により、クリーンな排ガスが実現でき、昨今の厳しい環境基準を十分クリアできるのです。

さて、4ストローク船外機の潤滑方式はウエットサンプといって、エンジンの最も低いところにオイル溜まり（オイルパン）があり、そこからオイルポンプで汲み上げられたオイルが、オイルギャラリーというオイル流路を通じてエンジンの隅々まで運ばれています。クランクシャフトやシリンダー、カムシャフトにバルブ周りなどは、特に入念に潤滑します。また、ピストンの下側にはオイルジェットというノズルがあり、ピストンの裏側やコンロッド、シリンダー内壁にオイルを吹き付けるなど、さまざまな工夫がなされています。

エンジン内部を循環し、各部を潤滑するエンジンオイルは、空気に触れて酸化したり、金属の摩耗粉やカーボンなどが混ざったりして、徐々に劣化していきます。オイル中に混入した異物は、オイル流路を詰まらせてしまうかもしれず、実際にそうなってしまったら、オーバーヒートや焼き付きなど、重大なトラブルを引き起こします。こうした事態を防ぐために、オイル中の異物を濾過《ろか》する役目を持つのがオイルフィルターです。4ストローク船外機のオイルフィルターはカートリッジ式で、簡単に交換できるようになっています。

オイルフィルターは、基本的にオイル交換のたびに一緒に交換します。オイル交換は、50時間あるいは100時間など、指定された運転時間ごとに行いますが、オイルは時間の経過とともに酸化し、劣化するので、運転時間が規定に満たなくても年に一度は必ず交換しましょう。

それから、4ストロークエンジンで忘れてはならないのがオイルの量です。循環式でオイルを消費しないとはいえ、なんらかの理由でオイルが減っているかもしれません。もちろん、油圧低下のウオーニングブザーは付いていますが、いきなり鳴っては心臓によくありません。出航前の始業点検の一環として、エンジン脇のディップスティックで、必ずオイルレベルを確認する習慣をつけてください。これを行うことで、油量だけでなく、水が混入して白濁していないかなど、その性状も確認できます。

4ストローク船外機のオイルフィルター

ホンダ4ストローク船外機BF115の燃料フィルター。エンジンオイルを循環させて使用する4ストローク船外機では、エンジンオイルとオイルフィルターの定期的な交換が欠かせない

4ストローク船外機のディップスティック

ディップスティック（検油棒）は、オイルパンに溜まったオイルの量と質をチェックするためのもの。オイルのチェックは、出航前点検の欠かせない項目の一つ

【第3回】エンジンを支える周辺の仕組み①

ここまで、2ストロークと4ストロークの基本構造を解説してきましたが、船外機にはこれらの基本構造に加え、補機と呼ばれる周辺機器が必要になります。今回はこれら補機のうち、燃料系、点火系、冷却系について解説します。

ボートにおける二つの補機

可搬艇よりも大きなボートでは、緊急用や流し釣りなどの目的で、小馬力船外機を搭載することがあります。また、スペースに余裕がある大型艇では、発電用の小型エンジン（ジェネレーター）を搭載することがあります。このように、その艇のメインエンジン（主機）以外のエンジンを補機と呼びます。

一方、エンジン本体に取り付ける周辺機器も補機類と呼ばれます。エンジンは、シリンダーやピストンなどから成る本体に、混合気を供給する燃料系、適切なタイミングでスパークを飛ばす点火系、エンジンを冷やす冷却系、エンジンをスタートさせる始動系、電気を供給する充電系といった補機類を取り付けて初めて完成します。

というわけで、ここでは、エンジンの運転を支える補機類の仕組みについて見てみましょう。

燃料系の前半はタンクからエンジンまで

燃料系は、エンジンが作動するために必要な燃料をシリンダーの中に規則正しく送り込む機構で、燃料タンクからエンジンまでの経路と、エンジン内部での経路とに大別されます。まずは、燃料タンクからエンジンまでの経路について見てみましょう。

5馬力前後までの小型船外機では燃料タンク内蔵型が一般的で、頂部にエンジン本体と一体化された燃料タンクがあります。1~2リットルしか入りませんが、小型船外機の燃料消費量や運転時間から考えると十分な容量です。

エンジンを運転するときは、燃料コックを開き、タンクキャップのエアベント（空気取り入れ口）を開けば準備完了。重力で上から下に自然と流れるので、ポンプなどは付いていません。

なお、燃料タンク内蔵型の船外機でも、外部のポータブルタンクを使えるように、コックの部分が三つまたになっていて、ホースを接続するアタッチメントを装備するものもあります。このようなタイプでは、コックの切り替えを間違えないよう注意が必要です。

燃料タンク内蔵型以外の船外機では、燃料はエンジンから離れた場所の燃料タンクに入れられ、中型船外機まではポータブルタンク（携行

キャブレター式エンジンの燃料ポンプ

キャブレター式エンジンの燃料ポンプ（ダイヤフラムポンプ）。クランクケースの脈動を利用した簡単な機構となっているが、吸引力が弱いので、スクイーズポンプでしっかり燃料を送る必要がある

缶)、それ以上になると艇体に備え付けられた固定式タンクを用います。燃料は、これらのタンクから燃料ポンプによって吸い出され、エンジンに導かれます。

船外機は、エンジン自体を上下左右に動かす必要があることから、タンクとエンジンとをつなぐ燃料ホースはフレキシブルなゴム製になっていて、その途中にゴムまりのようなスクイーズポンプが付いています。ポータブルタンクを使用している場合などには、最初にこのスクイーズポンプを握って燃料を送ってやらないと、エンジンがうまく燃料を吸ってくれません。

なお、スクイーズポンプには、燃料の流れる向きを示す矢印が描かれており、この矢印が燃料ホース全体の前後も示しています。ポータブルタンクを使用する場合、このホースを付けたり外したりしますが、エンジン側とタンク側のアタッチメントが同じだった場合、うっかり前後を逆につなぐと燃料を吸えなくなるので要注意です。

2ストロークエンジンのキャブレター

キャブレターは気化器とも呼ばれ、ここで空気と燃料を混ぜて混合気となったものが、燃焼室へと導かれる。慣れていれば分解掃除もできるが、繊細な調整が必要な部分でもある

燃料系後半は、キャブとインジェクション

エンジン内部の燃料系統は、2ストローク船外機の大多数と小型の4ストローク船外機で使われているキャブレター式と、2ストローク直噴(DI)船外機と中型以上の4ストローク船外機に使われているインジェクション(燃料噴射装置)式とに分けられます。なお、インジェクションとは、燃料噴射ポンプ、燃料噴射ノズルなどのシステム全体を指します。

両方式とも、エンジン内部に入った燃料が、最初に、ゴミや水分を分離するための小さな燃料フィルター(2次)を通るところまでは一緒ですが、このフィルターよりも先に設置されている、燃料を吸い込むための燃料ポンプ以降の構造が大きく異なります。

では、以下でそれぞれの特徴を見てみましょう。

■キャブレター式

キャブレター式のエンジンでは、クランクケースから細いチューブが出ており、ピストンが上下することでクランクケース内に発生する脈動(圧縮、膨張の力)を利用して薄いゴムの膜を動かす、ダイヤフラムポンプが用いられています。動力要らずで至って簡単な機構ですが、エンジンをクランキングしないと燃料ポンプが動かないため、燃料がキャブレターまで来ていないと、燃料を吸い上げるまでの長い時間、無駄にクランキングしなければなりません。

また、この燃料ポンプは吸引力が弱いため、燃料をタンクから直接吸い上げるというのは無理な注文です。そのため、先のスクイーズポンプを握って、あらかじめ燃料を送っておかなければならないのです。

スクイーズポンプを握り続けていると、あるとき固くなって、もう握れなくなります。これは、燃料がキャブレターまで行って、燃料を一時的に貯めておくフロート室がいっぱいになり、フロート弁が閉じてそれ以上の燃料が入らないようになったからです。これをしないと、いくらスターターモーターを回してもエンジンがかかりません。

燃料ポンプから出た燃料パイプは、キャブレターにつながっています。

キャブレターの仕組み

キャブレターは、ベンチュリ効果に基づき、空気の流れによる負圧を利用して燃料を霧化させ、混合気を作る機構。特に混合燃料仕様の2ストローク船外機の場合、使用後、この部分に燃料が残っていると、オイルの残留物が残り、不調の原因となる。長期間船外機を使用しない場合は、キャブレターのドレーンから、残ったガソリンを抜いておこう

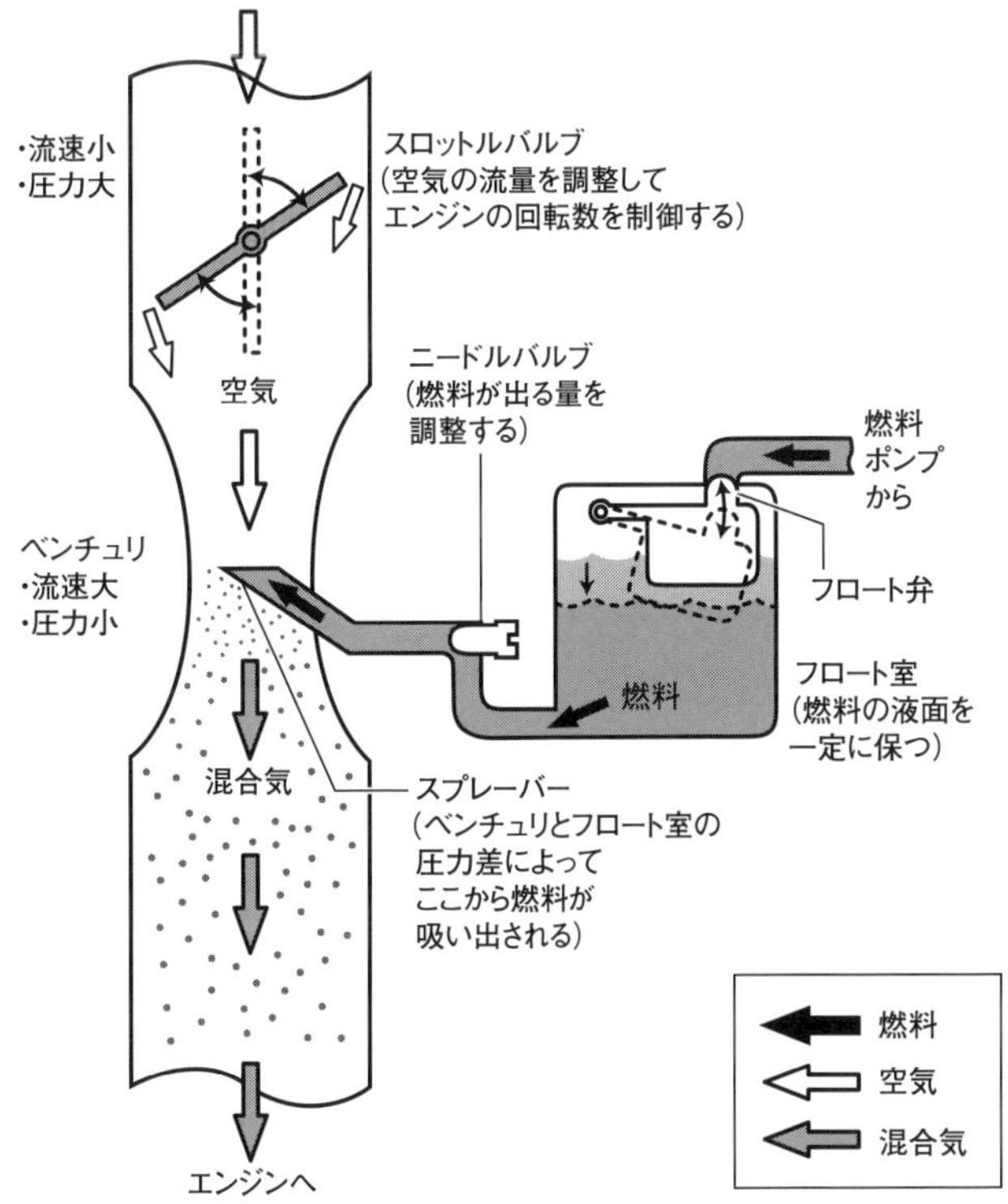

このキャブレターは、送られてきた燃料をエンジンで燃焼できるように細かい霧状にして、定められた比率（空燃比）で空気と混ぜ合わせてシリンダーに送り込むという役割を果たしています。

船外機のキャブレターは、直列シリンダーでは各気筒ごとに、V型シリンダーでは左右の2気筒に一つあるのが普通です。つまり、直列2気筒エンジンではキャブレターが上下に2個つながっており、V型6気筒エンジンなら、V字型の気筒の真ん中に、上下に3個並んで付いています。V型エンジンのキャブレターのボディーは2個分が一体となっていますが、内部を見ると左右の気筒それぞれのための専用となっており、これを2バレルと呼びます。

さて、ガソリンを霧状にして混合気とするキャブレターの仕組みは、イタリアの物理学者・ベンチュリの発見した「ベンチュリ効果」（高速で動く流体の圧力は低い）という、簡単な原理によるものです。しかし、原理は簡単でも、ガソリンエンジンが正しく動くための空燃比はその許容幅が狭いので、キャブレターはエンジンの中で最も精密な造りとなっており、実にデリケートな部分の一つといえます。

キャブレター本体は、空気が通るスロットルボディーが狭くなった部分（ベンチュリ）に、スプレーバーという燃料が噴き出すノズルが出ている構造になっています。エンジンがクランキングしてインテークマニホールドから空気を吸い込むと、スロットルボディーを通って空気が流れていきます。このとき、ベンチュリ部は断面積が狭くなっているので流速が速くなり、圧力が下がることによってスプレーバーから勢いよく燃料が吸い出され、霧状になります。こうして燃料と空気が混ざった混合気が作られ、シリンダーに送られるのです。

エンジン回転数の加減は、スロットルボディーに設けられたスロットルバルブ（バタフライともいう）という蓋状のもので、流入する空気量を加減することによって行います。流入空気が減れば流速が減り、吸い出されるガソリンの量も減って回転が下がるわけです。キャブレター式船外機のスロットルレバーは、このスロットルバルブを動かしているのです。

このスロットルバルブの上流側には、寒冷時に冷えたエンジンを始動させるのに必要な、濃い混合気を作るためのチョークバルブが付いています。

■インジェクション式

インジェクション式では、燃料噴射ポンプで加圧した燃料を、インジェクターで霧化します。

この方式のエンジンは燃料をしっかり送る必要があるので、燃料を吸い上げる燃料ポンプには、ダイヤフラムポンプではなく電磁ポンプを用いていますし、そこから先のユニット全体はカバーに隠れたブラックボックスになっていて、同じ方式のガソリンエンジンでもずいぶんと印象が異なります。

この燃料噴射装置には、燃料を高い圧力で加圧してシリンダーに直接噴射するものや、インテークマニホールドに噴射するものなど、いろいろなタイプがありますが、いずれも、一度に噴射される燃料はごくわずかで、それをきわめて正確なタイミングで噴射しなくてはならないため、現在では電子制御が一般的で、非常に精密な構造をしたハイテクエンジンとなっています。

なお、インジェクション式でも、始動前にスクイーズポンプで燃料を送る必要があり、燃料経路がガソリンで満たされると、スクイーズポンプが固くなります。

高電圧を発生させて火花を飛ばす点火系

点火系は、シリンダー内に吸い込まれた混合気に、適切なタイミングで点火してガソリンを正しく燃焼させ、パワーを発生させるために必要不可欠な機構です。

この点火装置と聞いて真っ先に頭に浮かぶのが点火プラグ。この点火プラグは、碍子《がいし》で絶縁された1組の電極を持ち、高電圧をかけることで、この電極の隙間にコロナ放電（スパーク）を発生させます。このためスパークプラグとも呼ばれます。

この点火プラグに電気を供給するハイテンションコードは、単なる電線ですが、数万ボルトの高電圧を流すためにしっかり絶縁されており、エンジンの熱や振動にも耐える丈夫な造りになっています。

このハイテンションコードをたどると、エンジン後方にある、赤ちゃんの握りこぶし大の黒い半円筒状の素子につながっています。これが、高電圧を生み出すイグニッションコイル（点火コイル）です。船外機の点火コイルは気筒数分あって、一つのコ

点火系の仕組み

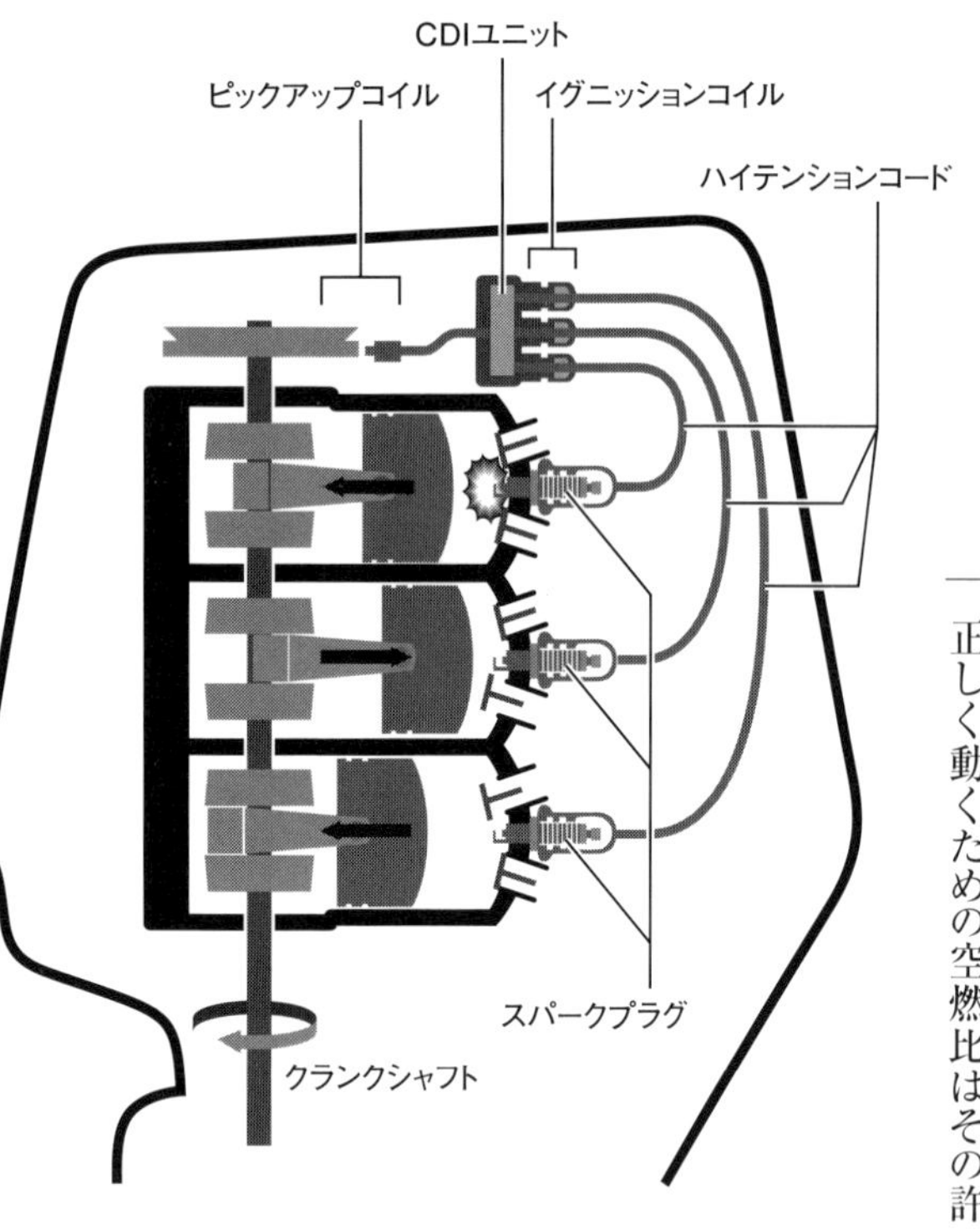

船外機の点火コイルは、フライホイール内のピックアップコイルで、クランクシャフトの回転位相を検知し、CDIユニットで気筒ごとに用意されている専用のイグニッションコイルのオン／オフを制御している。なお、最近の4ストローク船外機では、すべての機構が電子化されており、機械的な可動部分はない

イルが一つの気筒だけを担当します。

この点火コイルは、いうなれば、1次側と2次側とで線の巻き数が極端に違うトランス（変圧器）です。その比は1対数万というもので、1次側にバッテリーからきた12ボルトの電気を入れて、2次側で必要な数万ボルトを得ています。この高電圧を、点火プラグへ瞬間的かつ間欠的に流してやるとスパークが飛びます。そこで流れる電流は本当にわずかなものですが、静電気を見ればわかるように、たとえ電荷量が少なくても、十分に電圧が高ければ立派な火花が飛ぶのです。

この点火コイルに電気を流したり切ったり、またそのタイミングを適正にコントロールしたりするのは、すべて電子的に行われています。よくCDIなどと呼ばれている機構で、この電子回路（CDIユニット）はシーリングされたブラックボックスになっています。

点火コイルに供給する電気は、スターターモーター式ではバッテリーから、リコイルスターター式ではフライホイールに組み込んだ発電機から直接供給されます。つまり、リコイルスターター式では、勢いよくロープを引かないと、燃料も吸い出されず、火花も飛ばないということになり、始動に手こずることがままあるわけです。

なお、4ストローク船外機の一部の最新機種では、点火コイルとプラグキャップを一体化した「ダイレクトイグニッション」を採用するモデルもあります。これはプラグキャップとコイルを一体化することで機構をシンプルにし、より高い信頼性を備えたもので、一見、少し大きめのプラグキャップが付いているだけで、点火コイルがないようにも見えます。

2ストローク船外機の点火系統

スパークプラグとイグニッションコイルは、気筒ごとにある。ハイテンションコードにつながっている矢印の部分がイグニッションコイルだ。なお、最近の船外機では、エンジン全体が電子制御されているのが普通

いたってシンプルな冷却系統

エンジンは正しく冷却されなければすぐにオーバーヒートを起こし、焼き付いて壊れてしまいます。この焼き付きを防ぐためにあるのが冷却系で、その基本的な仕組みや構造はすべての船外機に共通です。

冷却に使用する海水は、船外機のロワーユニット内部にある、ドライブシャフトに直結したゴムのインペラ式冷却水ポンプによって、プロペラのちょっと前方、ロワーケースの下方にある冷却水取り入れ口から吸い上げられます。

こうして取り込まれた海水は、そのままエンジンに送り込まれ、ウオータージャケット（シリンダーブロックに設けられた、冷却水が通る隙間）に入ります。そして、水温が低ければサーモスタットが閉じて冷却水の量が絞られ、水温が高くなればサーモスタットが開いてエンジンを通過する冷却水の量が多くなります。つまり、エンジンの温度はサーモスタットが調整しているのです。

ウオータージャケットを通ってエンジン本体を冷やしたあとの海水は、冷却水がちゃんと流れているかを目で確認するための検水口との分岐を経たあと、排気管のなかに噴射され、排ガスの温度を下げながらプロペラのハブ（プロペラ中央の筒状になっている部分）を通って水中へ放出されます。この排気管のなかに冷却水を噴射する方式をウエット排気といい、排気温度を下げ、騒音や臭いを少なくする効果があり、ボート用エンジンの特徴でもあります。

なお、中・小型の船外機には、メーター類がないケースも多いため、なんらかの理由で冷却水が不足してオーバーヒートしたときに、自動的に回転数を下げて異常を知らせるセーフティー回路が入っています。

冷却水ポンプの構造

プロペラシャフトの回転に伴って回るインペラは、羽根を曲げるようにしてケースに収まっており、この羽根が変形することで冷却水を汲み上げている

【第4回】エンジンを支える周辺の仕組み②

引き続き、船外機のエンジンを支える補機類（始動系、充電系、セーフティー機構）を見ていくことにします。また、操向機能を兼ね備えた船外機ならではの、ステアリング機構やチルト／トリム機構についても解説します。

馬力帯で手動／電動が異なる始動系

始動系は、エンジン始動に必要なクランキングをするための機構です。20馬力程度の小型の船外機までは手動のリコイルスターターを採用することが多く、それ以上になると電動のスターターモーター（セルモーターとも呼ばれる）で始動します。ここでは、スターターモーターを用いてエンジンをクランキングする機構を見てみましょう。

バッテリーのプラス端子から出た太い電線は、メインスイッチを経由してスターターモーター用のソレノイドの端子に入っています。エンジンサイドに付いている円筒形のパーツです。

ボートでいうソレノイドとは、いわゆるリレーのことで、外から電気的にコントロールすることによってオン／オフを自由に制御できるスイッチを指します。スターターの場合、このソレノイドがあることで、モーターに必要な数十～数百アンペアという大電流を、ごく小さなイグニッションスイッチのオン／オフで制御できるのです。

なお、スターターソレノイドとスターターモーターは、やはり太い電線でつながれていて、スターターモーター自体は、エンジン頂部のフライホイール直下に、縦に組み込まれています。これは船外機のエンジンが90度横に寝た形で設置され、出力軸が縦になっているからですね。

ちなみに、エンジン自体がバッテリーのマイナス端子に直接アースされているので、マイナス側の配線はありません。スターターへはプラスしか行っていないと覚えてください。

ここまでのスターターモーターが必要とする電流の供給回路には、数十～数百アンペアという大電流が流れるので、ターミナルの取り付けなどが少しでも緩むと、それだけで動かなくなります。

次に、スターターモーターのオン／オフをコントロールする制御回路を見てみましょう。

スターターモーターは、ヘルムステーションにあるイグニッションキーのスイッチでコントロールします。このスイッチによる電気を、さきほどのスターターソレノイドに与えて、オン／オフを制御しているのです。

キースイッチからスターターソレノイドに行く途中には、万一の事故を防ぐために、クラッチが入っている状態ではスターターモーターが回らないようにするニュートラルセーフティースイッチが入っています。ちょうど、オートマチック車で、シフトレバーがパーキングかニュートラルにないとセルモーターが回らないのと同じ仕組みです。

このニュートラルセーフティースイッチを出た電流がスターターソレノイドの駆動端子に入り、ソレノイドをオンにすると、最終的にスターターモーターがオンになり、エンジンをクランキングするわけです。

こうやって制御されているスターターモーターは、出力軸に組み込まれたピニオンギアがフライホイールとかみ合い、このフライホイールを回すことでエンジンをクランキングします。

スターターモーター

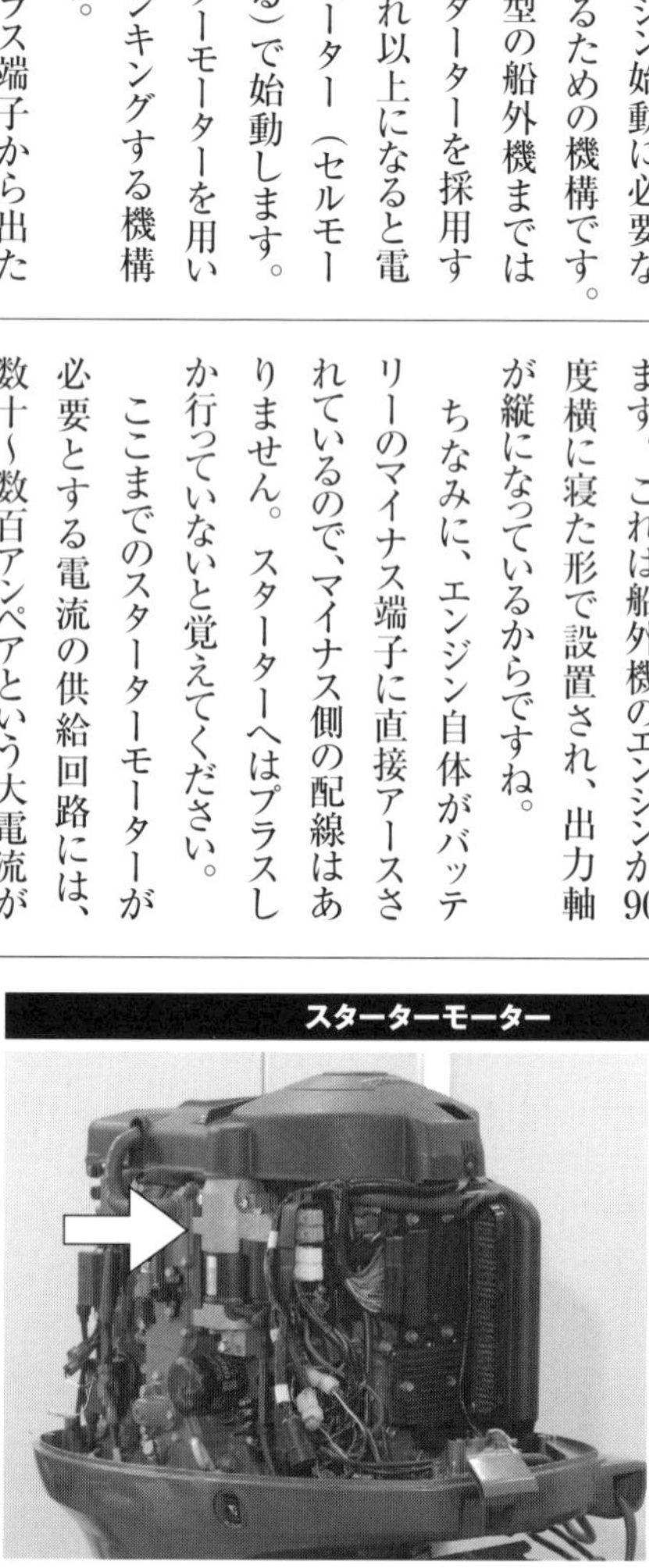

頂部のカバーに覆われている部分にフライホイールが収まっており、始動時にこれを回すためのスターターモーター（円筒状のもの。矢印）が、フライホイール直下に縦に取り付けられている

スターターモーターのシャフト（出力軸）には、モーターの回転方向とは逆にヘリカルスプライン（らせん状の切り溝）があって、モーターが回転するとともに、この溝をピニオンギアが駆け上がり、フライホイールとかみ合います。一方、ピニオンギアの上にはリターンスプリングが組み込まれてあるので、モーターが止まるとギアが下に戻ります。

船外機のスターターモーターはほとんどがこのタイプで、バッテリーが弱くなるとピニオンギアがシャフトを上りきれなくなり、フライホイールとかみ合わず、モーターが空回りするようになります。

なお、ピニオンギアが上下に動くので、このシャフトには定期的にグリスアップを行いたいものです。

ピニオンギアとフライホイール

スターターモーターの上部を見たところ。モーターが回ると、ピニオンギアがシャフトに刻まれたヘリカルスプライン（斜めの溝）を上っていく。写真のように、引っかかりなく滑らかに動き、指を離したらスプリングによって下に戻れば正常な状態。ときおり給脂しておこう

充電系の主役、発電器はフライホイールのなかに

続いて充電系について見てみましょう。どうも電気は苦手で……という方は多いかと思いますが、ボーティングを楽しむなら、せめて最低限の電気の知識を身につけておきたいものです。

さて、充電に関しては、ボートの電装系について取り上げる際にあらためて詳しく解説しますが、ここでは、船外機の充電はどこで行われているのかに絞って説明します。

クルマや船内外機などでも同じですが、スターターモーターを装備している船外機では、エンジンを始動するためにバッテリーが必要不可欠です。そして、このバッテリーに充電するためのオルタネーター（交流発電器）を持っています。オルタネーターは、クルマや船内外機のエンジンでは、ベルトで駆動されるタイプのものが脇に付いていますが、スペースが限られている船外機では、オートバイと同じように、フライホイールの中に組み込まれています。エンジン頂部にあるカバーの中に隠れている部分ですね。下からのぞくと、フライホイールの隙間からコイルが並んでいるのが見えますが、これが船外機のオルタネーターです。

スターターソレノイド

ボートでいうソレノイドとはリレーのこと。外から電気的に操作してオン／オフを制御するスイッチを指し、これにより、小さなスイッチで大電流のコントロールが可能となる。なお、船外機のスターターソレノイドは、スターターモーターとは別に、独立してエンジンサイドに取り付けられているのが普通だ

一方、リコイルスターターで始動する手動タイプの小型船外機では、電装品をつなげることもなく、自分自身のスパークプラグに供給する電気だけを生み出せばいいので、もっとずっと簡単な構造です。自転車と同じダイナモ（直流発電器）と呼ばれるもので、これも、フライホイールに組み込まれている点はオルタネーターと同じです。

船外機の始動回路

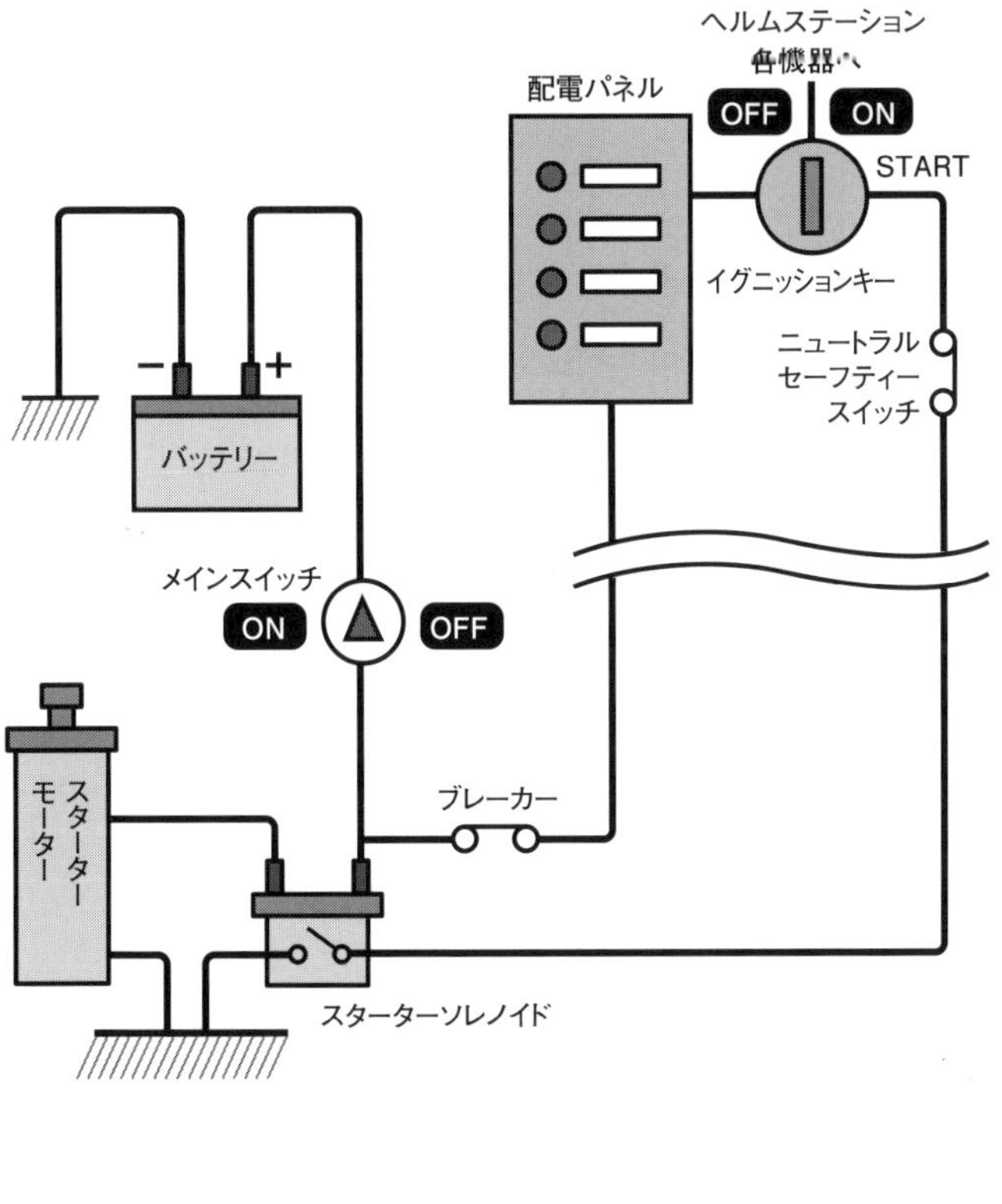

バッテリーから出た太いメインケーブル（＋）が、メインスイッチを通ってスターターソレノイドの大端子に入り、その反対側の大端子から出た同じ太さのケーブルがスターターモーターへと入る。コントロール回路側は、スターターソレノイドから分岐された細いケーブルが、サーキットブレーカーを通ったあと、ヘルムステーションまで導かれ、キースイッチにつながる。キースイッチから出たケーブルは、シフトレバーのニュートラルセーフティースイッチを通って船外機まで戻り、スターターソレノイドのコントロール端子に入り、これによってスターターのオン／オフをコントロールする

重大トラブルを防ぐ砦セーフティー機構

大型モデルならいざしらず、小～中型船外機では、メーター類がほとんど付いていないことも多いので、船外機には数々のセーフティー機構がついています。オーバーヒートやオ

小型船外機のティラーハンドル

小型船外機のティラーハンドルは、後ろ手に持って操作するのに多少の慣れが必要。エンジンの振動が直接伝わるので、最近のモデルでは、長時間持っていても疲れないような防振システムを備えているものもある。写真のスズキＤＦ８は、グリップ部にスロットルのほかにシフトも設けている

イル不足などを起こしたとき、自動的に回転を落としたり止めたりするものです。ヘルムステーションでワーニングブザーが鳴ったりするものもありますね。いずれも、前項で説明したCDIユニットで点火パルスを制御し、回転が上がらないようにしています。

航行中にこういったセーフティー回路が作動したら、なにはともあれ、原因を除去することが必要です。これを怠っていると、重大な損傷を引き起こしてしまいます。電装系が壊れると、船外機が動かなくはなりますが、エンジン自体は壊れません。でも、潤滑系や冷却系に問題があるときは、最悪、エンジンを再起不能にしてしまうこともあります。つまり、セーフティー機構は、そういった重大な損傷を起こさないようにするための最後の砦なのです。

エンジンによっては、オーバーヒートやオイル不足でセーフティーが働くと、その回路が利きっぱなしになってしまうものがあります。その場合、メインスイッチを切って（バッテリーからの電気を遮断して）初めて回路が解除となるものや、エンジンについているリセットスイッチを押して解除しなくてはならないものなど、いくつかの種類がありますので、ユーザーズマニュアルをよく読んで、解除方法を覚えておいてください。

船外機を左右に振るステアリング機構

エンジンから推進機構までがオールインワンになった船外機には、艇体への取り付け部（ブラケット）に、船外機を左右に振って舵を取るための垂直の回転軸（操舵機構）と、船外機を上下させるための水平の回転軸（チルト機構）とが組み込まれています。ここからは、この操舵とチルトについて見てみましょう。

船外機艇の操向は、船外機全体をエンジンごと左右に振ることで、スラスト（推力）の向きを変えて行います。このため、船外機のブラケットにはエンジンを左右に振るための垂直の回転軸があり、ここにステアリング機構を取り付けてコントロールします。

カートップボートやテンダーで使われる20馬力程度までの小型船外機の場合、本体の脇に長さ60センチ程度のティラーハンドルが付いていて、後ろに回した手でこれを操作し、人力で船外機を左右に振るのが一般的です。ティラーの付いている位置によって、左手で操作するタイプ、右手で操作するタイプがあります。

ティラーを左舷側に振るとプロペラ（＝スラストの向き）が右舷側を向いて艇が右旋回し、反対にティラーを右舷側に振ると艇は左旋回します。慣れるまで、ちょっとコツが要りますね。このティラーハンドルのグリップは、オートバイのように、エンジンの回転数を増減させるスロットルを兼ねているのが普通です。

前進／中立／後進を切り替えるシフトは、トップカウルのサイドなどに独立して付いているモデルと、グリップ部分に付いているモデルがあります。ただし、もっとも小さな2馬力以下の船外機はシフトが前進／中立だけで、後進する場合は船外機自体を１８０度回転させるのが一般的です。

なお、ティラータイプの船外機では、ちょっと手を離したときに直進できるよう、左右の振れの重さを調整するフリクションレバーが付いています。

中、大型船外機になると、船外機から離れたヘルムステーションで操船するのが普通で、ステアリングホイールを用いたリモートコントロール機構を備えています。ステアリングの動きは、ワイヤや油圧を使って船尾にある舵取り機構へ伝達され、舵取り機構側では、その動きに従ってロッドやアクチュエーター（油圧シリンダー）が船外機を動かします。ここでは、代表的なワイヤ式と油圧式のステアリングシステムについて見てみましょう。

小、中型艇で使われるワイヤ式のステアリングシステムは、丈夫な「さや」に入ったプッシュプルワイヤが、ステアリングの動きを舵取り機構へ伝えます。ハンドルの裏側にはラック&ピニオン式やロータリー式の歯車があり、ハンドルを動かすとワイヤが押し引きされ、船外機側のワイヤの先端に付いているロッドが、船外機を左右に振るアームを押し引きするという構造です。

ワイヤ式のステアリングシステムは、ワイヤで物理的につながっているため、セカンドステーションを備えてステアリングが2カ所あるような場合は、動かさなければならないもの

油圧式ステアリング

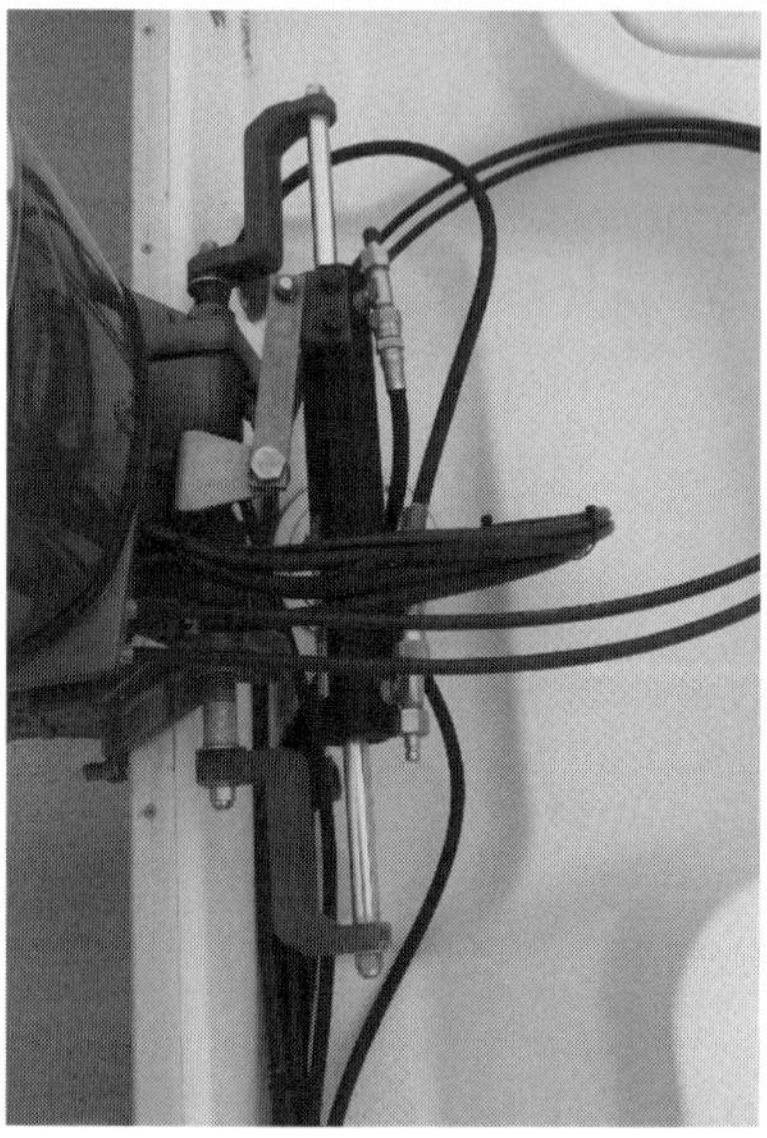

船外機艇の典型的な油圧式ステアリングのアクチュエーター。ヘルムステーションから送られた作動油が、アクチュエーターのロッドを押して船外機を左右に振る。油圧式は操舵感が滑らかで軽く、2ステーションなどにも対応しやすい。波の力による影響を受けないノンフィードバックシステムを備えているのが特徴

が増え、どうしても操作が重くなりがちです。また、途中の経路でワイヤがつぶれたり、無理に曲がったり、錆びついたりすると、動きが悪くなって操作が重くなります。

一方、油圧式ステアリングは、ワイヤの代わりにオイルの力でステアリングの動きを伝えています。ステアリングの裏には油圧ポンプがあって、そこから行きと帰りの2本のパイプが船外機を動かすアクチュエーターに延びており、ステアリングを切ることでオイルを送油すると、アクチュエーターが船外機を動かします。クルマのブレーキを例にとるまでもなく、油圧式では小さい力を大きな力に増幅することができますから、少ない力で大きく重い船外機の舵を切ることができます。

ヘルムステーションと船外機との間には、パイプが2本走っているだけですから、配管の自由度が高く、ワイヤ式のように錆びたり折れ曲がったりして操作が重くなることはありません。さらに、セカンドステーションがあっても、操作が軽い快適なステアリングシステムにできます。加えて、波の力で船外機が振られたときに、ハンドルを取られて痛い目に遭わないよう、アクチュエーター側の動きをハンドルに伝えないノンフィードバックシステムが組めるのも油圧ステアリングの特徴です。

船外機を上下させる トリム&チルト機構

船外機はトランサムに取り付けられており、フット(ギアケースおよびプロペラ)は船底より下にあります。

トリム&チルト機構

中型以上の船外機では、パワーチルト機構を持つのが普通。ブラケットに油圧ポンプが組み込まれており、シフトレバーに設けられたスイッチで簡単に動かすことができる。右側の電線が出ているものがチルトポンプ、左側のロッドが出ているものがアクチュエーター。斜めに出た棒に当たる範囲が、トリムの調整範囲となる

このため、上架したり、トレーラーで曳いたり、ビーチングしたりするときには、このフット部分が地面に着くので邪魔になってしまいます。

また、係留保管するときも、フット部分が水中にあると貝などが付着してしまうので、水面より上に引き上げておくのが普通です。

そこで、ブラケットには、船外機全体を引き上げる水平の回転軸=チルト機構が付いています。

このチルト機構は、20~30馬力程度までの船外機の場合、ほとんどが手で引き上げるタイプです。船外機のトップカウルの取っ手を持ってエイヤと引き上げると、ラッチ式のロック機構が働いて下りなくなります。このように船外機を引き上げた状態にして、上架したりトレーラーで曳いたりします。なお、手動チルトの場合は、突然落ちてきては危ないので、いっぱいに引き上げた状態でロックすることができます。

一方、それ以上大型のものになると、電動で上げ下げできるパワーチルト付きになりますが、手動と電動との境界となる馬力帯の船外機では、ユーザーのチョイスでパワーチルト付きが選べるようになっています。

70~90馬力程度よりも大きな馬力帯の船外機では、重量も大きくなるので、パワーチルト付きが普通です。このパワーチルトは、電動の油圧ポンプとアクチュエーターがコンパクトに一体化されたもので、スロットルレバーや船外機のサイドにあるスイッチを操作するとポンプが動き、アクチュエーターが伸び縮みして船外機を上げ下げします。

このチルト機構を利用して、航行中にスラストの角度を微妙に変える機構をトリムといいます。船外機のトリム角度を変えると、プロペラがによるスラストの角度が変わり、艇の性能や乗り心地が大きく変化します。

基本的には、停止状態から発進するときはいっぱいに下げた状態にしておいてプレーニングに入るのを早め、プレーニングに入ったら少し蹴り上げるのが基本です。

トリムを下げっぱなしにして走ると、バウを突っ込みやすくなり、保針するのが困難になります。また、スロットル開度との兼ね合いにもよりますが、トリムを調整して適切なプレーニングアングルにすると、スピードが増すとともに音や振動が減少して、とても走りやすくなり、燃費も向上します。さらに、波にたたかれなくなったり、バウを突っ込まなくなったりもしますので、ぜひ試してみてください。

手動チルトの場合は、少し引き上げると、カチカチカチと段階的に引っかかるラッチが3、4ポジションあり、それらの位置で止めることができます。戻すときは、いったん目いっぱいまで引き上げてラッチを解除し、それから一番下まで下ろします。よって、走航中に海況に応じてトリムを調整するというのはほぼ不可能なので、その艇が一番多用する位置でトリムを合わせておくのが基本です。

一方、パワーチルトでは、スロットルレバーにあるチルトスイッチを操作し、航行中に船外機を上下させて、最適なトリム角度を探します。このトリム角度が変更できる範囲は、船外機のスラストをしっかり受け止めないといけないので、斜めに短くつっかえ棒のようなアクチュエーターがあります。

実際、目いっぱいチルトダウンした状態から、チルトスイッチを押して船外機を上げて行くと、チュイイイイーンとゆっくり動いたあとで、急に3倍くらいのスピードで上がるのがわかるはずです。このゆっくり動く範囲がトリムの調整範囲となります。

【第5回】船外機と船内外機&船内機の違い

ここからは、これまで解説してきた船外機を搭載するボートよりも、より大きな中・大型艇種に搭載される船内外機と船内機について解説していきます。まずは、船外機と船内外機&船内機の違いから見ていきましょう。

船内外機、船内機 それぞれの特徴とは?

スタードライブ、あるいは、インボード・アウトドライブ（略してインアウト）と呼ばれる船内外機は、船尾の艇体内部にエンジンを搭載して、トランサムに取り付けたドライブによって艇体を押し進めるパワートレインです。

船外機と違って取り付け場所の制約が少ないため、十分な排気量のあるエンジンをしっかり取り付けれるとともに、ドライブも船外機より大型にできるため、より大きな推力（スラスト）を伝えられます。艇の操向は、船外機と同じようにドライブ自体を左右に振ることで、スラストの向きを変えて行います。

船内外機は、船外機がカバーするよりも大型で重量がある艇まで使うことができ、プレジャーボートの発展に大いに寄与してきました。用途によって、ガソリン仕様とディーゼル仕様とがあります。国産艇ではディーゼル船内外機を、中型以下の輸入艇ではガソリン船内外機を装備するケースが多いですね。

一方、インボードと呼ばれる船内機は、船体内部にエンジンを装備するのは船内外機と同様ですが、駆動部はドライブではなく、船底を貫通するシャフトと、その先端に取り付けられたプロペラです。

エンジンの据え付け位置は、船尾ではなく、艇体中央部に置かれるのが普通です。船の操向は、トランサムに取り付けられた舵によって水流を曲げるという、古来より船の操舵の仕組みとして用いられてきた方法です。

この船内外機と船内機は、駆動方式の違いと、それに伴う多少の部品の違いはありますが、エンジンそのものは同じものです。例えば、少し古いボートでよく見かけるボルボペンタのＡＤ41というディーゼル船内外機用のエンジンと、同ブランドのＴＡＭＤ41という船内機用エンジンは、基本的に同じものです。よって、特に詳述しない限り、船内外機と船内機のエンジン自体は同一のものと思ってください。この点を踏まえた上で、今回は、船外機と船内外機&船内機との違いについて解説します。

船内外機&船内機の 設置状況と構造

船内外機&船内機は、艇体内部に設けられた大きなエンジンルームにしっかりと取り付けられていて、エンジンそのものも船外機に比べてずっと大きくなっています。エンジンという意味では、船外機も、船内外機&船内機も同じなのですが、パッと見た印象はずいぶん違います。船内外機&船内機は、船外機に比べると排気量が大きく、トルクも太いので、このエンジンをゆったり（低回転域で）使っているところも違いの一つです。

また、船内外機&船内機は、出力軸を水平に取り出すので、エンジンは正立（シリンダーヘッドが上にある状態）で水平に置かれます。では、そのシリンダー配置を見てみましょう。

ガソリン船内外機では、直列になった小型のものを除くと、Ｖ型が標準となっていて、Ｖ6（Ｖ型6気筒）、Ｖ8（Ｖ型8気筒）がほとんどです。なお、ガソリン船内機は、トーイングボートなど、ごく限られたモデルに使用されるだけで、ほとんど見かけません。

一方、ディーゼル船内外機&船内機では、ほとんどが直列配置のシリンダー構成をとります。直列4気筒か6気筒が多いですね。加えて、船外機では一体のユニットとなっているためにわかりにくい冷却系や吸・排気系などが、はっきりと分かれているのが見て取れます。

　なお、船内機&船内外機は、ボートの床下に設置され、その大部分が水線下にあるため、エンジン内に水が入らないように、いろいろな工夫がなされています。その一例として、エキゾーストエルボーといって、水が逆流しないように排気管をいったん吃水線よりも上まで引き上げてから下方に導くという、船内外機&船内機特有の構造もあります。

　船内外機&船内機のエンジンは、ごく一部の大型ディーゼル船内機を除き、4ストロークとなっており、エンジンの運転に必要な吸気・圧縮・燃焼・排気という作業を、ピストンが1回上がるか下がるかするたびに一つの作業を行う、つまり2往復(＝クランクシャフト2回転)でこの一連の作業を行います。

　シリンダー頂部に吸排気バルブを持ち、吸気行程では吸気バルブが開いて混合気または空気を吸いこみ、圧縮／燃焼行程ではすべてのバルブがきっちり閉まって密閉し、排気行程では排気バルブが開いて排気を放出する……という動きを繰り返しているわけで、この点は4ストローク船外機とまったく同様の仕組みです。

　もちろん、ガソリンエンジンとディーゼルエンジンとでは、燃焼させるための動作原理が違いますが、その点についてはそれぞれの回で詳述します。

　バルブの構造の基本も、4ストローク船外機と同じく軸の長いキノコのような形をしていて、シリンダーヘッドに組み込まれています。

　現在、中古艇市場で見られる少し古い船内外機&船内機の多くは、バルブを動かす機構として、OHV(overhead valve)を採用しています。これは、使用回転域が比較的低く、一定速度で走ることが多いため、船外機ほどレスポンスが必要なく、無理に複雑な機構のOHC(overhead camshaft)にしなくても十分な性能が得られるからです。OHVのカムシャフトは、クランクシャフトの脇にあり、ここからプッシュロッドという棒がシリンダーヘッドまで延びていて、ロッカーアームというシーソー状の部品を突き上げ、このロッカーアームがバルブを押し下げます。

　なお、近年登場したエンジンの多くは、ボート用にマリナイズするためのベースエンジン(おもに自動車

船内機艇の例

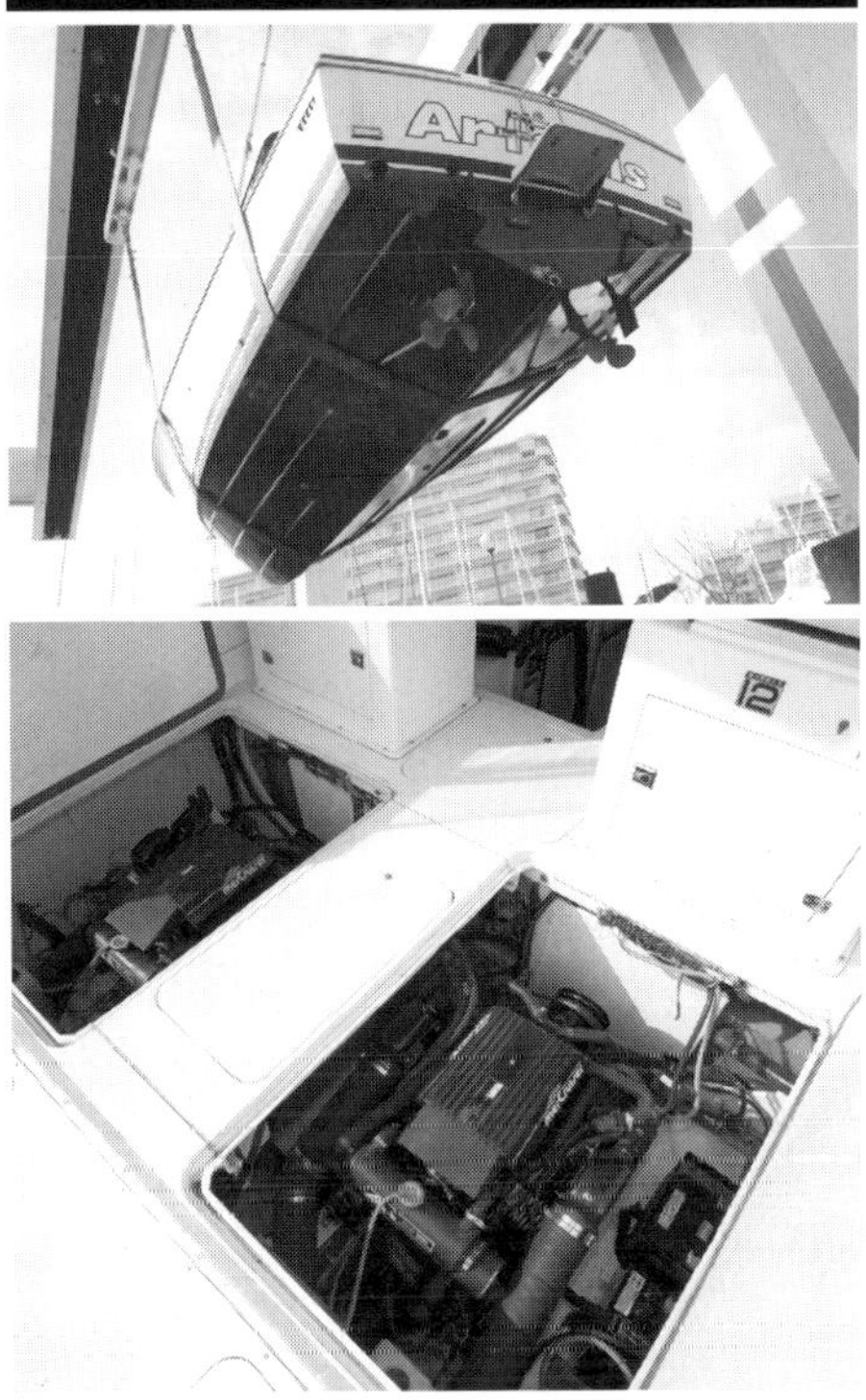

船内機は、ボート用エンジンとしての歴史が長く、搭載するボートのサイズも小型から大型までと幅広い。写真は、比較的珍しいガソリン船内機(マークルーザー5.7L)を2基掛けにしたバートラム28バヒアマー。船内機のエンジン本体は、通常ミジップ周辺に設置され、船底を貫通したシャフトの先端にプロペラがつく。操向は、ラダーによって水流の向きを変えて行う

船内外機艇の例

船内外機は、プレジャーボートの小型化、高性能化には欠かせない存在。写真は、最新のコモンレール式ディーゼル船内外機、ボルボ・ペンタD3-170SXを搭載したヤマハF.A.S.T.26 S/D-HP。船内外機のエンジン本体は、通常、船尾に設けられたエンジンルームに据え付けられ、操向は、船外機同様、ドライブ自体の向きを変えることでスラストの向きを変えて行う

ベルトの種類

船内外機&船内機の特徴の一つが、補機類を駆動するためのベルト。エンジンの前側に付いており、プーリーを介してクランクシャフトの回転を各補機類に伝えている。右が断面がV字型になったVベルト。このボルボ・ペンタAD41の場合、同じ経路に2本のベルトを通しているが、補機類の数が多いエンジンではより多くのベルトを使用しているものもある。左は断面が平らなサーペンタインベルト。写真はマークルーザー 5.0L。1本のベルトを取り回して複数の補機を動かす

用）が高性能化したこともあり、OHCやDOHCがほとんどです。

　こういったエンジン自体の動作原理は、船外機でも船内外機&船内機でもほとんど変わりません。一方、エンジンを支える補機類については大きく異なります。続いては、そういった部分を見てみましょう。

補機類を駆動する重要なパーツ、ベルト

　船外機と比べた場合、船内外機&船内機で最も特徴的な点が、クランクシャフトの動力をパワーステアリングポンプ、オルタネーター、燃料ポンプ、海水ポンプ、サーキュレーションポンプなどに伝えて補機類を回す、ゴム製の「ベルト」がある点です。このベルトの役割と動きを理解することが、船内外機・船内機の動きを理解する上での重要事項です。

　このベルトには、旧来長らく使われてきた、文字どおりV字型の断面を持つVベルトと、平らなサーペンタインベルトの2種類があります。

　Vベルトは、ホイールに設けられたV字型のプーリー（溝）にはまってホイールを回し、動力を伝えます。プーリーに接触する角度もある程度必要ですし、1本のベルトでいろいろある補機のすべてを回すのは無理があるため、補機類が多い場合は、オルタネーター用、海水ポンプ用、パワーステアリングポンプ用と複数のベルトがあるのが普通です。

　もう一つのサーペンタインベルトは、平べったいベルトで、ホイールに設けられたプーリーも平らです。Vベルトとの最大の違いは、各補機のすべてを1本のベルトで回している、という点です。ホイールを回すためにはある程度以上の接触角が必要なので、うねうねとした、ひと筆書きの状態で、ホイールの間を鋭角に取り回します。

　Vベルト、サーペンタインベルトとも、そのテンション（張り具合）を調整することが大切です。ベルトが緩すぎると、負荷がかかったときに十分なテンションが得られず滑ってしまいます。こうなると、補機類が回らなくなってしまったり、摩擦熱でベルトに無理な力がかかって切れてしまったりします。逆に張りすぎてしまうと、シャフトに負担がかかってベアリングやシールを傷めます。

　よって、ベルトのテンションは定期的にチェックしてください。また、どちらのベルトもゴム製なので、定期的なチェックや交換が必要です。こういった点が、船外機にはない大切なポイントです。

大型タンクから供給される燃料系統

　船内外機&船内機では、艇体に作り付けられた固定式の燃料タンクから燃料が供給されます。燃料消費量が多く、艇体が大きくなることで行動範囲も広くなるため、船外機艇に比べると、タンク容量はかなり大きくなります。

　燃料は、エンジンが回転したときに生まれるクランクケースの圧力の脈動を利用するダイヤフラム式、またはベルト駆動式、あるいは電磁式の燃料ポンプによってこのタンクから吸い出され、燃料フィルターを通ってキャブレターや燃料噴射ポンプに導かれます。

　船内外機&船内機のエンジンは、艇体にしっかり固定されていますが、エンジンマウント（エンジンを艇体に据え付ける土台）はフレキシブルなゴムでできており、運転中のエンジンは思った以上に振動します。よって、エンジンまでの燃料パイプも、フレキシブルなゴム製のものが使われるのが普通です。ただし、船外機と違って、ホースの途中にゴムまりのようなスクイーズポンプは付いていません。

　なお、燃料フィルターを通り、エンジンに入ったあとの燃料系は、ガソリンエンジンとディーゼルエンジンとでかなり違う構造をしています。この点については、それぞれの回で詳述します。

ぐっと複雑になる冷却系統

　船内外機&船内機の冷却系は、船外機よりぐっと複雑です。

　まず、船内外機では、エンジンやドライブの種類により、冷却水（海水）の取り込み方が二つに分かれます。

　一つは船外機と同じように、ドライブ内部にあるインペラ式の冷却水ポンプによって、エンジン内部に送り込むもの。シリーズでいうと、マークルーザーのアルファシリーズのドライブがそうです。

　この構造は船外機とまったく同様で、船内外機の中でも比較的小型のエンジンや軽量なランナバウト系の艇で用いられています。ガソリン船内外機の一部だけと思っても差し支えありません。

　そしてもう一つが、エンジン本体にベルトやギアで駆動される大型の海水ポンプを持ち、強力に海水を吸い込むタイプです。このタイプのドライブにはポンプがなく、単に海水取り入れ口の役割を果たしているだけです。マークルーザーのブラボー

複雑な冷却系統

船内外機&船内機は、エンジンが大型化し、発する熱量も多いことから、船外機と比較すると冷却系統が複雑になっている。写真は、直接冷却方式のガソリン船内外機、マークルーザー 5.0L。冷却水が流れるパイプが入り組んでいる様子がわかる

シリーズのドライブや、ディーゼルエンジンの多くがそうです。

一方の船内機では、ドライブがないので、船底に設けられたスルハルから海水を吸い込んでエンジンに冷却海水を送っています。この形式は、エンジンの発熱量が大きくて十分な冷却水を確保する必要がある、より大型のディーゼル船内外機でも用いられます。

さらに、冷却方法自体にも違いがあります。エンジンに送られた冷却水は、船外機と同様に吸い込んだ海水でエンジンを冷やす直接冷却と、ヒートエクスチェンジャーを通して清水でエンジンを冷やす間接冷却とに分かれます。ガソリンエンジンでは直接冷却が、ディーゼルエンジンでは間接冷却が用いられることが多くなっています。詳細はそれぞれの回に譲りますが、いずれも船外機と異なり、あちこちにホースが這い回った複雑な構造となっています。

直接冷却、間接冷却のいずれにせよ、取り込まれた海水は、船外機にはないエンジンのオイルクーラーやフューエルクーラー、ミッションオイルクーラーなど、各種クーラー類を冷やしながら、エンジンやヒートエクスチェンジャーに入り、その後は排気管であるエキゾーストマニホールドやエキゾーストエルボーを冷やしながら排気中に噴射され、排気系を冷やしながら艇外に排出されます。

ドライブから海水を取り込む船内外機&船内機には、船外機にあった検水口のような、冷却水が回っているかを目で見て確認する仕組みがない代わりに、しっかりした計器が備わっているので必ずメーターをチェックしましょう。ただし、一部船内外機や船内機のように空中排気を採用している艇は、トランサムの排気口から排気と一緒に冷却排水も放出されるので、その量も含めて目視確認も可能です。

また、船外機と違って、海水ポンプ以外に、エンジン内部に循環させる冷却水を隅々に送り込むためのサーキュレーションポンプが付けられています。これは、エンジンが大きく、また、サーモスタット周りの仕組みが複雑なので、たとえ直接冷却だとしても、海水ポンプだけでは冷却水を十分に循環させられないためです。このサーキュレーションポンプは、大多数を占めるベルトによって駆動するタイプと、クランクシャフトからギアトレインで駆動するタイプがあります。このあたりも、船外機と比べて複雑に見える部分です。

4スト船外機と同様な潤滑系統

潤滑系統は、4ストローク船外機と基本的に変わりません。クランクケース内にオイルを貯め、オイルポンプによってエンジンの隅々まで循環させており、循環したオイルを濾《ろ》過《か》するオイルフィルターも装備しています。また、エンジン稼働時間が50時間、100時間など、定められた時間ごとにオイルを交換し、それまでは繰り返し使われる点も同じです。

その中でも、ガソリン船内外機は、V型エンジンの下部にオイルフィルターがあってアクセスしにくいため、エクステンションを使ってフィルター取り付け部をエキゾーストエルボーまで引き回し、フィルター交換が簡単にできるようにしたものも多くあります。

船内外機&船内機は、熱くなったオイルを冷やすため、別途、オイルクーラーを装備するのが普通で、その構造は基本的に、エンジン本体のヒートエクスチェンジャーを小型にしたようなものです。

なお、ディーゼルエンジンは、ガソリンエンジンよりもすすや硫黄分などが多いため、エンジンオイルはガソリンエンジン用とは異なった性格を持っており、まったくの別ものであることを理解しておいてください。

種類が多く大型になるその他の補機類

ガソリンエンジン特有の点火系統は、シリンダーに取り付けられたスパークプラグで点火させる点は船外機と同じですが、ガソリン船内外機&船内機の点火系統は、タイプによりさまざまなバリエーションがあります。一方、ディーゼルエンジンはまったく別な原理で燃料を燃焼させています。これらについてはそれぞれの回で詳述します。

スターターモーターでエンジンをかける始動系統の仕組みは、基本的に電動始動式の船外機と同じです。しかし、船内外機&船内機ではエンジンが大きく重くなるためにさまざまな工夫がされており、そのシステムは船外機に比べてぐっと複雑になってきます。加えて、エンジンを始動するために必要な電力も、船外機に比べて桁違いに大きくなりますから、バッテリーや配線など、それを支える仕組みも大がかりになっています。

なお、詳細は後述しますが、船外機のスターターモーターがエンジン上部に縦向きに取り付けられているのに対して、船内外機&船内機ではエンジン最下部の後方に横向きで取り付けられています。

最後に充電についてです。船外機と違って、船内外機&船内機の充電は、ベルトで駆動されるオルタネーターによって行われます。このオルタネーターは、目的に応じてより発電能力の大きなものに換装することが可能です。なお、ディーゼルエンジンの一部では、タコメーターで表示するエンジンの回転数を、オルタネーターから取っていることがあります。

ガソリン船内外機のオイルフィルター

ガソリン船内外機のオイルフィルターは、エンジンの最下部、最後方にあるのが普通で、交換作業は大変だ。エクステンション（延長パイプ）を設けて、手前に引き出してあるケースもよく見かける

【第6回】ガソリン船内外機の仕組み

小型や中型の輸入艇によく搭載されている、ガソリン船内外機。
船外機と比べると、エンジンそのものが大きく、また、複雑さも増していますが、基本は同じです。
順を追ってじっくり見ていけば、その仕組みもきっと理解できます。

マークルーザーがディファクトスタンダード

国産ボートメーカーのラインナップを見ると、ボートのサイズが大きくなるに従い、その搭載エンジンは船外機からディーゼル船内外機にステップアップするケースがほとんどなので、ガソリン船内外機を搭載したモデルはあまり見かけません。

一方、米国などでは、ガソリン船内外機が中型プレジャーボートのスタンダードとなっていて、新型のエンジンも多数発表されています。そのため、輸入艇の中でも、小～中型のランナバウトやキャビンクルーザーの多くがガソリン船内外機を搭載しています。ところが、ガソリン船内外機は製造メーカーの数が限られていて、一般的なプレジャーボートに搭載されているのは、マーキュリーマリンのマークルーザーシリーズがディファクトスタンダード（事実上の標準）となっています。

前項で述べたように、船内外機は船尾にエンジンルームを持ち、エンジン本体はコクピット下に設置されます。エンジンの出力は、トランサムを貫いて取り付けてあるドライブに伝えられるので、エンジンは正立（シリンダーが上を向いた状態）で水平に置かれます。シリンダー配置は、V6、V8と呼ばれる、6気筒または8気筒のV型が標準です。

ちなみに、スキーボートなどの特殊な用途を除き、中型以上の船内機艇では、ガソリンエンジンを搭載したものはほとんどありません。わざわざ大馬力のものを開発しても商業的にペイしないのと、燃料消費量が多いことから、大型のガソリンエンジン自体が少ないのがその理由でしょう。

燃料系はキャブと燃料噴射ユニットの二つ

燃料タンクから燃料ポンプによって吸い出されたガソリンは、燃料ポンプのすぐ近く（エンジン側面）にある、カートリッジ式の燃料フィルターを通ってゴミや水分を分離します。ガソリン船内外機のフィルターは丈夫な金属製で、内部を見ることはできません。

燃料フィルターを通った燃料は、燃料噴射ユニットかキャブレターに送られます。

船外機と異なり、船内外機では、燃料噴射ユニットを採用したモデルでも、燃料をシリンダーに直接噴射することはほぼありません。インテークマニホールドが各気筒に

ガソリン船内外機の例

コンパクトに収まったガソリン船内外機。国産艇ではほとんど見かけなくなったが、小、中型の輸入艇では、ガソリン船内外機を搭載したものも多い。プレジャーボートの小型化、高性能化には欠かせない存在のガソリン船内外機だが、マーキュリーマリンのマークルーザーシリーズがそのディファクトスタンダードとなっている。写真は、マークルーザー 5.7L。なお、以下の部分カットは、おもにマークルーザー 5.0Lのもの

キャブレターとフレームアレスター

エンジン頂部に取り付けられたキャブレター（○部分）。V型エンジンでは、この位置から各気筒へと、インテークマニホールドが延びている。写真のキャブレターは、外見上、一つに見えるが、内部が四つに分かれた4バレルシングルタイプ。その上に見える円盤状の部分が、フレームアレスターとアレスターカバー

枝分かれする手前（キャブレターが付いているのと同じ太い部分）に噴射するTBI（Throttle Body Injection）か、各気筒のインテークマニホールドに噴射するMPI（Multi Port Injection）かになっています。

特にMPIを採用した船内外機の燃料噴射ユニットは、船外機と同じく、カバーに隠れたブラックボックスになっています。十分な信頼性がある半面、万一、壊れたときは専門業者でないと手が出せません。

スタンダードな船内外機では、旧来のキャブレターを用いています。その理由は、コストと性能との兼ね合いによるものです。ただし、キャブレターそのものの大きさは、船外機のものよりずっと大きく、一つの筐体《きょうたい》に二つのバレル（胴体）を持っているのが普通です。

キャブレターは、燃料噴射ユニットに比べるとシンプルな構造ですが、それでも繊細なものの一つです。このキャブレターは、送られてきた燃料を燃焼に適した細かい霧にして、定められた比率（空燃比）で空気と混ぜ合わせてシリンダーに送り込む役割を担っており、アイドリングから全開運転まで幅広い条件で適切な運転を保つため、さまざまな工夫がされています。

V型配置の船内外機では、キャブレターがエンジン上部中央に配置されています。その上には、フレームアレスターやアレスターカバーが付いていますから、直接見えないケースもあります。フレームアレスターとは、バックファイア（シリンダー内で燃焼している混合気が吸気側に吹き返す現象）したときに、ガソリン蒸気があるかもしれないエンジンルームに裸火が出ることを防ぐ、文字どおり「炎を捕えるもの」。細かいメッシュやスリットで構成されています。

なお、キャブレター自体の機構は、109ページで説明した船外機のものと同じです。

サーモスタットが要の冷却系は、ぐっと複雑に

ガソリン船内外機では、ドライブのロワーユニット下部にあるインテークから冷却用の海水を吸い込んで、これをエンジンに送っています。ガソリン船内外機の場合は、ドライブのインテーク自身が細かいメッシュになっていて大きなゴミは吸い込まないことと、直接冷却を用いていることで、海水経路に特別なフィルターなどの装備は持ちません。

このドライブから海水ポンプに至る途中には、エンジンオイルのオイルクーラーがあります。ちなみに、船内機の場合は、この経路上にトランスミッションのオイルクーラーなどが設けられているケースもよく見られます。

海水ポンプが吸い込んだ海水は、サーモスタットハウジングに送られます。船内外機の冷却系の要ですね。

このサーモスタットハウジングの内部には、温度によって開いたり閉じたりするサーモスタットがあり、ここでエンジン内部に送られる水の量が調節され、ここを通過した冷却水がサーキュレーションポンプによってエンジン内部に送られます。

エンジンブロックを冷やしたあとの海水は、再びサーモスタットハウジングを経て、排気が集まるエキゾーストマニホールドとエキゾーストエルボーに設けられたウオータージャケットの中を通り、これら排気系を冷やしたのち、エルボーを出たところで排気管内に噴射され、排ガスとともに排出されます。この排気管のなかに噴射する方式はウエット排気と呼ばれ、ボートのエンジンの特徴でもあり、排気温度を下げて騒音や臭いを少なくする役目があります。

なお、エンジンが冷えている間は、ほとんどの海水はエンジンに入らず、サーモスタットハウジングから直接エキゾーストエルボーにバイパスされます。

こういった複雑な構造をしているので、一見、ホースがたくさん絡まり合ってわからない……ということになるのですが、順序立てて追っていけば必ずわかりますから、あきらめずに理解してください。

サーモスタットハウジング

適切な運転温度に保つ冷却系の要、サーモスタットハウジングは、○部分の奥にある。そのなかには、温度によって開いたり閉じたりして流量を制御する弁が入っており、冷却水温を調整する。何本ものホースが集まっており、いかにも複雑そうだが、順に追っていけば、その経路を理解するのは必ずしも難しいことではない

海水ポンプ

ベルトで駆動される海水ポンプ。内部にインペラが入っており、ドライブのインテークから取り入れた海水を強力に吸い上げて、エンジン内部に送っている。その後、冷却海水は、サーキュレーションポンプによってエンジン各部に送られる

エキゾーストマニホールドとエキゾーストエルボー

各気筒から出た排ガスは、エキゾーストマニホールド（白○部分）に集めてから排出される。船内外機のエンジンは、吃水線下にあることが多いので、エキゾーストエルボー（黒の○部分）を吃水線より上に立ち上げ、冷却排水が逆流しないようにしている。通常のエルボーの高さだけでは不十分な場合は、エキゾーストライザー（いわゆるゲタ。矢印部分）を噛ませて高さを稼ぐ

さまざまなタイプがある 船内外機の点火系

点火系は、シリンダーに吸い込まれた混合気に点火して、正しく燃焼させるためのものです。ガソリン船内外機の点火系は、タイプによってさまざまなバリエーションがあります。

まず、ほとんどの船内外機では、船外機と異なって、イグニッションコイルは一つだけです。このコイルから出た電気は、「ディスビ」とも呼ばれるディストリビューター（点火プラグとハイテンションコードがつながっている円筒状の部品）を用いて、各気筒に分配しています。ディストリビューター（distributor）とは、もともと「分配者」という意味で、文字どおり、点火コイルから来る電気を各気筒に分配するのでこう呼ばれています。

このディストリビューターの内部には、エンジンのクランクシャフトの回転に従ってぐるぐる回るアームがあって、イグニッションコイルから来た電気を適切なタイミングで各気筒に振り分けています。

点火タイミングの制御は、昔ながらのメカニカルな機構によるものと、船外機と同じく電子部分によるものとがあります。

最近では見かけることが少なくなりましたが、メカ機構のみで点火タイミングをコントロールしているタイプでは、ディストリビューターの内部に、イグニッションコイルに送る電気のオン／オフをしているコンタクトブレーカーと、その電力を貯めておくコンデンサーなどがあります。

コンタクトブレーカーは別名「ポイント」とも呼ばれ、ディストリビューターシャフトに取り付けられている気筒数と同じ山数のカムによって、オン／オフを切り替えるスイッチです。このオン／オフによって点火コイルに電気を送ったり切ったりして、その瞬間のタイミングでスパークを飛ばします。非常にトリッキーに見えるかもしれませんが、ディストリビューターのシャフトは、クランクシャフトの回転をギアで抽出して回されているので、そのシャフトに取り付けられているカムはピストンの動きと完全に連動します。だから、タイミングを決めるのはそれほど難しくはありません。

同じく、ディストリビューターのなかにあるコンデンサーは、点火コイルに流す電荷を一時的に貯めておく、いわばダムのような役割を持っています。このポイントとコンデンサーは、ガソリン船内外機の弱点で、トラブルを起こしやすい部分でした。

最近の船内外機では、船外機と同様、こういった機構をまとめてトランジスタ化しており、例えばマークルーザーだと、「サンダーボルトイグニッション」という名称が与えられています。こうしたフルトランジスタ化されたタイプでは、従来のガソリン船内外機の弱点が改善され、信頼性が飛躍的に向上しているので、電気系の弱さを必要以上に気にする必要はないでしょう。

なお、ガソリン船内外機でも、ディストリビューターを持たずに、船外機式に各気筒分のイグニッションコイルを持つタイプもあります。

イグニッションコイルとディストリビューター

イグニッションコイル（○部分）で発生させた電気は、ディストリビューターで各気筒に振り分ける。ハイテンションコードが集中している部分がディストリビューターキャップ

ディストリビューター内部

ディストリビューターキャップを開けると、内部にはエンジンの回転とともに回るローター（○部分）がある。キャップの中心には、イグニッションコイルからの電気を受け取るための接点があり、ローターが回転しながら各気筒に電気を分配する。コンタクトブレーカーを使う古いタイプでは、キャップを開けると、ポイントやコンデンサーが入っている

サンダーボルトイグニッション

マークルーザーのサンダーボルトイグニッション。従来、コンタクトブレーカーとコンデンサーで行っていたスパークのオン／オフを、トランジスタによって電子化したもの。その信頼性は高く、故障することはめったにない

ガソリン、ディーゼル 共通の始動系

始動系は、エンジンを運転するのに必要なクランキングをするためのものです。船内外機の始動系の仕組みは、ガソリン、ディーゼルとも共通です。中型以上の船外機と同様、スターターモーターを用いていますが、船外機に比べてぐっと複雑になってきます。

バッテリーのプラス端子から出た太い電線は、メインスイッチを経由して、スターターモーターと一体になっているマスターソレノイドの端子に入っています。ここまでの経路では、船外機よりずっと大きな数百アンペアという大電流が流れます。

スターターモーターのオン／オフは、キースイッチによってコントロールしており、この電気をマスターソレノイドに与えてオン／オフを制御しています。キースイッチからマス

スターターモーター

マークルーザーの場合、エンジン最下部、最後方に、後ろ向きで取り付けられているスターターモーター。マスターソレノイドがオンになると、スターターモーターが回転するとともに、ピニオンギアが押し出され、フライホイールに刻まれたギアに噛み合ってエンジンを始動させる

サーキットブレーカー

艇体側に供給される電気のすべてをコントロールするサーキットブレーカー（矢印のプッシュボタン部分）。○部分の円筒形のものは、スターターのスレーブソレノイド。その上に載っているケースは、ドライブの電食を防ぐマークルーザー独自のアクティブ防食装置、マーカソード

ターソレノイドまでの経路の途中には、万一の事故を防ぐため、クラッチが入っている状態ではスターターモーターが回らないようにするニュートラルセーフティースイッチが入っているのは船外機と同様です。

船内外機の場合は、ニュートラルセーフティースイッチを出たあと、マスターソレノイドへ行く前に、もう一つ、小さめのスレーブソレノイドの駆動端子に入ります。このスレーブソレノイドから出た線が、マスターソレノイドの駆動端子に入っています。つまり船内外機は、「スタート」の位置までキーをひねると、いったん小さなスレーブソレノイドを動かし、それがさらにマスターソレノイドを動かすことで、やっとスターターモーターが回るという多段式の構造を持っているのです。

なぜこのような面倒なことをしているかというと、船内外機ではエンジンが大きいため、結果的にスターターモーターも、そこでの消費電流も大きくなるからです。大電流を流すためには、必然的にマスターソレノイドも大容量のものが必要で、後述するように、ピニオンギアの出し入れもしているため、ソレノイド自身を駆動するのに必要な電流も大きくなるのです。そのため、いったん少ない消費電流で駆動できるスレーブソレノイドを動かし、より大きな電流が必要となるマスターソレノイドをコントロールしているのです。

もう一つ、船内外機のスターターモーターで特徴的なのは、エンジンを駆動させるピニオンギアの動きです。ピニオンギアとは、フライホイールを回すためにスターターモーターに設けられた歯車で、これは、スターターモーターが回っているときだけフライホイールに噛み合い、エンジンがかかってスターターモーターが止まると噛み合いが戻ります。

船内外機のスターターモーターは、マスターソレノイドを利用してピニオンギアを能動的に出し入れするソレノイド方式となっており、ピニオンギアは、マスターソレノイドの動きによって押し出されることでフライホイールとミートします。

また、ほとんどの船内外機では、スターターモーターの回転を減らしてトルクを上げる、リダクション機構を持っています。

オルタネーターで発電する充電系

最後に充電系について見てみましょう。この部分も、ガソリン、ディーゼルともに共通です。

船内外機の充電は、ベルトで駆動されるオルタネーターによって行われます。最近のモデルでは、ボートの電装品が多くなってきたので、発電能力がずいぶん強化されています。また、エンジンメーカーからは、各モデルのオルタネーター発電容量が公開されていますので参考にしてください。

一つ注意すべき点は、このオルタネーターの発電容量は、「いつでもそれだけ発電している」という値ではないということです。例えば、60アンペアと表示されていても、それは定格で回っている、つまり、エンジン回転数が巡航時以上のときに発電できる値であり、トローリングスピードでとろとろと走っていたり、ましてやアイドリングしているときに発電できる値ではない、ということです。これはインバーターを積んでエアコンなどを駆動しようとするとき、十分注意しなくてはならない点です。

なお、ディーゼルエンジンでは、前述の通り、エンジン回転数を表示するタコメーターの一部に、オルタネーターの回転数を測っているタイプのものがあります。こういうタイプでは、ベルトが切れたり、オルタネーターが壊れたりすると、エンジン回転数を表示できなくなりますから、ぜひ覚えておいてください。

オルタネーター

○部分が、船内外機での発電を担うオルタネーター。クランクシャフトの回転を伝えるベルトによって駆動される。船内外機のオルタネーターは独立しているので、用途に応じて換装することも可能だ

【第7回】ディーゼル船内外機の仕組み

ディーゼル船内外機は、燃費のよさで知られるディーゼルエンジンを搭載しています。ガソリンエンジンと比較するとより複雑になっている部分があるものの、船内外機としての基本は同じ。ここでは、ディーゼルエンジン特有の部分を中心に解説していきます。

ディーゼル船内外機って？

ディーゼル船内外機は、艇体内部にエンジンを装備し、トランサムに取り付けられたドライブで艇体を推し進めるパワートレーンであることは、ガソリン船内外機と変わりません。

ガソリン船内外機との最大の違いは、エンジン本体がディーゼルエンジンで、ガソリンエンジンよりも経済的だという点です。国産艇の中型クラスの艇には、ディーゼル船内外機を装備するのが普通で、メーカーも大変力を入れており、国内外に多くのエンジンがラインナップされています。

以前は、ディーゼルエンジンといえば、重い、パワーがない、振動がひどい、臭い、黒煙がたくさん出る……と嫌われていた時期もありましたが、最近では、技術改良により、ガソリンエンジンと比べて勝るとも劣らない新世代のエンジンが次々に送り出されています。

ディーゼルエンジンの構造と特徴

それでは、ディーゼルエンジンの構造とその特徴について見てみましょう。

まず、ディーゼルエンジンは、ごく一部の大型船内機用のものを除いて、すべて4ストロークとなっています。さらに、船内外機に使われているディーゼルエンジンは、例外なく4ストロークで、ほとんどが直列配置のシリンダー構成となる点を除けば、構造的にはガソリン船内外機と同様です。

ガソリンエンジンとディーゼルエンジンとの決定的な違いは、その燃焼方式にあります。ガソリンエンジンは、シリンダー内に混合気を吸い込んで圧縮し、電気火花で点火しますが、ディーゼルエンジンでは、空気だけを吸い込んで、ガソリンエンジン

ディーゼル船内外機の例

コンパクトに収まったディーゼル船内外機（ボルボ・ペンタAD31）。ヒートエクスチェンジャー、ターボチャージャー、アフタークーラーなど、ディーゼルエンジン特有の構造がよくわかる。より新しいディーゼルエンジンには、電子制御などが採用されるようになり、高性能化も進んでいる

ハンドポンプと燃料フィルター

ボルボ・ペンタAD41の燃料フィルター（白い円筒）とハンドポンプ（矢印）。燃料のエア抜きをするには、このポンプを押し続けなければならない

シリンダーヘッド周り

ボルボ・ペンタAD41のエンジン上面。○部分の燃料噴射ノズルや、燃料噴射ポンプから燃料噴射ノズルに至るまでの高圧配管の取り回しがわかる

燃料噴射ポンプ

ボルボ・ペンタAD41の燃料噴射ポンプ。ここで加圧された燃料は、高圧配管を通って、各気筒に設けられた燃料噴射ノズルへと送られる

燃料噴射ノズル

燃料噴射ノズル。各気筒に設置され、ノズルの先端から霧状の軽油を噴射する。非常に微細な構造のため、燃料にゴミなどが混入していると、トラブルの原因となる

よりずっと高く（3～4倍）まで圧縮し、高温になったシリンダーのなかに燃料噴射ノズルから軽油を霧状に噴射して燃焼させます。このため、ガソリンエンジンに必要な点火系を持たず、いったん始動してしまえばいつまでも動き続けるところから、信頼性が高いといわれています。

また、ディーゼルエンジンは、1回の燃焼に必要なほんのわずかな燃料を、高圧のシリンダー内に正確なタイミングで吹き込むための特別な装置となる燃料噴射ポンプが必要です。この点は、キャブレター式ガソリンエンジンとの大きな違いです。

ディーゼルならではの燃料系の特徴

ディーゼルエンジンの燃料系は、ガソリンエンジンよりぐっと複雑になっています。ここでは、その特徴について見てみましょう。

一つ目の特徴は、二段構えのフィルター機構を持っている、という点です。ディーゼル船内外機の場合、タンクや配管などはガソリン船内外機とほぼ同様ですが、それ以降の経路には、燃料タンクとエンジンとの間に設ける大きなプライマリーフィルターと、エンジンサイドに設ける小さなセカンダリーフィルターとの二つが必ずあります。これらのフィルターの目の細かさは、プライマリーが30ミクロン程度、セカンダリーが2ミクロン程度という細かさで、プライマリーフィルターは、ゴミだけでなく、燃料中の水分を分離する機能も持っています。というのも、燃料噴射ポンプや燃料噴射ノズルは精密で微細な構造をしており、キャブレター式のガソリンエンジンでは問題にならないような小さなゴミでも致命的な故障を起こしかねず、錆の原因となる水分も大敵であるため、燃料中に混入するゴミや水分を徹底的に排除する必要があるからです。

二つ目の特徴は、「エア抜き」が必要な点です。大きなフィルターを持つディーゼルエンジンでは、フィルターを交換したり、燃料タンクを空にしてエアを吸ってしまったりしたときには、エンジンの燃料ポンプの力だけでは燃料を吸えないので、燃料経路に入ってしまった空気を抜く作業が必要になります。このため、エンジンサイドのセカンダリーフィルター付近には、小型の手動ポンプが付いていて、このポンプをシュコシュコと動かして燃料を吸い上げるのです。もちろん、この手動ポンプの先の経路、燃料噴射ポンプや燃料噴射ノズルまでの間の高圧配管からのエア抜きも必須です。こういったエア抜きの方法は、ディーゼルエンジン搭載艇にお乗りの方は、必ず身につけておいてください。

二つのタイプがある燃料のコントロール方法

ディーゼルエンジンは、いったん始動してしまえば、燃料を噴射し続けている限り運転し続け、反対に運転を停止するには、燃料を止めなければなりません。

この燃料をコントロールするには方式が二つあります。一つは、燃料流路が常時開いていて、止めるときだけ、一瞬、流路を閉じるタイプ。もう一つは、燃料流路が常時閉じていて、運転するときに開け続けるタイプです。ここでは便宜上、前者をAタイプ、後者をBタイプとします。この流路の開閉を行うのは、電磁石でレバーを出し入れするソレノイドという部品で、その作動には当然、電気が必要です。つまり、「スパークプラグで火花を飛ばすために電気が必要なガソリンエンジンと違って、ディーゼルエンジンは電気がなくても動き続ける」というのはウソで、運転時に通電が必要なBタイプでは、電気が切れると、エンジンが、キーをひねったみたいに、突然、止まってしまうのです。これをよく覚えておいてください。

エンジンを止めるとき、スイッチを押したり、キーをある位置までひねったりするエンジンは、停止時に通

電させるAタイプで、ここで使われるソレノイドは、カットオフソレノイドと呼ばれます。マークルーザーのディーゼル船内外機のほか、中型艇までに搭載されるAD31やAD41をはじめとしたボルボ・ペンタの全ディーゼルエンジン、国産では、日野、ヤマハ、ヤンマーなどがこのAタイプです。Aタイプの場合、カットオフソレノイドの動きが悪いと、エンジンが止まらなくなってしまうことがあります。こういうときは、燃料噴射ポンプにカットオフ用のレバーが付いているので、これを引っ張って停止させます。こうしたところから、「ディーゼルエンジンは電気がなくても動く」という神話が生まれたのでしょう。

一方、キャタピラーやGMといったメーカーの大型ディーゼルエンジンでは、運転時にソレノイドが動いて燃料流路を開けるBタイプを採用しています。このため、ソレノイドが壊れたり、電気が通じなかったりすると、エンジンは始動しません。運転中になんらかの原因でソレノイドへの電気が断たれると、まるでスイッチを切ったようにエンジンが止まってしまいます。

ディーゼルエンジン搭載艇にお乗りの方は、自艇のエンジンがどちらのタイプであるか、必ず確認しておいてください。

ディーゼルエンジンは ほとんどが間接冷却

冷却系も、ガソリン船内外機と似ているものの、より一層複雑になっています。

ディーゼル船内外機の多くは、ドライブのロワーユニット下部に冷却水取り入れ口があり、エンジン本体に設けられた大型の海水ポンプで海水を強力に吸い込みます。しかし、ディーゼルエンジンは発熱量が大きいため、ドライブから冷却水を取り入れるとどうしても量が不足することがあるので、一部の船内外機艇では、船内機艇と同様、船底にスルハルを設け、直接、冷却水を取り込むケースもあります。

ディーゼルエンジンの冷却系で最も特徴的なのは、そのほとんどで間接冷却が用いられていることでしょう。この間接冷却は、冷却水取り入れ口から海水ポンプまでの経路は直接冷却とほぼ同じですが、吸い上げられた海水は、エンジン内部に設けられたウオータージャケットに入る代わりに、ヒートエクスチェンジャーという熱交換器に入ります。このヒートエクスチェンジャーは、細いパイプがびっしり詰まったもので、パイプの内外で熱を交換する役割があり、ここでエンジン内部に循環させている清水冷却水を、海水によって冷やしているのです。なお、間接冷却の清水冷却水は、通常、ロングライフクーラントを混ぜるので、赤や緑の色がついています。

また、間接冷却では、細いパイプでできているヒートエクスチェンジャーを詰まらせないように、冷却水取り入れ口と海水ポンプとの間に、海水フィルターが付いているのが一般的です。ドライブから吸い込むタイプではエンジンサイドに、船底のスルハルから吸い込むタイプではスルハルの脇に、それぞれ海水フィルターがあり、海水に交じったゴミを除去しています。特にエンジンサイドに付いている海水フィルターは、容量が少ないので手入れが欠かせません。

ところで、ディーゼルエンジンでは、なぜ間接冷却という複雑な構造を採っているのでしょう?

その理由の一つは、エンジン内部に

海水ポンプとフィルター

ボルボ・ペンタAD41の海水ポンプと海水フィルター。ディーゼルエンジンの海水ポンプは、ベルトではなく、ギアで駆動されるタイプが多くなる。また、ディーゼルエンジンの海水冷却系には、微細なヒートエクスチェンジャーを詰まらせないために、海水フィルターが装備される

ベルト周り

ボルボ・ペンタAD41のベルト周り。ベルトが回しているのはサーキュレーションポンプ（上のプーリー）とオルタネーター（左のプーリー）だけという、最もベーシックでシンプルな作りとなっている

ターボチャージャーとエアフィルター

ボルボ・ペンタAD41のターボチャージャー（○部分）。エキゾーストマニホールドのすぐ後ろに設置され、排気のエネルギーでタービンを回して吸気を圧縮する。その後ろにある網目状の部分がエアフィルター

海水が残ることによる腐食を防ぐため、もう一つは、最適な運転温度を保つためです。

本来、エンジンには適した運転温度があり、高すぎるのはもちろんいけませんが、低すぎてもいけません。特にディーゼルエンジンは、温度が低いとよくないのです。ところが、直接冷却の場合、エンジン内部に塩が析出しないよう、最適な運転温度より低い温度で使用されていたりすることもあります。こうしたことから、より安定した運転温度を得られるよう、ヨットの補機用や小型のジェネレーターなどの一部を除くほとんどのディーゼルエンジンが、間接冷却となっています。

なお、間接冷却の清水冷却水は、サーキュレーションポンプを用いてエンジン内部を循環させており、その流量はサーモスタットによって調整されています。間接冷却のディーゼルエンジンでは、エンジン本体やエキゾーストマニホールド、一部のオイルクーラーなどは、清水冷却水系で冷却されているのです。

ヒートエクスチェンジャーを通ったあとの冷却海水は、オイルクーラーやフューエルクーラー、アフタークーラーなどの各種クーラーを経て、エキゾーストエルボーの立ち上がりを越えたあとで排気管内に噴射され、排気とともに排出されます。

パワーアップに不可欠なターボチャージャー

ディーゼルエンジンで特徴的なのが、ターボと略されるターボチャージャーの存在でしょう。自動車の場合はガソリンエンジンでもターボが珍しくありませんが、ボートの世界では、ほぼ、ディーゼルエンジン特有のものです。

ターボとは、エンジンの排気管の出口であるエキゾーストマニホールドの先に、排気側と吸気側が一対になったタービン（風車）を取り付けて、排気のエネルギーで排気側タービンを回すことによって吸気側のタービンを回し、エンジンに多くの空気を送り込む、という装置です。一方が排気で回されて、反対側で空気を圧縮するのです。

空気を圧縮して送り込むことを過給と呼びますが、この過給によって同じシリンダー容積の中により多くの酸素を詰め込み、その結果、より多くの燃料を燃やして大きな馬力を生み出すのです。

プレジャーボート用のディーゼルエンジンは、ターボのおかげで活躍の場を得ているといっても過言ではないでしょう。同じブロックのエンジンが、ターボやアフタークーラーを付けることによって、その出力が2倍にも3倍にもなると聞いたら驚かれるのではないでしょうか？

なお、アフタークーラーとは、ターボで圧縮された空気を冷やすためのヒートエクスチェンジャーです。ターボで圧縮された空気は、熱力学の法則から温度が著しく上昇します。これを断熱圧縮と呼び、この原理はディーゼルエンジンの着火に用いられています。空気は温度が上がると膨張し、密度が下がります。すると、一定の体積のシリンダーに送り込まれる酸素の量が減るので、燃やせる燃料が少なくなり、出力が上がりません。そこで、ターボで圧縮された空気を冷やして温度を下げ、密度を上げるのです。

ボートのアフタークーラーは、自動車のラジエーターとよく似た構造をしていますが、内側を通るのが海水という点に違いがあります。内部には細かいフィンが鋳込まれており、この間を冷却海水が通り抜けることによって、熱い空気が冷やされるのです。

寒冷時には特に重要な予熱装置

燃料系のところで述べたように、ディーゼルエンジンには点火系というものは存在しません。その一方で、エンジンが冷えているときなど、クランキングしても燃料の着火に必要な温度を得ることができず、エンジンがかかりにくいことがあります。このためディーゼルエンジンには、あらかじめシリンダーや吸い込む空気などを暖める、プレヒートと呼ばれる予熱装置があります。スターターを回す前に、イグニッションキーを途中で止めて待つタイプがありますが、この待っている間にプレヒートをしているのです。ディーゼルエンジンは、寒冷時にはプレヒートをしないと始動しないのです。

この予熱装置の構造は、シリンダー1本1本にニクロム線でできたヒーターの棒が付いているタイプや、シリンダーに吸い込む空気を暖めるためにインテークの途中にヒーターが付いているタイプなど、いくつかの種類に分かれます。

ターボチャージャー

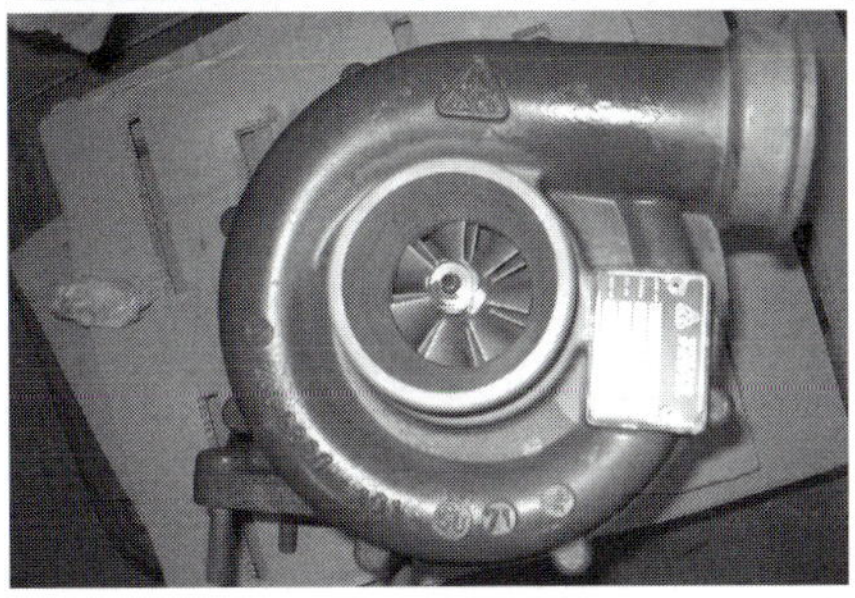

ボルボ・ペンタAD31の新品のターボチャージャー。写真で見えているタービンは吸気側のもの。同様のタービンが排気側にもあり、これを排気によって回している

アフタークーラー

ボルボ・ペンタAD41のアフタークーラー。内部にはラジエーターのようなフィンが鋳込まれていて、その中を冷却海水が通っている。ここにターボチャージャーによって熱くなった空気を通すことで、その温度を下げる役割を担っている

【第8回】プロペラの基礎知識

プロペラとドライブは、エンジンで発生した力を水に伝え、ボートを推し進める役割を果たしています。プロペラに関する技術やノウハウは非常に奥が深いのですが、ここではまず、各部の名称や数値項目、材質といった基礎知識について説明します。

プロペラは技術の結晶

プロペラは、クルマに置き換えるとタイヤに相当する重要なパーツです。ペラ、プロペラ、スクリュー、暗車など、いろいろな呼び方がありますが、いずれもその目的は、エンジンで発生した力を水に伝え、推進力を発生させるものです。

ちなみに、初期のプロペラは、いまのものよりずっと本物のネジに似ていました。スクリューとは、もともと螺旋《らせん》と言う意味。つまりネジです。水のなかをネジを切るように切り進んでいくところから名づけられたわけです。その後、流体力学的に洗練され、徐々に現在の形になってきました。

初期の動力船は「外輪船」といって、船体の両側や後部に大きな水車状のパドルを備えていました。しかし、それぞれ同じ馬力のエンジンを搭載した同じ大きさの外輪船とプロペラ船とで綱引きをする実験を行った結果、プロペラ船が圧勝して急速にプロペラが普及した、というのは有名な話です。

とても小さなプロペラですが、水の密度は空気の８００倍。小さくとも、十分その役割を果たすのです。ゆえに、小さいからと馬鹿にしてはいけません。たとえ、なりは小さくとも、プロペラは最新テクノロジーの結晶です。ここからはその構造と機能を見てみましょう。

プロペラの各部名称

まず、プロペラ各部の基本的な名称を確認しておきましょう。

プロペラは、大きく「ブレード（翼）」と「ハブ」とに大別されます。

ブレードは、扇風機の羽根のように、実際に水をかいてスラストを発生する部分です。この、回転方向の水に切り込んでいく側を「リーディングエッジ（前縁）」、反対側を「トレーリングエッジ（後縁）」、そしてブレードの先端を「チップ」といいます。ハイパフォーマンスプロペラの多くには、トレーリングエッジに「カッ

プロペラの各部名称

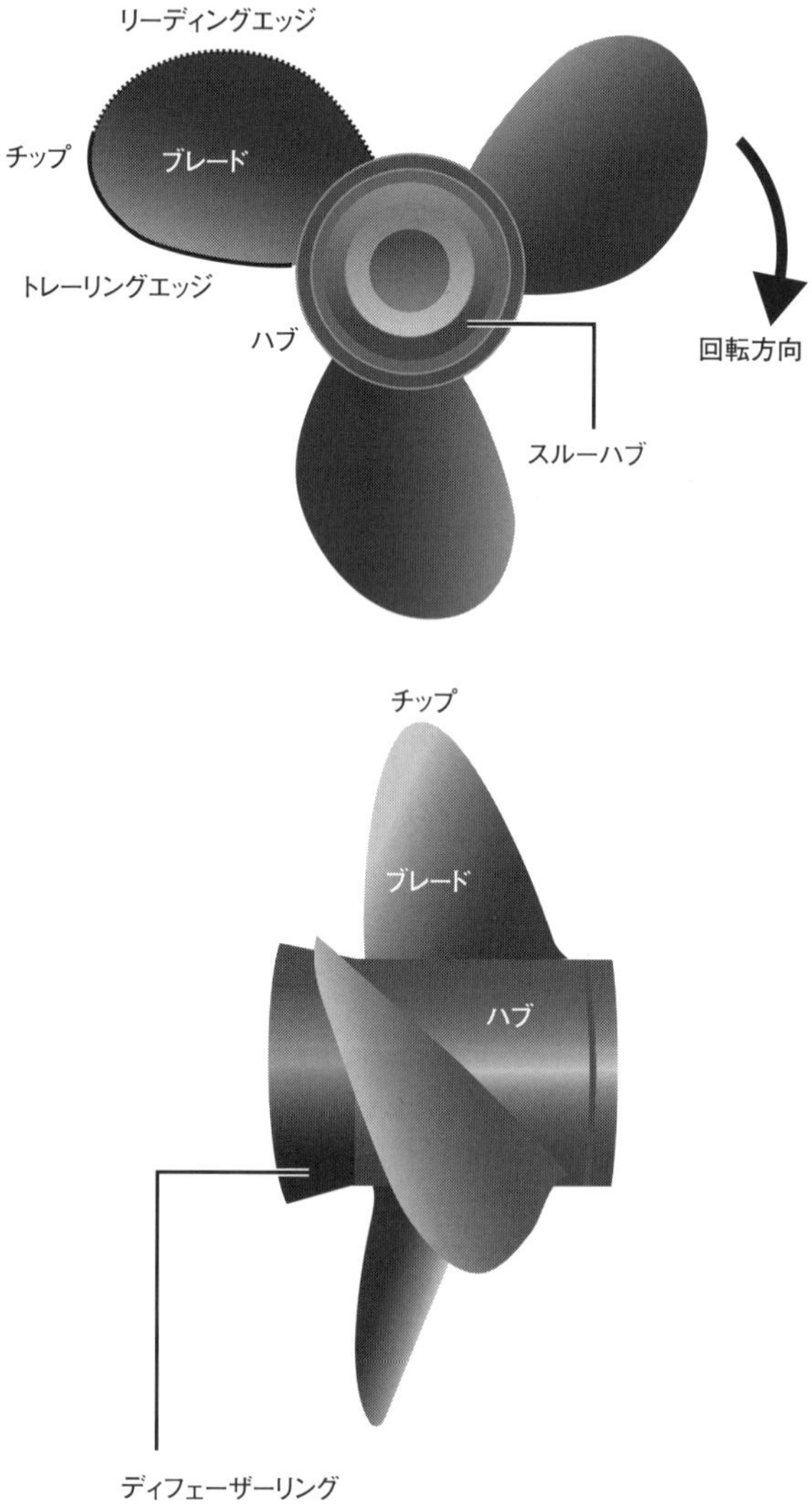
（ラッパ状に開いた造作。水流を斜めに逃し、排ガスの抜けをよくして、ブレードに巻き込まないようにする工夫）

プ」と呼ばれる、水を捉えやすくするための小さな曲面加工が施されています。ちょうど、飛行機の翼で後縁のフラップを下ろしているような造作です。

ハブは、プロペラの中心にあり、シャフトに取り付けられる部分です。種類によっては、ハブのなかにゴムの「ブッシュ」が圧入されていたり、プラスチックの「カラー」を挟み込むようになっていたりします。このブッシュやカラーが、シフト時のショックや、水中の障害物との衝突時の衝撃を吸収してくれます。小型の船外機用のプロペラでは、「シアーピン」という細いピンで留められ、いざというときはこのピンが折れるようになっているものもあります。ボルボ・ペンタのデュオプロやヤンマーのスターンドライブ用を除き、ほとんどのプロペラはハブの中心が空洞になっていて、ここから排ガスが水中に排出されます。これをジェット排気とかスルーハブ排気と呼びます。

一方、船内機用のプロペラは、船底に突き出たシャフトに直接固定されるため、ブッシュなどのような緩衝材やスルーハブ排気といった機構はありません。ソリッドな一体鋳造になっています。

なお、船内外機でも、船内機と同じような油圧多板式クラッチを使っているヤマハのスターンドライブ用のプロペラや、ハイパフォーマンスボートに使われているクリーバープロペラなども、ブッシュなどを持たず、プロペラシャフトへ直に取り付けるソリッドタイプとなっています。

船内外機用ソリッドハブプロペラの例

ヤマハのソリッドハブプロペラ。ヤマハのスターンドライブは多板式油圧クラッチを用いており、船内機のミッションと同じようにクラッチ側でショックを吸収するため、通常のプロペラにあるゴムのブッシュがない。ひと口にプロペラといっても、さまざまなバリエーションがある

プロペラの力の源は？

プロペラは、なぜボートを前進させることができるのでしょうか？そこには二つの力が働いています。

ハブに斜めに傾いて取り付けられたブレードは、回転して水に切り込んでいくことによって、水泳で手で水をかくのと同じように水を押し出します。これが、ボートの後ろに噴流となって流れ出るスラストの正圧です。これはだれしも理解できるところでしょう。

しかし、プロペラが生み出す力は、これだけではありません。

プロペラの翼断面を見ると、飛行機の翼と同じように、片側にのみ膨らみを持った形になっていることがわかります。この形状を翼型といいますが、プロペラの回転によって翼上面に負圧が発生します。プロペラはこの負圧に引っ張られて、ますます前方に進むのです。飛行機の翼で発生する揚力と同じ働きですね。この翼型を採用することによって、ブレードの断面が単純な平板の場合よりも、ずっと多くの推力を生むことができるのです。プロペラがハイテクの塊というのも納得できますよね。

なお、この揚力の発生には、リーディングエッジの形状と、翼上面40％付近までの形状が非常に重要です。飛行機の場合だと、ここに氷が付いて形状が変わると墜落してしまうケースすらあるのです。ボートの場合は沈没する心配こそありませんが、この部分に傷がつくと効率が下がるのは理解できますよね？これが、わずかな傷で性能が落ちる理由です。

プロペラの数値項目

続いて、プロペラの基本的な数値項目について見てみましょう。

まずはダイヤとピッチです。一部の国産品を除き、通常はどちらもインチで表現されています。ダイヤはプロペラの直径のことで、ブレードの先端が描く円の直径が何インチあるかを表しています。同じ形式のプロペラは相似形なので、ダイヤが大きくなると翼面積が大きくなり、より多くの水をつかめます。

しかし、船外機やスターンドライブの種類、エンジントルクなどによって、何インチまでのプロペラが使えるか指定されていますし、プロペラの大きさも規格で決まっていますから、ダイヤに関してはあまり選択の余地がありません。なお、不必要にダイヤを小さくしたり大きくしたりしても、プロペラの効率が著しく悪くなるだけで、なにもいいことがありません。基本は、メーカーの指定に従う、と思ってください。

一方のピッチは、ブレード（翼）の角度のことをいいます。正確には、プロペラが1回転する間にプロペラが何インチ進むかを表しています。大きな豆腐の中でプロペラを1回転

プロペラの翼断面と翼が発生する揚力

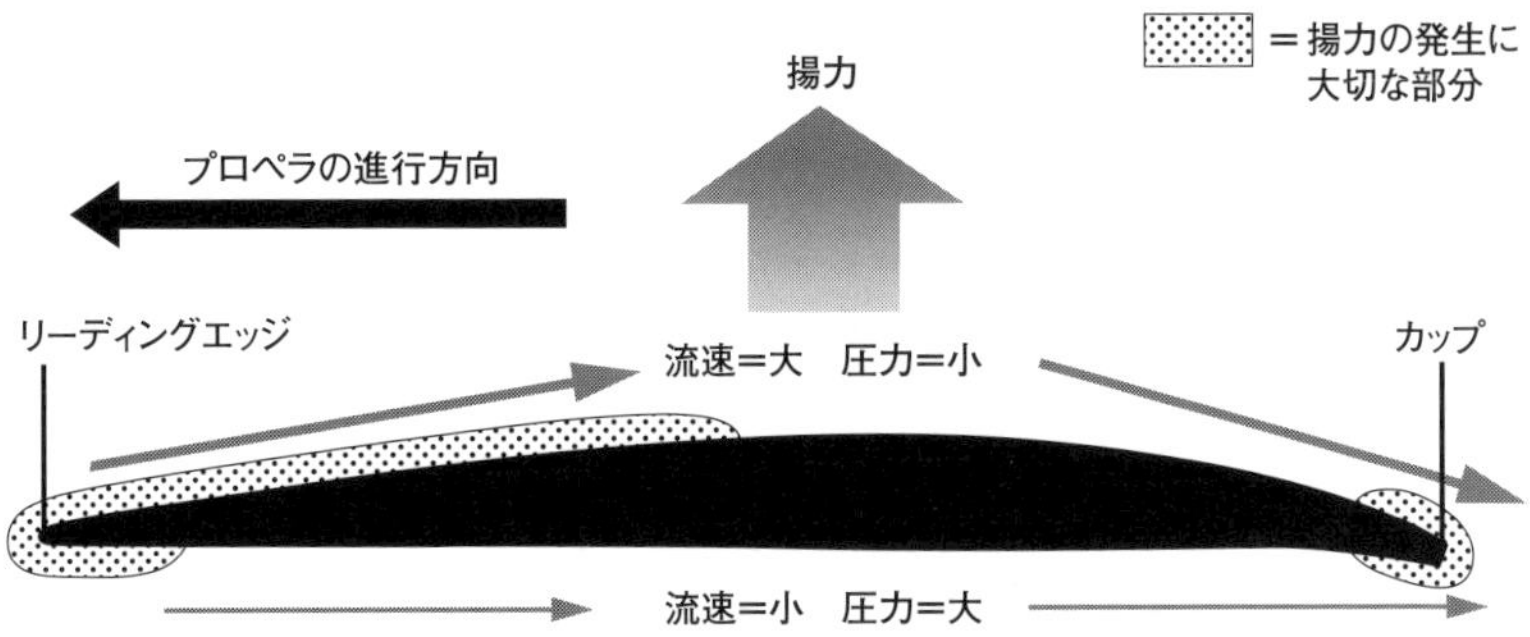

させたところを想像するとわかりやすいかもしれません。当然、ピッチが大きいほど、1回転あたりに進む距離は大きくなります。となると、ピッチを大きくすればスピードが上がりそうですが、実際は、後述するようにエンジンパワーとの兼ね合いで、あまりにピッチを大きくすると、エンジンが回しきれないという状況が発生します。また、大きすぎるピッチでは、これも後述する翼の迎え角が大きくなり、ひどいキャビテーションを起こしたりします。ですから、ピッチも艇の大きさや重さ、エンジンパワーやスピードレンジなどによって、自ずと適合サイズが決まってきます。

なお、ピッチには、固定ピッチとプログレッシブピッチとがあります。固定ピッチは、リーディングエッジからトレーリングエッジまでのブレードの角度が一定のもので、プログレッシブピッチは、リーディングエッジでは浅く、トレーリングエッジに近づくにつれてブレードの角度が増加していくキャンバー（翼の反り）を持った高性能なものです。

このほかの、プロペラの性能を左右するファクターとして、「翼枚数」があります。通常のプロペラは3翼か4翼ですが、マーキュリーマリンの「ハイファイブ」のような、5翼のプロペラもあります。純粋にブレードの効率だけを考えると、1翼が一番よいのですが、これではバランスが取れないため、実用上、最低のブレード数は2枚となります。実際にはこの2翼のプロペラは、小型船外機やエレキ（電動船外機）、セーリングクルーザーの補機の一部に使われているだけです。

何翼のプロペラがよいかは難しい問題ですが、振動や寸法、コスト、翼面荷重、ボートの用途などとの兼ね合いで、私たちが選択する範囲のプロペラはほとんどが3翼で、まれに4翼になります。同じピッチ、ダイヤのプロペラでも、3翼と4翼ではだいぶフィーリングが異なります。4翼のプロペラは、同じピッチの3翼に比べて、プレーニングするまでの時間が短く、より低い速度までプレーニングを維持できます。また、中速域において、同一の回転数におけるスピードが早くなります。振動も少なく、荒れた海での水つかみも向上します。しかし、翼枚数が増えると、1翼あたりの効率が下がり、プロペラ全体の抵抗が増えるため、最高回転数が多少下がり、最高速度の伸びは3翼より劣るのが普通です。このあたりは、艇とのマッチングを取る中で選択していきます。

もう一つ、プロペラで覚えておきたい項目に、「レーキ」というものがあります。レーキは、ハブに対するブレードの取り付け角度のことをいいます。原理は違いますが、感覚的には、飛行機の翼の取り付け角度（後退角や前進角など、機体に対する翼の角度）のようなものと考えてよいかと思います。最近のプレジャーボート向けのプロペラは、多かれ少なかれ、レーキがつけられています。このレーキを大きくすると、後述するベンチレーションやキャビテーションに対する耐性が高まり、サーフェスプロペラ（回転時に上部が水面上に出る状態で使用されるプロペラ）として使えるなど、ハイスピード領域での性能が向上することがあります。通常、大きなレーキがついたプロペラは、40ノット以上

プロペラの数値項目

■ ダイヤとピッチ

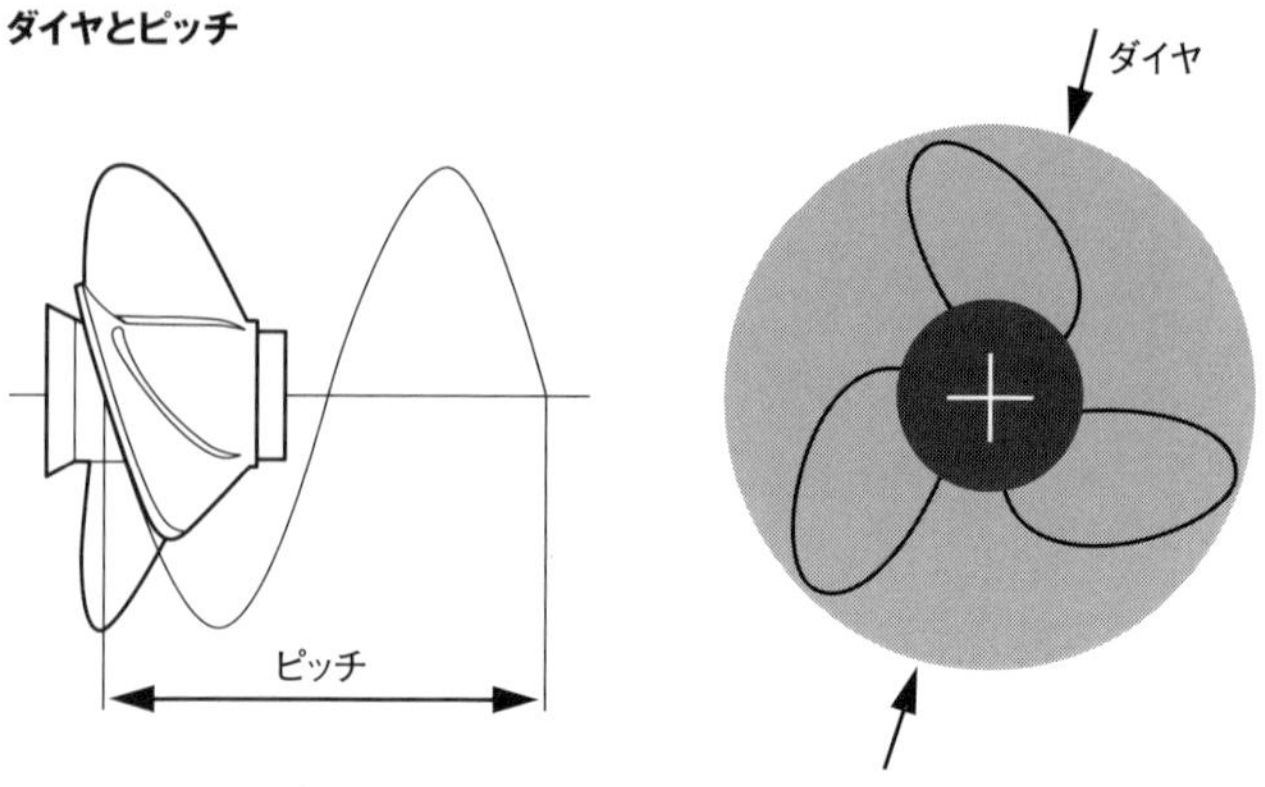

ピッチはプロペラが1回転したときに進む距離。ブレードは回転するに従って、ネジを切るように水中を進んでいく。ダイヤは、チップが回転するに従って描く軌跡で、ダイヤが大きいほど多くの水をつかめる

■ 固定ピッチとプログレッシブピッチ

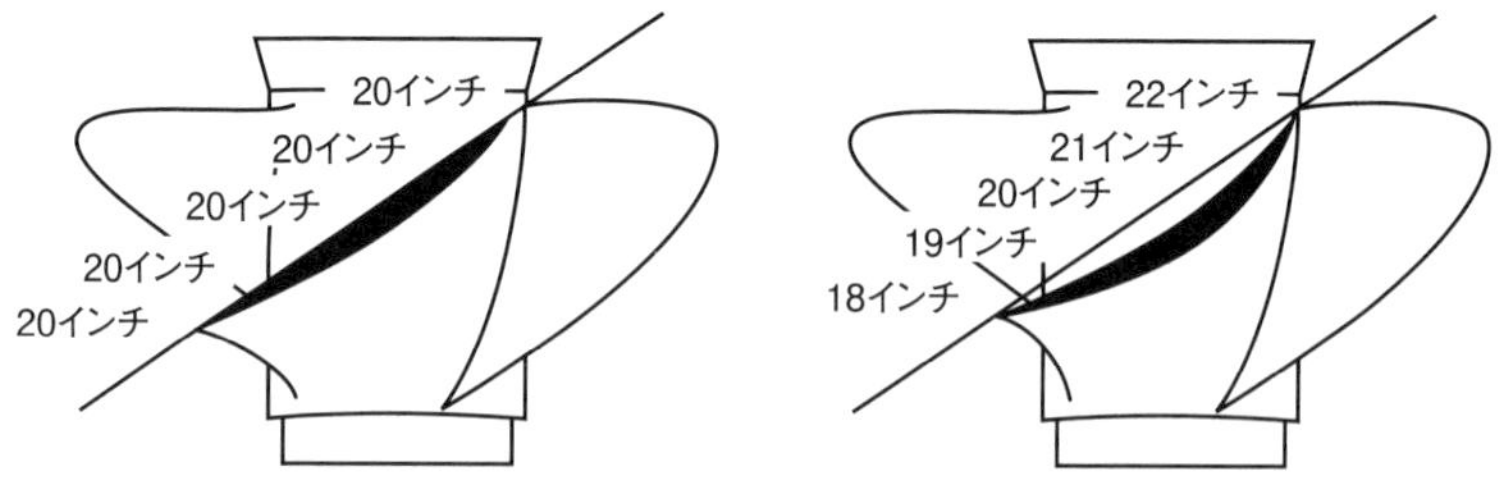

左が固定ピッチで、ブレード前縁から後縁までピッチが常に一定。右がプログレッシブピッチで、前縁では浅く、進むに従ってピッチが深くなる。プログレッシブピッチは、ハイパフォーマンスボートに使われる高性能なプロペラに採用され、その表記には平均値が用いられる

■ レーキ

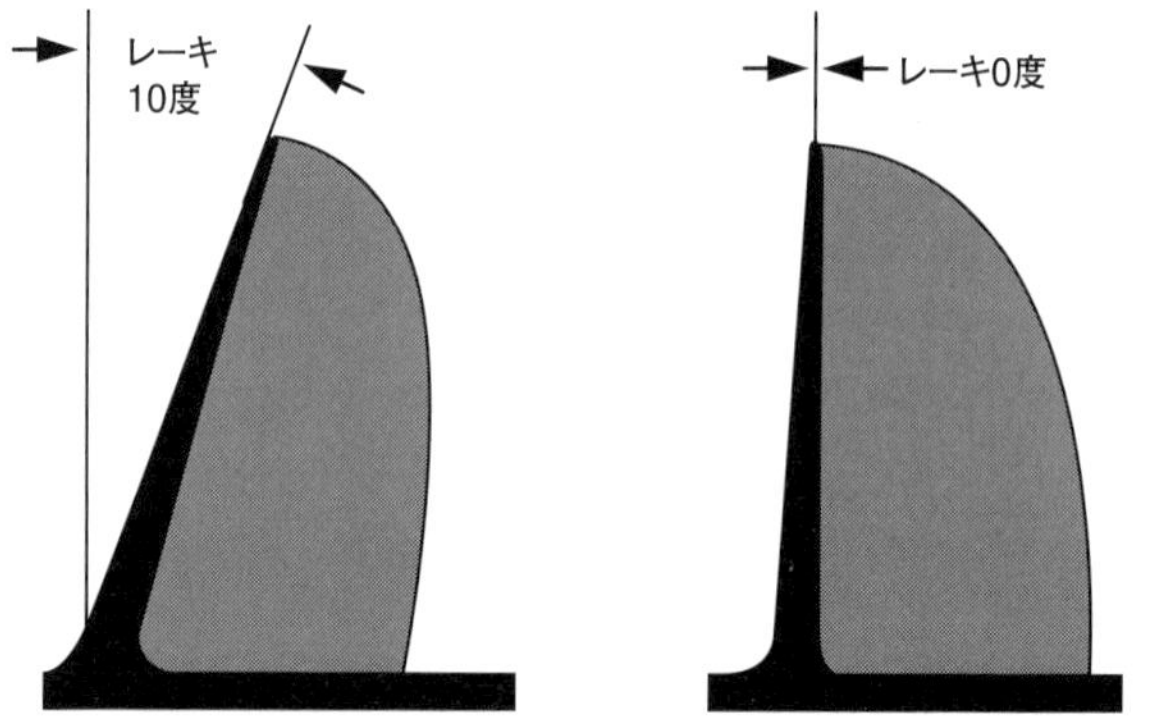

レーキとは、ハブに対してブレードがどれくらいの角度で取り付けられているかを表すもので、ブレード先端と根元の角度を指す。ハイレーキ（角度が大きい）のプロペラは高性能だが、そうしたプロペラを生かせるかどうか、また必要かどうかは、艇によって異なる

ハイレーキの高性能プロペラ

レーキは、プロペラブレードのハブに対する角度のことで、これを大きくするとベンチレーションやキャビテーションに対する耐性が高まり、性能が向上する。写真はハイレーキの高性能プロペラ「ミラージュ」

をねらうハイパフォーマンス艇に装備されます。

用途によって材質もいろいろ

一般的に、中・小型のモーターボートで使われているプロペラの材質は、アルミかステンレスになります。その中で、最もよく使われているアルミは、コストが安く、その割に強度と耐食性にすぐれ、加工や修理が容易です。これらの利点のため、船外機や船内外機用として最も一般的に使われています。

その次に使われているのはステンレスでしょう。ステンレスの最大の特徴は、その強度の高さにあり、ブレードの肉厚を薄くする繊細な加工が可能で、それによりキャビテーションに対する耐性が高く、高性能なプロペラに仕上げることが可能です。また、比強度が高いため、変形しにくく、その性能を長期間にわたって維持できるというのもメリットです。ただし、係留保管する船内外機艇では、ドライブの電食を引き起こす可能性があるので、ちょっと注意が必要です。

なお「ステンレスプロペラに替えたらボートの性能が上がるの?」と聞かれることがよくありますが、これはある面では正しく、またある面では正しくありません。もちろん、ある条件のときはステンレスプロペラに替えることによって劇的にその性能が向上することがありますが、それ以外の普通の場合はたいした違いがないので、やみくもに盲信する必要はありません。

このほかの素材でできたプロペラとしては、エンジニアリングプラスチック(エンプラ)でできた樹脂製プロペラが挙げられます。この樹脂製プロペラは、電動スラスターや、比較的低馬力の船外機用として使われていますが、軽量かつ安価なことに加え、電気的および化学的に不活性なので、それ自身も腐食せず、ドライブに電食の影響を与えることもありません。最近では、中型船外機に使える樹脂製プロペラもあり、緊急時の交換用プロペラとして用意しておいてもいいかもしれません。

一方、シャフトやブラケットが、長時間、水中にあることが前提の船内機用のプロペラは、その材質のほとんどが、強度にすぐれ、耐食性が高いブロンズ(青銅)となります。船外機や船内外機に比べ、ずっと大きく、重い艇体を推し進める必要があるので、翼面積も大きく、プロペラも強靭なものでなければならないからです。

船内機用のプロペラは、ボートビルダーで用意されるもの以外は、基本的にオーダーメイドで、1艇1艇、専用のものを作ります。また、進水したあとでも、チューニングのためにピッチやカップのつき方を修正することができます。このあたりも、船外機や船内外機用のものと大きく異なる特徴です。価格的には、船外機や船内外機用のものに比べて非常に高価ですから、壊さないように注意しましょう。

船外機用のアルミプロペラの例

典型的な船外機用のアルミプロペラ。スルーハブ排気などの造りがよくわかる。アルミプロペラは安価で中庸の性能を持ち、一般的なボートシーンにおいて必要十分な性能を発揮する。なお、通常のプロペラは、船尾方向から見て右回りをノーマルローテーションとしており、2基掛けを想定した船外機では、左右のプロペラのクセを打ち消すために、左回りのカウンターローテーションを用意しているモデルもある

船内外機用ステンレスプロペラの例

マークルーザー用のステンレスプロペラの例。写真は代表的な二重反転プロペラ付きドライブ「ブラボー-Ⅲ」(詳細は次ページにて紹介)。ステンレスプロペラはアルミプロペラより高価だが、5倍以上の耐久性を誇る。また、デザインの自由度の高さによって、より特定の性能に特化したものが用意されている。ただし、電食に対する注意が必要なので、ジンクアノードを増設しているケースもある

船内機用のブロンズプロペラの例

典型的なインボード用のブロンズプロペラ。常時水中にあり、大径で力強く水を押し出す必要があるため、強度や耐食性能にすぐれたブロンズなどが用いられている。形状は、ボートごとに大きく異なり、チューニングのためにピッチやカップのつき方などを調整することも可能。翼数は大多数が3翼または4翼となっている

【第9回】プロペラのマッチングなど

ここでは、前回から続くプロペラの種類のうち、船内外機特有の二重反転プロペラについて解説していきます。また、プロペラ選びで最も重要で、かつ、さまざまな要素が絡み合うために難しくもあるプロペラのマッチングについても見ていきましょう。

素直な特性を持つ二重反転プロペラ

プロペラの種類の最後に、二重反転プロペラについて見てみましょう。

船内外機のドライブによっては、逆ピッチのプロペラが一対になり、前後で反対方向に回転する造作になっている「二重反転プロペラ」を見かけます。コントラプロペラともいいますが、ボルボ・ペンタのデュオプロ、マークルーザーのブラボーⅢ、ヤマハのTRPなどが有名ですね。

この二重反転プロペラはドライブの構造が複雑になりますが、シングルプロペラに対して推力が3割程度アップします。また、プロペラが前後逆に回転することで、それぞれの回転モーメント（偶力）を打ち消すため、1基掛けでも艇の挙動が左右均等になり、航行中の傾きや船首の振れや、バックのときの左右に切れ上がる癖もなくなるといった素直な特性を持つなど、大きなメリットがあり、高性能な艇を中心に積極的に用いられています。

メーカーによって、前後のプロペラのダイヤおよびピッチが同じもの、後ろのダイヤが小さくピッチが高いもの、ダイヤが同じで後ろのピッチが高いもの、翼数が違うものなど、さまざまなコンセプトがあります。排気の方法も、通常のスルーハブ排気のものもあれば、排気は別途行っているものまであり、各社の設計思想がうかがえて興味深いところです。

いずれも、シングルプロペラに比べて水つかみがよく、全般的に良好な性能を発揮します。ただし、前後のプロペラの間にゴミをかみ込みやすいので、ゴミの多い水域で乗るときは注意が必要です。また、構造的にはシングルプロペラのドライブに比べて複雑になるので、障害があったときの整備コストは高めです。

二重反転プロペラの例

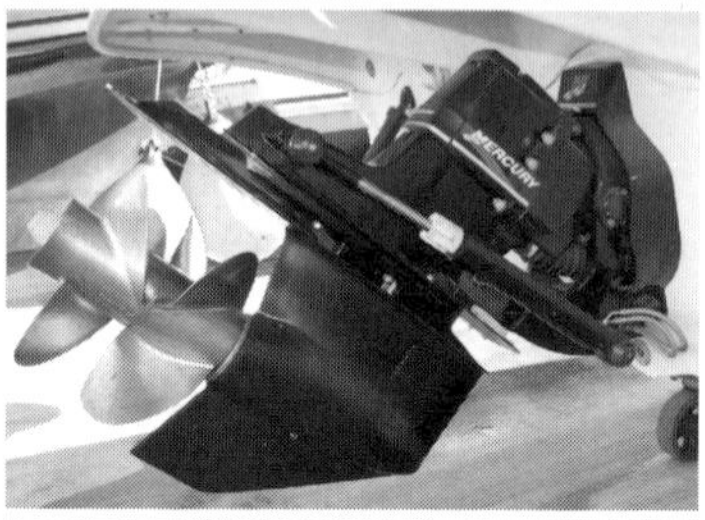

上から、ボルボ・ペンタの「デュオプロ」、マークルーザー「ブラボーⅢ」、ヤマハの「TRP」。二重反転プロペラは、直進性や水つかみがよくなり、快適なボーティングが楽しめる。マークルーザーの二重反転プロペラはすべて、ハイパフォーマンスボート向けにステンレス製だが、ボルボ・ペンタとヤマハは、ベーシックなアルミ製とステンレス製の両方がある

条件によって変わるプロペラのマッチング

プロペラの基礎知識と種類を把握したところで、ボートとのマッチングについて見てみましょう。

ボートの場合、クルマと違って、ロー、セカンド、サードといったように、ギアを変える変速機構がありませんから、常に一定のギア比でプロペラを回しています。言い換えると、プロペラのピッチが最終的なギア比を決めているともいえるわけで、低速から高速までを一つのギア比で満足させなくてはならないために、いろいろと頭を悩ませることになるのです。これが、プロペラのマッチング

が重要であり、難しい理由です。

プロペラの合わせ方の基本は、一番多用する運航状態でスロットルを全開にしたときに、エンジンの回転数が規定最高回転数のちょっと下あたりになるものを選ぶ、というものです。

運航状態とは、搭乗人員の数や荷物の搭載状況のことを指し、メーカーでは「定員10人のボートに6人乗り、燃料はタンクの3分の2程度、釣り道具や遊び道具をそこそこ……」といった状態を想定してマッチングを取ります。よって、最近のパッケージボートなどでは、「一応」マッチしたプロペラが付いた状態で出荷されており、大きく「外れた」プロペラが付いているということはありません。

ただし、この状態で合わせたプロペラでは、定員いっぱいの10人が乗り、燃料満タン、荷物も山ほどという状態では、規定最高回転数まで回りません（オーバープロップと呼びます）。逆に、1人しか乗らないで燃料も少しという状態では、規定最高回転数を超えて回ろうとします（アンダープロップと呼びます）。アンダープロップの場合は、オーバーランさせるとエンジンによくないので、スロットルを絞って回転数をセーブしなくてはなりません。このよう

ピッチ対比表

プロペラのピッチを変えることで、ボートの走航性能などにさまざまな影響が出る。下図では、ピッチの大小と、最高速度や加速性、燃費の関係を大ざっぱに表した

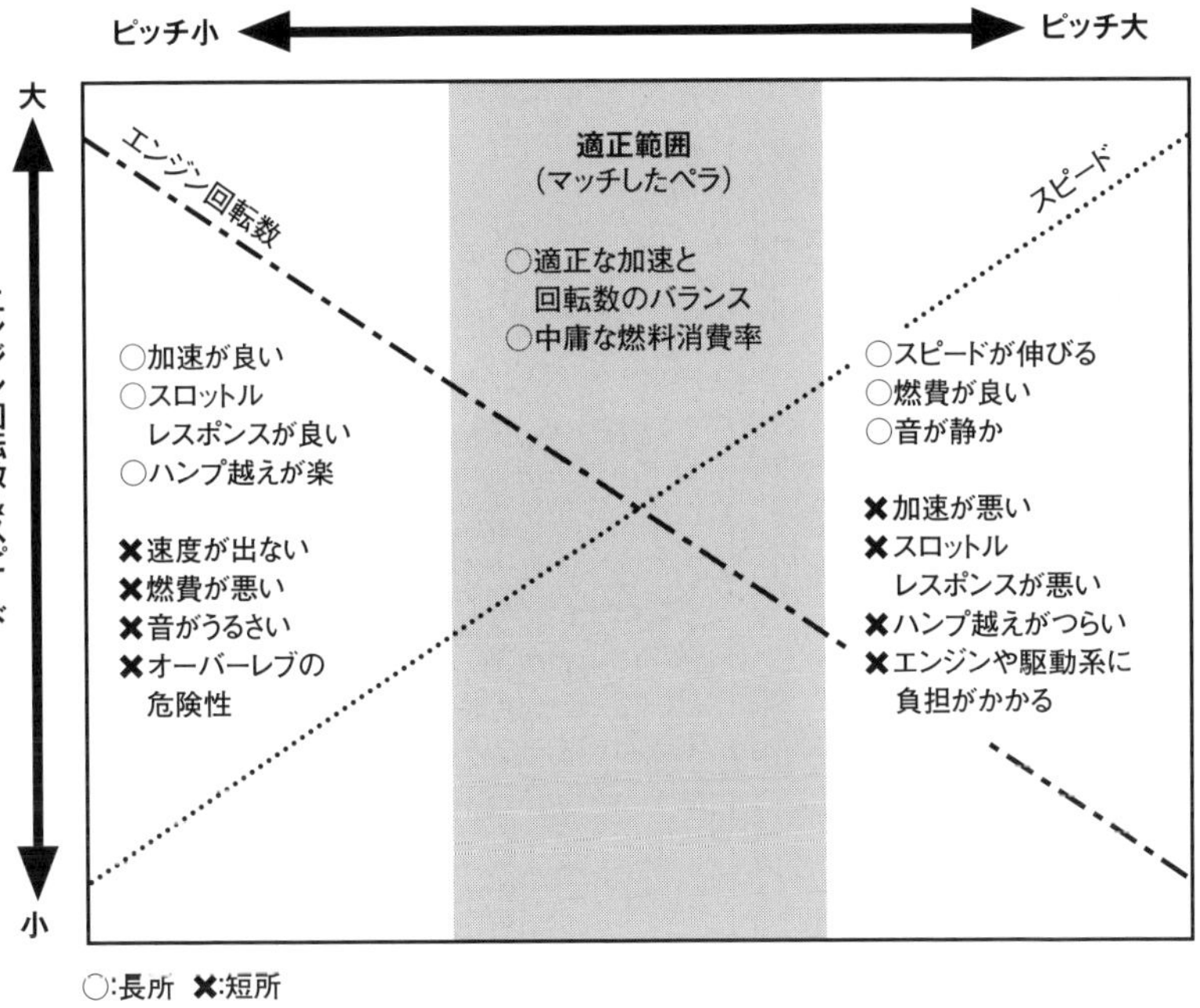

プロペラセレクションチャート

プロペラメーカーでは、マッチングを取るときの参考となる「プロペラセレクションチャート」を用意している。例として挙げたのは、マークルーザーのスターンドライブ用のもの。艇の大きさや重量、エンジンやドライブの種類によって、使えるシリーズと最適なピッチとダイヤ、ブレード数を選択することができる

MerCruiser Stern Drive Propellers

MerCruiser Alpha One - 3.0L - 4.3L - 4.3LH - 4.3L EFI - 5.0L - 5.0L EFI - 5.7L - 5.7L EFI - 350 Mag MPI

Km/h	16	21	32	40	48	56	64	72	80	88	96	105		
Knots	6	8	13	17	22	26	30	35	39	43	48	52	56	
MPH	5	10	15	20	25	30	35	40	45	50	55	60	65	

MerCruiser 3.0L Alpha One W.O.T. RPM: 4400-4800 Gear Reduction: 2:1	11 Pitch 3300# + 24' + (1498kg +) (7.3m +)	12 Pitch 29-4200# 23-27' (1317-1907kg) (7.0-8.2m)	[illegible] (1317-1907kg) (7.0-8.2m)	21-25' (1226-1680kg) (6.4-7.6m)	21-25' (1226-1680kg) (6.4-7.6m)	19-23' (1135-1453kg) (5.8-7.0m)	2900# 17-21' (1044-1317kg) (5.2-6.4m)	21 Pitch 21-2600# To 19' (953-1180kg) (To 5.8m)	23 Pitch 19-2400# To 18' (863-1090kg) (To 5.5m)	25 Pitch 17-2200# To 17' (772-999kg) (To 5.2m)
MerCruiser 4.3L Alpha One W.O.T. RPM: 4400-4800 Gear reduction 1.81:1	11 Pitch 4700# + 28' + (2134kg +) (8.5m +)	12 Pitch & 43-5700# 26-30' (1952-2588kg) (7.9-9.2m)	13 Pitch 43-5700# 26-30' (1952-2588kg) (7.9-9.2m)	14 Pitch 40-5400# 25-28' (1816-2452kg) (7.6-8.5m)	15 Pitch 40-5400# 25-28' (1816-2452kg) (7.6-8.5m)	17 Pitch 36-4800# 23-26' (1634-2179kg) (7.0-7.9m)	19 Pitch 30-4000# 21-24' (1362-1816kg) (6.4-7.3m)	21 Pitch 25-3300# 20-23' (1135-1498kg) (6.1-7.0m)	23 Pitch [illegible] To 21' (999-1180kg) (To 6.4m)	25 Pitch [illegible] To 20' (863-1090kg) (To 6.1m)
MerCruiser 4.[illegible] Alpha One W.O.T. RPM: 44[illegible] Gear reduction 1.62:1	[illegible] (2134kg +) (7.9m +)	[illegible] (1952-2588kg) (7.3-8.8m)	[illegible] (1952-2588kg) (7.3-8.8m)	[illegible] (1816-2452kg) (7.0-8.2m)	[illegible] (1816-2452kg) (7.0-8.2m)	[illegible] (6.7-7.9m)	19 Pitch 30-4000# 21-25' (1362-1816kg) (6.4-7.6m)	21 Pitch 25-3300# 19-23' (1135-1498kg) (5.8-7.0m)	23 Pitch 22-2600# To 20' (999-1180kg) (To 6.1m)	25 Pitch 19-2400# To 19' (863-1090kg) (To 5.8m)
MerCru[illegible] Alpha [illegible] W.O.T. R[illegible] Gear reduction 1.62[illegible]	[illegible] (2134kg +)	[illegible] (1952-2588kg) (7.3-8.8m)	[illegible] (1952-2588kg) (7.3-8.8m)	[illegible] (1816-2452kg)	[illegible] (1816-2452kg)	17 Pitch 36-4800# 22-26' (1634-2179kg)	19 Pitch 30-4000# 21-25'	21 Pitch 25-3300# 19-23'	23 Pitch 22-2600# To 20'	25 Pitch 19-2400# To 19'
MerCruiser 5.0L Alpha One W.O.T. RPM: 4400-4800 Gear reduction 1.62:1	11 Pitch 4700# + 26' + (2134kg +) (7.9m +)	12 Pitch & 43-5700# 24-29' (1952-2588kg) (7.3-8.8m)	13 Pitch 43-5700# 24-29' (1952-2588kg) (7.3-8.8m)	14 Pitch 40-5400# 23-27' (1816-2452kg) (7.0-8.2m)	15 Pitch 40-5400# 23-27' (1816-2452kg) (7.0-8.2m)	17 Pitch 36-4800# 22-26' (1634-2179kg) (6.7-7.9m)	19 Pitch 30-4000# 21-25' (1362-1816kg) (6.4-7.6m)	21 Pitch 25-3300# 19-23' (1135-1498kg) (5.8-7.0m)	23 Pitch 22-2600# To 20' (999-1180kg) (To 6.1m)	25 Pitch 19-2400# To 19' (863-1090kg) (To 5.8m)
MerCruiser 5.0L EFI Alpha One W.O.T. RPM: 4400-4800 Gear reduction 1.47:1	11 Pitch 4700# + 26' + (2134kg +) (7.9m +)	12 Pitch & 43-5700# 24-29' (1952-2588kg) (7.3-8.8m)	13 Pitch 43-5700# 24-29' (1952-2588kg) (7.3-8.8m)	14 Pitch 40-5400# 23-27' (1816-2452kg)	15 Pitch 40-5400# 23-27' (1816-2452kg)	17 Pitch 36-4800# 22-26' (1634-2179kg)	19 Pitch 30-4000# 21-25' (1362-1816kg) (6.4-7.6m)	21 Pitch 25-3300# 19-23' (1135-1498kg) (5.8-7.0m)	23 Pitch 22-2600# To 20' (999-1180kg) (To 6.1m)	25 Pitch 19-2400# To 19' (863-1090kg) (To 5.8m)
MerCruiser 5.7L Alpha One W.O.T. RPM: 4400-4800 Gear reduction 1.47:1	11 Pitch 6800# + 30' + (3087kg +) (9.2m +)	[illegible] 26-34' (2679-3814kg) (7.9-10.4m)	[illegible] 26-34' (2679-3814kg) (7.9-10.4m)	[illegible] 24-29' (2315-3223kg) (7.3-8.8m)	[illegible] 24-29' (2315-3223kg) (7.3-8.8m)	[illegible] 23-27' (1952-2724kg) (7.0-8.2m)	19 Pitch 36-5000# 22-25' (1634-2270kg) (6.7-7.6m)	21 Pitch 30-4100# 21-23' (1362-1861kg) (6.4-7.0m)	23 Pitch 24-3400# To 22' (1090-1544kg) (To 6.7m)	
MerCruiser 5.7L EFI Alpha One W.O.T. RPM: 4400-4800 Gear reduction 1.47:1	11 Pitch 6800# + 30' + (3087kg +) (9.2m +)	12 Pitch & 59-8400# 26-34' (2679-3814kg) (7.9-10.4m)	13 Pitch 59-8400# 26-34' (2679-3814kg) (7.9-10.4m)	14 Pitch 51-7100# 24-29' (2315-3223kg) (7.3-8.8m)	15 Pitch 51-7100# 24-29' (2315-3223kg) (7.3-8.8m)	17 Pitch 43-6000# 23-27' (1952-2724kg) (7.0-8.2m)	19 Pitch 36-5000# 22-25' (1634-2270kg) (6.7-7.6m)	21 Pitch 30-4100# 21-23' (1362-1861kg) (6.4-7.0m)	23 Pitch 24-3400# To 22' (1090-1544kg) (To 6.7m)	
MerCruiser 350 Mag MPI Alpha One W.O.T. RPM: 4600-5000 Gear reduction 1.47:1	11 Pitch 7000# + 30' + (3178kg +) (9.2m +)	12 Pitch & 60-8500# 27-34' (2724-3859kg) (8.2-10.4m)	13 Pitch 60-8500# 27-34' (2724-3859kg) (8.2-10.4m)	14 Pitch 52-7200# 24-29' (2361-3269kg) (7.3-8.8m)	15 Pitch 52-7200# 24-29' (2361-3269kg) (7.3-8.8m)	17 Pitch 45-6200# 23-27' (2043-2815kg) (7.0-8.2m)	19 Pitch 38-5200# 22-25' (1725-2361kg) (6.7-7.6m)	21 Pitch 33-4400# 21-23' (1498-1998kg) (6.4-7.0m)	23 Pitch 27-3700# To 22' (1226-1680kg) (To 6.7m)	

Dual Engine Applications add 4" Pitch

マーキュリーマリンの図版より引用

マッチングを取るには?

プロペラのマッチングを取る際には、プロペラセレクションチャートなどを基に、適合しそうなプロペラを複数用意し、それらを実際に取り付けて、加速性や最高速度、エンジン回転数などをチェックするのがベスト。1枚ずつプロペラを交換する必要があり、少々手間がかかるが、プロペラの違いによる走りへの影響を実感できる

に、一つのプロペラですべての運転状態を満足することは不可能なのです。プロペラのマッチングとは、いってみれば、最大公約数を取るということです。

さらに難しいのは、プロペラのピッチの違いによる、エンジン回転数と加速性、そして最高速力や燃費のバランスをどこで取るか、という点です。

プロペラのピッチは、大きくするほど同じ速度に対するエンジンの回転数が低く抑えられる反面、回すのによりパワーが必要になるので加速や瞬発力が鈍くなります。また、ピッチが大きいほうが、エンジンパワーとの兼ね合いはあるものの、最高速度が伸びる場合が多くなります。

逆に、ピッチを小さくするとエンジンの回転数が上がり、加速性能はよくなりますが、許容回転数の制限から最高速度は頭打ちになります。

ちなみに、同じシリーズのプロペラで1ピッチ（2インチおき）違うと、同じスピードでの回転数は、300〜500回転／分ほど変わります。

さて、ボートには停止状態から滑走状態に移るまでの間に、水の抵抗が大きくなるハンプがあり、その抵抗に打ち勝つにはパワーが必要になります。ただし、ピッチを大きくしすぎると、エンジンがプロペラを回しきれず、ハンプ越えに時間がかかったり、ひどい場合はハンプを越えられなかったりする場合もあります。

そうなると実用上は大問題ですから、最高速度を犠牲にしてでもピッチを下げて、エンジンの出力に余裕を持たせてハンプを越えさせる、というような対処が必要になります。

これと同じような状況は、低回転でトルクの細い船外機で、荒れた海を低速でひと波ひと波越えていくときに体感しやすいかもしれません。

また、ディーゼルエンジンで回転が上がってターボチャージャーが利き始めたとき、ハンプを越えるために十分回転が上げられるよう調整する必要が出てくる場合もあります。

プロペラにはさまざまなファクターがあるので、同じピッチとダイヤでも、メーカーやシリーズが異なるものを付けたとき、どのくらいの回転数になるか、どのくらいフィーリングが変わるかというのは、なかなか予想がつかないため、こうした部分はいまでも経験則によっています。

また、エンジンが許す限りピッチを大きく（ハイギアードに）したほうが燃費はよくなりますが、このあたりも実用上の使い勝手との兼ね合いになります。

現在付いているプロペラで、普段の使い方で規定最高回転数付近まで回り、加速性も問題がないのであれば、あえて替える必要はないと思います。加速が悪すぎる、キャビテーションを起こしてしまってどうしようもない、ウェイクボードをするのにもっとキビキビした動きにしたい、全開で最高回転まで上がらない……などという現象に悩んだときに初めて、「プロペラを替えてみようかな?」ということになります。

もちろん、前回説明したように、むやみにステンレスプロペラに替えたりする必要もありません。

アンチベンチレーションプレート

エアドローイングを防ぐために設けられているアンチベンチレーションプレート（矢印）。写真はボルボ・ペンタのスターンドライブのもので、プレート後端から排気を出す構造となっており、排気口には水の逆流を防ぐためのゴム製のカバーが取り付けられている

キャビテーションとベンチレーションの違い

プロペラに関して重要なものに、キャビテーションとベンチレーションという現象があります。ボートに乗っていれば、一度くらいはこれらの現象について聞いたことがあると思いますが、この二つの現象は根本的に違うものですから、混同してはいけません。

キャビテーションとは、プロペラ前面（低圧面）の水圧が下がることで水が常温で沸騰して気泡が発生し、その気泡が高圧下で水に戻る現象のことを指します。この気泡が潰れるときにプロペラ表面を侵食するのと同時に、本来はスラストに変わるべきエネルギーが奪われるので推進力が落ちます。

一方のベンチレーションはエアドローイングとも呼ばれ、プロペラの回転にともなって水面から空気を引き込み、プロペラが空転してしまう現象を指します。船外機や船内外機のドライブのロワーユニットに付いているヒレのようなプレートは、この水面からのエアドローイングを防止するためのものです。このヒレを、アンチキャビテーションとかアンチキャビテーションプレート、ひどいのになるとキャビテーションプレートなど呼んだりしますが、これは正しくありません。正確にはアンチベンチレーションプレートといいます。

キャビテーションやベンチレーションは、発生するとスラストが一気に失われ、推進効率が著しく落ちるので、できる限り避けたい現象です。

キャビテーションを防ぐには、ブレードのリーディングエッジの鋭さが重要で、アルミプロペラのように、四角に切り落としたような断面では、どうしてもキャビテーションを誘発しやすくなります。ステンレスプロペラは、このリーディングエッジを鋭く仕上げてあるので、気泡が発生しにくく、キャビテーションが少なくなります。また、トレーリングエッジに「カップ」がついていると、ブレードに沿って流れてきた水を最後の最後につかんで蹴り出すので、キャビテーションやベンチレーションへの耐性が高まります。レーキを強くすることでも、同様の効果が得られます。

よって、キャビテーションやベンチレーションに悩んでいる場合は、ハイレーキ、カップ付きのステンレスプロペラに替えると症状が改善されることが多いのです。

一方のベンチレーションは、船外機やドライブを蹴り上げすぎて、プロペラが水面に近い位置にあるとよく発生します。こんなときは、トリムを少し下げましょう。

プロペラのスリップと推進効率

スリップとは、プロペラのピッチに対する、実際に進んだ距離との差を指します。仮に、プロペラピッチが19インチだったとき、実際に進んだ距離が16インチだったとしたら、その差3インチ、約15%がスリップです。

プロペラのスリップ

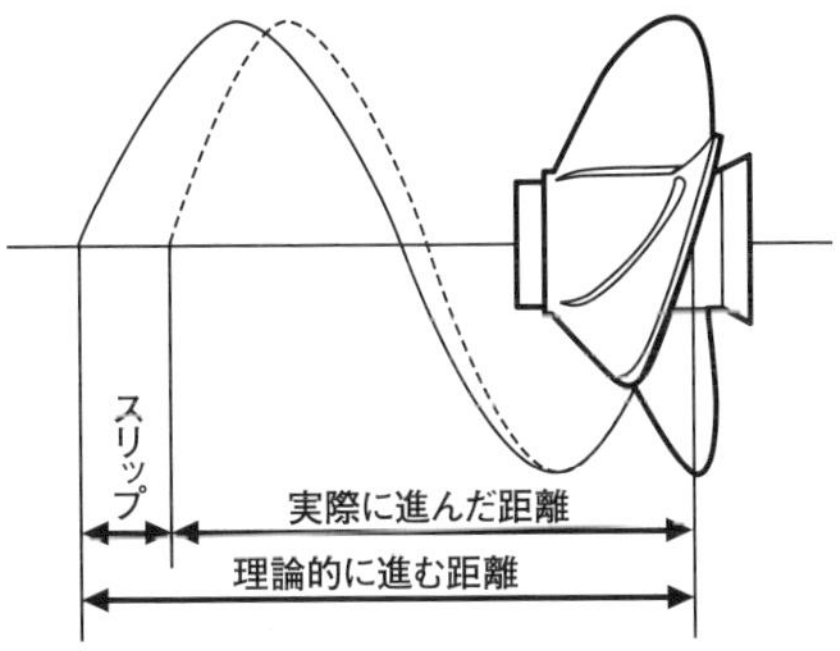

プロペラが1回転したときに進む距離には、理論値と実測値とがあり、その差をスリップという。ピッチが大きくなるほどスリップ率は大きくなる傾向があるが、スリップはプロペラが推進力を得るためにブレードが揚力を発生させる上でなくてはならないものなので、小さければいいというものではない。プロペラがマッチしていれば、スリップ率は10〜15%程度になる

スリップは、揚力を発生するためにはなくてはならないものなので、プロペラには必ずスリップがあるということを覚えておいてください。

なお、このスリップは、推進効率とはまったく関連しない点に注意してください。推進効率とは、プロペラに入力されたパワーに対する、プロペラの出力で表されるものです。ピッチとダイヤが小さいプロペラを高速回転させるより、ピッチもダイヤも大きいプロペラをゆっくり回転させるほうが、同じ仕事量に対する効率がよくなります。

ただし、船内外機や船外機では、ロワーユニットのサイズ上の制約から、それほど大きなダイヤのプロペラは使えないため、指定された中で最大サイズのプロペラを使うことになります。一方、船内機では、船体内にギアボックスがあるので、抵抗増の心配をすることなく、大きな減速比が得られ、比較的簡単に大径プロペラが使えるので、効率のよい推進システムとすることができます。

実際に計算してみると、プロペラ効率は最大でも75〜80%、同じシリーズで最適ピッチより低いピッチを使うと効率が低下し、50〜60%程度になってしまいます。このことから、満足できる組み合わせの中でなるべくピッチの大きいプロペラを使うことが、ボートの能力を引き出すコツなのです。

プロペラが最高の性能を発揮するためには

プロペラの性能を最高に維持するためにはどうしたらよいでしょうか？それは、どんな材質、タイプのプロペラであっても、「傷をつけない」ということに尽きます。

プロペラは精密部品です。ブレードのほんの小さな傷や欠け、曲がり、リーディングエッジのささいなへこみなどでも、その影響を大きく受けてしまいます。わずかな損傷しかないのに、最高速度が数ノットも落ちてしまうことだって珍しくありません。損傷の度合いが大きくなると、当然、そのロスはかなりのものとなります。まったく同じモデルのプロペラでも、使い古したものと新品とでは、ボートの性能が大きく異なってしまうのはこのせいです。プロペラの性能を最高の状態に維持するということは、これほど繊細なものなのです。

さらに悪いことに、損傷は各ブレードに均等に起こるわけではないので、プロペラ全体がアンバランスな状態となり、振動が発生します。この振動が、乗り心地はもちろん、エンジンやドライブの寿命にまで影響を及ぼしてしまうことがあります。

どんなプロペラでも、浅瀬などでこすって、リーディングエッジがへこんだり欠けたりするだけでグッと推進効率が落ちますので、十分注意してください。わずかな損傷であれば修正することもできるので、ときどきチェックしてみましょう。

傷ついたプロペラ

材質を問わず、プロペラがその性能をフルに発揮するためには、傷のない状態を維持することが大切。浅瀬の砂をかいて、ブレード表面の塗装が落ちた程度であればそれほど問題はないが、写真のように欠けやゆがみがあると、推進効率が落ちるだけでなく、振動が発生するなどして、乗り心地の悪化やエンジントラブルなどの原因ともなる

【第10回】ドライブの構造①

船内外機の推進力を支え、ステアリングをつかさどるドライブ。多くのギアやベアリングによって成り立っていて、非常に複雑かつ精密な構造となっています。この仕組みを理解することが、ドライブを長持ちさせる秘訣にもつながります。

三つに大別できるドライブの構成

船内外機は、スターンドライブ、アウトドライブ、インアウトと、いろいろな呼び方がありますが、一般的に「ドライブ」と呼ばれている、船尾に取り付けられた推進装置の構造は、なかなか複雑です。

ドライブは、推進器と舵とをミックスしたような構造をしており、非常にコンパクトなので、20～32フィートくらいの艇で広く使われています。エンジンメーカーでは、エンジンとドライブをセットにしたパッケージを用意しており、ボートメーカーも、こういったパッケージを使用することを前提に艇の設計を行うのが普通です。

また、ドライブは、船外機に比べてより大きなエンジンや、より大きなギアケースを持っているため、より大きな、あるいは、よりハイパフォーマンスなプロペラが使えるようになり、バリエーションが広がります。

さて、ドライブの構造は、大きく三つの部分に分けることができます。一つ目はトランサムに強固に取り付けられたトランサムプレート部分、二つ目はドライブを上下左右に自在に動かすジンバル部分、そして三つ目がギアやシャフト、プロペラの付いているドライブのギアケース本体です。ちなみに、このギアケース本体の構造は、船外機のロワーユニットでもほぼ同じです。

ドライブの基礎トランサムプレート

トランサムプレートは、ボートのトランサムに強固に取り付けられた部分で、ドライブ全体を支え、推力を受け止めるベースとなるものです。このトランサムプレートの真ん中には、ドライブシャフトや排気パイプ、冷却水パイプ、油圧パイプなどを通す「穴」が開いています。この穴は、子どもなら通り抜けられるくらい大きなもので、トランサムボードを大胆に切り取ってしまいます。艇体の中でも一番強固に作られているトランサムの強度を保つ部材として、また、推進力を受け止めて艇体を推し進める受け皿として、トランサムプレートは大変重要な役割を果たしているのです。

構造的には、トランサムボードの内外とも、切り取った部分を取り囲むようなフレームがあって、その両者が貫通ボルトでしっかりと結合されています。この結合用のボルト周りは、もちろん、しっかりとシールされ、水密を保っています。

このトランサムプレートの船内側の部材は、エンジンマウントを兼ねていて、エンジン後部のフライホイールハウジングの脇にあるステイが結合されます。こうすることによって、微妙なアラインメントを取る（芯出しをする）必要がなく、エンジンとドライブの位置関係が常に一定に保たれるのです。

一方、船外側のトランサムプレートには、ドライブを支えるためのブラケットがあり、上下左右に振るジンバルハウジングが取り付けられます。この取り付け部分には、左右へステアリングを切るためのシャフトが貫通しています。また、ドライブを上下に振るための水平のシャフトを取り付ける穴もあります。

なお、ドライブの取り付け部分は、メーカーごとにさまざまな構造をしています。ボルボ・ペンタの場合はエンジンとトランサムプレートがピッタリと合わさった水密構造になっているので、万一、ドライブが折損したり、ベローズが切れたりしても、ほとんど浸水しませんが、マークルーザーの場合は水密構造になっておらず、浸水してしまう危険があるので注意してください。

各メーカーのドライブの例

■ マークルーザーのドライブ

①
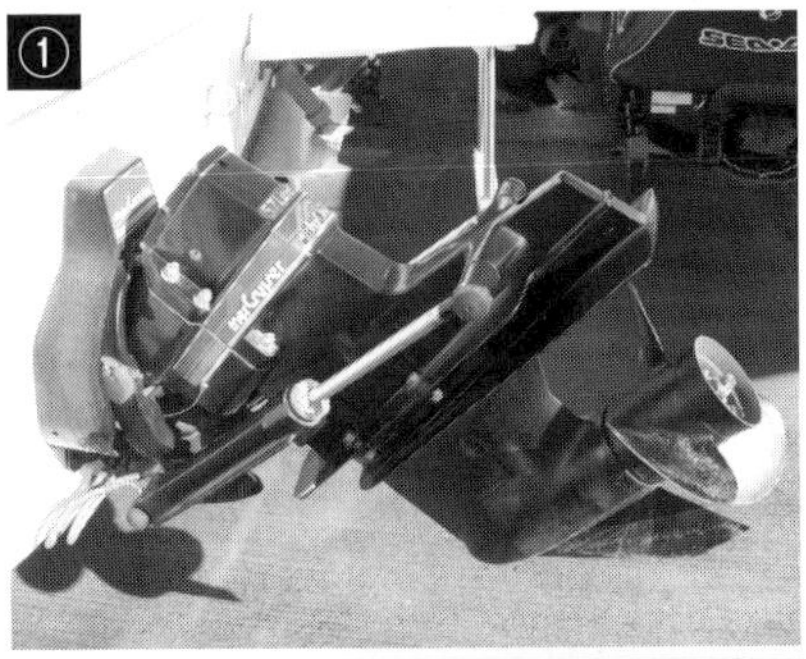

②

③

④
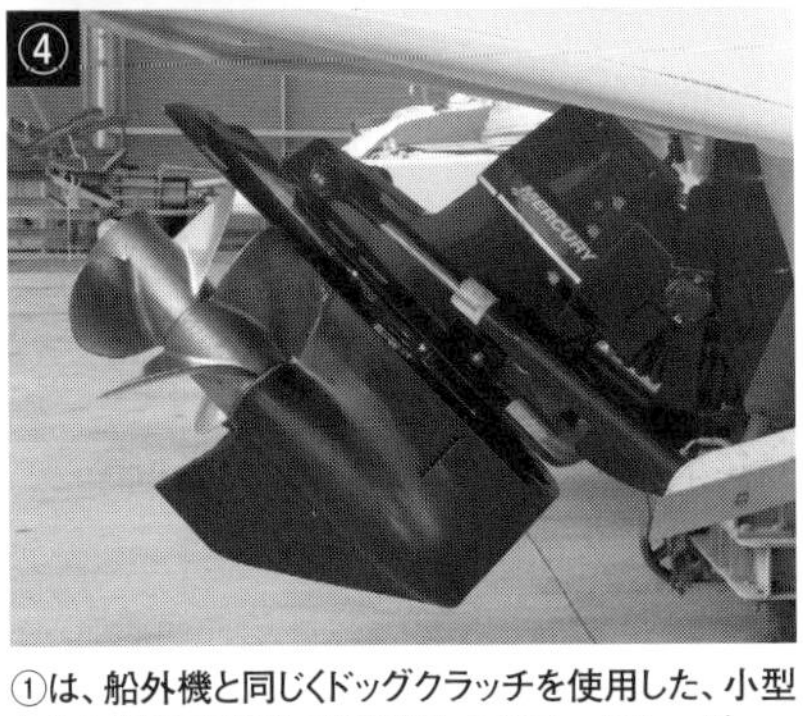

①は、船外機と同じくドッグクラッチを使用した、小型から中型までの軽量艇に使われるマークルーザー・アルファドライブ。②は、中型以上のパフォーマンスボートに用いられるマークルーザー・ブラボーⅠドライブ。③は、ブラボーⅠをベースとし、サーフェスプロペラも利用できるマークルーザー・ハイパフォーマンスドライブ。50ノット以上をねらう。④は、中型以上のパフォーマンスボートに用いられる、二重反転プロペラをセットしたマークルーザー・ブラボーⅢドライブ

■ ボルボ・ペンタのドライブ

上は、二重反転プロペラの代名詞的存在である「デュオプロ」をセットした、ボルボ・ペンタ290ドライブ。下は、少し前のシングルプロペラをセットしたボルボ・ペンタ280ドライブ。ボルボ・ペンタのドライブは、アンチベンチレーションプレート後端から排気を出す構造となっている

■ ヤマハとトヨタのドライブ

上が、ヤマハの二重反転プロペラ「TRP」をセットした、ヤマハSXドライブ。ヤマハのドライブは船内機のような油圧多板クラッチを用いているのが特徴。下のトヨタTRPドライブは、ヤマハによるOEM製品なので、作りはほとんど同じ。いずれも油圧クラッチを用いているので、その収納部があるドライブ頂部がほかのドライブより大きく、スクリューはゴムのブッシュがないソリッドタイプとなる

■ ヤンマーのドライブ

国産スターンドライブ艇として最もポピュラーなヤンマーのドライブは、航走姿勢を変えるためのトリム機構が付いていない。また、船内機のように、冷却水取り入れ口や排気／排水孔が艇体側に付いていて、小型でシンプルな構造となっている点が特徴。それに伴い、プロペラもソリッドタイプの、ごくシンプルなものとなっている。写真はヤンマーSZ161ドライブ

ドライブの関節 ジンバルハウジング

ジンバルハウジングは、ステアリングホイールに直結し、ホイールの切り角に応じてドライブ全体を左右に振ります。また、最適な航行状態に合わせるためにトリムを調整したり、ビーチングや上架時にチルトアップしたりと、ドライブを上下方向に自由に振ることもできます。

このため、ジンバルハウジングは、上下と左右、2組の回転軸を持っています。しかも、その中には、エンジンの力を伝えるためにユニバーサルジョイントとなっているドライブシャフトのほか、エンジンの排気パイプ、冷却水パイプ、シフトケーブルなどが所狭しと集まっています。

このような多重軸構造になっていて、さらには水密を保つために、ゴムのベローズというジョイントを用いています。後述しますが、この部分がドライブの弱点の一つでもあります。

また、いずれのドライブも回転軸にピボットピンを持ち、すべての荷重（ドライブ自体の重さや、エンジンで

発生させた推力）がここにかかり、しかも、Oリング一つで水密を保っていたりするので、なかなかに気を使います。

その構造は、各社がさまざまな工夫を凝らしていますが、一部をのぞき、いずれのドライブ機構も、エンジンの動力を伝えるためのドライブシャフト、クラッチを操作するためのワイヤ、排ガスを出す排気パイプ、吸い上げた冷却水をエンジンに送る冷却水パイプが通っています。

また、トランサムプレートを貫通するステアリングシャフトによって左右に動いてドライブを操向するステアリングフォークを中心に、そのフォークに取り付けられ、ドライブを上下に振るためのジンバルブラケット、ドライブ全体を支えるサポートフォークなどがあり、それらが複雑に連携したリンク機構となっています。

さらに、いずれのドライブも、上下左右に振れなければならず、フレキシブルな構造であることを求められる一方、水を遮断しなければならないので、トランサムプレートを貫通する部分は、蛇腹になったゴムのベローズで覆われています。特に、動力を伝えるドライブシャフトは、その角度を自由に調整するために、ユニバーサルジョイントという上下左右に曲がる軸を持つ特別な関節状の構造になっています。

ユニバーサルジョイントは、十字の軸をフォークで挟み込んだような構造をしていて、上下左右、どちらにも自在に曲げることができます。ドライブでは、このジョイントを二つつないで、可動幅を広げるとともに、カーブの角度を滑らかにするようになっています。

このユニバーサルジョイントは、自由な角度に曲げることができますが、推力を発生させる際に使ってよい角度は一定範囲に制限されています。例えば、ドライブがチルトアップの範囲にある状態のまま走航してはいけませんし、急角度にチルトアップすると、ユニバーサルジョイントとベローズが擦れてしまうので、水漏れの原因ともなります。上架艇を下架したときに、ドライブを下げ忘れたまま走航してドライブを傷めてしまうのはこのためです。

トランサムプレート

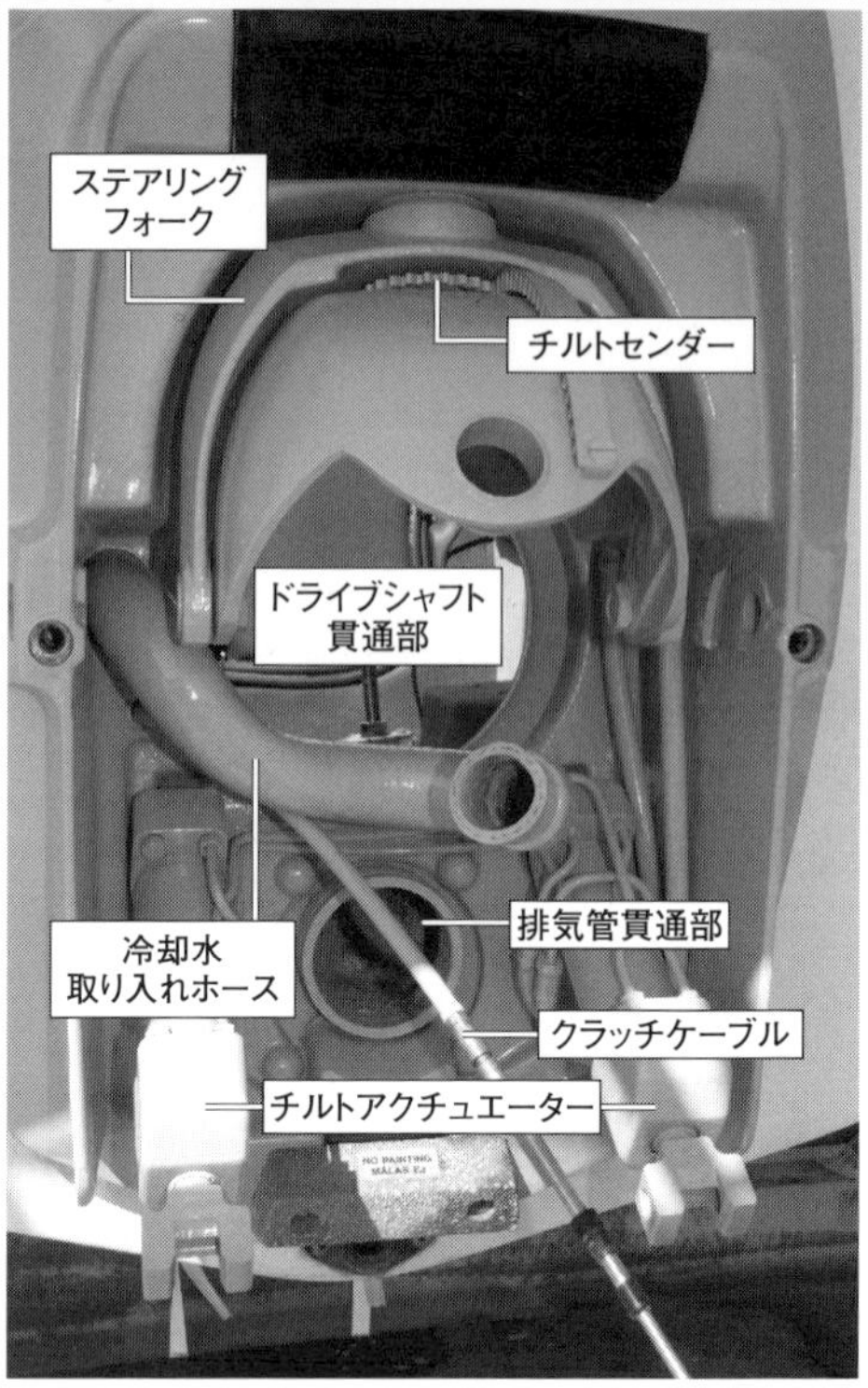

右は、ボルボ・ペンタのトランサムプレート。ドライブシャフトや排気管の貫通部、ステアリングフォークやチルトアクチュエーターの構造がよくわかる。上は、マークルーザーのトランサムプレート。同じドライブの同じ部分であっても、その構造や設計思想が異なることがわかる

ドライブ単体

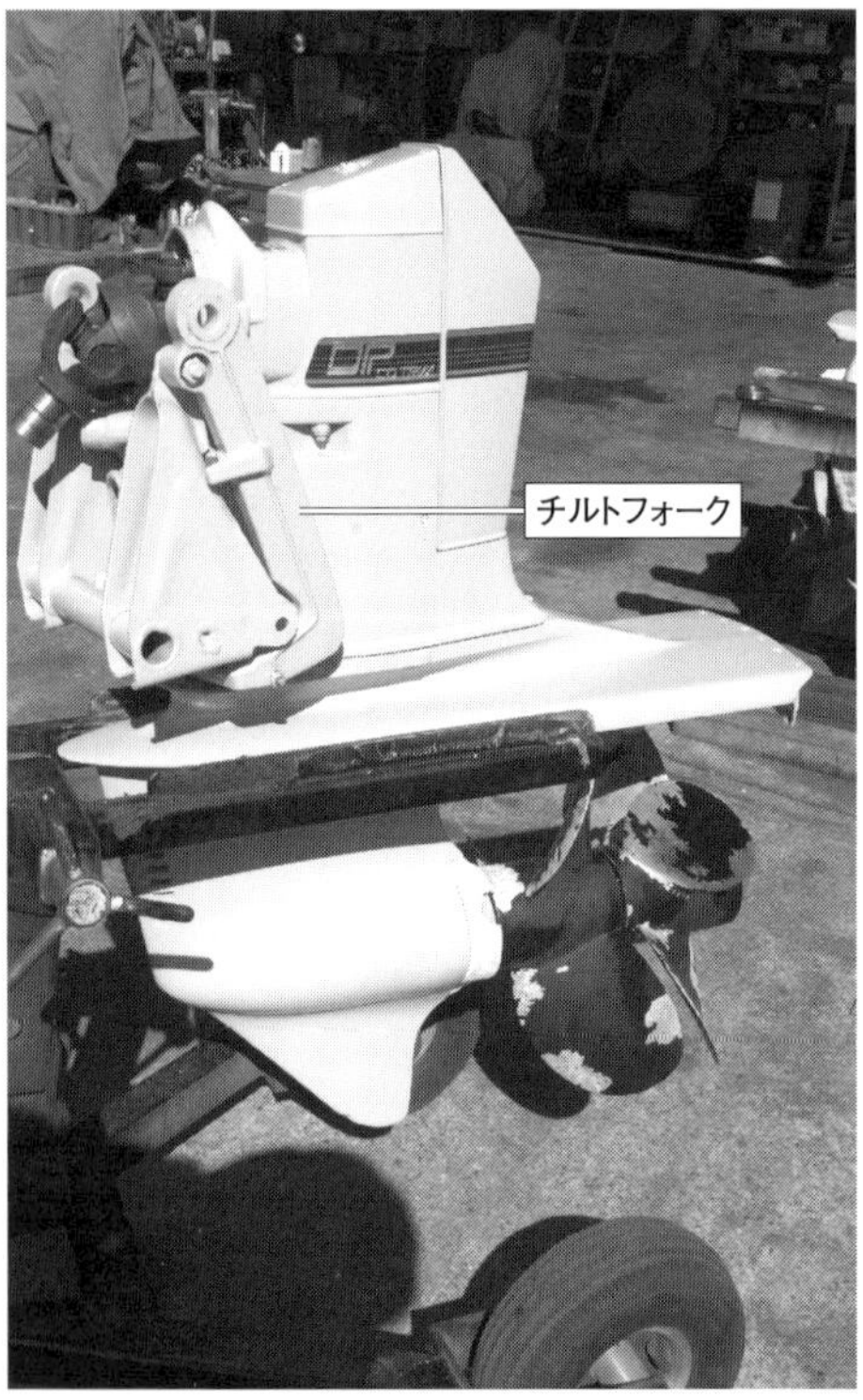

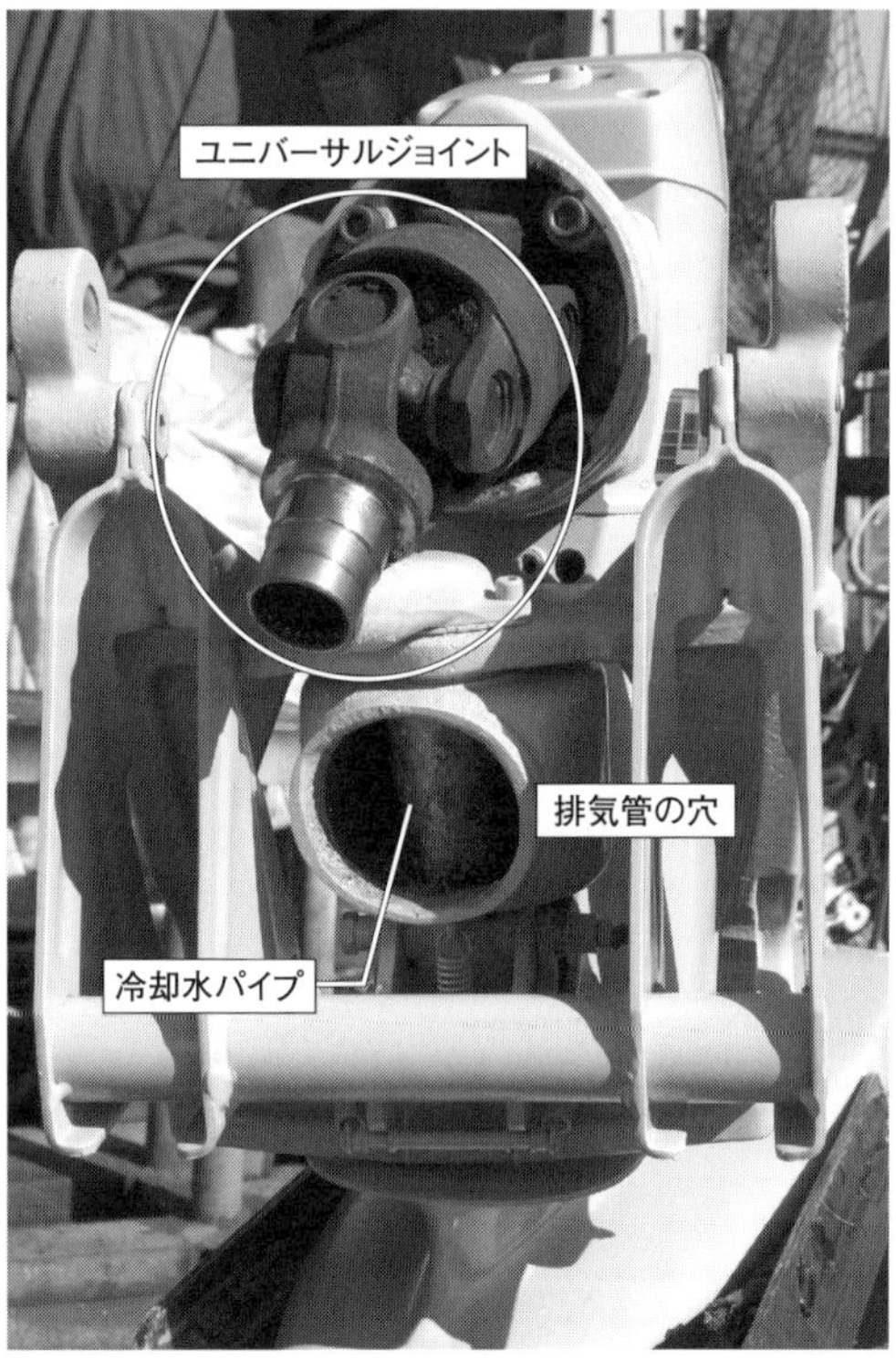

左は、ボルボ・ペンタのデュオプロ用ドライブを取り外したところ。ドライブはこのようにユニット単体で取り扱うことが可能。右の写真の白丸部分がユニバーサルジョイント。その下に見えているのが排気管の穴で、そのなかに、中心を貫くように通っている冷却水パイプが見える。排気管や冷却水パイプはゴム製のベローズでエンジン本体と接続され、ユニバーサルジョイントも防水のためにベローズでカバーされる

ドライブの左右の操向は、トランサムプレートを貫通するステアリングシャフトの縦側にアームを付けて、このアームをアクチュエーターが押し引きすることで行います。一方、上下のチルト／トリムは、ドライブの脇に取り付けられたチルトアクチュエーターにオイルを出し入れして行います。チルト／トリムの関節部分には、チルト角度を測るチルトセンダーや、制限域を超えてチルトしないようにするチルトリミットスイッチが付いています。

なお、前述のユニバーサルジョイントとベローズとの擦れの問題があるため、特定のメーカーのものを除くと、ドライブは完全に水線上まで引き上げることはできず、一部は常に水線下にあります。

トーピード部のギアトレーン

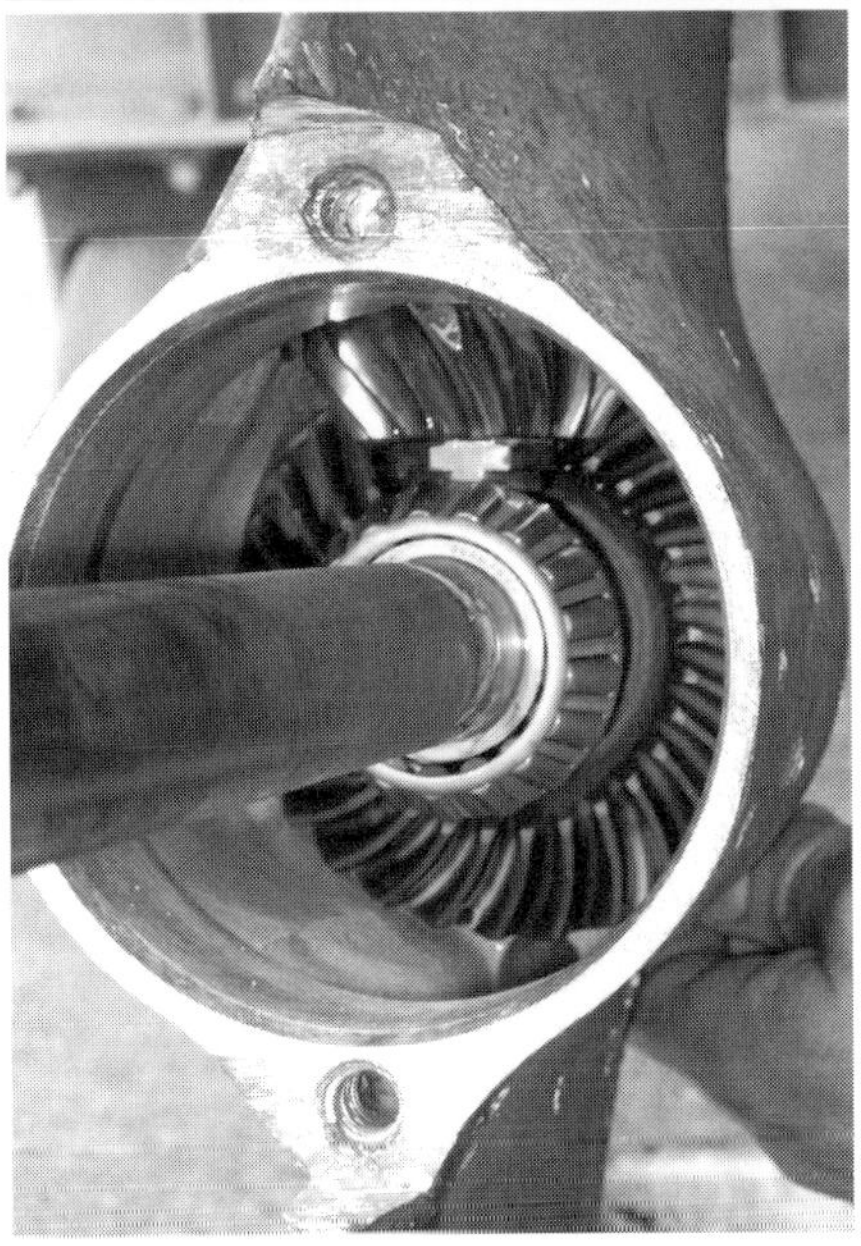

ボルボ・ペンタのデュオプロ用ドライブのトーピード内部。奥に見えるギアトレーンが、ドライブ上部から伝えられた動力をプロペラシャフトに伝達する。写真はデュオプロの片側だけを見たもので、同様のものが手前にもう1セット入る

トランサムプレートとエンジンの関係

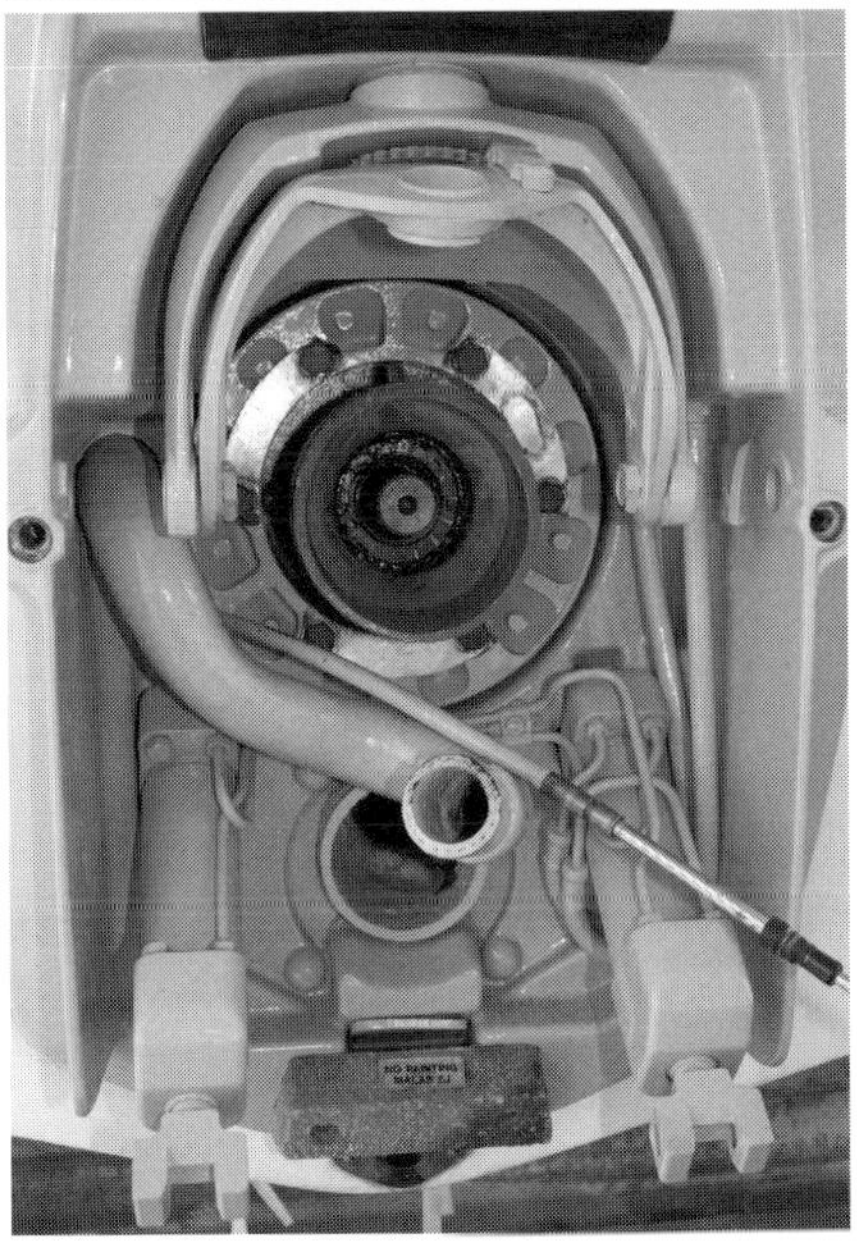

ボルボ・ペンタのエンジンとトランサムプレートの関係を見る。エンジンの後部は、トランサムプレートから、こんな感じで頭を出す。ボルボ・ペンタのドライブは、エンジンとトランサムプレートがぴったりと合わさり、水が入らない水密構造となっている

ドライブ本体はギアの塊

次は、ドライブの外から見える部分の90%を占めており、プロペラを支え、その推力を受け止める大切な部分、ドライブの本体について見てみましょう。

簡単に言うと、ドライブの本体はギアとベアリングの塊です。しかもその中には、ドライブシャフトあり、冷却水パイプあり、排気パイプあり、クラッチありと、さまざまなパーツが所狭しと詰め込まれています。

このため、ドライブの内側は数区画に分割されており、それぞれの機能も分かれています。この中で特に大切なのは、常にダイナミックに回転し、エンジンのパワーを伝達するドライブシャフトが収まっている部分、ドライブトレーンです。

このドライブトレーンは、大まかにいうと、区画の中央に軸が通り、その両端をベアリングで保持している、という形になっています。しかしその軸は、エンジンとプロペラの位置関係からZ形に折り曲げられており、その曲がった箇所ごとに大きなギアが使われています。その上、クラッチにつながる前進・後進用のギアもあるという具合に、その噛み合い箇所はかなりのものになります。

こうした構造となっていることから、ドライブ自体が非常に精巧な作りをしているわけです。特に、二重反転プロペラを使用しているドライブなどでは、信じられないくらいの数多くのギアが詰め込まれています。

さて、ドライブトレーンは、ユニバーサルジョイントの先端に付いているベベルギア（傘歯車）と、ドライブ内部を縦に貫通するシャフトのベベルギアとが噛み合って、出力を下方に導きます。続いて、同じくドライブ下部のロワーケースのプロペラ前方の膨らんだ部分（トーピード部）に内蔵されるベベルギアによって、プロペラを取り付けるプロペラシャフトに導かれます。

このトーピード部分では、高速で回るエンジンの回転数を落とすために、歯数の違うギアを組み合わせ、ギアの比率を変えて減速しています。その理由は、プロペラはダイヤが大きくピッチの強いものをゆっくり回したほうが効率がよいからです。その減速比は1・25～1・5程度です。大型艇用のドライブで2・0程度です。本当は、より大きなギアを使って、減速比をもっと大きく取りたいところですが、ギアを大きくするとトーピード自体が大きくなり、抵抗が増してしまうため、実用上の兼ね合いからこの程度になっているのです。

なお、ドライブトレーン内の各シャフトは、ベアリングによって支えられ、その位置が微塵《みじん》も変わらないように保持されています。また、前述のとおり、多数のギアも入っています。そこで、この大切なギアやベアリングを保護するため、ドライブトレーン区画のなかにはギアオイルが充填されています。よって、このギアオイルの維持・管理が、ドライブの寿命を左右するポイントとなります。

なお、ドライブ下端のプロペラシャフトは、艇外に貫通していますから、その部分にはオイルシールがあって、オイルの流出や海水の混入を防いでいます。高速回転するシャフトを水密に保つシールは非常に繊細な作りをしていて、シャフトに釣りイトなどを絡めると、シールを切ってしまうこともあります。

【第11回】ドライブの構造②

クラッチは、ドライブの内部に組み込まれ、動力伝達の断続をコントロールするとともに、前進／中立／後進を切り替える重要な役割を果たしています。普段はほとんど目に触れることのない部分ですが、この機会にぜひ、その仕組みを把握してください。

クラッチの種類は大きく分けて4タイプ

ボートでもクルマでも、始動後のエンジンは常時回転しています。その動力が常に伝達され、プロペラやタイヤが回転し続けたのでは、常に推力が発生することになって困ります。そこで、プロペラやタイヤへの動力（エンジン回転）の伝達を切ったりつないだりする必要があるわけですが、この動力の伝達をつかさどるのがクラッチです。

マニュアルミッションのクルマでは、エンストさせないで徐々に発進させるために「半クラッチ」の状態とします が、流体（水）をつかんで走るボートの場合は、陸上と違ってソリッドな抵抗がなく、クラッチを一気につないでしまっても大丈夫なので、半クラッチの状態にする操作は必要ありません。一気にドンッとつなぎます。反対に、ジワジワとレバーを操作してクラッチをゆっくりつなぐのは、後述する理由により、クラッチを傷めてしまうのでよくありません。

さて、ボートで用いられるクラッチは、中・重量級艇で使われるコーンクラッチ、船外機や軽量艇向けのドライブで使われるドッグクラッチ（スライディングクラッチ）、そして、ヤマハなどの一部のドライブで使われている油圧クラッチに大別され、いずれも、ドライブトレーンの途中に設けられています。

さらに、それらとは少々異なる形式として、ヤンマーを中心に採用されている、流し釣りをするためのマルチドライブもあります。

以下では、それぞれのクラッチの特徴を見てみましょう。

■コーンクラッチ

コーンクラッチは、ドライブ本体の最上部にあって、ユニバーサルジョイントと噛み合うドライブシャフト（縦の出力軸）に取り付けられています。ドライブシャフトの上下に、すり鉢のようなクラッチベルがあって、シャフトに取り付けられたソロバン玉のようなクラッチボールが、シャフトのへ

マークルーザーのドライブのクラッチ収納部

マークルーザーのドライブの、コーンクラッチ収納部（写真上）。このなかにクラッチが内蔵されている。写真下の右に見えるリンケージとアームは、クラッチを動かすシフトレバー

新旧のクラッチボールの比較

クラッチボールには、密着性を高めるためと、クラッチベルと接触した際にオイルを逃がすために、同心円状の細かい溝と放射状の深い溝がある。右のすり減ってしまったコーンは、同心円状の溝が浅くなっているのがわかる

コーンクラッチ

ボルボ・ペンタのデュオプロドライブの、コーンクラッチのアップ。上下一対のクラッチベルの間に入ったクラッチボールがよくわかる。クラッチボールのくびれをレバーで押すと、ドライブシャフトに切られたスプラインに沿ってクラッチボールが動き、ベルに接触。その瞬間、クラッチボールはさらに密着する方向に回転し、クラッチボールの溝からオイルを逃がすことで密着度を高め、クラッチがつながる

代表的なボートのクラッチ３例

■ コーンクラッチ

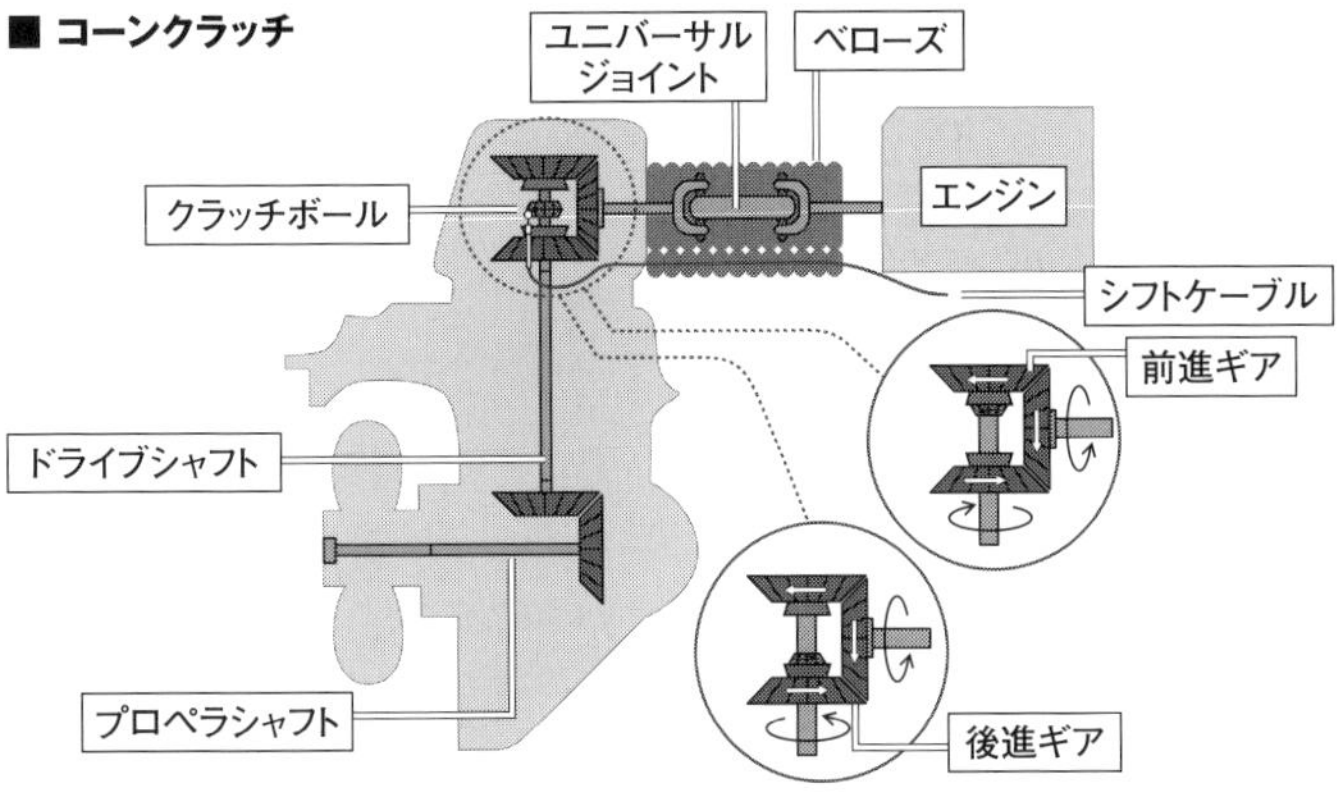

中・大型以上の船内外機に使われるコーンクラッチは、ソロバン玉のような形をしたクラッチボールが、前・後進ギアと一体になっているクラッチベルに飛び込み、摩擦によって駆動力を伝える。コーンクラッチはドライブ上部に設けられることが多く、より大きな力を滑らかに伝えることができる。ドライブシャフトに付いている上下のベベルギアは、シャフトに対してはフリーで、互いに反対方向に常時空転している。これらのベベルギアの間に、ドライブシャフトの回転方向に対して固定されたクラッチボールがあり、これが上下することによってベベルギアにあるクラッチベルに噛み合い、クラッチがつながる。ドッグクラッチ同様、シフトケーブルはシャフトとは別のベローズを通ってドライブ内部に入るが、そのケーブルは、直接コーンクラッチを動かすリンクにつながっている。なお、コーンクラッチは、ボルボ・ペンタのTAMD41など、一部の船内機にも使われている

■ ドッグクラッチ

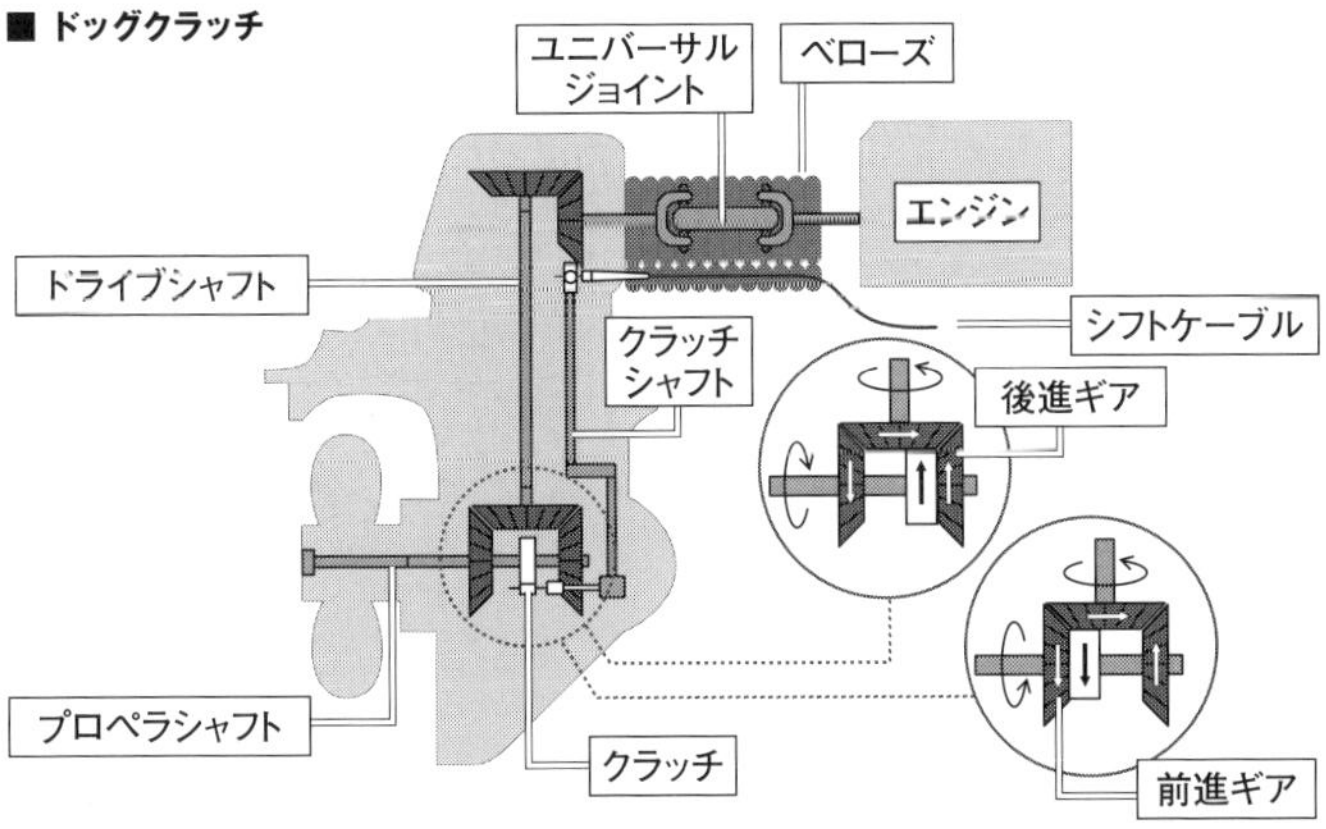

ドッグクラッチ（スライディングクラッチ）は、船外機と小型の船内外機に採用される（図は船内外機のもの）。エンジンのクランクシャフトのアウトプットが、ベローズ内にあるユニバーサルジョイントを介して導かれ、ベベルギアで垂直のドライブシャフトを回転させ、ドライブ下部のトーピード内でプロペラシャフトに伝達される。プロペラシャフトに付いた前後のベベルギアは、ドライブシャフト下部のベベルギアによって常に回転しているが、プロペラシャフトに対してはフリーで、互いに反対方向に空転している。この前後のベベルギアの間に、プロペラシャフトの回転方向に対して固定されたクラッチがあり、これがスライドすることによって前後どちらかのベベルギアと噛み合い、クラッチが入る。なお、シフトケーブルはシャフトとは別の小さなベローズを通ってドライブ内部に入り、いくつものリンクを経てクラッチを操作する

■ 多板式油圧クラッチ

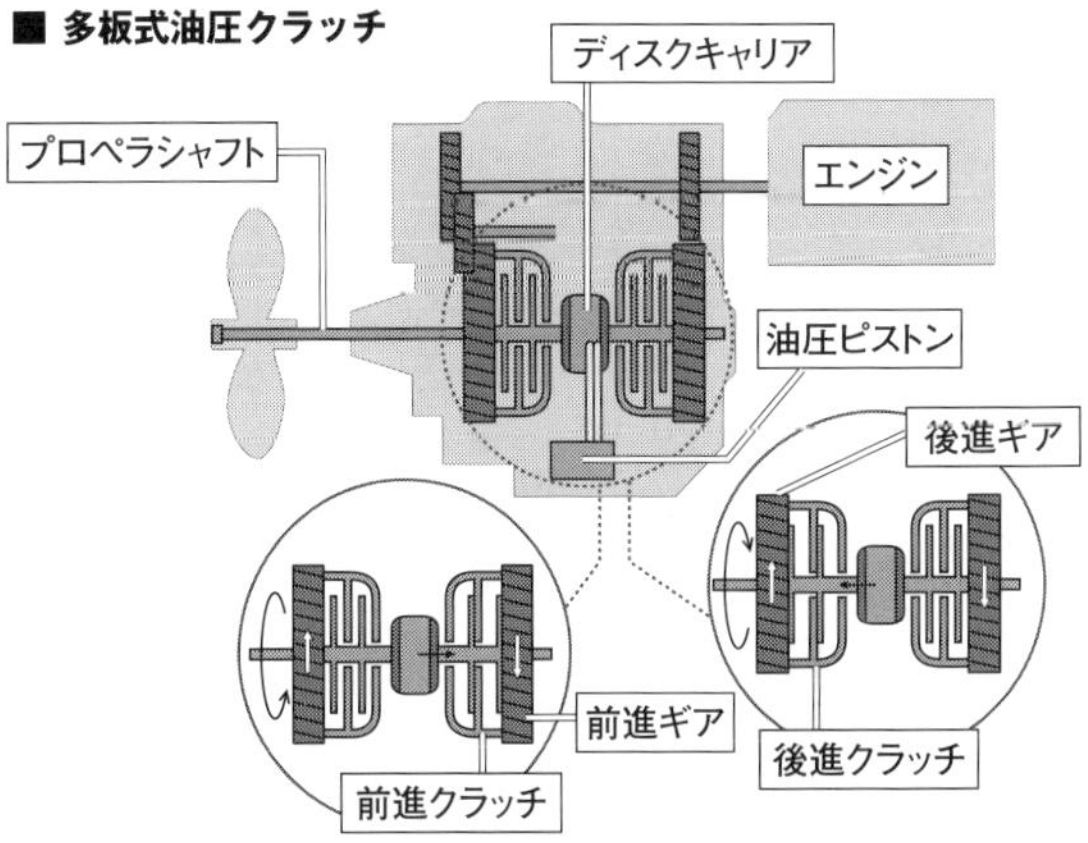

何枚ものクラッチディスクを密着させることによって駆動力を伝える多板式油圧クラッチは、主に船内機で用いられている。図は、船内機用のツインシャフト式のもの。プロペラシャフトに付いている前・後進ギアは、シャフトに対してはフリーで、互いに反対方向に空転している。この間に多板式のクラッチディスクがあり、これをディスクキャリアが押すことによって、クラッチディスクがギアに密着してクラッチがつながる。ディスクキャリアを駆動する油圧ピストンには、大変高い圧力の油圧が必要なので、船内機のミッションは自身に油圧ポンプを備えている。このため、作動油が不足すると圧が足らなくなり、クラッチが滑ったりする

リカルスプライン（らせん状に切られた溝）に沿って動き、クラッチベルと密着して擦り合うことによって動力を伝達します。

　クラッチベルと一体になっている上下一対のベベルギアは、ユニバーサルジョイント側のベベルギアと上下で噛み合っていて、常時、上下が互いに反対方向に回転しています。中立（ニュートラル）時には、これら上下のベベルギアはドライブシャフトには接続していないので、遊転している状態ですが、クラッチボールが上のクラッチベルとミートするとプロペラが前進方向に回転し、反対に、下のクラッチベルにミートするとプロペラが後進方向に回転します。これが、前進／後進でプロペラの回転方向を変える秘密です。

　ヘルムステーションのリモコンレバーを前進に入れると、ワイヤや油圧で伝えられたインプットによりクラッチボールが動き、クラッチベルと密着してクラッチがつながります。コーンクラッチでは面と面が滑らかに接するので、滑らかにクラッチが入ったり切れたりします。

　ただし、このコーンクラッチは、クラッチがミートしたときの摩擦力を、推進軸に加わる出力に依存しているため、低速運転が苦手です。つまり、ある程度の出力を出していないと、クラッチが滑ってしまうのです。よって、コーンクラッチで長時間の低速航行をしていると、クラッチボールとクラッチベルが滑ってしまい、これらがすり減ってしまいます。よって、トローリングを主体としている艇では、クラッチの消耗が激しいということを覚えておいてください。

■ドッグクラッチ

　ドッグクラッチ（スライディングクラッチ）は、比較的小型で軽量の艇に使われることが多いタイプのクラッチです。船外機に使われているのはすべてこのタイプで、船内外機でも構造はまったく一緒です。

　ドッグクラッチは、ドライブ下部のプロペラ前方の膨らみ（トーピード部）に内蔵されており、前後に動くクラッチと歯車とが、文字通り一気に噛み合うことでクラッチをつなぐという、少々乱暴な構造をしています。

　ドライブ上部から来たドライブシャフトのベベルギアと、プロペラシャフトに設けられた前後のベベルギアは常に噛み合っており、前後のベベルギアは常時、互いに反対方向に回転しています。

　ドッグクラッチでは、この前後のベベルギアの間に、プロペラシャフトのスプ

ラインに沿って前後に移動するクラッチがあって、シフトレバーからのインプットがドライブ内のシフトロッドを動かし、ベベルギアの間にあるクラッチを動かします。

このクラッチには歯が付いていて、シフトを入れると、ベベルギア側の歯と一気に噛み合います。前後のベベルギアは、コーンクラッチ同様、中立の状態では遊転していますが、クラッチが前側のベベルギアとミートすれば後進、後ろ側のベベルギアとミートすれば前進となります。

このような構造のため、シフトレバーをゆっくり動かしてクラッチをゆっくりつないだりすると、「グギャゴゴゴ〜」という感じのギア泣きを起こします。ちなみに、コーンクラッチはいくらゆっくりつないでもギアは泣きません。

ドッグクラッチは小型・軽量で、構造も簡単であり、確実に動力をつなげられますし、その工作精度もコーンクラッチに比べればずっと低くて済みます。このため小型のドライブや船外機のクラッチとして広く使われています。

ただし、歯車同士をいきなり噛み合わせるという構造のため、プロペラシャフトから先の慣性質量が大きいと歯を傷めやすくなります。よって、同じドッグクラッチを採用していても、比較的大型のプロペラが使われることの多いドライブのなかには、クラッチがミートする瞬間、一瞬エンジンを切ってクラッチの歯を保護する機構を持つものがあります。マークルーザーのアルファドライブなどがその代表です。シフトケーブルのリンケージにカットオフスイッチが連動していて、いままさにギアがミートしようとする瞬間、もしくは離れようとする瞬間、リンケージの途中に組み込まれたマイクロスイッチにより点火コイルの電気を止めて、一瞬だけエンジンを切るのです。このカットオフのタイミングが狂ってくると、クラッチを操作したときにエンストするようになります。エンジンの調子が悪いと勘違いする人も多いので注意しましょう。

■油圧クラッチ

ヤマハとトヨタのスターンドライブで使われている油圧クラッチは、多板式のクラッチディスク同士を密着させることで動力を伝達するもので、基本的には、船内機のミッションに使われているクラッチと同じ構造です。ドライブ内のオイルポンプによって作られた油圧によって断続をコントロールするため、低速で滑ってしまうというトラブルはありませんが、そのぶん、構造が複雑になります。

ちなみに、船内機用に使われるミッション（ギアボックス）は、エンジン後端に取り付けられており、クランクシャフト出力に直接つながれているため、外から見るとエンジンと一体になっているように見えます。この内部には、プロペラシャフトの回転のオン／オフを切り替えるクラッチ、エンジンの回転数を下げる減速機構、正転／逆転を切り替える機構が入っています。つまり、トランスミッション（変速機構）とクラッチが、一つのケースの中にすべて収められているのです。

■マルチドライブ

ここまで紹介してきた3タイプがクラッチの主なものですが、もう一つ、フィッシングボートならではのクラッチがあります。マルチドライブなど、メーカーによってさまざまな呼称がありますが、ヤンマーのフィッシングボートなどにオプションとして選択できる「微速装置」がそれです。流し釣りをする方には垂涎《すいぜん》の装備といえるでしょう。

このマルチドライブは、エンジンとドライブの間に入れられた、もう一つのミッションです。スパンカーを使って流し釣りをするとき、デッドスローにしても推力がありすぎるのを防ぐためのもので、プロペラの回転数をデッドスロー以下で無段階に調節できるようになり、シフト断続の操作をしなくても速力の微妙なバランス

ドッグクラッチ全景

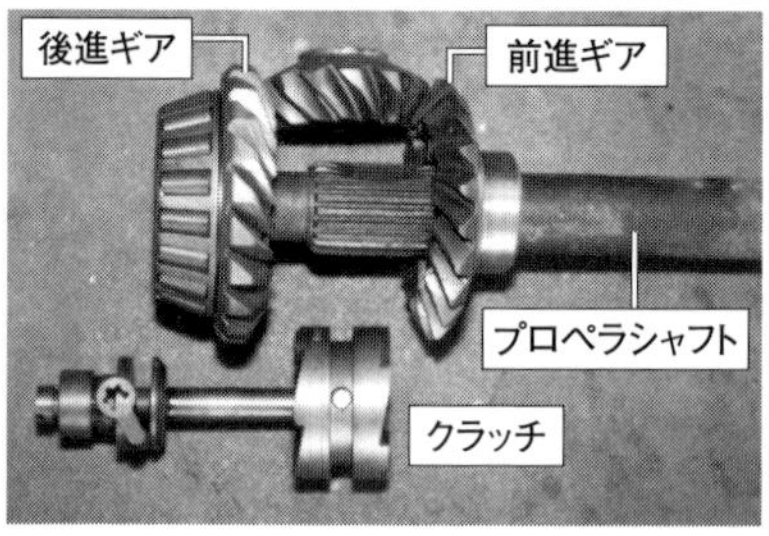

小〜中型の船内外機に使われているドッグクラッチの全景。横に見える軸がプロペラシャフト。二つのギアに挟まれた上にあるベベルギアに、エンジンから来たドライブシャフトがつながる。下にあるのがクラッチで、本来は二つのギアの間に見えるプロペラシャフトのスプラインの部分に通っていて、左側のリンケージによって左右に動き、前・後進ギアと噛み合うことでクラッチがつながる

クラッチの歯の構造

上側が前進ギアと噛み合う歯、下側が後進ギアと噛み合う歯。上下を比べると、上の歯の角が欠けているのがわかる。シフト操作をちゅうちょすると、この歯が、高速で回転するギアと噛み合わずに接触するため、欠けてしまう原因となる。そして、この歯が鈍るとクラッチがつながらなくなる

ドッグクラッチとギアの噛み合わせ部

クラッチとギアの噛み合わせ部のアップ。クラッチには楔（くさび）型の歯（クラッチジョー）が付いており、ギア側の歯と噛み合う。アイドリングでのエンジン回転数が700回転／分、ギア比が1：1.5としても、ギアの回転数は毎分450回転／分。そんな回転数で回っている歯にいきなり噛み合うという構造は、水上を走るボートならでは。なお、このクラッチがミートする瞬間の衝撃を和らげるため、エンジンの回転を一瞬止める「カットオフスイッチ」を備えるモデルもある

ヤマハSXドライブのクラッチ収納部

ヤマハSXドライブでは、ドライブ上部に、船内機のミッションと同じような多板式油圧クラッチ（写真上）が内蔵されているため、ほかのメーカーのドライブと比較すると、ドライブ上部がかなり大きい

を取ることができ、ポイントキープがしやすくなるという仕組みです。

　その操作は、潮立てしたいところで、リモコンレバーを中立にしたあと、ヘルムステーションに設けられた専用のバーニアケーブルを押し引きして調節します。

微速装置と自動定位機能

　マルチドライブと仕組みは異なるものの、同様の役割を果たす微速装置として、一定の間隔で自動的にクラッチの断続やエンジン回転数の調整をしてくれる、ヤマハの「フィッシングサポートリモコン」や、ヤンマーとマロールが共同開発した「釣楽《つりらく》リモコン」といったものがあります。かつては、アナログ式の「潮立て装置」といったものが販売されていましたが、それを電子化し、コンピューターのプログラムと組み合わせることで、調整の手間が大幅に軽減されました。

　ボートで流し釣りをする際、スパンカーを利用してポイントをキープするには、デリケートなシフト操作を頻繁に行わなければなりません。

　ところが、これらの装置では、専用のスイッチを入れ、リモコンレバーの目盛りを合わせるだけで、潮や風にマッチした速度に維持するプログラムにより、自動的にシフト操作を繰り返してくれるので、手前船頭のキャプテンも機械任せで釣りに専念できるようになります。また、ほんの一瞬だけプロペラを回し、次の回転までの間隔を長く取ることで、ごく小さな推力を発生させることにより、従来の微速装置で対応できなかった極微風時でも威力を発揮します。さらに、後進の自動シフトにより、逆潮時のポイントキープにも対応できます。

　ただ、頻繁にクラッチの断続を繰り返すので、クラッチの耐久性がやや心配ですが、フィッシングサポートリモコンにも対応するボルボ・ペンタの船内外機D3-170/SXでは、それまで弱点とされてきたコーンクラッチに改良を施し、耐久性を大幅に向上させているので問題ないとしています。

　一方、大型2基掛け艇に採用されている「ポッドドライブ」を搭載したボートでは、GPSによる位置情報を基に、コンピューターがドライブの向きと推力を自動的に計算/制御してボートを定位置にキープし続ける、自動定位機能を追加することも可能です。CMD（カミンズマークルーザーディーゼル）のポッドドライブ「ゼウス」で利用できる「スカイフック」や、ボルボ・ペンタのポッドドライブ「IPS」で利用できる「DPS」がそれです。これらは、従来のドライブ以上の可動域を持ち、左右を個別に動かすことができるという特徴を持つポッドドライブを、コントロール・バイ・ワイヤで制御する（ワイヤや油圧を用いず、コンピューターで電子的に制御する）ことで実現した機能です。

　今後は、従来のドライブに加えて、こういった電子化されたドライブも増えていくのでしょう。


ウオータージェットドライブのリバースゲート

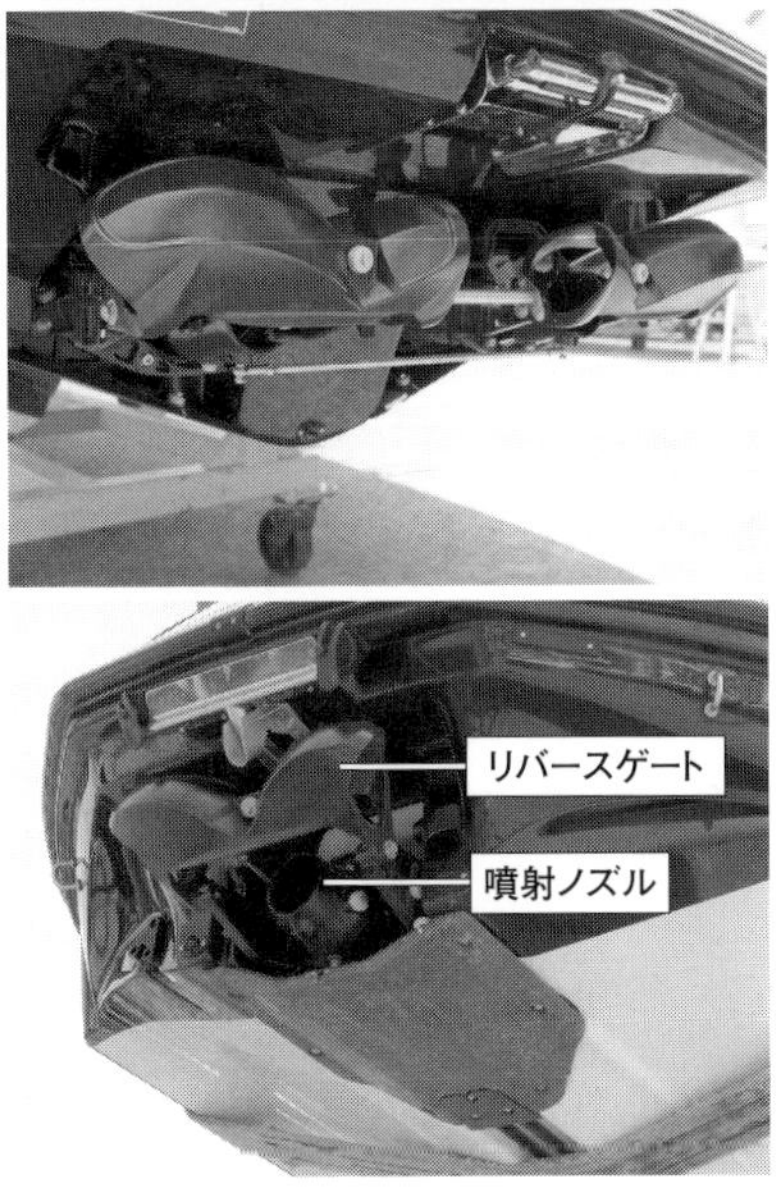

ウオータージェットドライブの多くは、エンジンと内部のインペラが直結したダイレクトドライブとなっているため、後進時は噴射ノズルにリバースゲートをかぶせることで、水流の向きを変えている。このリバースゲートの角度を微調整することで、推力を相殺し、疑似的な中立状態にすることもできる

動力を直に伝えるダイレクトドライブ

　さて、ボートの仲間には、ミッションやクラッチを持たないものもあります。PWCやジェットボートに代表される、ジェットポンプを持つものがそうです。これらではエンジンのクランクシャフトを延長し、直接、プロペラ（正確には、ジェットポンプのインペラ）につないでいる、文字どおりのダイレクトドライブとなっています。このような艇は、エンジンをかけると即、前進してしまうという特性があります。もちろん、バックする際にプロペラの回転を逆にすることもできないため、後進は、噴射ノズルの先に、水流をさえぎって前のほうに反射させる機構によって行います。ちょうど、航空機のジェットエンジンのスラストリバーサーと同じ理屈ですね。

　このジェット推進では、いわゆる中立というものを持たないため、エンジンがかかっている間は常に前進してしまい、実際のボーティングシーンではいろいろと扱いにくい面があります。

　このため、かつてのジェットボートでは、リバース用のゲートを微妙にコントロールして半開きにすることで中立状態に保つなどという、名人芸的な技能を生み出しました。しかし、近年は中立にだけできる簡単なクラッチを持つものも出てきましたね。

　ちなみに、プレジャーボートユーザーにはあまりなじみがありませんが、競艇やパワーボートレースで使用される船外機は、水の抵抗を極力減らすため、クラッチ機構を省き、トーピード部分を非常に細くしています。よって、エンジンがスタートすると同時に推力が発生し、常に進んでいる状態となります。エンジンのクランクシャフトがプロペラに直結しているわけではありませんが、これらも一種のダイレクトドライブです。

レース艇の船外機のトーピード

抵抗を減らしてスピードアップを図るため、競艇やパワーボートレースの船外機では、クラッチ機構を排し、トーピードを極限まで細くしている。エンジンスタートと同時に推力が発生するこうした船外機も、ダイレクトドライブの一種である

【第12回】ドライブの構造③

これまで解説してきたプロペラとドライブに関した内容の締めくくりとして、ここでは、ドライブ下部の構造、推進器としての機能以外のドライブの役割、そして、保管時の注意点などについて見ていくことにしましょう。

ドライブ下部の造作 スケグとトリムタブ

ドライブの一番下には、先端が斜めに切り落とされたヒレのような「スケグ」があります。このスケグは、側面積を増やし、方向安定性を向上させるとともに、大切なプロペラをガードする役割を担っています。ドライブの最も下にあるため、浅瀬などに着底したとき、真っ先に犠牲になるのもこの部分です。

海底の泥をかいて、プロペラやスケグをピカピカにしてしまう人がいますが、もう少しひどく乗り揚げると、このスケグがポッキリ折れてしまいます。多少の欠けであれば、さほど影響はありませんが、大きく曲がったり欠けたりすると、フラフラして真っ直ぐ走らなくなったり、ガードの役割を果たさなくなったりします。こうなると補修が必要ですが、鋳物なのでなかなか大変なようです。「スケグガード」などという製品が売られているところを見ると、この手のトラブルが結構多いのではないかと思うのですが、みなさんの艇では大丈夫でしょうか？ 小さな部分ですが、れっきとした役割がありますので、きちんと点検してください。

ちなみに、ドライブをさらにひどくぶつけると、スケグだけでなく、ロワーケース本体まで割れてしまい、オイルが漏れることもありますので、浅瀬を航行する場合はくれぐれも注意しましょう。

それから、シングルプロペラのドライブには、アンチベンチレーションプレート先端の下面に「トリムタブ」というヒレ状のパーツがつく場合があります。トリムタブとは、ｔｒｉｍ（調整の意）とｔａｂ（小さなつまみ板、小片の意）の合成語で、ジンクアノードと兼用になっているタイプもよく見ます。

プロペラシャフトは、トリム角度によって水面との角度が変わる上、プロペラも回転しているので、そこで発生するステアリングトルク（舵を動かそうとする力）は、どうしても左右不均衡になり、ドライブが左右どちらかに引っ張られ、舵の偏向が発生します。これにより、走航中はハンドルが左右どちらかに取られ、ボートが勝手に曲がってしまうので、常にそれを打ち消すように力を加え続けなくてはなりません。ひどい場合は、うっかり手を離したらハンドルが勝手にクルクルと切れ込んで急カーブし、思わぬ事故を引き起こすことすらあります。この余計な偏向を打ち消すためにあるのがトリムタブで、その取り付け角度を変えることにより、直進時のステアリングトルクを軽減し、ハンドルから手を離しても直進するように調整できるので、偏向にお悩みの方は、ぜひ一度調整してみてください。

スケグとトリムタブ

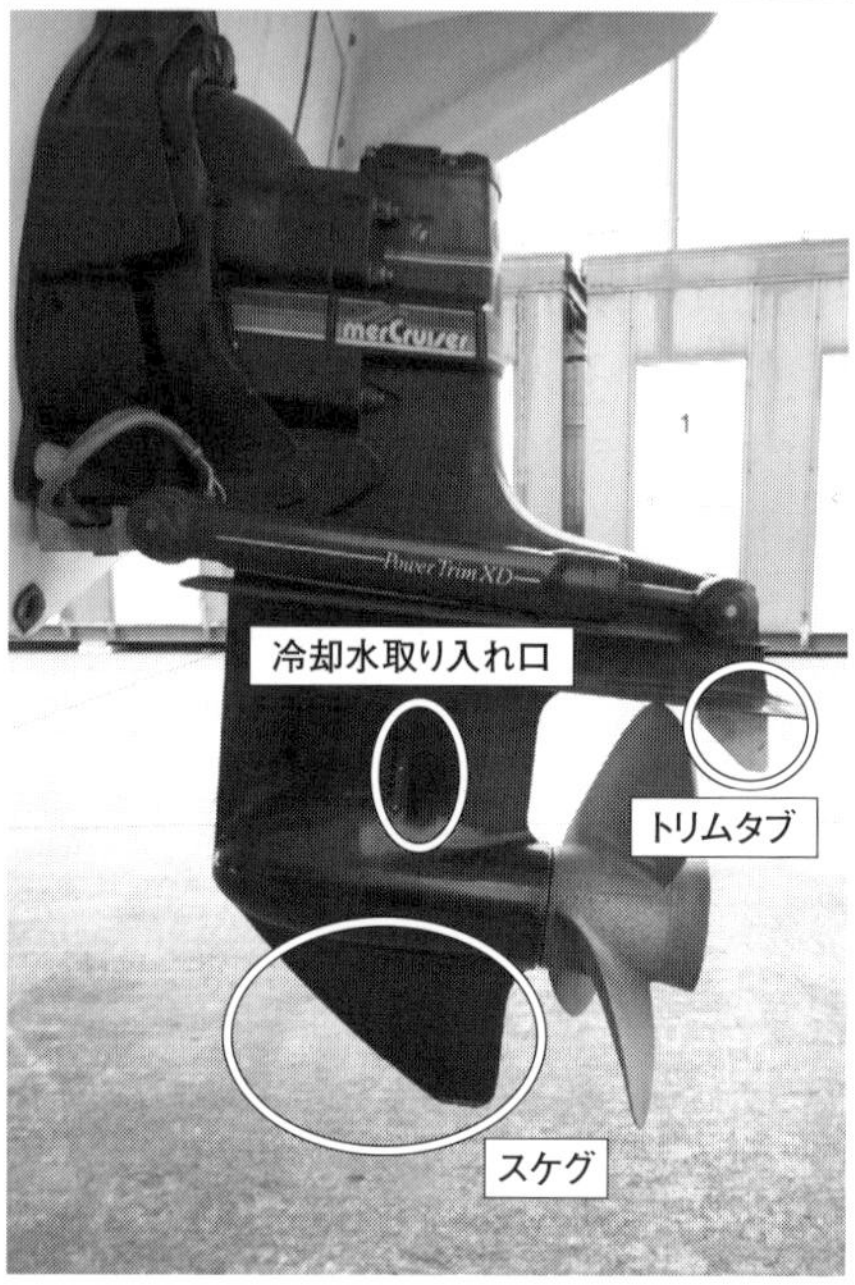

マークルーザー・アルファーIで、スケグとトリムタブを見る。最近の新型ドライブでは、トリムタブがなく、その部分に平らなジンクアノードが付いているモデルが多い。ちなみに、ギアケース上の網目が冷却水取り入れ口

なお、ステアリングトルクは、ドライブのトリムが変わるとその傾向も変わってしまうので、トリムタブの取り付け角度は、もっとも多用する巡航速度とトリム角度のときに真っ直ぐ走れるように調整するのがコツです。

ドライブのそのほかの役割

その1 冷却水の取り入れ

ドライブには、推進器としての機能のほかにも、大切な役割があります。その一つが、「エンジン冷却水の取り入れ」です。

エンジンの解説の際に詳述しましたが、船外機や、船内外機の中でも比較的小型のものは、ドライブ下部にエンジン冷却のための海水を取り入れるポンプがあります。このポンプの内部には、ドライブシャフトに直結したインペラがあり、エンジンがかかってシャフトが回転することで、海水をエンジンに送り込みます。

一方、ディーゼル船内外機や大型のガソリン船内外機は、ドライブ下部にインテーク（冷却水取り入れ口）が設けられ、そこからエンジンまでパイプが導かれており、エンジン側にある冷却水ポンプによって海水を汲み上げています。

これらのインテークや冷却水経路がふさがると、たちまちオーバーヒートするので、航行中はビニールなどのゴミがインテークをふさいだり、浅瀬で砂を吸い込んだりしないよう、十分注意しましょう。ドライブによっては、メインのインテークがふさがってもすぐ致命的なトラブルにならないように、セカンダリーインテークを備えているものもあります。

また、冷却水ポンプのインペラは、ドライ運転に極端に弱いので、陸上では、水洗アタッチメントを付けて水を流さない限り、エンジンを回してはいけません。なお、一部のディーゼル船内外機艇では、船底にスルーハルの冷却水取入れ口とシーコックを設け、そこから直接、海水を取り込んでいる場合もあります。

その2 排気の通り道

ドライブは、排気の排出口としての役割も担っています。

船外機の場合は、エンジンから出た排気がそのままエンジン下部のドライブ部分に導かれますが、船内外機の場合は、トランサムプレートを貫通する排気ポートを通り抜け、ゴムのベローズを通ってドライブ内部に導かれます。

いずれの場合も、排気管内には、エンジンを冷やしたあとの冷却水が噴射されます。これは、陸上の乗りもののエンジンにはない、舶用エンジン独特の仕組みで、ウエット排気と呼ばれており、排気の温度を下げたり、排気音を低減したりすることを目的としています。

ドライブ内部に導かれた排気は、ドライブ内部の煙路を通ってプロペラシャフトの周りまで導かれ、プロペラハブを通って水中に排出されます。ここも、クルマなどのエンジンとは違うところです。

なお、ボルボ・ペンタのデュオプロや、ヤンマーのドライブ用プロペラなど、プロペラにスルーハブ機構を持たないドライブの場合、排気はアンチベンチレーションプレートに設けられた排気口や、トランサムボードに直接設置された排気口から排出されます。

また、トランサムボードの排気口から排出される場合を除けば、船外機や船内外機の排気は、基本的に水中に排出されます。

さて、ドライブ内に設けられている排気通路の途中には、エンジン側からの排気／排水は通すけれど、ド

冷却水取り入れ口

①は、マークルーザーのドライブの、ロワーユニットに設けられた冷却水取り入れ口。保留保管艇の場合、この内側に貝類などが育っていることもあるので、上架した機会にチェックしておきたい。②は、ヤンマーのスターンドライブ艇で、船底に設けられた取り入れ口。いずれのタイプも、この部分がゴミなどでふさがれると冷却水が取り込めず、エンジンの焼き付きなどのシリアスなトラブルにつながることも多い

排気口のいろいろ

①は、スルーハブ排気のマークルーザー・ブラボーⅢ。②は、アンチベンチレーションプレートに排気口を設けているボルボ・ペンタの旧型ドライブ。③は、ヤンマーのスターンドライブ艇の、トランサムに設けられた排気／排水口。②、③では、排気口部分にゴム製のフラップがあり、水の逆流を防いでいる。なお、ボルボ・ペンタの新型ドライブの排気口には、フラップがない

ライブ側からの水は通さない排気弁が付いています。これは、エンジン停止中に波を食らったときに、エンジン内部への水の逆流を防ぐもので、エンジンの設置位置が低い船内外機の場合は特に重要です。

マークルーザーのドライブでは、排気の集合管の接合部にこの弁があり、旧型ではバタフライ式の不釣り合いシャッター（弁の重心位置を外したところに、開閉の軸を設けたタイプ）が、新型では両開きのシャッターが付いています。これらは、エンジンがかかっている間は排気圧で開き、エンジンを止めるとバランスやバネの力によってシャッターが閉じるようになっています。この弁は外からは見えないので、数年に一度は外して点検し、動きが阻害されていないかチェックしましょう。

ボルボ・ペンタの旧型デュオプロドライブなどでは、アンチベンチレーションプレートの後端にある排気口にゴム製のフラップを設けることで、波の打ち込みを防いでいます。このフラップが劣化していたり、取れていたりするケースもよく見かけますが、これがないと波の打ち込みや動揺によってエンジン内に水が逆流してしまうので、注意してください。

チルトアクチュエーター

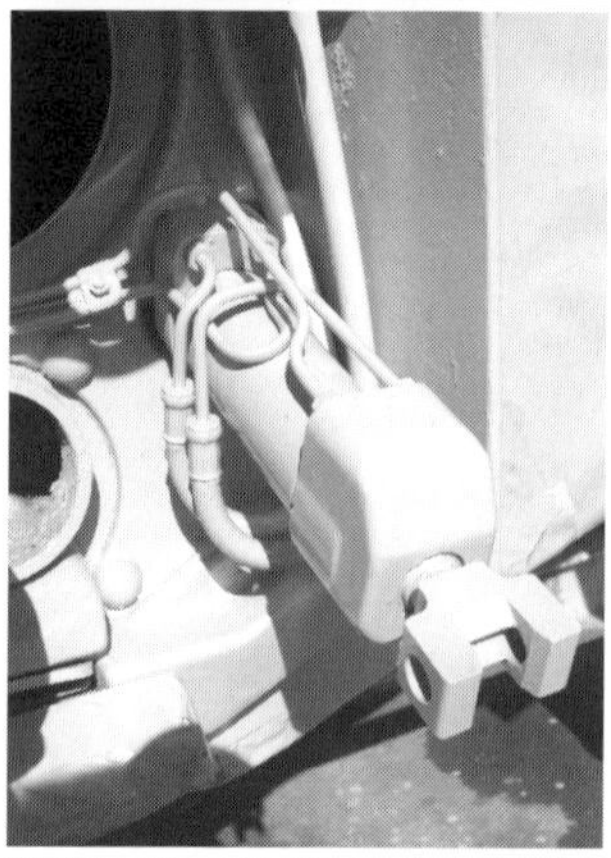

上が旧型のボルボ・ペンタ、下がヤマハのチルトアクチュエーター。どのメーカーでもほぼ同様の構造となっており、油圧シリンダーでドライブを上げ下げする

ドライブの位置を調整するチルトとトリム

ドライブは、船外機と同じようにトランサムに取り付けられ、そのフット（プロペラを含む下部構造）は船底より下に延びているので、上架保管したり、トレーラーで引いたり、ビーチングしたりするときなどは邪魔になってしまいます。よって、ドライブには、その角度を変えるチルト機構が付いています。

チルトポンプは船内にあって、オイルパイプはドライブのトランサムプレートを通って艇外に導かれ、ドライブの側面に付いているアクチュエーター（動作や制御を行う装置の総称）に入ります。ドライブの上げ下げは、チルトポンプによってチルトアクチュエーターに作動油を入れたり抜いたりすることで行います。

このチルト機構を利用して、航行中にドライブの上下方向の角度を微妙に変えるトリム機構がある点も船外機と同じです。使い方も船外機と同様で、停止状態から発進するときはいっぱいに下げた状態にしてプレーニング（滑走状態）に入るのを早め、その後、プレーニングに移行したら少し蹴り上げるのが基本です。

トリムを下げっぱなしにして走ると、バウを突っ込みやすくなり、保針するのが難しくなります。反対に、トリムを調整して適切なプレーニングアングルにすると、波にたたかれにくくなる、バウが突っ込みにくくなるといったメリットがありますし、スロットル開度との兼ね合いではあるものの、スピードが増すとともに、音や振動、燃費も減少して、とても走りやすくなります。ぜひ積極的にトリムを操作して、走りの違いを試してみてください。

なお、通常の船内外機のドライブは、いっぱいにチルトアップしても、ほとんどが水中にあるのが普通で、洋上でのプロペラの交換や、ロープなどが絡んだ場合の除去作業はなかなか大変です。ヤンマーなどのドライブに見られるハイチルトタイプでは、ドライブ後部が水面上に出るので、こういった作業がしやすいほか、海上係留艇でも、フジツボや貝類、海藻などの水生生物の付着を抑えることが可能です。

チルトセンサー

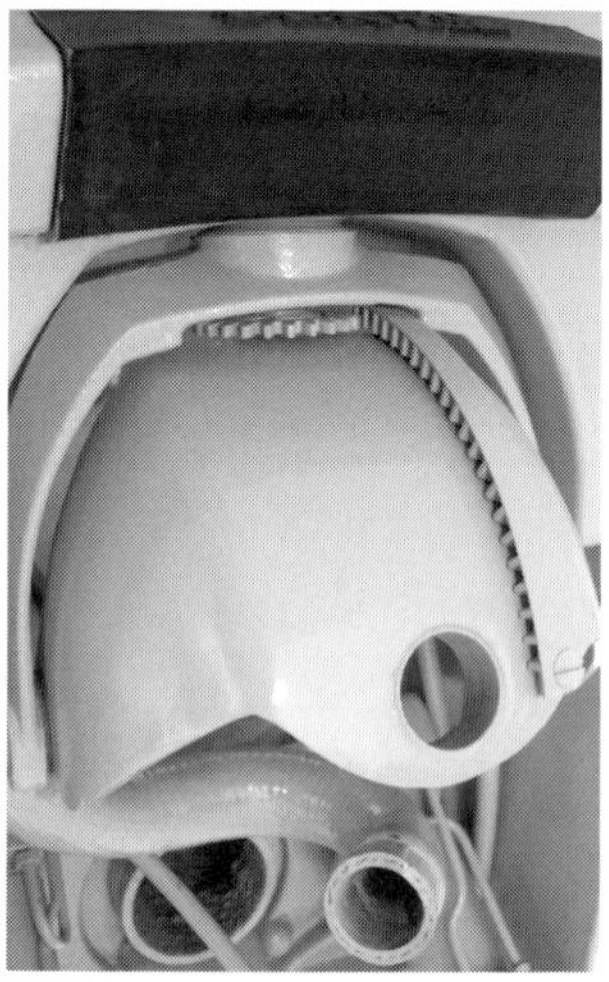

チルトセンサーは、チルトアップしたときの上限位置や、トリム角を検知するためのもの。上のボルボ・ペンタの旧型ドライブはラック&ピニオンを採用。下のマークルーザーは、ドライブのヒンジ部分に丸いセンサーが付いている

チルトポンプ

ヤンマーのスタンドドライブ艇のエンジンルーム。白丸部分に見えるチルトポンプが、チルトアクチュエーターへ作動油を出入りさせる

海上係留時のドライブに関する注意点

最後に、艇の保管方法によるドライブへの影響を見てみましょう。

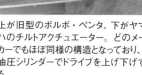

ドライブの汚れ

水生生物の付着が進むと、ドライブの動作にさまざまな悪影響を与える。一方で、海上係留の場合、チルトアップした状態にしておくと、ベローズ部分にフジツボや貝類が付着し、ベローズを傷める原因ともなる。よって、海上係留艇の場合は、ドライブを目いっぱい下げ、こまめに清掃する必要がある

ドライブの電食とジンクアノード

上は、電食が進んでボロボロになったドライブ。特に、ステンレスプロペラをセットしているドライブでは、電食が進みやすいので、追加のジンクアノードを取り付けるなどの対策が必要だ。下のボルボペンタの新型ドライブでは、プロペラの素材にかかわらず、アンチベンチレーションプレートの上に大型ジンクが取り付けられている

チルトアップ角度

左のマークルーザーをはじめとする大半のドライブは、チルトアップしても、その大半が水面下にある。右のヤンマーのドライブは、シンプルな構造と、その大半が水面上に出て汚れにくい点がセールスポイント

ボートの保管方法を大別すると、水面に浮かべたままの係留と、上架する陸置きの二つに分かれます。どちらのスタイルにもメリット、デメリットがありますが、ドライブはこの保管環境に大いに影響を受けるのです。

特に係留保管では、水生生物の付着による害が気になります。船底塗料を塗って半年も経つと、船底一面に水生生物が付着して、抵抗が増加し走りが遅くなるほか、燃費も悪くなり、エンジンにも過度の負担がかかります。

船底塗料を塗るために上架すると一目瞭然で、水生生物はドライブにも容赦なく付着します。ひどくなると、インテークをふさいだりするほか、チルトアップした状態で海上係留していると、チルトアップ／ダウンの際、ベローズ部分に入り込んだフジツボやカキなどがベローズを切ってしまったり、チルトアクチュエーターに付いたフジツボ類がオイルシールを切ってしまったりします。よって、ハイチルトタイプ以外のドライブで海上係留する場合は、ドライブをいっぱいに下げておくようにしましょう。

また、ドライブなど金属部分用の防汚塗料もあるので、保管場所に合う塗料を試してみてください。

ただし、それで万全というわけにはいきません。プレジャーボートに使われる船底塗料は、走航時の摩擦によって塗膜自体が少しずつ剥落する自己研磨型が多いですし、金属部分用の塗料はシリコーンなどで表面を平滑にして、付着した水生生物をふるい落とす仕組みなので、海上係留艇で船底の汚れを防ぐには、マメに走ることが一番といえるでしょう。

もう一つ気になるのが電食です。電食とは、異なる種類の金属が海水などの電解液に浸されたとき、電流が発生して、一方がボロボロに腐食してしまう現象です。

特に、ステンレスプロペラを付けた艇では電食が激しくなるので、十分な注意が必要ですが、プロペラの材質にかかわらず、海上係留艇では電食によるドライブの消耗が激しいのは事実なので、ある程度は消耗するものと割り切って考えておきましょう。

ちなみに、船底塗料は防汚剤として金属を含んでおり、これをドライブに塗ると電食を助長するので、必ず金属部分専用の防汚塗料を使用しましょう。

さて、ドライブでは、電食を防ぐために、あちこちにジンクが付いています。アンチベンチレーションプレートやチルトアクチュエーターに取り付けるもの、トリムタブやプロペラコーン（プロペラハブの後端に取り付ける円錐形のパーツ）を兼ねるものなど、さまざまに工夫されています。この部分に防汚塗料を塗ると、せっかくの効果が発揮できなくなるので注意が必要です。

なお、マークルーザーのドライブには、バッテリーの電気を利用して電食に打ち勝つ電気を流すことにより、大切なドライブを守る「マーカソード」という装置が付いています。ドライブの根元に電極が出ていますので、アノード同様、この部分には防汚塗料などを塗らないでください。

もちろん、バッテリーが上がってしまえば役に立たないので、そのケアもお忘れなく。

安全航海の指針
ボーティングマスター
モーターボートの運用＆操船パーフェクトガイド

CHAPTER 6

もっと電気に強くなる

プレジャーボートの電装系

ELECTRICAL SYSTEM

苦手な人が多い電気の話。
でも、ボートの艤装をしようと思ったら、どうしても避けて通れません。
また、トラブルを起こしてしまったときにも、
ちょっと電気の知識があれば簡単に解決できるものもたくさんあります。
ここでは、そんな電気の基本から艤装のコツまでを紹介します。
苦手意識を克服し、愛艇の電装系を自由自在にアレンジしてみましょう。

【第1回】電気の基礎知識

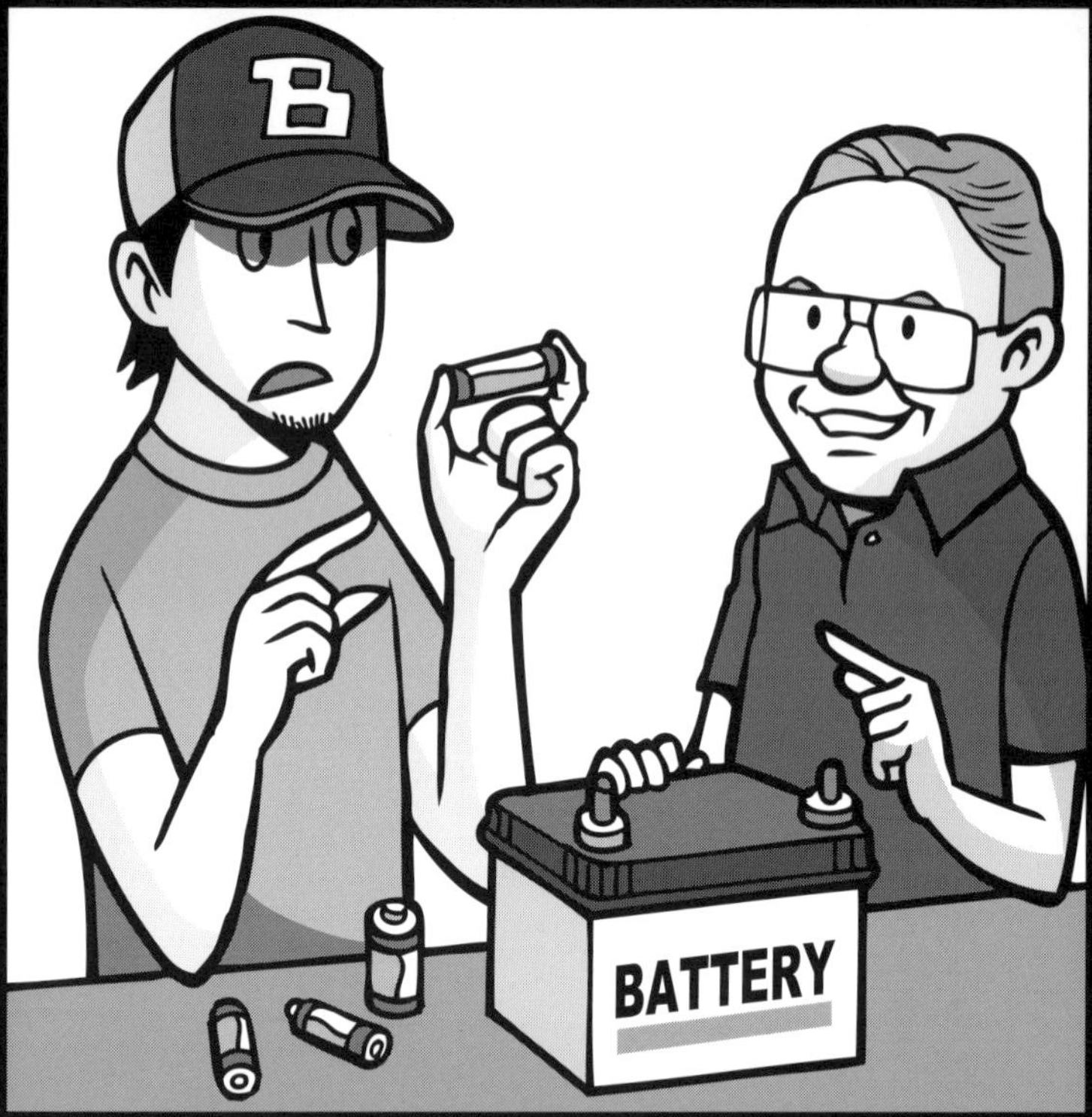

ここからは、ボートに欠かせない電気関連の知識について解説します。一般に「電気は苦手」という人は少なくありませんが、ボートでは、エンジン始動から各種電装品まで、電気を使う部分が多数あります。それらをきちんと使いこなすために、最低限の知識を身につけましょう。

ボートオーナーには電気の知識も必要

ボートには、エンジンをスタートさせる大切なスターターモーターをはじめ、各種の航海計器や航海灯など、多くの電装品が使われています。ゆえに、ボートオーナーは、電装品を動かすための電気系統を理解することも大切なのですが、「電気関係はどうも苦手で……」という方も少なくないのではないでしょうか？

電気系統の不具合は、特にエンジンの始動に関連すると、ときに大きなトラブルにつながりかねません。そういった際のトラブルシューティングをするにしても、艤装をするにしても、ボートオーナーになったからには、最低限の電気の知識を持つことが必要です。

電気の基本はプラスとマイナス

最初に、電気の基本から理解しましょう。

中小型のボートで使う電気は、基本的には自動車と同じようにバッテリーから得られるＤＣ（直流）１２Ｖです。大型艇になると、ＤＣ２４Ｖのバッテリーを使用するようになり、さらに、マリンジェネレーターを装備して一般家庭と同じくＡＣ（交流：ボートでは１１５Ｖ、２３０Ｖなど）も利用できるようになります。

ここではまず、直流について見てみましょう。

直流は、電気の流れが変わらず、常に一定方向に流れます。もっと端的にいうと、プラスとマイナスがある、といえばいいでしょうか。小学校の理科の実験で、豆電球と乾電池で電気が流れる実験をしましたよね？ 電源（この場合は電池）のプラスとマイナス、そして負荷（使用する電気機器。この場合は電球）を電線で結ぶ、要はあれと同じです。

普段使用する乾電池で動く機器の場合、乾電池を入れる向きを合わせていますよね？ あれは、負荷のプラスとマイナスの指定に、乾電池のプラスとマイナスを合わせているのです。ボートの配線も基本はまったく一緒。こう考えると、簡単に感じられるのではないでしょうか？

ボートの電装いろいろ

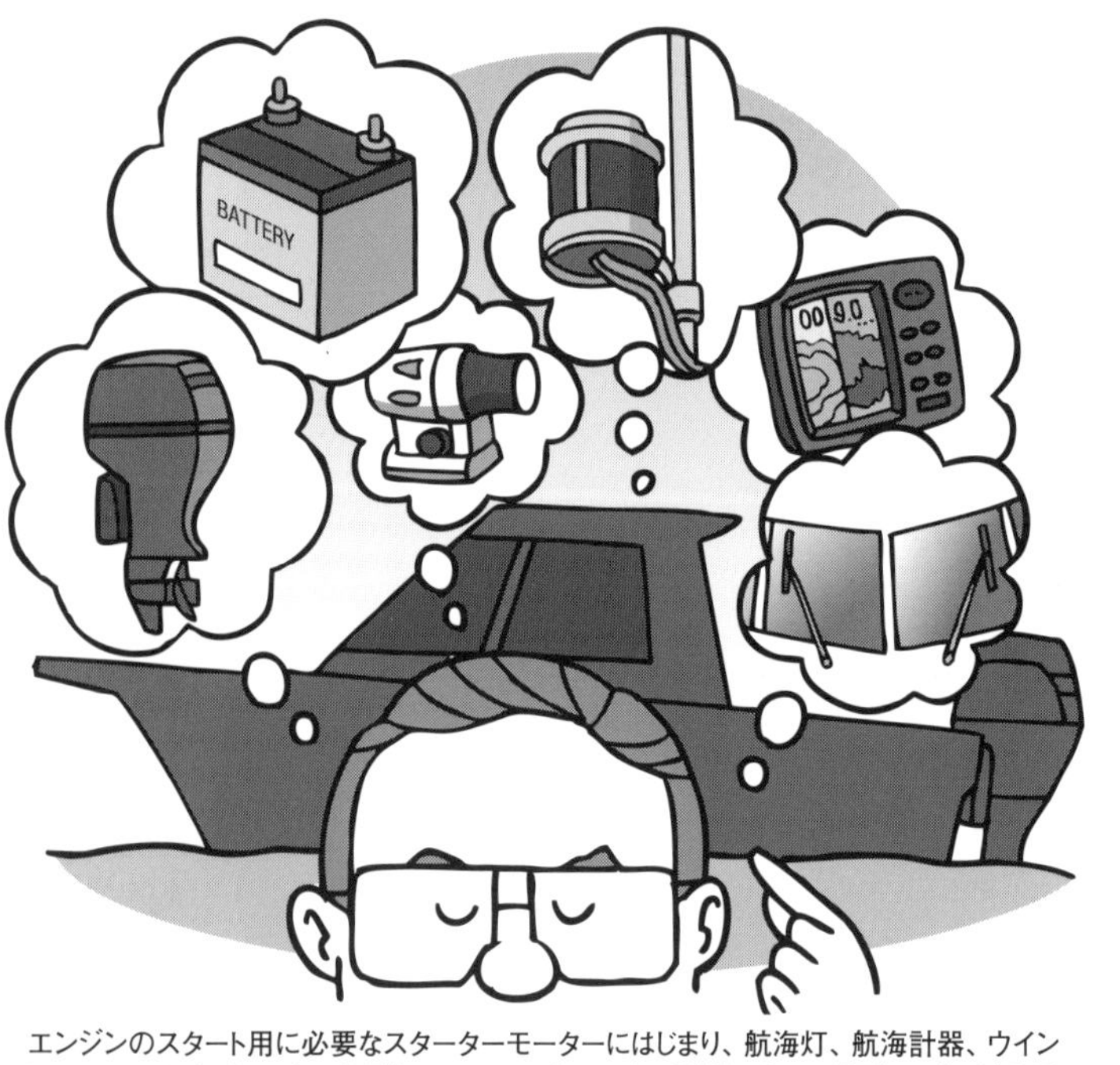

エンジンのスタート用に必要なスターターモーターにはじまり、航海灯、航海計器、ウインドラスにワイパーと、ボートと電気は、切っても切れない関係にある。「電気は苦手」と思わずに、最低限の知識を身につけよう

電気を表す四つの値 電圧、電流、抵抗、電力

次に、電気を扱う上でどうしても覚えておきたい、電気の性質を表す四つの基本的なキーワードについて見てみましょう。

■電圧

［記号：E　単位：ボルト（V）］

電気の流れようとする力、圧力を表すのが「電圧」です。乾電池1個が1.5V、バッテリーは12Vです。

■電流

［記号：I　単位：アンペア（A）］

どのくらいの量の電気が流れるのかを表すのが「電流」です。「アルカリ電池は、マンガン電池に比べて大電流を流せる！」なんていうコピーを聞いたことがあるかと思います。電流は、「パワー」と言い換えてもいいかもしれません。

■抵抗

［記号：R　単位：オーム（Ω）］

電気の流れにくさを「抵抗」と呼びます。

■電力

［記号：P　単位：ワット（W）］

1秒間に電気がどのくらいの仕事をするかという値を「電力」と呼びます。家庭用の電気ストーブなどの、出力500W、1000Wなどという表示を思い出してください。数字が大きくなるほど大きな仕事をする、ということを理解すれば大丈夫です。

中小型ボートは直流がメイン

中小型ボートの電気は基本的に、バッテリーから得たDC（直流）12Vでまかなっている。実際にはスイッチパネルがあったり、配線が複雑だったりするが、「電源のプラスとマイナス、そして負荷を電線で結ぶ」とごくシンプルに考えれば、乾電池と豆電球と同じといえる

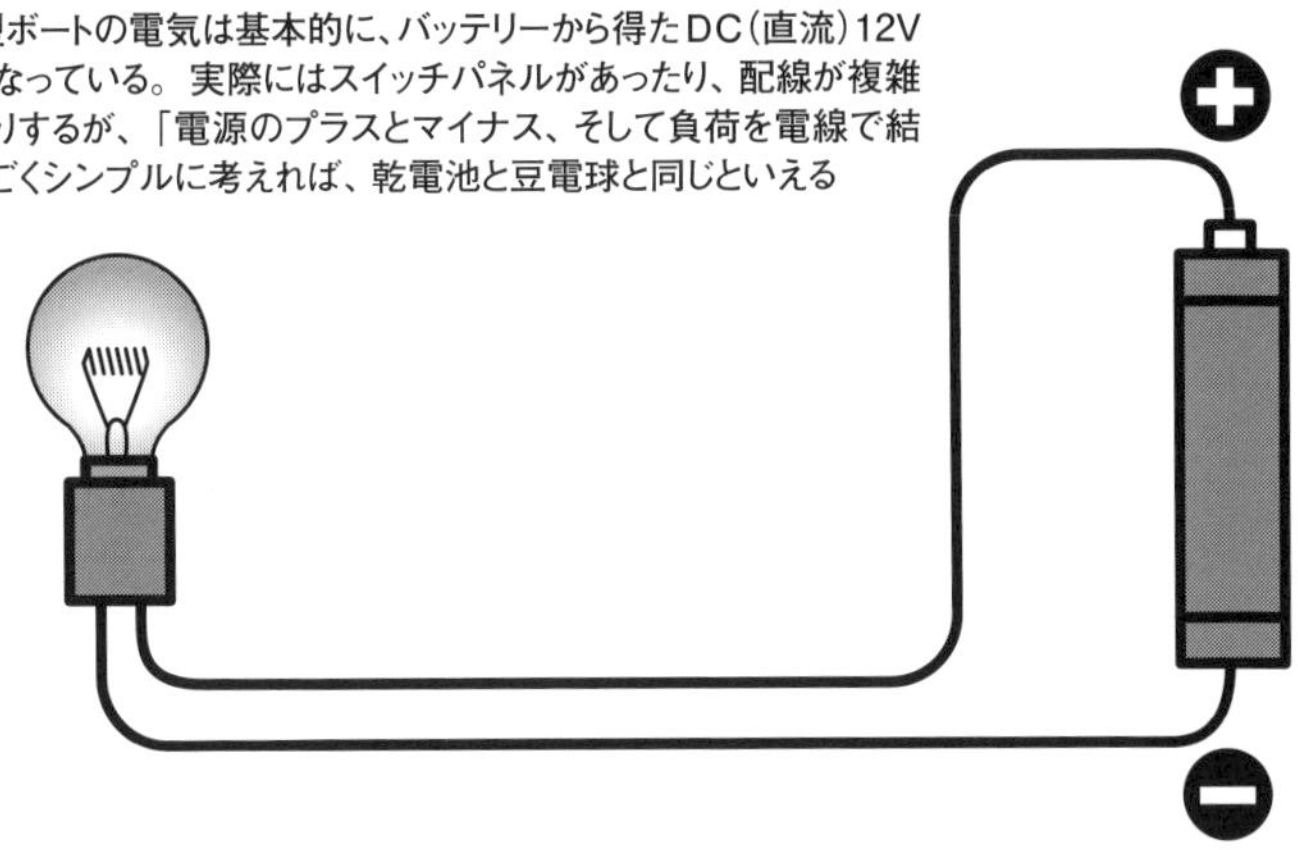

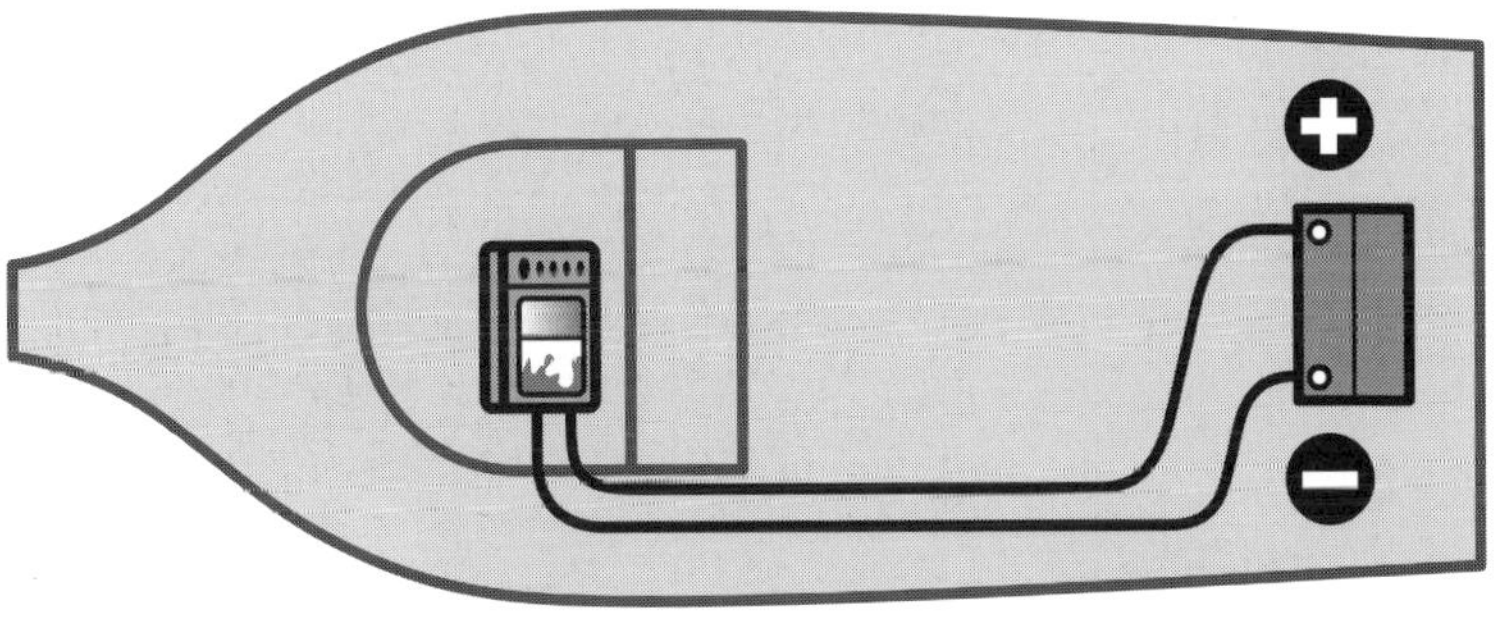

電気の基本公式

［電流、電圧、抵抗の関係］

E（電圧 単位V）＝I（電流 単位A）×R（抵抗 単位Ω）

右のように、円の中にE、I、Rを入れた状態で覚えれば、求めたいものを指で隠せばよい

電圧を求めるとき→Eを隠して、I×R

電流を求めるとき→Iを隠して、E／R

抵抗を求めるとき→Rを隠して、E／I

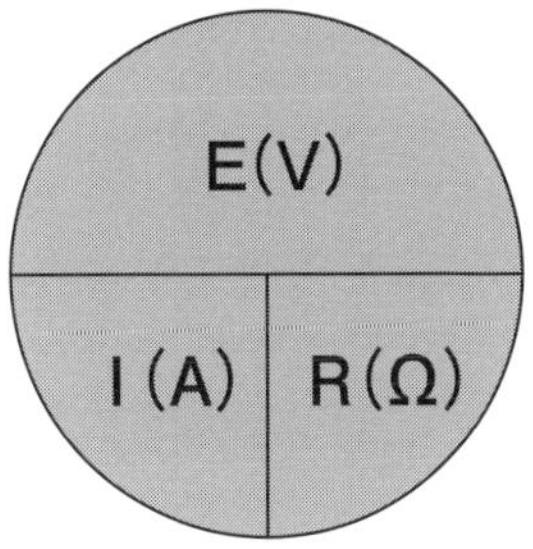

［電力の求め方］

P（電力 単位W）＝E（電圧 単位V）×I（電流 単位A）

以上、電圧E、電流I、抵抗R、電力Pの四つが、電気を表す基本的なキーワードです。抵抗や電力は直観的に理解しにくいですが、まずはこれらを覚えましょう。

そして、この4者の間には、非常に大切な、次の関係があります。

E＝IR（電圧＝電流×抵抗）

P＝EI（電力＝電圧×電流）

この公式は、どんなときにでも成り立つ、非常に大切な関係式です。あとあと、電気のことを理解する上で、どうしても必要なことですので、ぜひ覚えてください。

でも、この式だけではすぐに忘れてしまいがちです。そこで、

E（電圧）＝IR（電流×抵抗）は、「電圧Eは、電流Iと抵抗Rに比例する」

P（電力）＝EI（電圧×電流）は、「電力Pは、電圧Vと電流Iに比例する」

と覚えるとよいでしょう。

さらに前者をもう少しよく見ると、「電圧Eが一定のとき、電流Iは抵抗Rが小さいほど大きくなる」、加えて「抵抗Rが一定のとき、電流Iは電圧Eが大きいほど大きくなる」、また、後者を見ると、「電力Pが一定のとき、電流Iは電圧Eが大きいほど小さくなる」ということがわかると思います。こんな簡単な式でも、非常に重要なことを表しているのです。

この式を使うと、例えば、12Vのバッテリーで点灯している20Wの電球に流れている電流は約1.7A、100Vの家庭用コンセントで点灯している100Wの電球には1Aの電流が流れていることがわかります。

電気の性質を水に例えて考える

ここまでで、すでに頭が痛くなってしまった方もいらっしゃるかと思いますが、ここからは、もう少しわかりやすくするために、目に見える身近な存在の水に例えて、電気の基本的な性質を解説してみましょう。

先に述べたように、電気の基本的な性質は、電圧と電流、抵抗、そして電力でした。水でも同じことが言えます。電圧に相当するのが水

圧、電流に相当するのが水流、そして、抵抗に相当するのがホースなどの水が流れる部分の太さ、電力に相当するのが水の量、ということになります。具体的な例に基づいて、簡単に説明してみましょう。

■水圧と電圧

例えば、水鉄砲を強く押せば、水は勢いよく噴き出して、遠くまで飛びます。反対に、水鉄砲をそっと押すと、水はチョロチョロとしか出ず、遠くまでは飛びません。これが水圧の違いで、前者は水圧が高く、後者は水圧が低いわけです。この水圧が、電気では電圧に相当します。水圧が高ければ水が遠くに飛ぶように、電圧が高いと電気も遠くまで届こうという力が大きくなります。例えば、電圧100Vの電気は空は飛びませんが、何十万Vもある雷は空を駆け、遠くに落ちるのです。

■水流と電流

次に、水鉄砲の口を太くしてみましょう。そうすると、同じ押し方をしても、よりたくさんの水が出ます。逆に、口を細くすると、水はちょっとしか出ません。これが水流、すなわち電流に当たるものです。多くの水が大きな電流、少ない水が小さな電流です。つまり、電流とは、一定時間に流れる電気の量のことを指します。水鉄砲の口を太くするとたくさんの水が出る半面、タンクがすぐ空になってしまいますが、これも、電流が大きくなると、電池に蓄えている電気をすぐに使い果たしてしまうのに似ています。

■蛇口と抵抗

抵抗については、水道の蛇口を思い浮かべていただくとよいでしょう。上水道から高い圧力で送られてくる水ですが、蛇口を閉めていると水は出ません。この状態では、蛇口は抵抗というよりスイッチに近いですが、この蛇口を開いていくと、だんだんと水の出がよくなります。蛇口を大きく開いたり小さく閉めたりすることによって、水量を調整していますね。これと同じ役割をはたすのが抵抗です。上水道がいくら高い圧力を持っていようと、タンクがいくら大きかろうと、実際に蛇口から出てくる水の量は、蛇口の開き具合で決まります。電気も、どのくらいの電流が流れるかは、抵抗の大きさによって決まります。

もし、水圧がとても高かったとすると、蛇口をちょっと開いただけでも、たくさんの水が出ます。反対に、夕方、近所が一斉に水道を使いはじめると、水圧が下がって、同じ蛇口の開き方でもなんとなく水の勢いが弱いなぁ、なんていうことがありますよね?つまり、水の出(水流)は、水道の水圧と蛇口の開き方に関

水鉄砲と電圧、電流、抵抗

水鉄砲の穴の大きさが同じ(抵抗が一定)とき、勢いよく押した場合と、そっと押した場合とを比較すると、勢いよく押す(圧力が大きい)ほうが、多くの水が遠くまで飛ぶ。これは、抵抗が一定の場合、電圧が高ければより大きな電流が流れるのと同じ

穴が大きい水鉄砲と小さい水鉄砲とを比較すると、押す力が同じ(圧力が一定)とき、穴が大きい(抵抗が小さい)ほうは多量の水が出るが、小さいほう(抵抗が大きい)は少量の水しか出ない。この水の量が電流に相当する。電圧が一定の場合、電流は抵抗が小さいほど大きくなる

蛇口と抵抗

上水道の水圧は常に一定だが、蛇口の開き方によって水の出方は変わる。このとき、水圧が電圧、蛇口の開き方が抵抗、水の出方が電流に相当する。抵抗とは、蛇口の開き方のように電気の流れを左右するもの。抵抗という電気部品もあるが、各種電気機器(負荷)や、配線の結線場所のロス(接続抵抗)も抵抗として考える

水車と電力

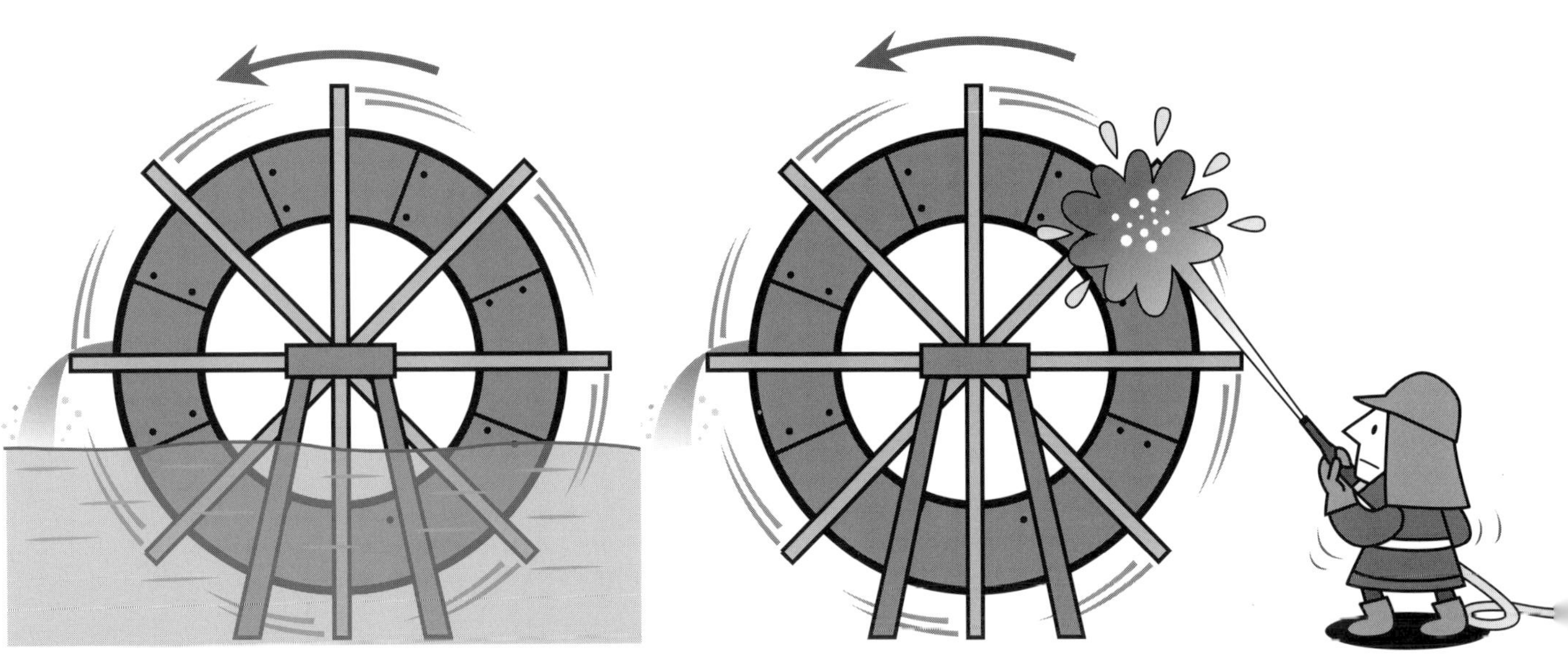

豊かな水量がゆったり流れる川の中で回る水車と、少ない水量を勢いよく噴射する消防車の噴流で回る水車が、同じスピードで回っていた場合、それぞれが水車にさせた「仕事量」は同じといえる。この場合、水量が電流、水の勢い（圧力）が電圧、水車の回転（仕事量）が電力に相当する

電力量と風呂の水

上水道の水圧が一定で、蛇口の開き具合を全開にし、水の出方（水流）を一定にしたとき、風呂にたまる水の量は、時間の長さに比例して増える。これは、仕事量（＝電圧×電流）に時間を掛けると、電力量が求められるのと同じだ

係しています。

これを電気に置き換えると、E＝IR、つまり、電流と抵抗を掛けると電圧になるという公式と同じです。電圧が同じなら、抵抗が小さければ流れる電流が増え、逆に抵抗が高ければ電流が減る。また、電圧が高ければ、同じ抵抗でも流れる電流は多くなる、逆に電圧が低ければ少なくなる、というわけです。

■水車の回転と仕事量

最後に仕事量について見てみましょう。この仕事量というのが、一番わかりにくいかもしれないのですが、水車を例にとって考えてみましょう。昔話に出てくる水車小屋にあるような、大きな水車を思い浮かべてください。

大きな川の流れの中で、ゆったりと回る水車。今、水車は水の流れによって回されている、すなわち、仕事をさせられている、ということになります。豊かな水量がゆったりと流れる＝大量の水が低い水圧で流れることによって、水車が回っているわけです。これが、水が枯れそうなチョロチョロとした川＝少量の水とより小さな水圧では、水車は動かないに違いありません。

つまり、水車に仕事をさせるには、水圧と水流が関係ありそうだ、ということはおわかりいただけるでしょう。

では次に、消防自動車に登場してもらいます。強力なポンプで吐き出されるホースの水を水車に当てると、先ほどと同じように水車が回り始めました。仮に、庭先にあるホースの水を当てたとしても、回ることはないでしょう。また、いくら消防車のポンプが強力でも、噴き出す水の量は、川の流れにはとても及ばないのも明らかでしょう。

いま、川の中で回る水車と、消防車で回されている水車。同じ大きさの水車が、同じスピードで回っているとき、その仕事量は同じです。つまり「大量の弱い水の流れ」と、「ごく少量のものすごい勢いで噴き出る水の流れ」とが、同じ仕事をするのです。これがP＝EI、つまり、電気の場合の「電圧と電流を掛けると仕事量になる」という公式と同じ関係になるわけです。

■たまった水の量と電力量

家庭の電気の使用量は、キロワットアワー（kWh）という単位で測られているのはご存じでしょう。家庭用の電圧は常に100Vなので、電気の使用量は、単に何Aを何時間使ったか？を見ていることになります。

例えば、風呂に水を張る場合、蛇口全開で1分出したときと5分出したときとでは、たまっている水の量は当然違います。一定の水流に時間を掛ければ、たまった水の量が計算できます。電気も同様で、仕事量（＝電圧×電流）に時間を掛けた値が電力量に当たります。具体的には、出力1000W（1kW）のドライヤーを1時間つけっぱなしにすると、1kWhです。

【第2回】テスターの使い方

ここでは、電装を扱う上でなくてはならないテスターの使い方について説明します。テスターを使いこなせば、バッテリーの状態を把握したり、配線やスイッチの不具合箇所を見つけたりできるので、ぜひその使い方を覚えておきましょう。

テスターは、電気を理解するための必需品

先に説明したように、電気も水と同じように考えることができます。でも、電気は目に見えません。音も聞こえなければ、匂いもありません。そのため、外から眺めているだけでは、具体的にどうなっているのかがわかりません。しかも、電線は被覆というビニールに覆われていますし、その電線自体、壁の内側やスイッチパネルの裏側にあるので厄介です。

　というわけで、電気の状態を見ようと思ったら、どうしても道具の力を借りて見るしかありません。この電気を測るための器具が、各種のメーターやテスターです。中でも、愛艇の電装系を理解するには、テスターが必需品となります。

　もしお持ちでなかったら、デジタル式のポケットテスターで構わないので、ぜひ買い求めてください。ホームセンターなどで2千〜3千円で手に入るはずです。ボートで使うのは基本的な機能だけなので、多機能で高価なものは必要ありません。電圧と抵抗が測れるだけの、本当にベーシックで簡単なものでOKです。

　さて、このテスター、何を測るのでしょうか？

　前項で解説した電気の四つの性質のうち、通常は電圧と抵抗だけを測ります。仕事量（W）は直接測る手段がなく、計測した電圧と電流から計算します。

　残る電流は、測るのがなかなか大変です。これについては後述するとして、今回はいろいろな電気の測り方について見てみましょう。

テスターと関連アイテム

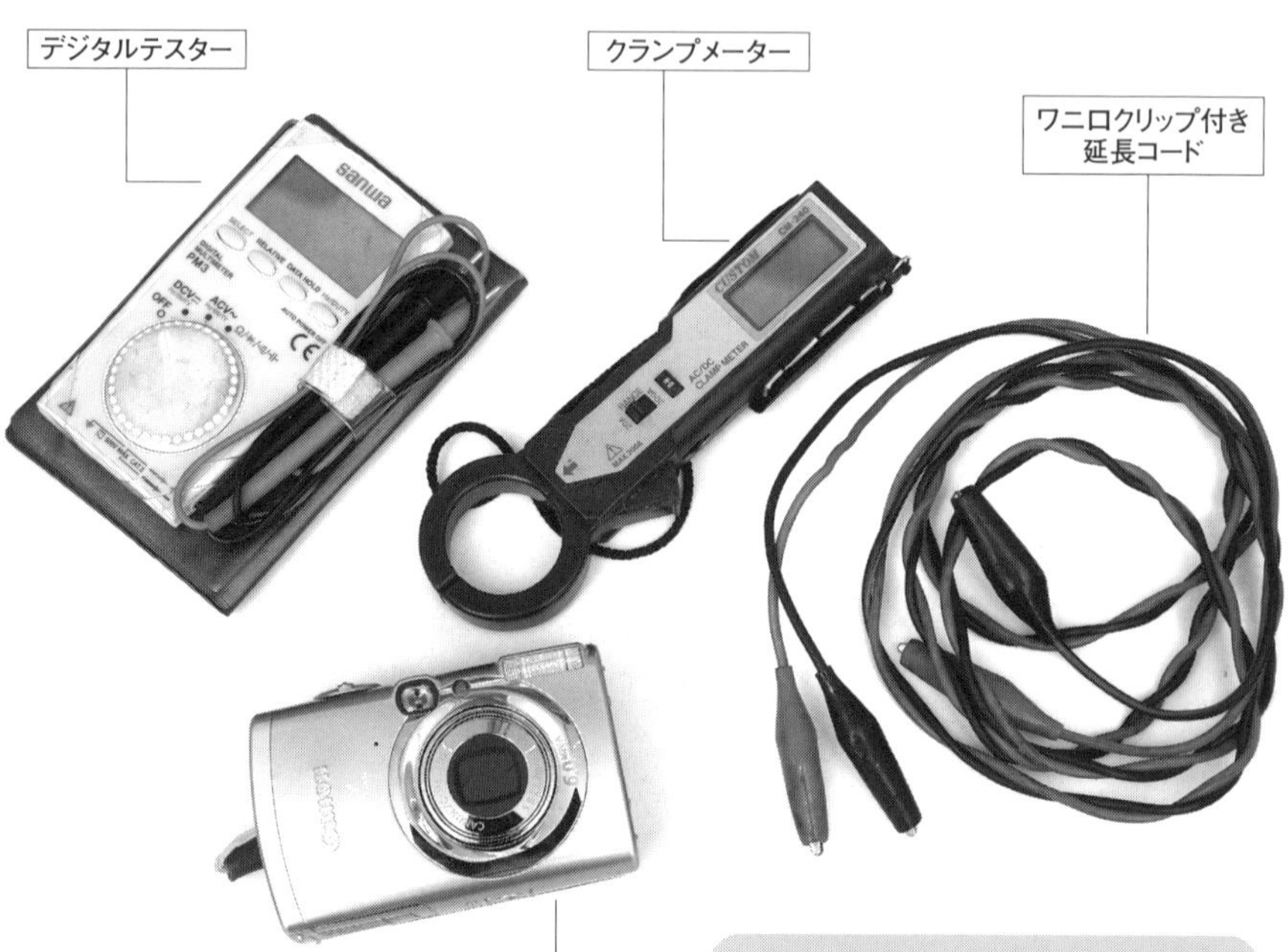

通常、配線は非常に複雑に絡みあっているので、作業前の状態をデジカメで撮影して参考にするとよい

基本となる電圧の測定方法

　まず、最も基本的な電圧の測り方についてです。これをしっかり理解すれば、ボートの電装系に立ち向かうことができるので、がんばって

デジタルテスター

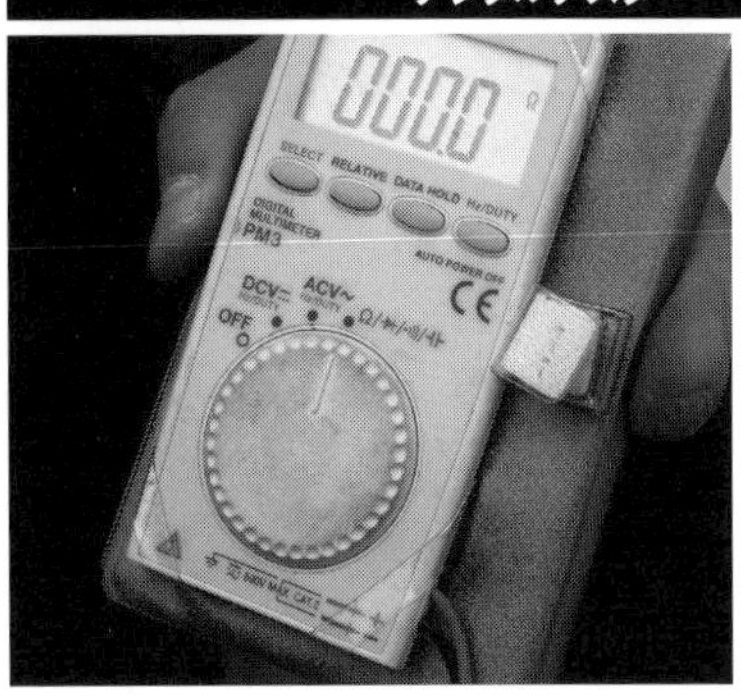

比較的シンプルなデジタルテスターの例。下のダイヤルが、オン／オフのスイッチと、測定モードの切り替えを兼ねている。プローブを当てるときに極性を間違えたり（プラスとマイナスを反対にする）しても特に支障がなく、アナログ式のような調整も不要で扱いやすい

チャレンジしてみてください。

電圧の計測では、電気が流れている配線上のプラス側とマイナス側にテスターの赤と黒のプローブ（針）を当てて、その2点間における電気の圧力の差を測っています。よって、テスターのプローブ同士を接触させても、何も表示されません。

電圧を測る場合は、テスターの設定を「ボルト（V）測定」モードにします。テスターによっては、交流を測るAC（V）と、直流を測るDC（V）とを持つものがありますが、基本的に、ボートで使うのは直流を測るDC（V）モードです。

指針式のアナログテスターの場合は、同じ直流電圧を測るにも、切り替えられるレンジがたくさんあって、それだけでげんなりしてしまいます。これは、指針で表示する目盛りの範囲に限界があるので、測定する電圧のレンジによって、DC1V、DC3V、DC12V、DC30V……というように切り替えるためのものです。通常、ボートで使用する電圧はDC12Vのバッテリーが基準ですから、30Vレンジを使います。

12Vバッテリー搭載艇の場合、エンジンやバッテリーチャージャーの稼働状況にもよりますが、バッテリーの電圧は11・5～14Vくらいの間の値になります。そのため、目盛りの最大値が12Vのレンジでは、針が振り切れてしまうケースが出てきます。

このように、誤って低いレンジを使って指針が振り切れ、テスター自体を傷めるのを防ぐため、複数のレンジを持つアナログテスターでは、予想される電圧より大きいレンジから測り始めるのが基本です。最大数値の大きいレンジで測ってみて、指針がわずかしか振れずに判読しにくい場合は、もう1段低いレンジで測り直すのです。こういった注意点がありますので、ボートで使うテスターは、デジタル式のものが便利です。これから買い求めるのであれば、デジタル式のポケットテスターを選んでください。

それでは、DC（V）モードにして、実際にバッテリーのプラスの端子とマイナスの端子にプローブを当ててみましょう。通常、赤いプローブはプラス側、黒いプローブはマイナス側に当てるのが、電気の世界での「お約束」です。逆に当てると、アナログテスターは指針がマイナスのほうに振れてしまうので具合が悪いのですが、デジタルテスターでは、逆に当ててもマイナス表示になるだけなので別段、問題はありません。

さて、バッテリーにプローブを当てると、12・6Vなどと表示されます。これで、バッテリーのプラスとマイナスの間の電圧差を測ったことになります。「な～んだ、そんなことか」と言うなかれ。このとき表示された電圧一つで、バッテリーのコンディション、すなわち、充電状態がどうかがわかるのです。12・9V程度あれば、しっかり充電されてバッテリーは元気いっぱい。逆に12V程度しかなければ、すっかり放電してしまって気息奄々《えんえん》、早晩バッテリートラブルを起こしてしまいます。

このように、外から見ただけではわからないバッテリーのコンディションも、テスター一つで知ることができるのです。

ここまでが基本。

次に、ボートの電装系で特に大切なのは、航海灯やウインドラス、GPSプロッターなど、利用したい機器までちゃんとその電気が来ているか？ということです。

例えば、バッテリー自体の電圧が12・8Vあっても、途中の配線などに問題があって、望みの機器まで電気が届いていなければ、当然うまく動きません。よって、目的の機器の電源部分で電圧を測り、ここでバッテリーと同じ12・8Vの電圧があるにもかかわらず、機器が動かないとすれば、その機器自体の故障の可能性が高いということになります。

電圧が0Vなら、メインスイッチなどの入れ忘れ、配線が外れている、ヒューズが飛んでいる、といった原因が考えられますし、10Vくらいしかなければ、配線の途中で接触不良がある……とわかるわけです。テスターが大活躍です。

ちなみに、テスターで機器のすぐ手前の電圧を計測する場合は、バッテリーケーブルをバッテリーにつなぎ、メインスイッチをオンにしておくのはもちろん、機器の部分で計測する場合は、スイッチパネルの該当するスイッチを入れてから測るようにしてください。

なお、マイナス側のプローブをワニ口クリップ付き電線で延長して、機器の電源コードのマイナス側を集める「バスバー」に接続しておき、プラス側のプローブを機器の電源コネクターのプラス側に当てていくと効率的です。ただし、この場合、バスバーから機器の間のマイナス側の導通は

電圧測定の例

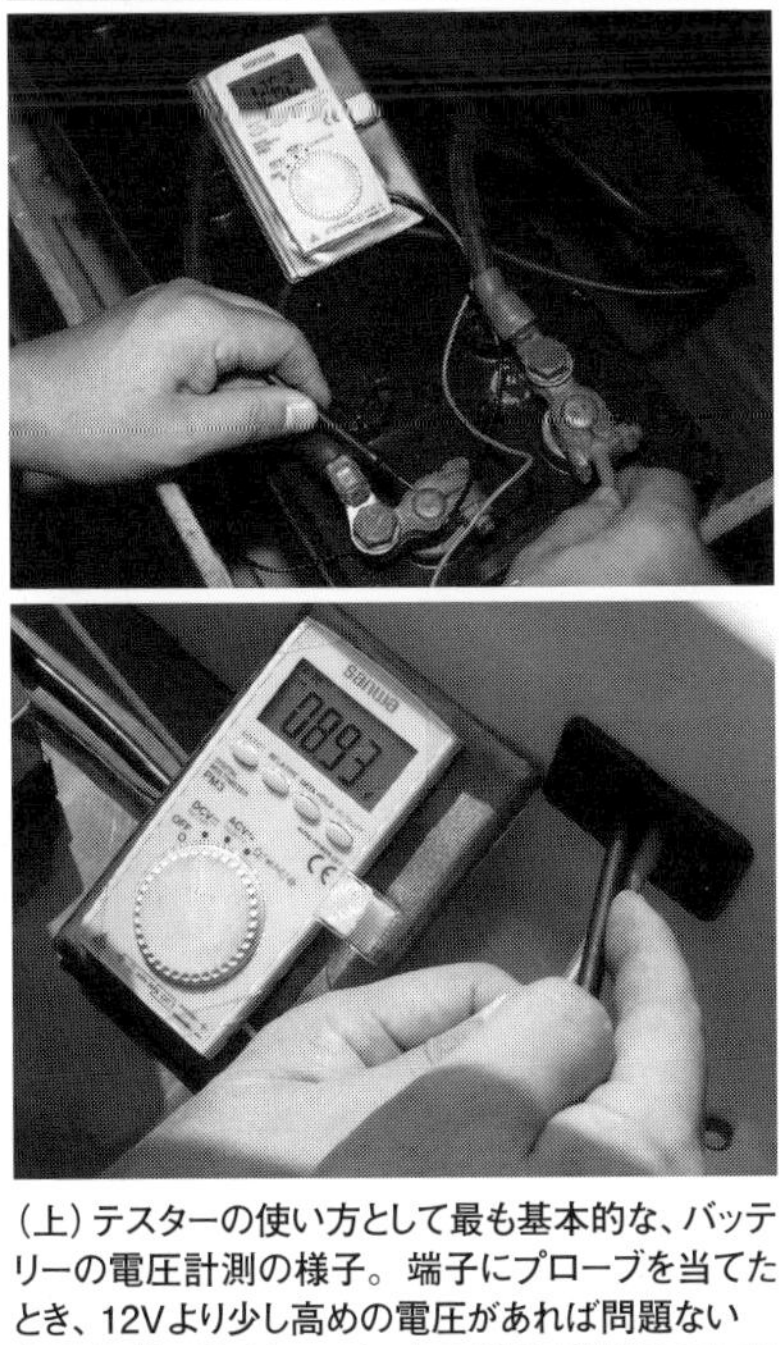

（上）テスターの使い方として最も基本的な、バッテリーの電圧計測の様子。端子にプローブを当てたとき、12Vより少し高めの電圧があれば問題ない
（下）シガーライターソケットの電圧を計測しているところ。写真の場合、バッテリー電圧より低いので、配線上に接触不良があると考えられる

測っていないことになるので、トラブルシューティングの最後には、機器からバスバーまでの導通を測るのを忘れないでください。

また、この延長コードを用いる際は、このコードをプラスの端子にショートさせないように注意しましょう。

それから、狭いコンソールの裏に潜り込むときなどは、配線を引っかけて不用意に抜いてしまったりしないように気をつけてください。

テスターでの電圧&導通のチェック箇所

テスターで各所の電圧や導通を測る場合に、プローブを当てるべき場所の模式図。なお、バスバーには、マイナスプローブから延長したコードを固定しておくと、効率よくチェックできる

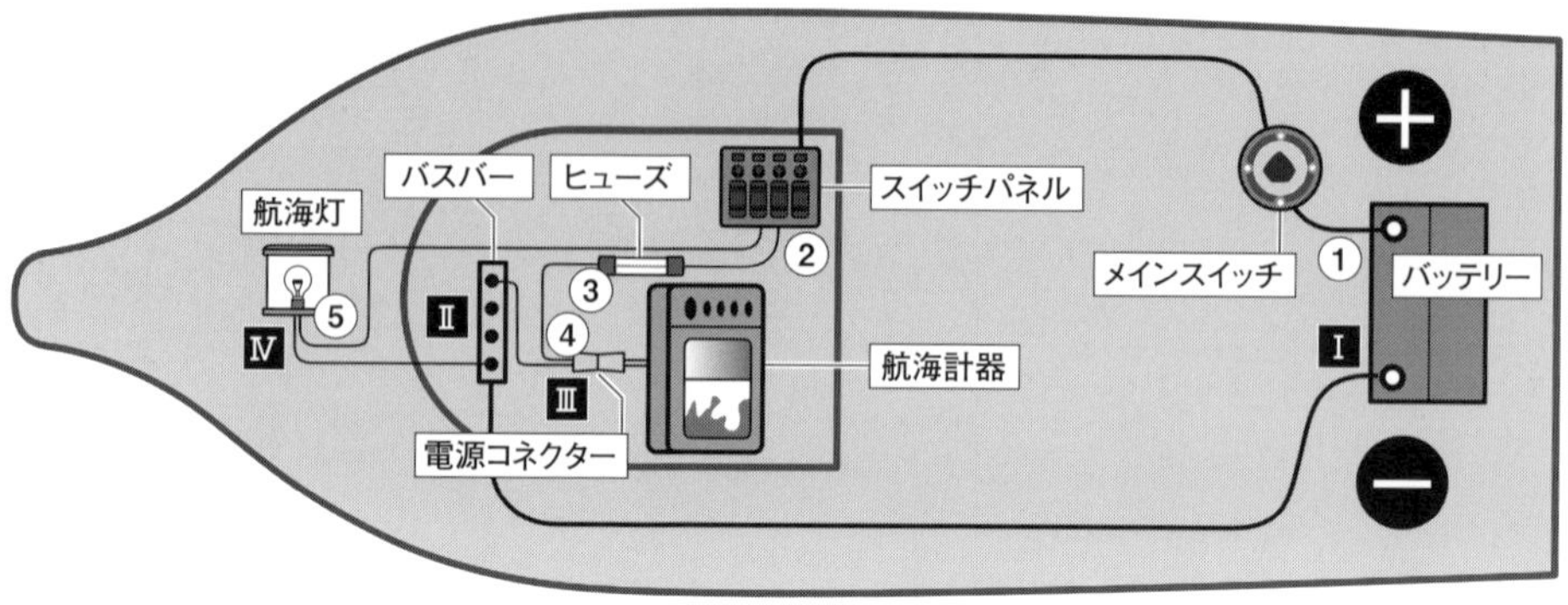

電圧モード
（■にマイナスプローブを、○にプラスプローブを当てる）

・バッテリーの電圧測定	Ⅰ-①
・バッテリーとスイッチパネル間の電圧測定	Ⅱ-②
・バッテリーとヒューズの間の電圧測定	Ⅱ-③
・航海計器に入る電源コードの電圧測定	Ⅲ-④
・航海灯に入る電源コードの電圧測定	Ⅳ-⑤

抵抗モード
（プローブの極性は関係なし）

・バッテリーとスイッチパネル間のプラス配線の導通	①-②
・スイッチパネルと航海計器間のプラス配線の導通	②-④
・スイッチパネルと航海灯間のプラス配線の導通	②-⑤
・バッテリーとバスバー間のマイナス配線の導通	Ⅰ-Ⅱ
・バスバーと航海計器間のマイナス配線の導通	Ⅱ-Ⅲ
・バスバーと航海灯間のマイナス配線の導通	Ⅱ-Ⅳ

もう一つの基本 抵抗の測定方法

次に抵抗です。抵抗も電圧と同じく、二つの場所の間にどのくらいの抵抗があるか？を測っています。よって、テスターの赤と黒のプローブ同士を接触させると、抵抗がないので0Ωと表示されます。

このとき、デジタルテスターでは常に0Ωの表示となりますが、アナログテスターでは0Ωにならない場合があります。

テスターには、抵抗を測る際に必要な、微弱な電流を流すために電池が内蔵されているのですが、この電池の消耗度合いや、レンジを切り替えることによって機器の誤差が発生し、絶えず指針の位置がずれるのです。指針が0からずれているときは、テスターに付いているボリュームアジャスターのツマミやダイヤルを回し、針の示度を0Ωに合わせてから測定します。

さて、この抵抗モードではどんなことがチェックできるのかを見てみましょう。

電球やビルジポンプなど、さまざまな機器のプラス側とマイナス側にそれぞれのプローブを当てると、その機器の仕事量に応じて抵抗値が表示されます。例えば、20Wの電球では7Ω程度と表示されるはずです。さまざまな機器は、この抵抗があるからこそ仕事をする……、つまり、ライトがついたり、モーターが動いたりといった仕事が抵抗になっている、ということです。

ボート上で、抵抗モードでよく測るのは、ヒューズや電球が断線していないか？という導通チェックと、電線の抵抗です。

ヒューズや電球が断線していないかを測るためには、それぞれのパーツの両端子にプローブを当てて、導通があることを確認します。抵抗の絶対値は問題ではなく、単に導通があるかないかを見るだけでOKです。切れていれば抵抗無限大、切れていなければ、ヒューズなら0Ω、電球やそのほかの負荷ならその大きさに応じて数Ωの抵抗値を示します。例えば、航海灯が点灯しなくなったとき、電球の端子にプローブを当てて、導通の有無をチェックします。導通がなければ、中のフィラメントが切れている、ということになります。

次に、電線の抵抗の測定方法を、解説しましょう。

機器がうまく動かないとき、機器の電源コネクター部分で電圧を測ったら、10Vくらいしかありませんでした。この原因は、電線の途中に接触不良箇所があり、抵抗になっていることが考えられます。

接触不良がなければ、バッテリーのプラス端子から機器のプラス側の配線まで、抵抗はほとんどありません。

電圧測定のコツ

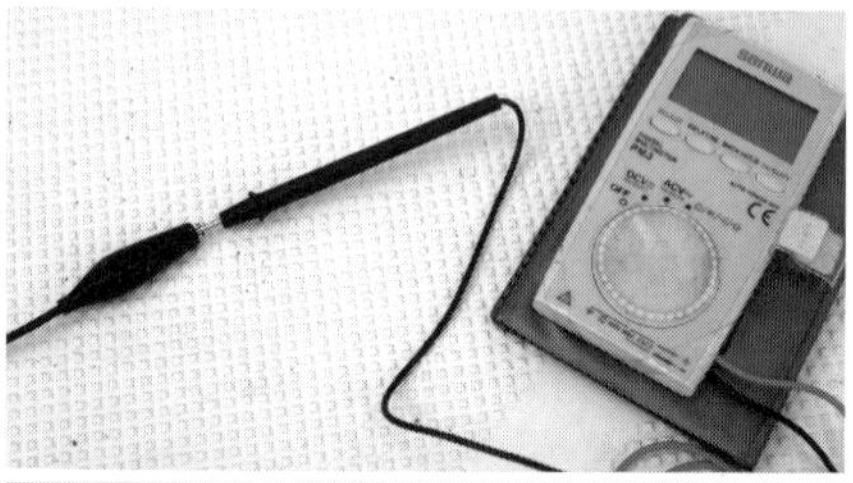

機器ごとの入力電圧を計測する場合は、マイナスのプローブをワニロクリップ付きのコードで延長し（上）、その反対側をバスバーにつないで固定しておいて（下）、プラス側のプローブを各機器の電源コードのプラス側に当てていく。ちなみに、バスバーとは、各機器のマイナスの電源コードをつなぐための金属板。このバスバーは、太いケーブルでバッテリーのマイナス端子につながっている

アナログテスターの0Ω調整

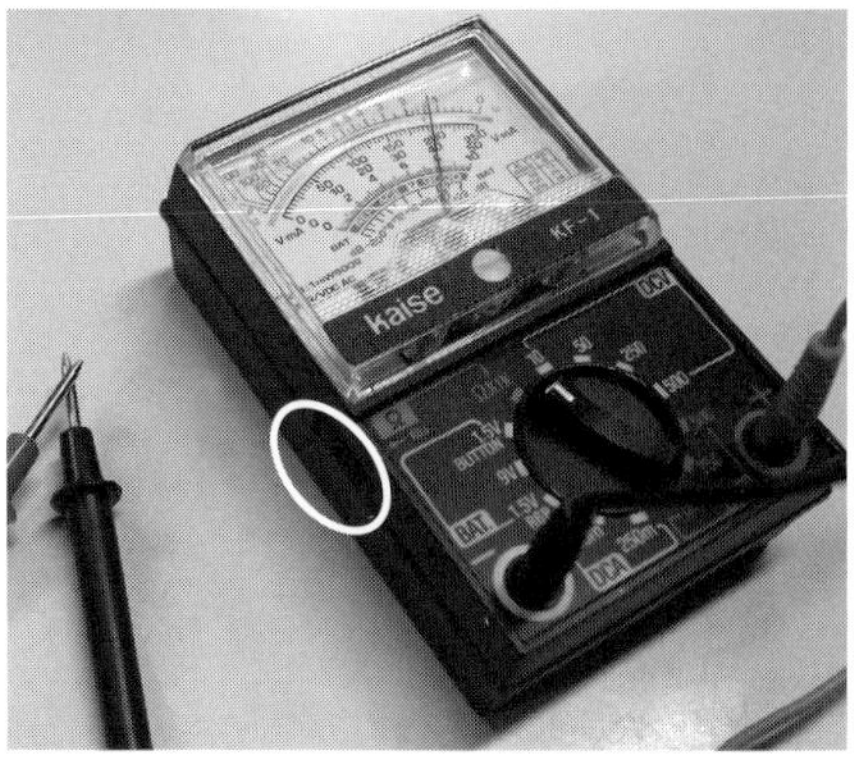

抵抗モードにしてプローブ同士を接触させると、抵抗がないので指針は0Ω(一番上の段の目盛り右端)を指すはずだが、アナログテスターの場合、誤差によって値がずれることがある。そこで、ボリュームアジャスター(白丸)を調整し、指針の位置を0Ωに合わせてから測定する

電球の抵抗測定

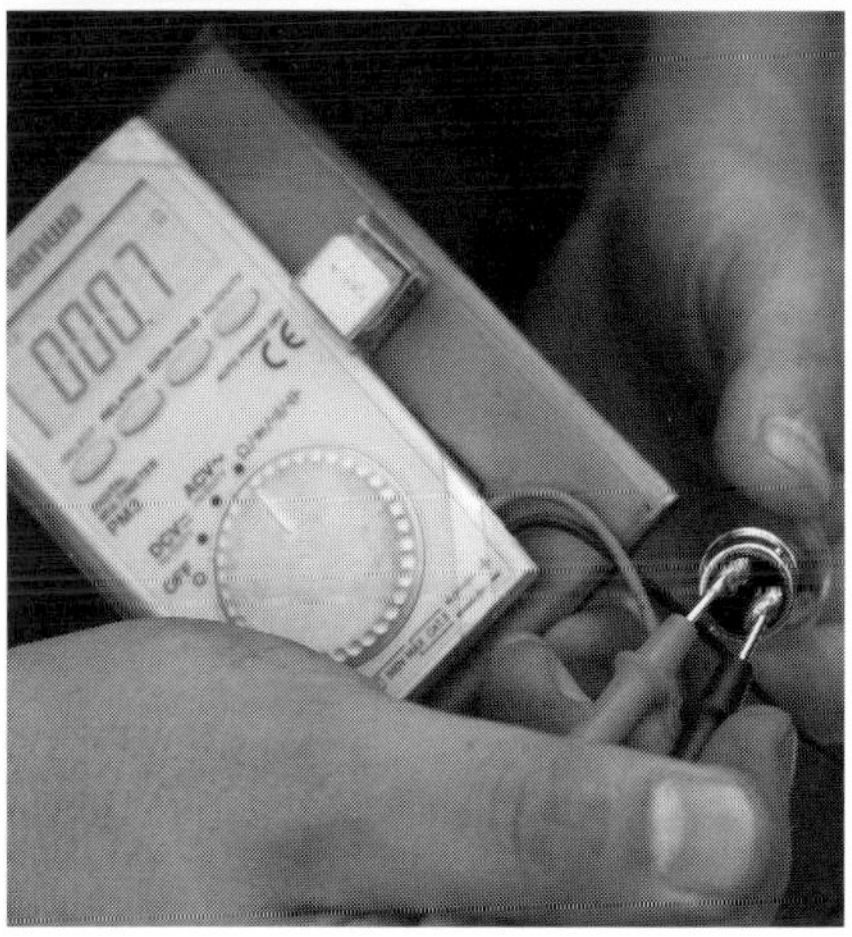

航海灯の電球の電極部分にプローブを当てて抵抗を測定しているところ。このとき、抵抗値が無限大(∞)と表示されれば、フィラメントが切れている、ということ。抵抗値が示されれば、その数値にかかわらず、導通がある(電気が通っている)ということになる

また、電線そのものが腐食したり破断しかかったりして抵抗を生じるケースはほとんどなく、抵抗を生じやすいのは電線をつなぐコネクター類の腐食によるものがほとんどです。

そこで、バッテリーから機器までの配線上にあるコネクターや端子などの接続部分を中心に抵抗を測っていき、抵抗がある部分を見つけるのです。

もう一つ、抵抗モードには、機器がショートしていないかをチェックする、という目的もあります。

電気がバッテリーから出て戻ってくる間には、適度な抵抗が存在しなければなりません。抵抗がなくなった(=ショートしている)状態になると、ヒューズやブレーカーが飛んだり、ひどい場合は電線が溶けたり、火災の原因になったりします。

そこで、機器の電源コードのプラスとマイナスにそれぞれプローブを当てて、その機器の大きさに応じた適度な抵抗があるかを見たり、電源コードのプラス側と機器の外装ケースの金属部にプローブを当てて導通がないかを見たりする(導通があれば漏電、ショートしていることになる)のです。

難しい電流の測定方法

冒頭で述べた通り、電流を測るのはなかなか厄介です。電流を測るということは、すなわち、電線の中を流れている電気の総量を測るということだからです。よって、電流を測定するためには、電線をつなぎ変えて、測りたい配線の途中に、テスターなりメーターなりが通るようにしないといけません。

コンソールの裏側で、スパゲティのように絡まりあった配線をいちいちつなぎ変えることは、事実上不可能です(もちろん、恒久的な電流計を取り付けようというのであれば別ですが、それは艤装の項でお話しします)。

もう一つ、電流の測定が難しい理由には、テスターの計測可能範囲も挙げられます。安価なテスターにも電流を測るモードは付いていますが、一般的なテスターの電流のレンジは、通常、250mA(ミリアンペア)程度と、ごくごく小さな値となっています。

一般的な電気関連の教科書には、「電圧や電流、抵抗を測って原因を突き止めます……」とありますが、通常のテスターを使っている限り、実質的に電流を測ることはできないのです。

というわけで、通常は、問題がありそうな場所を、テスター片手に電圧だけ測りまくることになります。これが、ボートの電装系のトラブルシューティングが難しい理由でもあるのです。

どうしても電流を測りたい場合は、クランプメーターという、特別なテスターを使います。これは、通常のテスターのプローブの代わりに、開閉できるリングがついていて、このリングに電線を通すだけで電流が測れるというスグレモノです。

その原理は、中学校で習った「フレミングの右手の法則/左手の法則」を利用したもので、電流の流れによって発生する磁界を測っているのです。原理はともかく、重要なのは、電線をつなぎ変えることも切ることもなく、ただリングに電線を通すだけで電流を測れる、という事実。文明の利器に感謝しましょう。

ただ、問題があるとすれば、クランプメーターはとても高価だ、ということでしょう。特に、直流電流が測れるメーターは、ニーズが少ないせいもあるのでしょうが、最低でも2万円弱はします。ですので、どうしても電流が測りたくなったときに、こういう便利な道具もあるんだ、ということを思い出してください。

クランプメーター

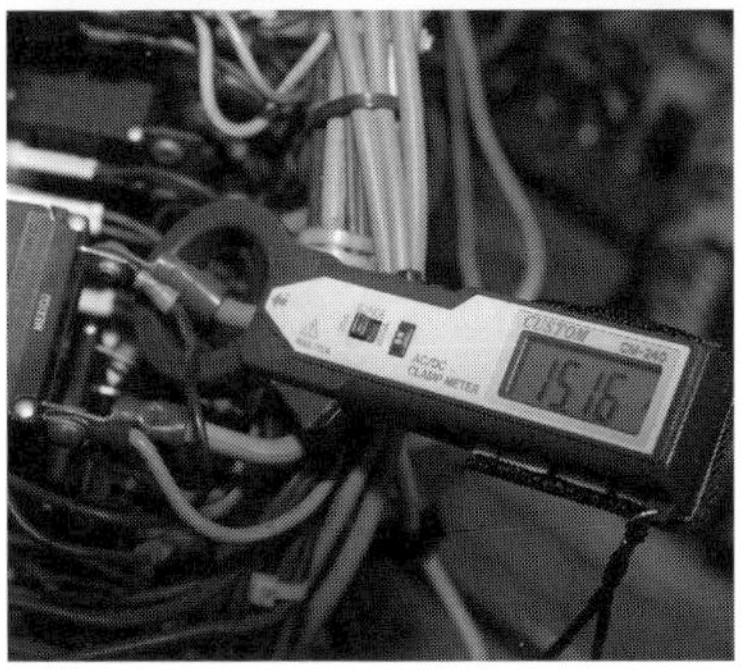

開閉式のリングの中に計測したい電線を通すことで電流が測れる、クランプメーター。少々高価だが、どうしても電流を測りたい場合には便利なアイテムだ

【第3回】ボートの配線①

ここからは、ボートにおける電気配線の基本について解説します。
複数の電線がからまってた状態を見ると、とても複雑そうに見えますが、配線はあくまで、プラスとマイナスが2本1組となるのが基本。
それを踏まえた上で、ボートならではの〝お約束〟を覚えておきましょう。

配線の基本は プラス、マイナス2本1組

ここからは、ボートの配線について見てみます。

DC系のパワーの源は、いうまでもなく、バッテリーと、エンジンに付いているオルタネーター（発電機）ですが、ここではひとまず、バッテリーだけを考えることにしましょう。

各種の機器（電装品）を動かすためには、バッテリーと機器とをつなぐ、プラスとマイナスの配線が必要です。バッテリーのプラス端子から出た電気は、プラス側の電線を通って機器へ行き、マイナス側の電線を通ってバッテリーのマイナス端子へと戻ります。これが配線の基本です。

この状態にするため、小学校の理科の実験で豆電球と乾電池をつないだように、各種の機器とバッテリーとを、2本の電線で直接結んでも間違いではありません。

しかしボートでは、バッテリーと機器とが離れた場所にあるので、機器の数だけバッテリーまでのプラス、マイナス両方の配線を設けたら、ボートが電線だらけになりますし、作業も大変です。

そこで、バッテリーのターミナルに接続されたマイナス（黒）とプラス（赤）のケーブル（太い電線）を、中・大型艇では配電盤に、小型の船外機艇などではヘルムステーションまで引いておいて、そこに各機器ごとのコード（細い電線）を接続する、という造作にします。

もう一つ、ボートの配線で特徴的なのは、各機器からのマイナス側の配線を1カ所にまとめる、という点です。具体的にいうと、配電盤がある場合はその近くに設けたバスバーに、配電盤を持たない場合はバッテリーからのマイナスケーブルを固定する端子台に、各機器のマイナス側のコードをまとめて接続するのです。

マイナス側をひとまとめにするのはクルマでも同様で、この方式を「マイナスアース」と呼びます。これにより、各種機器からバッテリーまで電線を延ばす必要がなく、配線が単純化し、艤装が簡単になります。

なお、マイナスアースにした場合、スイッチパネルのスイッチから各種機器までの配線は、基本的にプラス側の1本のみとなります。最も典型的なのが、各機器をオン／オフするスイッチパネルです。ここには、バッテリーからメインスイッチや配電盤を経て引き込まれたプラスの線が、各スイッチに数珠つなぎに分配されています。そして、GPSプロッターや航海灯といった各機器へのプラスの配線は、このスイッチにつないであります。

こう書くと、「2本1組」と矛盾するように思えますが、プラスとマ

マイナスアースの例

大型艇に設けられたバスバーの例。下に見える太いケーブルが、供給側となるバッテリーにつながったマイナス配線。ボートの配線では、各機器からのマイナス配線を、バスバーや端子台などにまとめて接続する

船外機艇の配線概念図

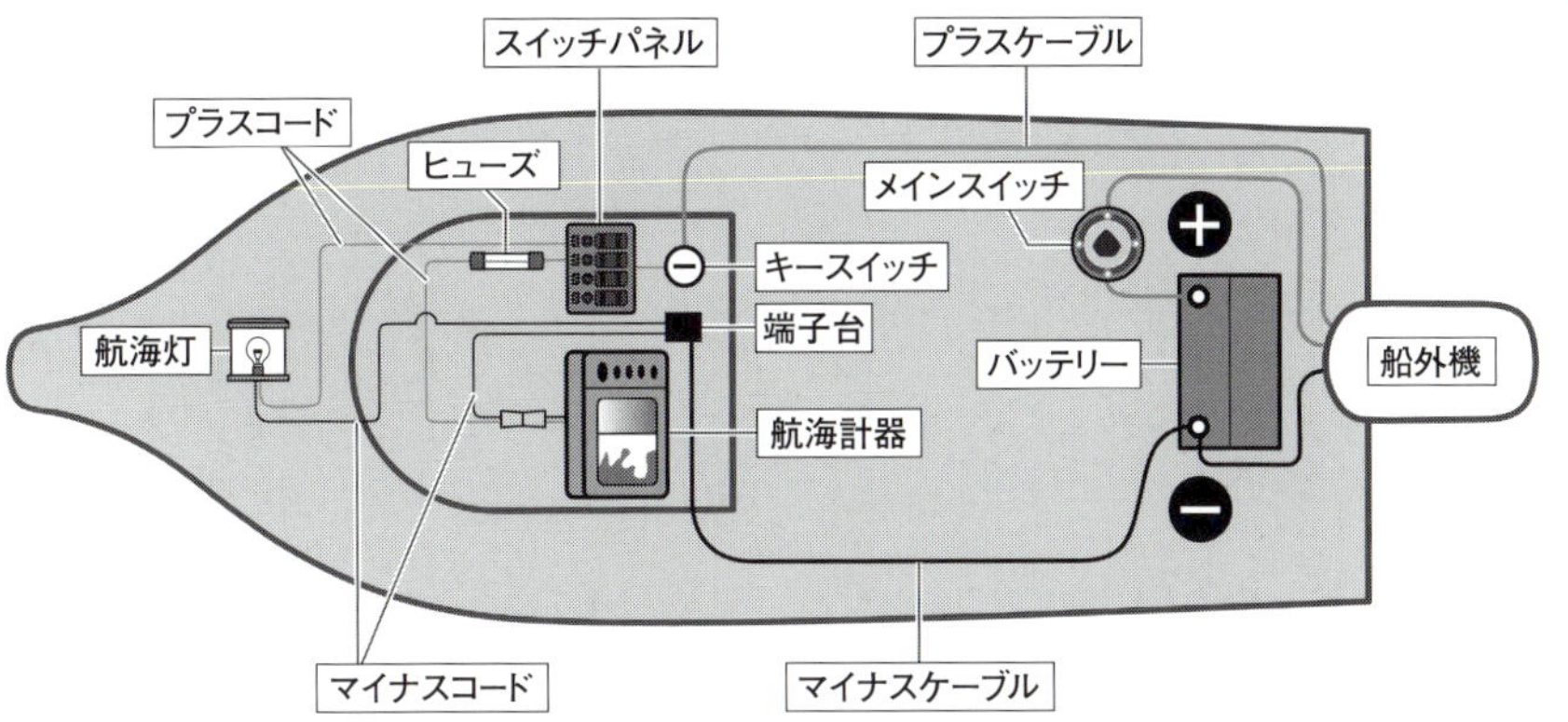

船外機艇での配線の概念図。バッテリーのマイナス端子から延ばしたケーブル（黒の太い線）は、船外機のエンジンブロックにアースされる一方、ヘルムステーションの端子台に導かれる。また、プラス端子から延ばしたケーブル（グレーの太い線）は、メインスイッチを経て船外機のスターターソレノイドに導かれ、そこからさらにヘルムステーションのキースイッチへとケーブルが延びる。キースイッチから延びたコード（グレーの細い線）はスイッチパネルに入り、そこから各機器のプラス配線につながる。各機器からのマイナスコード（黒の細い線）は、バッテリーからのマイナスケーブルをつないだ端子台にまとめられている

船外機艇の配線図

船外機艇での配線図。黒い線がマイナス配線、グレーの線がプラスの配線を示す。ここでは、各機器をわかりやすく図案化しているが、実際の配線図は記号に置き換えている場合も多い。なお、マイナス配線の最後をアース記号にしているのは、図をできるだけ単純にするための工夫で、実際には、エンジンブロック、端子台やバスバーなどに接続されているのを省略している

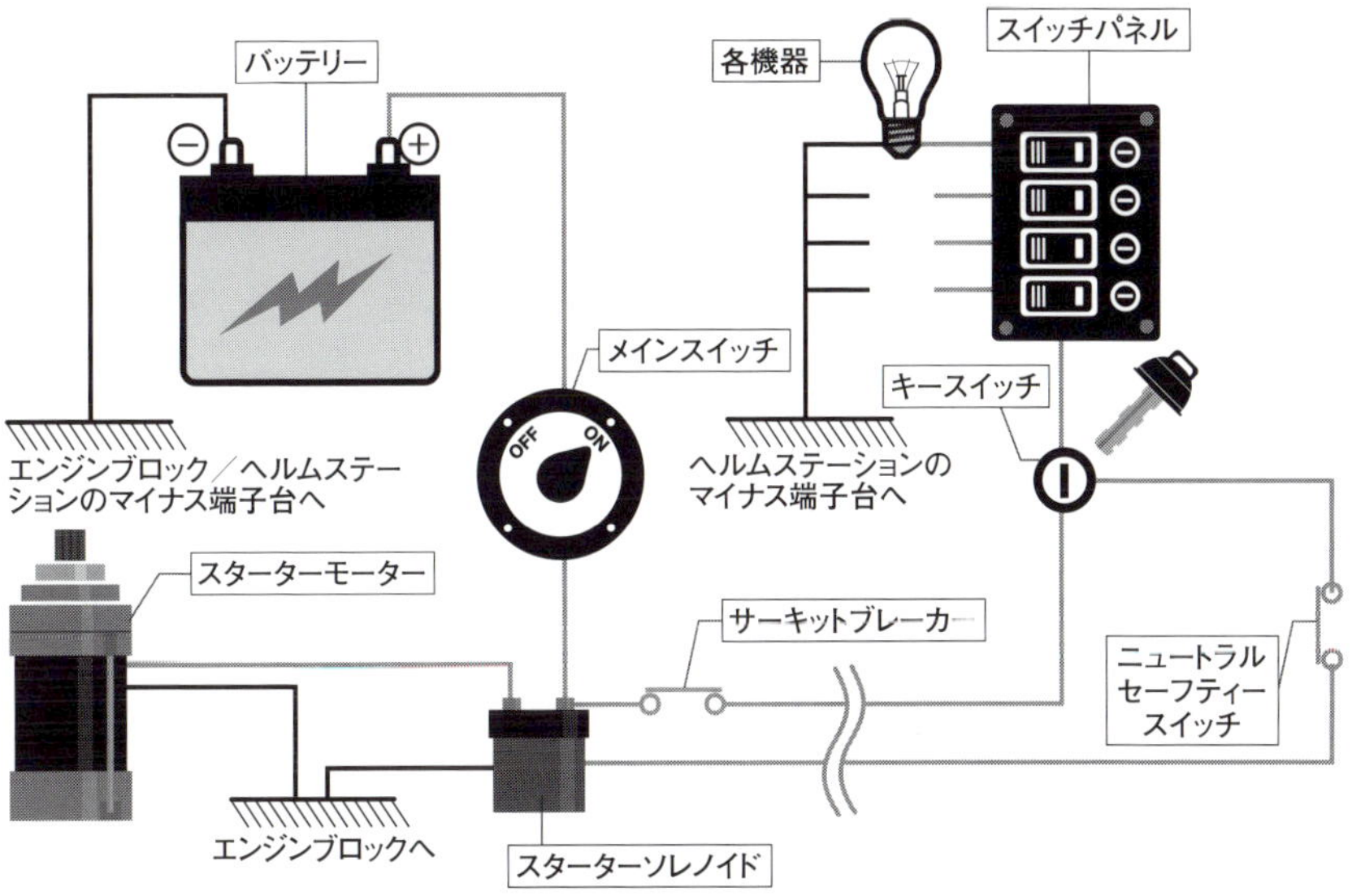

イナスがそれぞれまとまっているというだけで、個別に見れば「2本1組」であることに変わりありません。

　ということで、ボートの配線の基本として重要なのは、機器には必ずプラスとマイナスの2本の線が必要なことと、マイナス側の配線は1カ所にまとめられているということを覚えておきましょう。

一般的なアースとマイナス&ボディーアース

　クルマもマイナスアースになっていると説明しましたが、ボートとクルマとでは、配線の仕方が、若干、異なります。

　クルマのボンネットを開けて、エンジンルームのバッテリーをよく見てください。マイナス側のケーブルが、近くのボディーに接続されているのがわかるかと思います。こうすることで、金属製のエンジンやボディー、シャシー全体がアースされます。この方式を「ボディーアース」といい、ボディーなどの金属部分をマイナス側の配線の代わりに利用できるので、各機器のマイナス側のコードは「手近なボディーなどに接続しておしまい」という造作が可能になります。

　もし、クルマのボディーがすべて導電性がない素材で造られるようになったら、その配線はボートと同じ作りになるでしょう。

　ちなみに、ボートでも、ハルがアルミや鉄などの金属でできているものがありますが、クルマと同じようなボディーアース（ハルアースと呼ぶべきか？）はしていません。FRP艇と同様に、バスバーなどへ、マイナス側の配線を集めています。なぜなら、ボートのハルは電解液の役割を果たす海水に接しているので、ここに電気を流すと電食を誘発するからです。このあたりも、ボートの配線の難しさといえます。

　ところで、アースというと、家電製品やパソコンの電源ケーブルなどに付いている、緑色のアース線（接地線）を思い浮かべる人も多いでしょう。これは、コンセントの真ん中の穴に挿したり、地面に刺したアース棒（導電性のある鉄棒）に接続したりして、万が一漏電したときに感電しないよう、余分な電気を逃がすために設けられています。ここでいうアースとは、文字通り、地球（地面）に電線を接続して電気を逃がす仕組みを指します。

　一方、ボートやクルマでいうアースとは、決して漏電した電気を逃がすための仕組みではありません。ボートの場合はバスバーや端子台に、クルマの場合は手近なボディーなどに、各機器のマイナス側の電線をつなげるさまが、家電製品のアース線を手近な地面に埋め込むのと同じように見えるので、「マイナス線をアースのように造作する」というところから「マイナスアース」と呼ぶのです。

　同様に、自動車にとってのボディーは、家にとっての地面のようなもので、ここに各機器のマイナス側の配線を接続することから、ボディーアースと名付けられました。

　なお、さまざまな配線図で、マイナス側の記述は省略して、単なるアース記号で済ませているケースがあります。これは図を単純化するための工夫で、非常によく使われる

慣用的な作図法なので、「そんなものだ」と慣れてください。

配線の数は機器ごとに異なる

冒頭で述べた通り、各種の機器を動作させるには、必ずプラスとマイナスの2本の電線が必要です。配線を考える際には、この大原則を決して忘れないでください。

ところが、マイナスアースされているエンジンに取り付ける機器の一部では、プラス側の配線1本だけとなっているものもあります。

バッテリーに接続されたマイナス側のケーブルには、配電盤やヘルムステーションに向かうものとは別に、エンジンへと導かれているものがあります。このケーブルは、スターターモーター（船外機艇ではスターターモーター用のソレノイドスイッチ。ソレノイドスイッチとは、コイルによる電磁石を利用したスイッチ機構のこと）に接続されます。これにより、金属製のエンジン全体が、クルマのボディーアースと同様、マイナスアースとなるのです。

よって、エンジンにじかに取り付けられるスターターモーター、油圧や水温のセンダー（センサーのこと）などの電装品には、マイナス側の配線がありません。

一方、水温計や油圧計のようなメーター類では、その機器自体を動かすための2本の配線に加え、センダーで測定した信号が通る配線と、メーター内の照明用にもう2本の配線があります。こうなると、一つの機器に5本の電線がつながっていて、見ただけでため息をつきたくなってしまう方もいるでしょう。

スイッチパネル

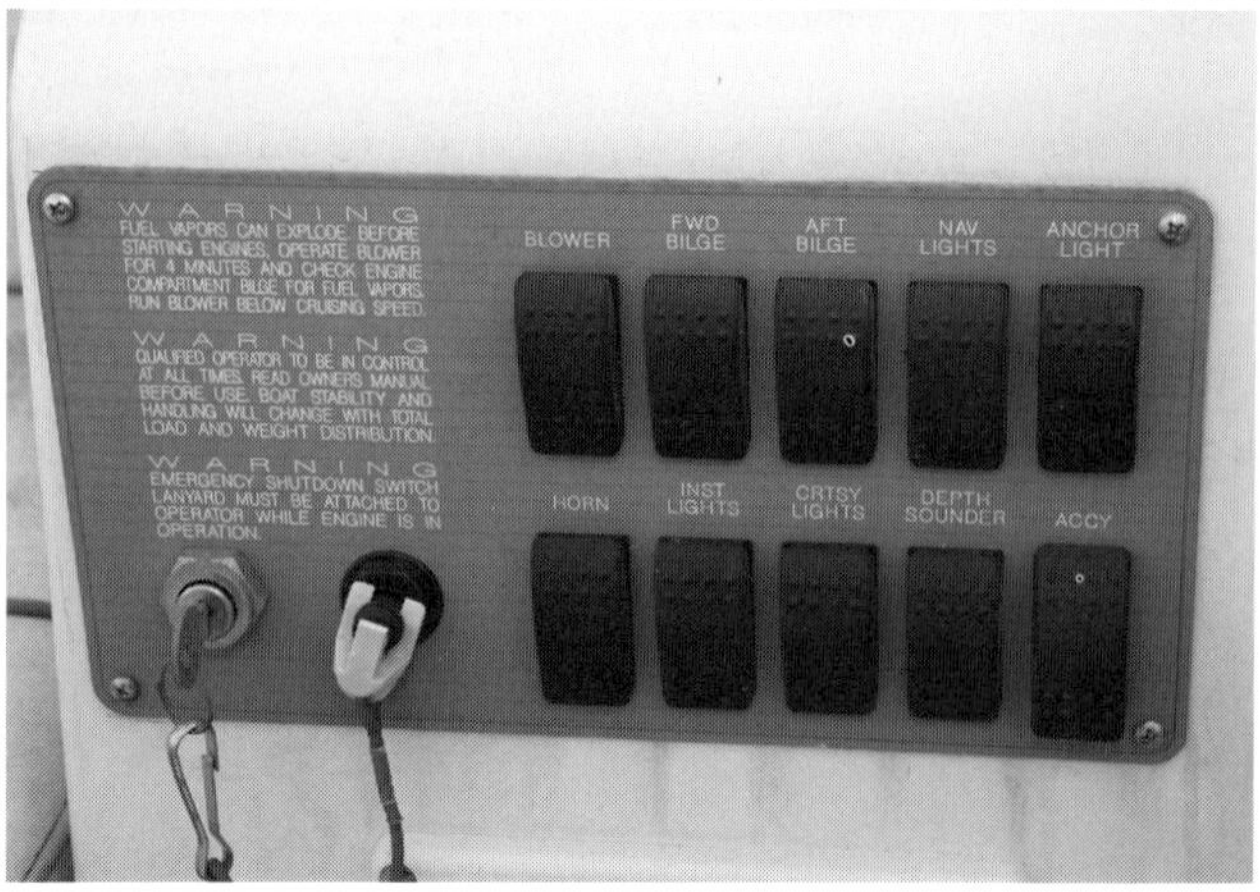

船外機艇のスイッチパネルの例。ヘルムステーションまで導かれたバッテリーからの太いマイナスケーブルは、スイッチパネルの裏側近くに設けられた端子台に固定されている

スイッチパネルの裏側

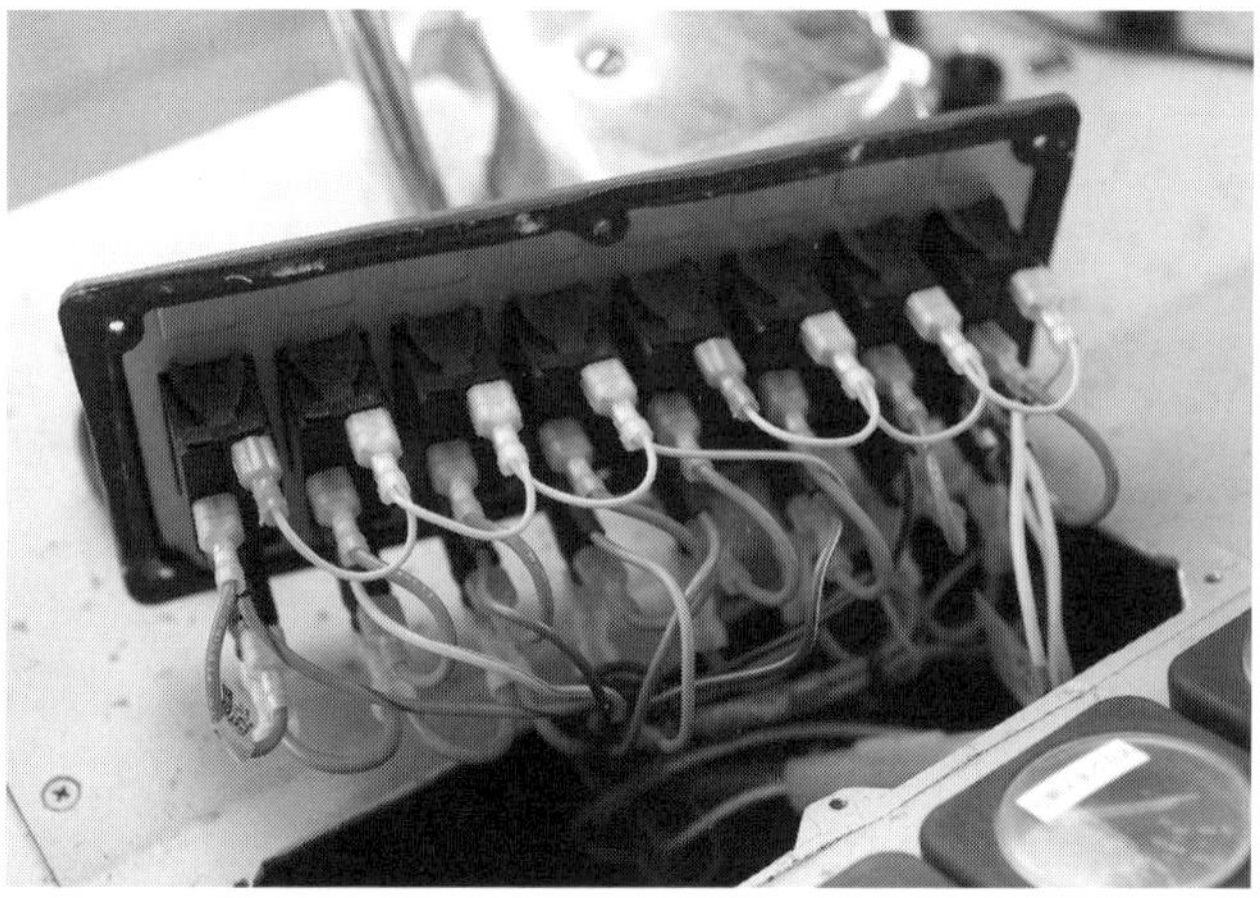

複数の配線が入り組んでいるスイッチパネルの裏側だが、よく見ると、各スイッチを数珠つなぎにしている供給側の配線があり、その反対側に各機器へとつながる配線があることがわかるはず。個々のスイッチは比較的単純なので、それが複数集まっているだけと考えると理解しやすい

また、ビルジポンプなどでは、フロートスイッチによるオート回路の配線を兼ねたプラスとマイナスの配線に加え、手動でオン/オフをコントロールするスイッチ用の配線がもう1本あるものもあります。

このように、機器によって配線の数には多少の違いがありますが、大前提はあくまでプラスとマイナスの2本1組となっていますので、じっくり見てそれぞれの配線の役割を理解しましょう。

多くの機器を制御するキースイッチ

繰り返しになりますが、ボート内の各機器に供給される電気は、バッテリーから抽出され、メインスイッチやサーキットブレーカーを通ったのち、中・大型艇では配電盤を経てヘルムステーションへ、小型艇では直接ヘルムステーションへと導かれます。

こうしてヘルムステーションへと導かれた電気は、エンジンキーを回して操作するキースイッチで制御されています。

このスイッチで制御しているのは、エンジンのスターターモーターに入る電気だけではありません。ガソリンエンジンでは点火プラグに供給する電気、ディーゼルエンジンではプレヒートや燃料をオンにするソレノイド、カットオフソレノイドに入る電気も制御します。そのほか、メーター類やエンジンの電子制御などのアクセサリー、オルタネーターの励磁《れいじ》電流（電磁石の磁力を発生させるための電流）など、思っている以上に多くの電流を制御しています。

よって、ボートの大きさや装備の多寡にもよりますが、キースイッチには10Aくらいの電流が流れていることもあるのです。ヘルムステーション周りのいろいろなスイッチ類、メーター類は、すべて、このキースイッチを1段ひねってオンにすると作動する、ということを覚えておいてください。

それから、配電盤のブレーカーやヒューズの前に、大本としてエンジンにサーキットブレーカーが付いているということも忘れないでください。よく、「電気が来ない、来ない」と大騒ぎした揚げ句、ここのブレーカーが落ちていただけ、なんていうことがあります。

配線が複雑なスイッチは単純化して考える

続いて、スイッチの仕組みについて

端子の例

左が差し込み式端子のうち平型のラグターミナル、右がネジ止め式のターミナル。差し込み式は、ときに外れたり、錆などによる接触不良が起きやすかったりするが、狭い場所でも作業しやすい。一方のネジ式は、確実性が高く錆にも比較的強いが、作業性が悪いのでスペースに余裕がある場所向きだ

見てみましょう。

ボートやクルマの電気回路では、機器のオン／オフを切り替えるスイッチは、常に電源から機器までの間の「プラス側」に設置されます。これを「プラスコントロール」といいます。

スイッチが集まるスイッチパネルでは、前述のように、電源であるバッテリーから1本のプラスの配線（供給側の配線）が、複数あるスイッチに数珠つなぎになっていて、それぞれのスイッチからは機器ごとに1本のプラスの配線が出ている、という状態になっています。

パイロットランプ付きのスイッチパネルでは、パネル自身にマイナス配線があるので少々ややこしくなりますが、基本的に、一つ一つのスイッチは、単純な構造となっているのです。

スイッチパネルの裏側を見ると、電線が所狭しとつながっていておじけをふるってしまいますが、同じものが複数並んでいるだけ、と単純化して考えれば理解しやすいはずです。

さて、このパネルにある一つ一つのスイッチからは、航海灯、ワイパー、清水ポンプなどの各種機器まで、専用の電線が通っています。例えば清水ポンプと書かれたスイッチから出ている電線は、枝分かれや寄り道することなく、壁の裏を通って床下の清水ポンプまでつながっています。

機器がうまく動かない場合、スイッチ周辺に不具合が生じている可能性もあるので、スイッチ部分をテスターでチェックしてみましょう。

具体的には、まずはスイッチの供給側にテスターを当てて電気が来ているかを確認。来ていればスイッチをオンにし、スイッチの機器側に電気が来ているかどうかを確認する、という手順をとります。

電線の接続部「端子」の種類

続いて、ボートでよく使われている端子（ターミナル）について見てみましょう。

電線を取り付ける端子には、その用途によってさまざまなタイプがありますが、ボートで使われるものの大多数は、オスをメスに差し込む「差し込み式」と、リング状になっていてネジで止める「ネジ止め式」の二つです。

機器側のオスの端子に、電線に取り付けたメスの端子をはめ込む平板タイプの「ラグターミナル」は、スポとはめ込んでいくだけなので、簡単かつ抜群の作業性が特徴です。例えば、寝転がって上を向いて、ようやく手が届くような場所の配線作業をするには、たいへん助かります。ほかにも、スイッチパネルなどで数珠つなぎの配線を繰り返すときや、スイッチが小さくて端子の間隔が狭いときにも重宝します。

このような特徴から、輸入艇を中心によく使われているラグターミナルですが、差し込み式は、接続が簡単という最大の利点が、最大の欠点になることもあります。つまり、接触不良を起こしやすく、また抜けやすいのです。メス側がオス側を挟み込んでいるだけなので、もともと接触面積が少なく、どうしても接合する力が弱くなります。さらに、接触していない部分は常に大気に触れるため、錆の影響を受けやすくなり、経年劣化による接触不良を起こしてしまうことが多々あります。

10年以上の船齢を重ねたボートだと、多かれ少なかれ、ターミナルの錆によるメーターや機器の不調に悩まされることがあると思います。また、航行中に波にたたかれているうちに、配線の束が踊ってしまい、その重みでターミナルが抜けたりすることすらあります。差し込み式は便利な半面、こういった欠点もあることをよく認識しておきましょう。

一方のネジ止め式は、配線にリングターミナルを付けて、あとは一つ一つネジでしっかりと止めていきます。このタイプは振動で抜けたり、接触不良になったりする心配がまずありません。表面に緑青《ろくしょう》が吹いていても、ネジを外してみると、しっかり金属光沢を保っていることもよくあり、信頼性という観点からは申し分ありません。

ただし、電線を1本つなぐだけなのに、いちいちネジを外してから端子をセットして、また締めなければならず、作業性が悪い場所では、とてもやっていられません。

そのため、大きく開く配電盤や、周囲のスペースに余裕がある場合、もしくは、どうしても接触不良や事故を減らして信頼性を高めたいところに使われています。

また、作業中にポロッとネジを落としてしまうことも多く、信頼性が高いのは重々わかっているのですが、うっかり者の筆者は、このネジ止め式が苦手です。

いずれにしても、ボートで使われている端子にはこのような特徴があることを理解しておいてください。

【第4回】ボートの配線②

艇上での配線をする上では、漏電や過電流を防ぐための、ヒューズやブレーカーが必須です。また、流す電流の大きさや、電線の長さによって、電線の太さにも注意しなければなりません。今回はそのあたりを見ていきましょう。

回路の保護者 ヒューズとブレーカー

配線の処理のミスや部品の劣化、誤操作や誤作動、異物（電線の切れ端や結晶化した塩）がターミナルなどに触れることで、本来、つながってはいけない部分の回路が接続されてしまい、抵抗が少ない状態で過大な電流が流れてしまうことをショート（短絡）といいます。

このショートにより過大な電流が流れたときに回路を遮断し、火災などの大きなトラブルを防ぐ役目を果たすのが、ヒューズやサーキットブレーカーです。

電装品が動かない場合、その機器まで電気が来ていないようなら、まずはヒューズが切れていないか、ブレーカーが落ちていないかをチェックします。ヒューズやブレーカーは、基本的に回路の中でも電源に近い、配電盤やスイッチの近くに設置されているケースが多くなります。

ヒューズが疑わしい場合は、これを取り出し、目視か、テスターの抵抗レンジを使った導通チェックで、切れていないかを確認します。ここで、ヒューズが切れていることが確認できたら、新しい（もしくは予備の）ヒューズに交換します。

もし、航海中に航海計器のヒューズが切れて、その予備がないといった場合には、オーディオなど、とりあえず、航行に直接関係ない機器から、同じ容量のヒューズを外して代用すればOKです。

通常であれば、サーキットブレーカーは十分な容量を持っていますが、

各種ヒューズ

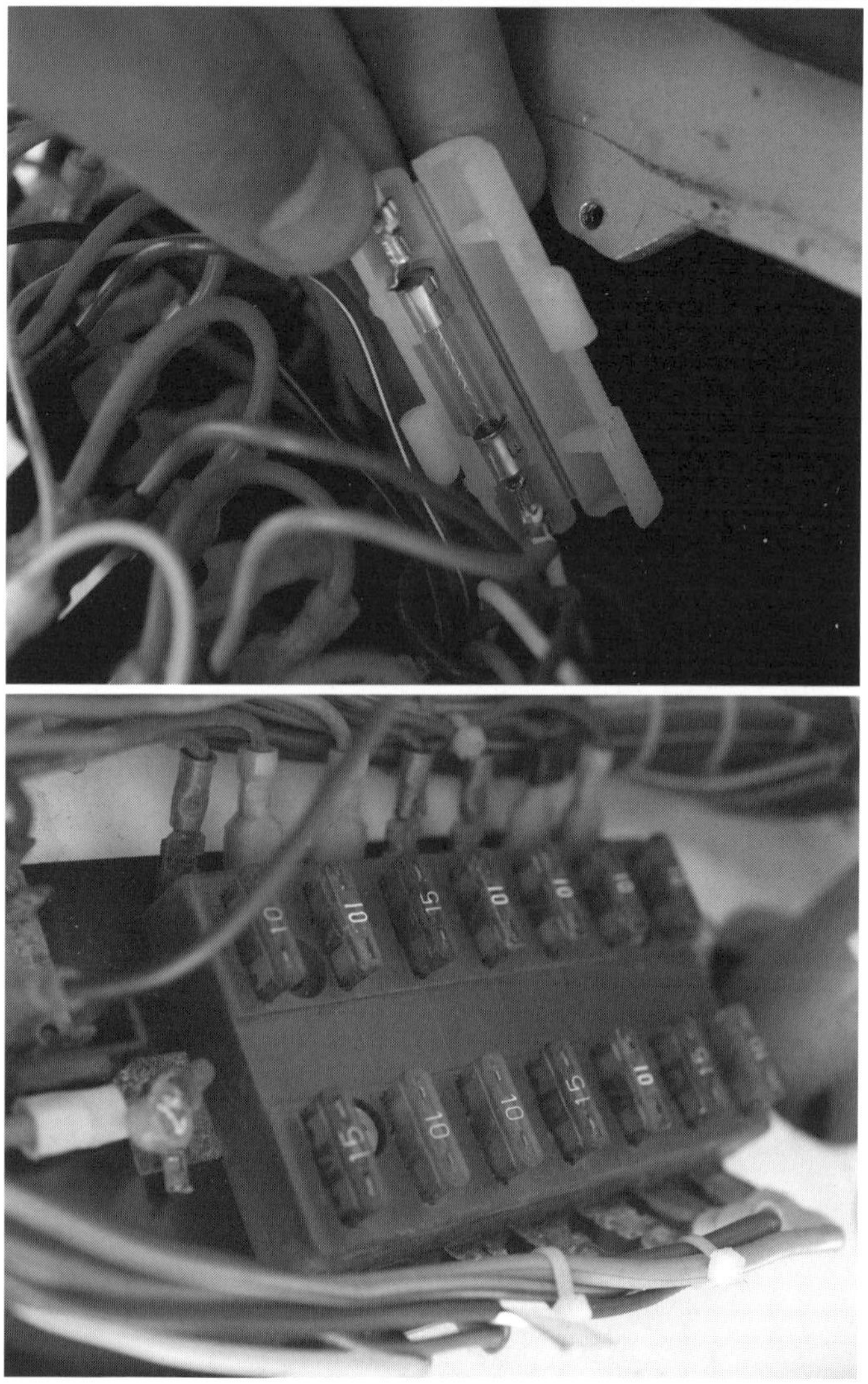

ボートの配線に用いられるヒューズの例。上のガラス管ヒューズは、機器につながるケーブルに個別に取り付けられていることが多い。下の平型ヒューズは、クルマと同様、ヒューズボックスにまとめられる。いずれも、切れていれば目視での確認が可能

なんらかの理由でショートしてしまい、ブレーカーが落ちた場合は、ブレーカーのボタンを押したり、スイッチを戻すなどして、電源を再投入します。

ヒューズが切れたり、ブレーカーが落ちたりといったことがたびたび発生するようであれば、まずは電装品をすべて取り外した状態でスイッチを入れてみます。それでも切れたり落ちたりするようであれば、回路がショートしていることが考えられます。

芯と被覆で異なる電線の種類

次に電線の種類について見てみましょう。

電線には、芯が細い銅線の撚《よ》り合わせでできている「撚り線」と、1本の太い銅線になっている「単芯線」の2種類があります。

単芯線は柔軟性がないので、繰り返し曲げられるようなところには使いません。用途は、一般家庭内の壁裏や天井裏の配線などですね。ボートでのDIYには、通常、撚り線を使います。

また、電線の被覆は各種ビニールでできていますが、その材質によって、用途というか、使える条件が異なります。

ボートの配線では、通常、赤と黒の「VVF (Vinyl insulated Vinyl sheathed Flat-type) ケーブル」というものを使いますが、例えば直射日光や風雨にさらされるようなところで使える耐候性のもの、エンジンルームなど高温の場所でも使える耐熱性のもの、オイル混じりのビルジやガソリンなどに触れても大丈夫な耐油性のものなど、さまざまな種類があります。使う場所に適したものを選びましょう。

選択を誤ると非常に危険な電線の太さ

電装系を理解する上で、どうしても覚えておいてほしいことがあります。それは、「電線の太さによって、流せる電流の大きさが異なる」ということです。これが、DIYで電装品を取り付ける際に、最も注意しなくてはならない点です。

例えば自宅で、テーブルタップに、コタツやホットプレート、電気ポットなどのコンセントをつなげて、バンバン電気を使っているようなとき、テーブルタップの電線を触ると、ほのかに温かくなっているのを感じたことがありませんか? このように、電線に電気を流すと、電流の大きさに応じて熱が発生するのです。

ボートの電装の場合、ウインドラスやエンジンのスターターモーターなどの大電流を消費する機器に、細い電線をつないだらどうなるでしょうか? これは、大変恐ろしい事態を招きます。

というのも、各機器が電気を消費しようとすると、バッテリーはその電気を供給しようとします。こうして送り出された電気は、機器とバッテリーとをつなぐ電線が、電流に対して必要な太さを持っていなかったとしても、どんどん流れようとするのです。こうなると、過大な水流を押し込んだホースが破裂するがごとく、電線が熱を持って、最終的には発火したり溶解したりしてしまいます。

よって、新たに配線する場合は、機器に流れる電流に応じた、十分な太さを持つ電線を選ばなければならないのです。

電線の太さを表すとき、日本では「平方ミリメートル（スクエアミリメートル）」という単位を使用します。プロのメカニックが、「ここは2スケの電線で……」などと言うことがありますが、「スケ」とはスクエアミリメートルの俗称です。0・75、1・25、1・5、2・0、3・0、5・5、8・0……と、数字が大きくなるにつれて太くなり、流せる電流も大きくなります。

一方、海外、特にボートでよく使われるアメリカの単位では、「AWG（俗にゲージと呼ばれる）」という単位が使われます。こちらは逆に、18、16、14、……6、4、2、1、0、00、000、0000と、数字が小さくなるにつれて太くなります。0ゲージ以下は、0を1/0、00を2/0、000を3/0と、0の数を表記することがあります。よく、バッテリーケーブルとして使われている1/0や2/0などの電線は、親指ほどの太さがあり、単に切断するだけでもたいへんな騒ぎです。

この「平方ミリメートル」と「AWG」の間には対応表があって、海外の機器を買って電線のサイズがAWGで指定されているときも、対応表を

サーキットブレーカー

マークルーザー 5.0Lガソリン船内外機のサーキットブレーカー。年式によってさまざまなタイプがあるが、エンジンには必ずこういったサーキットブレーカーがついているので、位置を確認しておこう

ブレーカースイッチ

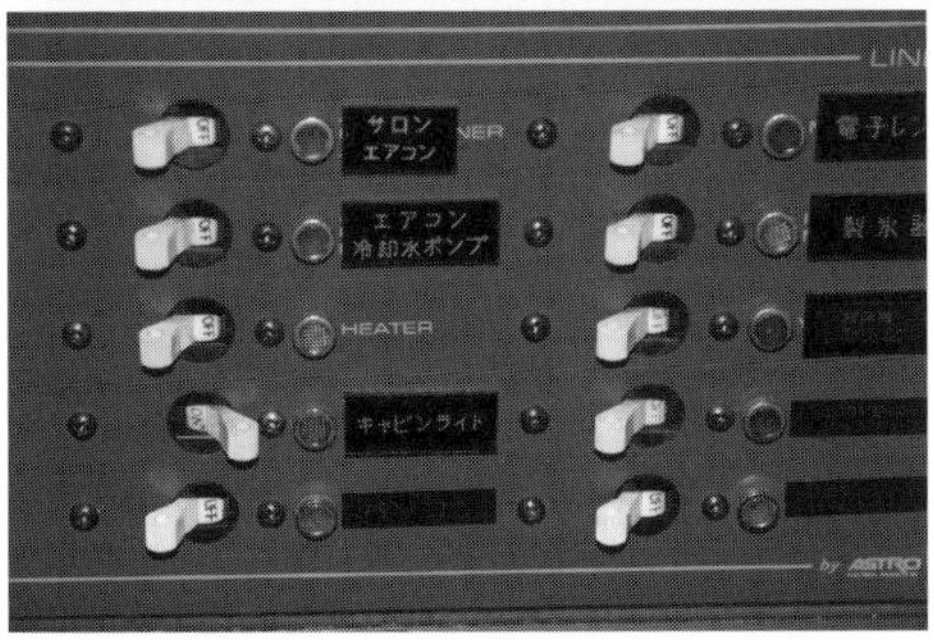

大型艇の配電盤に設けられたAC（交流）のスイッチパネル。このタイプのブランチスイッチ（分岐スイッチ）は、サーキットブレーカーも兼ねている

電線のサイズと単位換算表

AWGサイズ	平方ミリメートルサイズ（スクエアミリメートル）	最大電流（A）
18	0.75	20
16	1.25	25
14	2	35
12	3.5	45
10	5.5	60
8	8	80
6	14	120
4	22	160
2	30	210
1	38	245
0（1/0）	50	285
00（2/0）	60	330
000（3/0）	80	385
0000（4/0）	100	445

電線のサイズは、日本ではスクエアミリメートルが、海外ではAWG（ゲージ）がよく使われている。電線のサイズによって、流せる最大電流が決まっている。ただし、最大電流は、使用状況や被覆の材質によっても変わるので、過信は禁物。常に安全率を考えて、余裕のある太さの電線を使用すること

見れば間違うことはありません。

具体的な電線の選び方

前述の通り、「電線は太ければ太いほどよい」が基本になります。とはいえ、不必要なところにやたらと太い電線を使ったのでは、値段が高い、重い、太くてかさばる、硬くて取り回しが大変など、不自由で仕方ありません。

そこで、機器が必要とする電流を十分に流せる太さを保ちながらも、配線作業のことも考慮して、適度な太さの電線を選ぶことが大切になります。

では、実際のところ、どのくらいの太さの電線を使えばよいのでしょうか？

電線には、その太さに応じた最大電流まで流しても大丈夫です。しかし、電線の長さが長くなれば長くなるほど、電線自身の抵抗によって「電気の質」が変わってきます。

というのも、電気が長い電線を流れると、発熱するという「仕事」をする、つまり、そのぶんだけ電気が消費されるわけで、電圧が低下してしまうのです。

単に電線を流れていくだけで電圧が下がってしまうこの現象を、俗に「ドロップ」と呼びます。

このドロップは、電線に流れる電流が大きければ大きいほど顕著に現れ、その電圧低下は無視できません。特に12V仕様の場合、もともとの電圧が低いこともあって、少しでも電圧が下がると、各機器の

ボートで使用されるVVFケーブル

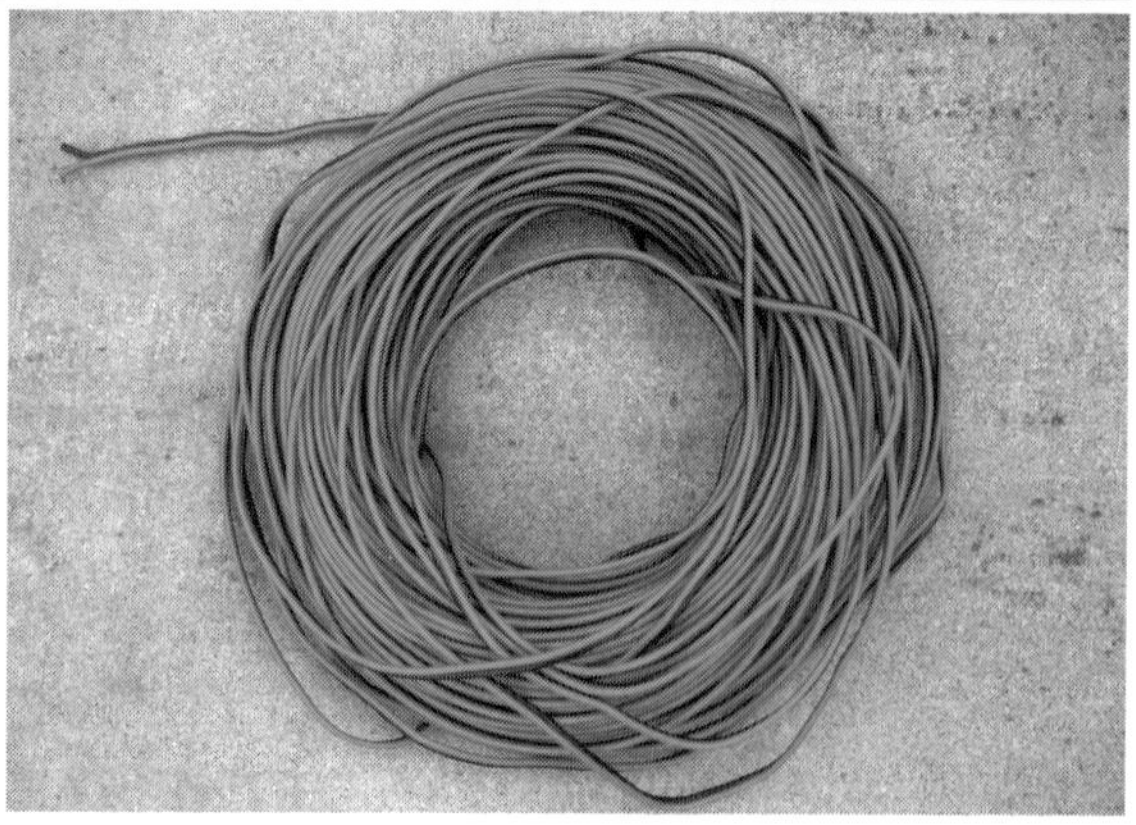

ボートの配線によく使われる赤黒のVVFケーブル。この写真ではわからないが、被覆が赤と黒になっている。電線は長くなると、このように「巻き」で売られている

撚り線と単芯線

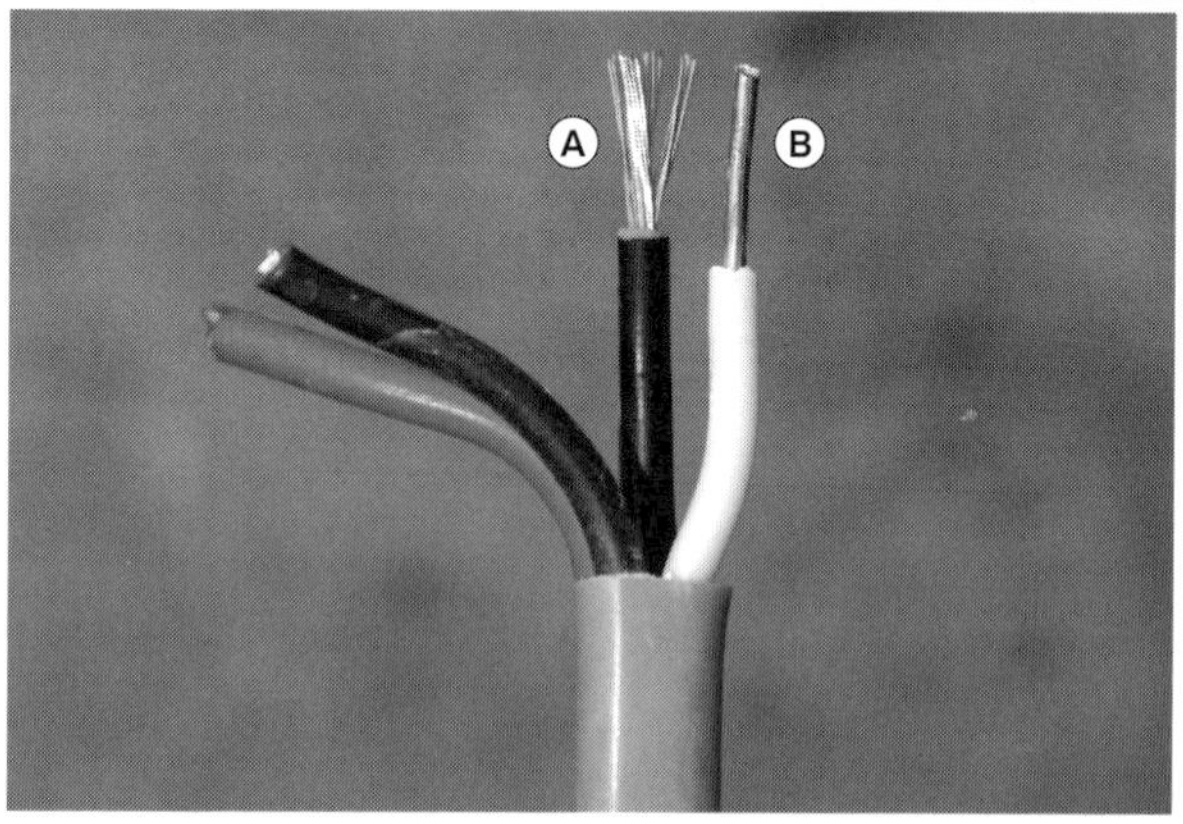

Ⓐが撚り線、Ⓑが単芯線。ボートの配線では、ほとんどの場合、しなやかに曲げられる撚り線が使われる

ソレノイドの例

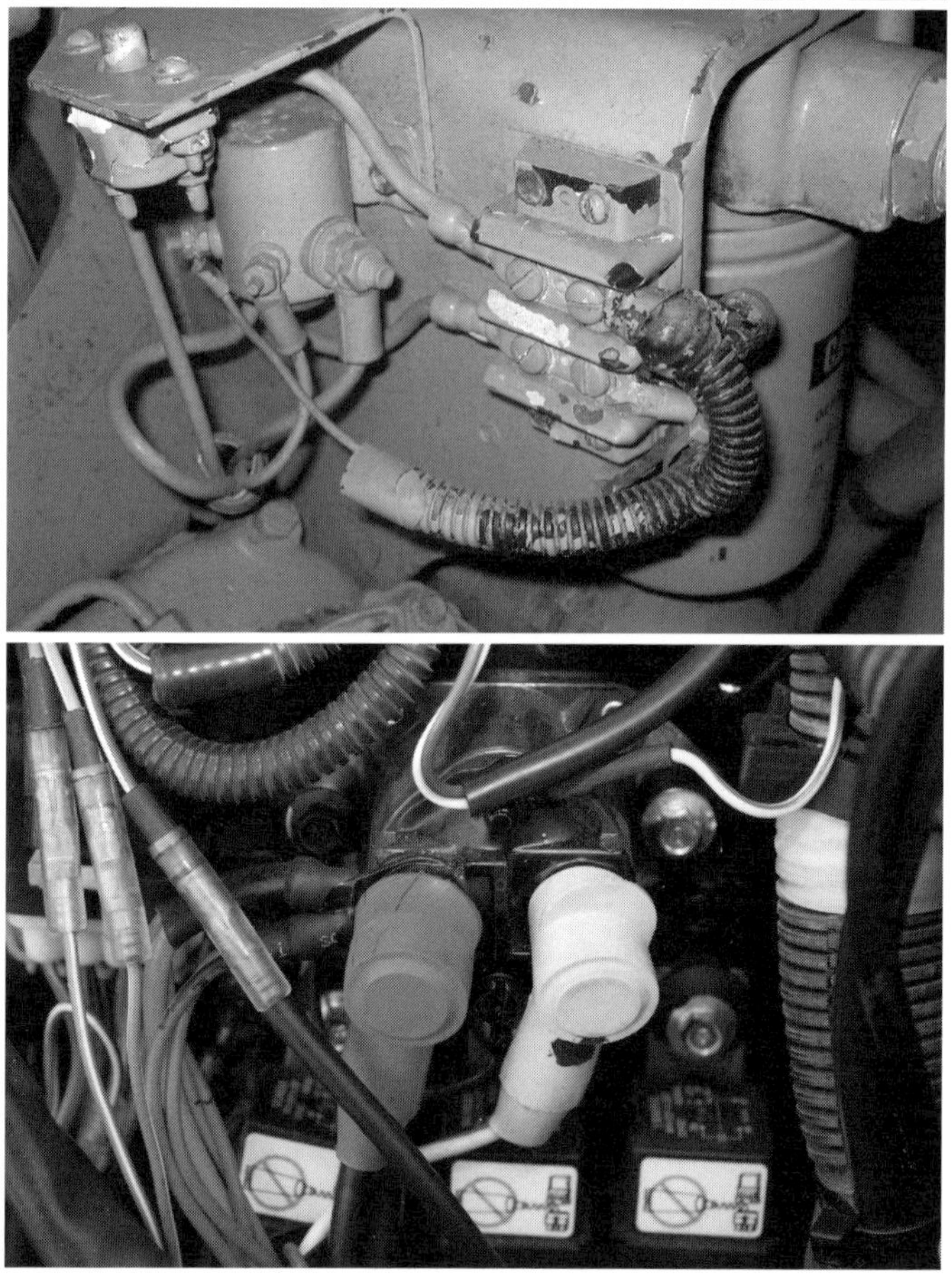

離れたところから大電流のON／OFFを制御するためにボートで多用されているソレノイドは、「リレー」とも呼ばれる。写真上はキャタピラーディーゼルのメインのもので、写真下は船外機のスターターソレノイド。ソレノイドには、自身を駆動させるための端子ひと組と、制御対象の太いプラス側ケーブルをつなぐための大端子ひと組が設けられている

稼働許容範囲の電圧を下回ってしまうことが少なくないのです。

例えば、GPSプロッターなどでは、動作範囲が10・7～28・0V程度となっているのが普通です。この場合、下限は10・7Vで、12Vの電源にとっては、わずか10パーセント程度の許容範囲しかありません。つまり、ちょっとでも電圧が下がると、まともに動かなくなってしまうということです。

ライトやヒーターのような単純な電気器具ならいざ知らず、精密な電子機器にとって、ドロップは決して無視できないものなのです。

電子機器用の配線を、無線機やサーチライトのようなほかの機器と共用にしたとき、無線を送信したり、ライトを点灯させたりするたびに、GPSプロッターの動きがおかしくなる……なんていうのは、電圧低下によるものです。

このように、電線は機器の種類や消費電流に加えて、その長さによっても太さを吟味する必要があります。同じ負荷、同じ消費電流でも、距離が長くなればなるほど、太い電線を使わなくてはなりません。

電線の長さと太さに関して、ボート上で最も典型的な例が、バウにあるウインドラスの配線で、エンジンのスターターモーターにつながっているような太い電線が使われます。これは、ウインドラスの消費電流が多いことに加えて、バッテリーからの距離が遠いので、ドロップしないようにするためなのです。

もし、自分でプラスとマイナスの電線を引いて、スイッチパネルなどを作るようなことがある場合は、十分に注意して、太めの電線を使ってください。

大電流を制御するソレノイド

続いて、ボートでよく使われているソレノイドについて見てみましょう。

ソレノイドとは、エンジンのスターターモーターの制御回路など、大電流が流れる回路をコントロールするとき、電磁石を使って、離れたところからオン／オフする機器のことです。また、スイッチパネルや配電盤から制御されるソレノイドは、「リレー」や「マグネット」などとも呼ばれています。

ソレノイドは、その内部に電磁石を持っていて、電気が流れると、電磁力によって中の接点がくっついたり離れたりします。この接点が、スターターなどの大電流を必要とする機器の通電をオン／オフするわけです。

なぜこんな回りくどいことをするかというと、大電流を流すには太い電線が必要で、それをわざわざスイッチパネルや配電盤まで引っ張るわけにはいかないからです。

また、大きさにもよりますが、一つのスイッチが扱える電流は、せいぜい10A程度までなので、一つのスイッチで複数の機器を同時にコントロールしたいときなどにも、このソレノイドが活躍します。

ソレノイドの配線で最も基本となるのが、ソレノイド自身を駆動するための、プラス側とマイナス側の電線です。このうち、マイナス側は適当なところにアースされますから、プラス側の電線のみ、キースイッチやスイッチパネルにつながっていて、オン／オフを切り替えています。

また、ソレノイドには、制御対象となる機器の、プラス側の太いケーブルをつなぐために、ひと組の大端子が設けられています。この大端子間の通電をオン／オフすることがソレノイドの使命なのです。

というわけで、ソレノイドには基本的に、それ自身を駆動するための端子がひと組、制御対象のプラス側ケーブルをつなぐための大端子がひと組の、計4個の端子がついています。

ちなみに、ボートの場合、ほとんどすべてのソレノイドがDC（直流）12Vや24Vで駆動します。

ソレノイドの模式図

ソレノイドは、その内部に電磁石があり、ここに、キースイッチなどをONにして電気を流すと、磁力によって切片を引き寄せる。この図の場合、切片が閉じた状態にすることで、大きな電流が流れ、制御対象の機器に通電する仕組みとなっている。通電させたときに燃料ラインを閉めてエンジンを止めるストップソレノイドもある

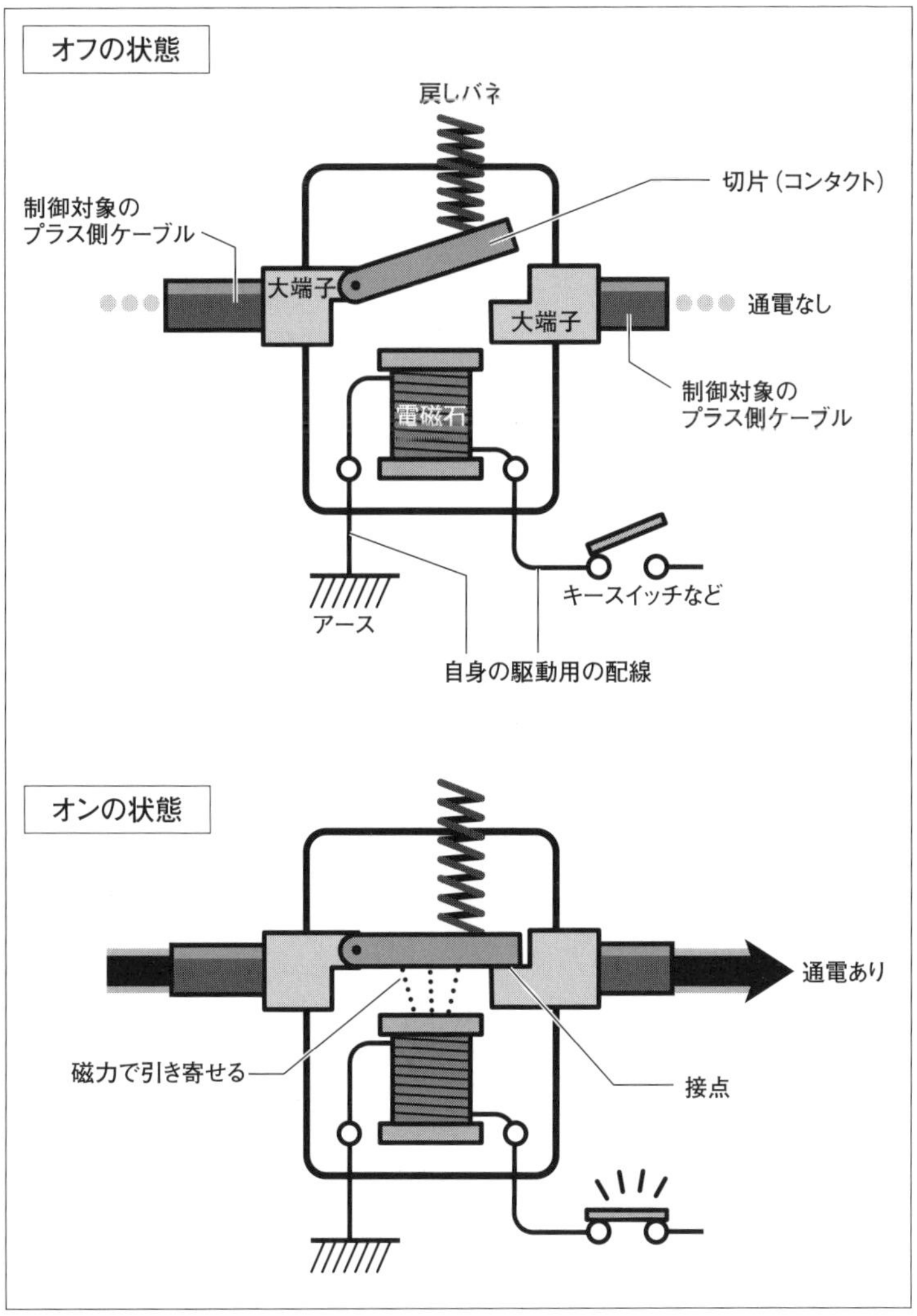

【第5回】電装品の艤装の基本

ここからは、さまざまな電装品を取り付ける艤装方法について見てみましょう。愛艇に電装品を取り付けることで、より便利に快適になりますが、半面、その艤装には気をつけるべき点もあります。今回はその具体的な注意点を解説します。

電装品の艤装の注意点

自分で電装品を艤装するとき、最も注意しなければならないのが機器の消費電流です。ちょっとした室内灯やGPSプロッター、魚探、国際VHF、電動リール用の受電ポストなど、後付けしたい電装品はめじろ押し。雑誌やカタログを見ながら、「あそこをこうしよう」、「もっとこうしたら便利なんじゃないかな?」などと想像するのも、楽しいひとときです。

ただし、こういった電装品は、多かれ少なかれ電気を消費します。例えば電球式のサーチライトやインバーターなど、消費電流の大きい機器を取り付ける際は特に、以下のような点に注意が必要です。

ヘルムステーション周りに電装品を取り付けようとした場合、スイッチパネルから電源を取ることになりますが、前項で家庭用のテーブルタップの例を挙げて説明した通り、電線には流せる最大電力が決まっています。よって、スイッチパネルとそこにつながる電線に、十分な容量があるかを確認してください。

スイッチに空きがなく、GPSプロッターなどのスイッチや配線に、他の機器の配線を一緒に止めて「居候」させた場合は、ヒューズに十分な容量があるかも確認しましょう。

また、ボートは潮風にさらされる上に、航行中は大きな衝撃や振動を受けるので、配線の接続部分や電極部分が腐食していたり、衝撃で配線が踊ってコネクターが抜けていたりしないかも確認しましょう。もちろん、新規に電装品を取り付ける場合は、防水・防振対策が必要です。

もう一つ、むやみやたらと電装品を取り付けた結果、消費電力量がオルタネーターの発電容量を超えてしまい、バッテリーがへたってしまう、ということもありがちです。

これらの留意点をないがしろに

消費電流を確認する

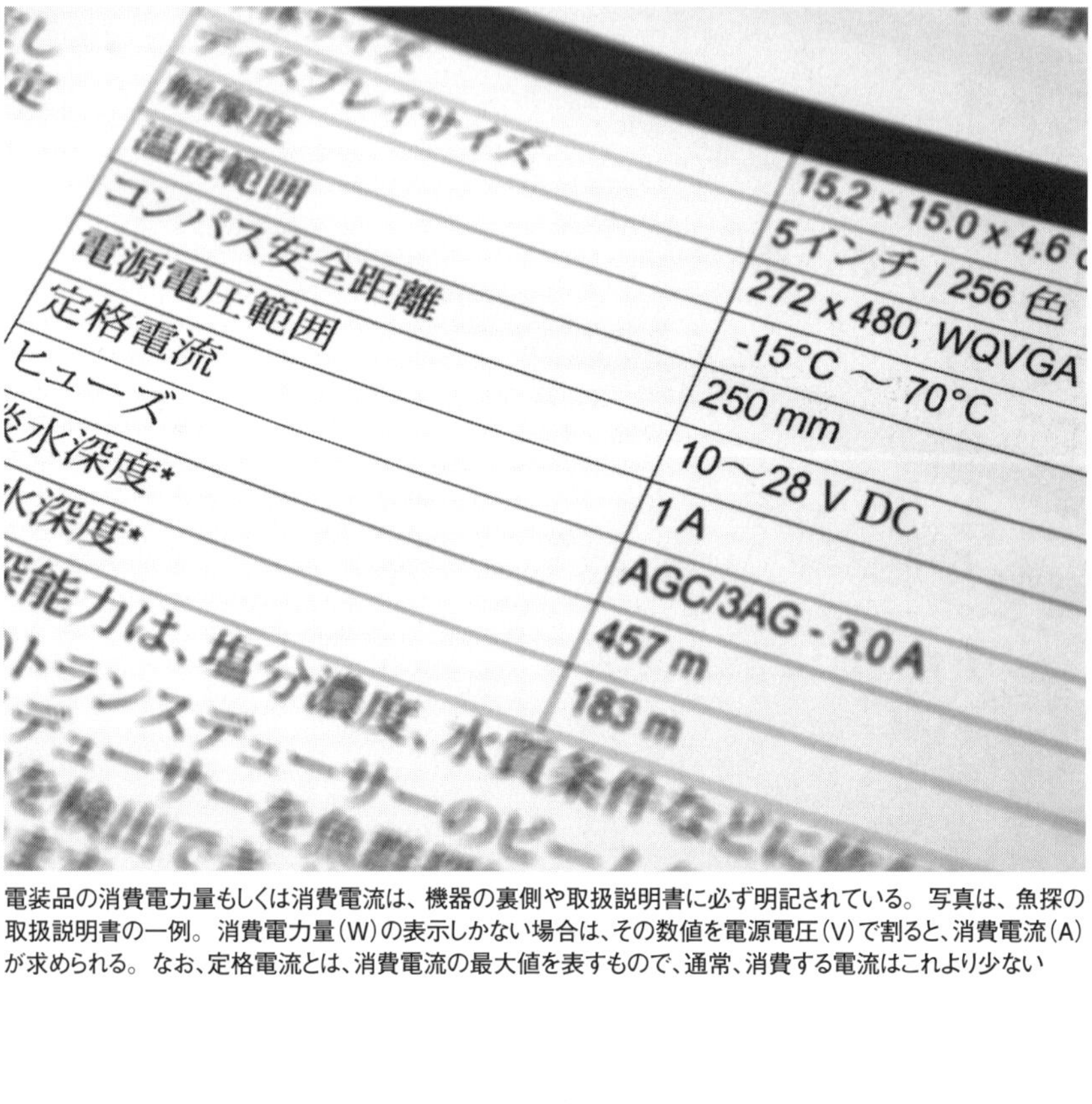

電装品の消費電力量もしくは消費電流は、機器の裏側や取扱説明書に必ず明記されている。写真は、魚探の取扱説明書の一例。消費電力量(W)の表示しかない場合は、その数値を電源電圧(V)で割ると、消費電流(A)が求められる。なお、定格電流とは、消費電流の最大値を表すもので、通常、消費する電流はこれより少ない

するとどれも、あとあとトラブルのもととなるので、十分注意しましょう。

電装品の消費電力の確認

電装品を取り付けるときは、必ずその機器の消費電流をチェックしてください。消費電流は、各機器の取扱説明書や機器の裏側に、「最大消費電流11・2A」、あるいは「消費電力100W」という形で記載されています。アンペア(A)で表示しているものはわかりやすいですが、消費電力(W)で書かれていると最初はピンと来ないかもしれませんが、ボートのバッテリーの電圧(V)で割ればOKです。例えば、消費電力100Wの機器を12Vのバッテリーで使う場合の消費電流は、約8・3Aということになります。

ボートの場合は電源の電圧が低いので、家庭用の100Vで使う機器と比べると、同じ消費電力100Wの機器でも、消費電流がずいぶん大きくなります。つまり、DC12Vでは、ちょっとした電装品でも意外と電気を消費します。この点をしっかり頭に入れてください。

各電装品の消費電流を確認した上で、配線する際に注意すべき点が、「消費電流が連続的に10Aを超えるような機器を、既存のスイッチパネルや配線に共締めしてはいけない」ということです。消費電流が大きすぎると、先に述べた通り、電線やヒューズ、ブレーカーの容量を超えてしまうからです。

容量オーバーとなりやすい機器の代表格が、DC電源をACに変換するインバーターです。150W程度の小型のものでも、最大出力で稼働させると10Aを軽く超えてしまいます。こういった機器を使用する際には、面倒でも、バッテリーやメインスイッチから直接、専用の配線を引いてください。このように電源と直結する場合は、プラス側の配線だけでなく、マイナス側の配線もしてください。

ちなみに、発電容量に余裕がある船内外機艇でも、メインのサーキットブレーカーの容量は40A程度です。そのため、消費電力の多い機器をむやみにスイッチパネルにつなぐと、航行に必要な機器を道連れにして、大もとから電源が落ちてしまうというトラブルに見舞われないとも限りません。

一方、LEDの室内灯のように、消費電流が少ないものは、空いているスイッチパネルや、消費電流が少ないほかの機器の配線に共締めしても問題ありません。マイナス側の配線も、空いているバスバーや端子台などに接続してしまって大丈夫です。小型のGPSプロッターなども消費電流が小さいので、既設の配線を利用できることが多いです。ただし、振動子の出力が大きい魚探は、意外と電気を消費しますので注意しましょう。

また、容量で気をつけなければならないのが、自艇のオルタネーターの発電量を超える電気を使ってはいけない、ということです。発電する量よりも消費電力のほうが多いと、バッテリーに蓄えられた電気を使うことになり、早晩、バッテリートラブルを起こしてしまいます。

このような点からも、消費電力量の多い機器を設置するときは、専門家に相談するようにしましょう。場合によっては、バッテリーの増設や、補完のための充電器の設置が必要となるケースも出てきます。

断線を防ぐための振動対策

自分で電装品を艤装しようとして、スイッチパネルの裏側などを見ると、配線がきっちりと結束バンドなどで束ねて留められているのを見ると思います。きちんとした配線は、見ていて気持ちのよいものですが、これは何も、すっきりしたいから束

電線の固定

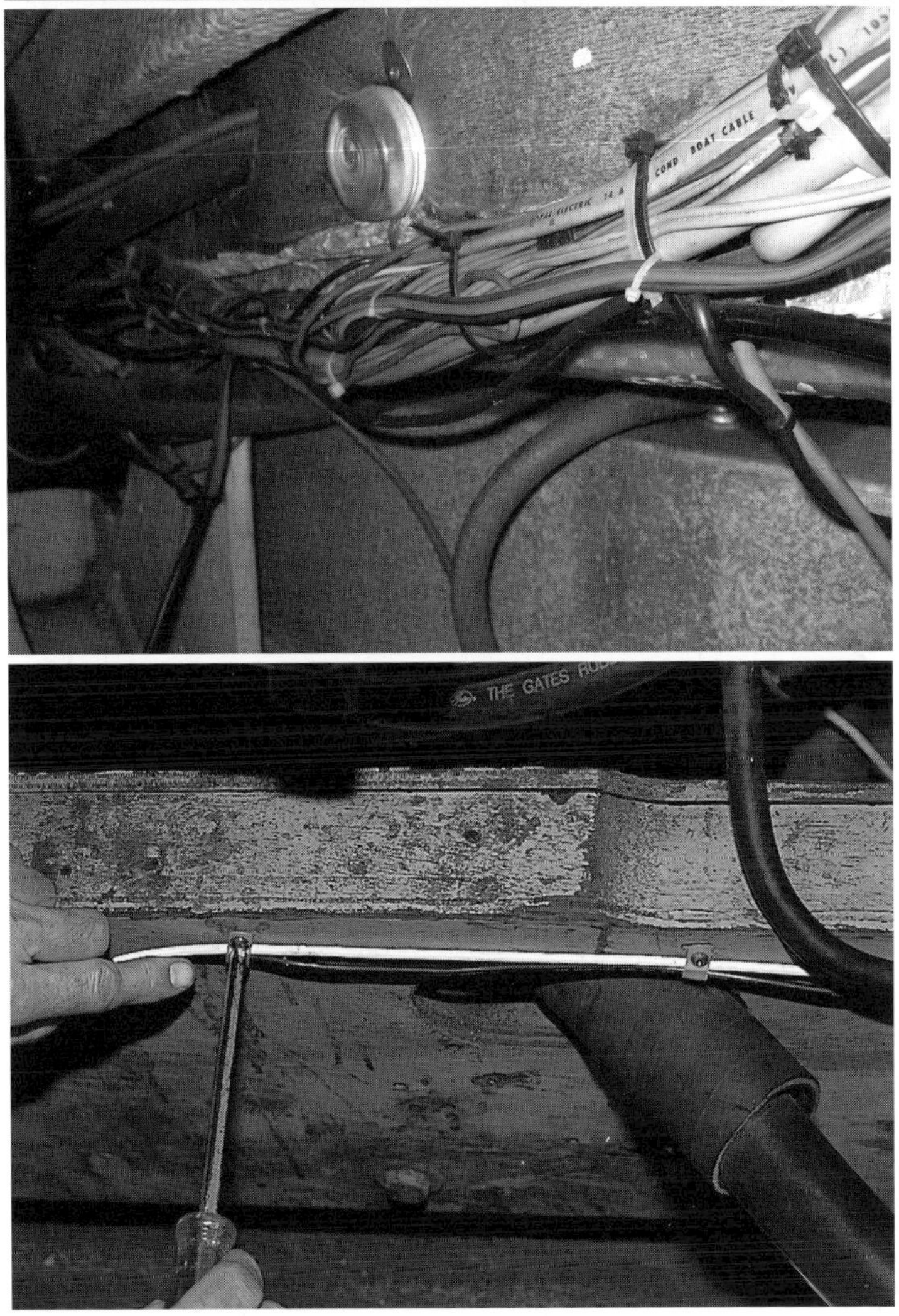

電線に遊びがありすぎてブラブラしていると、振動や衝撃が加わったとき、自重によって接続部分が切れたり、コネクターが抜けたりする原因となる。ただし、作業のしやすさや、コネクターの腐食などによる交換のための余裕も必要だ。そこで、電線は少し余分な長さを確保した上で、ブラブラしないように結束バンドなどで固定する

ねているわけではありません。

ボートは荒海の中、衝撃を受けながら走ることも多々あります。こんなとき、電線がぶらぶらしていると、振動や衝撃で接続部が抜けてしまったりするのです。衝撃を受けないまでも、電線自身の自重のためにコネクターが抜けてしまったり、芯線が切れてしまったりということもあります。

こうしたトラブルを防ぐために、新設した電線は結束バンドなどできっちりと後始末をして留めておきます。要は電線が踊らずに、コネクターに重さがかからないようにすることが肝要です。

ただ、いくら自重がかからないようにといっても、電線をギリギリの長さで切ってしまうと、あとの作業がやりにくくて仕方ありませんし、コネクターが腐食するなどして付け替える必要が出たときに作業できなくなってしまいます。このため、必要な長さプラス、軽く手のひらをひと回りするくらいの余裕を持たせておき、その上できちんと留めておくのです。

また、電線の端末にターミナルを付けたとき、電線とターミナルの間を裸にしておくと、振動で折れたり水が入り込んだりします。ヒートシュリンクチューブ（熱収縮チューブ）付きのターミナルがあれば最高ですが、なければ、カラー（接続部分を保護するプラスチックパイプ）付きのターミナルや、別売りのヒートシュリンクチューブ、自己融着テープなどでカバーしましょう。

こうした振動対策は、思っている以上に大切なのです。

錆や腐食から守る防水対策

海の上は、電装品にとって、およそ快適な場所とはいい難いところです。そこらじゅうに水分と塩分があるので、常に腐食との戦いだといってもいいでしょう。

ターミナルの仕上げ

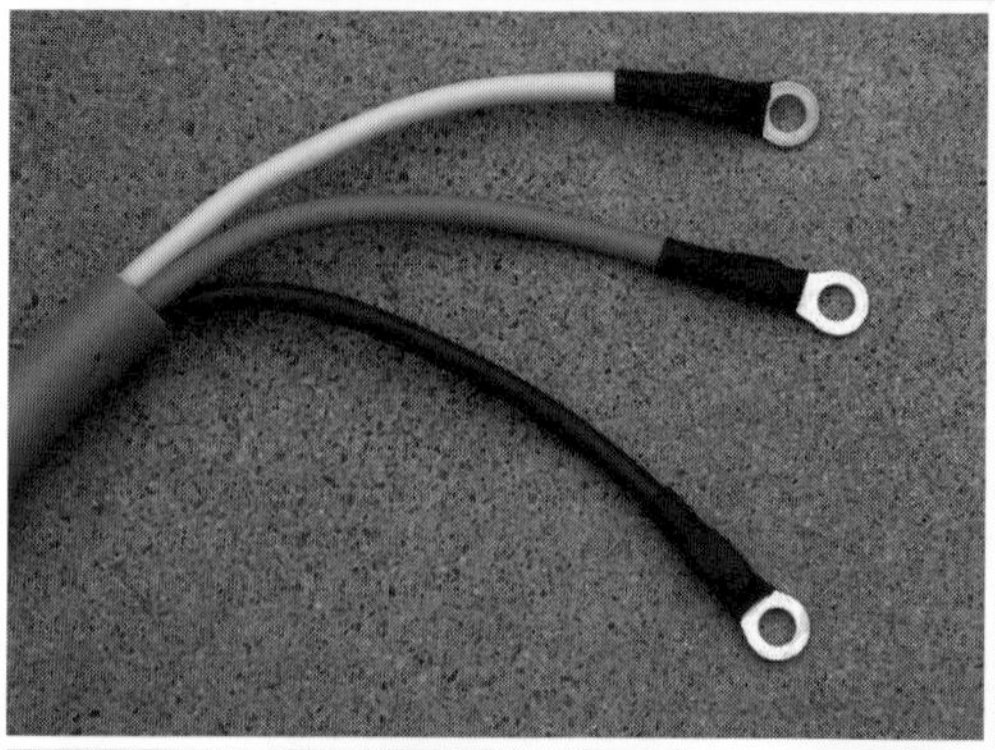

電線の端末にターミナルを取り付ける場合、芯線が露出したままだと、水の浸入や振動による断線の原因となる（上）。そこで、カラー付きのターミナルを使う、シュリンクチューブ（左上写真のターミナル根本の黒い部分）をかぶせる、自己融着テープを巻く（左下）などして、接続部分を保護しておく。自己融着テープは、保存時にくっついてしまわないよう、表面に薄い皮膜がある。これを破るため、長さが2～3倍になるように引っ張りながら、目的の場所にキッチリ巻きつける

電線の継ぎ方（ハンダ付け）

圧着スリーブがない、または、配線を分岐させたい（上）といった場合には、接続部分をハンダ付けするとよい。それぞれの末端の芯線を撚り合わせ、そこにハンダを流し込む（下左）。ハンダが冷えて固まったところで、シュリンクチューブをかぶせるか、自己融着テープを巻くかして防水処理を施しておく（下右）ことも忘れずに

電線の継ぎ方（圧着スリーブ）

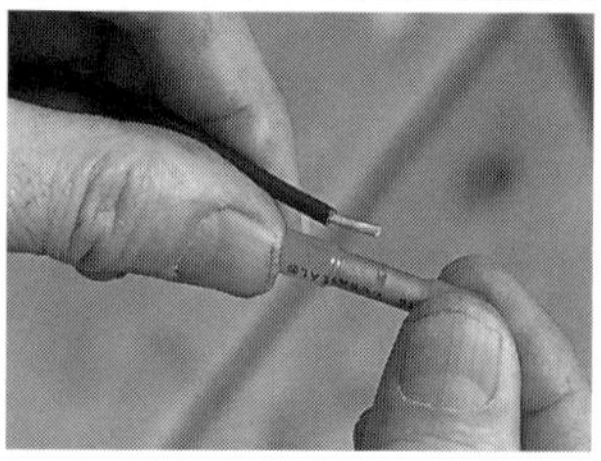

電線同士を継ぐ場合は、防水と強度の確保のため、シュリンクチューブ付きの圧着スリーブ（上）を使いたい。これは、シュリンクチューブの中に、下左のような圧着スリーブ（アルミや軟鋼の筒状の部材）が入ったもの。このスリーブの両端に被覆を剥いた芯線を入れ（下右）、圧着ペンチでかしめたのちにチューブを熱すると、チューブが収縮して電線に密着し、防水効果を発揮する

　電線自体はビニールの被覆でカバーされているので、被覆に傷でも入らない限り、水が浸入して腐食してしまうことはありません。

　一方、電線を継いでいる部分やターミナル部は、配線のウイークポイントなので、水がかからないように注意しましょう。逆にいうと、水がかかるような場所で電線を継いだり、ターミナルを設置したりしてはいけません。特に、芯線を撚《よ》って継いでビニールテープで巻いただけ……なんていう仕事をすると、すぐに腐食して機器の不調に悩まされます。ボートで使う電線は撚り線なので、被覆の切り口に水がかかると毛細管現象で電線の奥へ奥へと水が浸み込んでしまうので、広い範囲が腐食してしまうのです。

　水がかかるところに電線の接続部分を設けないのが原則ですが、どうしてもそこしかない、という場合もあるでしょう。また、ビルジポンプの配線などは、水はかからないけれど、いつも湿気が充満している場所でつながなくてはならないこともあります。こんなとき一番よいのは、防水のヒートシュリンクチューブが付いた圧着バットコネクターを使うことです。これを使えば、水が浸み込む心配なく、通常の電線と同じような信頼性を得ることができます。ただし、1個100円程度と、コネクターとしては高いのと、なかなか入手できないのが難点です。

　こういったものが使えないときは、通常の圧着用突き合わせスリーブで繋いだあと、防水の自己融着テープ（ブチルテープ）を巻いて、しっかり防水します。自己融着テープは、テープ同士がぴったりくっついて一体化し、しっかり防水してくれます。このテープを巻くときは、長さが2～3倍になるように引き伸ばしながら巻き付けます。こうすることで、保管時の融着を防ぐ表面の薄い皮膜が破れ、ブチルゴムが表面に出てきて密着し、一体化するのです。この上にさらにビニールテープを巻いて、防水・絶縁効果を高めます。

　なお、屋内配線の接続用としてよく使われる閉端接続子（その形からパラシュートと呼ばれる）を使うのはやめましょう。この端子は、水のかからないところで使うのが前提で、片側がオープンになっているので、ボートで使うとそこから湿気を吸って腐食してしまいます。

　圧着スリーブがなく、やむを得ず電線同士を撚って繋ぐというケースもあるでしょう。その場合は、腐食しやすいものだということを頭に入れておきましょう。また、こういったつなぎ方は、接触抵抗が高く、熱を持つので、大電流が流れる配線ではおすすめしません。加えて、引っ張り強度も低くなり、ほどけやすいので、電線の両側を結束バンドなどでしっかり留めて、接続部分に力がかからないようにしましょう。

　なお、接続部分をハンダ付けして、自己融着テープやシュリンクチューブで保護しておけば、少しは安心です。

ヒューズとブレーカー

　先ほど、消費電流の多い機器を設置するときは、「バッテリーから十分な容量を持った専用の配線を引く」と述べましたが、このとき、1点だけ注意があります。それは、バッテリーに近いところに、必ずスイッチやヒューズを入れておく、ということです。スイッチを入れておかないと、いざというときに電源を切ることができません。

　また、配線の被覆が傷ついたり、機器の内部でショートしてしまったりすると、大電流が流れてしまいますが、こんなとき、ヒューズやブレーカーがあれば、回路を遮断してくれます。家庭で、ドライヤーや電子レンジ、エアコンなどをいくつも同時に使って電気を使いすぎたときにブレーカーが落ちるのと同じです。こうやって回路を遮断することによって、電線や機器に対して過大な電流が流れないようにして、火災などの危険を防止するのです。

　ちなみに、ショートとは「ショート・サーキット」の略で、日本語では短絡といいます。プラスから出た配線が負荷機器を通ってマイナスの配線に戻ってくるのが正常な回路ですが、回路の途中でプラスとマイナスが接触してしまうと、負荷がないぶん、ものすごい電流が流れます。この状態をショートといいます。

　ショートすると、ヒューズが飛んだり、ブレーカーが落ちたりする上に、ショートしたその部分は焼け焦げます。万一、ヒューズやブレーカーが入っていない状態でショートすると、電線が焼き切れるまで電気が流れ続け、最悪、火災につながることもありえます。よって、自分で電装品を増設するときは、必ずヒューズを入れるか、ブレーカーを通すかしてください。

ヒューズの増設

消費電流の多い電装品をバッテリーに直結する形で新設した場合は、必ず、プラス側の電線の機器とバッテリーの間に、十分な容量のヒューズを入れる。ヒューズを単体で設ける場合は、写真のようなヒューズケースを使うとよい。なお、ヒューズと電線の容量は、消費電流の2倍程度が目安

【第6回】

電装に必要な工具と部材①

ここからは、実際の電装作業に必要な工具や部材と、その使い方について見てみましょう。専門的な工具は非常に高価ですので、まずは、手ごろな価格の必要なものから、徐々にそろえていくことをおすすめします。

電装作業に使う工具とは

電装系の作業をしようと思ったら、ある程度の工具をそろえておきたいものです。

工具がなければ何事も始まりませんが、最初から高価なものを買い求める必要はありません。１００円ショップで売っているような、極めて安価なものでは困りますが、使い始めは、ホームセンターで売っている「70ピースセット」なんていうセット工具でも十分です。使いこなしてきて、もっとよい工具が必要になってから、よいものを買い求めましょう。

基本的な電装作業用の工具は、物をつかむ（ペンチなど）、ネジを回す（プラスやマイナスのドライバー）、カシメる（電工ペンチや圧着クランプ）、切る（ニッパーやワイヤカッター、ワイヤストリッパー、カッターナイフ）、熱を加える（ハンダごてやヒートガン）、磨く（やすりやワイヤブラシ）、に大別されます。

それから、ここまで何度も登場したように、電装系ではテスターを忘れてはいけません。

切る工具の代表、ニッパーは、主に電線を切ったり被覆をむいたりするのに使います。電装作業用としては、あまり大きくないもので十分ですが、刃先がぴったり合うものを選びましょう。後述するように、VFケーブルなどの丈夫な外皮を持っている電線をむくときのために、カッターも忘れてはいけません。刃の太い丈夫なもののほうが使いやすいでしょう。ちょっと本格的に取り組むなら、ワイヤストリッパーもあると重宝します。

各種の端子を取り付けようと思ったら、カシメるための電工ペンチや圧着クランプ（ペンチ）が必需品です。ネジを回すドライバーは説明

電装作業用のさまざまな工具

電装作業を行う際には、エンジンのメインテナンスや一般的な艤装に使うものとは異なる工具が必要になる。電装作業では、力のいる作業が少ないぶん、繊細さを求められることが多いため、工具類も、太い電線を切るためのワイヤカッターなどを除けば、細かい作業がしやすく、扱いやすさを重視したものが多い

する必要はないでしょう。大小いくつかサイズがありますが、電装作業用としては中くらいのもので十分。

加熱するものは、ハンダ付けのためのハンダごて、シュリンクチューブを収縮させるヒートガンがあります。

それぞれの工具の使い方

以下では、それぞれの工具の使い方について見てみましょう。

■ドライバー

ドライバーは、プラスやマイナスのネジを扱う工具です。いずれも、ネジのサイズによって何種類かあります。合わないサイズを使うと、ネジ溝をつぶしてしまいますから要注意です。

また、ドライバー類を回すときは、押し付ける力8割、回す力2割程度にしてください。これがドライバーをうまく使うコツで、電装作業に限らず、一般的な艤装品の取り付けやメインテナンスでも共通です。

特に、マイナスドライバーは、ネジ溝で滑りやすいので注意が必要です。錆びたり、固く締まったりしたネジを回すときは、力任せに回そうとするとネジ溝をつぶして収拾がつかなくなるので、無理は禁物。こういう条件の悪いネジを緩めるときは、スプレータイプの潤滑剤を吹きつけるか、インパクトドライバーを使うかしてください。幸いにして、電装作業では、それほどひどく固着したネジはまれなのが救いです。

プロが使う電工ドライバーには、グリップが球形になっているものがあります。これは、握りやすくするとともに、少ない力でネジを回しやすくするための設計です。配線作業などでは、やはり使いやすいのですが、われわれが作業するぶんには、普通のドライバーで十分です。

■ペンチ

電装作業では、狭いところでネジや電線をつかんだり、ハンダ付けをするときに熱いものを押さえておいたりするときにペンチを使います。大きいものをつかむ機会は少ないので、先が細いもののほうが使いやすいことが多いです。

店頭でペンチを選ぶときは、先端がぴったり合って、グラグラしないものを選びましょう。口の大小や長さによって、実にさまざまな種類がありますが、われわれの作業では、スタンダードなサイズで十分です。また、根元にカッターの付いていないもののほうが、先端に力をかけやすいのでおすすめです。

なお、こういった物をつかむ工具でボルトやナットを回すのは、角をつぶしてしまうので禁物。あくまでも、物をつかむための工具だということを心得ておきましょう。

■ニッパー

ニッパーは、電線や針金などを切る繊細な工具なので、ワイヤなどあまり太く硬いものは切れません。無理をすると刃を傷めてしまうの

ドライバー

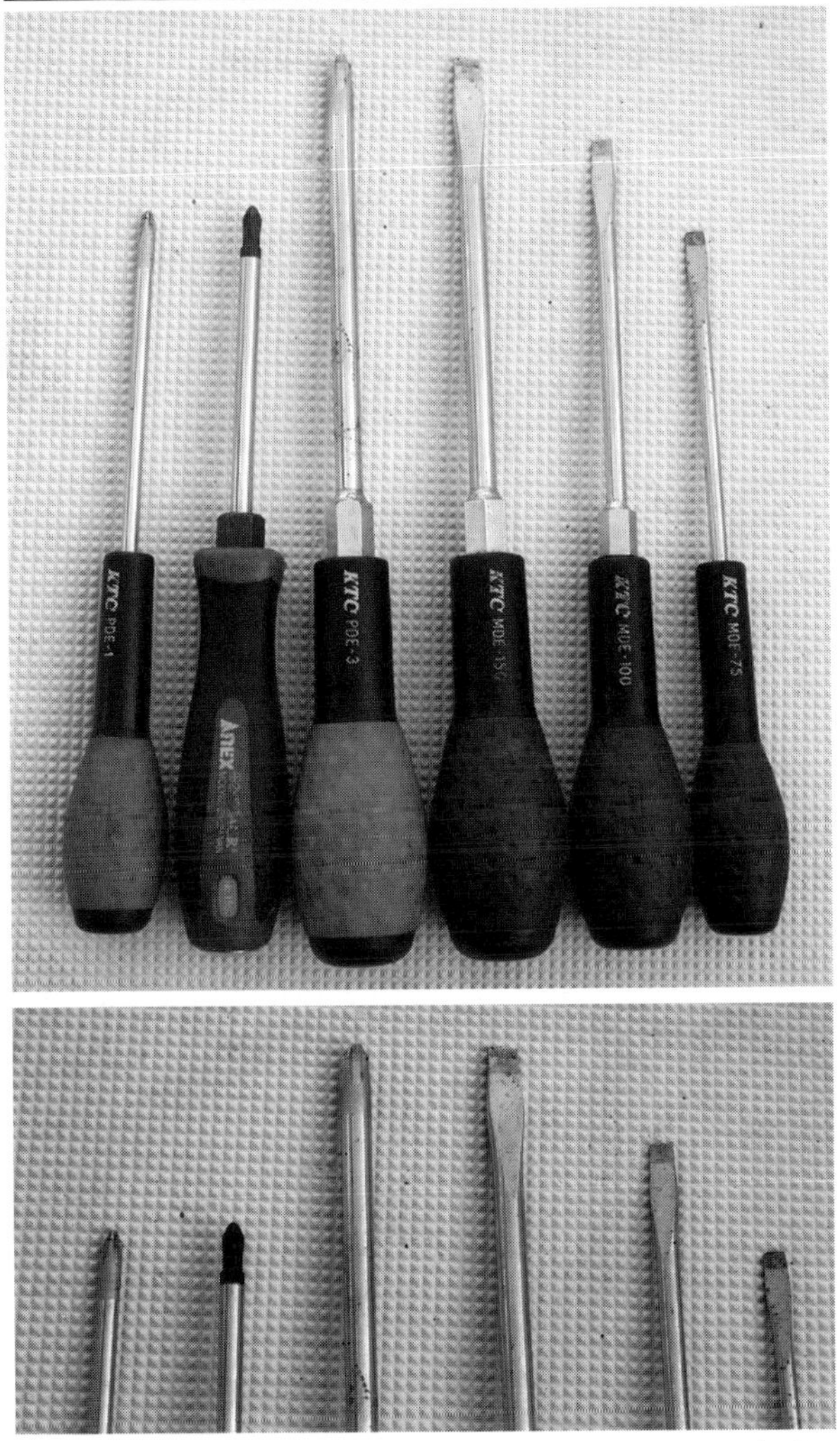

どんな作業に使う場合であっても、ドライバーは、ネジ溝にあったサイズのものを使用する。また、回す力よりも、押し付ける力を強くしたほうがよい。なお、電装作業専用ドライバーは、回しやすさを重視し、グリップエンドが球形になっているものが多い

ペンチとニッパー

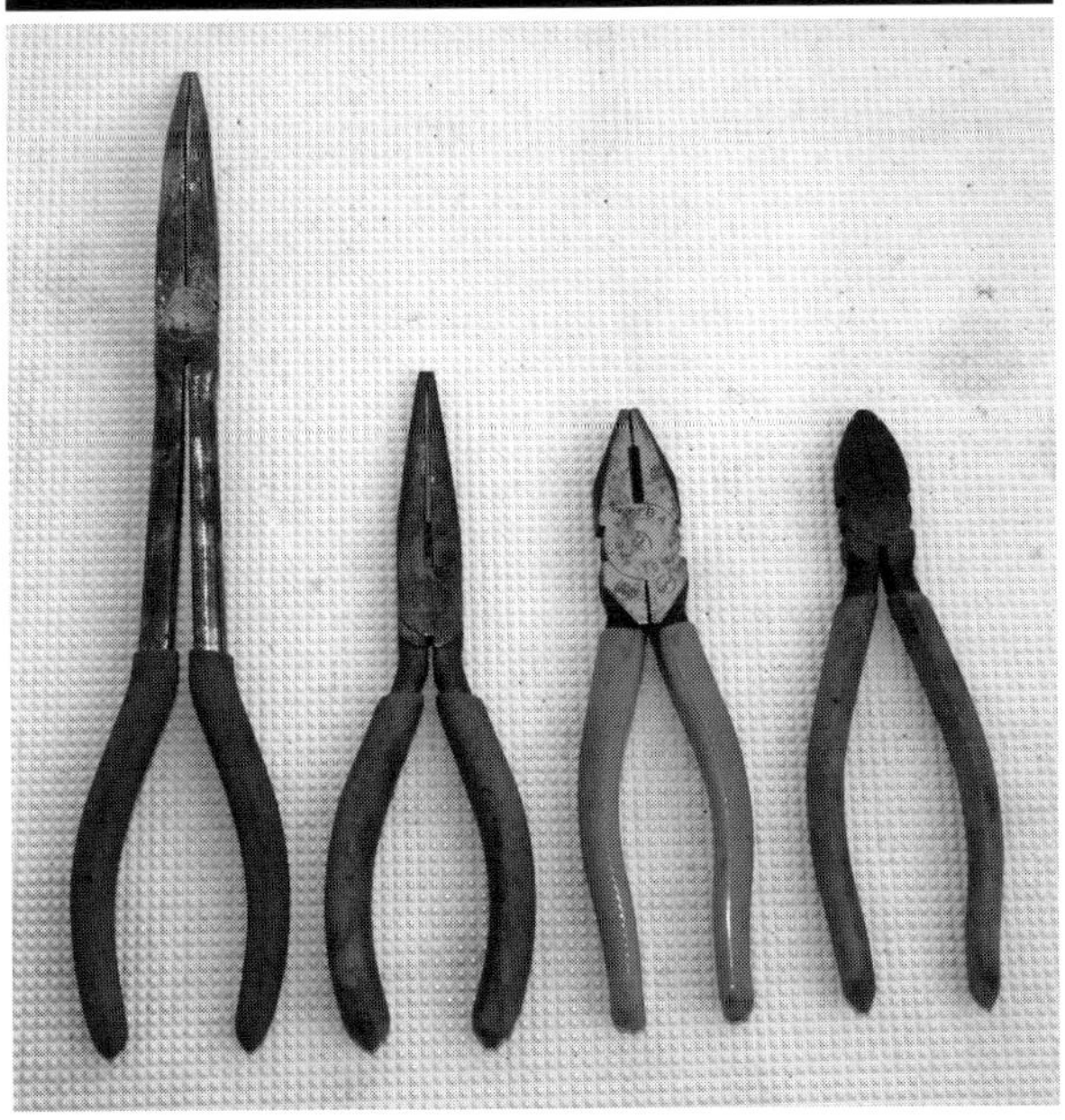

電装作業を行う際に使うペンチは、ラジオペンチ（ニードルノーズプライヤー）など、先端が細いタイプのものが重宝する。一方、切断用の工具であるニッパーは、あくまで細い電線や針金などを切るもので、刃の先端ではなく、根元を使って切るのがコツ。刃に、被覆をむくための小さな穴が開いているものもあるが、電線とのサイズが合わないことも多く、"おまけ"程度に考えておいたほうがよい

ワイヤストリッパー

ワイヤストリッパーには、比較的安価なハサミ型（下）と、特殊な機構を備えたペンチ型（上）とがある。ハサミ型は、電線をサイズに合った穴にセットしてグリップをしっかり握り、不要な被覆を抜き取る。下右の写真のように、同様の機能を備えた電工ペンチなどもある。一方のペンチ型は、被覆をむくための専用工具ということもあり、作業する本数が多いときは非常に効率がいいが、高価なのが難点

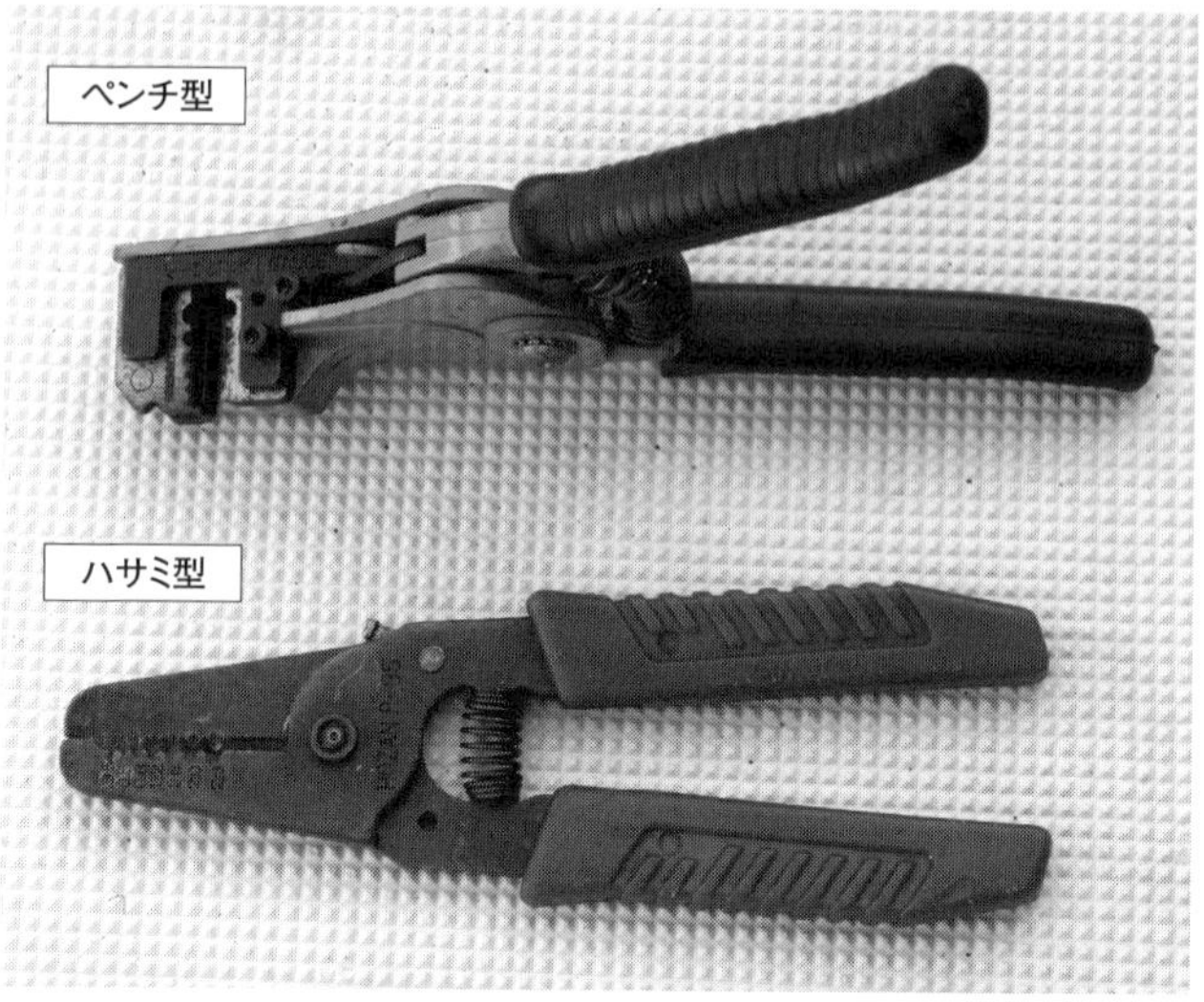

ペンチ型

ハサミ型

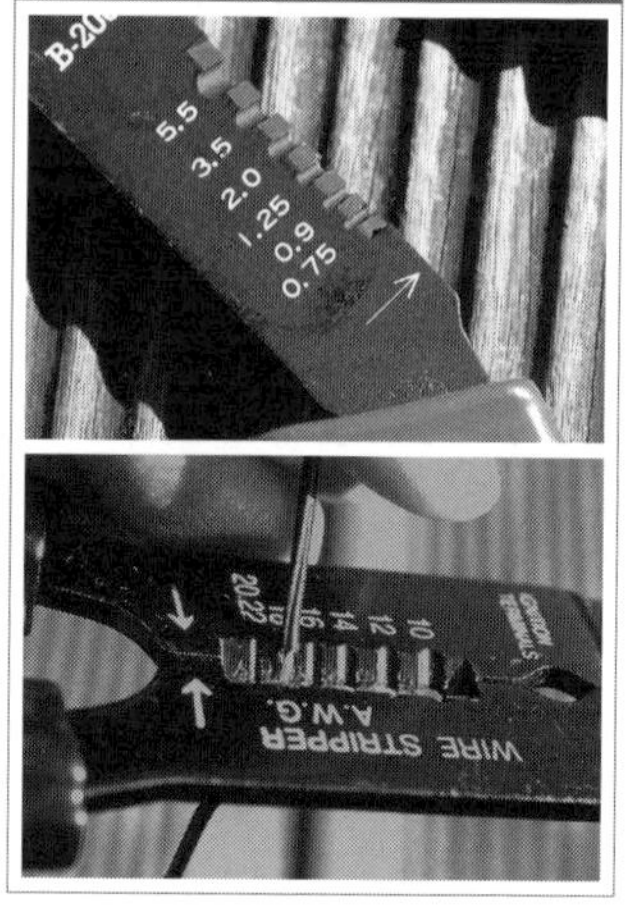

で、ごく普通の針金や電線を切る程度の工具だと思っていてください。太く硬いものを切る場合は、専用のワイヤカッターを使いましょう。

なお、ニッパーを使う際には、刃先ではなく、なるべく刃の根元で切るのがコツです。

ところで、ニッパーには、刃の根元のほうに穴が開いているものがあります。これは、電線の被覆をむくときに、この穴に電線を当ててそっと握ると、被覆の外周だけ切れて芯線は無傷のまま残る……ということを期待して設けられたものですが、往々にしてうまくいきません。

ニッパーを使って電線の被覆の表面だけを引っかくようにして、その後、ニッパーの歯で被覆だけを引きちぎる……と、言葉で書くと簡単ですが、実際はニッパーの握り加減がなかなか難しいのです。強く握れば、中の芯線部分まで切ってしまいますし、それを恐れてゆるく握れば、今度は被覆がむけません。

また、電線の太さは千差万別なのに、ニッパーの穴は一つなので、すべてにフィットするわけがないのは自明です。ある特定の太さの電線にだけ使える……くらいに思っておいたほうが無難でしょう。

ニッパーに穴がなかったり、穴に合わない電線の被覆をむくにはどうしたらよいでしょうか？　これは結構切実な問題です。カッターでていねいに切り取るにしても、電装作業では何本もの電線の被覆をむかなくてはならないことも多く、そうなるとやっていられません。ニッパーをうまく使ったとしても、同様に手間がかかる上に、場合によっては、撚《よ》り線の数本が一緒に切れてしまったりすることもあります。被覆をむいた部分は電線のつなぎ目となるわけで、ただでさえウイークポイントだというのに、です。

というわけで、ニッパーはあくまで物を切る道具であり、被覆むきはいわば余技にあたるものですので、ニッパーで被覆をむくなら、長さに余裕がある電線で十分練習して、コツを体得してから実践に臨んでください。

■ワイヤストリッパー

ワイヤストリッパーとは、電線の被覆をむく作業を簡単・確実に行うための専用工具です。そのためだけに、何千円もする道具を買うのはためらうところですが、ニッパーやカッターを使った作業は、前述の通り、失敗する可能性も高く、作業性も極めて悪いものです。

それに、つなごうとする電線の長さが短くて余裕がないとき、被覆むきに失敗して切り詰めなくてはならなくなると、作業の手間が一気に増えることにもなるため、たかが電線の被覆むきとバカにすることはできません。

筆者もずいぶんニッパーで悪戦苦闘していましたが、あるとき、作業の大変さに閉口してワイヤストリッパーを購入したら、あまりの簡単さ、効率のよさに感動したのを覚えています。やはり、専用工具には相応の存在理由があるものです。

さて、ワイヤストリッパーには、通常のハサミ型と、一見ペンチのような格好をしたものとの2種類があります。ハサミ型のものをT型ストリッパー、ペンチのようなタイプをストリップマスターなどと呼ぶことも

カッターでの被覆のむき方

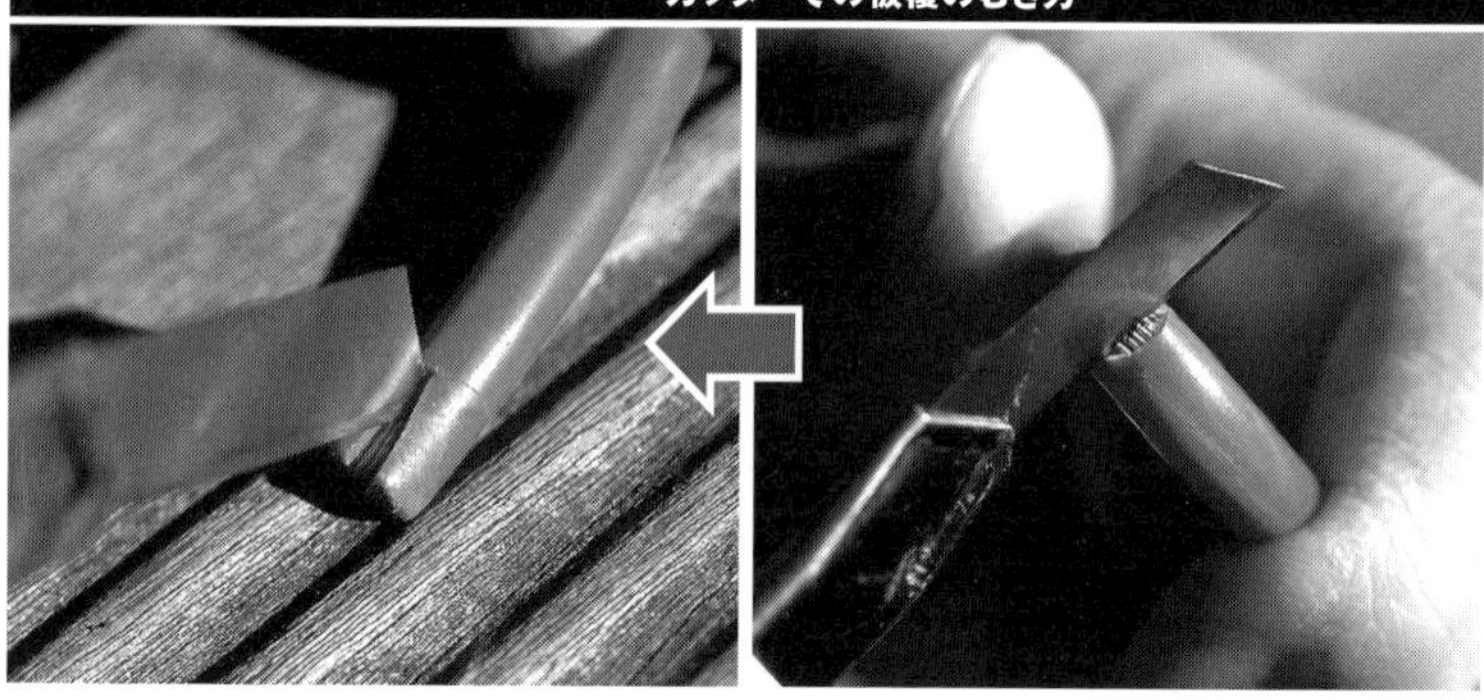

ワイヤストリッパーなどが使えない太い電線の被覆をむく場合は、カッターを用いる。まずは、ケーブルを折り曲げて持ち、外周に切れ目を入れたのち、不要な部分の被覆に縦の切れ目を入れて取り外す

ります。

ハサミ型のワイヤストリッパーは、ハサミの刃に当たる部分に大小さまざまな「穴」が並んでいます。この穴の周りには、0・75、1・25、2・0などと細かい字で刻印されています。被覆をむきたい電線をそのサイズと同じ「穴」にセットしてグリップを握り、向こう側に押しやって不要な部分の被覆を抜き取ります。

仕組みと使い方はニッパーの根元についている「穴」と同じですが、専用工具ならではの便利さがあります。まず、穴が各種電線のサイズ専用に開いているので、被覆がうまく切れなかったり、力余って芯線まで傷をつけたりすることがありません。切れ味もさすが専用工具です。粘っこくむきにくい電線も簡単にむくことができます。

気をつけなければならないのは、刃の穴に電線をセットするときに、太さに合った正しいサイズの穴にセットするのはもちろんですが、穴の中心に正しくセットするということです。真ん中からずれた状態でセットすると、芯線を傷つけたり、うまくむけなかったりすることがあります。もっとも、平行コードを2本に裂いたものをむくときなど、線自体の真円が出ていないときは、若干ずらしてセットするといった、それなりのテクニックが必要です。

また、工具自体があまりに安いものだと、刃を閉じたときの合わせがズレている場合もあるので、購入するときは、穴のずれがないかを必ずチェックしてください。

一方、ペンチ型のワイヤストリッパーは、先端部分に向かい合うように刃が並んでいて、ここに電線を当ててグリップを握ると、電線をくわえたなと思った瞬間、カチャンと音がして被覆がむけ、刃先がパッと開くという、ちょっとトリッキーな動きをします。ヘッドの部分にさまざまなスプリングやカム機構が組み込まれていて、本当にワンタッチで被覆をむいてくれる優れものです。ちょっと高いですが、筆者のおすすめの工具の一つです。

刃への電線のセットの仕方と注意点は、ハサミ型の場合と同じですが、このタイプはセットして握るだけなのでコツがいらず、間違いの起こりようがありません。誰でも簡単に美しく被覆をむくことができます。

その作業性のよさはニッパーの10倍といえるほどで、一度この工具を使うと、もうニッパーで切ろうとは思わなくなるほど便利です。大量の電線を素早く、同じ長さに切るためのゲージも付けられますし、用途によって刃も替えられます。

さらには、撚り線がバラけないように、中間をちょっとだけむいて被覆の先端を残しておく、なんていう芸当も簡単です。

唯一の欠点は、可動部が多いため、ボートの上に放置するとすぐ錆びて動きが悪くなってしまうことでしょうか。使ったあとの防錆《ぼうせい》スプレーの塗布を忘れないでください。

なお、ペンチ型のワイヤストリッパーは、対象の電線の種類ごとに実に多くの種類があって、むきにくいVVFケーブルの外皮などをいっぺんにむくものや、同軸ケーブルの外皮と内軸とを同時にむくものまで、さまざまな種類がありますが、われわれボートオーナーが使うぶんには、ごく普通のもので十分です。

■ワイヤブラシ

ワイヤブラシとは、硬軟さまざまな材質で作られたブラシで、電装系では主に、錆びたり、塩がついたりしたターミナルや端子を磨くのに使います。

使い方は簡単。根性を入れ、ただひたすら磨くだけ。接触不良で動きが鈍い電装品が、錆びなどがある部分をピカピカにすることで一気に調子がよくなることもあります。

注意点としては、あまりに毛が硬すぎるものを使わないこと。ワイヤブラシの毛には、ステンレス製、真ちゅう製、ナイロン製などさまざまな材質のものがありますが、対象の材質に対してあまりに硬いものを使うと、塩や錆と一緒に、端子そのものまで削れてしまいます。

錆落とし用には、ステンレス製の毛が細いものを使うとよいでしょう。太くて硬い剛毛ではやり過ぎです。サイズは、やや細めのほうが使いやすいことが多いです。

磨くときの注意点は、当たり前のことですが、対象の電源を切っておくこと。電源を切らないまま（活線といいます）作業すると、ショートしたり、特に100Vのときは感電しますから絶対に禁物です。

ワイヤブラシ

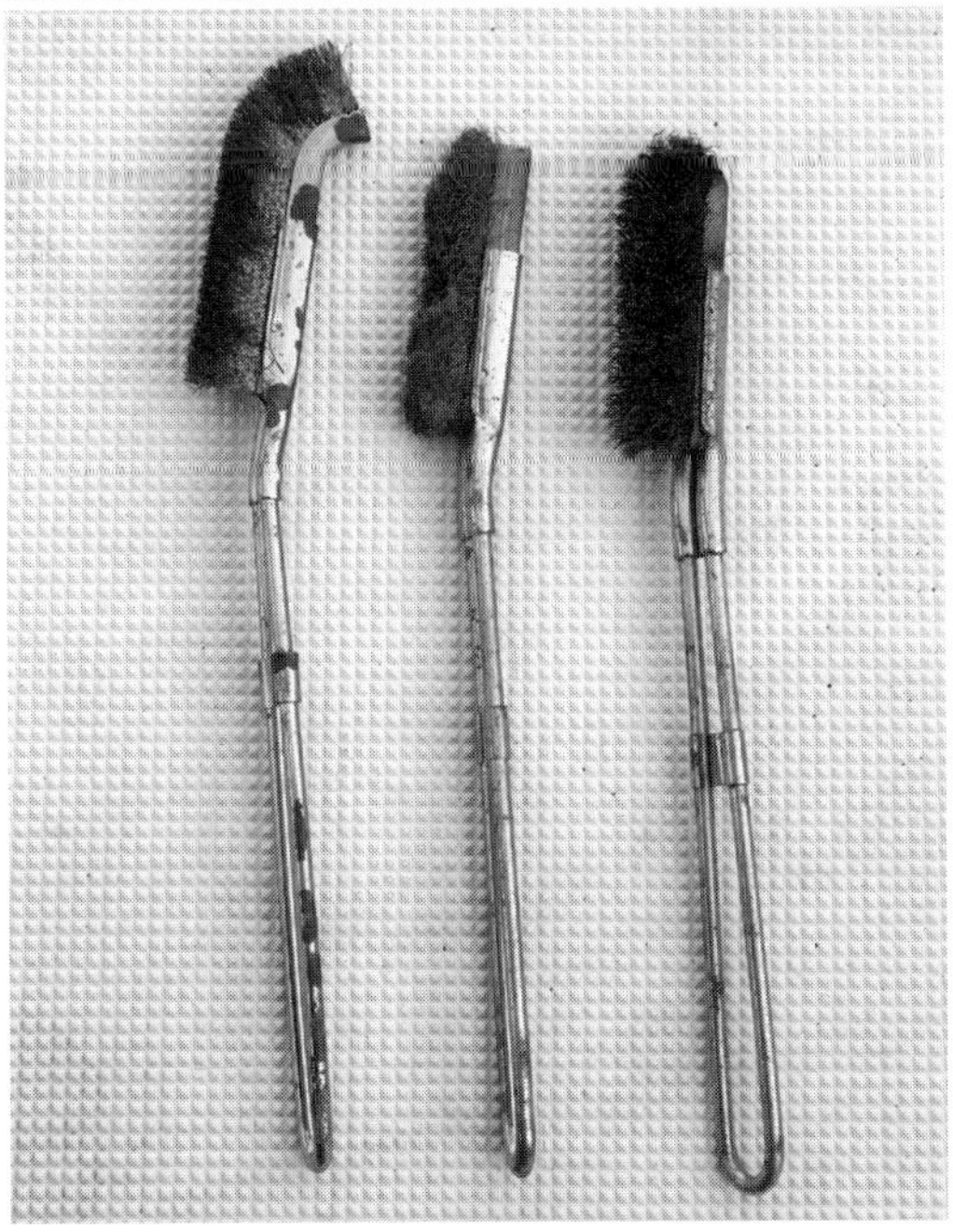

錆や固着した塩を落とす場合などに使用するワイヤブラシは、電装作業に限らず、ボーティング全般で幅広く使える。上は、錆びついたバスバーを磨いているところ。毛がナイロン製のものもある。なお、端子などを磨く場合は、該当部分の電源を切っておくことを忘れずに

【第7回】電装に必要な工具と部材②

引き続き、電装作業に必要な工具とその使い方について見てみましょう。中には、代用できる工具もありますが、やはり、専用の工具を使うと作業がしやすく、効率もグッと向上します。必要に応じてそろえていきましょう。

それぞれの工具の使い方

■カッターナイフ

電装でカッターナイフ（以下、カッター）を使うことは、それほど多くはありません。

しかし、芯線の被覆の外側に外皮があるVVFケーブルやキャブタイヤケーブルなどを扱うときに、カッターの出番となります。これらのケーブルは、丈夫な外皮があるので安心して使える半面、工作するのが大変です。

こうしたケーブルの外皮は、前述したカッターを用いる被覆のむき方と同じ要領で切り取ります。

まず、カッターをごく浅く1周させて切れ目を入れます。よく切れる刃を使い、芯線の被覆を傷つけないようにするのがコツ。くれぐれも、外皮を貫通してしまうほど深く刃を入れてはいけません。

切れ目を入れたら、その部分をくの字に折り曲げるようにして、切れ目を広げます。そうして、外皮が白く伸びているところに、再度カッターの刃をそーっと当てて軽く動かすと、スーッと外皮が切り開かれていきます。この折り曲げて切り開く作業を、切れ目の全周にわたるように数回繰り返し、1周が完全に切れたところで引っ張れば、外皮がスッと抜けます。

最初からカッターですべてを切り取ろうとすると、必ず芯線の被覆を傷つけてしまい、短く切り詰めて最初からやり直すハメになります。

外皮付きのケーブル

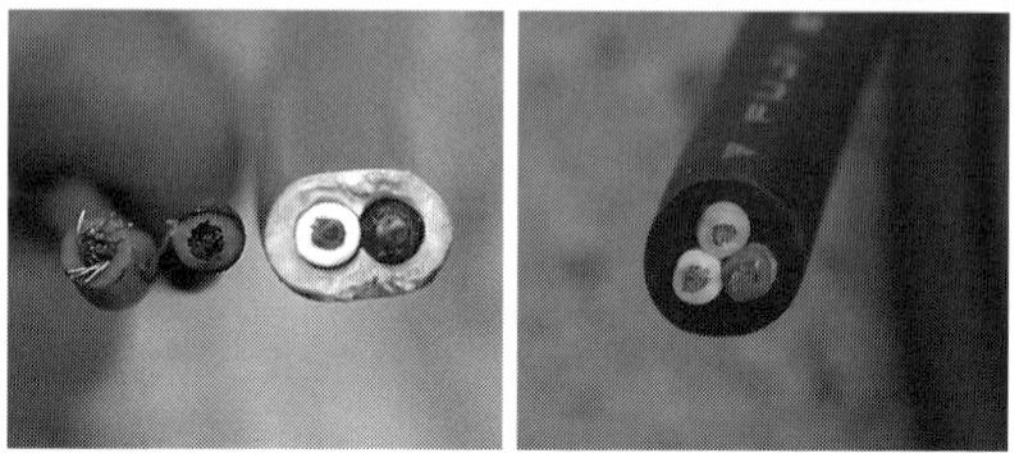

被覆された電線を数本まとめて、丈夫な外皮でまとめたVVFケーブル（左）やキャブタイヤケーブル（右）は、条件が悪いところでも安心して使える半面、作業がしにくいのが難点。外皮をむく際には、カッターナイフを使って、被覆を傷つけないよう、慎重に作業する

■圧着工具

圧着ペンチ、圧着クランプなどとも呼ばれる圧着工具は、電線同士をつなぐための「スリーブ」や、電線の先に取り付ける接続用の「端子（ターミナル）」を「かしめる（圧着する）」ための本格的な工具です。大型の端子やスリーブもがっちり圧着することができるので、本格的な電装をしようと思ったら、用意したほうがよい工具の筆頭として挙げられます。

なお、スリーブも端子も、さまざまなサイズやタイプがあり、電線の太さや用途に合わせて選ぶ必要があるのですが、その選び方などについては、あらためて説明します。また、ここでは、スリーブと端子をまとめて、「端子」とします。

さて、圧着工具の先端には、端子をかしめるための「曲げ型」が何種類かあり、使う端子のサイズによって使い分けます。

また、金属がむき出しの裸端子用と、ビニールのカバーが付いている被覆付き端子用の2種類があります。違いは先端の曲げ型の形だけですが、被覆付きの端子を裸端子用の圧着工具でかしめると、せっかくの被覆が切れてしまうことがあるので注意してください。

圧着工具は、グリップ部にラチェット機構が組み込まれているので、ペンチのようにパカパカ開いたり閉じたりすることはなく、普通に開こうとしても開きません。これを開くには、一度、グリップ全体をいっぱいまで握り込みます。すると、シャーッという音とともに大きく開きます。

反対に、開いたグリップを握ってい

くと、カチャカチャと音を立てて締まっていき、手を離すとその位置で止まります。圧着工具は、いったん閉じ始めたら、いっぱいまで握りきらないと再び開かないので注意してください。

それでは、圧着工具の具体的な使い方を見てみましょう。

まずは、つなごうとする電線の太さに合った端子を用意します。

次に、ワイヤストリッパーなどで電線の被覆をむきます。金属がむき出しの裸端子を使用する場合は、この時点でヒートシュリンク（熱収縮）チューブを通しておきます。

圧着工具

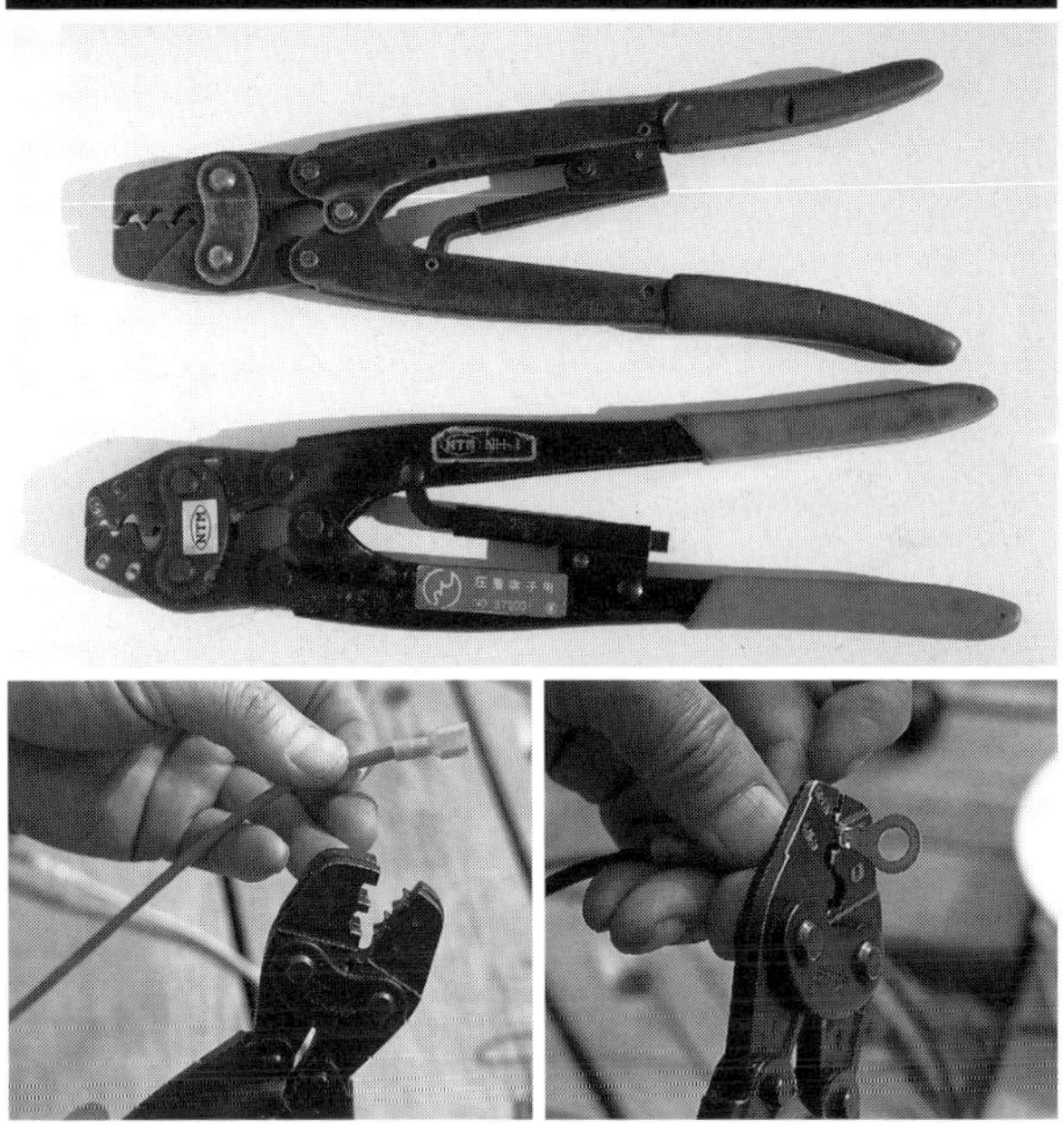

電線をつないだり、接続部分を設けたりする際に、スリーブや端子をかしめる圧着工具は、圧着クランプ、圧着ペンチなどとも呼ばれる。裸端子用（下右）と被覆付き端子用（下左）とで、曲げ型の形が異なっている。なお、圧着工具のグリップにはラチェットが組み込まれており、一般的なペンチなどとは開き方が大きく異なっている

続いて、端子をサイズに合った圧着工具の曲げ型に合わせます。曲げ型のとがったほうを端子の膨らんでいるほうに合わせ、そのまま、工具をそーっと握って、端子が落ちない程度に挟み込み、この状態で電線を差し込みます。

そして最後に、電線の芯線が端子の向こう側に顔を出すくらいの位置を保ったまま（このとき、電線の被覆部分が、端子の端にぴったり触れている状態になるのが理想）、グリップをギューッと握ります。しっかり握ってから手を離すと、圧着工具が開いて端子が外れ、外れた端子を見ると見事にかしめられている、という具合です。

前述の通り、圧着工具は、いったん閉じ始めると、閉じきらない限り開きません。よって、端子を最初に軽く挟み込む段階で締めすぎると、筒がつぶれて電線が入らなくなってしまいます。そうなると、端子をつぶして交換せざるを得ないので注意してください。

誤って端子をつぶしてしまったとき、苦しまぎれに撚《よ》り線を何本か切って芯線を細くし、無理やり入れる人がいます。しかし、端子を取り付けた接続部分は、ただでさえ配線上のウイークポイントとなっているので、端子を1個無駄にしたとしても、芯線の強度を下げるようなことはやめましょう。

圧着した裸端子

電線に圧着した端子。作業前の端子は、電線が入るところが筒状になっており、その部分を圧着工具でかしめることで、物理的に電線と接続する。筒の端に芯線の先端が出ており、もう一方の端には被覆が接していて、極力、芯線が露出しないように仕上げるのが好ましい

ヒートシュリンクタイプの被覆付き端子は、かしめたあと、ヒートガンでチューブを収縮させます。裸端子はシュリンクチューブや自己融着テープを使って、防水・補強処理を施しましょう。

■電工ペンチ

カーショップでもよく見かける電工ペンチは、あくまで簡易的な工具なので、ギボシ端子や、ごく小さなリングターミナルなどを付けるのに使います。

先端には、ターミナルのタブ（折り曲げる部分）を電線を挟み込むように曲げる曲げ型が何種類かあります。一方、グリップの内側には、電線を切るためのカッターと簡易ワイヤストリッパーが並んでいます。

電工ペンチを使う際は、電線にヒートシュリンクチューブを通しておいてから、被覆をむいた電線の先端を端子に差し込み、ペンチ先端の曲げ型で挟みます。そうしてからそっと握ると、タブが曲がり、電線が端子に留められます。端子のタブが前後2対あるものでは、先端に近いほうで裸の電線を締め込んで導通を保ち、手前のタブで被覆ごと電線を挟み込んで抜け止めにします。

端子がうまく留まったら、チューブを引き寄せてかぶせます。

水や塩をかぶりやすいボートでは腐食が心配なので、電工ペンチで取り付けるギボシ端子などは、あくまで、キャビン内などの条件のよい部分に限って使いましょう。

電工ペンチでの圧着

圧着用の曲げ型、ワイヤカッター、ワイヤストリッパーなどをまとめた簡易的な工具である電工ペンチ。写真上は、タブが前後に付いたギボシ端子を圧着しているところ。電工ペンチもギボシ端子も、簡易的なものと考えよう

■ヒートガン

ヒートガンは、外見も機能もヘアドライヤーとそっくりですが、吹き出す熱風の温度はドライヤーよりずっと高温で、アタッチメントも大きく異なります。

このヒートガンが最も活躍するのが、ヒートシュリンクチューブを収縮させるときです。

電線をつないだ際などに、芯線がむき出しになった部分があると、配線全体のウイークポイントとなります。こうした部分に水がかかれば、毛細管現象で電線の内部に染み込んで錆びてしまう上に、強度的にも弱いため、振動や折り曲げなどのストレスで折れてしまいます。

これを防ぐのがヒートシュリンクチューブで、電線の被覆に覆われた部分とターミナルとをまたぐように被せることで、水の浸入や接続部での首折れから保護します。

使い方は、ターミナルをつなぐとき、あらかじめ、電線やターミナルよりひと回り太いシュリンクチューブを2〜3センチに切って通しておき、ターミナルを取り付けてから被せて、熱を加えるだけ。そうすると、キューッと縮まってぴったりカバーしてくれます。

この加熱には結構な温度が必要で、残念ながら、ドライヤーを当てた程度ではなかなか収縮しません。ごく遠火のライターであぶったり、熱したハンダごてを近づけたりもしますが、あまりうまくいきません。ライターだと、すすけたり、加熱しすぎでブツブツと溶けたようになったりしますし、ハンダごてでは、全体がうまく収縮せずにボコボコになりがちです。

やはり、専用の工具にはそれ相応の作業しやすさがあり、ヒートガンを使ったほうが、素早くきれいに仕上げられます。

使い方は簡単。ドライヤーよろしく、収縮させたい部分にノズルの口を当てるだけです。全周から当てて、まんべんなく収縮するようにしましょう。

この作業をするのはちょっと手間ですが、接続部の防水・補強処理をしているか否かで、電装の作業の質がわかります。

■ハンダごて

ハンダとは、スズを主成分とした比較的低温で溶ける金属のことで、主に各種電線を端子に溶着するときに使います。ハンダごては、ハンダを溶かすためのヒーターで、電源コードをコンセントに挿すと、こての先端（チップ）が熱せられ、ハンダを溶かすのです。

ハンダごてには大小さまざまなものがあり、それぞれに、20W、60Wなどと書かれています。これはヒーターの大きさの違いによるもので、ヒーターの出力を表します。つまり、ワット数の大きいほうが、より大きな熱を発することができるのです。

これだけ聞くと、ワット数が大きいほうがいいように思いますが、実際は、どんな対象にハンダ付けをするのかによって、最適なワット数が決まります。電子基板のハンダ付けのような、微細な作業に60Wの大出力のコテを使うと、周りのものまですべて溶かしてしまって使いにくいですし、逆に、ブリキ工作に使うのに、20Wのこてを使っても作業にならないでしょう。つまり、TPOに合わせた使い分けが必要ということです。

われわれがボートの電装をする場合は、40W程度あれば十分でしょう。60Wが必要なケースはそうありませんし、調温機能が付いているものも不要です。

出力よりも気を使ってほしいのが

ヒートガン

ヒートシュリンクチューブを収縮させる際などに使用するヒートガン。ステッカー類を剥がす際などにも用いられる。外観、機能ともにヘアドライヤーに近いが、吹き出す熱風の温度は格段に高いので、作業部分周辺に影響を与えないよう注意する必要がある。作業範囲に合わせて、先端のノズルを変える

ハンダごて

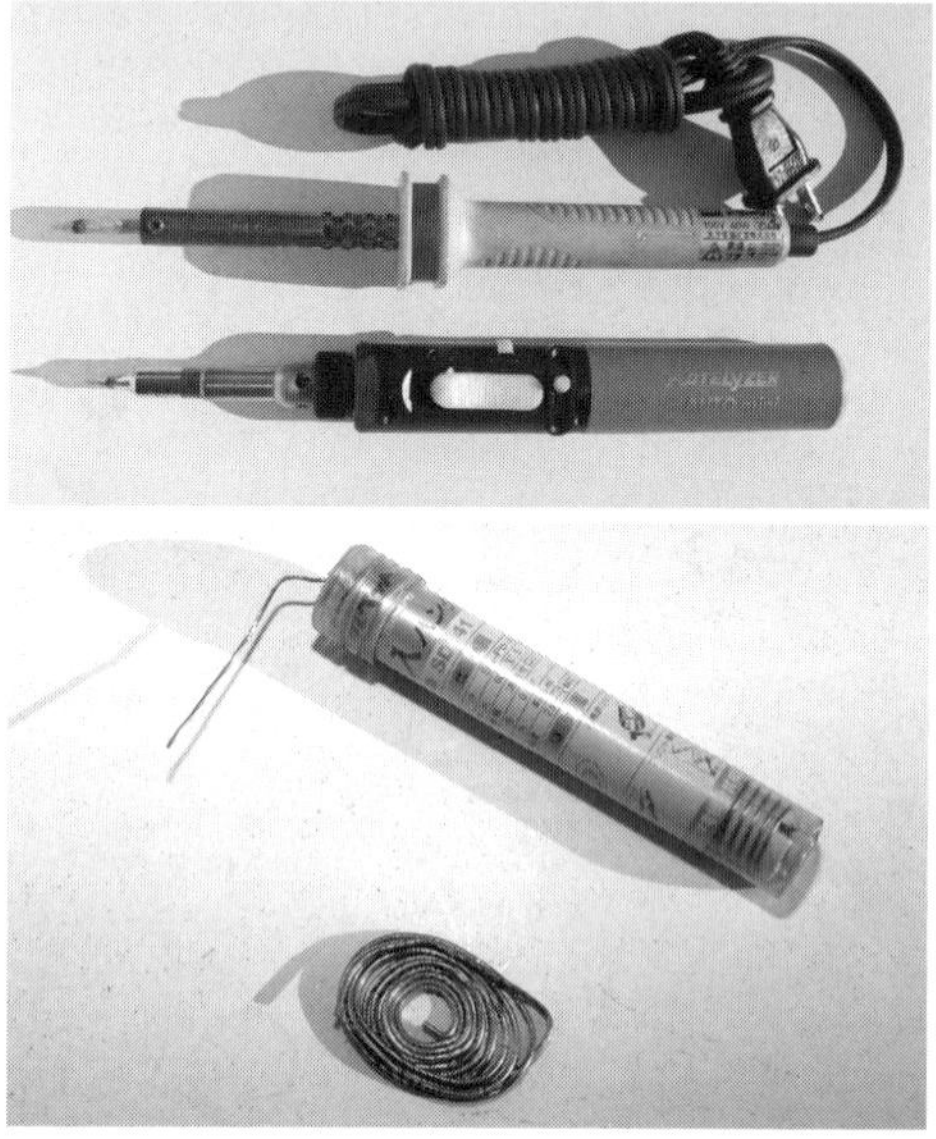

ハンダごては、出力やチップに注意しながら、作業の内容に合わせて選択しよう。なお、上の写真の上段が一般的な電気式のハンダごて、下段が炎の熱でハンダを溶かし、電源が取れない場所でも作業できるガス式のハンダごて。下の写真は一般的な糸ハンダ

ハンダ付けのコツ

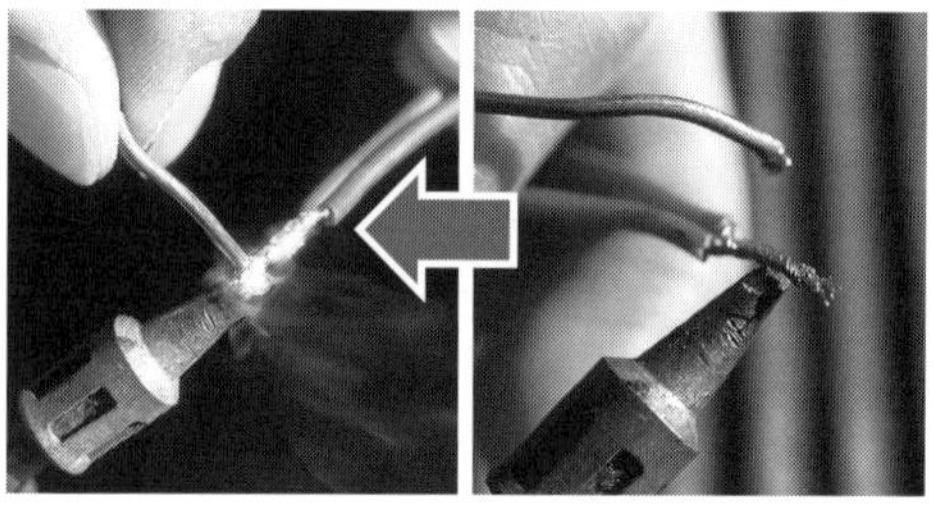

ハンダ付けをする場合は、まず、母材にハンダごてを当てて十分に予熱し（右）、その後、ハンダを溶かす（左）。こうすると、ハンダの「のり」がよく、きれいに仕上げられる。なお、冷えて固まるまでは、部材を動かさないこと。また、予熱により母材が熱くなるので、ラジオペンチなどでしっかりつかんでおく

こて先端のチップで、メッキが施されているものを選びましょう。そのほうがハンダの「のり」がよく、加熱によるハンダ焼けの防止もできて、作業性が高まります。

また、チップの形状には、丸いもの、平たいもの、斜めのもの、太いもの、細いものと、いろいろありますが、われわれが使うぶんには、普通の丸いものでいいでしょう。

ハンダごての電源ケーブルをコンセントに挿すと、コテ先がだんだん温まってきます。200度以上になるので、台に置いて、燃えやすいものから十分離すことをお忘れなく。十分に温まったら、チップにハンダを付けます。このとき、まんべんなくうっすらとつくようにしましょう。これを「ハンダをのせる」といいます。ハンダの溶けが悪ければ、コテがまだ十分に温まっていない証拠なので、もう少し間をおきます。反対に、余分に付いてダマになってしまったものは、コンコンと小突いて落としておきましょう。

次にハンダ付けをしたい電線にコテ先を当てます。ここで、いきなりハンダを付けてはいけません。コテ先を当てたまま、少し待ちましょう。これは、ハンダ付けしようとしている金属（母材）を温めて、ハンダが溶けてのりやすくなるようにしているのです。この作業をしないで、性急にハンダを近づけると、ポロポロと落ちたりダマになったりするだけです。

つまり、ハンダ付けのうまいへたは、この母材を十分に温められるかにかかっています。十分に熱してからハンダを近づけると、面白いように吸い上げて、きれいに付けられます。

十分にハンダが付いたら、コテを離して冷めるのを待つだけ。この冷めるのを待つ間は、決して動かしてはいけません。動かすと、ハンダがグズグズになって崩れてしまいます。しばらくすると、ハンダの色が溶けた金属光沢から、スーッと銀色に変わって固まるのがわかります。この色が変わるまで、じっとして待ってください。なお、母材は熱くなって手では持てないので、ラジオペンチなどでしっかり押さえておきましょう。

うまく付いたハンダは、固まってからもこんもりと膨らんで艶があります。この艶がうまいハンダ付けのあかし。ぜひ練習してみてください。

ちなみに、ボートでハンダ付けをするときに、AC100Vの電源が必須というのは、結構高いハードルです。そこで登場するのが、コードレスのガスハンダ。ライター用のガスを使って火を燃やすことで、電気がない場所でもハンダ付けできる優れものです。近くに電源がないためにハンダ付けを諦めている方は、一度検討してみてはいかがでしょうか?

ただし、火を使うので、燃料への引火には十分に注意してください。

■ケーブルランナー

ケーブルランナーとは、壁の裏の細いところに電線を通すために、先に通しておくワイヤケーブルのことです。ツイストした2本のワイヤの表面にビニールコーティングが施されているため、狭いところを通すときにも抵抗が小さいのです。また、しなやかに曲がるけれども、それでいてコシが強く、押し込んでも折れることがありません。

通常は、家の外から電話のモジュラーまで電線を引き込むときなどに使うものですが、ボートの作業でも大変重宝します。

ハッチから配電盤まで1メートルくらいだけど、壁裏には手が届かない。電線自体はクニャクニャ曲がって通らない。窮余の一策で針金を使おうにも、曲げグセがついているために、あちこち引っかかってうまく通らない……。

こんなとき、ケーブルランナーを使うと非常に簡単。すっと配線を通すことができます。これもまた、一度使ったら手放せない道具の一つです。

ケーブルランナー

2本のワイヤケーブルを撚り合わせて、その外側にビニールコーティングを施したケーブルランナーは、狭いところに電線を通す際に非常に重宝する。写真は、レーダーアーチに設けられたインスペクションハッチ（作業用の開口部）から電線を通しているところ。ケーブルランナーをあらかじめ通路に通しておき、通したい電線をテープなどで固定したら、ケーブルランナーを引っ張って電線を通していく

■ワニ口クリップ付きの電線

これは市販しているものではありませんが、テスターを使用する際のスペシャルツールとして、1本作っておくと大変重宝します。

あちこちの導通や電圧を計測する際に延長コードとしても使えますし、何本もある電線の中から必要なものを見つけ出すのにも役立ちます。

作り方はいたって簡単。1・25スクエアくらいの赤黒のVFFケーブルに、少し大きめのワニ口クリップを取り付けるだけです。1メートルほどのものと、5メートルほどのものの2本を作っておくことをおすすめします。

ワニ口クリップ付きの電線

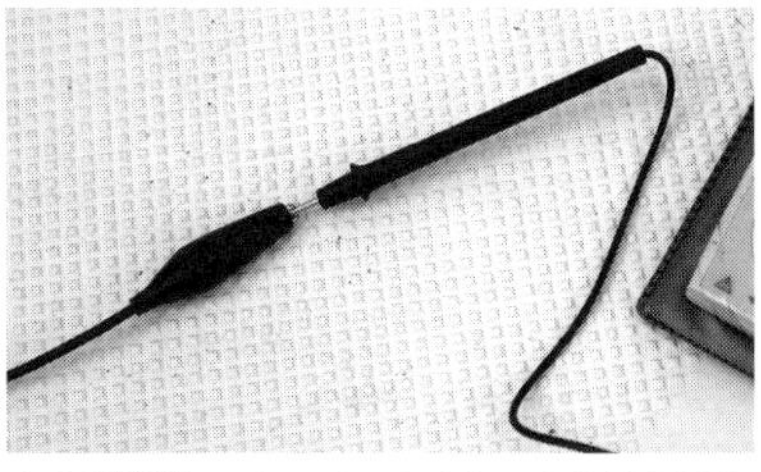

上の写真は、1.25スクエアくらいの赤黒のVFFケーブルの両端に、やや大きめのワニ口クリップを取り付けたもの。下の写真のように、片側をテスターのマイナスプローブに噛ませ、反対側をバッテリーのマイナス端子やバスバーに接続しておくなど、延長コードのように使う。こうしておけば、プラスのプローブをあちこちに当てて測定する際に、コードの長さで制約を受けずに便利だ。1メートルと5メートルの2本を用意しておくとよい

【第8回】電装に必要な工具と部材③

ここでは、電装に必要な
各種の部材について解説します。
電装では、電線が確実に接続されていることが
何より重要ですが、
そのためには、適材適所のパーツを使って、
きちんとした施工をする必要があります。
パーツ類の選び方も含め、見てみましょう。

電線をつなぐための各種部材

■圧着端子（ターミナル）

ターミナルとも呼ばれる圧着端子は、電線をボルトやネジなどに接続するときに使うもので、その取り付けには、サイズや用途に合った圧着工具を用います。

圧着端子は、接続する電線の太さや取り付ける相手によって、また、被覆の有無、先端の形状（丸形、Y字形）など、実にさまざまな種類があるので、まずはその表記の仕方を見てみましょう。

丸形の裸端子の場合、例えば「R5・5-8」というように表記され、その意味は、RはRound（丸形）、5・5は5・5スクエアの電線用、8は8ミリのボルトに通せる穴があいている、ということを表しています。実際には、5・5スクエア用といってもある程度の幅があり、撚《よ》り線で2・63〜6・64スクエア、米国のAWG表記で12〜10のワイヤサイズまで使えます。同じく、Y字形のもの（記号はF）は、F2-4のように表記されます。

大型のホームセンターなどに行って、山ほど種類があったとしても、この表記方法を知っていれば、迷うことなく目的のサイズを選べます。自艇の電装で必要になるサイズはある程度決まっていますから、それに合わせたものを用意します。

メーター周りの配線作業をするならR1・25-4か、R2-5、バッテリーに何か配線を追加しようと思ったら、R5・5-10かR8-10あたりがよいでしょう。このへんのサイズなら、一般的な圧着工具でかしめることができます。

電線が8スクエアより太くなると、圧着工具も高価で使いづらく、大型のものでなければならないので、われわれが艤装するのは、8スクエア未満程度のサイズが目安となります。なお、バッテリーケーブルに使う大型の圧着端子をかしめるには、巨大な圧着工具が必要で、われわれ素人では太刀打ちできませんから、プロに任せましょう。

被覆付き端子は、端子のカシメる部分にビニールの絶縁カバーがついています。被覆の色はさまざまです

圧着端子

圧着端子にはさまざまなサイズ、形状があるが、使用する電線の太さとボルト留めする際のネジ穴の径を押さえればよい。この写真にあるのはすべて丸形端子だが、リングの先端が切れたY字形もある。一番左は被覆（カラー）付きタイプだが、ボートで使用する場合は、裸端子とヒートシュリンクチューブの組み合わせのほうがおすすめあ

圧着リング

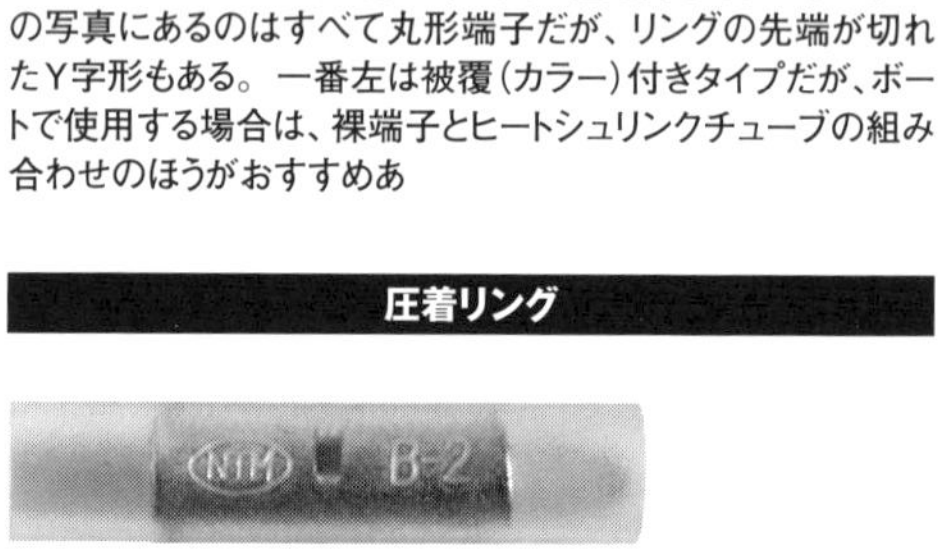

電線をつなぐ際に使用する、突き合わせ型の圧着リング。上からカバー付き、ヒートシュリンクチューブ付き、裸の3タイプ。ボートで使う際には、ヒートシュリンクチューブ付きがもっとも望ましい

が、これは単なる飾りですから、あまり気にしなくてもOK。電線のサイズや穴の表記自体は、普通の丸形端子と変わりません。

この絶縁カバーは、単に表面に金属が触ってショートしないようにしているものなので、湿気の侵入を防いだりすることはできません。よって筆者は、別段、被覆付き端子を使う必要はなく、裸端子にシュリンクチューブ仕上げをしたほうがよいと思っています。

■圧着リング（スリーブ）

圧着リングは、電線と電線をつなぐときに使うもので、取り付けには圧着工具を使う点、つなぐ電線の太さによってさまざまな種類がある点、被覆の有無がある点は、圧着端子と同じです。

圧着リングには、突き合わせ型と重ね合わせ型があります。突き合わせ型は両端から電線を入れてそれぞれ1カ所ずつをカシメるタイプ、重ね合わせ型は内部で電線を重ね合わせて1カ所で同時にカシメるタイプです。それぞれに利点がありますが、通常われわれが使うのは、突き合わせ型です。

その表記の仕方は、ボルトを取り付けるリング部分がない筒状なので、B-5-5のように、使用電線のサイズだけが書かれていて、数字の意味は圧着端子と同じです。

注意が必要なのは重ね合わせタイプで、電線2本分の太さが必要ですから、より太めのものを使わなければなりません。

圧着リングにも被覆の有無がありますが、ボートでは、絶縁のための一般的な被覆付きを使うことはないでしょう。一方、防水型の被覆付き圧着リングは、筆者イチ押しの電装資材で、ボートの電装をする際にはぜひ使ってほしいものです。この防水型では、被覆としてポリオレフィン系接着剤入りのヒートシュリンクチューブが付いていて、かしめたあとにヒートガンで加熱すると、防水処理を施すことができます。電路のウイークポイントである接続部も、この防水型圧着リングを使えば安心です。

■ヒートシュリンクチューブ（熱収縮チューブ）

これまでも何度か触れてきたヒートシュリンクチューブは、ビニール系の素材で、熱を加えると、長手方向には縮まらず、円周方向だけが元のサイズの半分くらいに収縮する性質を持ったチューブです。用途によってさまざまな材質がありますが、ボートで使う場合は、粘着剤付き（防水タイプ）のポリオレフィン系のヒートシュリンクチューブを使うとよいでしょう。

裸端子をかしめたあと、接続部にこのチューブをかぶせて、ヒートガンで加熱し、しっかり収縮させることで、芯線がむき出しになっている部分がカバーされ、水分にも、折り曲げにも強くなります。

■ギボシ端子

ギボシ端子は、カーショップでよく見かけるコネクターです。最近では、ワンタッチカプラーに押されて見かける機会が少なくなりましたが、ひと昔前は自動車用としてよく使われていて、現在も自作の追加艤装用の配線として見かけます。

このギボシ端子は、電線と電線を安全に接続し、かつ着脱を容易にするためのものです。配線を抜き差しする必要がない場所は、接続が確実な圧着リングのほうが信頼性が高いのですが、圧着工具が高価で一般的ではないので、安価な電工ペンチで接続できるギボシ端子が使われるのでしょう。

このギボシ端子は、あくまでも12Vの低電圧、低電力用なので、100Vの配線には絶対使わないでください。また、12Vの配線であっても、重要な部分には使わないほうが賢明です。ボートの場合、周りは湿気や塩だらけという悪条件ですから、こういった簡易な端子は、ごく条件のよい場所での使用にとどめましょう。

■ファストン端子（平型端子）

ギボシ端子と同じく、カーショップで見かけるファストン端子は、平型端子とも呼ばれ、丸いギボシ端子と対照的に、平べったい形をしています。この端子も「電線同士の接続」という点では、ギボシ端子と同じ注意が必要ですが、輸入艇では、各種のメーターにファストン端子のオスがついていて、ファストン端子のメスを付けた電線を挿すだけ、となっていることが多いのです（国産のメーターでは、リングターミナルをねじ留めにするタイプが多いのですが）。

また、後述するワンタッチカプラーの中身も、実はこのファストン端子です。

DIYの電装では、メーターの増設や接触不良になった端子を交換する、といった使い方が主になるでしょう。このときに使うファストン端子は、カーショップなどで売っている電工ペンチで取り付けるタイプではなく、圧着タイプにして、シュリンクチューブで仕上げましょう。

なお、ファストン端子は端子同士の接触面積も、つなぐ力も小さいので、大電流が流れる配線に使ってはいけません。

■ワンタッチカプラー

複数の電線を、ワンタッチで取り付け／取り外しできるのが、このワンタッチカプラーです。

大きいものでは、エンジンから出ているさまざまな配線が、このカプラー

ヒートシュリンクチューブ

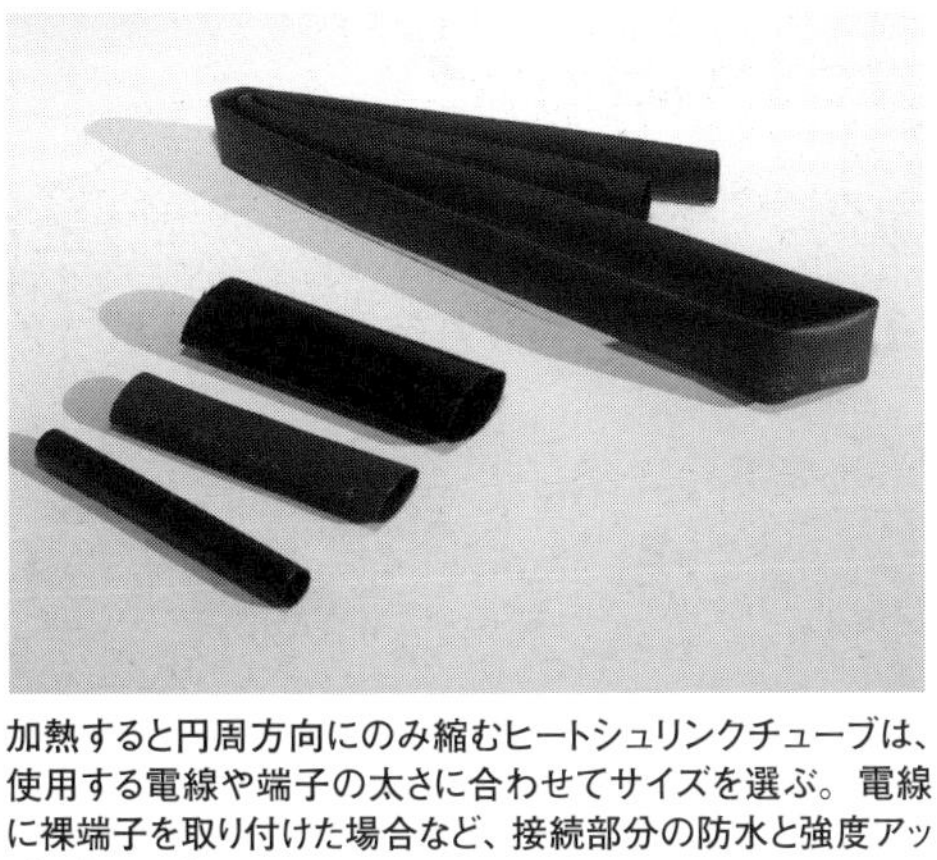

加熱すると円周方向にのみ縮むヒートシュリンクチューブは、使用する電線や端子の太さに合わせてサイズを選ぶ。電線に裸端子を取り付けた場合など、接続部分の防水と強度アップに欠かせない

で艇体側につなげられています。また、エンジン自体でも、各種の電装ユニットを接続するのにこのカプラーがよく使われています。特に、最近の電子制御が多用されている4ストローク船外機などでは顕著です。

このワンタッチカプラーは、複数の電線を一度につなげたり外したりできるので大変便利です。位置が決まっているので挿し間違いの心配もありません。2極から6極くらいまでのものをよく見かけますが、中に入っている端子は前述のファストン端子で、このオスとメスにそれぞれ電線をつないでコネクターの中に挿し込むと、ラッチ（爪）が引っかかって抜けなくなる、というものです。

ボートの艤装でワンタッチカプラーを使う場合は、防水に注意してください。一般的に手に入る乳白色のタイプは、防水処理されていないので、湿気に弱く、すぐに錆びて接触不良を起こしがちです。よく見かけるのは、デッキ下に置かれたトリムタブポンプにつながるハーネス（電線の束）の接触不良。条件が悪い場所にもかかわらず、普通のカプラーが使われていることが多いのです。

Oリング処理された防水タイプのカプラーは、売っているのをあまり見かけませんし、電線もそれなりのものが必要なので、われわれ素人の工作に使うには、ややハードルが高いパーツです。愛艇の電装工作では、よほど頻繁に取り付けたり外したりするもの以外には使わずに、面倒でも、1本1本、圧着リングなどで確実につないだほうがよいでしょう。

■ビニールテープ

電装になくてはならないのが、さまざまな色があるビニールテープです。電線同士をつないだときに、芯線が露出していると感電の危険がありますし、水が染み込んで腐食する可能性もあります。こういった部分をカバーするために、ビニール製で絶縁性を持っているこのテープを使うのです。

電線にこのビニールテープを巻くときは、少し引っ張って、テープをやや延ばし気味にしながら、重ね合うようにします。

なお、このテープは接着力が強くないので、貼る場所の油分などをよく落としておくことが必要です。また、強度が必要になる場所などに使ってはいけません。

大変便利なビニールテープですが、屋外で使うと、紫外線や潮風でボロボロに硬化して割れてきますし、完全に防水できるわけでもありません。あくまでも一時的な作業用に使うと理解して、過信は禁物です。

ギボシ端子とファストン端子

左からギボシ端子のメスとオス、ファストン端子のメスとオス。上にあるのがそれぞれのビニールカバー。いずれも電工ペンチで手軽に取り付けできるが、そのぶん、強度に不安があり、防水性も低い

ワンタッチカプラー

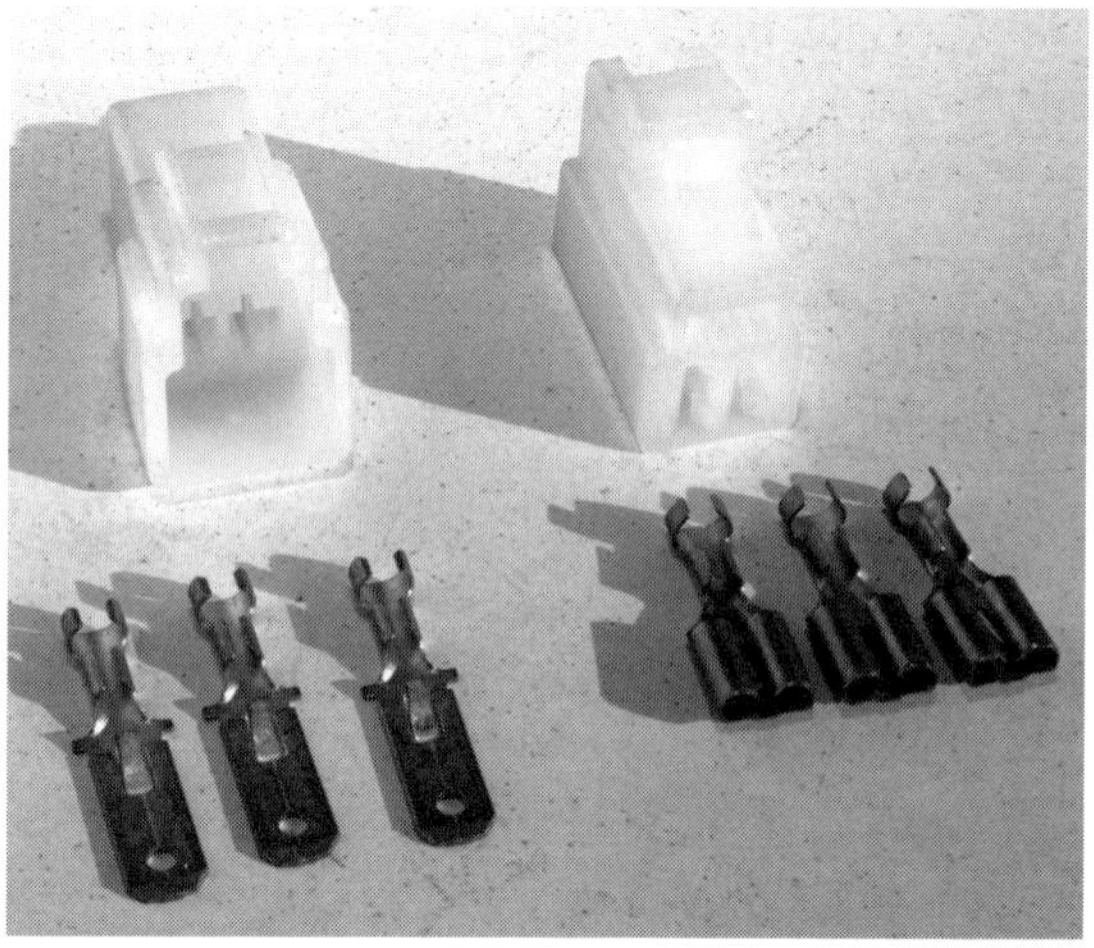

ファストン端子をセットすることにより、複数の配線をまとめてつないだり外したりできるワンタッチカプラー。写真は3極タイプ。一般的なものは防水性に不安があるので、ボートでの使用はあまりおすすめできない

ビニールテープと自己融着テープ

左がビニールテープ、右が自己融着テープ。ビニールテープはさまざまなシーンで活用できるが、粘着力が弱く、劣化しやすいこと、はがしたあとにノリが残りやすいことに注意しよう。皮膜付きの自己融着テープは、幅が半分くらいになるように引っ張りながら巻きつけるのがポイント

■自己融着テープ

自己融着テープは、巻きつけておくとテープ同士がくっつく性質をもったテープです。ブチル系ゴムでできていて、いったん融着してしまえば、完全な防水性を発揮してくれるので、常に水がかかる場所での防水に使います。

電線同士をつなぐ場合は、基本的に防水型の圧着リングを使うのが望ましいのですが、例えば、無線やGPSのアンテナの同軸ケーブルなど、専用コネクターが必要になるものをコネクターを使わずにつなぐ場合は、接続部に自己融着テープをきっちり巻いて防水します。

この自己融着テープは、保管中にテープ同士がくっつかないよう、両面テープのようなセパレーターが入っているものと、テープの表面に薄い皮膜を作ることで、テープだけが巻かれているものの2種類あります。最近は後者が主流ですが、このタイプは、2〜3倍の長さまで伸ばしながら巻きつけなければなりません。伸ばすことで被膜が破れてゴムの地肌が露出し、お互いにくっつくのです。通常はこの自己融着テープを巻いたあと、ビニールテープを巻いて仕上げます。こうしておけば屋外でも安心して使えます。

ギボシ端子での電線の接続

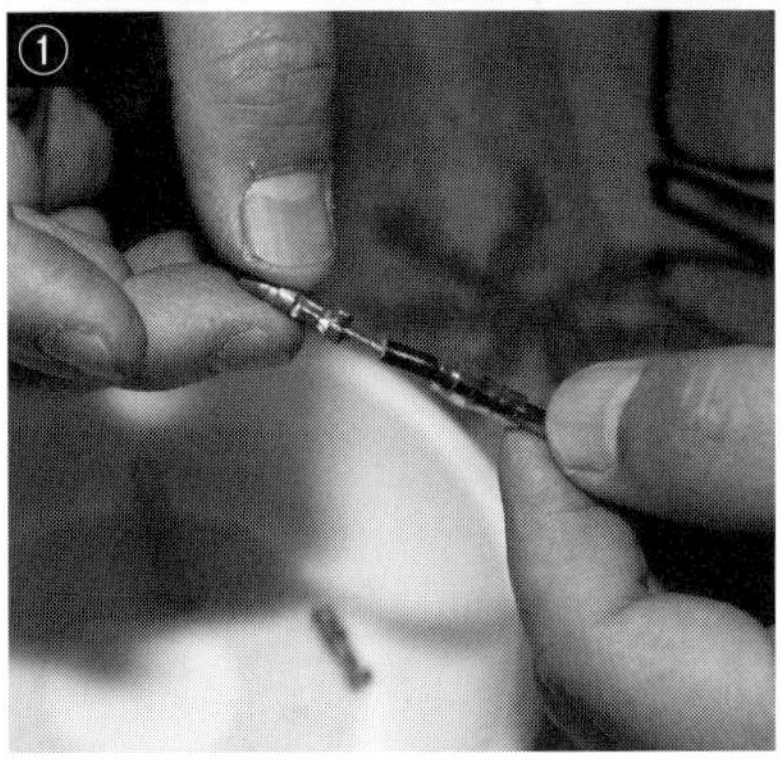

被覆をむいた電線に、ビニールカバーを通したのち、端子をセットする

▼

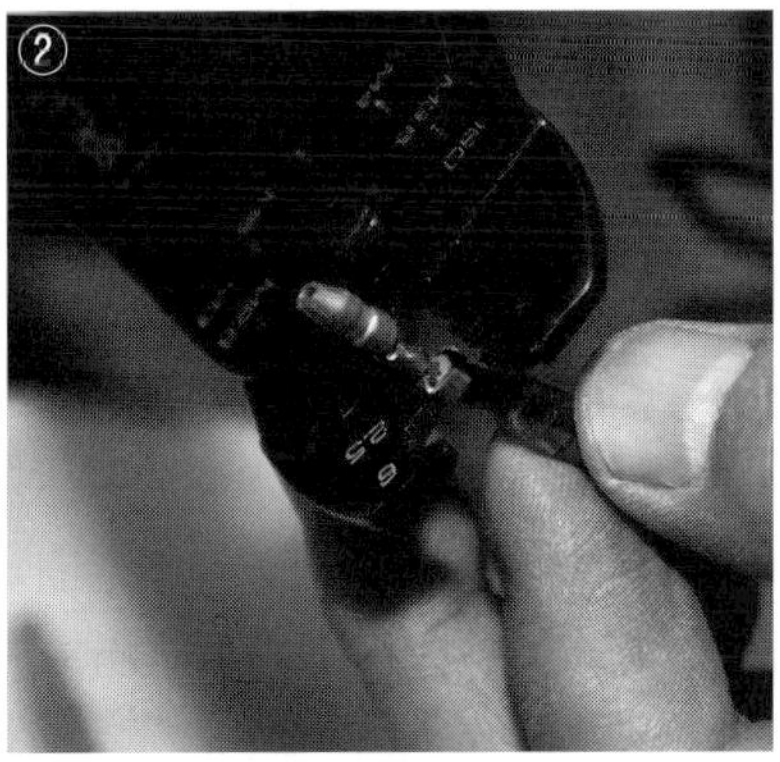

電工ペンチで圧着。端子を固定する部分は被覆の上から、導通を確保する部分は芯線に直接カシメる

▼

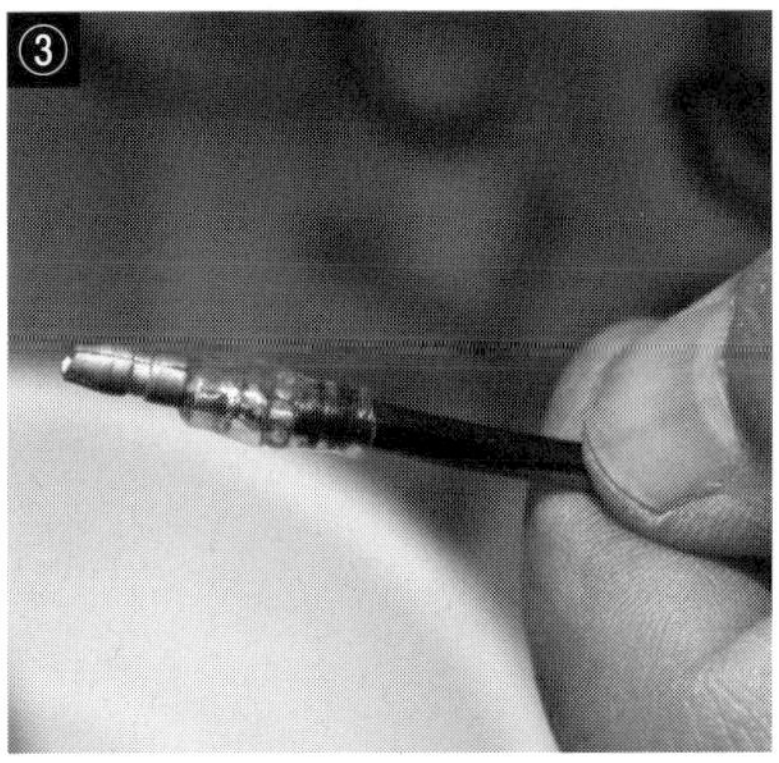

ビニールカバーをかしめた部分が隠れる位置まで引き上げる

▼

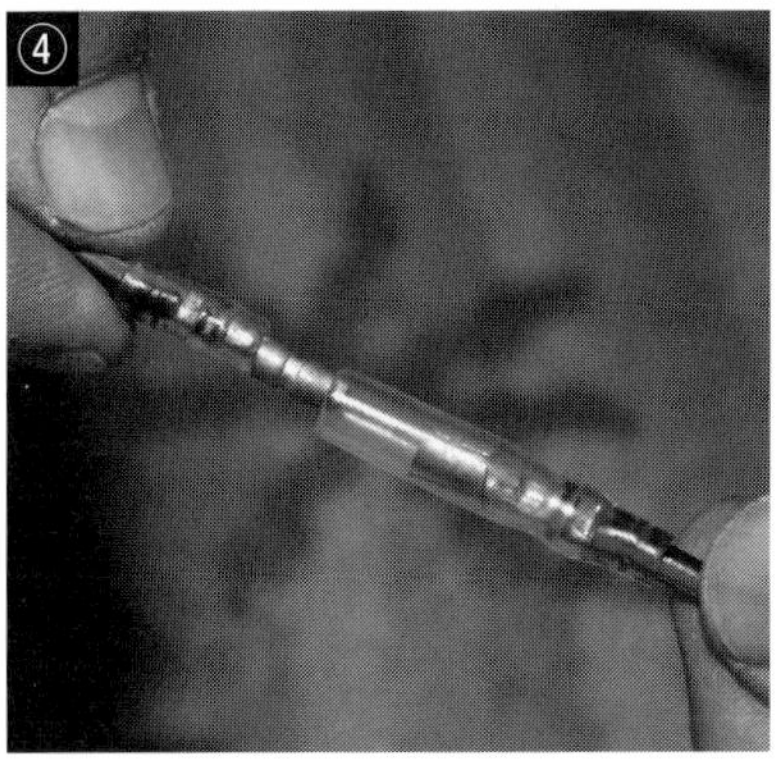

メス側も同様に加工したら、端子同士を差し込んで、オス・メスのカバーが重なるようにする

圧着リングでの電線の接続

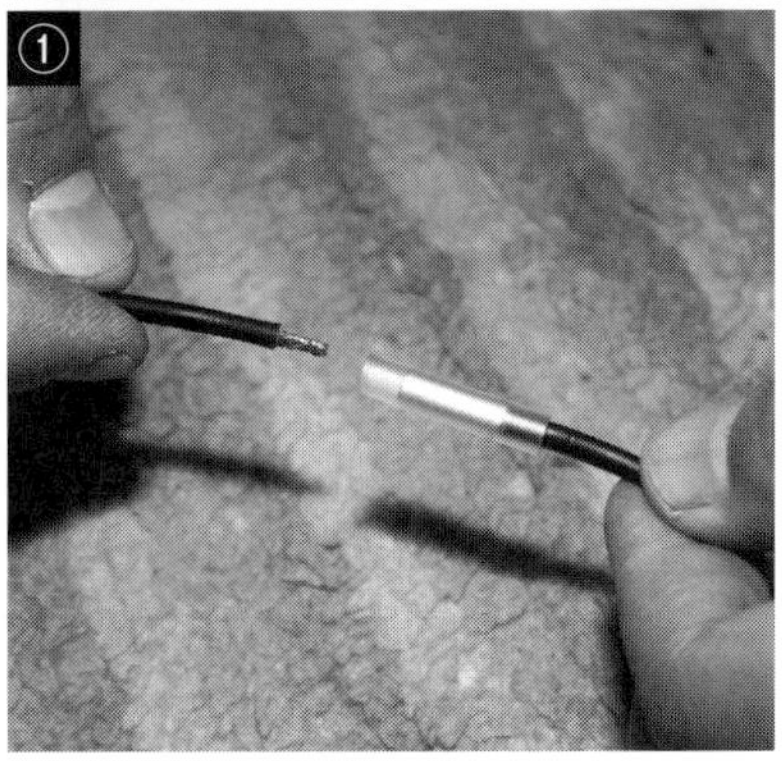

突き合わせタイプの圧着リングの場合、被覆をむいた電線を両方から差し込む

▼

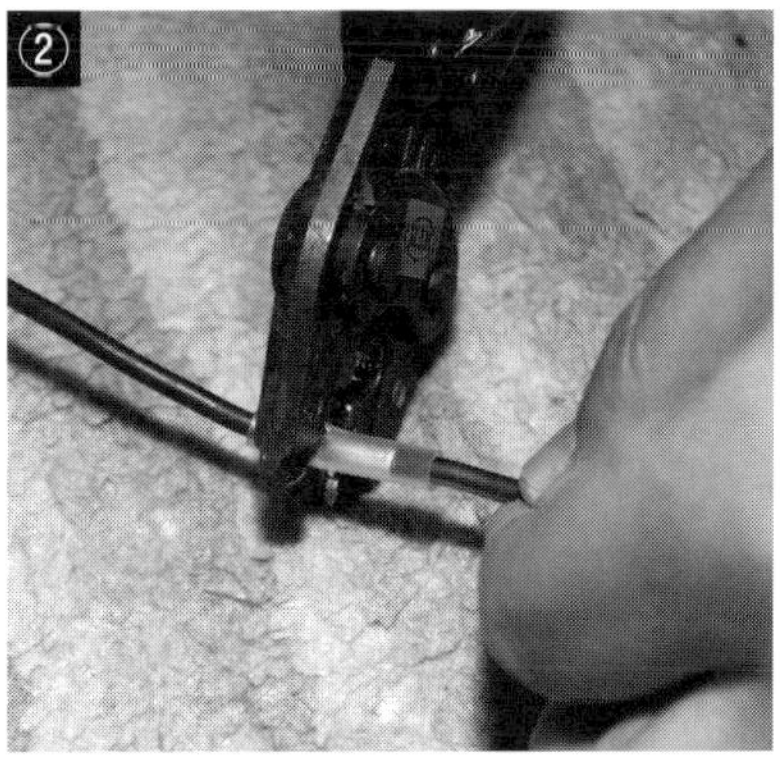

左右の電線ごとに、圧着工具でかしめる

▼

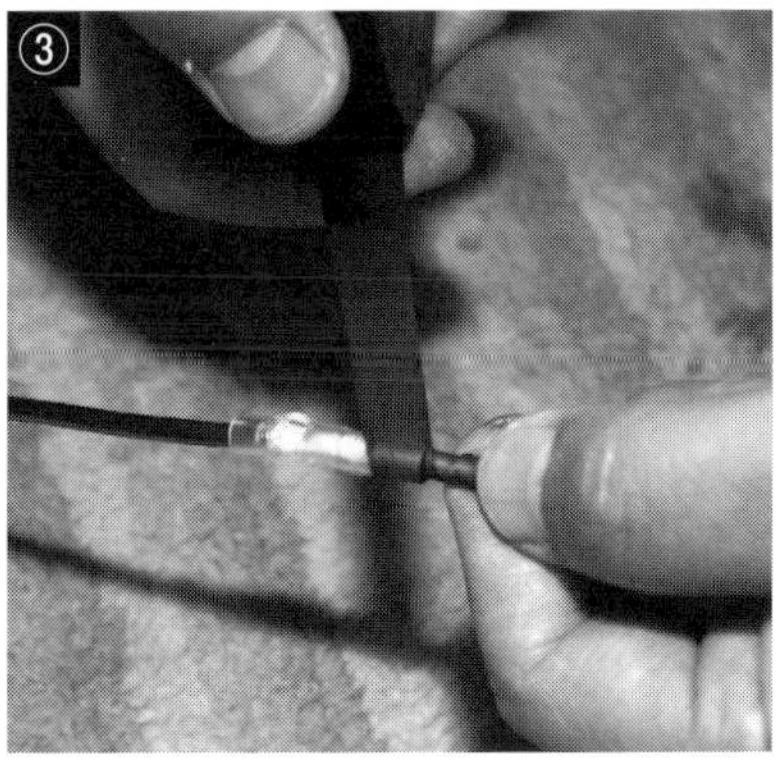

テープの幅が半分くらいになるように引っ張りながら、自己融着テープを巻く

▼

自己融着テープの上にビニールテープを巻いて完成

裸端子の取り付け

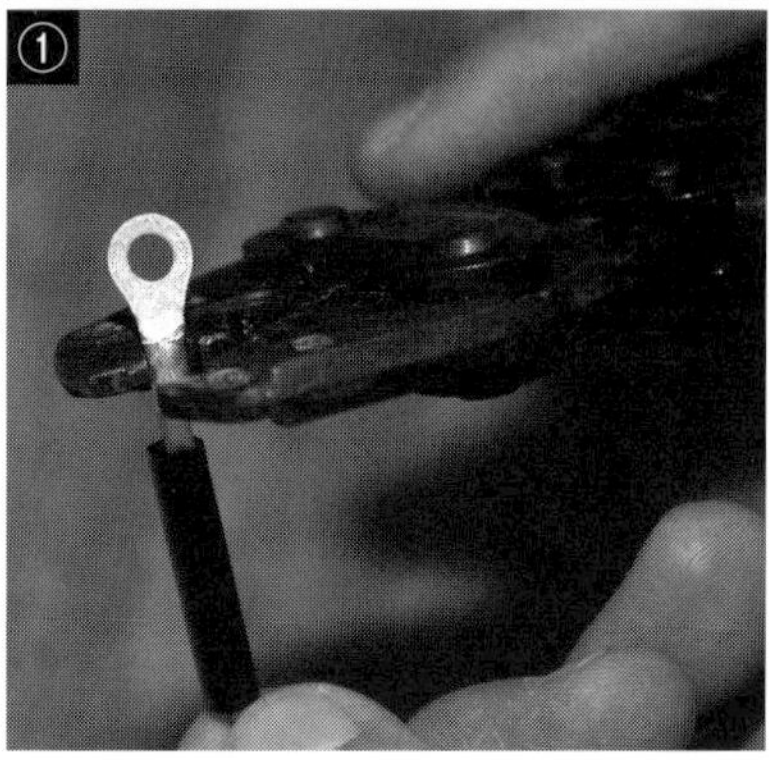

端子の接続部分の長さに合わせて電線の被覆をむいたら、ヒートシュリンクチューブを通したのち、端子をセットして圧着する

▼

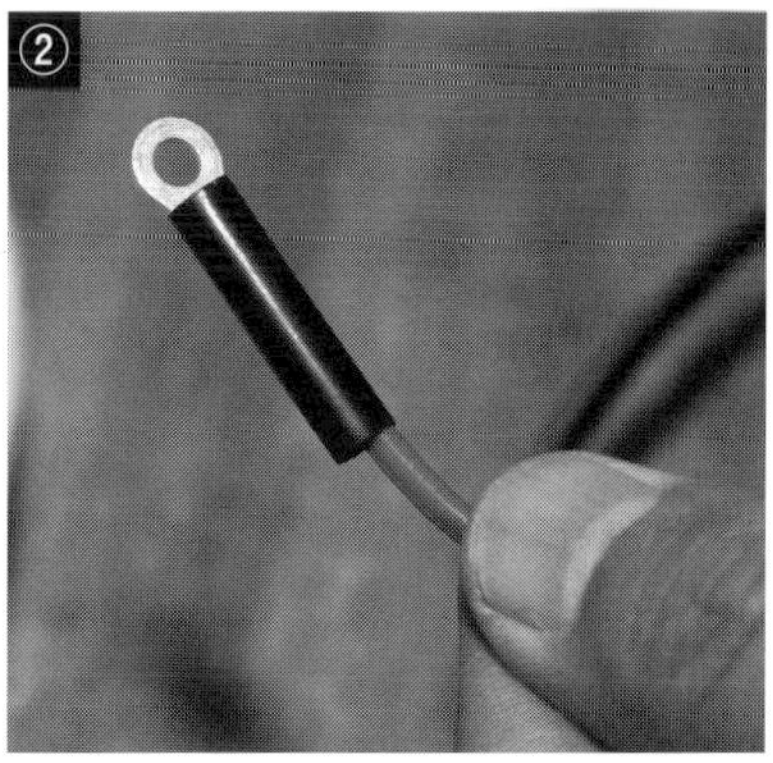

端子を圧着したら、接続部分を覆う位置までヒートシュリンクチューブを引き上げる

▼

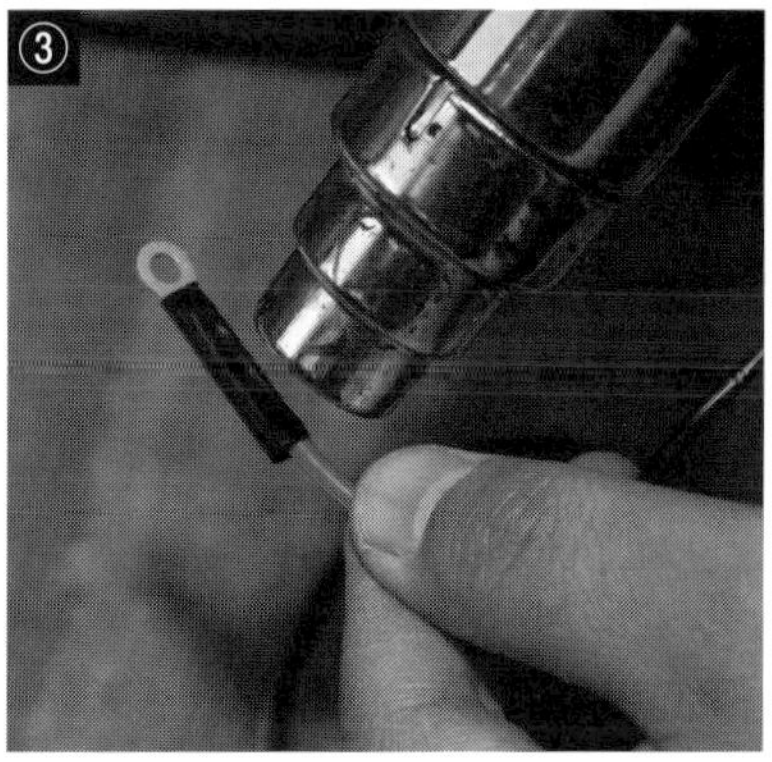

ヒートガンでヒートシュリンクチューブを収縮させる

▼

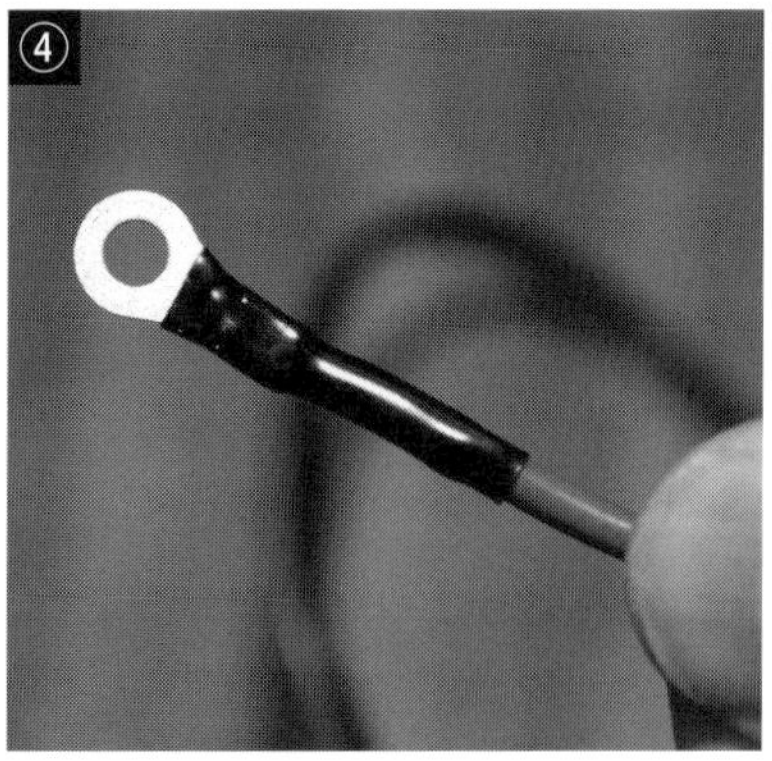

完成。これで接続部の防水と強度アップが図れる

【第9回】電装に必要な工具と部材④

ここで取り上げるのは補助的なものですが、確実な艤装を施すための重要なアイテムでもあります。さらに、ここまで説明してきた配線の基本や、各種部材を利用して、実際の電装作業を行う上での注意点についても見てみましょう。

電源確保の際に使用する部材

■バスバー（ターミナル）

これまでも何度か説明してきましたが、バスバー（BUS Bar）とは、配線を簡素化するために、バッテリーから離れた場所に設ける金属棒で、通常はマイナスの太い電線の端に設置します。バスとは、電気の世界で「ある特定の用途のものがひとまとめにされた配線」のことを指します。

すでに、「マイナス側は常にひとまとめにされている」、「プラスの線は、バッテリーから各機器まで、1本1本が個別につながっているのではない」という話をしました。

各機器の近くまでは、メインスイッチにつながった、マイナスなり、プラスなりの太い線が来ていて、そこから、各機器への電線が分岐する造作になっています。この分岐点となるのがバスバーです。

バスバー自体は、平らな金属板にボルトがたくさん付いているもので、ここに、各機器からのマイナスの線やプラスの線をつなげていきます。

もちろん、プラスとマイナスを1本のバスバーにつなげることはできないので、プラス用、マイナス用に、そ

バスバー

バスバーとは、バッテリーから離れた場所に電源を取れるよう、メインスイッチから敷設した太い電線の先端に取り付けた金属板のこと。多数のボルトがあり、そこに各機器からの電線を留める。バスバー自体はプラスチック製の絶縁板と一体になっており、これをコンソール内などに取り付けておく。通常はマイナス側の配線に利用する

れぞれのバスバーを用意する必要があります。

ＤＩＹで電装系の工作をしたいと思ったときに、機器の設置場所の近くに電源を取れるところがなくて困ることがわりとあります。特に、標準装備が少ない中・小型の船外機艇などは、そういったケースが多くなります。

こうしたボートでは、バッテリー近くのメインスイッチから、新たに太い線を引いてくる必要が出てくることもあり、そのとき、新設した太い線の終点に、このバスバーを付けておくのです。こうすれば、何本もの長い電線を束ね合わせてつなぐという面倒なことをせず、スマートに処理することができます。

愛艇の電装をするときには、このバスバーの設置を検討してみてください。

■ヒューズとヒューズホルダー

何かしら電装系の工作をしようと思ったら、ヒューズのことを忘れてはいけません。ボートでのＤＩＹで使われるヒューズは、主に昔ながらのガラス管ヒューズで、これを電線の途中に設置するためのヒューズホルダーが売られています。

ヒューズホルダーは、ヒューズを保持するプラスチックのケースの両端に、艤装する電線につなぐための短い電線が付いているのが普通です。20A用、30A用など、容量によって何種類かありますので、使用する電力に応じて使い分けてください。

ヒューズホルダー

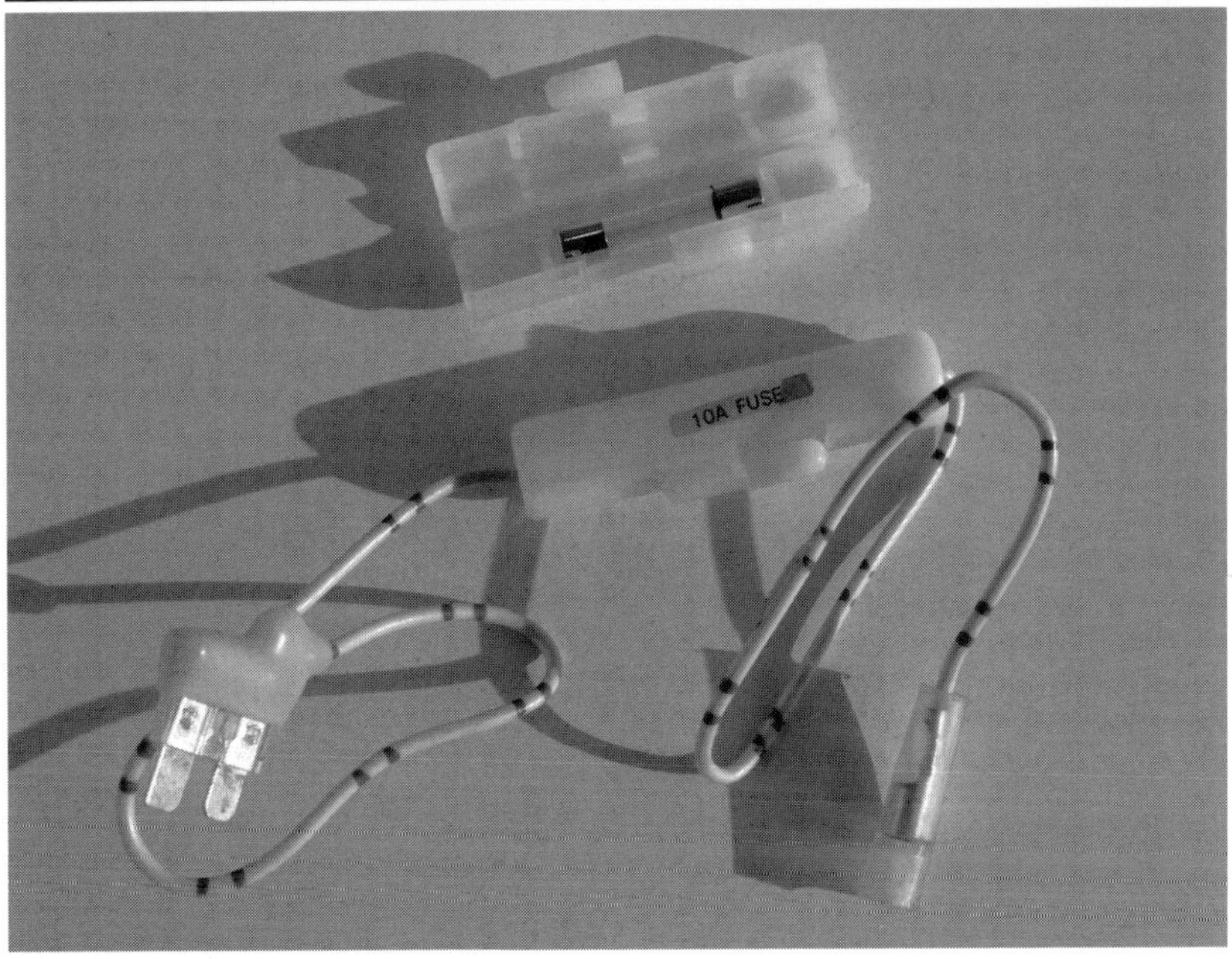

過電流が流れたときに、自らが溶断して回路の焼損や火災を防ぐヒューズ。新たに電装品を設置した際は、プラス側の配線に写真上のようなヒューズホルダーを設け、必ずヒューズを入れること。ヒューズ自体の容量は、想定される最大電流と電線の太さから選定する。写真下は、自動車でよく使われる平型ヒューズのホルダーから電源を分岐させる便利なキット

電線の結束と保護のための補助資材

■結束バンド

電装工事でなくてはならない補助資材が、ナイロン製の結束バンドです。ナイロンタイ、タイラップ、インシュロックなどの商品名で販売されています。

これらはいずれも、片方の先端に穴が開いていて、この穴にもう片方の先端を通し、輪にして引っ張ると、「チチチチ」というノッチの音がして締まっていきます。たったこれだけでほどけなくなるという、実に便利な構造で、いったん締まると、どんなに引っ張っても外れない、信じられないくらいの丈夫さがあります。

結束バンドには、さまざまな太さ、長さのものがあり、艤装した電線の結束などに使います。特に、長い距離にわたる配線をした場合、たるんだ電線の始末をしないでぶらぶらさせておくと、揺れで電線が躍ってしまい、接続部で切れたりします。よって、配線後には、この結束バンドを使って、きちんと電線を留めてください。

なお、いくら配線類がたるまないようにといっても、物事には限度があります。中には、几帳面《きちょうめん》に5センチ間隔で結束バンドを取り付ける人がいますが、いくらなんでもそれはやり過ぎ。そこまでガッチリ固定してしまうと、あとから手を入れようとしたときに大変なので、要所要所だけを押さえて取り付けましょう。

結束バンド

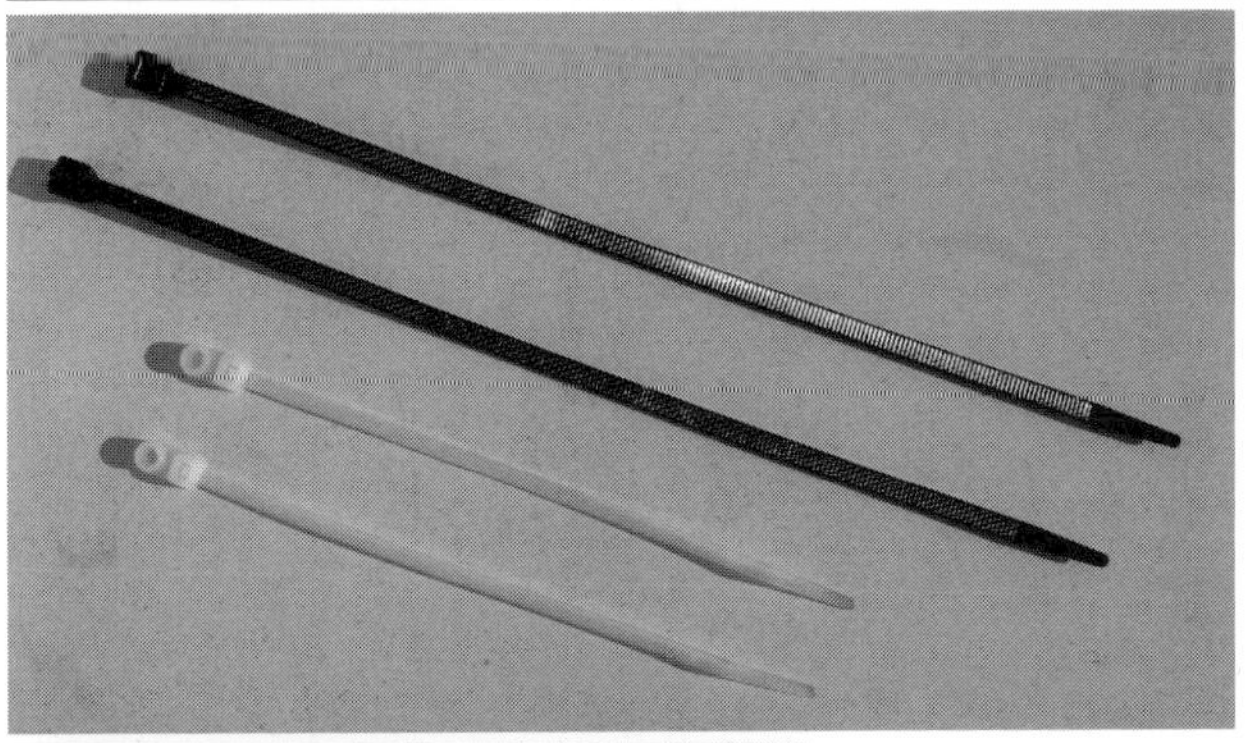

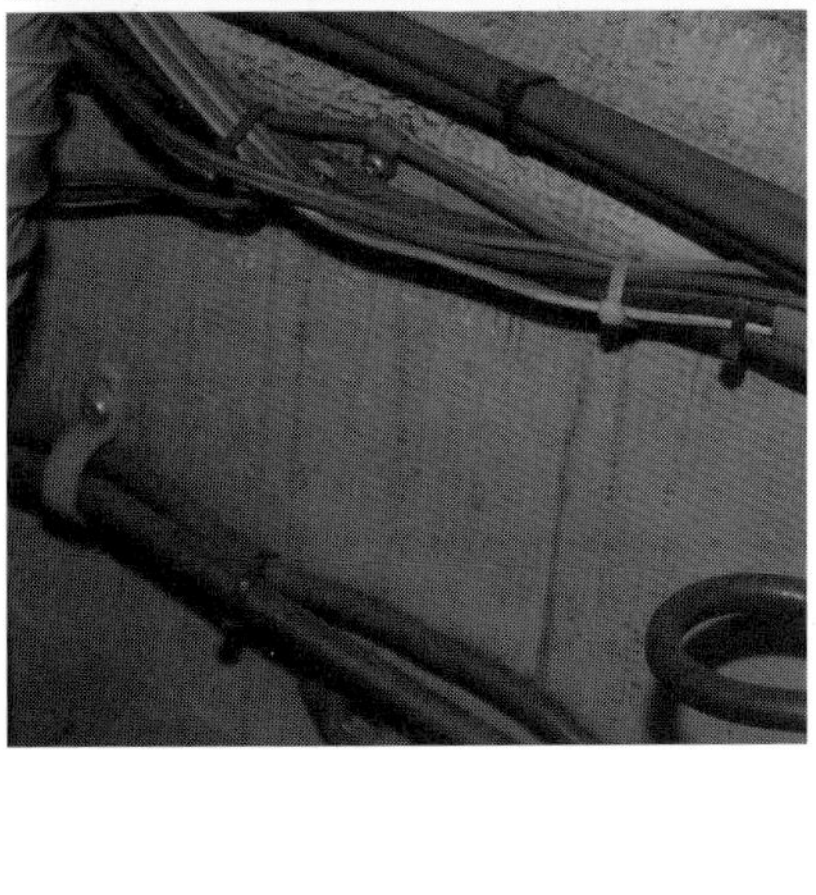

（上）さまざまな商品名で販売されている結束バンドは、屋外で用いる耐候性タイプ、エンジンルームなどで用いる耐熱性タイプなど、用途別に種類が分かれているので、それぞれの目的に合ったものを選ぶこと
（左）電線を固定する際は、ボートの揺れで暴れないよう、適当な間隔ごとに留めておく。結束バンドの余った部分は短くカットしておくが、その切り口でけがをしないように注意しよう

ポイントは、ボートの揺れで電線が躍らないように、適当な間隔で留めること、電線の重みがかかって切れたり抜けたりしないように、コネクターや接続部分の近くを留めること、スロットルやシフトのリモコンケーブルといった、それ自体が動くものに共締めしないことです。

さて、結束バンドを輪にして電線を留めたあとは、余って飛び出ている部分をニッパーなどで切り取ります。しかし、無造作に切るとその切り口が斜めになり、後日、作業をするときに、その鋭利な切り口でスパッと手を切ってしまうことがあります（これはかなり痛いです）。できれば、カッターでぎりぎりのところを平らに切って、引っかかりがないようにしたいところですが、現実には、なかなかそうできません。よって、ニッパーを使って、できるだけ根元の部分を平らに切るように心がけてください。誰のためでもありません、自分がけがをしないためです。

この、結束バンドの余った部分を切る作業には、ちょっとしたコツがあります。特に狭い範囲で作業をしているときは、留めたところから、その都度、余った部分を切っていくと、取り付けたばかりの結束バンドの端で痛い目を見ることがよくあります。そこで、まずは作業範囲内に取り付けるべき結束バンドをすべて設置して、ひと通り作業を終えてから、一気にパチン、パチンと切っていくと、安全かつ効率的です。

なお、どれも同じように見える結束バンドですが、用途によって種類が異なっている点に注意しましょう。特に、紫外線や風雨にさらされるオープンスペースで使うときは耐候性タイプを、エンジンルームなどの高温にさらされる場所で使うときは耐熱性タイプのものを使う必要があります。屋外やエンジンルームで一般用のものを使うと、経年劣化で切れたりしてトラブルの元となります。

■ CD管／PF管

CD管やPF管は、大きなホームセンターの建材コーナーで見かけるもので、「合成樹脂製可撓《かとう》電線管」（以下、可とう管）と呼ばれる、電線類を通すパイプ状の配管材です。「可とう」とは、自由に曲げることができ、すぐに戻ろうとする性質があるという意味です。また、これらの可とう管は蛇腹状になっているので摩擦などの抵抗が少なく、電線類を通す作業が比較的簡単にできます。

一戸建ての木造住宅では、建物が出来上がったあとに電話線を通すというのが一般的なので、電話のモジュラージャックを設置するところまで、前もって可とう管を配管していることが多く、電気工事業界ではスタンダードな部材といえます。

ボートの場合も、配電盤からヘルムステーションまで、あるいは、エンジンルームからフライブリッジまでなどに可とう管を配管しておくと、以後の配線工事が大変楽になります。

さて、CD管（Combined Duct：複合導管）、PF管（Plastic Flexible conduit：合成樹脂製可とう導管）の違いは、耐燃性（自己消火性）の有無で、CD管には耐燃性がありません。同じように見えるチューブですが、CD管は基本的に埋設用で、露

合成樹脂製可とう電線管（PF管）

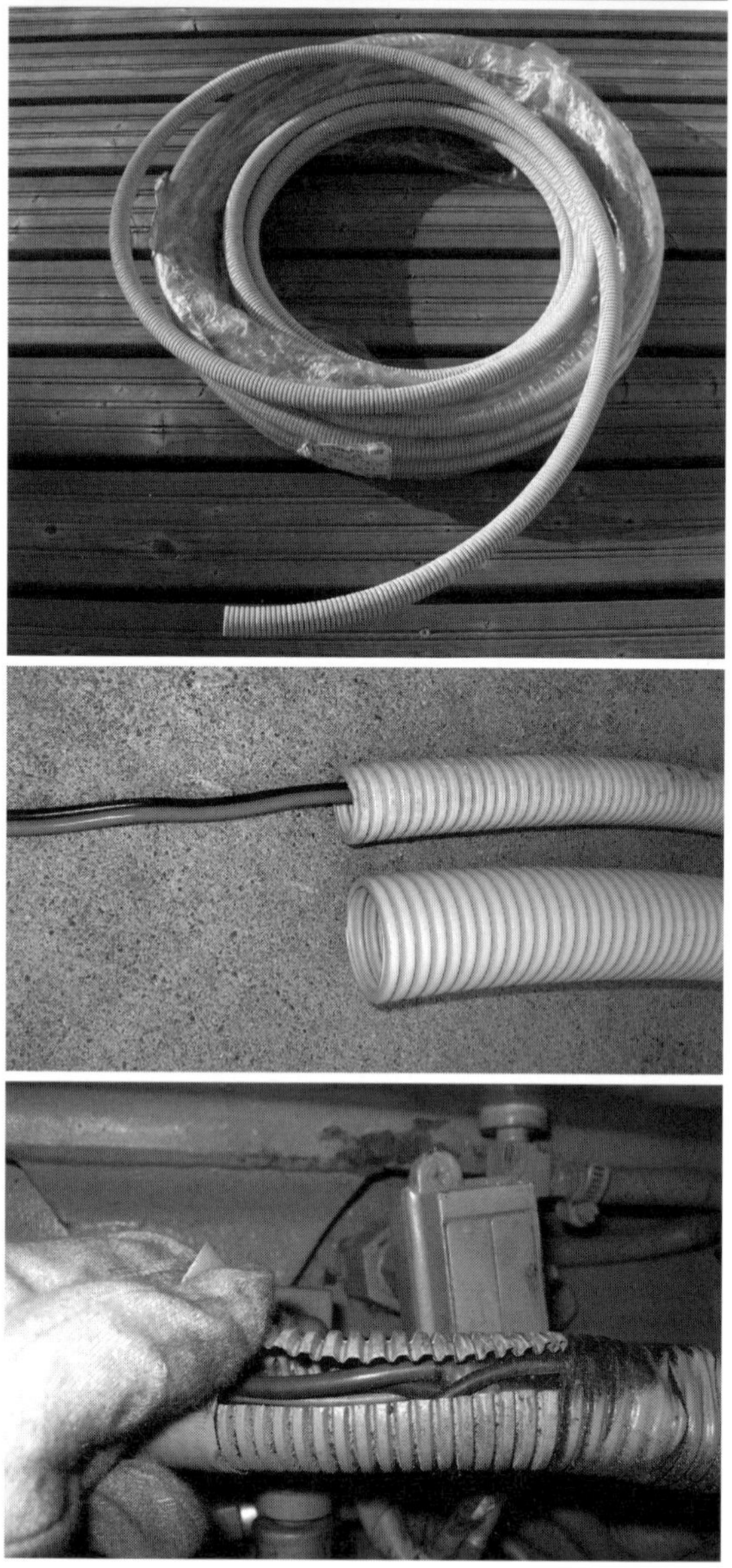

追加配線の作業性向上のため、電線を通す可能性のある場所には、可とう管を通しておくとよい。ボートで使用する際には、耐燃性のPF管を用いること。どうしても壁面などに電線を固定できないといった場所で、電線の保護のためにPF管を用いることもある。なお、PF管を後付けする場合、あるいは途中で電線を分岐させる必要がある場合は、下の写真のように切れ目を入れたのちに電線に被せ、要所要所をビニールテープで留めておくこともある

スパイラルチューブ

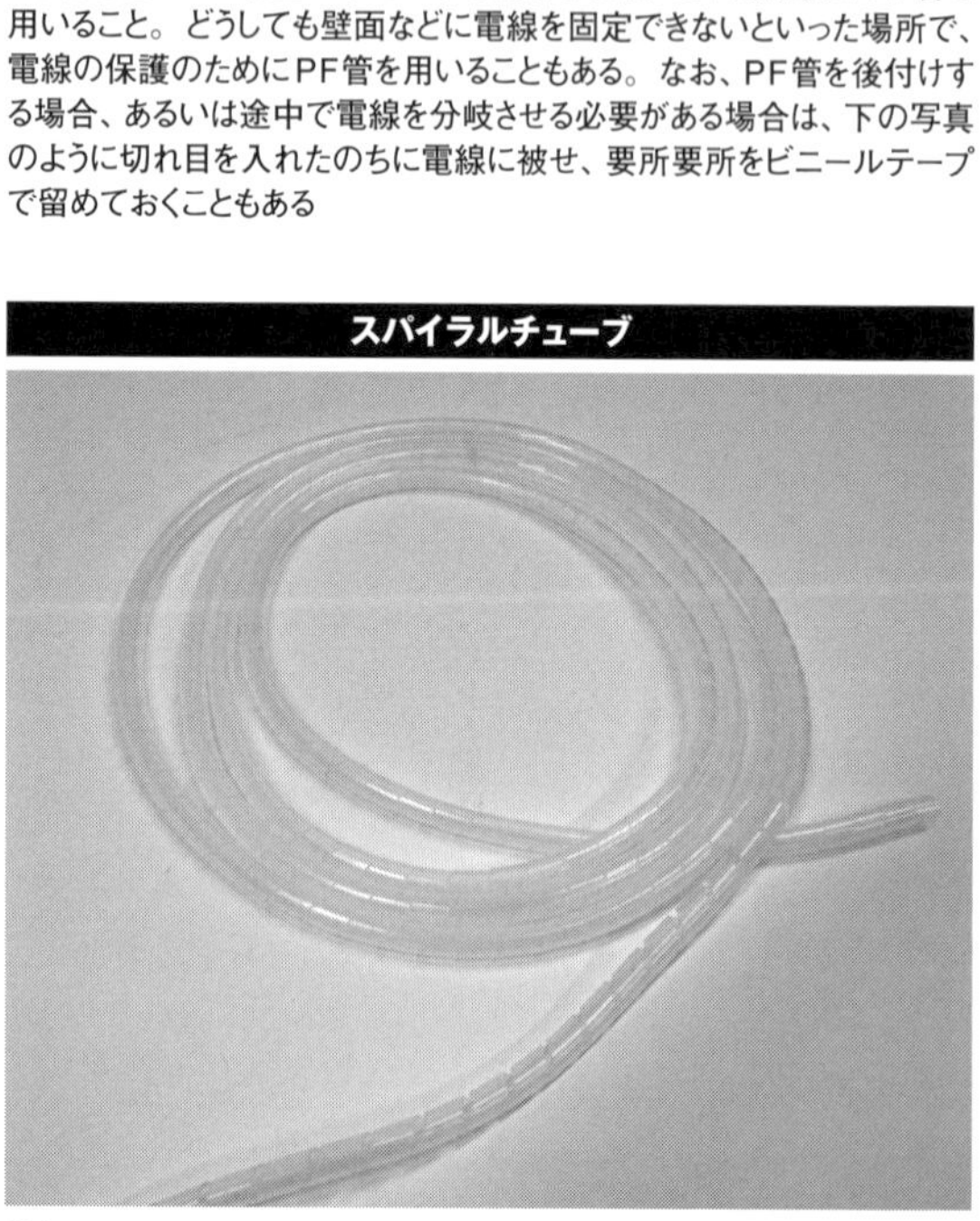

複数の電線をまとめる際に用いるスパイラルチューブは、らせん状になったプラスチックチューブを電線の束に巻きつけるようにして使用する。途中で電線を分岐させることも簡単で、取り扱いが容易なのが特徴だ

天装備してはならず、一見してわかるようにオレンジ色になっているのです。

　よって、ボートで可とう管を使う際には、オレンジ色のCD管ではなく、乳白色のPF管を選ぶ必要があります。この点には十分に注意してください。

　なお、可とう管の直径にはさまざまなサイズがあって、それにより通せる電線の本数も変わってきます。通常は直径16ミリ程度のものを配管しておけば十分でしょう。

マーキングタイ

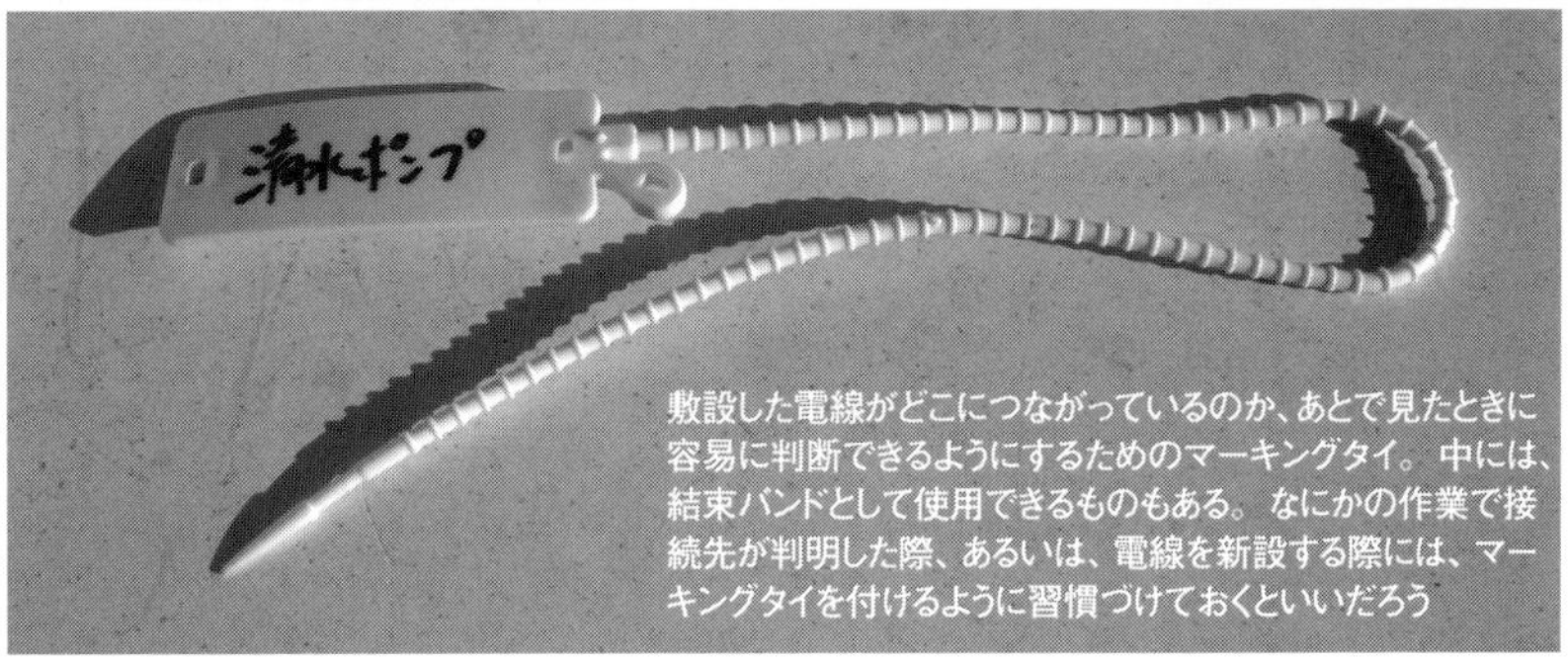

敷設した電線がどこにつながっているのか、あとで見たときに容易に判断できるようにするためのマーキングタイ。中には、結束バンドとして使用できるものもある。なにかの作業で接続先が判明した際、あるいは、電線を新設する際には、マーキングタイを付けるように習慣づけておくといいだろう

■スパイラルチューブ

　何本もある電線を束ねたり、保護したりするために用いるのが、スパイラルチューブです。

　プラスチックの弾力を利用したもので、使い方は、らせん状に切ってあるチューブを、電線の束に沿ってクルクル巻きつけるだけ。乱雑になりがちなケーブル類もこれでスッキリとまとめることができます。パイプの中に事前に電線を通しておく必要がなく、あとから設置できるのも特徴で、巻き付けた途中から電線を分岐させることも自由にできます。

　電線がバルクヘッドを通り抜けるところや、コーナーに当たるところに巻いておくと、摩耗によるトラブルを未然に防ぐことができ、電装系DIYの強い味方です。

■マーキングタイ（線名札）

　ビルダーがボートの建造時点で色分けした電線を使用しており、その配線の状態を示したカラーコードが用意されていれば、どれがなんの配線なのか、ある程度見分けがつかないでもありません。

　しかし、こういった配慮がされていない場合は、どの線がどこにつながっているのか、見ただけではわかりません。特に自分で艤装した配線は、基本的に同じ電線を使うことになるでしょうから、あとで見たときに区別がつかなくなってしまいます。その結果、電線がどこにつながっているのかを調べるのに、苦労してたどらなければならない、ということになります。

　そこで、あとからわかりやすいように、各電線に名前をつけておくのが賢明というもの。あとあと、自分自身がとても助かります。

　この名前をつけるのに便利なのが、「マーキングタイ」や「線名札」などと呼ばれているものです。

　名札部分に、例えば「オーディオ＋」、「マリンVHF＋」、「水温計センダー」、「未使用」……などといった具合で電線の用途を書いておき、結束バンドと同じ要領で電線に取り付けます。

　すでに配線済みの電線にマーキングタイを付けるのは大変ですが、各電線がどこにつながるものかを把握しておくと、あとで作業を行う際にとても便利ですし、愛艇の電気系の理解にもつながります。

　また、なんらかの作業を行って、その線がどこにつながっているのかを調べたり、配線を新設したりした場合には、忘れずにマーキングタイを付けておきましょう。

DIY電装作業の実際

　これまで、配線の基本や電装で使用する工具、部材を解説してきましたが、ここからは、回路別、機器別の艤装の実際を見てみましょう。

　まずは、ヘルムステーションへのアクセサリー用配線の新設から。この作業は少々気合が必要ですが、快適なボーティングを楽しむためにがんばって取り組んでみてください。

　最初に資材の調達です。設置する機器の電力の見積もり方と使用する電線の選択についてはすでに述べましたので、ここでは、8スクエアの赤黒のVVFケーブルを使用するものとして話を進めます。

　マイナス側の電線はバッテリーターミナル、プラス側の電線はメインスイッチに取り付けますので、それぞれのボルトサイズにフィットする圧着端子を用意します。R8-8かR8-10を用意しておけばよいでしょう。

　次に、この圧着端子を留めたあとに仕上げるための、適当なサイズのヒートシュリンクチューブを少々。これを収縮させるヒートガンなども必要です。

　また、電線が傷つかないようにカバーするPF管があると理想的ですが、ここではスペースの関係もあり、PF管を使用しない前提で話を進めます。

　次に、ヘルムステーション側に設置するスイッチパネルと、マイナス用のバスバー、それに合う圧着端子も必要です。

　そのほか、電線をまとめる結束バンド、ビニールテープ、自己融着テープ、ネジ少々をそろえておいてください。

　それから、消費電流に見合ったサイズのヒューズかサーキットブレーカーも必要です。センターコンソールなど、外気に直接さらされるような場所に用いる場合は、ヒューズのほうがよいでしょう。キャビン内に設置できるのであれば、サーキットブレーカーでもOKです。

　これで準備は完了。スムースな作業を行うためには、必要な資材を事前にきちんとそろえておくことが重要です。結構いろいろなものが必要になりますが、漏れがないよう、しっかり準備しましょう。

【第10回】電装品取り付けの実際①

ここからは電装品の取り付けについて、いくつかの具体例を挙げて解説します。まずは、ヘルムステーションへのスイッチパネルの増設とそこまでの電源の取り方、そして、デッキ／サーチライトの取り付け方法について見てみましょう。

ヘルムステーションへのスイッチパネルの新設

まずは、ヘルムステーションへの配線とスイッチパネルの新設についてみていきましょう。

① 作業の全体像をイメージする

資材の準備が終わったら、最初に作業の全体像を把握しましょう。どこから電源を取るか？ 電線はどこをどうやって通すか？ ヘルムステーション側のバスバーをどこに付けるか？ スイッチパネルをどこに取り付けるか？ といったことを考えます。

電線の通し方は、バルクヘッドはこの隙間、コンソールの裏側に導くにはあの隙間……といった感じで当たりをつけます。通常は、すでにエンジンルームや配電盤からの電線が通っている脇を通すのが一番ラクです。

バスバーやスイッチパネルは、電装品の電源ケーブルを取る際に、作業しやすい場所に取り付けるのが理想です。

こういったことを考えて、完成状態を思い浮かべてください。場当たり的に考えていると、配線の仕方に統一性がなくなってしまいます。完成形をイメージするのは結構大切で、きれいな仕上がりにするためにも、そして、作業中にへこたれそうになったとき、「何くそ」と発奮するのにも役立ちます。

② アクセサリー用配線の新設（バッテリー側）

全体像をイメージしたら、具体的な作業に入ります。まずは、バッテリー側の接続環境を確認しましょう。

以前も触れましたが、マイナス側の電線はバッテリーのマイナス端子に、プラス側の電線はメインスイッチに接続するのが理想です。これは、メインスイッチだけ切れば、すべての電源が切れるようにするためです。

仮に、プラス側の電線をバッテリーのプラス端子につないでしまうと、その回路はメインスイッチを切っても電気が流れ続け、アクセサリー用のスイッチの切り忘れによる、バッテリー上がりの危険が生じてしまいます。

そこで、まずは自艇のバッテリーやメインスイッチがどのくらいアクセスしやすいか見てみます。

船内外機艇などで、メインスイッチにアクセスしづらい場合、プラス側

メインスイッチ

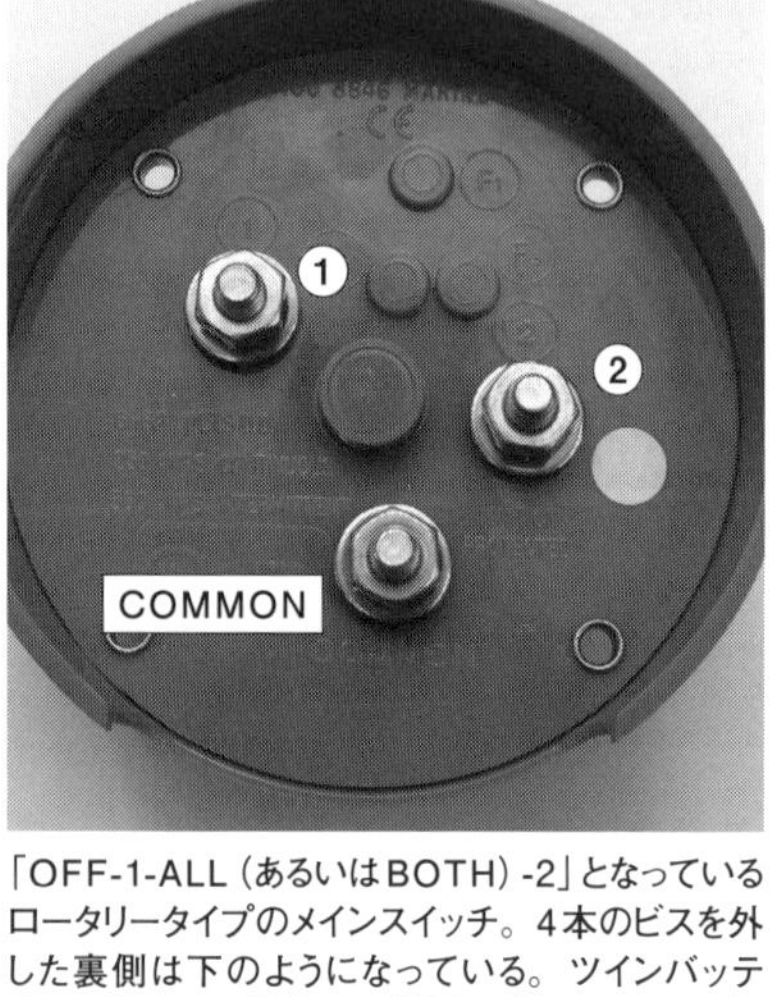

「OFF-1-ALL（あるいはBOTH）-2」となっているロータリータイプのメインスイッチ。4本のビスを外した裏側は下のようになっている。ツインバッテリーの場合、一般的に、「①」の端子にメインバッテリーにつながるプラス側のケーブルの端子を、「②」の端子にサービスバッテリーにつながるプラス側のケーブルの端子を、それぞれ接続する。エンジンのスターターモーターやアクセサリー用のスイッチパネルにつながるプラス側の電線の端子は、「COMMON」あるいは「C」の端子に接続する

の電線は、スターターモーターの大端子に共締めしても構いません。一方、船外機艇の場合は、艇体から船外機までの配線がしっかりカバーリングされていて、電線の通しようがないので、メインスイッチの端子に接続します。

　電線を接続する場所が決まったら、電線の先端をバッテリーやメインスイッチの付近まで延ばしてみます。この時点では、電線には一切加工しないでください。全体の配線がすべて決まってから、初めて加工作業に入ります。例えば、早々に端子をつけてしまうと、電線を通そうとしたとき、頭のリングが邪魔になって隙間を通せず、せっかく付けたものを切り落として最初からやり直し……なんていうことにもなりかねません。

　また、バッテリー側の電線の加工ができたからといって、早々にバッテリーやメインスイッチに取り付けてしまうのも早計です。電線をバッテリーやメインスイッチにつなげてしまうと電気が流れ得る状態となり、これを「LIVE」や「活線」といいます。よって、作業時にその線の反対側をニッパーで切ったりすると、ショートして火を噴きます。通電可能な状態にするのは、作業の最後の最後にする、ということを覚えておいてください。

③アクセサリー用配線の新設（電線を通す）

バッテリー側の配線の段取りができたら、次に電線を通します。

　特に、大型でしっかりしたキャビンを持つボートの場合は、配線を通すために、ハッチのパネルを外したり、床のカーペットを剥がしたりと、いろいろな苦労をしなくてはならないのが普通です。加えて、壁のこっち側と向こう側とで電線を受け渡しするといったシチュエーションも非常に多いので、一人ではいかんともしがたいものです。

電線を通す

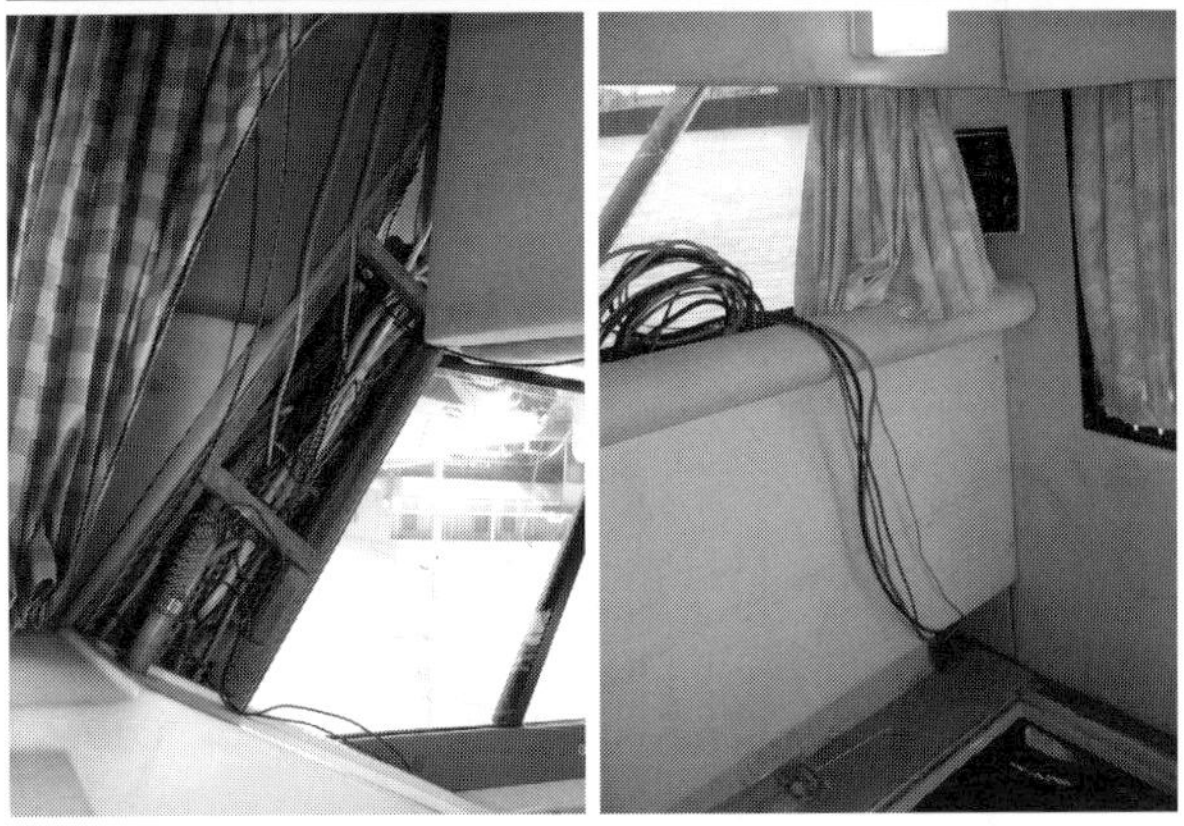

電源を取るためにヘルムステーションなどに電線を引く作業は、できるだけ2人で行うことが望ましい。特に、写真のようなキャビン艇の場合、床や壁を外したり、バルクヘッドの隙間を通したりといった、大がかりな作業が伴う。狭い隙間を通す場合は、ケーブルランナーや細くて丈夫な棒などを使う

バスバーの設置

バスバーは、コンソールの裏側など、水濡れなどの心配がない場所の壁面などに取り付ける。大きい端子にはバッテリーにつながるマイナスケーブルの端子を接続し、小さい端子には各機器のマイナスの電源コードを接続する

　そこで、この作業では、誰かもう一人に手伝ってもらえるといいでしょう。電線をちょっと押さえてもらうだけでも、作業効率が大きく向上します。

　また、この作業に近道はありません。元々通っている配線をたどりながら、隙間を見つけて通していきます。特に、バルクヘッドの隙間を通すときなどは、角に当たってこすれたり、挟まったりしないようにするといった注意も必要です。さらに、要所要所はタイラップなどで留めて、電線が躍らないようにします。そういう意味でも、配線を通す箇所には、PF管などのチューブを通すと安心です。

　さらに、狭い隙間に電線を通す場合、軟らかな電線をただ差し込んでも、すんなり通るものではありません。ケーブルランナーなどの腰のしっかりしたワイヤや、模型工作などに使う細い木の丸棒などを使って奮闘することになります。

　なお、どんな大型艇でも、ボートは波を受けてたたかれると、結構ゆがみます。信じられないかもしれませんが、バルクヘッドが動いたり、隣り合ったパーツが近づいたり遠ざかったりすることがあります。そのため、異なるセクションにまたがる配線をするときは、電線に多少余裕を持たせて、ピンと張らないようにしておきましょう。

　さて、悪戦苦闘してヘルムステーションまで電線を引き込めれば、作業の峠は越えました。先に進む前に、途中の電線がしっかり留まっているかをもう一度確認しましょう。切ってしまったらあと戻りできないからです。

　確認が済んだら、余った電線を切ります。このとき、バッテリー側もヘルムステーション側も、必要な場所までの長さに、プラス50～60センチくらいの余裕を持たせておきます。「電線はできるだけ短く使う」という基本と矛盾しますが、これには理由があります。それは、余裕がない状態で配線してしまうと、端子を付けたりする作業が窮屈でやりにくくなる上、接触不良になった端子を付け替えるなど、後日、なにか作業を行うときに、やりようがなくなってしまうからです。

　だからといって、2メートルも3メートルも余裕を持たせるのはやり過ぎですが、切ってしまうと元に戻せないので、小さなループをひと

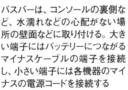

バッテリーからスイッチパネルへの配線

■ 配線イメージ

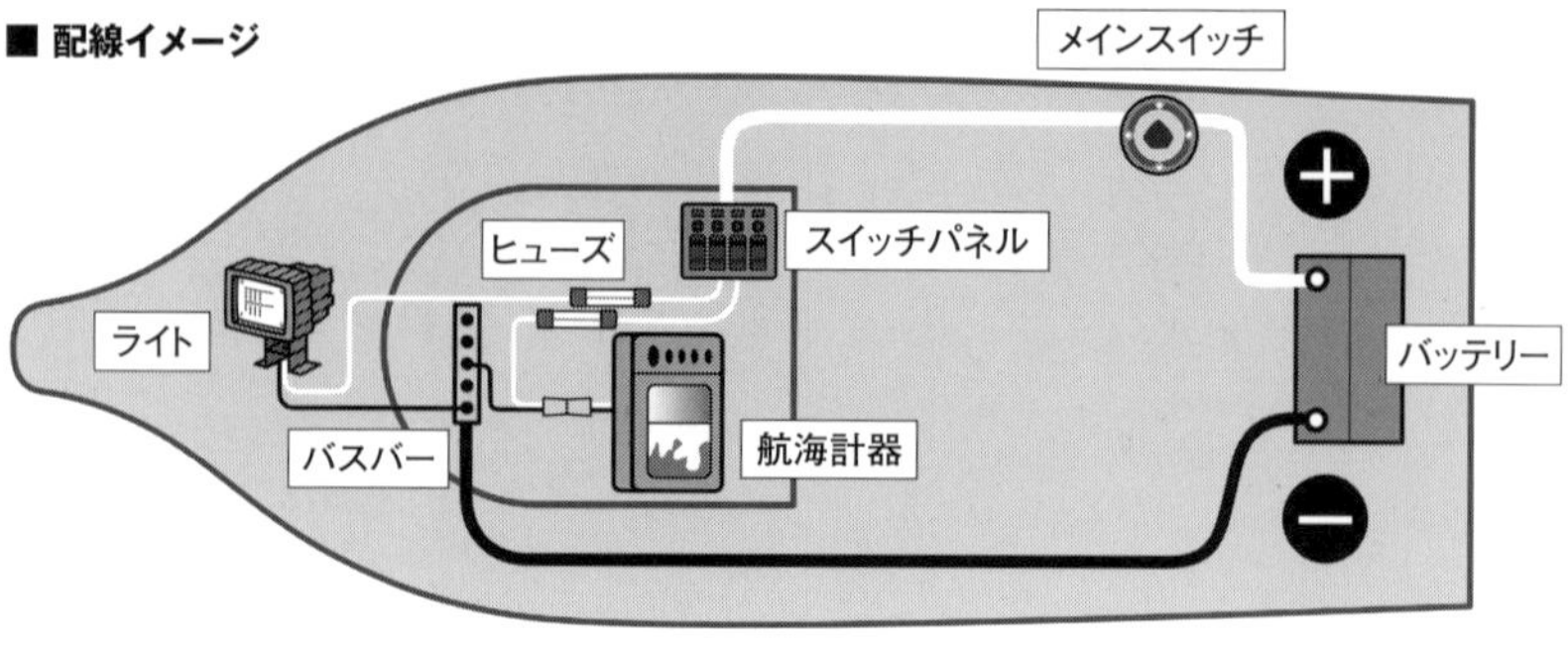

■ 配線図

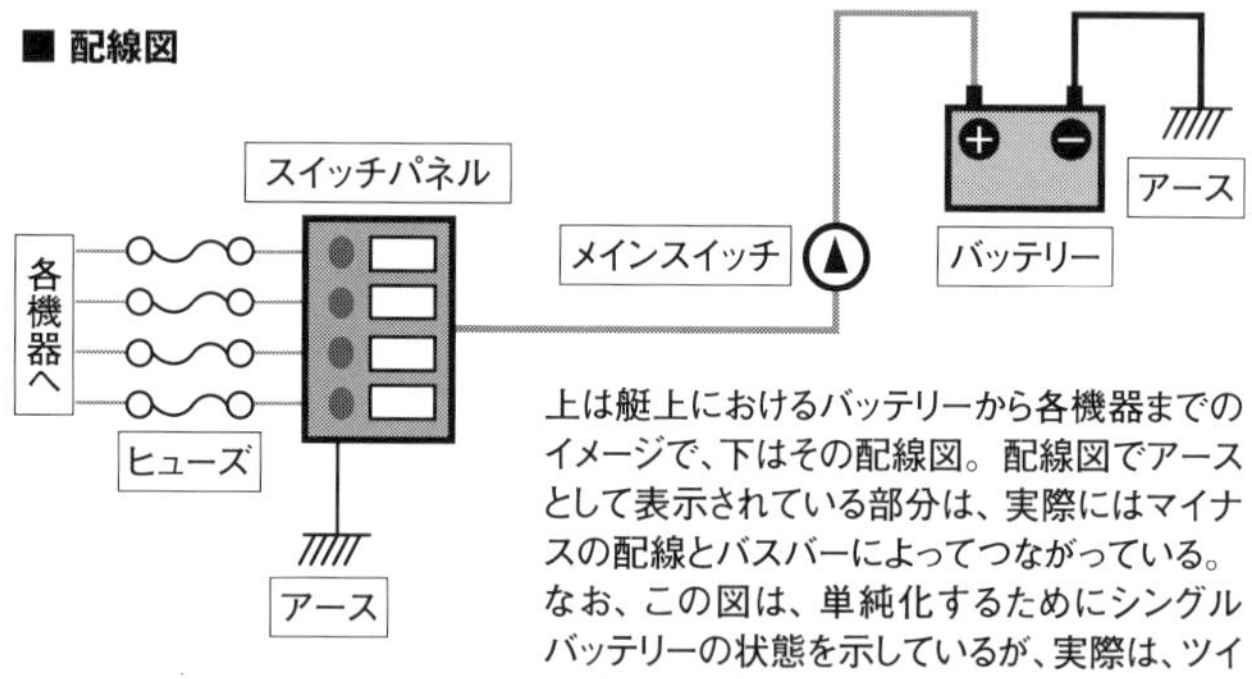

上は艇上におけるバッテリーから各機器までのイメージで、下はその配線図。配線図でアースとして表示されている部分は、実際にはマイナスの配線とバスバーによってつながっている。なお、この図は、単純化するためにシングルバッテリーの状態を示しているが、実際は、ツインバッテリーとして、アクセサリーの電源はサービスバッテリーから取ることが望ましい

巻き作れるくらいの余裕を持たせておきましょう。

④ アクセサリー用配線の新設（コンソール側）

電線を通し、長さが決まったら、いよいよ配線作業に入ります。

まず、コンソールの内側など、普段、誤って触れてしまったり、水がかかったりしないような、適切な場所にマイナスのバスバーを設置します。設置場所に十分な厚みがあれば通常のタッピングビスで留められますし、薄いFRPなどの場合はボルト・ナットを用います。いずれも、裏側に障害物がないところを選びましょう。

次に、電線のエンドをプラスとマイナスに裂いて、マイナス側の線をバスバーにつなげられるよう、少し余裕を持たせてカットし、前回までの解説に従って圧着端子を取り付け、ヒートシュリンクチューブで仕上げます。

端子の取り付けが終わったら、これをバスバーにネジ留めし、余った電線は、ぶらぶらしないようループさせて、タイラップで留めておきます。

続いて、スイッチパネルを取り付けます。ヘルムステーション周辺に複数の電装品を設置するのであれば、機器ごとの電源をコントロールするスイッチパネルがあると便利です。

スイッチパネルを設置するときは、何回路をオンオフしたいのか？ 取り付ける場所はあるのか？ などをチェックしておきます。例えば、欲張って6回路をオン／オフするパネルになると、それ自体が結構大きなものになります。スイッチパネルメーカーのウェブサイトなどで、カットアウトのサイズなどの各種情報を知ることができるので、購入する前に検討しましょう。なお、スイッチパネルを選ぶときは、各回路ごとにヒューズが付いているものがおすすめです。

また、スイッチパネルを取り付ける場所は、表側が平らで、裏側はアクセスしやすく十分なクリアランスがある場所を選びます。場所に問題がないことを十分に確認したら、付属のテンプレートに従ってコンソールの一部をカットして、スイッチパネルをはめ込み、ビス留めします。

パネル本体の取り付けが終わったら配線です。DC系のスイッチパネルはプラス側の配線しかないのが普通なので、先に通しておいたメインスイッチにつながるプラスの配線をパネルに接続します。取り付け箇所はパネルの説明書に書いてあるので確認してください。このとき、圧着端子の取り付けは、くれぐれも手を抜かず、しっかり施工しましょう。

パネルの種類によってはターミナルを付けずに、直接、芯線を締め付けるタイプもあります。

加えて、スイッチパネルによっては、回路をオンにしたときにパイロットランプが点灯するタイプがあります。この場合、パイロットランプのための電源が必要なので、先に設置したバスバーに、マイナスの電線をつないでおきます。ここで使う電線は、パイロットランプを点灯させるだけなので、細いもので構いません。

これでヘルムステーション側のスイッチパネルの新設は完了です。

⑤ メインスイッチとバッテリーへの接続

最後にバッテリー側の作業です。

プラス側の電線は基本的にメインスイッチに、マイナス側の電線はバッテリーのマイナス端子につなぐので、二またに裂いて、それぞれの長さに仕上げます。

マイナス側はバッテリーターミナルに付けられる頭の大きい圧着端子を取り付けて、バッテリーにしっかり締め付けます。

プラス側は、電線を接続する前に、万一に備えてバッテリーのプラスターミナルを外しておきます。

続いて、メインスイッチを取り外します。例えば、「OFF・1・ALL（あるいはBOTH）・2」のタイプは、4本のネジを外すとごっそり外れ、その裏側には、バッテリーとエンジンのスターターモーターにつながる太いケーブルが見えます。

バッテリーにつながるケーブルを接続してある端子のほかに、「C」あるいは「COMMON」と書いてある端子があります。ここは、メインスイッチをオンにしたときに電気が流れる部分で、スターターモーターへのプラス側の配線が接続されているので、ここに新設したプラス側の電線に取り付けた圧着端子を接続し、ナットでしっかり締め付けます。

最後にヒューズを設置します。ヒューズがないと、万一ショートしたときなどに火を噴くので、設置は必須。プラス側の電線のアクセスしやすいところを切って、ヒューズホル

スイッチパネルから各機器への配線

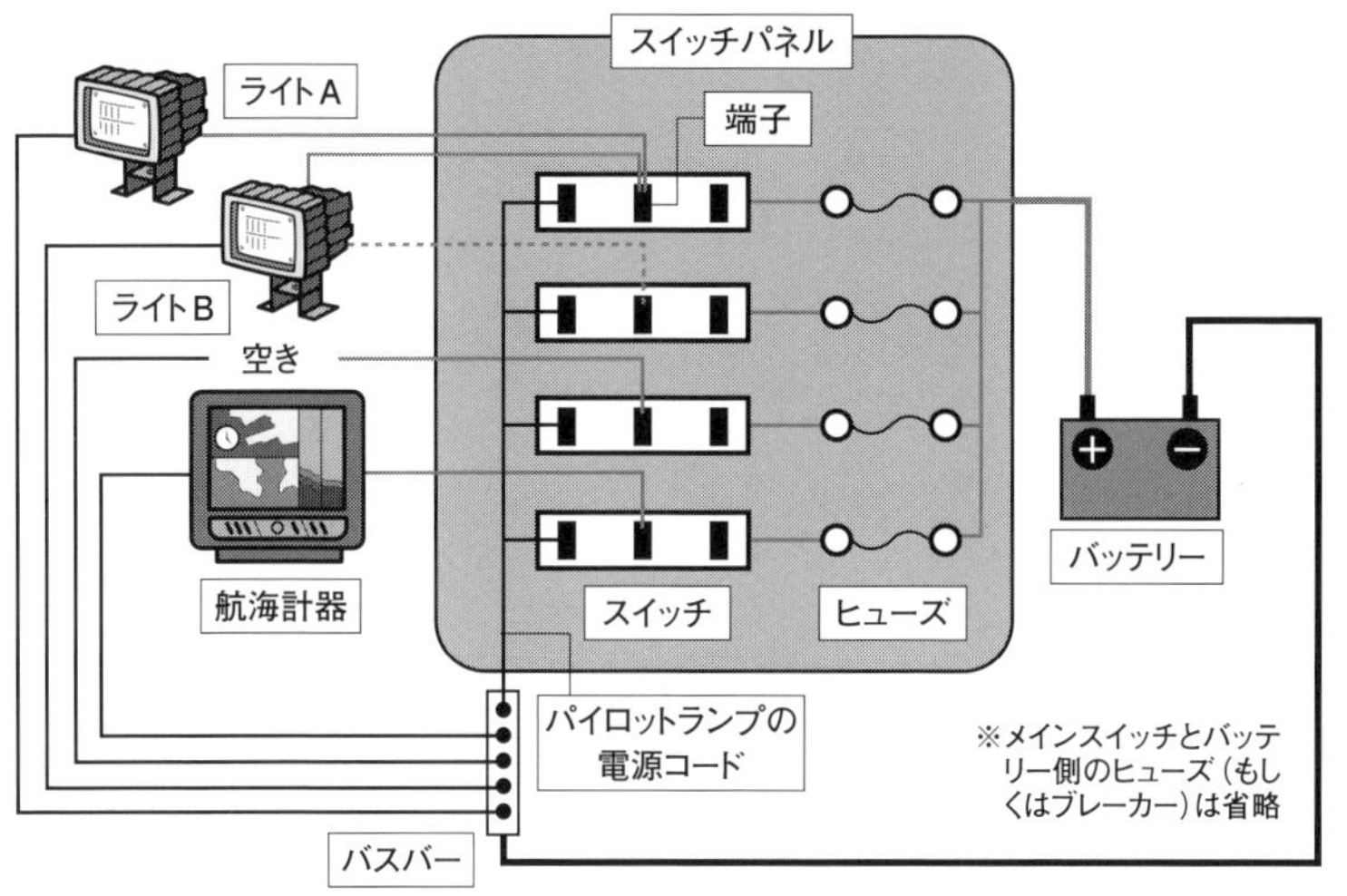

ヒューズ（もしくはブレーカー）とパイロットランプ付きスイッチがあるスイッチパネルへの、各機器の接続イメージ図（パネルを裏側から見た状態）。デッキライトを2灯設置した場合、「ライトB」のプラスの電源コードは、2灯の点灯／消灯を同時に（一つのスイッチで）制御する場合は実線のように、個別に制御する場合は破線のように接続する

スイッチパネル

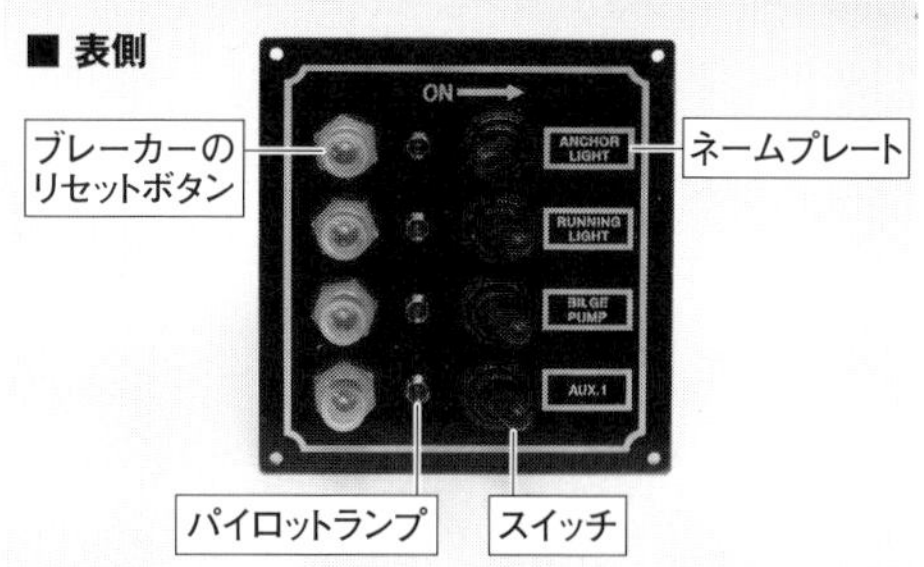

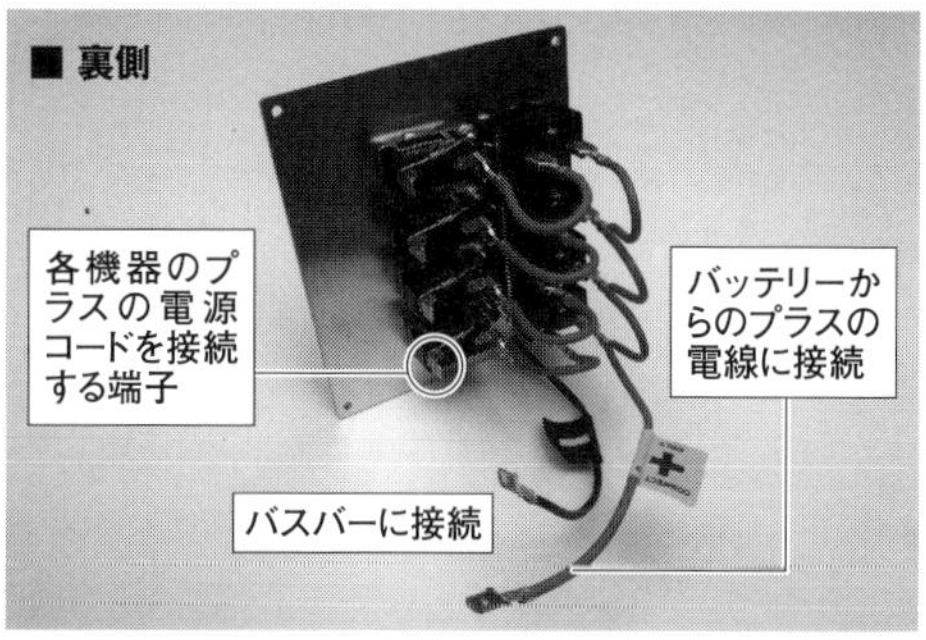

市販されているスイッチパネル（ブレーカーとパイロットランプ付き）の例。裏側には、バッテリーからのプラスの電線につなぐための線（＋のタグ付き）と、パイロットランプ用のバスバーにつなぐ線（－のタグ付き）が出ている。なお、各機器のプラスの電源コードは、平型ターミナルで端子に接続する

スイッチパネルの取り付け

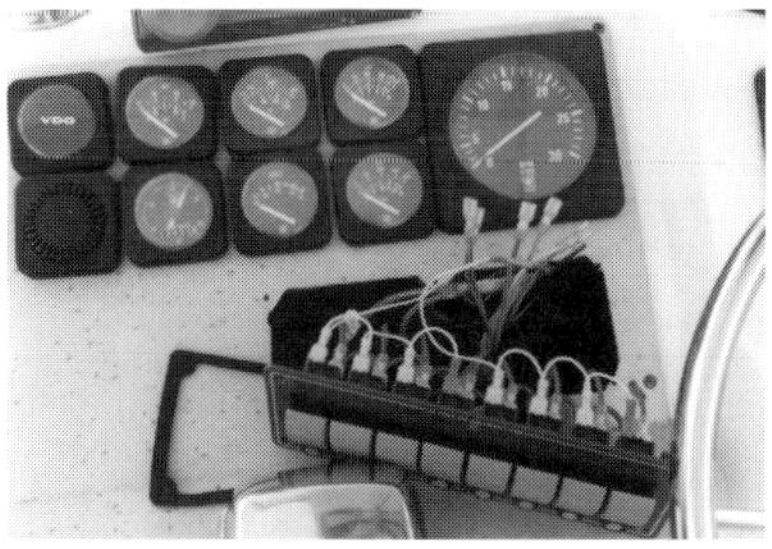

コンソールにスイッチパネルを新設する場合は、裏側にアクセスしやすくて十分なクリアランスがある平らな部分を選ぶ。スイッチパネルに同梱されているテンプレートなどを用いて、ドリルやジグソーなどを使ってコンソールに取り付け用の開口部を設けたら、ビスなどで固定する。防水用のパッキンなどを入れるのを忘れずに

デッキライト

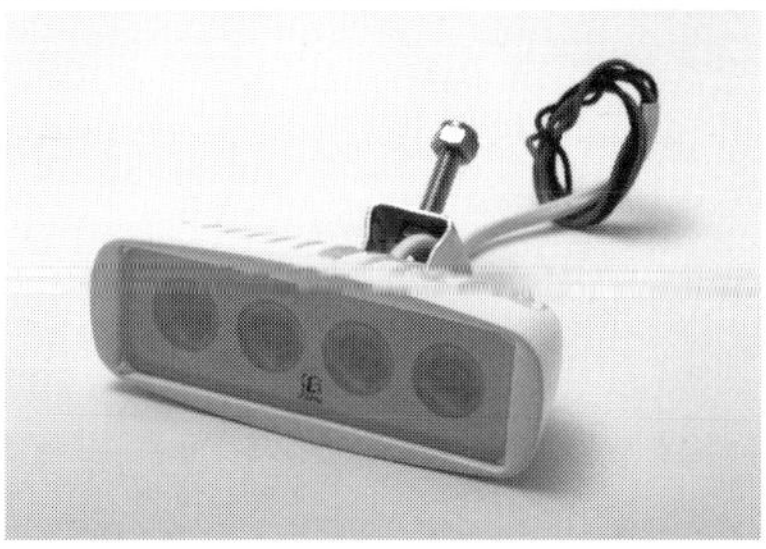

小型のLEDデッキライトの一例。電球式の照明機器は、想像以上に電力を消費するので、LEDタイプのものを選びたい。なお、機器自体の電源コードは、写真のようにごく短いケースが多いので、スイッチパネルとバスバーに接続するための電線を、必要に応じてつなぐ必要がある

ダーごと取り付けます。電線と電線とをつなぐ際は、圧着端子を使ってしっかり接続してください。

ヒューズの代わりに、サーフェスタイプ（壁などに取り付けられる自立型）のサーキットブレーカーを使うとスマートになります。なかなか手に入りにくいですがぜひ検討してみてください。

ちなみに、ヒューズやブレーカーを入れるのは「電源に近いところ」が基本です。ヘルムステーション側にヒューズを付けると、メインスイッチからヘルムステーションまでの電線を保護できなくなります。

さあ、ここまでできれば、あとはメインスイッチを元通りに固定し、余った電線をきれいに留めて、プラスのバッテリーターミナルをつなげれば作業完了です。

デッキライトやサーチライトの新設

夜間航行時のコクピットでの作業や離着岸のために、デッキライトやサーチライトを設置したいという方は多いでしょう。

しかし、少し前のハロゲンなどの電球タイプのものは、思った以上に電力消費量が多いので、注意が必要です。

例えば、55Wのデッキライトの場合、消費電力は約5A。これを2灯設置すれば、10Aくらいはすぐに消費してしまうのです。

一方のサーチライトも、ちょっと大きなものになると、1灯で10A近く消費してしまうことが多いです。

こういった消費電力の多い機器を設置する場合は、バッテリーの容量やオルタネーターの発電容量との兼ね合いをよく考えなければなりません。特に、メインスイッチにつながっているスターティングバッテリーから電源を取ったりすると、容量オーバーなどのトラブルの元となります。

よって、消費電力が多い電装品を使う場合は、アクセサリー用のサービスバッテリーを追加し、そこから電源を取ることをおすすめします。

また、ライト類の場合、最近のLEDタイプのものは消費電力が少なく、球切れの心配も少ないので、積極的に使いたいところです。

さて、ここでは、デッキライトを設置するケースを見てみましょう。先に設置したアクセサリー用の配線とスイッチパネルが生きてきます。

まず、デッキライト本体を設置する場所を決めて、しっかり取り付けます。電線を引き込む場所を見つけるのもお忘れなく。

電線を引き込んで、その端をコンソールまで持ってきたら、マイナス側はバスバーに、プラス側はスイッチパネルに接続します。ライトが2灯あって、一度につけたり消したりするのであれば、両方のプラスの電線を同じスイッチに、別々に制御したければ、それぞれのプラスの電線を別のスイッチに接続します。

【第11回】電装品取り付けの実際②

引き続き、各種電装品の取り付けについて、具体例を挙げながら解説します。GPSプロッターや一部のメーター類、電動リール用のインレットやビルジポンプは、DIYでの取り付けも比較的容易なので、ぜひ挑戦してみてください。

GPSプロッター、魚探などの新設

ボートを購入して、最初に設置しようと思うのが、GPSプロッターや魚探などの電子機器類でしょう。最近ではぐっと安価になってきたので、ぜひ装備しておきたいものです。

これらの設置は、それほど難しくありません。特にGPSプロッターは、DC12Vの電源コードとGPSアンテナのケーブルを接続するだけです。

まず、本体を設置する場所を決めます。視界の妨げにならず、操船中に見やすい場所で、できれば、直射日光が入り込まないところが望ましいでしょう。

コンソールに埋め込む場合は、FRPパネルのカットアウトなどが必要で、大工事になるので、プロに依頼したほうがいいかと思います。

ここでは、DIYで取り付ける際に圧倒的にラクな、ブラケット（取り付け架台）を用いて設置するパター

GPSプロッターの取り付け

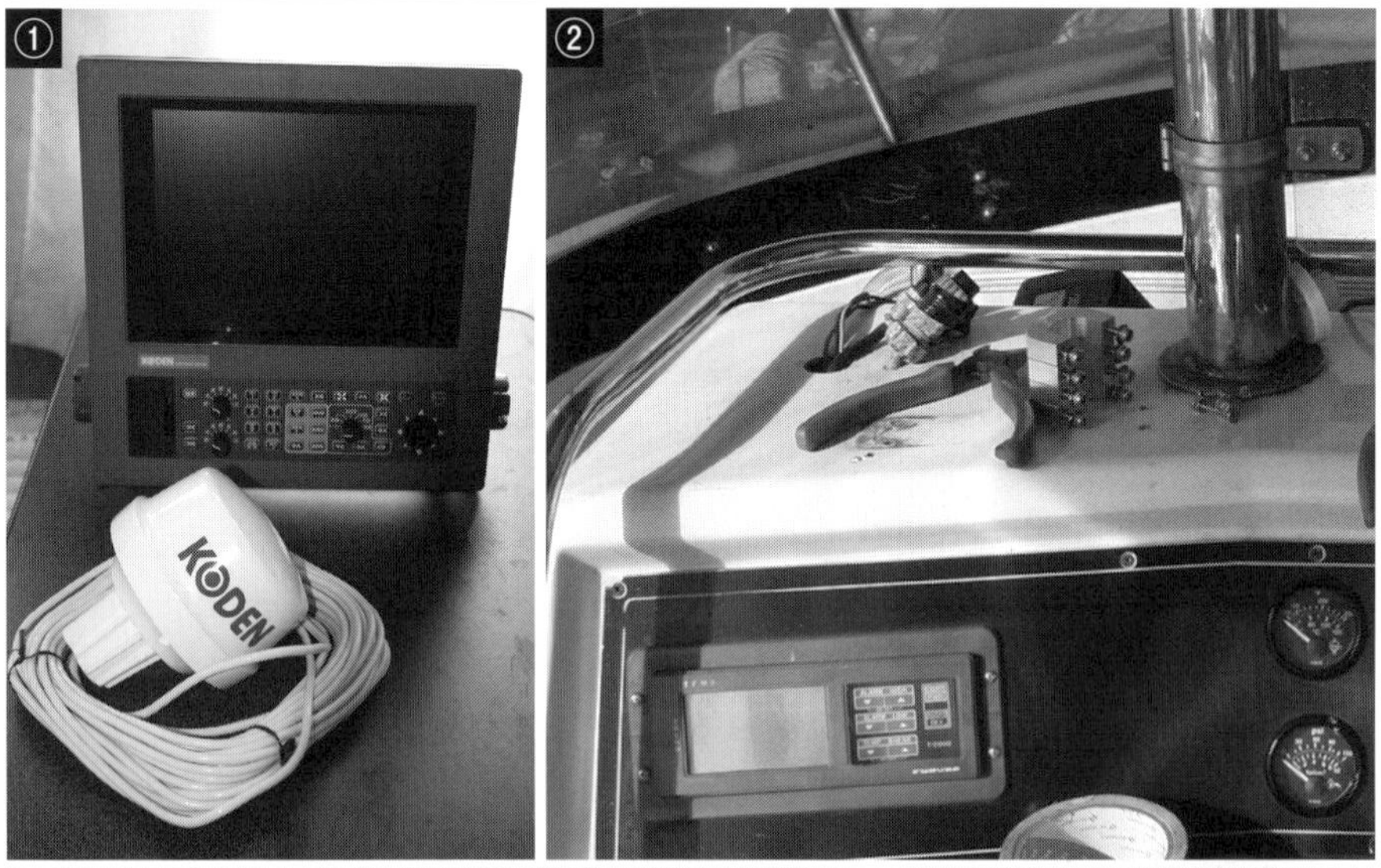

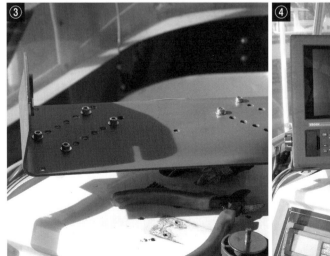

アンテナケーブルや電源ケーブルの配線がうまくいけば、ブラケット（取り付け架台）を用いたGPSプロッターの取り付けは、比較的簡単。ブラケットの固定は、ボルト&ナットを用いるか、しっかりした裏当てを入れてビスを用いるかする

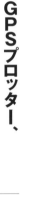

魚探振動子の設置

魚探振動子の取り付け方にはいくつかの方法があるが、いずれも、取り付け位置の決め方や設置方法にノウハウがあるので、プロに依頼したほうが無難だ。写真は、シリコーンを用いたインナーハル取り付けの例

ンについて説明します。

設置場所が決まったら、ボルト&ナットでブラケットを取り付け、本体をセットします。ブラケットを取り付ける際、FRPのコンソールに、直接、タッピングビスで留めてしまうと、あとあと緩んでトラブルになるので、しっかりとした裏当てを入れて補強するか、ボルト&ナットを使用してください。

本体の設置が終わったら、電源とアンテナを接続します。まずは、メーターパネルの裏まで、電源ケーブルとアンテナケーブルを引き込みます。どうしても隙間がなければ、パネルの目立たないところに穴を開けて通します。

電源コードは、マイナス側をヘルムステーションに新設したマイナスのバスバーに、プラス側をスイッチパネルの端子に取り付けます。その際、GPSプロッターの説明書をよく確認して、コードのプラス／マイナスを間違えないように注意して、それぞれをしっかり接続しましょう。

もし、バスバーやスイッチパネルに空きがない場合、消費電力の少ない小型のGPSプロッター（魚探機能がないもの）であれば、手が届くならエンジンのイグニッションスイッチに、そうでなければ各種メーターの電源端子に抱き合わせても構いません。イグニッションスイッチにつなぐとメインスイッチがONのときに作動し、メーターにつなぐとエンジンが動いているときに作動します。抱き合わせする場合、相手の端子が平型（ラグ）ターミナルなら二股端子を使い、ネジ留めならリングターミナルをつけて接続します。

ただし、この抱き合わせで設置できるのは、定格電流がせいぜい1～2A程度の機器だけです。間違っても、10Aもあるような機器をつないではいけません。

一方のアンテナケーブルは、アンテナ側から順に配線していきますが、艇内に引き込むところは内部からアクセスしやすい場所を選びます。ダクトなどがあればそこを通しますが、適当な通路がなければ、穴を開けてケーブルを通したあと、コーキング処理を施します。

魚探機能がある場合は、さらに振動子（トランスデューサー）の設置が必要です。この振動子は、船底までケーブルを通さなければならないので、DIYではちょっと大変です。特に、振動子をスルーハルで取り付けようとする場合、素人工作は不可能。インナーハル式にしても、泡かみをしない場所の選び方にノウハウがありますから、プロに任せたほうがよいでしょう。

トランサムにブラケットを介して振動子を取り付けるタイプや、イケスカッパーを利用するタイプならDIYも可能です。

ケーブルは、既設の電線やコントロールケーブルが通っている隙間などを利用し、コネクター側を下（エンジンルームやイケス）から上（ヘルムステーション）に向かって順々に通していきます。このときも、ケーブルランナーなどがあると重宝します。

電圧計やアワーメーターの追加

オイル交換のインターバルを知りたいからアワーメーターを、バッテリーのコンディションを知りたいので電圧計を、といった具合に、メーターを増設したい場合があります。

ここでは、例としてアワーメーターの取り付け方を見てみましょう。アワーメーターは、プラスとマイナスの電源さえつなげばよいので簡単です。

まず、インスツルメントパネル（インパネ）に、メーター本体の設置スペースを探します。この場合、スイッチパネルの増設と同様、裏側からアクセスできる場所にする必要があります。また、メーターにもカットアウト用のテンプレートが付いているので、それに合わせてパネルをカットし、メーターを差し込んで、裏側からブラケットで固定すれば取り付けは終了。

電源は、隣のメーターから電線を引いてくればOKです。相手のメーターの端子の形を見て、平型ターミナルなら二股端子を使い、ネジ留めならリングターミナルをつけて、プラスとマイナスを接続します。メーターライト用の端子がある場合も、同様に隣のメーターに接続しましょう。

なお、電圧計の設置方法もアワーメーターと同じです。

一方、水温計や油圧計、燃料計などは、エンジンや燃料タンクにセンダーを取り付ける必要があって難

アワーメーターの取り付け

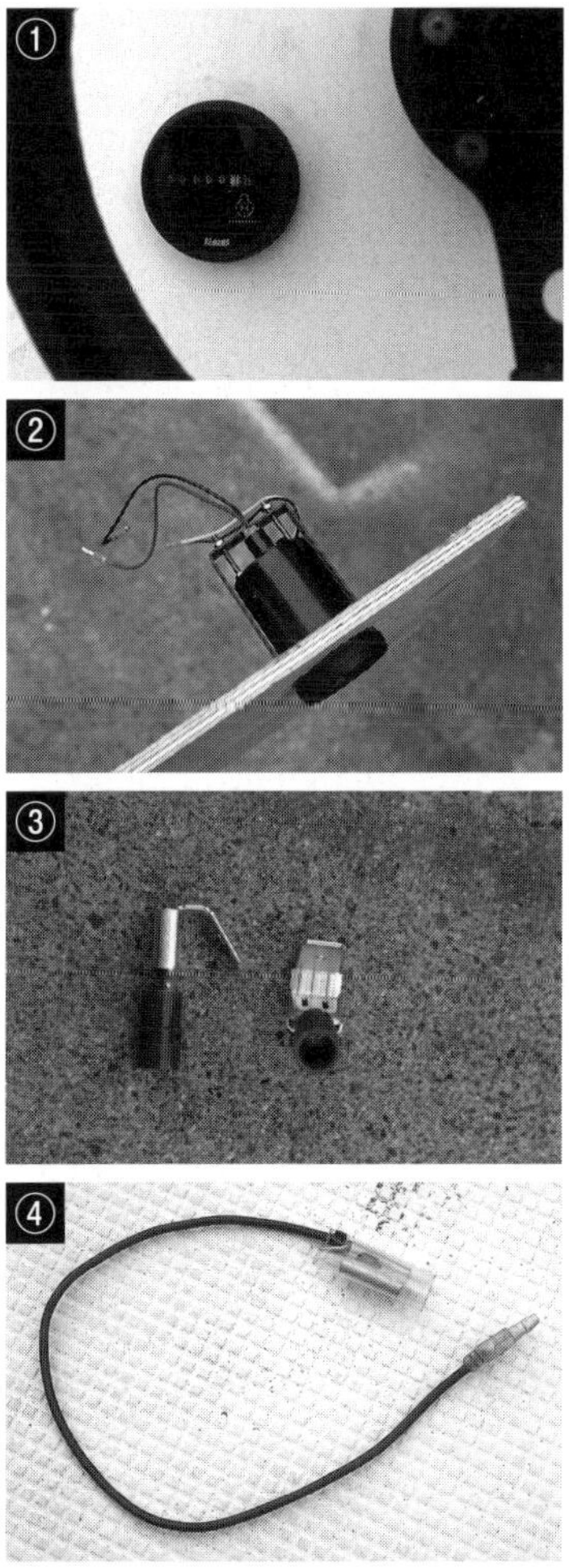

アナログ式のアワーメーターは、メインスイッチが入っている時間を積算表示するので、電圧計同様、近くのメーターに電源コードをつなげばよい。写真②は、メーター本体を裏側からブラケットで固定した様子。電源コードの接続には、二股のファストン端子（写真③）やギボシ端子（写真④）を用いる

しいので、プロに依頼しましょう。

ちなみに、最近は電子制御のエンジンが増えてきましたが、こうしたエンジンの場合、専用の通信規格（NMEA2000）に準拠していれば、専用のハーネスを介して、エンジンからのケーブルに接続するだけで各種情報を表示させられる、汎用のデジタルインスツルメントも市販されているので、DIYも比較的簡単です。

汎用デジタルインスツルメントの例

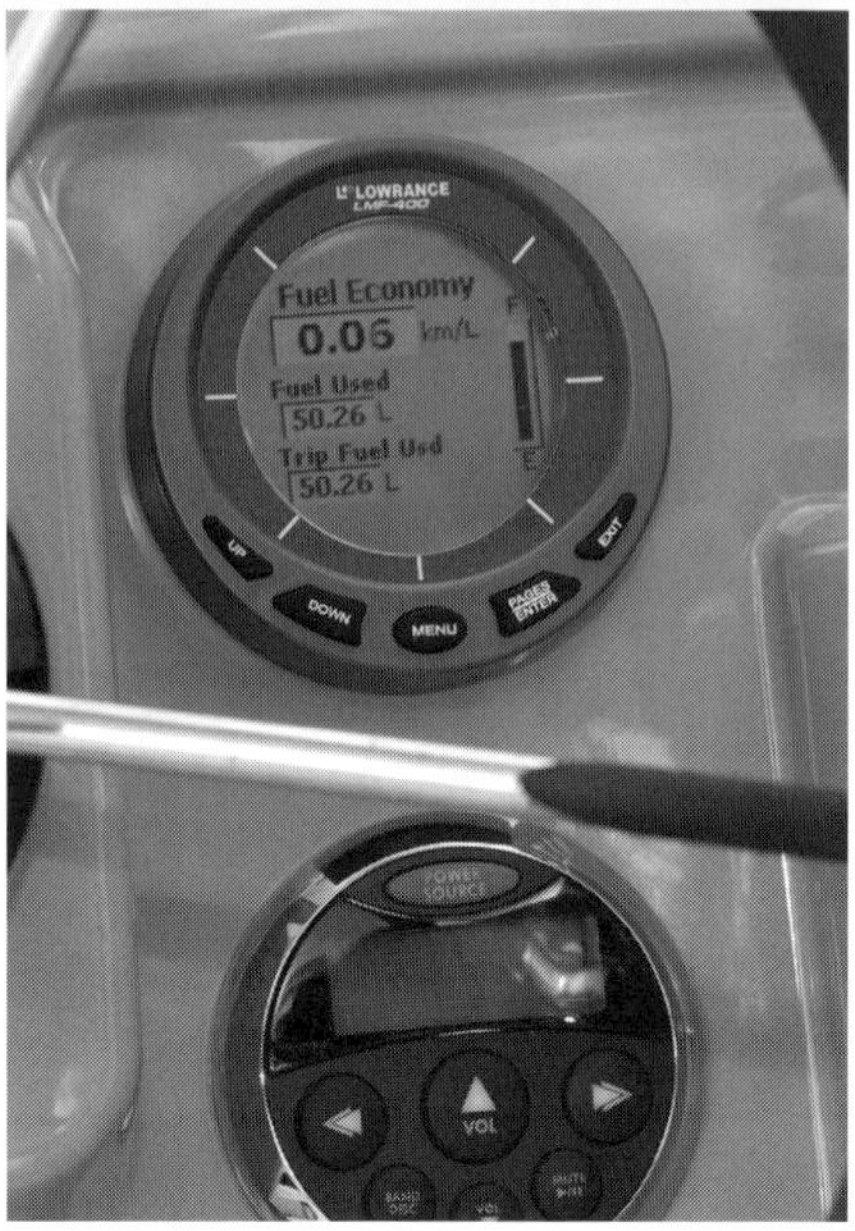

船舶用電子機器の統一通信規格であるNMEA2000に対応したデジタルインスツルメントは、ECU（エンジンコントロールユニット）から得た燃料消費量などの情報を表示させることができる。センダーの取り付けなどが必要ないため、設置は比較的容易だ

カーオーディオの新設方法

快適装備の一つとして、カーオーディオを設置したいという方も多いでしょう。ボートでは湿気が多いので、すぐにダメになってしまいがちですが、壊れるのを覚悟で安価なものを設置するなら悪くありません。

もっとも、スピーカーだけは、マリン用の防水タイプがよいでしょう。

オーディオ機器は、本体もさることながら、スピーカー設置場所の検討と、配線引き回しの見極めが大切です。スピーカーを埋め込めるスペースがあるのか？ それとも、ボックス型のものを設置するのか？ さらには、オーディオ本体からの配線をどうやってスピーカーまで通すのか？ といったことを、十分に検討してください。

本体は、基本的にパネルをカットアウトして取り付けますが、オーディオ本体は奥行きが深いので、取り付け場所の裏に十分なスペースがあることをきちんと確認しましょう。どうしても埋め込めないようなら、ブラケットで取り付けるハウジングも市販されています。

オーディオの配線接続には、電源コードとスピーカーコード4組がひとまとめになった、専用のハーネスセットを使うのが基本です。電線だらけになりますが、めげずに頑張ってください。

マイナス側の電源コードはマイナスのバスバーに、プラス側の電源とACC（アクセサリー＝バックライトなど）のコードはスイッチパネルのプラス端子に接続します。

スピーカーコードも、プラスとマイナスに分かれているので、説明書の指示に従って、間違えないようにしてください。

電動リール用インレットの新設

釣りのためにマイボートを手に入れる方は多いと思いますが、底物釣りをするときに欲しくなるのが電動リールです。最近では、リール本体もバッテリーも小型化していますが、やや大きめの電動リールを使う場合には、ボート側にその電源を取るためのインレットがあると便利です。

インレットを作る際は、専用のコネクターを用意します。また、インレット本体も、電源コードをコネクターに接続するところも、直接海水をかぶらない設置場所を選び、防水には十分な注意を払ってください。

インレットはコクピット内に付けることが多いので、電線がぶらぶらしないよう、タイラップなどで留めておきましょう。あとから配線を交換することを考えて、PF管などを通しておくのも一法です。

電源コードをヘルムステーションまで引っ張ってきたら、マイナス側はバスバーに、プラス側はスイッチパネルに取り付けます。

ちなみに、リールをつながなければ電気が流れないのに、なぜスイッチパネルにつなげるのでしょうか？ また、設置場所がバッテリーに近ければ、直接配線したほうがラクなのに、なぜわざわざスイッチを経由させるのでしょうか？

それは、こうした外部に露出した機器の場合、塩が付いて漏電しやすいからです。経年変化でわずかでも漏電するようになると、電気が漏れっ放しになってしまうので、回路の途中にスイッチを入れて、必要な

電動リール用インレット

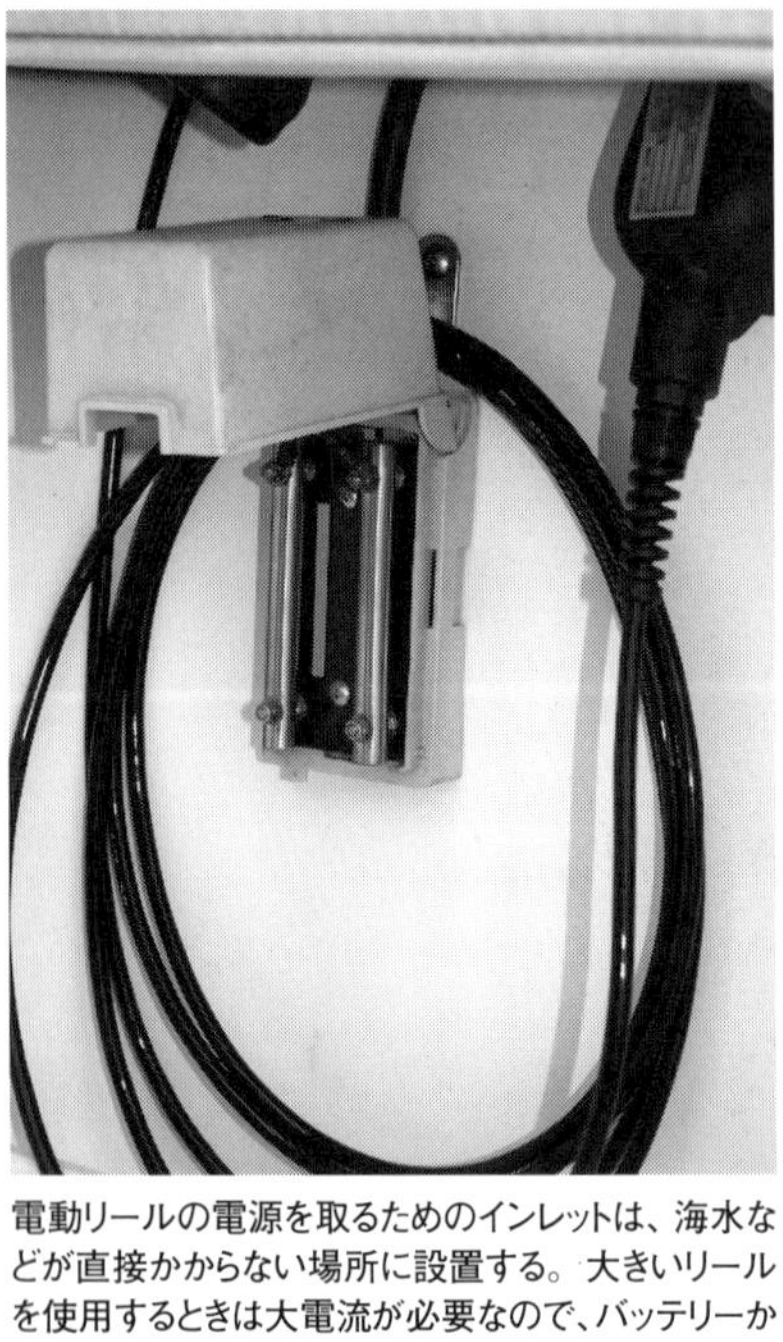

電動リールの電源を取るためのインレットは、海水などが直接かからない場所に設置する。大きいリールを使用するときは大電流が必要なので、バッテリーから直接、太い電線で電源を取ってもいい。ただし、ヒューズやスイッチなどを個別に入れて、トラブル時、確実に電流を遮断できるようにすること

いときは電気を完全に遮断しておくのです。条件が悪い場所に設置する機器ほど、面倒でも念には念を入れて艤装することが大切なのです。

オートビルジポンプの新設

小型の輸入艇などを係留保管する際には、ぜひとも設置しておきたいのがオートビルジポンプです。

通常、オートビルジポンプに使用されるポンプは、「ルール（Rule）」ブランドの製品に代表されるような、全没式のセントリフューガルタイプ（羽根車が入った遠心式）です。国産艇でよく見かけるインペラタイプのポンプは、オートビルジとして使うとインペラがすぐダメになってしまうので、注意してください。

オートビルジを取り付けるときの配線は、ここまで見てきた機器の回路とはちょっと異なります。それは、オートビルジの場合、係留中は常にビルジポンプが動ける状態になっていなければならない、つまり、メインスイッチを切ってもビルジポンプには常に電気が供給される状態にするという点です。

しかし一方で、常にポンプが動き続けていたのでは、ポンプ自体がすぐに壊れてしまうし、バッテリーもすぐに上がってしまうため、ビルジがたまって水位が上がったときだけ動く仕組みにしなければなりません。

水位の上がり下がりを検知するのがフロートスイッチです。さまざまなタイプがありますが、基本的に、スイッチにウキ（フロート）がついていて、水位が上がってフロートが上がるとスイッチがONになり、ビルジポンプが動いて水位が下がると、フロートも下がってスイッチがOFFになる、という原理です。これで無人のボートのビルジの見張り番をしてくれるのです。

実際の配線では、メインスイッチをバイパスさせる必要がある上、ビルジポンプを設置するのはバッテリーに近いエンジンルームや艇の一番後ろの部分ですから、バッテリーから直接、プラスとマイナスの電源コードを引いてきます。プラス側の電線には、基本通り、バッテリーの近くに必ずヒューズを入れておきましょう。

フロートスイッチは、単にスイッチがON／OFFするだけなので極性は関係ありませんが、スイッチパネルと同様、プラス側の配線に組み込みます。バッテリーからのプラスの電線をフロートスイッチにつなぎ、スイッチの反対側から出ている電線をビルジポンプ本体のプラス端子につなぎます。

なお、ビルジポンプの配線は、湿気が多く条件が非常に悪い場所に設置するので、接続部分に防水コネクターを利用するなどして、防水には十分気を使ってください。これでオートビルジの配線は完了です。

さて、せっかくビルジポンプを設置するのですから、もうひと工夫しましょう。オートビルジでは、フロートスイッチで自動的に作動する回路に加えて、ヘルムステーションから任意にON／OFFできる回路が組み込まれているのが普通です。これは、フロートスイッチがだめになったり、水位が低くてフロートスイッチはONにならないけれど、ビルジポンプを動かしたいときなどに使います。

実際の配線も、特に難しいことはありません。スイッチパネルからプラスの電線を1本、ビルジポンプ本体の近くまで引いてきます。続いて、ビルジポンプとフロートスイッチの間に、その電線を接続します。こうすると、ビルジのたまりが少なく、フロートが上がらずにポンプが止まっているときでも、スイッチを入れるとビルジポンプを動かすことができます。三股になるのでちょっと防水が難しいですが、ぜひチャレンジしてみてください。

オートビルジポンプ

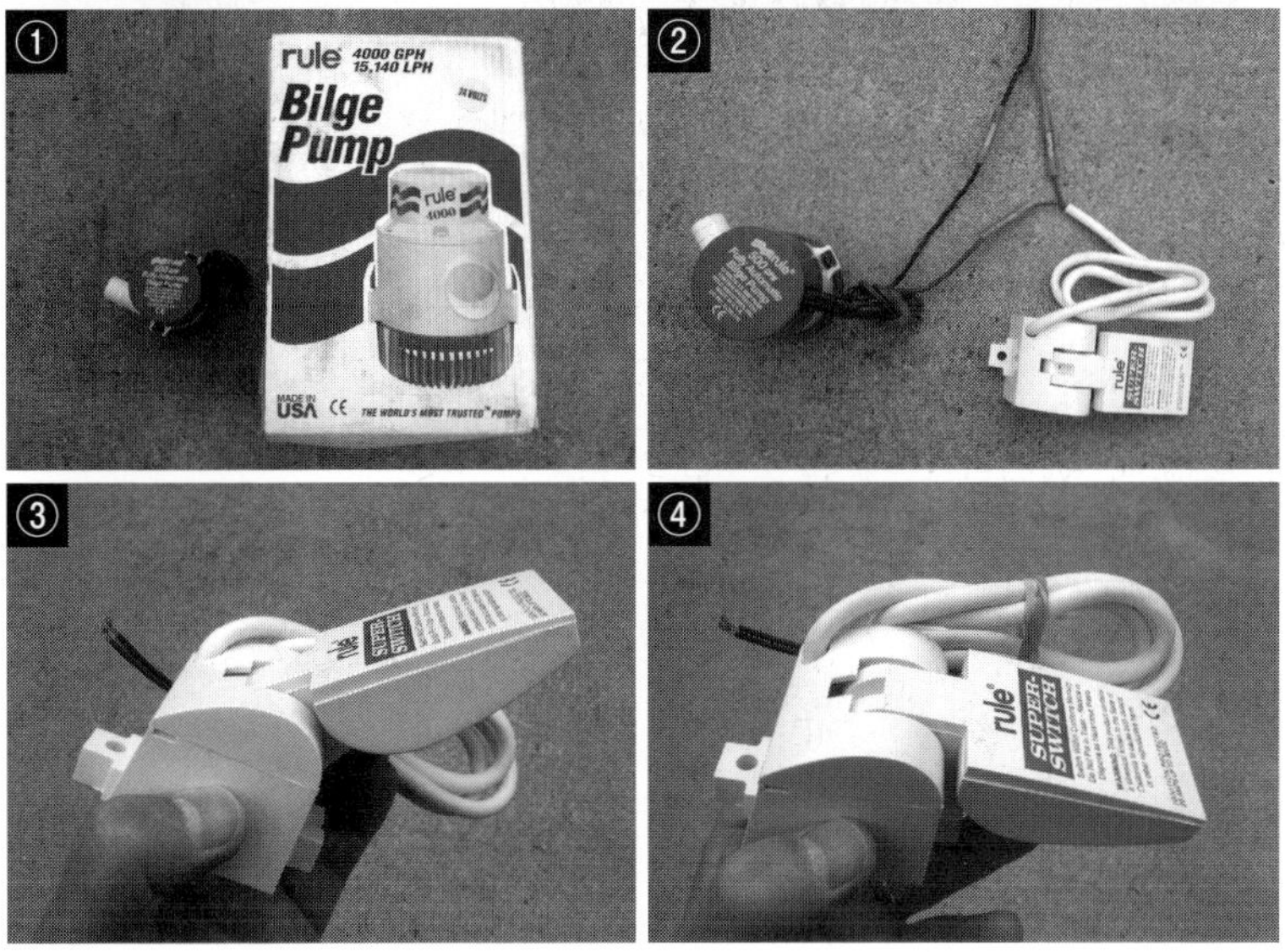

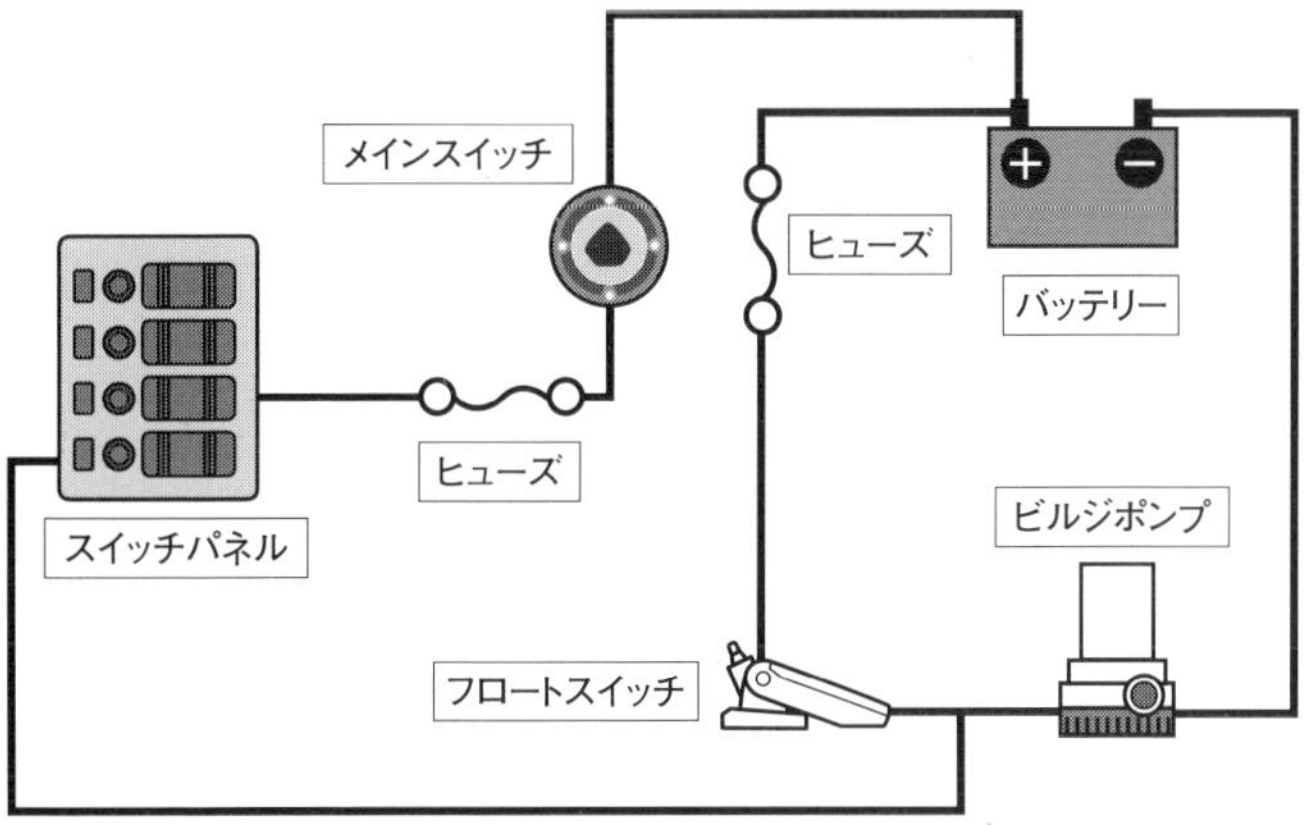

通常、ビルジポンプとフロートスイッチは別売りとなっており、ボートに設置する際に組み合わせる。写真②は、ポンプ本体とフロートスイッチを組み合わせて電源コードをつないだ例。配線図は、手動スイッチを設ける場合のもの。手動スイッチを設けた場合は、写真②の↑部分にスイッチパネルからのプラスのコードをつなぐ。なお、フロートスイッチは、ビルジがたまって水位が上昇するとフロートが浮き上がってスイッチが入り（写真③）、水位が下がるとフロートも下がってスイッチが切れる（写真④）仕組み

【第12回】ボートで使うＡＣ①

ここからはボートにおけるＡＣ電源について見てみましょう。ＡＣ１００Ｖが使えれば、一般的な家電製品を持ち込んで、ボーティングを快適に楽しむことができますが、その電源確保の方法や配線、使い方には十分な注意が必要です。そこで、できるだけ簡単にＡＣ系の仕組みを説明したいと思います。

陸電や発電機が必要なAC系の仕組み

ここまで、ボートで使われるDC（直流）系、つまり、バッテリーから供給される電気について見てきました。

でも、ボートで使われる電源は、DC系だけではありません。マリン機器や、エアコンなどの大電流を必要とする家庭用の電子レンジやテレビ、ホットプレートなどを動かすためのAC（交流）系もあります。

しかし、ことボートにおけるACについての情報は少なく、なかなか理解しにくい部分です。そこで、ここからは電気系の締めくくりとして、簡単にAC系の仕組みについて見てみましょう。

かつて、ボートにAC系があるのは、ジェネレーターを備えた大型艇だけでした。小型艇ではそのニーズも少ないし、設備を設置する余裕もないといった理由からです。

しかし、近年では、設備の整った係留型のマリーナが増えてきたおかげか、ジェネレーター（発電機）を持たない中・小型艇でも陸電の設備を持ち、マリーナ滞在中に快適に過ごせるようにと、AC系を装備したものが増えてきました。

AC系の配線は、配電盤（スイッチパネル）以降に関しては、DC系と変わりません。ただし、エネルギーソース（電源）につながるところは、大きく陸電とジェネレーターとに分かれます。

陸電は、艇外のマリーナの桟橋などから電線を引いてきて電気を得る方法です。一方、「ジェネ」とも呼ばれるジェネレーターは、艇内に搭載する発電機で、いろいろなタイプがありますが、どれも専用のエンジンを使って電気を生み出す方法です。

そのほかに、AC系のエネルギーソースとして、主機駆動の発電機（オルタネーター）や、DCをACに変換するインバーター、陸上用の空冷の汎用発電機などを用いることがあります。

プラスとマイナスはないけれど極性はある

ご存じのように、DCと違って、ACにはプラスとマイナスという区別がありません。ACでは、プラスとマイナスの電気が交互に大きくなったり小さくなったりするからです。

でも、ACには「極性」があることに注意が必要です。家庭用のコンセントでは、プラグの向きなどまったく気にしないで使っていますが、実は、コンセントは片側が0V、片側が100Vになっており、100Vのほうを「ホット」、0Vのほうを「コールド（またはニュートラル）」と呼びます。家庭用のコンセントやプラグは左右がないように見えますが、実は微妙に形が違っているので、じっくり見てみてください。穴やブレードの幅が広い方がコールドです。

AC系で気をつけなければならないのが、通常、黒い線が使われているホットで、この線の取り扱いを誤ると、感電や火災など重大な事態を引き起こします。一方、通常は白い線が使われるコールドは、電圧がないのでいくら触っても感電しません。まず、この違いをしっかり覚えましょう。

テスターをAC100Vの測定を

コンセントに見るホットとコールド

家庭にある１００Ｖ用の一般的なコンセントでも、ＡＣの極性は区別されており、差し込み口の大きいほうがコールドとなっている（上）。また、エアコン用など15Ａ以上の高電流を流すためのコンセントは、容量を間違えないようにするため、写真下のＴ字形のように、差し込み口の形状を明確に変えている

するレンジにして、コンセントのアース端子に一方のプローブを当て、もう一方のプローブをコンセントの穴の中に順に挿し込むと、プローブをコールド側に入れたときは0Vを指し、ホット側に入れたときだけ100Vを指します。これがホットとコールドの違いです。

このホットとコールドの極性を逆に接続してしまうことを「逆接」といいます。通常、家庭では問題にならないのですが、ボートでは大きな問題となる場合があるので、AC系の電装においては、特に配電盤から各機器への接続に細心の注意を払う必要があります。

ACはDCと違って電圧が高く、使用するエネルギーが大きいので、感電や火災の危険があります。AC系の工事をするには専門の資格が必要ですが、ボートの場合はオーナーの使い方にも注意が必要なので、必ず正しい知識を身につけてください。

ACスイッチを含む配電盤

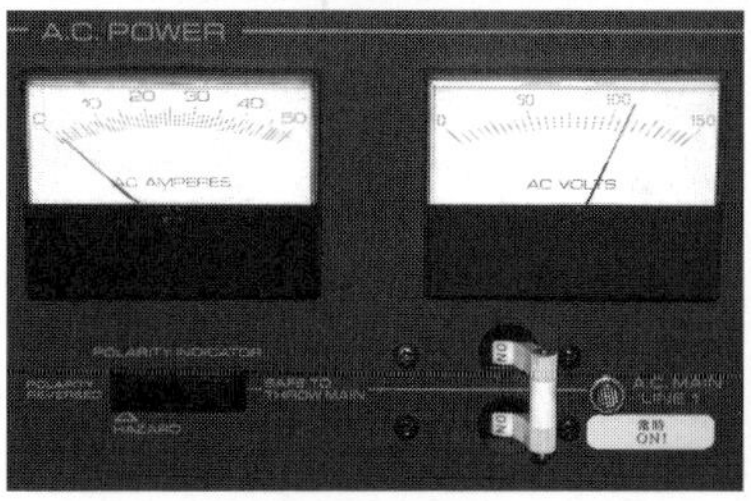

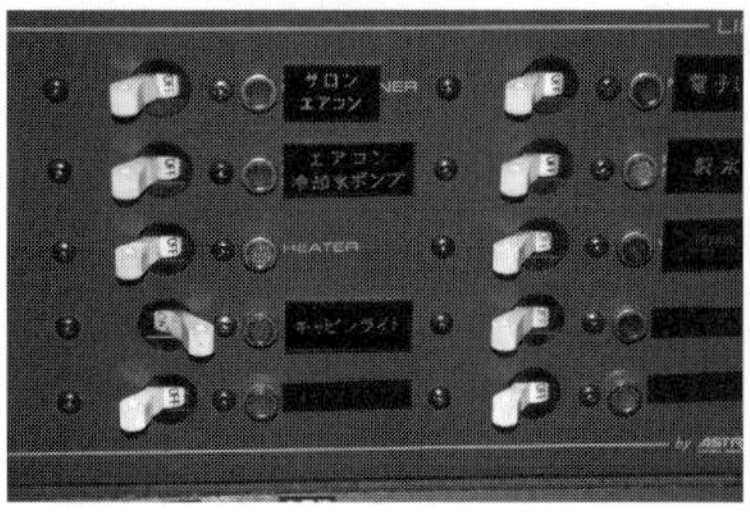

右の写真は大型艇の配電盤で、上段がDC、中段がACで、下段にACのエネルギーソース切り替えスイッチがある。左上は、ACの大元で電気を遮断するメインスイッチで、この部分はホットとコールドを同時に切断できる「両切り」を採用。その左には、逆接を警告するポーラリティーワーニングライトが見える。左下の個々の機器に対応したブランチブレーカーは、ホット側だけを切断する「片切り」となっている

ブレーカースイッチは ホットだけの〝片切り〟

AC系の配線には、必ず配電盤が設けられていて、そこには、エネルギーソースを選択するスイッチ（陸電しかない場合は、「ACメイン」というスイッチが一つだけの場合もある）と、それ以降の各機器をオン／オフするスイッチが並んでいます。

個々の機器をオン／オフするブレーカー兼用のスイッチ「ブランチブレーカー」は、DC系がプラス側だけを切るのと同様に、ホット側だけを切る〝片切り〟と呼ばれる配線となっています。コールド側は、DC系のマイナスの電線がバスバーなどにまとめられているのと同様、1カ所にまとめられて常時つながっています。

唯一、エネルギーソース側の大元にあるブレーカーだけは、上下2連になっています。これはホットとコールドを同時に切断する〝両切り〟と呼ばれているタイプです。大元の部分は、陸電なり、ジェネレーターなりが動いていないとき、回路全体を完全に切り離す必要があるためにこうなっているのです。

さて、配電盤のブランチブレーカーは、片側（ホット）しか切らないので、万一、入力側のホットとコールドが逆になっていたりすると、配電盤のスイッチを切っても機器には電圧がかかっている、という状況になります。もちろん、スイッチが切れているので電気は流れませんが、機器は常に100Vに帯電していることになるのです。なんらかの理由で機器が漏電したら……と思うとちょっと怖いですよね。これだけでも、十分な注意が必要なことを理解してもらえるでしょう。

インスタント陸電の危険性

ボート側の配線が正しくても、ホットとコールドの関連で特に危ないのが、お手製の陸電設備です。コードリールなど、普通の平型プラグが付いた2芯の電線をつなげる……といった、簡易的な陸電を使っているときに問題が起こります。

コンセントにプラグのホットとコールドを逆にしてつなぐと、本来、0Vであるべきコールドの線に100Vの電圧がかかってしまうので、予期しないところが帯電し、感電の危険があるのです。

逆接しても配電盤のスイッチで機器をオン／オフできる状況は変わりません。しかし、正常ならば、機器に行く前に電気が止まっているはずなのに、逆接した場合は、機器まで流れた電気がスイッチのところまで戻ってきた状態になっています。そのため、機器や配線の途中に漏電があった場合や、機器を取り付けたり、取り外したりするときに、「配電盤のスイッチを切ってあるから安心」と配線に触った場合などに、もろに感電してしまう危険性があるのです。

ボートによっては、危険な逆接を知らせる「ポーラリティーワーニングライト」を持つものがあり、極性を間違って陸電をつなぐとランプが点灯します。こんなときは、プラグの差し込みを逆にすればOKです。よって、平型プラグで陸電を取っている場合は、コンセントに印を付けて、常に正しい方向に差し込めるような工夫が必要となります。

ポーラリティーワーニングライトがない艇では、先のテスターを用いて

逆接の危険性

ホットとコールドを逆につなぐ「逆接」をしてしまうと、配電盤のブランチブレーカーで遮断されていないコールド側に電気が流れ、機器を含めた回路全体が帯電した状態になり、感電の危険性が高まる

■ 正常な状態

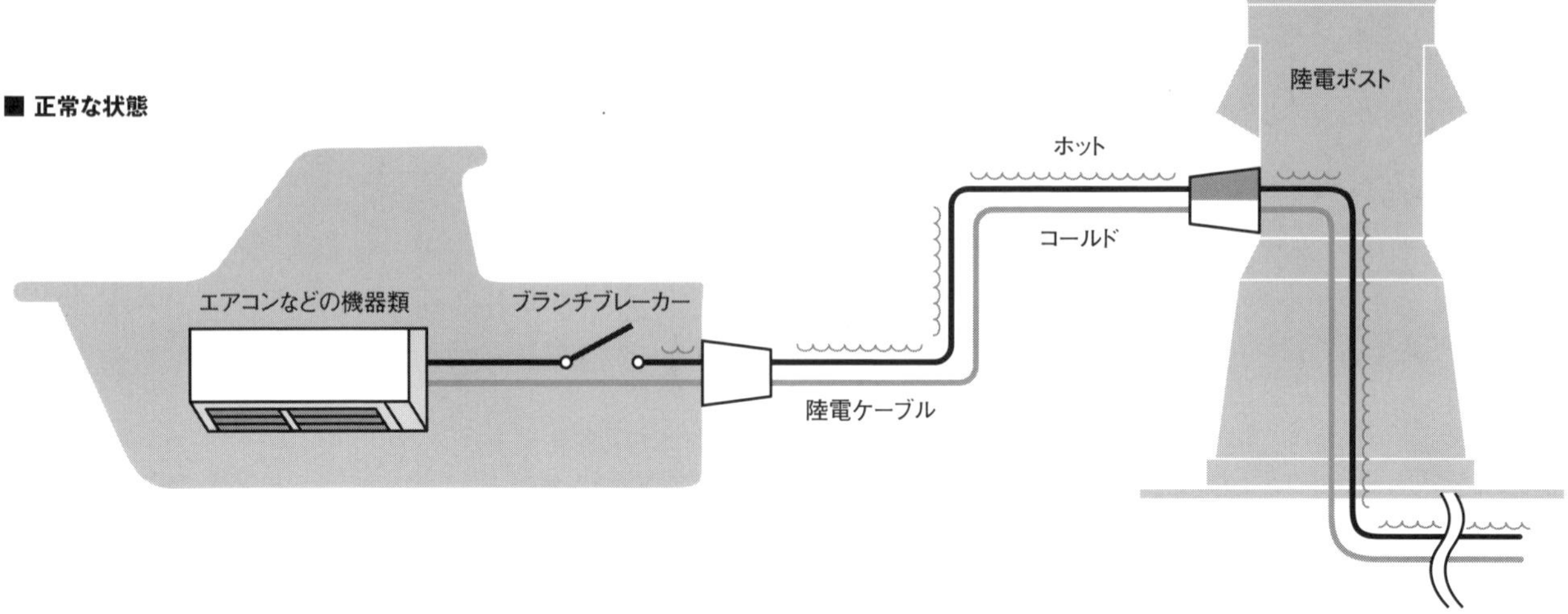

■ 逆接の状態

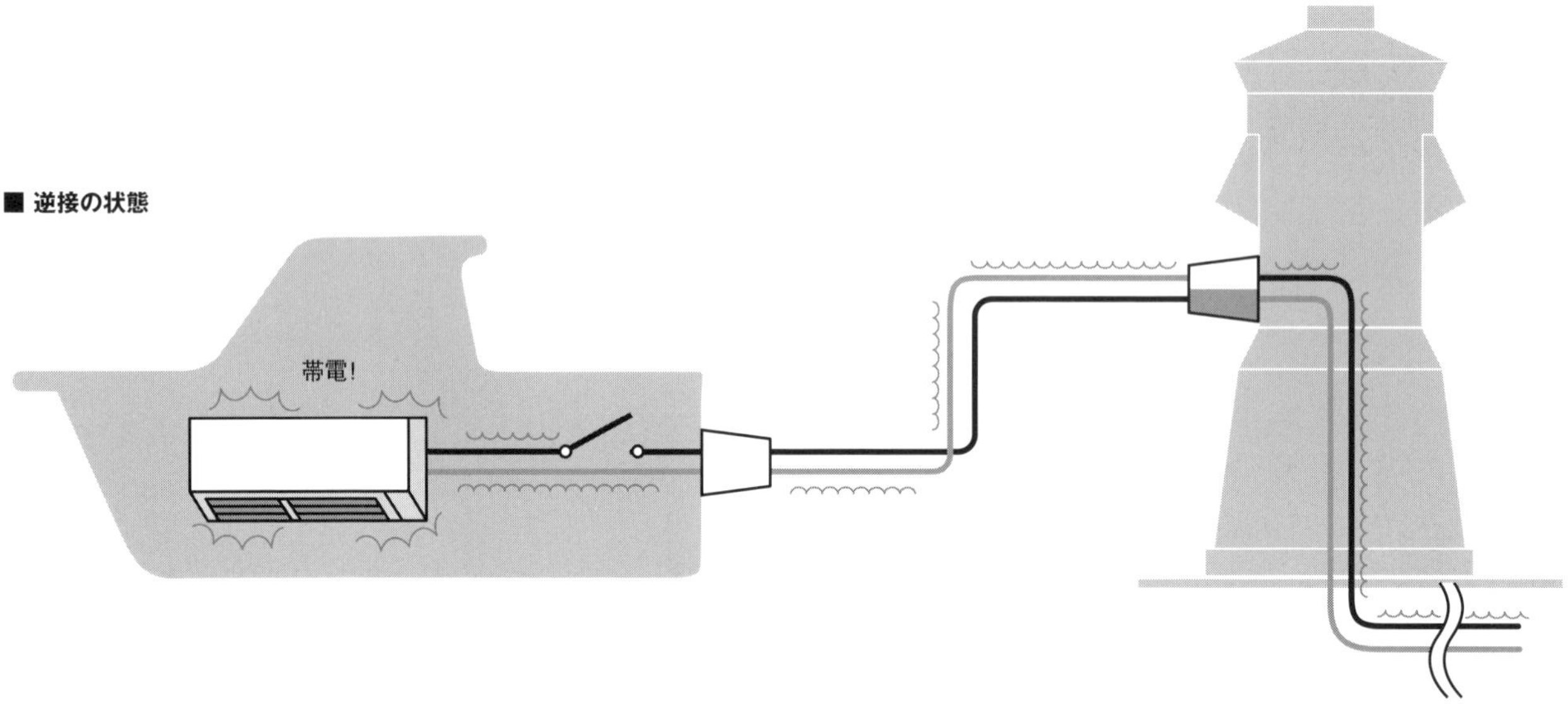

ホットとコールドを識別し、艇側のホット／コールドを、電源側のそれと合わせましょう。

感電を防ぐ グラウンド線が大切

ボートは水に浮いているので、電気の逃げ場がありません。ゆえに、2線式の陸電で最も怖いのが漏電したときです。これは極性が合っていようがいまいが関係ありません。

ボートの中のアース線は、バッテリーのマイナス端子やエンジン、プロペラシャフト、そのほかもろもろの金属につながっています。しかし、海水の導電性は案外低いため、仮に漏電すると、スムースに電気が流れないのです。しかも、15Aや20Aの容量があるブランチブレーカーの場合、落ちずに機器を使い続けられるケースがあります。その結果、ブレーカーは落ちないけれど、漏電しているので、あちこち触るとビリビリ感電する、ということになるのです。

こうした場合、プロペラシャフトなどの水中に接している金属から、水中を通って陸にも電流が流れるため、万一、水中に人がいると感電の危険があります。アメリカなどでは、桟橋から落水し、心臓まひとして処理された死亡事故の中に、この感電による事故死だったことが判明したケースがあるそうです。係留型のマリーナで、マリーナ内で泳いではいけないといわれる理由には、この感電の危険も含まれているのです。

そこで、陸電を使う際には、グラウンド線（アース線と陸とをつなげる線）を接続します。電気は、海に流れるより電線を流れるほうが楽なので、漏電しても、グラウンド線さえつながっていれば、電気は電線を流れて陸地へ向かいます。こうなると、艇のブレーカーが落ちるか、最悪、陸電の漏電ブレーカーが落ちるかします。これがグラウンド線がつながっていると安全な理由です。

なお、「ガルバニックアイソレーター（製品によっては「ジンクセーバー」などとも呼ばれる）」が付いていない状態でグラウンド線をつなぐのは、別の意味で大変危険です。

陸とボートとがグラウンド線でつながっていれば、余分な電気は陸に流れ、人間が感電する危険はなくなります。しかし、ボート側の電圧が高いと、グラウンド線を通って、ボートから陸へと電気が流れる状態となり、艇内のアース線につながった金属類が電食を起こすのです。

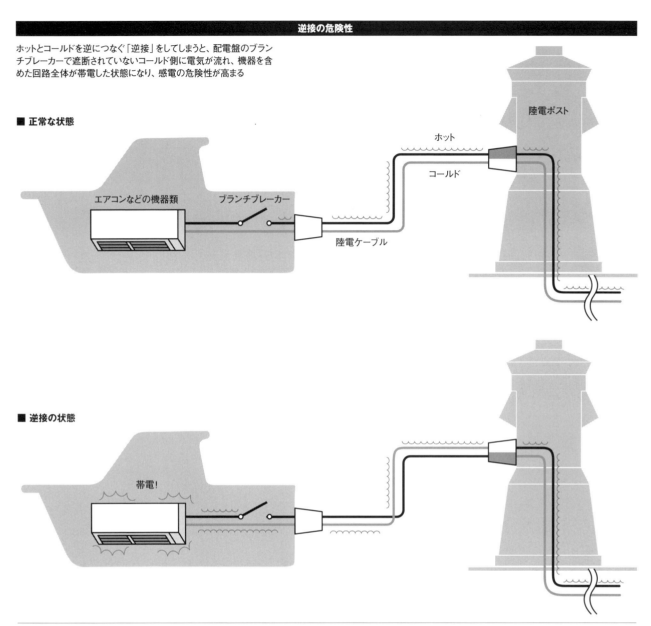

ガルバニックアイソレーターは、グラウンド線と艇内のアース線との間に接続し、漏電した際は、交流電流は流して感電を防ぐ一方、直流電流を遮断してボートの電食を防止する装置です。

こういった話を中途半端に聞きかじって、「グラウンド線をつなぐとよくないらしい」と、あえて2線式の陸電を使っているところもありますが、前述の通り、グラウンド線をつながないと、感電の危険性があるのは、おわかりいただけますよね？

繰り返しになりますが、正しい知識を持ち、陸電の場合はグラウンド線がつながっているか、ガルバニックアイソレーターが入っているか、そして、接続した電源ケーブルの極性が合っているかを、必ず確認してください。

陸電とグラウンド線

3芯タイプの陸電ケーブルは、逆接を防ぐためもあって、ホット、コールドの端子のほかに、グラウンド線の端子もある（上右）。一方、一般的なコンセントから電源を供給する2芯タイプの陸電ケーブルでは、印を付けるなどして逆接を防ぐとともに、グラウンド線を設ける必要がある（上左）。写真は、ワニロクリップがついた緑のグラウンド線が付いているタイプだ。なお、クラウンド線を接続した場合、ボート側の電位が高くなって、艇内の海水に触れた部分の金属が電食を起こすのを防ぐために、下のようなガルバニックアイソレーターを入れておく必要もある

容量オーバーは火災の原因に

AC系で次に怖いのが、容量オーバーによる過熱です。家庭用の平型プラグやテーブルタップなどには、「1500Wまで……」という表示がありますが、これは、それらの機器が設計された容量を示しています。家庭でもタコ足配線が火を噴いて……という事故がありますが、ボートでも結構ある事故なのです。

艤装するとき、よく見る普通の容量15Aのコンセントをあと付けし、大元のブレーカーは30A用、その間の配線は20A用など、てんでばらばらな容量のものを使ってはいけません。これでは、ブレーカーがブレーカーの役割を果たしません。

普通のコンセントはすべて、規格で容量15Aと決まっています（エアコンなどのように15A以上流したいときのコンセントは、ハの字やT字など、別の形）。この容量15Aのコンセントを守るためには、同じく15Aのブレーカーを使わなければなりません。

陸電の容量が30Aだから30Aのブレーカー、コンセントは15Aしかないから15Aのものを使う、というのは構いません。ただし、この間に15Aのブランチブレーカーを入れるのが必須です。このブランチブレーカーがないと、コンセントから20A使おうが30A使おうが、定格容量以下なので大元のブレーカーはお構いなしです。でも、コンセントはたまりません。定格の倍の電流が流れたら、さすがに持たないので、発熱、発火してしまうでしょう。

AC系の艤装には、こういった危険を回避するためにも、正しい知識が必要なのです。

コードリール使用時の注意点

さて、容量に関して、もう一つ注意してほしいのが、コードリールの使い方です。

コードリールは長い延長ケーブルがリールに巻き取られていて、必要な場所までケーブルを繰り出して使うものですが、ご多分に漏れず容量は1500Wです。でも、コードリールの場合、無条件で1500W分を使ってよいわけではありません。

ACの場合、電線をグルグル巻きにした状態で使うと、電線が一種のコイルとして働いてしまい、「インダクタンス抵抗」と呼ばれる抵抗が発生するのです。

よって、1500Wをフルに使えるのは、コードを全部引き出した状態のときだけです。リールに巻き取った状態では、半分くらいしか使えないものだと思っておきましょう。

ちなみに、コードリールを使うなど、簡易な方法で陸電を取っていると、電圧が相当ドロップ（低下）していることがあります。無負荷で98V、ちょっと負荷がかかると、あっという間に90Vを切るケースも見たことがあります。こんな設備だと、マリンエアコンを動かすのはちょっと無理。テレビと蛍光灯を使う程度なら問題ないか、といったところです。

コードリールの注意点

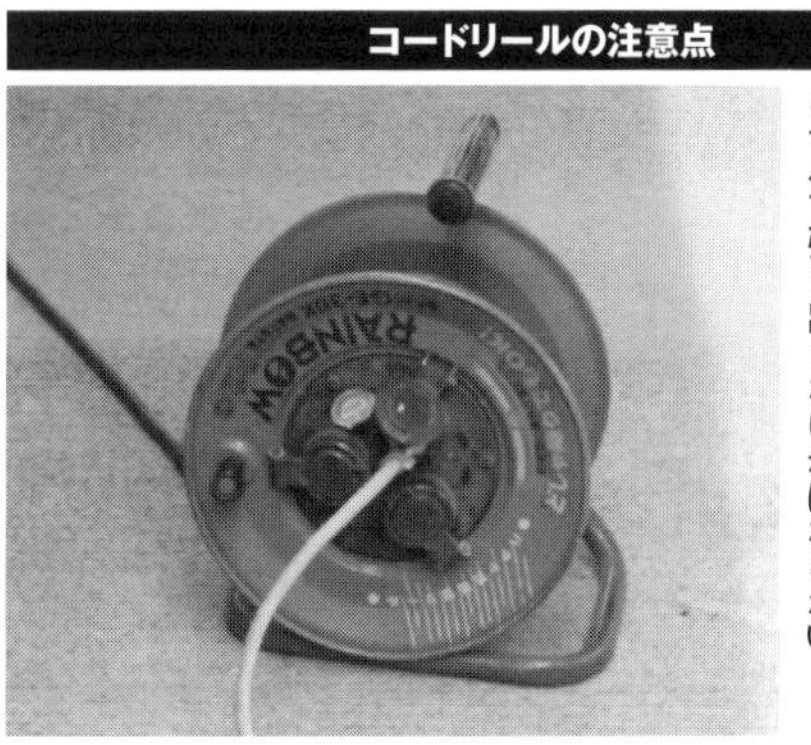

コードリールを使う場合、コードを巻いたままにしておくと、その部分がコイルの役割を果たして抵抗が増えるため、使える電力が低下する。コードリールの能力を最大限に使うためには、巻いてあるコードをすべて引き出さなければならない

【第13回】ボートで使うAC②

ここでは、陸電とマリンジェネレーターについて見てみましょう。
陸電では、電圧低下や周波数のミスマッチなどがトラブルの原因となりがちです。
一方のジェネレーターでは、エンジン始動時のスイッチ操作や、ジェネレーターそのものの重さや大きさに注意が必要です。

機器の動作に影響する電源電圧の違い

前項の最後で、電線を巻きとった状態のままコードリールを使用すると、電圧降下（ドロップ）が起きることを説明しました。

この現象と似た問題で気をつけなければならないのが、「電源電圧の違い」です。

ボート用のAC機器には、海外からの輸入品が数多く含まれていますが、そのうちのほとんどがアメリカからの輸入であることに異論はないでしょう。アメリカ国内では115Vが使用されており、マリン用の機器も発電機も、みなこの電圧を基準に作られていて、国産艇でもこの電圧が使われています。よって、後述するマリンジェネレーターで電気を作っている間、ボートのコンセントには115Vくらいの電圧があります。

さて、海外旅行などの際には、各国別に電圧の違いやプラグ形状の違いなどがあって、対応している製品や変換プラグなどを持っていきます。しかし、日本のAC電源は100Vで、たいていの機器は100〜115Vに対応していますし、ボートの場合、プラグ形状が問題になることもないので、変換プラグを使う必要はありません。

その上、単純な抵抗負荷である電球やヒーターなどは、陸上の100V電源で使ってるときより「生きがいい」なんていうこともあるのです。ただし、ボートではさほど問題になりませんが、電源電圧が高い状態で使用すると、機器の寿命が短くなります。例えば、1千時間持つ電球が500時間しか持たない……という感じです。東京都・秋葉原など電球の専門店に行けば、110V用の電球もありますが、そもそもボートでは、それほど長い時間使用するわけでもないので、買いに行くのも手間ですし、価格も高いので、普通の電球で十分でしょう。

陸電の電圧低下に注意

マリーナの陸電ポストを利用すれば、エンジンや発電機を動かすことなく、艇内のAC機器を使用できる。燃料を消費せず、排気や騒音もなくて済むが、陸電ケーブルの長さや容量（主に太さ）によっては、ボートに入る電圧が100Vを下回っていることもよくある

こうしたケースはさほど気にする必要はないのですが、問題はその逆です。

マリーナで陸電を取ると、通常、供給されているのは100Vです。しかも、電線の距離が長い、電線の容量（主に太さ）が十分でないなどの理由で、ボートに入る電圧が98Vとか95Vくらいしかないことがよくあります。電源の電圧が低いと、110V用の電球がほのかに点灯する程度になりますが、それくらいはさしたる問題ではありません。

問題なのは、冷蔵庫やエアコンなどがきちんと動かなくなってしまうケースがある、ということです。特に電子制御式のエアコンは電圧を検知していて、電圧が低いとコンプレッサーの作動がキャンセルされたりして使えません。電子制御ではない普通のタイプのエアコンでも、コンプレッサーが作動するとエアコン自体が止まってしまったり、十分な効きが得られなかったりすることがあります。

そして、なにより怖いのが、コンプレッサーなどのモーターのコイルを焼いてしまうことがある点です。

電気の基礎知識の項で、「W（仕事）＝V（電圧）×A（電流）」の公式について説明しましたが、モーターが同じ仕事をするとき、供給する電圧が下がれば、消費電流が増えます。消費電流が増えるということは熱を発生するということで、この状態で無理にモーターを動かすと、内部のコイルを焼いてしまうのです。実際、条件の悪いマリーナの陸電でエアコンを動かし、モーターが焼けてしまうケースがありました。

普段、ジェネレーターでエアコンを使っているときの音と、陸電でエアコンを使ったときの音があまりに違うときは、十分に気をつけましょう。

こうした機器と電圧のミスマッチを防ぐため、陸電の電圧を上げる「アップトランス（昇圧変圧器）」を入れている人もいます。アップトランスとは、入力電圧を目的の電圧まで上げるもので、海外で購入した電気機器を日本で使う場合などに使用します。これを使うことで、ロスにより電圧が下がってしまった場合でも、きちんと機器を動かせるようにするのです。

余談ですが、ヨーロッパからの輸入艇や一部の大型艇では、ジェネレーターが230Vや240Vになっていることがあります。こんな艇では陸電でエアコンを使うことはできません。一部、設備の整ったマリーナで200Vの陸電が取れることがある程度ですね。こういう艇でも100V用の機器が使えるようにトランス（この場合はダウントランス：降圧変圧器）を積んでいますが、AC系が複雑になるので、100Vの陸電を取ろうと思ったときには、きちんと専門家に相談してください。

東日本特有の周波数の問題

さて、陸電を使う際にもう一つ頭の痛い問題が、AC電源の周波数です。日本のAC電源は、富士川と糸魚川を結んだ線を境にして、東側は50Hz、西側は60Hzが使われています。これは、日本で電気が普及し始めたころ、東日本ではドイツ製の発電機を、西日本ではイギリス製の発電機を導入したことが原因とされていて、この電源に合わせてさまざまな設備が整えられたことから、いまだに東西で異なる周波数が併存しているというわけです。

さて、この境界を越えて引っ越しするときに、かつては、レコードプレーヤーや電子レンジ、洗濯機などの電気機器で、中のプーリーを換えたり、機器そのものを買い替えたり

アップトランス

100Vを下回ることもある陸電からの電源電圧を昇圧させる、あるいは艇内の115V用の機器を使用する際に電圧を上げるといった場合、アップトランスを用いることもある。上がアップトランスの全景。2kW複巻きのこのモデルは、およそ20cm^{3}の大きさで、約22kg。下は電線を接続する部分で、必要な電圧が書いてあるところに、艇内のAC配線の大元となるケーブルを接続する

ダウントランス

ジェネレーターの発電電圧が230Vや240Vになっているヨーロッパからの輸入艇や大型艇で、100Vの機器を使用する際に用いるダウントランス。単巻き5kWのこのモデルの大きさは約35立方センチメートルで45kgほど。こうしたボートではAC系の配線や使い方が複雑になるので、専門家のアドバイスを受けること

電源周波数への対応

写真は、小型の電気ファンヒーターの銘板。この機器はマルチ周波数対応となっているため、定格周波数が「50／60Hz」となっている。どちらか一方の周波数にしか対応していない古い電気機器では、電源周波数にマッチしていないと、機器が正常に作動しない

しなければならないことがありました。これは、内蔵モーターの回転数などが電源周波数に同調するためなのですが、日本の50Hzの地域では、これと同様のことがボートの上でも起こるのです。

ボート先進国であるアメリカのAC電源は60Hzなので、マリン機器も115V／60Hzで作られています。このため、東日本のマリーナでは、電圧が少々低くても大丈夫な機器や、アップトランスで電圧さえ合わせれば大丈夫な機器でも、周波数が合わずに動かない……ということがよくあるのです。

陸電でバッテリーチャージャーを動かそうとしたら動かない、冷蔵庫をつけておいたのに冷えない、製氷機で氷ができない……などの症状は、みな、周波数のミスマッチが原因です。「発電機ではきちんと動くんだけど、陸電ではうまく動かない」という悩みをお持ちの方は、周波数のミスマッチを疑ってみてください。

最近の機器はマルチボルテージ&マルチ周波数対応になっているものが多いのですが、ひと昔前の機器では、どちらか一方の周波数にしか対応していないものが多いのです。機器の銘板を見ると、対応している電圧と周波数が記載されているので、電源との周波数が合っていない場合は、機器の買い替えなどを検討する必要があります。

実は、筆者もこの問題でずいぶん苦しみました。電圧を変えるのはトランスを使えば簡単ですが、周波数は変えようがないからです。そのため、動かないバッテリーチャージャーは対応している機種に替えましたし、冷蔵庫はバッテリー駆動で動かして、そのバッテリーへはバッテリーチャージャーから直流電源を供給する……なんていうトリッキーなことをしていました。まさに苦心惨憺《さんたん》です。

なお、こうした悩みは富士川／糸魚川以東のマリーナ独特のもので、60Hzエリアでは関係ありません。「関西の人はいいな〜」と思う瞬間です。

エネルギーソース

■マリンジェネレーター

ここまで、主に陸電について説明してきましたので、それ以外のエネルギーソースについても見てみましょう。

エネルギーソースとは、「エネルギーを供給するもの」という意味です。陸電以外のボートのAC電源のエネルギーソースとしては、マリンジェネレーター（発電機）、インバーターなどが定番です。

まず、マリンジェネレーター（ジェネレーター、ジェネとも呼びます）は、基本的に、陸上で用いられる汎用発電機（小型エンジンと交流発電機が一体になったもの）と同じですが、エンジン部分が水冷になったものを指します。出力は最も小さいもので2kW程度。5kW、8kW、12kWと、ニーズに応じていろいろなラインナップがあります。

一般家庭のAC電源は、最大でも60Aとなっているので、100（V）×60（A）で6kW。これと比較する

マリンジェネレーター

上は船内機艇のエンジンルームに設置されたジェネレーター、下は船内機艇のフロア下のスペースに設けられたジェネレーター。ジェネレーターは、その重さも大きさも相当なもので、中・小型艇の場合、ボートの大きさや積載重量に十分な余裕がないと設置できない。なお、ジェネレーターの燃料は、メインエンジンの燃料タンクのものを共用する

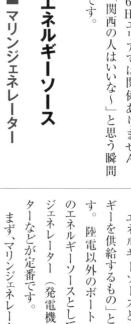

ジェネレーター始動時の注意点

ジェネレーターのエンジンを始動、停止する際は、必ず配電盤の「ACメイン」のスイッチが切れていることを確認する。特に、エンジンを停止する際、ACメインが入っていて、大電流を消費する機器が稼働しているままだと、ジェネレーターに過電流が流れ、発電機のコイルを焼いてしまうので要注意

と、ジェネレーターの発電容量は結構大きいといえるでしょう。

そのため、ジェネレーターは、高価な上に、結構大きくて、重量も相当なものなので、中・小型のボートでは装備したくてもできないものの筆頭に挙げられます。

ジェネレーターは、配線はもちろんのこと、冷却系統や排気系統の加工が必要となるため、自分で設置するということはありません。よって、配線などで心配する必要はなく、ジェネレーターのターミナルから配電盤まで、しっかりした電線で配線されますし、アースも艇のボンディング系統にしっかり接続されています。

通常のエンジンと同じで、燃料が供給され、十分なエンジンオイルと冷却水さえ回っていれば運転し続けるジェネレーターですが、主機と違ってキャプテンのワッチを受けることはまずないので、オーバーヒートしたり、油圧が下がったりすると、自動的に停止するようにできています。

さて、このジェネレーターを使用する際には、重要なポイントがあります。

まず、ジェネレーターのエンジンを始動する前に、必ず、配電盤の「ACメイン」のスイッチが切れていることを確認してください。そして、エンジン始動後に2〜3分暖気運転してから、ACメインのスイッチを入れます。

反対に、ジェネレーターを停止する際は、必ず、ACメインのスイッチを切って負荷をなくしたあと、2〜3分クールダウンしてからエンジンを止める必要があります。

前述の陸電の電圧降下の部分にもある通り、エンジン始動時や停止中に電圧が低下することは、発電機やモーターなどのコイルにとって致命傷となりかねません。

うっかりエアコンなどを入れっぱなしにしたままジェネレーターを止めたら、過電流が流れてジェネレーターのコイルが焼けてしまいます。

よって、この始動／停止手順を絶対に忘れないでください。

また、各機器のスイッチを入れるときも、負荷の重いものから先につなぐ、という習慣をつけておきましょう。というのも、エアコンなど10A以上の大電流を消費する機器（特にモーターを使ったもの）が動くと、ジェネレーターには一気に負荷がかかります。ジェネレーターのエンジンは回転数が常に一定（通常のものは多くが1800rpm、大型の低騒音型で1200rpm、小型高出力タイプで3000rpmなど）に保たれていますが、発電機は電気が使われたときだけ発電するので、エアコンなどの機器のスイッチを入れると、重そうにうなりを上げます。ちょっと意味合いは異なりますが、クルマでアイドリング中にエアコンのスイッチを入れると、エンジンの回転数が上がるのと似たようなものです。

特に起動時は「起動電流（ラッシュ電流）」といって、機器の定格の数倍の負荷がかかりますので、それまでにいろいろな負荷に電気を使われている状態でスイッチを入れると、ジェネレーターの発電能力を超えてしまい、エンジンが止まりそうになるのです。このとき、発電機内のコイルには相当な負荷がかかっているはずで、こんな使い方をしていると、発電機自体の寿命もきっと短くなるでしょう。

たかがスイッチの入れ方ですが、ジェネレーターの始動・停止と同じく、心遣いをしながら使うにこしたことはありません。

さて、金銭的な問題は別にして、ジェネレーターを積むに当たっての注意点としては、その重量が挙げられます。小型とはいえ、鉄の塊のエンジンがあるので、重いのは当然。人間2〜3人分の重さがあるので、28フィート程度までのボートにとっては、無視できない重さです。

故に、そうした点を考慮せずにジェネレーターを搭載すると、有効乾舷の減少や航行性能の低下など、由々しき問題を引き起こします。

ちなみに、同じ艇体で、船外機とディーゼル船内外機とを選択できるモデルを比べると、船内外機艇のほうが定員が少ないことがありますが、それは、積載可能な重量と乾舷の減少によるものです。

ジェネレーターを追加搭載したボートも、吃水位置が下がったりすると、場合によっては、のちの船検で定員を減らされたりすることもあり得ます。

また、積載物が重かったり、乗員の人数が多かったりすると、クルマも加速や燃費が悪くなりますが、ボートではその影響がもっと顕著に現れます。

余分な荷物などによる重量増は、ボートのパフォーマンスを低下させるので、積載重量の余裕が少ないボートに乗っている方は、余分なものは載せないように心がけましょう。これは、筆者自身に言っている言葉でもありますが……。

というわけで、特に小型艇でジェネレーターを追加装備したボートでは、ゲストを乗せるときなどに重量オーバーにならないよう、十分に注意しましょう。

【第14回】ボートで使うＡＣ③

前項では、ボートでＡＣ電源を使いたいときのエネルギーソースとして、ジェネレーターについて解説しましたが、これを中型以下のボートに設置するのは、かなり難しいもの。そこでこの項では、代替エネルギーソースの模索について考えてみましょう。

エネルギーソースのいろいろ

■インバーター

どうしてもＡＣ機器が使いたいんだけど、ジェネレーターを載せるのはちょっと……という方も多いでしょう。中・小型艇ではスペースや重量の問題がありますし、それになにより、最近は安価な小型タイプが販売されるようになったとはいえ、それでも高額なのがネックです。

そこで、ジェネレーターに代わるものとして思い浮かべるのがインバーターです。

インバーターとは、バッテリーのＤＣ12Ｖ（あるいは24Ｖ）からＡＣ１００Ｖを作り出す、大変便利な機器です。ジェネレーターに比べると大幅に小型かつ軽量で、配線をつないでスイッチを入れるだけでＡＣ１００Ｖが取れますから、クルマに積んでいる方も多いですね。

こんな便利なインバーターですが、活用する上では、いくつか注意が必要です。

最大の注意点は、なんといっても、電力消費が激しいという点でしょう。インバーターは、ボート上の機器の中でも、〝電気食い虫〟の代表格。出力３００Ｗ程度の小さなものでも、変換効率を含めると、なんと、30Ａ（!）近くの電流が必要です。

インバーターの原理は後段で詳しく説明しますが、ざっと見て、使用するＡＣ機器が消費する電力（ワット数）の約10分の1の電流が必要になる、と思って間違いありません。つまり、定格電力が５００ＷのＡＣ機器を使用するには、インバーターを経由すると、バッテリーからのＤＣの電気は50Ａも必要になるのです！

雑誌広告やネット通販などでよく見かける、１５００Ｗ、２０００Ｗといったクラスの大型インバーターになると、優に１００Ａ以上も必要となるので大変なものです。キャッチコピーばかりを見て、電気の供給源のことを忘れたら悲劇ですので、十分に注意してください。

なお、インバーターが使えるボート、つまり、バッテリー容量とエンジンの発電能力の目安は、電子レンジを使うのであれば、消費電力が多めではあるものの使用時間が短いので、中型以上の船内外機艇なら大丈夫ですが、小型の船外機艇ではかなり厳しい、といったところでしょう。

エアコンのように連続して大電流を必要とする機器を使用するのは、中・小型艇で使えるインバーターでは、基本的に無理だと思ってください。

ちなみに、近年では、ヤマハの「ビー・クール」や、ニュージャパンマリンの「ジェネレスマリンエアコン」など、中・小型艇にオプションとして搭載可能なエアコンシステムが開発されました。そこでもインバーターが使われているのですが、これは、発電能力の高い船外機を搭載し、エアコン専用バッテリーを増設するなど、ボート全体で電源確保の仕組みが考えられているからこそ成立しているのです。

また、インバーターを使用する際には、大電流を供給する必要があるので、当然、エンジンのバッテリーケーブルのように太くてごつい電線を使う必要がある、というのも容易に想像できるでしょう。万一のショートに備えて、大電流用の特殊なヒューズも付けたいところです。その上、欲張ってインバーター自体を大容量のものを選んだりすると、もはや、安価に、お手軽に……、とはいかなくなってしまいます。こうした点にもよく注意してください。

もう一つ、インバーターを使うに当たって気をつけなくてはならないのが、電気の質です。

実は、インバーターから出てくる電気は、家庭のコンセントからくる電気とは違います。手持ちの機器をインバーターにつないだけれど、うまく動かない……というのは、みんなこの電気の質の問題なのです。

この原因を把握するためには、どうしてもインバーターの仕組みを知る必要があり、そのためには、AC100Vがどのような電気なのかを知らなければなりません。ちょっと頭が痛くなってしまうかもしれませんが、お付き合いください。

まずは、AC100Vとはどんな電気かを見てみましょう。

発電機のごく基本的な構造は、「コイル（巻き線）の中で磁石がぐるぐる回っている」というもので、こうすると、プラスとマイナスが交互に入れ替わる電流が発生します。これが、「AC（Alternate Current＝交互に入れ替わる電流）」と呼ばれるゆえんです。

このとき、極性（プラスとマイナス）が交互に入れ替わるため、電圧は高くなったり低くなったりを繰り返します。この繰り返しが1秒間に何回行われるかというのが50Hz、60Hzといった周波数になるわけです。

さて、知っておいてほしいのは、電圧が高くなったり低くなったりを繰り返しているのに、どうやって100Vと決まっているのか、ということです。電圧が一番高いときを指しているのでしょうか？ いいえ、そうではありません。

電圧は正弦波（Sign Wave）の形で変化しているので、その電圧を平均したところが100Vということになるのです。この平均した電圧を実効電圧と呼びます。余談ですが実際にはピーク時の電圧は140Vくらいあるんですよ。普通なら、こんなことは知らなくてもいいのですが、インバーターの仕組みを知るには、どうしても押さえておく必要がある知識です。

AC100Vの電気の性質がわかったところで本題です。インバーターは、どうやって、DCの電気からACの電気を作っているのでしょうか？

一般的なインバーターは、簡単にいうと、定格13・7Vの電圧を、内蔵したトランジスタで10倍に昇圧して、それを一定時間持続させ、極性を反転させて同じことを繰り返す……ということをしています。こうすると、プラスとマイナスで交互に約140Vの電圧を持つ電気が生み出されます。これを毎秒50回または60回繰り返し、かつ、実効電圧が100Vになるように、1周期ごとの通電時間を短くします。こうすれば、コンセントから取れる電気のように滑らかではないものの、一応、ACっぽい電気ができます。

こうしてできた電気を「矩形波《くけいは》」と呼び、一般的なインバーターはすべてこの変換方式となっています。

この方式は「MSW（Modified Sign Wave＝擬似正弦波）」と呼ばれているもので、子どもっぽくいうと、「うそっこの正弦波」ということです。これで、たいていの電気機器は

インバーターの搭載例

シガーライターケーブルを介して接続している小型インバーター（最大連続出力300W、矩形波モデル）の設置例。DC12VからAC100Vを取り出せるインバーターがあると、小型艇でも一般的な家電製品が使えるようになり、なにかと便利なもの。ただし、インバーターは電力消費が激しいので、電源確保やバッテリー容量に気をつけながら使わなくてはならない

高級インバーター

出力1,500W、パソコンなどの精密電子機器も使用できる正弦波仕様の高級インバーターの例。このモデルは、性能に対して比較的安価な商品ではあるが、100,000円を優に上回る定価となっている。出力が大きいぶん、電源からの入力も大きくなるため、上の小型モデルのようにシガーライターケーブルを使うわけにはいかず、エンジンに接続するような太い電源ケーブルを用いなければならないなど、付帯する設備も大がかりなものとなる

ACの周波数と実効電圧

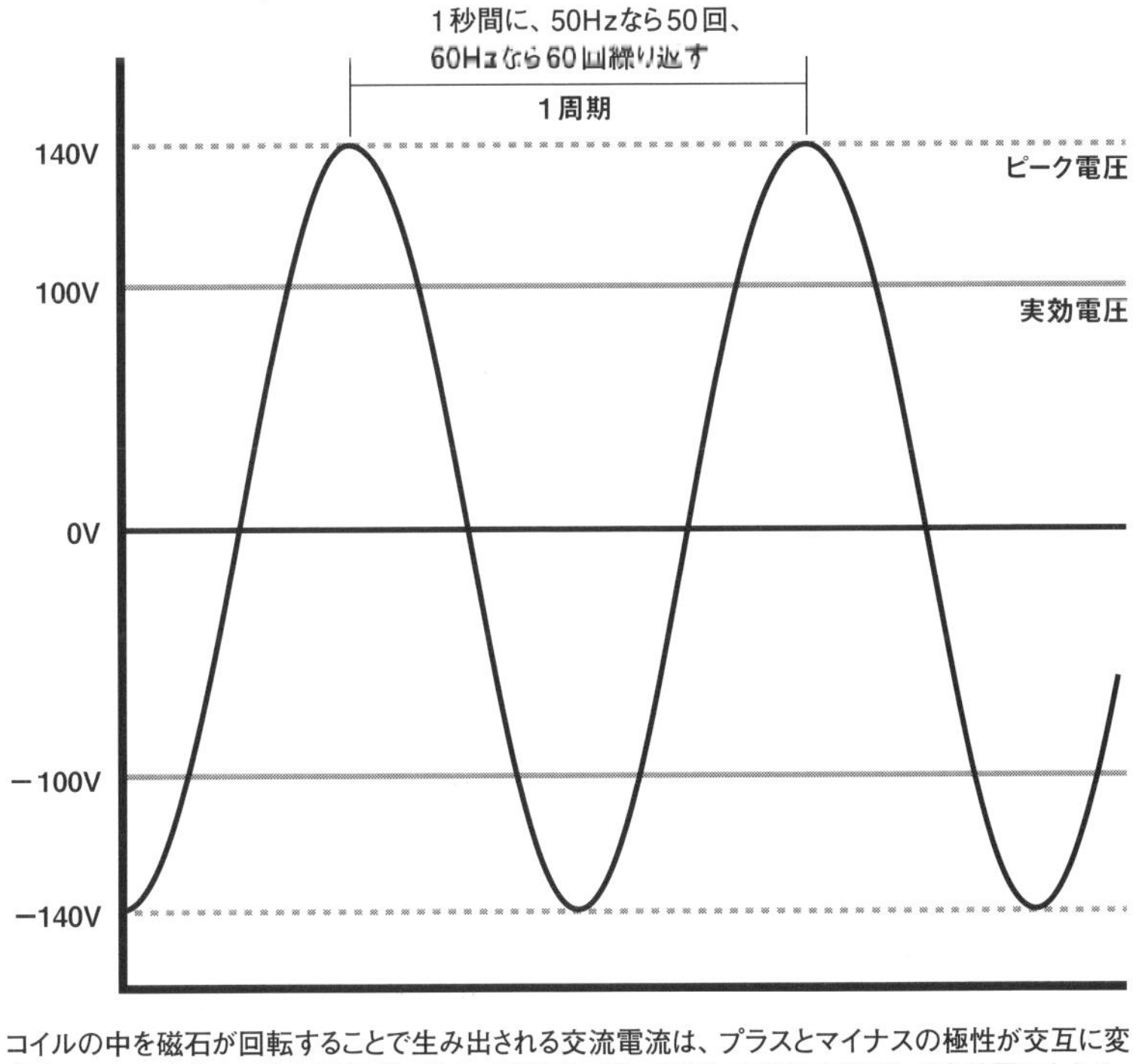

コイルの中を磁石が回転することで生み出される交流電流は、プラスとマイナスの極性が交互に変化する。この変化の周期が周波数であり、両極それぞれで変化する電圧の平均が実効電圧となる

インバーターの変換の仕組み

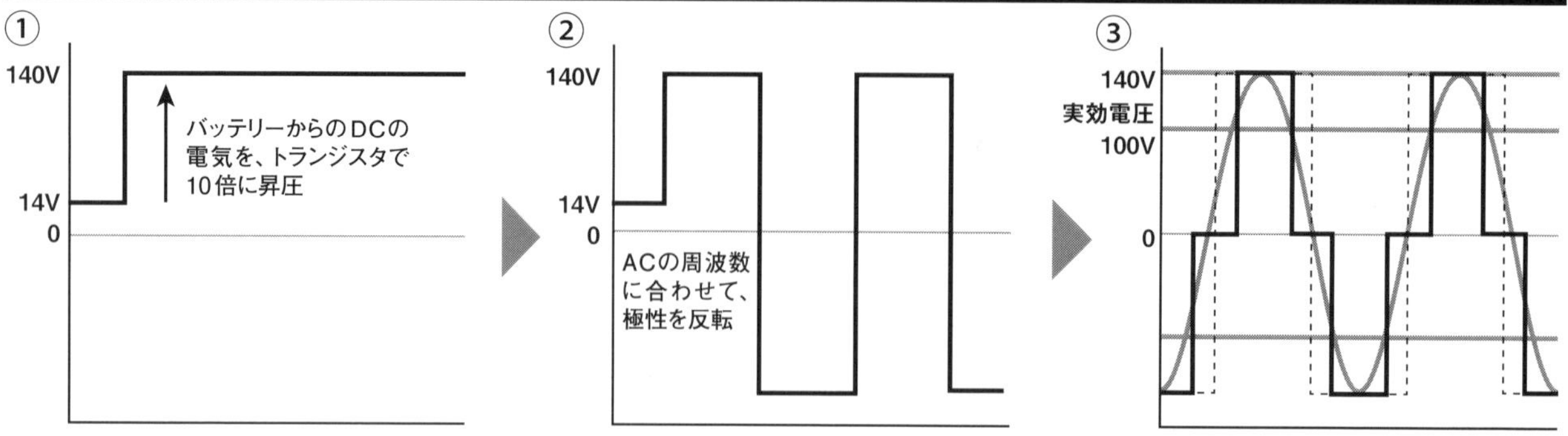

矩形波タイプのインバーターの変換の仕組み。まず、バッテリーからの直流の電気を、トランジスタで10倍に昇圧させる（①）。この昇圧させた電気の極性を、毎秒50回（もしくは60回）入れ替えることで、50Hz（もしくは60Hz）の交流の電気となる（②）。ただし、満充電されたバッテリーは12.8V程度あるし、エンジンが動いている間はオルタネーターから供給される電気によって14.0V程度あるため、インバーターは、実効電圧が100Vになるように、電気を流す時間を短く調整している（③）

「だまされて」なのか、「嫌々ながら」なのか、ともかく働いてくれます（矩形波インバーターでは、パソコンなどの電子機器が動かないこともあります）。

ところが、インバーターを使っていると、どうもテレビの画面がチラチラする、空気清浄機などから異音がする……といった症状が出ることがあります。特に、エンジンを止めている停泊中がひどいですね。こうした症状が出るのは、入力側であるバッテリーの電圧低下が原因。つまり、パワーが出せないために不具合が生じているのです。

インバーターの電圧倍率係数は決まっているので、バッテリーからの入力電圧が下がると、100Vの実効電圧を出すため、矩形波の周期を長くして電圧を保とうとします。このため、擬似正弦波の形が崩れてきて機器が動かなくなるのです。ヒーターなどの単純抵抗機器であればそれほど問題ありませんが、ACアダプターを介さないモーターや電子回路など、電源の周波数に合わせて制御されている機器は狂ってしまうのです。

こうした症状が出たときのインバーターから出力された電気は、テスターで電圧だけを測れば100Vあるかもしれませんが、波形が見られる「オシロスコープ」という測定機器を使ったら、その形はズタボロになっているでしょう。

大電流が必要なエアコンなどでは、入力側となるバッテリーでも大電流が必要なので、余計に電圧は下がり気味となります。すると、インバーターを介して出てくるAC100Vの品質はますます下がる……という悪循環を起こしがちです。こうなると、電子制御のインテリジェントタイプのエアコンなど、動くほうがおかしい……ということになります。

こうしたトラブルを回避するために、本当の正弦波を出力する高級インバーター（Pure Sign Waveなどと銘打っているもの）もありますが、とても高価なので、気軽に使えるものではありません。

このように、インバーター使用中に機器の動きがおかしくなってきたら、バッテリーの電圧低下を疑ってください。バッテリーからは、電力を供給するエンジンが動いていれば14V近い出力が得られますが、エンジンが止まっていれば、バッテリーが元気だとしても、出力は12・8Vくらいがせいぜいです。このわずかな差が、機器が正常に動くか動かないかの境目になることもあるのです。

もちろん、使用機器によっても、症状の出方は異なります。同じテレビでも、メーカーや機種によって、電源の品質に鈍感なものから、とても敏感で変動に弱いものまでいろいろあります。こういった違いは店頭で試すわけにもいかないので、購入時はちょっとドキドキします。一種の賭けみたいなところがあるものです。

経験的にいうと、余計な電子回路が付いていない、シンプルな機器のほうが、電源品質の変化に強い気がします。例えば、メカニカルタイマーのダイヤルしかない電子レンジなどは大丈夫なことが多いです。どうせ潮風にさらされるボートに積むのだから、買い替えがさほど負担にならない安価な機器を選んだほうがいい、といえるかもしれません。

いずれにしても、インバーターを使用するときは、バッテリーの容量に十分注意する必要があります。電気を使い過ぎてエンジンがかからなくなってしまったら、単に恥ずかしいだけでなく、特に海上にいる場合、大きな危険につながることもあるのです。

■小型空冷発電機

中・小型艇のオーナーで、「愛艇にもAC100Vが欲しい！」と思われる方の一番の理由は、エアコンを使いたいという点ではないでしょうか？

でも、ジェネレーターの搭載は非現実的ですし、前述のインバーターも、消費電力量が大きいものを連続して使うといった用途には向いていないことがおわかりいただけたかと思います。

そこで、思いあぐねて、ホームセンターなどで数万円で売っている空冷の汎用小型発電機を載せてしまおう、と考える方も多いかと思います。

しかし、もともと陸上用の、それも開けた場所で使用するのが前提である空冷発電機をボートの上で使うには、さまざまな制約や危険性があります。これを十分に理解してください。

まず、音がうるさいことにまつわ

電圧低下によるAC機器不調の原因

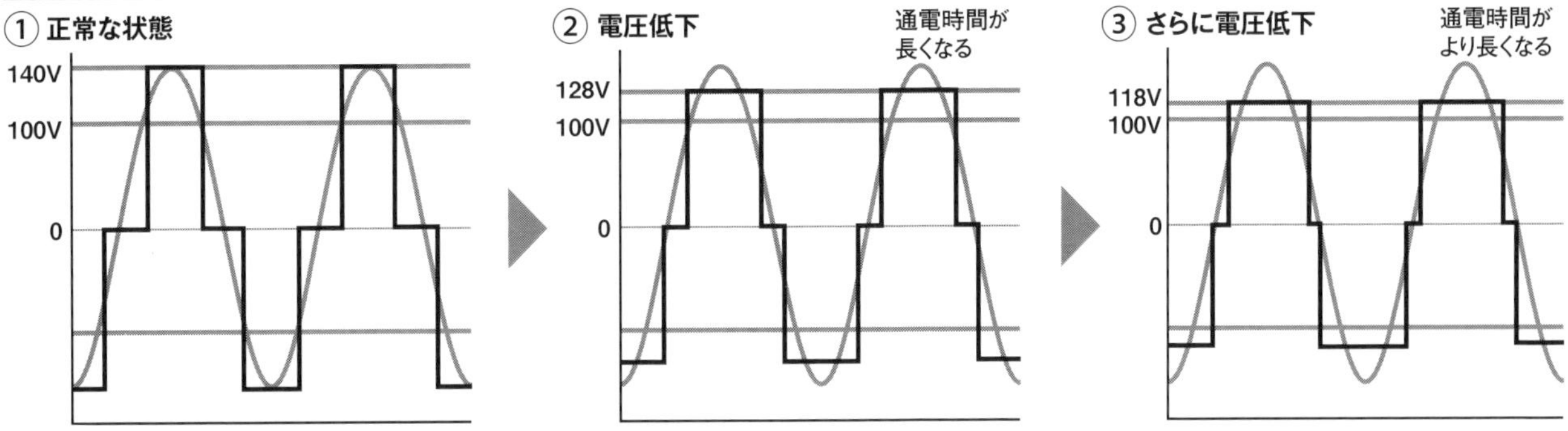

エンジンが動いていて、供給されるDCの電圧が14V程度ある場合は、インバーターが変換したピーク電圧も140V程度ある。これを実効電圧100Vにするために、通電時間を短くすることで、ギザギザしているものの、サインカーブに近い波形を作り出している(①)。インバーターの昇圧倍率は一定(例えば10倍)に固定されているので、エンジンが止まって供給されるDCの電圧が12.8Vに下がると、変換後のピーク電圧も128Vとなる。この状態で実効電圧100Vを維持しようとして、インバーターは通電時間を長くする。これにより、波形が崩れ、使用しているAC機器に不具合が出始める(②)。バッテリーの消耗や大電流が使われたことなどで、供給されるDCの電圧が12Vを下回ると、インバーターは実効電圧100Vを維持しようとして、通電時間をさらに長くする。そのため、サインカーブとは大きく異なる波形となり、AC機器が正常に作動しなくなる(③)

る問題です。縁日の屋台で使っているような、300Wや500Wくらいのごく小型のものでも、結構にぎやかな音を立てています。ああいった場所で使うのであればあまり気になりませんが、ボートの上では(特に停泊中は)、かなりわずらわしく感じます。ましてや、2000Wもあるような大きめの発電機では、その騒音は耐え難いほどだったりします。買ってから後悔しないように、「覚悟の上」で購入してくださいね。

この音をなんとかしようと、発電機自体をデッキ下のエンジンルームやイケスの中に入れたり、防音箱を作って入れたり、いろいろと工夫している事例を見かけますが、筆者としてはあまりおすすめできません。

第一に、冷却の問題があります。空冷発電機は、文字通り空気で冷やしているため、かなりの熱を発します。狭い場所に入れた状態で効率よく換気するのは難問ですし、排熱をなおざりにすると、ガソリンが沸騰してはなはだ危険です。

また、大量の排気をどうやって船外に出すか、というのも大きな問題です。コクピットに置いて使ったとしても、この排気の問題はおろそかにできません。排気は空気より重いので、そのまま運転すると、ガンネルに囲まれたコクピットが排気のプールになってしまいます。このたまった排気が隙間からキャビンの中に侵入してきたら……、と思うとちょっと怖いですよね。密閉したところに置いて使ったら、何をかいわんや、です。

よって、筆者としては、電子レンジなどを短時間使うぶんにはよくても、空冷発電機でエアコンなどを駆動させるのは、かなり厳しいと思っています。

もちろん、小型のものでも発電機が1台あると、いざというときとても心強いものですが、取り扱いには、十分、気をつけてください。

最近は、各メーカーからインバーター式の静音性能に優れた新世代の発電機が発売されており、ボートオーナーでも愛用している方が多いようですが、どうせ買うなら、こういったものを買いたいところです。

また、補機などに使う小型船外機と同様の注意なのですが、こういった汎用発電機を使う場合、特に混合燃料を使う2ストロークのものは、オイルでキャブレターが詰まりやすい点にも要注意です。たまにしか使わないと、なおさらこの手のトラブルが多くなりがちです。よって、使い終わったあとは必ず、エンジンを止める前に燃料コックを閉めて、キャブレターが空っぽになるまで運転するなど、使い方にも気を使ってください。

というわけで、ここでは、ジェネレーター以外のAC電源のエネルギーソースについて見てきました。

AC電源が使える環境にあるボートではたかがACですが、使えないボートにとってはされどACです。憧れる気持ちはよくわかりますが、あまり無理して、「なにがなんでもAC電源を取るんだ」と力まずに、肩の力を抜いて、あるがままの状態で楽しむ割り切りも必要かもしれません。

船外機換装艇での汎用空冷発電機の使用例

船内外機仕様から船外機仕様に換装した艇で、汎用発電機を設置した例。かつてのエンジンルームを活用することで騒音に対応。さらに、吸気、排気それぞれのダクトを設けることで、排気や排熱の対策も施してある。ここまで手を入れたことにより、発電機を電源として家庭用エアコンが利用できるようになっていた

汎用空冷発電機の使用例

コクピットに汎用空冷発電機を搭載した例。本文でも触れた通り、発電機を使用する場合は、使用中の騒音を覚悟する必要があるほか、排気に対する注意も必要。さらに、排熱の問題もあるなど、便利ではある半面、注意すべき点も多い

安全航海の指針
ボーティングマスター
モーターボートの運用&操船パーフェクトガイド

CHAPTER 7

いざという事態に備える

トラブルシューティング

TROUBLE SHOOTING

ボート遊びをしていると、ハード面、ソフト面を問わず、
いろいろなトラブルに遭遇しますが、
キャプテンの心構えとスキルで乗り切れることも多々あります。
ここでは、実際のフィールドで遭遇するトラブルに対する対処方法と
キャプテンの心構えについて解説します。
自らの腕でトラブルを乗り切って、楽しいボートライフを送ってください。

【第1回】トラブル対処の心構え

ここからは、洋上で遭遇する各種のトラブルへの対処の仕方を見ていきましょう。ボートにおけるトラブルシューティングでは、どのようにして原因を突き止め、いかに対処するかが重要ですので、トラブルが発生するシチュエーション別に、その対応法を考えていきます。

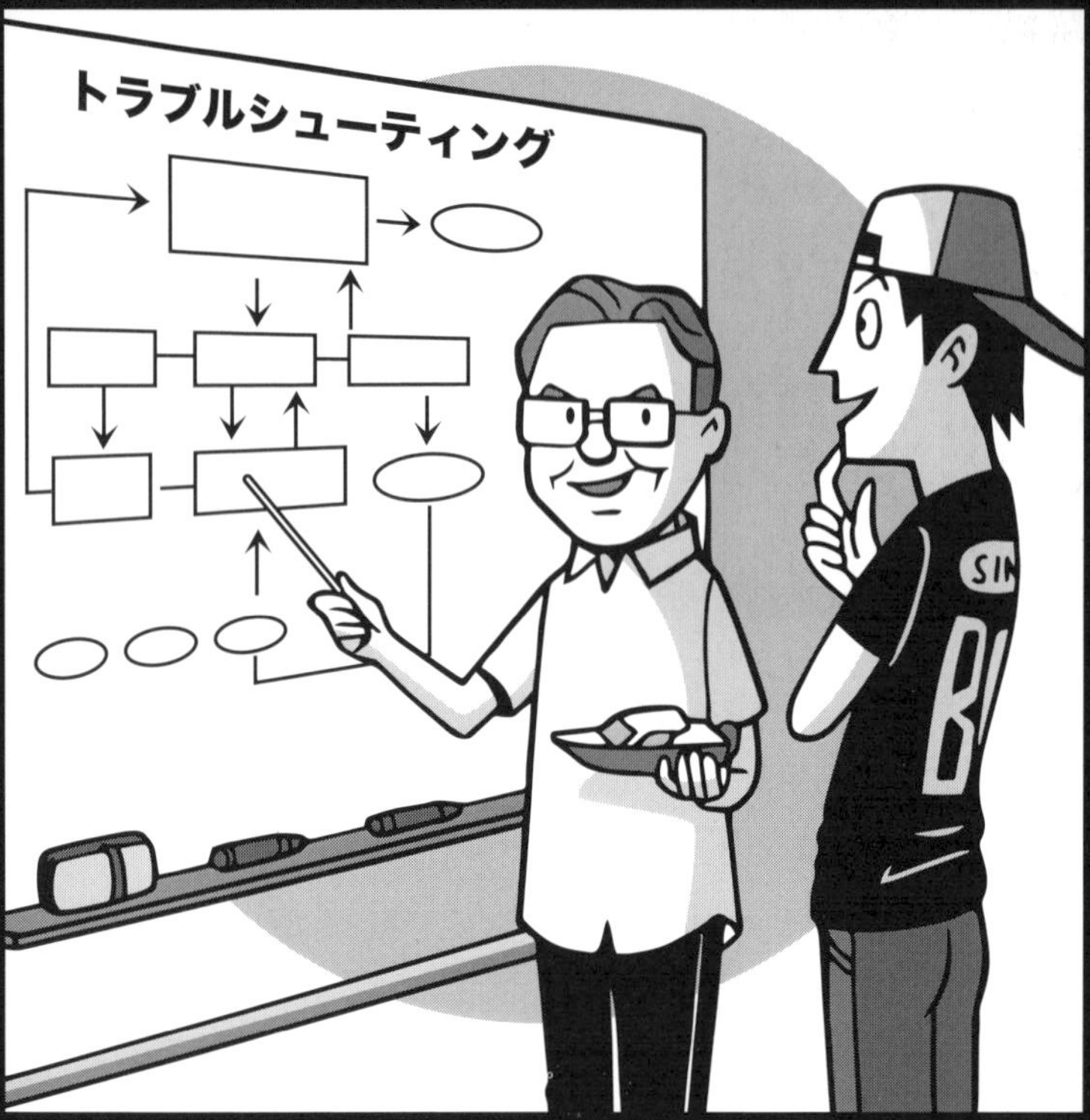

トラブルとうまく付き合おう

ボートに乗っていると、いろいろなトラブルに遭遇します。エンジンやドライブなどのハードのトラブル、荒天や霧などの外因によるトラブル、キャプテンやクルーのボートハンドリングに起因する人為的なトラブルなどなど、数え上げたらキリがありません。ボートに乗っているときは、ある意味、「トラブルはつきものだ」と思うくらい、心に余裕を持ちたいものです。

同時に、起きてしまったトラブルに臨機応変に対処できるスキルも持ち合わせたいですね。

さて、トラブル対処となると、どんな方法をとったらいいのか？ と疑問に思うこともあるでしょう。そこで、ここからはボーティングで遭遇するトラブルと、その対処方法について見ていきます。

まず、ボートでトラブルに遭遇したとき、最も心がけなければならないことはなんでしょう？

それは、平常心です。エンジントラブルであれなんであれ、キャプテンが冷静さを欠いてしまっては大変なことになるものです。キャプテンが落ち着いて対処していれば、たとえトラブルを起こしたとしても、乗っているクルーやゲストの安心感が違います。ゆえにキャプテンは、たとえやせ我慢であったとしても、落ち着きを失ってはいけないのです。起

まずは平常心を保つこと

トラブルが発生した際、突然の事態に動揺してしまいがちだが、いったん落ち着いて、平常心を取り戻すことが重要だ。特にゲストがいる場合、責任者であるキャプテンが動揺してしまうと、ゲストは一層不安に陥ってしまう。キャプテンが落ち着いて、きちんと状況を説明すれば、無用な不安を生むこともなくなる

こってしまったこと、失敗してしまったことは、何度悔やんでも元には戻りません。過ぎてしまったことを「しまった、しまった」と言っていても、なんの解決にもならないのです。

しなければならないのは、なによりもまず落ち着いて状況を分析すること。トラブルには、時間的な余裕があるものと、即座に対応しないと乗員に危険が及んでしまうものとがあります。まずは落ち着いて事の緊急度を判別しましょう。その上で、最善の対処をする……キャプテンは常にこうありたいものです。

冒頭から精神論になってしまいましたが、ボート遊びをするには、トラブルとも上手く付き合える、心のタフさも必要なのです。

順を追って原因を追究する

エンジンがかからないときは

「メインスイッチ OK」
「バッテリー電圧 OK」
「ストップランヤード OK」
「エンジンキーの接触……」
「シフトレバーの中立 OK」

どんなトラブルであっても、その原因がわからなければ、対処法は考えられない。まずは先入観や思い込みを捨てて、仮説を立てながら原因と思われるところを一つずつ検証し、仮説が外れたら別の可能性を探っていく。地道なトライ&エラーが重要だ

トラブル対処のコツは順番に可能性を探ること

トラブルが起きた際は、まずは仮説を立てて、原因と思われるものを一つ一つ検証していき、外れたら別の可能性を探る……という手順を踏みます。これはどんなベテランでも、ビギナーでも変わりません。原因がわからなければ、対処のしようがないですからね。

ベテランになると、一目見ただけでトラブルの原因がわかってしまう、あるいはわかっているように見えるかもしれませんが、この仮説→検証のプロセスを一瞬のうちに考えてまとめているので、外から見るとすぐにわかっているように思えるだけなのです。

もちろん、ベテランになれば、過去に遭遇したトラブル事例を元にして可能性を限りなく絞り込めるようになる、というアドバンテージはあります。しかし、初めて遭遇したトラブルであれば、ベテランであっても、トライ&エラーで対処していかなければならないのです。

また、トラブルシューティングでは、「絶対そこは大丈夫なはずだ」とか、「そこはチェックしたはずだ」という、先入観や思い込みは厳禁です。この思い込みによって、信じられないほどのトラブルが起こったり、あるいは、起こったトラブルがなかなか解決できなかったりといった事例は、枚挙にいとまがありません。必ず論理的に仮説を立てて、システマチックにチェックしていきましょう。これが、トラブルシューティングに臨む基本的ルールです。

もう一つ、トラブルシューティングには大切なコツがあります。それは、「いきなり、なんでもかんでもバラさない」ということです。ボートにおけるトラブルでは、原因が疑われる箇所をいきなりバラしてしまうと、傷が深くなる、というか、のちのち高くつくことになります。人間の検査だって、最初は簡単な検査をして、怪しそうならバリウムや胃カメラを飲むなり、生検（生体検査：患部の細胞や組織を切り取って行う検査）を実施するなりと、順を追って進めていきます。顔を見ただけで、「CTを撮りましょう。心臓カテーテルをしましょう。手術しましょう」とはならないですよね？

トラブルが発生したとき、その原因が疑われる部分をむやみにバラしてはならない。より深刻な事態に陥って、修理費用が高額になることもあるし、特に海上では、パーツを落としてしまうといった危険性もある。ひとまず最低限の手当てをして、しばらく経過を見ながら、本格的な修理のタイミングを検討することも必要だ

機械を修理するには費用がかかります。また、直すにはそれなりの時間が必要です。ちょっとしたトラブルを解消しようとしてバラしたところ、思いの外、大がかりな修理が必要になり、夏場のハイシーズンに乗れなくなった、というのでは悲しいもの。

トラブルシューティングするときは、そのトラブルが重大なのか否か、また、すぐに対処が必要なのか否かということを、まずはきちんと見極める必要があります。それほど深刻でないトラブルはしばらく様子を見て、何かの機会に合わせて修理するといった判断も必要なのです。

シチュエーション別に対処法を考える

ひと口に、ボートのトラブルといっても、その状況や原因は非常に多岐にわたります。

例えば、エンジンの不調には、キーをひねってもかからない、すぐ止まってしまう、回転が上がらない、といったものが挙げられます。また、エンジントラブルの中でおそらく最も多いであろうオーバーヒート一つをとってみても、冷却水の漏れや詰まり、インペラの破損、間接冷却ではクーラントの不足など、複数の原因が考えられます。

そのほかハード面のトラブルとしては、オイルへの水の混入による錆の発生、ボートの命ともいえるプロペラやドライブ周りのダメージ、舵や艇体へのダメージ、GPSプロッターや魚探などの電装系の不具合なども起こりえます。

さらに運用面では、船位を見失ったり、網に引っかかったり、荒天に遭遇したり、ケガ人が出たりと、さまざまなケースがあるものです。

ボート上での総責任者であるキャプテンは、こういった多岐にわたるトラブルや状況に応じて、冷静に判断し、的確に対処しなければなりません。

そこで、以降のトラブルシューティング編では、「トラブル後の症状から、考えられる原因を探る」というよりも、「トラブルに遭遇しがちなシチュエーション別に、実践的な対処法を紹介する」というアプローチをしていきます。そのため、各機構の原理などは解説を割愛することもあります。また、重複した表現が出てきても、復習だと思ってお付き合いください。

なお、特に断らない限り、キャプテンとして最も気になる、航行中に起こるトラブルを中心にお話ししていきます。

バッテリーは基本中の基本

ボートはエンジンがかからなければ始まりません。ゆえに、その始動に必要なバッテリーが非常に重要です。いくらエンジン自体が正常でも、バッテリーがないだけですべてお手上げなので、その取り扱いには十分注意してください。

バッテリーのコンディションを悪化させる原因としては、保管中のメインスイッチの切り忘れといった人為的な原因だけでなく、長期間放置することによる保管中の自然放電、オートビルジポンプによる消耗、経年変化による劣化なども挙げられます。こうした問題を解消し、良好なコンディションを維持し続けるのはなかなか大変ですが、決しておろそかにしないでください。

さて、保管中にバッテリーが上がり、出航前に気づいたのであれば、筆者が愛用する「スターティングパック」のような、緊急用電源をつないで始動するか、新しいバッテリーを用意するか、その日の出航は諦めて充電するか、といった方法を取れるので、いずれにせよ、危険な目に

バッテリーの保守管理

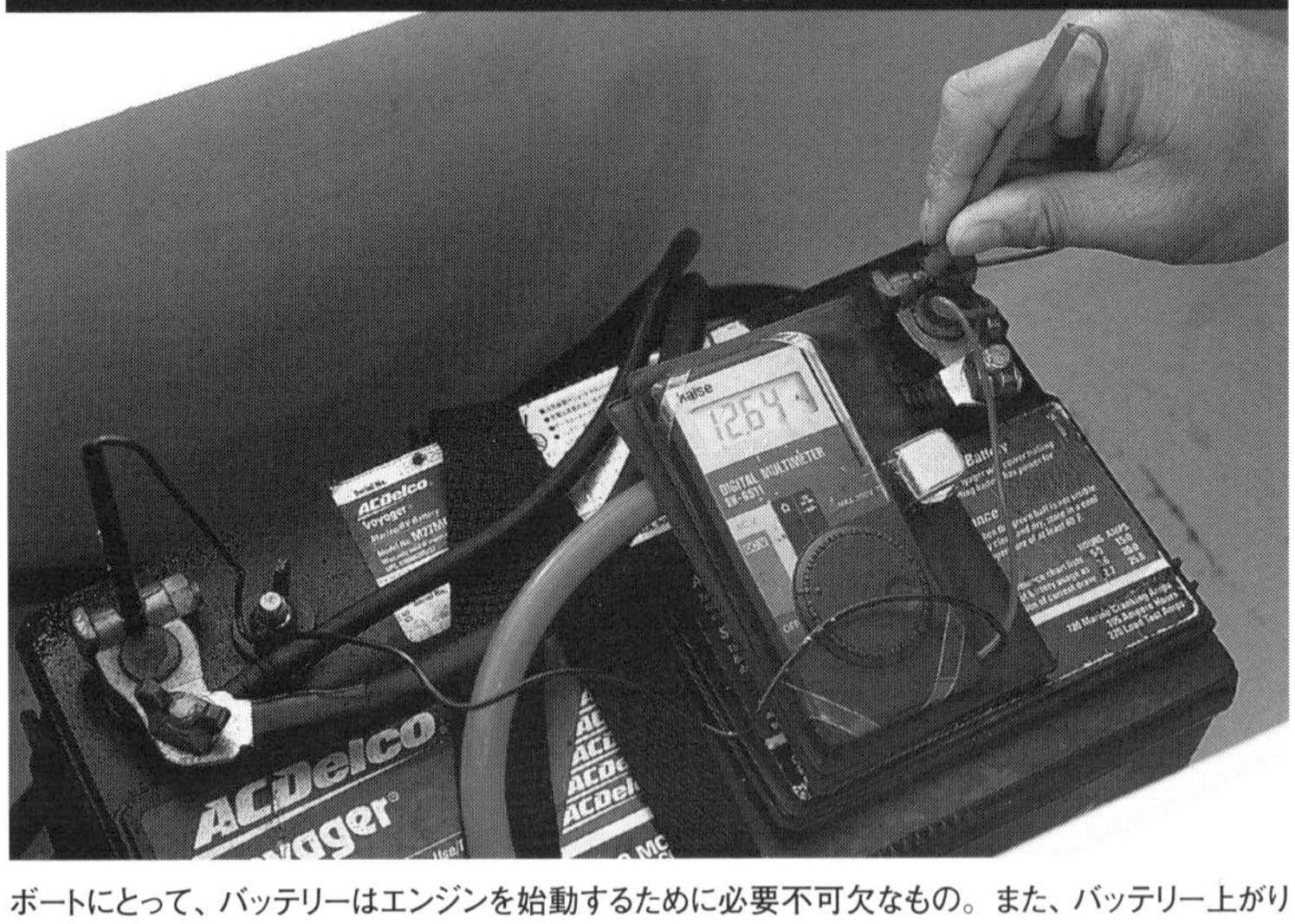

ボートにとって、バッテリーはエンジンを始動するために必要不可欠なもの。また、バッテリー上がりは、海上での対応が難しいトラブルの一つでもあるので、そのコンディションには常に注意しよう。電圧を測れば、バッテリーの充電状況を知ることができる

バッテリーのターミナルは、航行中の振動で緩んでしまうことがあるので、出航前にチェックすること。また、ターミナルの錆や腐食を防ぐためのグリスアップも忘れずに

遭うことはありません。

一方、洋上で起こるバッテリー上がりは、シリアスなトラブルに直結します。たとえ僚艇がいたとしても、バッテリーが船底の奥深くにあるボートでは、クルマと違って、ブースターケーブルを使ってジャンプスタートさせるのは、決して簡単とはいえません。いちいちバッテリーを外して運ばねばならないのです。海上で停泊中のボートでは、こうした作業がいかに非現実的であるかは、容易に想像がつくでしょう。

バッテリー上がりの原因の多くは、アンカリング中に魚探やウインドラス、インバーター、ライトなどで電気を使い過ぎてしまった……というもの。原因は単純だし、対処方法もわかりきっているけれど、今そこに、フル充電されたバッテリーなり、充電器なりがなければ、どんなに腕のいいメカニックでも、いかんともする術がないため、バッテリートラブルは海上での対処が難しいものの代表として挙げられるのです。

バッテリーは、トラブルが起こってから対処しようとしてもできません。だからこそ、そのコンディション管理が非常に重要なのです。

バッテリー上がりへの備え

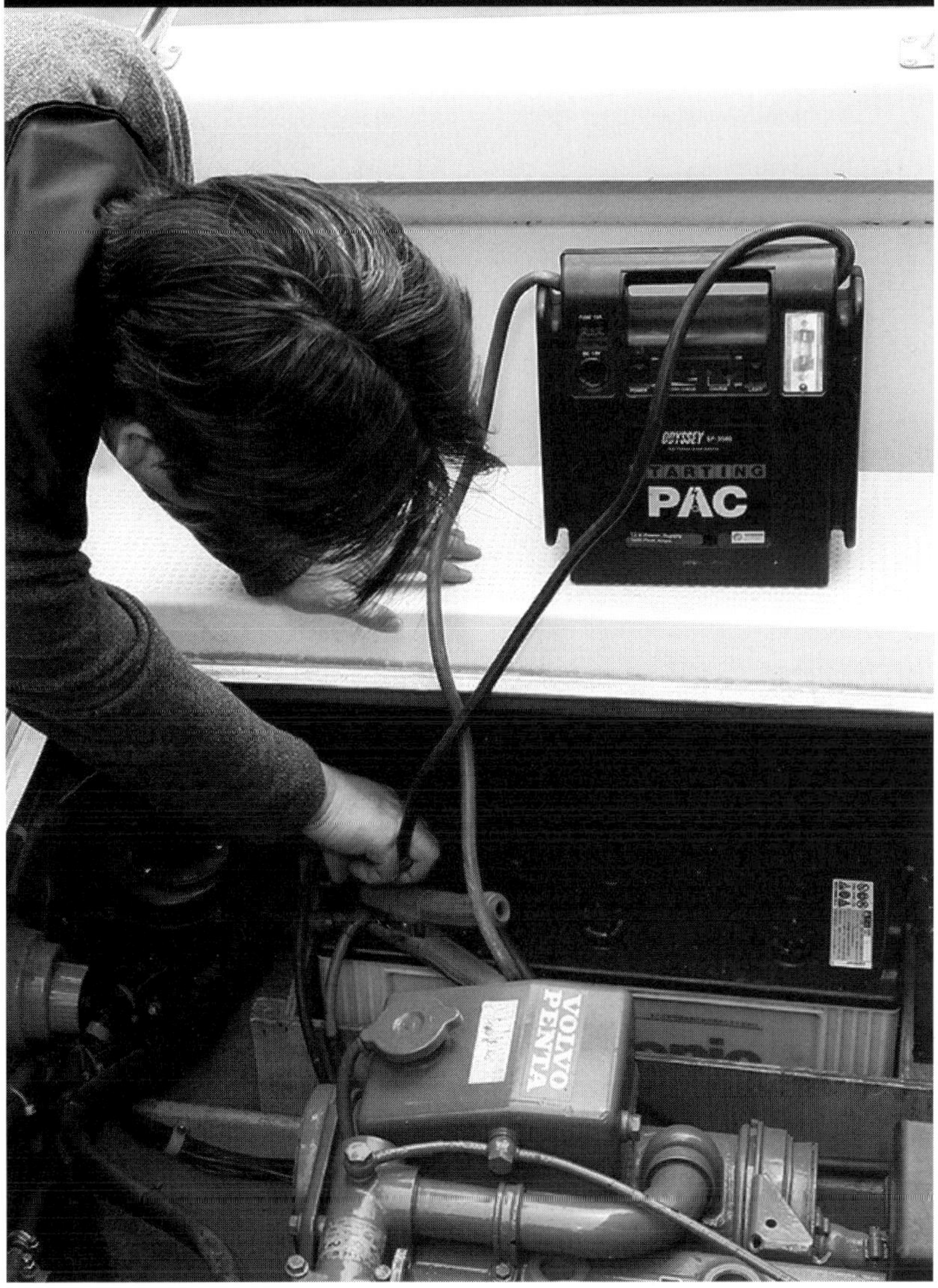

洋上でバッテリーが上がってしまうと、緊急用電源などがない限り、手の打ちようがない。そうした事態に備える上でも、「スターティングパック」などのバックアップ手段を用意しておこう

さて、海上でバッテリーが弱くてエンジンがかからないときは、なによりもまず、すべてのスイッチ（メインスイッチから配電盤のスイッチ、各機器のスイッチまで）を切って、バッテリーを休ませます。焦ってスターターを回し続けると、完璧に上がってしまいます。バッテリーは、10分くらい休ませるとちょっと復活して、スターターを回せることがあります。可能性としては非常に薄いのですが、望みはゼロではありません。待っている間は時の流れが遅く感じるものですが、この間を無駄にせず、救助を求めるか、マリーナにトラブルの第一報を入れるかしておきましょう。

しばらく待って、祈るようにスターターを回してみます。セルが回ってすぐにエンストしないよう、いつでも回転をあげられるように、リモコンレバーを握って準備しておいてください。

そして、辛うじてエンジンがかかったら、もう一度回せる保証はないので、以降は絶対に止めないことが鉄則です。薄氷を踏む思いで、すぐにマリーナに帰りましょう。くれぐれも、別のポイントに行ってエンジンを止めて釣りを続ける……なんてことをしてはいけません。こんなことをしてまた動かなくなったら、情状酌量の余地なしです。

「アイドリングのまま、かけっぱなしにしておけばいいや」と思っている方もいるかもしれませんが、特にコンディションの悪い2ストローク船外機では、長時間アイドリングを続けると、「プスッ」と突然エンストすることもあります。

また、アイドリングのまま釣りをしていたら、魚探がチラチラとして突然消えたかと思うと、ついで船外機も止まってしまった、という事例もありました。

これらは電気の使いすぎで、船外機のコンピューター（ECU）や点火系を動かす電気までなくなってしまったのでしょう。当然、スターターなど回るはずもありません。

バッテリーが上がってしまえば、万一、浸水が発生した場合にビルジポンプで汲み出すこともできなくなりますし、助けを求める必要が生じたときに、位置を通報しようとしてもGPSプロッターさえ動かないといった状況に陥るかもしれません。

よって、バッテリー上がりの兆候があったら、「安全に対するマージンが少なくなった」と考え、セーフティーサイドの運用を心がけてください。

【第2回】エンジンが始動しない①

ここでは、エンジンが始動しない場合の対処法について見てみましょう。エンジンキーをひねったとき、スターターがうんともすんともいわず、エンジンがかからないとかなり焦るものですが、まずは落ち着いて、その原因を探ってみましょう。

エンジンが始動するためには?

この項では、バッテリーの電圧が十分にあって問題ないという前提で、エンジンが始動しない場合の原因を見ていきましょう。

まずは、エンジンが始動するために必要な3要素をまとめた下の表を見てください。これを見ると、エンジンの始動には、冷却系を除くほとんどすべての部分が関係していることがわかります。エンジンは、ほぼすべての機構が正常に働かないと始動しない、ということを覚えておいてください。

もっとも、エンジンに無駄な機構はないので、すべてが正常に働かないとダメというのは自明の理でしょう。カプラー一つ、燃料ホースのバンド一つゆるんでいても始動しないのです。

さて、ひと口にエンジンが始動しないといっても、その原因はさまざまですが、大別すると、表に挙げた3要素のいずれかが欠けている、ということになります。逆に言えば、これら3要素を満たしているかを順を追ってチェックしていけば、原因を突き止めることができるのです。

なお、ガソリンエンジンとディーゼルエンジンとでは、適切な回転(クランキング)の部分は共通ですが、適切な点火と燃料に関しては、仕組みが異なっています。

ディーゼルエンジンの場合、圧縮によって高温になった空気に燃料を噴射すれば自然発火するので、スパークプラグのような点火に直接かかわる機構はありませんが、その代わり、プレヒート(予熱)機構があるものが多いです。

また、ガソリンエンジンには、燃料噴射装置を備えたもののほかに、燃料と空気を混合するキャブレターを搭載したものも少なくありません。ディーゼルエンジンは、必ず燃料噴射ポンプや燃料噴射ノズルがあって、燃料中にゴミがないことに対する要求がシビアな上、高圧配管にエアが入ると、途端にエンジンが始動しなくなります。

まずはこういった機構の違いについて、よく認識しておいてください。

以下では、エンジン始動のための3要素を踏まえた上で、シチュエーション別にエンジンがかからない原因を見てみましょう。

クランキングしない(適切な回転がない)

エンジンを始動するためには、まず、エンジンをクランキングさせなければなりません。これが絶対条件で、この役割を担っているのがスターターです。

船外機の場合、ごく小型のものは手でひもを引っ張るリコイルスターターですが、中型以上ではみな電動のスターターモーター(以下、スターター)を装備しています。エンジン頂部についているフライホイール(普段はカバーがあって見えません)の

エンジンが始動するための3要素

		ガソリンエンジン	ディーゼルエンジン
1	適切な回転(クランキング)	バッテリー、ニュートラルセーフティースイッチ、ソレノイド、スターターモーターなど(ガソリン、ディーゼル共通)	
2	適切な点火	点火プラグやコイル、ハイテンションコードなど	プレヒート(ある場合)、シリンダーの圧縮
3	適切な燃料(混合気)	燃料フィルター、スクイズポンプ(船外機)、エア抜きベント(携行缶)、燃料噴射機構(EFI装備艇)	燃料フィルター、高圧配管、燃料噴射ポンプ、噴射ノズル

船内機／船内外機のスターターの例

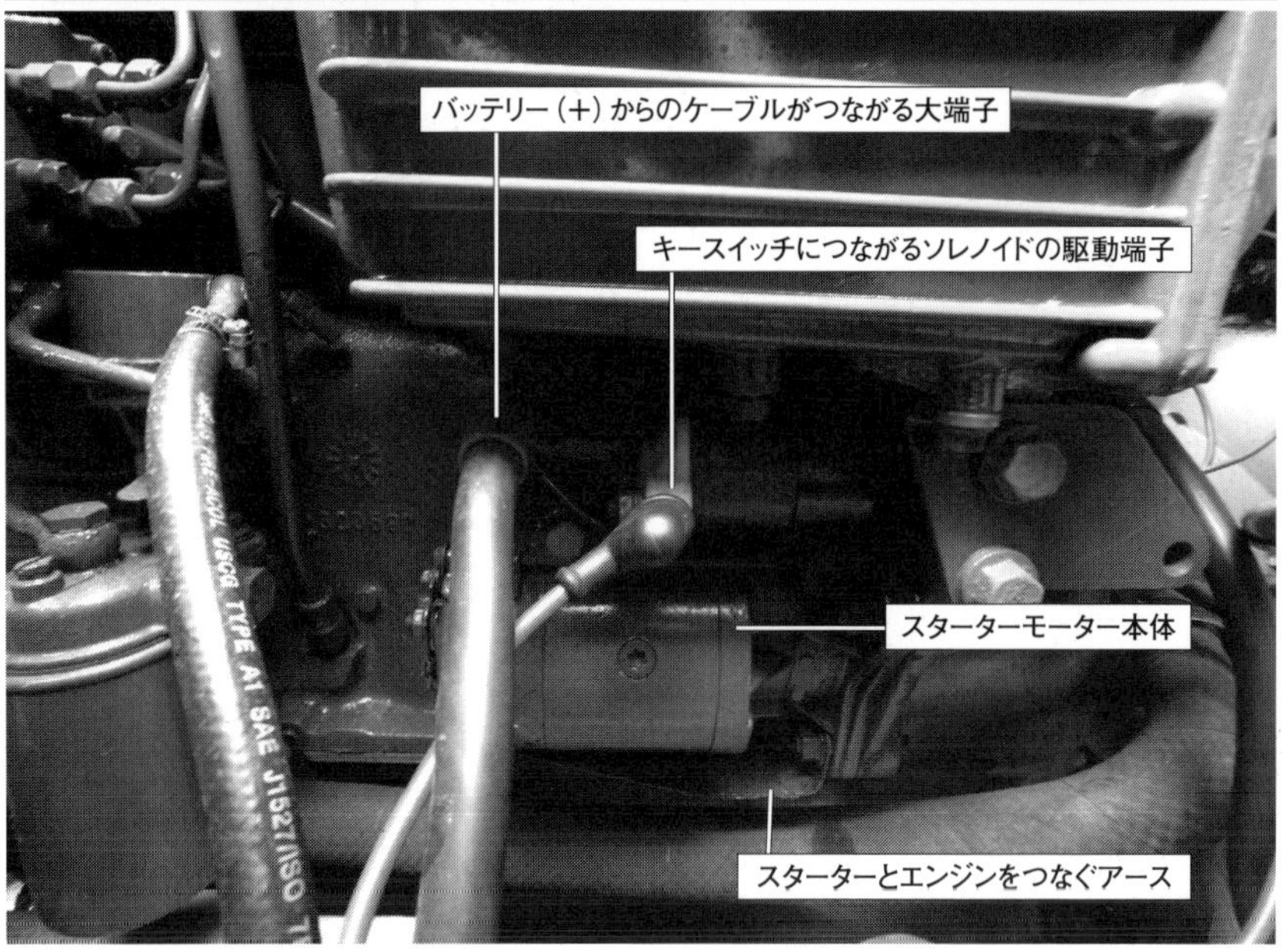

船内機／船内外機のスターターは、エンジン下部後方の、かなり狭いところに設置されているため、手が入りにくい。そのぶん、突然のトラブル発生時には対処が難しくなるので、普段から自艇の各部をよく見ておきたい

メーターやランプの確認

キーを1段ひねって「ON」の位置にしたときに、電圧計や燃料計の針が動いたり、ワーニングランプが一斉点灯したりすれば、バッテリーからキースイッチまでは電気が流れているということ。エンジンがかからないときにチェックすべき第1段階だ

下、エンジン側面のやや後方に縦についているのが普通で、ちょうど茶筒くらいの大きさです。

　このスターターは電気をたくさん消費するので、そのオン／オフを制御するために、すぐ下の部分に直径5～6センチの丸いスターターソレノイドがあります。スターターから延びている太い電線をたどればすぐ見つけることができるでしょう。

　通常、船外機のスターターソレノイドは一つですが、一部の大型の船外機になると、クランキングするのに大きな力がいるので、船内外機と同様に、スターター自体にもソレノイドが付いているリダクション式が使われているものもあります。

　船内機／船内外機は、推進装置の違いがあるだけで、エンジンそのものはほとんど同じなので、ここでは船内外機を中心に扱います。

　船内外機のスターターは、ごく一部の例外を除いて、エンジン後部のフライホイール（丸いカバーがあって見えません）の下側、エンジン最下部に後ろ向きに装備されています。大変見にくいところです。2基掛け艇ではエンジンとエンジンの間が狭いので、手探りでようやく探り当てられる、といったことも珍しくありません。

　トーイングボートや一部の大型船内機艇のエンジンでは、スペースの関係でエンジン後方から前に向かって付いているケースも多くなります。ちょうどミッションの上あたりです。

　これらのスターターには、マスターソレノイド（あるいはスターターソレノイド）と呼ばれるソレノイドが付いていて、バッテリーからの太い電線は、すべてこのマスターソレノイドにつながっています。マスターソレノイドは、大電流をオン／オフするとともに、フライホイールの歯車にかみ合うピニオンギアを出し入れするという役割を担っています。

　また、このマスターソレノイドそのものをオン／オフするために、イグニッションキーとの間にスレーブソレノイドという小さなソレノイドが入っています。ヘルムステーションのキーでコントロールできるわずかな電気では、遠く離れた大きなマスターソレノイドを駆動できないので、多段構造になっています。

　スターターが回らないときは、こういった機構に問題があることが多いのです。

ヘルムステーションでの確認

　イグニッションキーをひねったのに、エンジンがうんともすんともいわないとちょっと焦りますが、まずは落ち着いてよく観察しましょう。

　キーをひねっているのにまったく反応がないということは、スターターまで電気が流れていない、ということです。

　まずは、キーを1段ひねってオンにしたときに、メーター類が動くか、ワーニングランプ類が点灯するかを確認します。まさか、メインスイッチを入れていなかった、なんていうことはないですよね？

　メインスイッチが入っているのに、メーターがぴくりともしない、ランプがまったく点灯しないなら、電装系のどこかに障害が発生しています。その場合の詳しい対処法はあらためて説明しますが、念のため、エンジンに付いているサーキットブレーカーが落ちていないかチェックしてみましょう。

　キーをひねったときにメーター類が動けば、ひとまずキーまでは電気が流れていて、キースイッチ自体もダメになってはいません。ちなみに、キースイッチ自体がダメになっていて、電気が流れないというケースもときどき見かけます。

　ここまで問題がなく、バッテリーの電圧も十分にあれば、クランキングしない原因の多くは、リモコンレバーに内蔵されているニュートラルセーフティースイッチにあります。

　このスイッチは、ニュートラルでないとエンジンがかからないようにする安

ニュートラルセーフティースイッチ

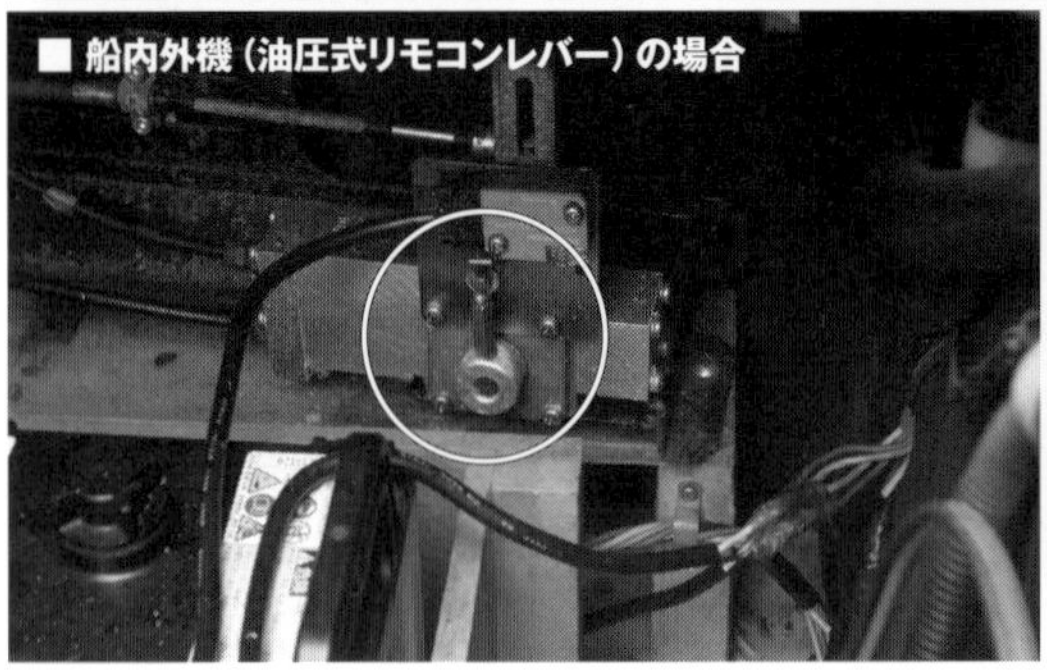

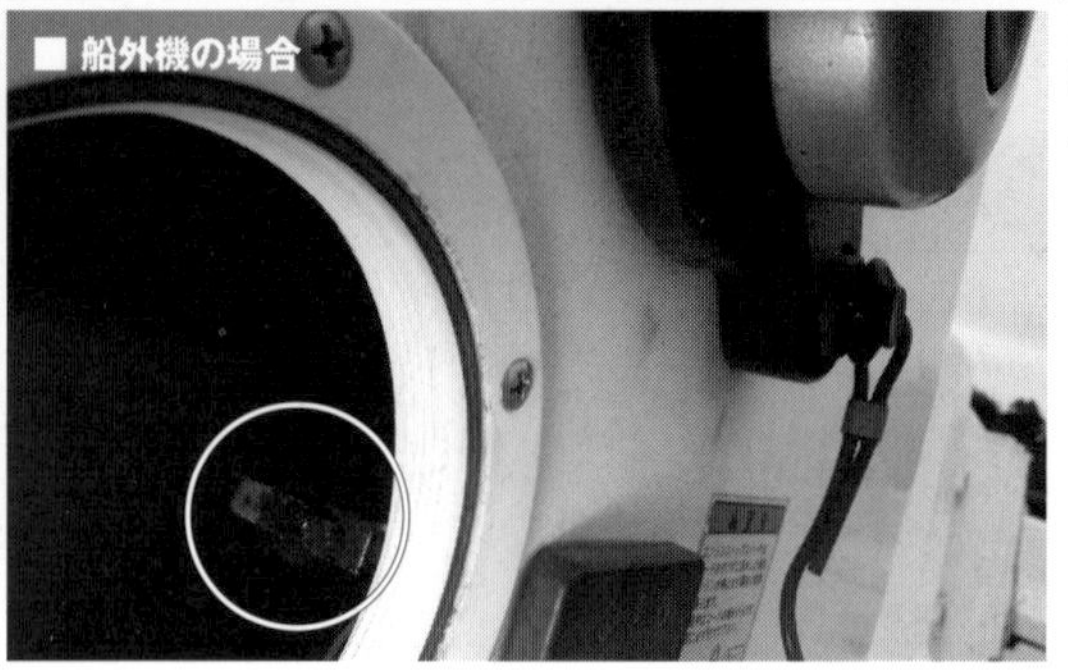

左がエンジンルームに設けられた、船内外機のニュートラルセーフティースイッチ。右は、リモコンレバーのすぐ下の、インスペクションハッチ内に設けられている船外機のニュートラルセーフティースイッチ。いずれも、ごく小さなスイッチで、接触が悪くなることがあるので、事前にその場所を確かめておこう

全装置で、オートマ車ではシフトノブがパーキングかニュートラルの位置にないとエンジンをかけられないのと同じ仕組みです。よって、レバーがニュートラル位置にあるのを確かめて、再度キーをひねります。

これでもまだクランキングしないときは、キーをひねってスタートの位置にしたまま、レバーを前後に小刻みにガチャガチャと動かしてみます。あるところに動かしたときに、スターターが動き始めればしめたもの。レバーをその微妙な位置にホールドしたまま、エンジンをかければOKです。

この操作では、ニュートラルセーフティースイッチの動きが悪くないかを見ています。ニュートラルセーフティースイッチはとても小さく、長年使っていくうちに接触が悪くなり、スターターが回らなくなることがよくあるのです。よって、もしものときのための備えとして、事前にニュートラルセーフティースイッチの在りかを確かめておくとよいでしょう。

ここまでのチェックは、ヘルムステーションに座ったまま、どこもバラすことなく可能です。焦って大騒ぎする前に、必ずガチャガチャとレバーを動かしてチェックしてください。

なお、ニュートラルセーフティースイッチは、リモコンレバーがシフトとスロットルを兼ねるシングルレバーの場合はその中に、シフトとスロットルがわかれているダブルレバーの場合はクラッチレバーの中にあります。

油圧式のリモコンレバーを採用している艇の場合、ニュートラルセーフティースイッチは、レバーの裏側ではなく、エンジンの横にあるアクチュエーターのコントロールボックスや、船内機ではミッションのところに付いていることもあります。

エンジンからの音は重要な手がかり

続いて、耳を澄ませてエンジン周りで音がするかを聞いてみます。誰かにヘルムステーションにいてもらい、自分はエンジンの近くに行ってみましょう。キーをひねってもらったとき、「カチン、カチン」という小さな音が聞こえますか？ スターターから「クイーン」と静かな空回りする音が聞こえたりしませんか？ 船内外機では、「バッチーン」という大きな音が聞こえてきませんか？ それとも、スターターが動こうとしているのに、「ガッ」という音がするだけで、歯車がかみ合ったまま動かなくなっていたりしませんか？

こういった音の違いによって、ほとんどの原因をつかむことができるのです。

音を確認する際には、船外機ならカウルを外したり、船内外機／船内機ではエンジンルームのハッチを開けたりする必要があるかもしれません。特に船外機の場合は、カウルを外す際に不安定な姿勢になりますし、大型であればカウル自体が重いので、十分注意してください。

なお、こうやってエンジンの近くまで移動した際には、バッテリーターミナルが緩んでいないかどうか、グリグリと触って確認しておきましょう。うそのような話ですが、筆者は航行中の振動でターミナルがゆるんでしまい、それが原因でエンジンがかからなくなったことがあります。

直結での船外機の始動

船外機のソレノイドで、バッテリー（＋）からソレノイドにつながる大端子と、ソレノイドからスターターにつながる大端子とを、ラジオペンチで直結しているところ。バッテリーからの電気が直接流れるため、キースイッチからソレノイドまでの回路不良やソレノイド自体の不具合に関係なく始動できるが、作業には危険を伴う

トラブルシューティングでは、「まさか」という先入観を捨てて、システマチックに、順を追ってチェックしていきましょう。

キーからソレノイドまでの回路不良

さて、キーをひねったとき、「カチン、カチン」と鳴らないのは、ソレノイドに電気が流れていないことを示しています。バッテリーの電圧が十分であれば、ニュートラルセーフティースイッチからソレノイドの駆動端子に至るまでのどこかに障害がある、ということです。

キーまでプラスの電気が流れているか？ キーをひねったときにスターターのほうへ電気が流れるか？ を確認しましょう。特によくトラブルを起こすのは、キーのすぐ周辺と

スターターの不具合のチェック

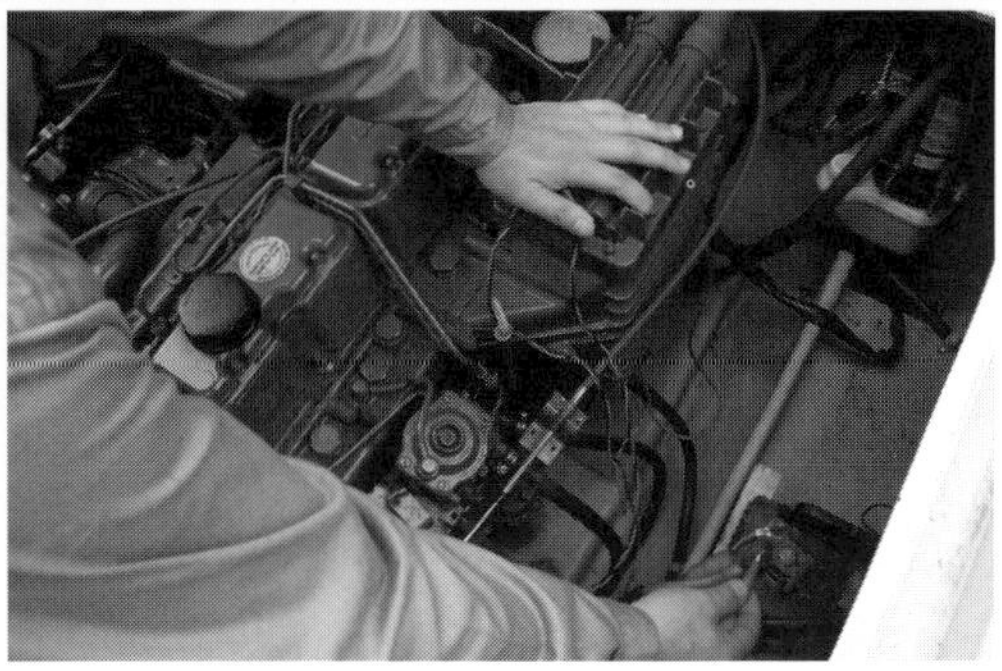

船内外機で、スターターの不具合をチェックしているところ。左はソレノイド部分のアップ。写真の艇ではすぐ脇にバッテリーがあったので、リード線を使ってソレノイドの駆動端子にバッテリー（＋）からの電気を直接流した（ソレノイドのすぐ隣りにある、バッテリーからきている大端子にリード線をつないでもよい）。こうして、ソレノイドの動作音の有無や、スターターが回るか否かを確認する

ニュートラルセーフティースイッチ、そして、電線がエンジンルームに入っているあたりです。

こうした回路不良によるトラブルは、クルージングの往路で海が時化てさんざんたたかれ、寄港先から帰ろうとしたとき、突然、クランキングしなくなるという形で現れたりします。というのも、時化の中を走った際の振動で、始動回路のどこかのコネクターが外れたり、断線してしまったりするためです。

この間の電線に問題があるかどうかは、バッテリーのプラスからソレノイドに入っている大端子と、キースイッチからの電線がつながっているソレノイドの駆動端子とをショートさせるとすぐにわかります。こうしてスターターが回ればスターター自体に問題はないので、原因はキースイッチからソレノイドまでの電線のどこかにあるということです。

ちなみに、キーを1段ひねってオンにしたまま、同じ方法でショートさせればエンジンがかかるので、いざというときの応急修理として覚えておくとよいでしょう。

なお、こうして直結でエンジンを始動させる場合は、エンジンの回転部分に触れないよう、特に注意してください。

■スターターの不具合

スターターモーター（以下、スターター）は、長年使っていくとどうしても傷んできます。特に海では使用環境が厳しいので、錆などにより、往々にしてスターターがダメになってしまうことがあります。これは内部に可動部がある船内外機用のスターターで起こることが多いですね。

スターターのチェックは以下のように行います。

まず、船内外機の場合は、スターターの脇にあるマスターソレノイドの駆動端子に、バッテリーからきているプラスの大端子から直接電気を流してみてください。そのとき、「カチン、カチン」と鳴らない、あるいは、「カチン、カチン、カチン」と鳴ってもスターターが回らなければ、スターターの不良が考えられます。この場合は、予備のスターターがない限り、修理は困難です。

マスターソレノイドは「カチン、カチン」と大きな音が鳴るのに、スターターが回らないという場合は、マスターソレノイド内の接点が錆びていることが考えられます。

マスターソレノイドの内部では、接点となる金属の円盤があるのですが、この円盤が錆び始めていると、きちんと電気が流れません。しかし、何回か動かしていると、たまたま錆がないところに当たってスターターが回ることがあるので、諦めずに繰り返しショートさせてみましょう。これで突然回りだせば、接点が錆びている証拠です。

なお、スターターに直接電気を流す際には、連続して「カチン、カチン」と繰り返していると、ソレノイドを焼いてしまうので、ある程度時間をおいて試してください。

また、こうやってエンジンがかかったときは、それ以降、ホームポートに帰り着くまで、決してエンジンを切らないことが重要です。というのも、こんな状態になったマスターソレノイドでは、再度エンジンがかかる保証がないからです。

ちなみに、大型の船内外機では、まれに、マスターソレノイドの動きを制御するスレーブソレノイドがダメになることもありますが、この場合も、マスターソレノイドに直接電気を流す方法で難なくエンジンをかけることができるので、焦らずに試してみましょう。

船外機の場合は、ソレノイドの駆動端子に、リード線などでバッテリーのプラスからの電気を直接流してみます。それでエンジンがかかれば、キースイッチからソレノイドまでの回路のどこかに不具合があるということです。

シールド式のソレノイドは、内蔵されているマグネットが「カチン、カチン」と動くのに、中の切片が折れていて通電しない、というケースがときどき見られます。こんなときは、前ページ下の写真のように、ソレノイドにある二つの大端子をショートさせてみます。大電流が流れますからバチッといって火花が飛びますが、ソレノイドの不良が原因なら、スターターは回るはずです。

さて、これらの直結によるチェック方法は、洋上でスターターが回らなくなってしまったときにも応用できるテクニックです。洋上ではまずなによりも、走れるようになることが先決。エンジンさえかかってしまえば、スターターはひとまず必要なくなります。端子が少々焦げても焼けても、帰港してから修理なり交換なりすればいいので、まずはエンジンをかけることを優先しましょう。

ただし、今ここに述べた方法には危険が伴います。万が一にも回転するエンジンに巻き込まれたりしたら大変。くれぐれも注意して実施して下さい。もし、少しでも自信がなければ、無理をせず救助を待つというのが正しい選択です。

【第3回】
エンジンが始動しない②

ここでは、なかなか原因がつかみにくい電線の腐食と、スターターは回るけれど始動しないというケースについてみてみます。どちらも、洋上や寄港先で発生することはまれですが、万一に備え、対処法を覚えてください。

なかなかわからない電線の腐食

前項で説明した、ソレノイドやスターターの不具合と類似した話ですが、筆者が出くわした中で、解決に最もてこずったエンジンの始動不良事例は、電線の腐食によるものでした。これは、本当に原因がわからなくて悩んでしまうトラブルでした。

■ジェネレーターでの事例

最初に経験した事例は、ジェネレーターで発生しました。つい先日まで普通に動いていたジェネレーターを始動させようと思ったところ、スイッチを押してもスターターが回らないのです。いろいろ調べてみても、バッテリーはきちんと充電されているし、スターターには12Vが流れてきているし、ソレノイドも「カチン、カチン」といっている……つまり、バッテリーからスイッチを経てスターターに至る回路には問題がない、という状況でした。

わけがわからず、しばらく悩んでいたのですが、とうとう諦めてサウンドシールドを分解し、半信半疑で、「スターターパック」（緊急用の電源）でスターターに直接12Vを供給してみました。すると、なんとしたことか、あっさりと動くではないですか！ そこで今度は、スターターパックをバッテリーにつないでみると、やっぱり動かないのです。

こうなると、考えにくいですが、バッテリーからジェネレーターまでの間の電線になにかあったとしか思えません。

ボートでは、腐食による接触不良が発生しがちですが、普通は細い電線で起こるもので、通常、指ほどの太さがあるバッテリーケーブルでは無縁の話です。それでも念のためにと、壁の裏を這《は》っているケーブルを苦労して引き抜いてみましたが、やはり、トラブルがあるようには見えません。

「やっぱり勘違いだったのかな？ 原因はどこかほかのところか……」

と、ふと目を落とすと、引き抜いたケーブルの途中がちょっと膨らんでいる……。あれっ？ と思ってよく見ると、ケーブルの被覆に傷がついていて、中の電線が見えていました。しかも、青く緑青《ろくしょう》が吹いている！

慌ててよく見ると、なんと、傷ついた被覆から水が浸入し、中の電線をみんな錆びさせていたのです！ この傷があったのは、ちょうど壁のバルクヘッドに当たる部分で、きっと、施工するときに無理をして傷をつけたのでしょう。そこに水がかかって腐食したんですね。

このケーブルを手で折ってみたところ、ほとんど全体が腐食していて、つながっているのは中心のほんの2～3本という状態でした。これが、電気は流れているけれど、スターターが動かなかった原因です。

「そういえば、最近、ジェネレーターのスイッチを入れたとき、スターターの動き始めが重かったな」

と、思い当たる節がありました。バッテリーが弱っただけかと思っていたら、ケーブルの腐食が進んで、電気が流れにくくなっていたんですね。

この件は、ケーブルを交換して一件落着となりました。

■新型ディーゼルエンジンの場合

一方、こちらは33フィートのディーゼル船内外機艇での話。ボルボ・ペンタのEDC（Electronic Diesel Control）を搭載した最新のエンジンで、まだ載せ替えたばかりの新品が動かなくなった、との連絡が。バッテリーは元気だし、ソレノイドは「カチン、カチン」というのに回らないので、その艇のオーナーは、エンジンが焼き付いたのかと、とても心配していました。

筆者が見てみると、症状は訴えている通り。筆者も最初は理由がわからず悩みました。とりあえず、スターターに「スターターパック」をつないでみると、ちゃんと始動したので、エンジン本体のトラブルでないということがわかり、オーナーはとても喜んでいました。だってそうですよ、エンジン本体のトラブルだったら被害は甚大で、修理費用も非常に高額になりますからね。

さて、この艇の場合も、電気の通り道に何か問題があるのは間違いありません。バラせるところをバラして、メインスイッチまでは大丈夫、途中の分岐しているところまでは大丈夫、と順に怪しいところを探っていきます。配線関連のトラブルでは、たいてい、スイッチや分岐などの接続部分が問題となることが多いからです。しかし、疑わしいところは全部問題なし。あとは、エンジンにつながっている電源ケーブルそのものに問題があるとしか思えません。

そこで、ケーブルをたどっていき、あとは油の浮いたビルジに潜っている部分だけとなり、意を決して油の中に手を突っ込んで探ってみたら、手に触るケーブルの感触が変！ある部分だけが大きく膨らんでいるのです。ケーブルタイを切って引き上げてみると、被覆が傷つき、青く緑青を吹いて膨らんでいました。前述のジェネレーターが動かなくなったときのケーブルと同じ症状だったのです。

この艇の配線の取り回しは、ビルダーが施工したときのままでしたが、いくら被覆があるとはいえ、水に浸かる可能性のあるエンジンルームの床にケーブルを這わせるのはあまり感心しません。ちょっと傷がつくと、一発でダメになってしまいます。この艇の場合も、ケーブルを交換したら一発で直りました。

錆びたバッテリーケーブル

被覆に傷がつき、内部の電線が錆びてしまったバッテリーケーブル。傷ついた部分がビルジの中にあり、トラブルが発生するまで気づかなかったが、錆により被覆が大きく膨らんでいる（上）。モノクロなのでわかりにくいが、傷ついた部分を切ったところ、その断面（左）は緑青で真っ青になっていた

ボルボ・ペンタのスターターのマイナスアース

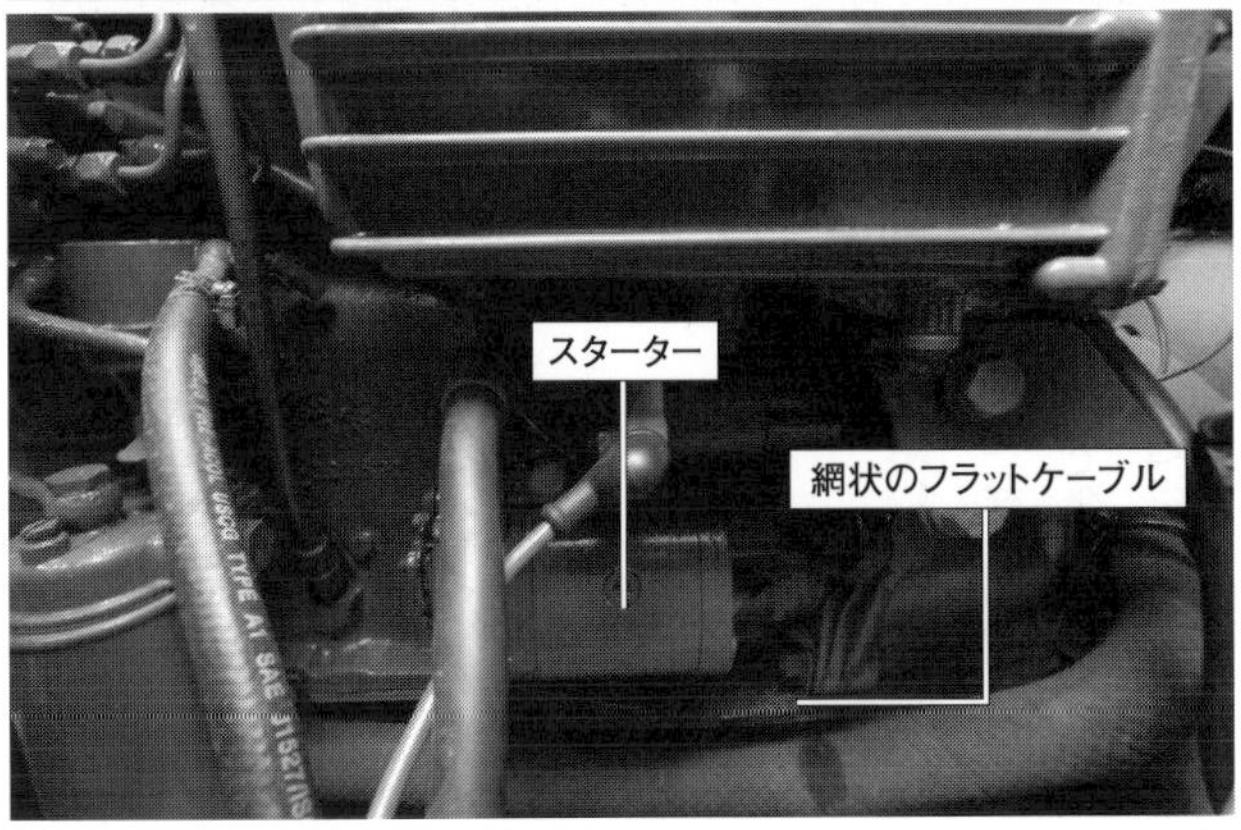

ボルボ・ペンタのディーゼルエンジンには、スターターのマイナスアースに、網状のフラットケーブルを使用しているものがある。このケーブルが錆びて、始動できなくなるトラブルもまれに発生する

■マイナスアースの不具合

スターターの駆動トラブルで配線の不具合が疑わしいとき、通常は、プラス側だけを見ればいいのですが、一部のディーゼルエンジンでは、もう一つ、チェックすべきポイントがあります。

一般的に、スターターはエンジンに取り付けられていて、マイナス側はエンジンにアースされているので気にしなくていいのですが、旧型のボルボ・ペンタ製ディーゼルエンジンのなかには、スターターがマイナス端子からエンジンまで、30センチくらいの長さの網状のフラットケーブルでつながっているものがあります。まれに、このフラットケーブルが腐食して接触が悪くなり、スターターが必要とする大電流を流せず、スターターが回らないことがあるのです。このフラットケーブルは、普段は目につかない部分にあり、気づきにくいのですが、そういうこともあるんだと理解しておいてください。

■電線のトラブルの対処法

ここまで見てきたように、端子や配線の接続部分ではない、本来、電気がちゃんと流れているはずのところで不具合があると、原因がわかるまで時間がかかります。

もし、クルージングの寄港先などでエンジンが始動せず、電線のトラブルが原因と思われる場合は、ブースターケーブルなどでバッテリーとスターターを直接つなぎ、エンジンをかけることで対処できる可能性があります。いったんエンジンが始動してしまえば、特に問題はありません。

1点だけ注意が必要なのは、エンジン始動後も、スターターとバッテリーの間の線を外してはいけない、ということです。エンジン始動後にバッテリーケーブルが完全に断線してしまうと、オルタネーターで生み出された電気の行き場がなくなってしまい、オルタネーターが壊れてしまうことがあるからです。よって、仮設のケーブルは、双方の端子から外れないように、また、エンジンの駆動部に巻き込まれないように、そして、ショートしないように注意して設置してください。

仮に、腐食部分が特定でき、ケーブルの長さに余裕があった場合は、ダメになった部分を切って、応急的につないでしまうという手が使えま

船外機のピニオンギアのチェック

船外機のスターターのピニオンギアは、スイッチが入ると回転しながらシャフトを駆け昇ってフライホイールにミートする。しかし、錆やグリスの固着によって、ピニオンギアが動かなくなってしまうことがあるので、スターターが空回りする場合は、ピニオンギアがスムースに回転するかを確認しよう。その場合、誤ってスターターが動き、指を挟んでしまうといった事故を避けるため、メインスイッチを確実に切るなどの対策を施した上で、ドライバーなどを使うようにする

す。あの太いケーブルをつなぐのは容易なことではありませんが、芯線の束を小分けにして、それぞれをねじってつなぐか、露出させた線同士を重ねて、針金できつく縛ってしまうかします。ともかく、ケーブルがつながり、それが外れさえしなければ、エンジンが始動できるようになり、オルタネーターのパンクも防げます。がんばって応急処置をしてみましょう。

スターターは回るがクランキングしない

続いて、スターターは回るけれど、クランキングせずに空回りしたり、「ガッ」といってギアがミートする（かみ合う）のにそのまま動かない、といったケースについて見てみましょう。

■スターターが空回りする

スターターの空回りは、久しぶりの出航のときに多く見られます。というのも、バッテリーの充電量が減っていて、パワーが足りないことが原因になるからです。

よって、寄港先で起こるケースは比較的少ないのですが、かといってゼロではありませんので、応急処置の方法とともに見てみましょう。

なお、バッテリーが弱っているときの空回りは、スターターの種類によって動きが変わりますので、その点にも注意してください。

【船外機の場合】

船外機のスターターでは、フライホイールとかみ合うピニオンギアが、スターターの回転に伴って、スターターのシャフトに刻まれた斜めの溝を駆け昇る仕組みになっています。

よって、スターターが空回りするのは、このピニオンギアの動きが悪いか、バッテリーに原因があってピニオンギアが駆け昇らないかのいずれかです。

そこでまずは、ピニオンギアが動くことを確認しましょう。このとき、指を挟んでしまう危険を避けるため、必ず最初にメインスイッチを切る、もしくは、バッテリーのターミナルからケーブルを外しておくなどして、万が一にもスターターが回らないようにしておくことが肝心です。さらにその上で、ピニオンギアの動きを見るときは、できるだけドライバーを使うなどしましょう。

こうしてピニオンギアをつついて回してみたときに、すんなりシャフトを昇っていけばOKです。

動かない原因でよくあるのが、グリスによって固着していたり、シャフトが錆びて途中で引っかかったりする、というもの。その場合は、防錆《ぼうせい》スプレーなどを吹きかけて、ギアの歯にマイナスドライバーの先端を当てながら、ハンマーなどでコンコンと軽くショックを与えてみます。その後、ドライバーでつついて回してみて、引っかかりなくスムースに上まで昇るようになれば、とりあえず合格。バッテリーがきちんと充電されていれば、メインスイッチを入れてスターターを回すと、エンジンがかかるはずです。

一方、ピニオンギアの動きはスムースなのに、駆け昇らなくてフライホイールとミートしない場合は、二つしか理由がありません。バッテリーが弱くて回転が足りないか、バッテリーを交換したときなどに、プラスとマイナスを逆に接続してしまったかのどちらかです。プラスとマイナスの取り違えは、実際に結構よくある事例なので、自分でバッテリーを交換したあとで、スターターが空回りする症状が出たら、「怪しい」と思ってチェックしてみましょう。

【船内外機／船内機の場合】

船内外機などの大型のスターターでは、ピニオンギアはソレノイドによって駆動されます。この方式の場合、ピニオンギアはスターターソレノイドの動きによって押し出され、それによってフライホイールとミートします。よって、古くなってピニオンギアやフライホイールの歯が摩耗していたり、欠けた部分があったりして、歯と歯がきちんとかみ合わなくなったりしていなければ、確実にかみ合います。

その代わり、バッテリーの充電量が少ないと、パワーが足りずにエンジンを回せなくなるので、結果としてスターターだけが空回りすることはありません。

また、バッテリーの充電量がそこそこあっても、錆などによってピニオンギアの動きが渋くなってしまい、空回りしてしまうケースもあります。この場合には、スターターのソレノイド部分をハンマーでコンコンと優しくたたき、ショックを与えてみましょう。うまくいけば、これで一時的に動くようになります。

この方法は、あくまでも一時的な対処なので、帰港後はきちんと整備してください。

ギアがミートしたまま動かない

キースイッチをひねって始動させたとき、「ガッ」といってピニオンギアがフライホイールにミートするにもかかわらず、クランキングしないというケースでは、船外機、船内外機ともに、バッテリーの充電量が減っていることが一番多い原因です。

つまり、スターターの回転のパワーが弱いために、重いエンジンを回しきれなくなってしまうのです。バッテリーの残量が少ないときは、「ガッ」というミート音が弱々しいのが特徴で、その音をよく聞いていると、パワーがないかどうかがわかります。

特に船外機の場合、洋上でこのような症状が出たら、動かなくなる理由はほかにないので、十中八九、バッテリーが原因です。解決するには、十分に充電されているバッテリーにつなぎ直すなり、緊急始動用バッテリーを使うなりするしか方法がありません。

一方、船内外機／船内機では、「ウオーターロック」という厄介な現象があります。これは、排気管やエアインテークからエンジンのシリンダー内に水が浸入し、ピストンが動かなくなってしまうというもので、結果として、クランクシャフトが回らなくなってしまいます。

船内外機／船内機では、コクピットに人が集まり過ぎたりして船尾が沈み込んだときに、排気管から水が逆流してしまう、というのがよくあるパターンです。

ちなみに、PWCでは、ビルジがたまった状態でひっくり返ったとき、起こす方向を間違えると、エンジンルームにたまっていた水がエアインテークから浸入したり、排気管内の水が逆流したりして、同様の症状が発生します。

このウオーターロックが発生すると、クランキングできないので、キーをひねってもスターターが「ガッ」といってかみ合ったままうなるだけ、となってしまいます。そして、これに対処するには、シリンダー内から水を抜くしかありません。

ガソリンエンジンの場合は、点火プラグを抜いた状態でキーをひねり、クランキングして浸入した水を吐き出させます。当然、点火プラグも濡れて火花が飛ばなくなっていますし、あらかた水が抜けたあとでも、残った水分が水蒸気となってプラグを濡らしてしまうので、プラグの付けたり外したりを何度も繰り返しながら、そのたびごとにクランキングして水気を抜いていきます。

このウオーターロックでより厄介なのがディーゼルエンジンです。というのも、水を簡単に抜ける場所がないからです。そこで、プレヒートを抜いたり、燃料噴射ノズルを外したりしなければならないのですが、洋上での対処はほぼ不可能なので、素直に救助を求めましょう。いずれにしても、ウオーターロックが発生したら、帰港後は必ず、プロにメンテを依頼して、シリンダー内の錆を防止する対策を講じてください。

久々の出航でクランキングしない

同じ「クランキングしない」というトラブルでも、久しぶりにエンジンを始動したときにこの症状が出たとなると、別の原因が考えられます。

その中で最も恐ろしいのが錆です。さまざまな理由でエンジン内部に入り込んでしまった水分により、錆びついて動かなくなってしまうことがあるのです。こんなときは、残念ながら、プロに依頼してオーバーホールしてもらうしか方法がありません。

こういったトラブルを防ぐためにも、オイルに水が混じっていないかをチェックしたり、少なくとも1カ月に一度くらいはエンジンを始動させたりして、内部にオイルを回すことが重要なのです。

大型のスターター

下がディーゼル船内外機などに用いられている大型スターターで、上は同じものを分解したところ。このタイプのスターターでは、ソレノイドが始動を制御するとともに、ピニオンギアを押し出す役割も担っている。そのため、錆による固着やギアの歯の欠けなどがない限り、ピニオンギアがフライホイールにミートしない、ということは起きない。錆びてピニオンギアの動きが渋くなっている場合は、ハンマーなどで軽くショックを与えるのも有効だが、あくまで一時的な対処法なので、帰港後にはきちんと整備しなければならない

【第4回】エンジンが始動しない③

ここでは、クランキングするのにエンジンが始動しない場合の原因と、始動後に回転が安定しない、あるいは、エンジンが止まってしまうといった場合の原因を見てみましょう。
いずれも、寄港先で発生したときは、重大トラブルのサインである可能性があります。

クランキングするけど始動しない

クランキングはするんだけどエンジンが始動しない、というケースを見てみましょう。

実はこのケースは、出航前には多くても、洋上や出かけていった先で起こることはほとんどありません。なぜなら、エンジンは暖まっているし、点火系や燃料系もそれまで何事もなく動いていたわけで、そこでこのような症状が出るケースはあまり多くないのです。

それゆえ、寄港先で突然、クランキングはするんだけどエンジンが始動しなくなったというのは重要なサインとなるのですが、なかにはケアレスミスによってこの症状が出ることもあります。

ガソリンエンジンでは、ストップランヤードが抜けて火花が飛ばない状態になっていませんか？

ディーゼルエンジンでは、エンジンを止めるときに使ったカットオフソレノイドが動いたままになっていませんか？ 特にフライブリッジ艇の場合、フライブリッジのアッパーステーションでエンジンを止めて、イグニッションスイッチをカットオフの位置から戻すのを忘れたまま、ロワーステーションでエンジンをかけようとしてかからない……というのが多いですね。

ということで、クランキングするのにかからない場合、まずは、これらを確認してみてください。

以下では、こうしたケアレスミス以外の原因による事例を見てみましょう。

■ガソリンエンジンの場合

ガソリンエンジンが寄港先でかからなくなってしまった場合、先に挙げたストップランヤードの件を除けば、たいていは燃料系に問題があります。

特にキャブレター式の場合は、燃料の出が悪くなっているというパターンが多いですね。こういうときは、スターターを回す前にスロットルを2、3回素早くあおって、30秒ほど待ってからスターターを回す、という手が有効です。これは、始動に必要な濃い混合気を送るという操作で、効果てきめんなのですが、繰り返してはいけません。過ぎたるはなお及ばざるがごとしで、二度、三度と繰り返すと、スパークプラグが余分な燃料でカブって（プラグ先端の電極が燃料で濡れて火花が飛ばない状態になって）しまいます。

こうした場合に備えて、スターティングフルード（キャブレターから噴き込んで使用するエンジン始動剤）のスプレーを1本持っていると便利です。

EFIなどの燃料噴射機構を備えたエンジン、特に船内外機艇やスキーボートでは、夏場の暑さで燃料が沸騰し、燃料系統内に気泡（エア）が発生して、燃料供給を阻害してしまうというケースがあります。この現象を「ベーパーロック」といいますが、前触れなく起こるから厄介です。

ベーパーロックは、船外機ではあまり起こらないようで、エンジンルームが狭く、吸気量がギリギリで熱がこもりやすい、スキーボートに特に多い現象です。

この症状が出たら、基本的にはエンジンの燃料系統からエアを抜くしか方法がありません。エア抜きの方法を知っていて、かつ、よほど波静かなところでない限り、洋上での対処はなかなか困難です。

よって、エンジンルームに熱がこもりやすい艇では、夏の気温が高いときなどは、エンジンを止めたあと、しばらくブロアを回したり、エンジンルームを開けたりして換気に努めましょう。「そんなこと、毎回やっていられない……」という声も聞こえてきそうですが、一度でもこうした症状が出たことがある艇では、同じ症状が出る確率が非常に高いので用心しましょう。

　また、「こういうことが起こり得るのだ」ということを理解しているのといないのとでは、発生時の対処の仕方が大きく違うので、このようなトラブルを経験したことがないという方も、ぜひ心に留めておいてください。

■ディーゼルエンジンの場合

ディーゼルエンジンでは、点火系を持たないというその仕組み上、クランキングするけどかからない、ということは、ほとんどありません。特に、いったん航行したあと、出先でかからないということは、まずないでしょう。

　ディーゼルエンジンは、クランキングすることでシリンダー内の空気を圧縮・発熱させて、そこに霧状の燃料を噴射することで燃焼するので、燃料が出ていてクランキングさえすれば、必ずかかります。

　ただし、レアケースですが、さっきまで動いていたのに、いくらスターターを回してもエンジンがかからない、あるいは、スターターキーを離すと止まってしまう、という症状が出ることがあります。これは、エンジン停止時にストップスイッチを押すタイプのディーゼルエンジンで、ストップソレノイドが働きっぱなしになってしまう、ということによるものです。燃料をカットし続けるので、当然かかりません。

　この原因としては、ソレノイドやストップレバーのバネの固着や不良により、電気を切ったあとも復帰しないままになってしまうケースと、前述した一方のステーションでイグニッションスイッチをカットオフの位置にしたまま忘れてしまい、ソレノイドの駆動回路に電気が流れっぱなしになってしまうケースの2通りがあります。

　さっきまで調子よく動いていたのに突然かからなくなってしまうのは、フィルターが詰まったのでも、燃料系統にエアを吸ってしまったのでもありません。このストップソレノイドのトラブルの可能性大です。

　ストップレバーを備えた大型エンジンでは、レバーがきちんと戻っているかを確かめましょう。加えて、運転時のソレノイドの位置を覚えておき、手で触ってその状態を確かめてください。目で見ただけではダメですよ。復帰不良でちょっとだけ引かれていたことが原因でかからなかった、なんていうこともあったので、必ず手で触って、所定の位置にあるかどうかを確かめてください。

　そのほかに、ディーゼルエンジンがかからない原因として考えられるのは、「燃料が出ていない」ということがほとんどです。運転時、ソレノイドで燃料バルブを開くランソレノイドを備えたエンジンでは、このソレノイドの故障や配線のトラブルが発生することがあります。

　また、オーバーヒートして自動的に停止したジェネレーターなどでは、燃料の高圧配管内にエアが入ってしまうというケースもまれにあります。

　いずれにせよ、ディーゼルエンジンの場合は、シリンダーヘッドにある燃料噴射ノズルのナットをゆるめてクランキングし、燃料が勢いよくピュッピュッと噴くことを確認しましょう。このナットをゆるめて、泡がブクブクしないきれいな燃料が出ていたら、かからないということはまずありません。

　それでもかからないとすれば、よほど寒い時季に、プレヒート不足で(あるいは、ヨット用の小型ディーゼルエンジンのようにプレヒート機構が付いていないモデルで)シリンダーがあまりに冷たく燃焼しない……というケースだけでしょう。

　プレヒート不足でかからない場合は、ストップボタンを押したままにして(燃料が出ない状態にして)スターターを回し、シリンダー内を暖めるという奥の手があります。前述の通り、点火系を持たないディーゼル

ディーゼルエンジンの燃料制御部分の不具合

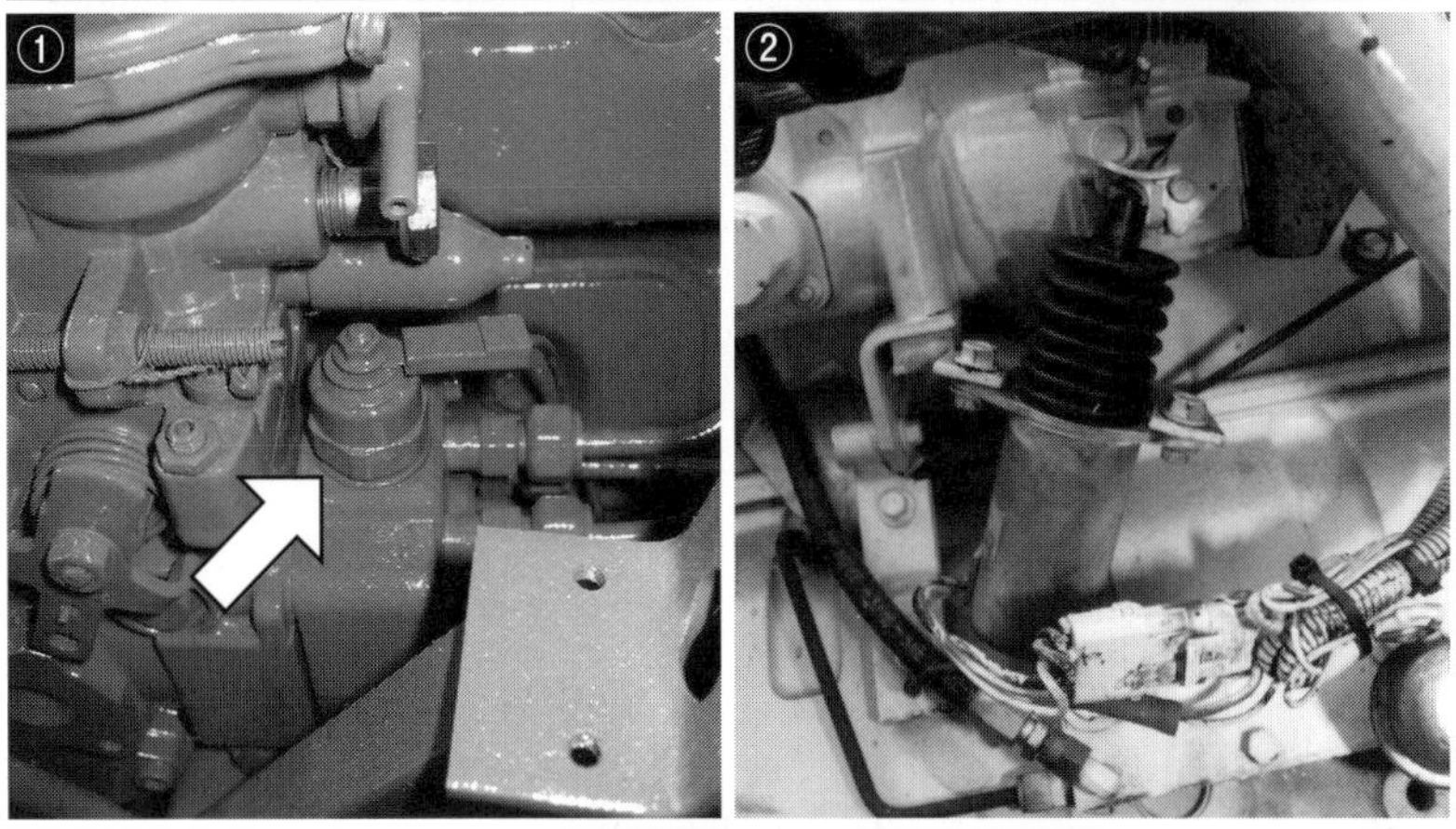

①はボルボ・ペンタAD41のストップソレノイド、②はカミンズの大型エンジンのストップソレノイド。もし、燃料供給をカットするスイッチやソレノイドが復帰しておらず、通電したままになっていると、燃料が供給されないためエンジンが始動しない。一方、③のキャタピラーエンジンのように、運転時に燃料バルブを開くランソレノイドを備えている場合は、ソレノイド自体の故障や配線トラブルで始動しないケースもある

ディーゼルエンジンでのエア抜き

ディーゼルエンジンで、燃料の高圧配管内にエアが混入した可能性がある場合、または、燃料供給の有無を確認したい場合は、「写真のように燃料噴射ノズルのナットをゆるめてクランキングし、ここから、泡の混じらない燃料が勢いよく飛び出ることを確認する

エンジンでは、発熱が不十分なところに燃料を噴射し、燃焼しないままだと、この燃料によってシリンダー内がかえって冷えてしまいます。よって、最初は燃料を出さずにクランキングして、十分に暖めてから、ストップボタンを離して燃料が出るようにすると簡単にかかるのです。寒冷時の始動にお悩みの方は試してみてください。

なお、プレヒート機構が付いている艇では、プレヒートを十分に行うことが大切なので、念のため。

ディーゼルエンジンのプレヒートの例

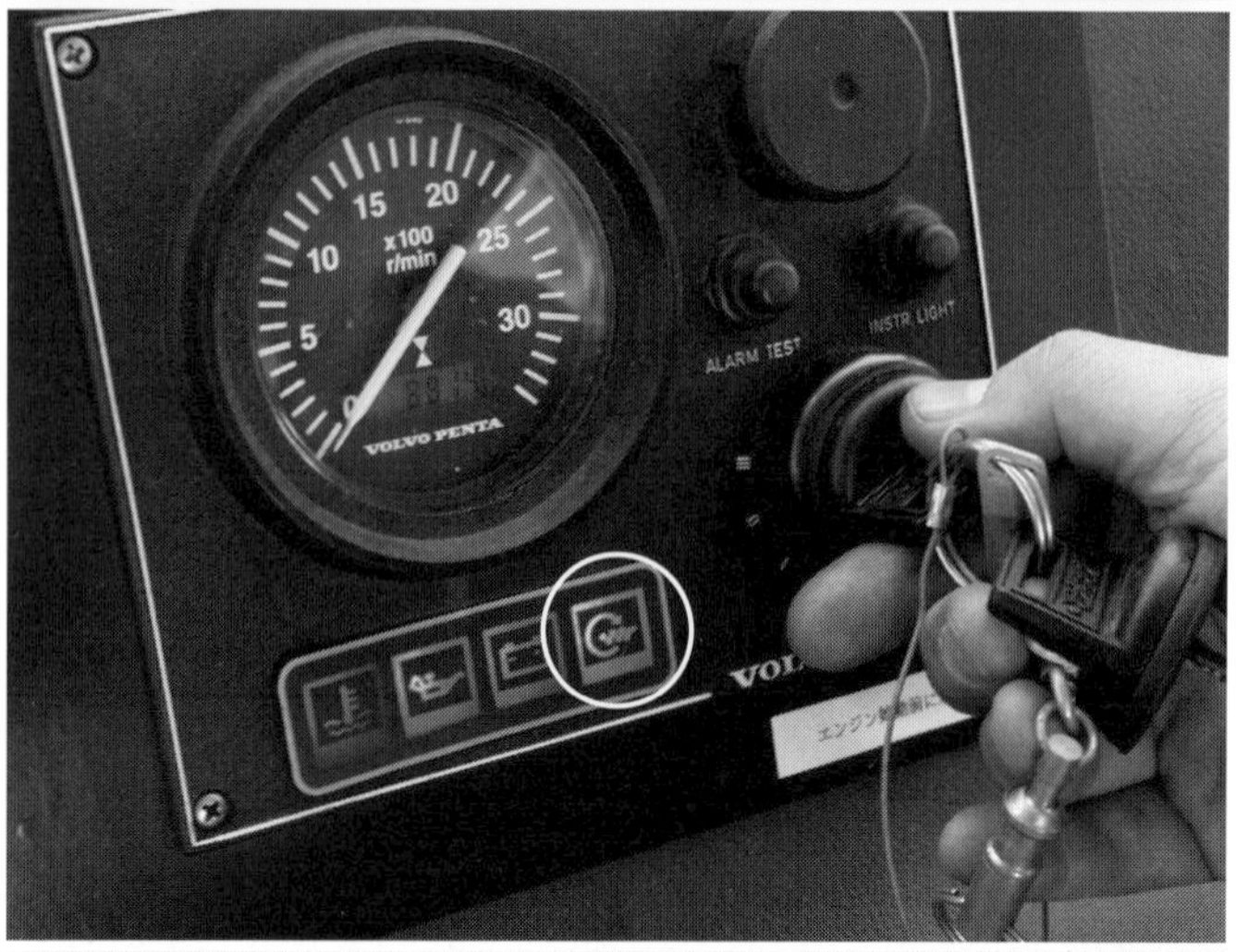

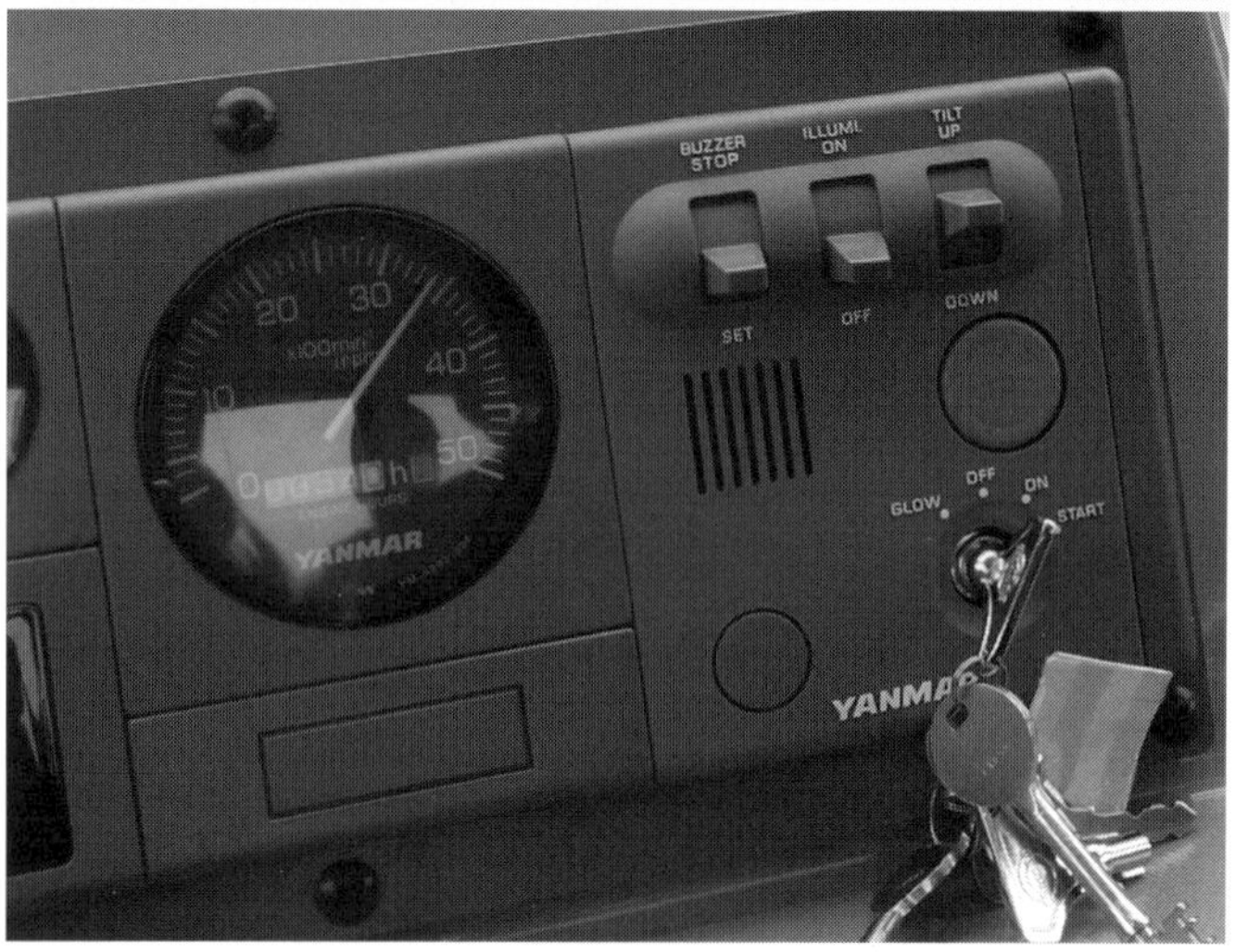

ディーゼルエンジンはその機構上の特性から、特に寒冷時は、始動時にシリンダー内を暖める必要がある。上の古いボルボ・ペンタの場合、キースイッチを「I」の位置（ラジオポジション）にして、○内のグローランプ（予熱表示灯）が点灯してから、「III」の位置（スタートポジション）まで回して始動する。下のヤンマーの場合は、キースイッチを「GLOW」の位置にキープして、グローランプが消えたのちに「START」の位置まで回して始動する

スターターを連続して回してはいけない理由

クランキングするけどエンジンがかからない場合、また、ウオーターロックが発生して浸入した水を抜く場合は、スターターを酷使して回し続けます。

しかし、ご存じのように、スターターはほんのわずかな時間しか回せません。あの重いエンジンを、あんな小さなモーターで回すのですから、もともと、相当な無理をしています。そのため、スターターが消費する電流は非常に大きいのです。

もちろん、エンジンの大きさによって、スターターには大から小までいろいろありますが、200馬力クラスの船外機で160A、7.4リッタークラスのガソリン船内外機で300A、ディーゼルエンジンでは、もっと大きな電流を消費し、ものによっては1000Aを超えます。

このように大電流を使うので、スターターはどんなに長くても、30秒以上、続けて回してはいけないのです。

そして、一度回したあとは、冷えるまでしばらく待たなければなりません。機会があったら、ちょっと回したスターターがどのくらい熱を持つのか、触ってみてください。無理して回し続けると、触れられないくらいの熱を持ちます。コイルが焼き切れるのも無理はありません。

とはいえ、スターターを回し続けてはいけないという注意はよく聞きますが、なかなか守れないんですよね。特に、クランキングはするけどかからない……という症状に出くわすと、ついついスターターを回し続けて、余計なトラブルを引き起こします。スターターのコイルを焼き切ってしまうと本当に厄介ですから、十分、注意してください。

かかるけど回転が不安定または止まってしまう

エンジンはかかるんだけど、回転が不安定、あるいは、すぐ止まってしまう、ということがあります。これは出航後に起こることが少ないのが救いです。もっとも、出航する時点でこんな状態だと、出航したくても出られないので、少ないのは当然かもしれませんが。

ともかく、久しぶりに愛艇を訪れたときに、このような症状に見舞われたときのことを想定して説明を進めます。

エンジンはかかるけれど、回転にムラがあったり、嫌な振動が出たり……という症状のときは、1気筒死んでいる（燃焼していない）というケースが多いです。

4気筒以下のエンジンでは、1気筒死ぬとかなり顕著に症状が出ます。6気筒ではわかりにくくなり、8気筒ではよほど敏感な方を除いてなかなか気づきにくいものですが、こういうこともあるのだと理解しておいてください。

1気筒死んでしまう理由はさまざまですが、ガソリンエンジンでは点火系のトラブルであるケースが多いですね。

2ストローク船外機では、プラグの電極が焼けたり、ススが付いていたりしてダメになっていることが、ともかく多いです。エンジンをかけたあと、生《なま》ガス（燃焼前のガソリン）の臭いがしたり、パンパンとバックファイアを起こしたりしたら、まず間違いなくプラグのトラブルなので、外してチェックしてみましょう。

また、船外機では、死んでいる気筒を担当するイグニッションコイルが

大型のスターター

特にガソリンエンジンで、始動するものの、その後の回転数が安定しない、振動が激しいといった症状が出た場合は、いずれかの気筒が死んでいる（燃焼していない）ことが考えられる。2スト船外機の場合は、プラグの汚れやカブリが原因となっている場合が非常に多い（下左）。また、ハイテンションコードの接触不良が原因となっていることもある（下右）。なお、フューエルインジェクターを備えた電子制御の4ストロークエンジンの場合、インジェクター周りの不具合が原因となっていることもある

ダメになっている、シリンダーに直接燃料を噴射するフューエルインジェクターがあるエンジンではそのノズルの不良、ということもあるようです。筆者の友人も、最新の大型船外機でしつこい不調に悩まされ、出航するたびにエンジンの調子が悪い……というのを繰り返していました。業を煮やしてメーカーに持ち込み、徹底的にチェックしてもらったところ、燃料噴射ノズルの一部に機能不全があったということで、交換と相成りました。こういった高度なエンジンでは、専門の診断コンピューターがないとわからないことも多いようです。

ガソリン船内外機でも、やはり点火系が原因であることが多いです。プラグがダメになっていたり、ハイテンションコードの接触が悪くなっていたり、というのがよくあるケースです。これをチェックするには、エンジン始動後に、ハイテンションコードを1本ずつ抜いてみます。生きている気筒のコードを抜くと回転が落ちるので、回転が落ちないコードがあれば、その気筒が燃焼していない、ということです。

また、ガソリンエンジンで、「アイドリングが安定せずに、すぐエンストしてしまう」、「アイドリングは正常でも、シフトを入れるとエンストする」、「スロットルを相当ゆっくり開けないとすぐにエンストしてしまう」といった症状に見舞われたら、それは燃料が薄い可能性大です。

この場合、洋上ですぐに修理するのは無理なので、だましだまし帰港しましょう。洋上でこのような症状が出た場合は、無理してホームポートまで帰ろうとしないで、近くの港に逃げ込むというのも大切な決断です。

なお、ディーゼルエンジンでは、1気筒だけ死んでいる、ということはあまり起きません。もしこんな症状が出たら、高圧配管にエアが混入してそのシリンダーが燃焼していないケースが考えられるので、燃料噴射ノズルのナットをゆるめて、燃料が流れていることを確認してください。

【第5回】止まらない、パワーがでない

ここでは、エンジンを切ったのに動き続けるという症状と、リモコンレバーを倒しても回転数やパワーが上がらないという症状について解説します。いずれの場合もちょっと焦ってしまいますが、適切な対処方法を覚えて、慌てずに対処しましょう。

エンジンが止まらない

前項では始動不良に関して説明しましたが、反対に、「エンジンが止まらない」という症状に見舞われることがあります。ここではランオン（run on）と呼ばれる症状について見ていくことにしましょう。

■ガソリンエンジンの場合

ランオンの典型的なものが、ガソリンエンジンでイグニッションキーを「STOP」や「OFF」に戻してもエンジンが止まらない……というものです。この現象は、プラグから火花が飛ばなくても（イグニッションキーを切っているので当然ですが）、シリンダー内の赤熱したカーボンなどが火種となって勝手に燃焼が続き、エンジンが回り続けてしまうことで起こります。つまり、焼玉《やきだま》エンジン（ポンポン船などに使われていたエンジン）のような状態になるのです。

このランオンは、エンジンが古くなってキャブレターが詰まり気味になっているとき、シリンダー内にカーボンがたまっているとき、夏場の暑いときにエンジン全開でぶっ飛ばしたあと、などによく起こります。2ストローク船外機で起こりやすい現象で、特にキャブレターが詰まり気味のときは、混合気がかなり薄くなり、リーンバーン状態になってしまうため、ランオンの症状が出たら、キャブレターのオーバーホールが必要になります。

リモコンレバーはアイドリング位置にあるのに、勝手に吹き上がって回転計の針がレッドゾーンを振り切ってしまい、キーを抜いても、プラグコードを引っこ抜いても止まらない、というのがランオンの典型例です。

この症状が出たら、チョークを引いたり、エアインテークをふさいだりして、燃料を濃くしないと止まりません。まずはチョークを引いて、焦らずに対処しましょう。

逆に、燃料ホースを外すなどして燃料の供給を止めようとすると、エンジンが停止するまで時間がかかりますし、止まり際にますます希薄燃焼が進んでしまい、ピストンに穴を開けたりします。よって、燃料ホースを抜くという対処は、決しておすすめしません。

2ストローク船外機のランオン

写真のような2ストローク船外機で特に起こりやすいランオンは、シリンダー内にたまったカーボンが赤熱することや、キャブレターが詰まって燃料が薄くなることなどが原因となる。この症状が発生した場合は、燃料を濃くすればよいので、あわてずにチョークを引いて対応しよう。ちなみに、電子制御されるEFIを備えた4ストローク船外機では、ランオンは発生しない

■ディーゼルエンジンの場合

ディーゼルエンジンは、ガソリンエンジンのスパークプラグのような点火

系を持たないので、燃料を遮断しなければ止まらない、という特性を持っています。そのため、マリン用で使われているディーゼルエンジンの大半は、エンジンを止めるときにイグニッションスイッチを「STOP」の位置に合わせたり、別に設けられているストップボタンを押したり、ストップレバーを引いたりするものが占めています。

このタイプのディーゼルエンジンでは、エンジンを止めるときにストップソレノイドやカットオフソレノイドと呼ばれるソレノイドを動かして、燃料を物理的にふさぎ止めているので、ソレノイドを駆動させるための電気が必要になります。ボルボ・ペンタのエンジンはAD31やAD41といった中・小型艇用のモデルから大型モデルまで、国産では、日野、ヤンマー、ヤマハがこの方式です。

この方式のエンジンでは、いったん始動すると、燃料がある限り、いつまでも回り続けるため、さまざまな理由によりエンジンが止まらないという現象に出くわします。

ストップボタンを押したり、イグニッションキーを「STOP」などの特定の場所に保持して止めようとしたとき、ボタンを押す時間やキーをひねっている時間が短いと、一瞬止まりそうになったエンジンが、また息を吹き返して動きだしてしまうのを経験したことがあるでしょう。これは、ボタンなどの操作でストップソレノイドが動き、いったんは燃料の供給を止めているものの、エンジンが完全に停止する前にスイッチを戻してしまうので、またシリンダー内に燃料が供給されてしまい、動きだしてしまった、という状況です。

愛艇のエンジンルームを開けて、ストップソレノイドの場所を見てみましょう。エンジン本体にスロットルケーブルがつながっているところが、ガバナー（調速機）と燃料噴射ポンプです。

特に大きめのエンジンの中には、その脇にゴムのブーツを履いたソレノイドがあって、止めるときに重そうにレバーを引っ張っているのがわかるかと思います。これがストップソレノイドです。試しに、このレバーを手で引っ張ってみると、結構重いことがわかると思いますが、引っ張りが弱いと「止まりそうで、止まらない」ということになります。

引っ張りが弱くなる原因は、ソレノイド自体の錆などによる動作不良、駆動用配線の接触不良などによる電力不足、などが挙げられます。エンジン停止時にたびたび再始動するような場合は、このソレノイドの動きをよく観察してみてください。対処法はその原因を取り除くこ

ディーゼルエンジンのストップレバー

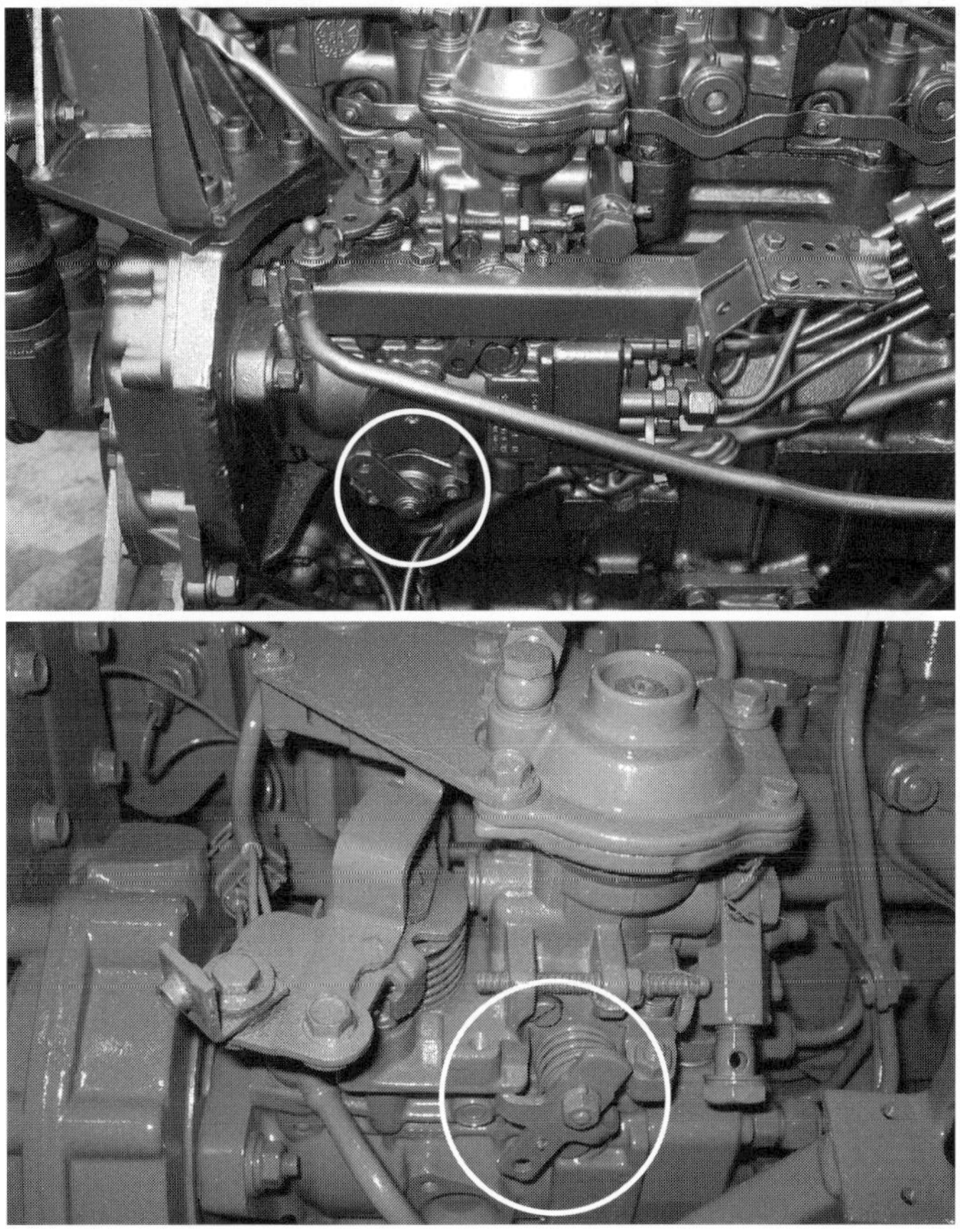

ストップレバーの例（上がヤンマー、下がボルボ・ペンタ）。ソレノイドの不調などでディーゼルエンジンが止まらない場合は、燃料噴射ポンプの近くにあるストップレバーを手で引けば、燃料供給がカットされてエンジンが止まる

ガソリンエンジンの吹き抜きの例

ガソリンエンジンでの回転不足やパワー不足の原因の一つとなるのが、潤滑不良によるピストンの吹き抜き。オイルが足らずに潤滑不良を起こすと、ピストンリングが溶けたり摩滅したりと、焼き付きの一歩手前の状態となり、十分な圧縮が得られなくなる

ターボチャージャーのタービンの固着

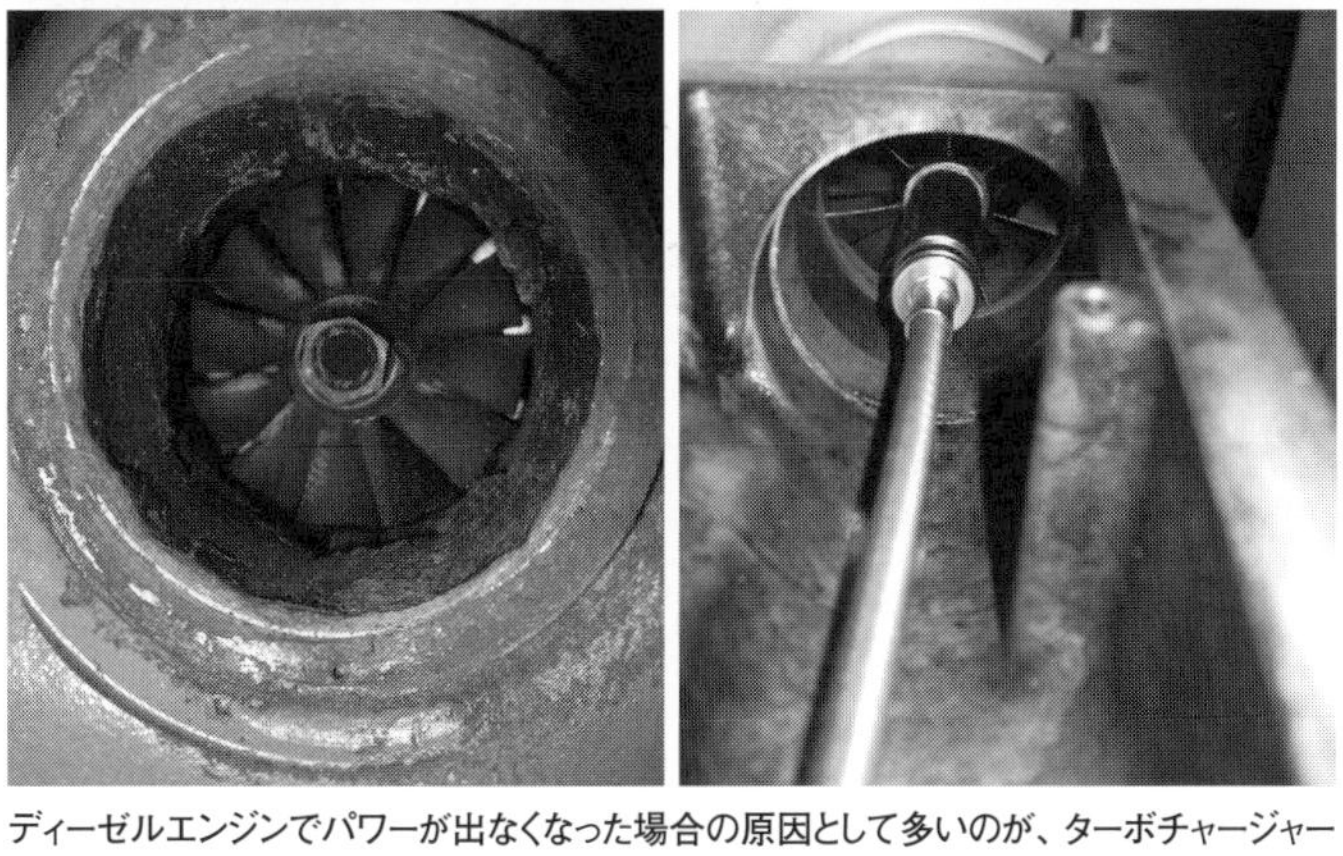

ディーゼルエンジンでパワーが出なくなった場合の原因として多いのが、ターボチャージャーの内部にあるタービンの固着。カーボンやオイル、錆、あるいは、異物の吸い込みなどによって内部のタービンが動かなくなると、吸気不足となって回転数が上がらなくなる。古いエンジンやしばらく乗らなかった場合は、シャフトが固着し、タービンが動かなくなりやすい。右の写真は、応急処置として、固着したタービンをソケットレンチを使って回しているところ。根本的な解決を図るには、ターボチャージャーをオーバーホールする、あるいは、ターボチャージャー自体を交換するといった対処が必要となる

と。リード線などを使って、バッテリーからソレノイドに直接電気を供給したときに元気よく動くかどうかを確認し、動けば問題は配線にあることがわかります。動かなければ、今度はソレノイド自体を外して、単体で動きが重くないかどうかを確かめます。錆などで重かったら、錆を落として潤滑剤を吹き付けてみましょう。

これでスムースに動くようになればしめたもの。元通り組み上げれば、きっとスパッと気持ちよく止まるようになるはずです。錆を落としてもソレノイド自体の動きが改善しなければ、ソレノイドを交換するしかありません。

マークルーザーやボルボ・ペンタのAD41やAD31など、外からはソレノイドが見えない（電線がつながった丸い頭だけ見える）タイプのものもありますが、エンジンを止めるときに、キーを「STOPの位置でキープ」しなければならないので、ストップソレノイドを動かして燃料供給を遮断する方式だ、ということがわかるかと思います。

なお、ストップソレノイドで止める方式のディーゼルエンジンが、出先でどうしても止まらなくなってしまったときは、燃料噴射ポンプの脇についているレバーを手で引いてみてください。これが手動用のストップレバーです。これを手で引くと燃料がせき止められて、エンジンを止めることができます。いざというときのために覚えておきましょう。

ちなみに、大型ディーゼルエンジンには、燃料流路が常時閉じていて、運転中はソレノイドでこの流路を開け続けるタイプがあります。このタイプの場合、キーをSTOPの位置にすると電気が遮断されて燃料流路が閉じるため、エンジンが回り続けるということはありません。

吸気不足のときのディーゼルエンジンの排気

ディーゼルエンジンで真っ黒な排気が出るのは、吸気不足の典型的な症状。特にターボチャージャーの不調の場合は、いくらリモコンレバーを倒しても回転数が上がらず、この黒い排気を吐き出すだけとなる。ターボチャージャーの不調は、スピードが出ないだけで深刻なトラブルとはなり得ないので、低回転のままゆっくり航行して、ホームポートに戻るか、最寄りのマリーナなどに避難する

パワーが出ない 回転数が上がらない

エンジンの不調の中でも、さまざまな原因があって対処が難しいのが、「パワーが出ない、回転数が上がらない」というトラブルです。とてもひと口では言い表せないほど、いろいろな原因がありますが、ここでは典型的なものを見てみましょう。

なお、このトラブルが航行中に突然起こるケースは、比較的少ないと思ってください。具合の悪いときは出航時から具合が悪いのが普通です。また万が一、航行中にこの症状が出てしまったら、洋上で自力で対処できることはほとんどありません。よって、その場合は、だましだまし、動ける範囲で最寄りの港に逃げ込みましょう。

筆者も無理に走ろうとして、途中で動かなくなって後悔したことが何度かあります。母港に帰りたい気持ちは痛いほどよくわかりますが、最も大切なのは乗員の安全です。トラブルの程度がひどければ、無理に母港に帰るのではなく、手近な場所に避難するという決断を下すことも大切なのです。

■ガソリンエンジンの場合

ガソリンエンジンで急にパワーが出なくなる原因には、キャブレターの詰まり、電気系のトラブルのほか、2ストローク船外機では潤滑不良などによるピストンの吹き抜け、EFI（電子燃料噴射装置）を備えたエンジンでは燃料噴射ノズルの故障、果ては携行缶のエアベントの開け忘れ……と実にさまざまです。

携行缶のエアベントの開け忘れであればすぐ対応できますが、それ以外の場合は、洋上ですぐに対処することはできません。いったん安全な場所に入ってから原因を確認してください。

具体的には、キャブレターから燃料が勢いよく出ているか？ プラグを外し、アースした状態でクランキングしたときに火花が飛んでいる

燃料フィルターの詰まり

右の写真は、ディーゼルエンジンの1次燃料フィルター（油水分離器）のエレメント交換の様子。燃料フィルターにゴミなどが詰まって燃料供給が阻害されると、回転数が上がらなくなる。エレメント、あるいは燃料フィルター自体の交換は、パッキンの交換や作業後のエア抜きが必要で、洋上での作業はまず不可能なので、ひとまず、低速のまま航行して最寄りの港に避難する。なお、左の写真は1次燃料フィルターに取り付けられたバキュームゲージの例。左上が正常時、左下がフィルターが詰まったときのもの。こうしたゲージがあると、フィルター詰まりの予防や対処に役立つ

か？ クランキングしたときに圧力が下がっていないか？ などがチェック項目となります。ただし、それら不具合の原因が見つかったとしても、プロのメカニックに修理を依頼する必要があるでしょう。

久しぶりの出航時に回転数が上がらなくなったのであれば、2ストロークなら、まずはなにより、プラグを疑ってチェックしてみましょう。プラグの電極部分にオイルやカーボンが付着していることで、何気筒かあるうちのいくつかが燃焼していない可能性が高いです。

■ディーゼルエンジンの場合

ディーゼルエンジンで、パワーが出なくなった、回転数が上がらなくなったというときに最も多いのが、ターボチャージャーのトラブルと燃料フィルターの詰まりでしょう。前者は保管中に、後者は航行中に起こることが多いです。ターボチャージャーのトラブルは、主に錆や汚れによるタービンの固着が原因です。

なお、このトラブルは、パワーが出なくなってしまうだけで、それほど大きな問題はありません。快適に走れず楽しくはありませんが、少なくとも、アイドリングより少し速いスピードでゆっくり帰港するぶんには、何の心配もありません。

ただし、ターボチャージャーが回らないと、どんなにあがいてもスピードは出ません。無理に吹かすと黒煙をモクモク吐いてエンジンに負担をかけるだけなので、回転数を上げ過ぎないように注意しましょう。なお、黒煙をモクモク吐くのは、不完全燃焼している（燃料は出ているけれど空気が足りない）ときの典型的な症状です。

一方の燃料フィルターの詰まりは、だんだんと回転が落ち、次第に航行中、エンストするようになります。しばらくして再起動すると、またちょっとだけかかって……というパターンが典型的。早晩、完全に詰まって動かなくなってしまうので、これらの症状が出たら、いち早く近くのマリーナなどに逃げ込みましょう。

たとえ予備のフィルターを持っていたとしても、洋上でのフィルター交換は困難です。特に、自分で作業したことがなければ、絶対に手を出してはいけません。直すつもりが、トドメを刺してしまうことにもなりかねません。

フィルターが詰まった場合は、回転を上げると燃料供給が追いつかずに止まってしまうものの、アイドリングより少し速い速度でゆっくり走ると、なんとか運転を続けられることが多いので、エンジンが動いているうちに近くの港に逃げ込んで、そこでゆっくりフィルターの交換作業を行う、というのが正解です。

いずれにせよ、フィルター詰まりの場合、いきなりパタッと止まることはありません。なんとなく回転が頭打ちになって、だんだんと調子が悪くなってくるのが普通です。よって、前回まで調子よく走っていたのに、次にエンジンをかけたら、黒煙は吹かないけれど回転数が上がらない（＝燃料が足りない重要なサイン）、というトラブルは別の理由です。

このような場合に最も疑われるのは、「ターボチャージャーの過給圧（ブースト圧）を燃料噴射ポンプのガバナーに伝えて、過給圧が上がったら燃料を多く噴射する」という機構のトラブルです。この機構では、エアプレッシャーセンサーのパイプが詰まったり、ガバナーのダイヤフラムが動かなくなったりしがちです。

いずれの場合も素人の手に負えるものではありませんので、アイドリングより少し速いスピードで走って帰港し、プロのメカニックに修理を依頼してください。

ディーゼルエンジンのエアプレッシャーセンサー

写真の矢印で示したパイプは、インテークマニホールドなどから燃料噴射ポンプにつながっている、エアプレッシャーセンサー（メーカーによってはスモークリミッターともいう）のホース（上がボルボ・ペンタ、下がヤンマー）。このセンサーがターボチャージャーの過給圧を検知して、燃料をより多く供給する。このホースが詰まったり、外れたり、つぶれたりすると、ターボチャージャーが動き始めても、過給圧が上がったのが検知できず、燃料供給量を増やさないので、黒煙は吹かないけれど回転数が上がらない……、という症状が出る。この症状は、燃料フィルターの詰まりとよく似ているので、原因が判明するまでに時間がかかることが多い

【第6回】エンジンの水回り①

冷却系統のトラブルで最も多く、かつ、一歩間違えば深刻なダメージにつながりやすいのが、冷却不足によるオーバーヒートで、その原因にはいろいろなパターンがあります。ここからは、それぞれの原因と解消法について解説します。

ビニールなどによるオーバーヒート

ボーティングの中で最も多いトラブルが、オーバーヒートではないでしょうか?

エンジンは、稼働することで発生する熱をなんらかの方法で取り去って、正しい運転温度を保たなければ、過熱して焼き付きます。この正しい運転温度を保てなくなる原因のほとんどが、冷却水が回らなくなることによるオーバーヒートだと思ってください。

オーバーヒートの外的な要因の大多数は、ビニールなどのゴミによるものです。ドライブや船底の冷却水取り入れ口(インテーク)がビニールを吸ってしまい、水が回らなくなるのです。水が汚れている都市部周辺の海でボートに乗っている方ならではの悩みかもしれませんが、とても切実です。

インテークに異物が詰まると、冷却水が取り込めなくなり、すぐさまエンジンの温度が上がります。そのまま運転し続けると、オーバーヒートワーニングブザー(以下、ブザー)が鳴り響き、「なにが起きたんだ!」ということになるのですが、ここでエンジンを止められないと、焼き付きに直結してしまいます。よって、ブザーが鳴ったらすぐにエンジンを止める、ということを確実に行ってください。

船外機やPWCの中には、ブザーを持たず、オーバーヒートを起こすと回転が上がらなくなって知らせるモデルもあるので、こういう状態になったときは、「オーバーヒートセーフティーが働いているんだ」と覚えておきましょう。いざオーバーヒートを起こしたとき、わけがわからずためらって、エンジンを止める時機を逸することのないようにしてください。

では、オーバーヒートを起こしたときの対処法を、順を追って説明しましょう。

まず第一に、焼き付かないよう、すぐにエンジンを止めるのが大前提です。その上で、ともかく艇の安全を確保してください。波のある海上では、止まってチェックするといってもなかなか難しいもの。ボートは、動力がない状態だと、バウを吹き落とされて波と平行になり、左右に大きく揺れて、立っていられない状態になります。1基掛けの場合はアンカーを入れるなどして、艇を安定させましょう。ゴミによる偶発的なトラブルは、アンカーが届かないような外海では、比較的起こりにくいのが救いです。2基掛けの場合は、残った片舷機で波に立てて艇を保持します。

荒れているときの洋上での作業は危険が伴うので、1基掛け艇の場合は、自力でなんとかしようと無理をせず、早めに救助を求めることも

インテーク

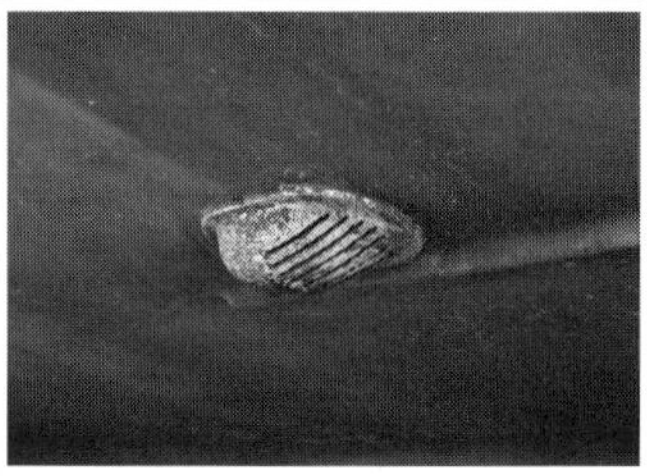

上は船底に設けられたインテークのカバー(スクープともいう)、左はスターンドライブのロワーユニットにあるインテーク。これらにゴミなどが詰まった場合、ドライブにインテークがあればドライブをチルトアップして対処できるが、船底にインテークがある場合は、冷却水ホースを外して船内からゴミを突き出すか、潜ってゴミを取り除くかしなければならない

検討しましょう。2基掛け艇なら、近くの港や波静かな内水面に逃げ込んでから、ゆっくり落ち着いて対処するほうがいいかもしれません。

ボートが安定したら、船内外機艇や船外機艇では、ドライブを蹴り上げて、インテークにビニールなどが引っかかってないか確認します。もし、異物が引っかかっていたら、取り去ってエンジンをかけ、水温が正常な状態に戻れば大丈夫。そのまま航行を続けてもよいでしょう。念のため、少し時間がたったところでエンジンをチェックし、オーバーヒートの熱ストレスで、冷却水ホースが破れていないかなどを確認しましょう。

なお、ヒートエクスチェンジャーを持つ間接冷却式のエンジンでは、水温が下がるまでに時間がかかることがあります。また、オーバーヒートしたせいで、クーラント（清水冷却水、一次冷却水）が噴いてしまっていることもあります。こうなったらエンジンを止め、しばらく時間がたってからヒートエクスチェンジャーのフィラーキャップを開け、クーラントの量をチェック。足りなければ清水を足したりする必要があるので少し厄介です。

ちなみに、なんの準備もなしにフィラーキャップを開けるのは大変危険です。ヒートエクスチェンジャーには高い圧力がかかっているため、まだ熱いうちにうっかり開けると、熱湯が噴き出してくることがあるのです。これをまともに浴びたら大火傷を負ってしまうので、ウエスや毛布など、手近にある大きめの布をかけて、キャップを緩めたときに噴き出してくる熱湯をかぶらないようにしましょう。

いずれにしても、ブザーが鳴って、即座にエンジンを止めたのであれば、そんなにひどい状態にはなっていないはずですので、リカバリーは容易です。そういう意味でも、ブザーが鳴ったらすぐにエンジンを止める、ということが大切なのです。

原因を取り去っても温度が思うように下がらないときは、後述するように、インペラがダメになっているケースがあります。こうなったら、その場での復旧はあきらめなければなりません。

細かいゴミにもご用心

オーバーヒートは、ビニールなどの大きなゴミだけでなく、アシくずや葉っぱなどの細かいゴミが詰まって起こることもあります。これらは、インテークのメッシュを通り抜け、海水フィルターを詰まらせたり、オイルクーラーやヒートエクスチェンジャーの内部にある細かい配管を詰まらせたりします。細かいゴミが多い河川や潮目の中を走ると、こういったトラブルを起こしがちで、筆者もずいぶん悩まされました。

冷却水が回らなくなるのでオーバーヒートを起こしますが、ビニールが引っかかっただけという単純な障害ではないので厄介です。少なくとも、ゴミの多い海域で間接冷却式のエンジンを搭載したボートに乗っている方は、毎回、出航前に海水フィルターの点検を確実に行いましょう。

■間接冷却式の場合

細かいゴミでオーバーヒートを起こしたときは、問題が起こり得る箇所を順に調べなければならず、手間がかかるので、まずは、ビニールなどが引っかかったときと同様、ボートを安定させましょう。

間接冷却式のエンジンにはすべて、海水フィルターがあります。そのうち、船内外機の多くは、海水フィルターが吃水線より上にあるので、エンジンを止めれば海水は入ってきません。一方、船内機や船内外機でも、ドライブではなく船底にインテークを設けている艇の場合は、海水フィルターの手前にキングストンバルブ（冷却水取水管の止水弁）があります。よって、ボートを安定させたらエンジンを止め、キングストンバルブがあるボートでは、これを締めて止水します。

その後、海水フィルターを開けて、内部のチェックとエレメントの掃除をします。その後、キングストンバルブを開くか、エンジンをかけるかして、勢いよく水が出てくることを確認しましょう。ここまで問題なければ、海水フィルターよりもエンジン側が怪しいということになります。

なお、海水フィルターを開けて掃除したあとは、ふたがしっかり締まっているのを確認してください。掃除を終え、安心して走り始めたはいいものの、途中でふたが緩んでしまうと、海水を噴き出すわ、再びオーバーヒートするわで大変なことになります。特にディーゼル船内機／船内外機のエンジンサイドに付いている、プラスチック製の小型フィルターを掃除したあとは、十分な注意が必要です。

もし、勢いよく水が出てこないときは、インテークのメッシュが詰まって

焼き付いたピストン

エンジンが焼き付きを起こすと、写真のようにピストン自体やピストンリングが溶けたり、シリンダーライナーを傷めたりしてしまう。いずれにしても、エンジンを分解して行う大がかりな修理が必要となり、費用も高額になるので、オーバーヒートワーニングブザーがなったら、すぐさまエンジンを止めるように肝に銘じておきたい

クーラントの確認

間接冷却式のエンジンがオーバーヒートした場合、クーラントが噴き出しているおそれもあるので、エンジン停止後に温度が下がったところで、ヒートエクスチェンジャーのフィラーキャップを開けてクーラントの量を確認する。なお、十分に冷えていない状態で不用意にキャップを開けるのは非常に危険だ

エンジンサイドの海水フィルター

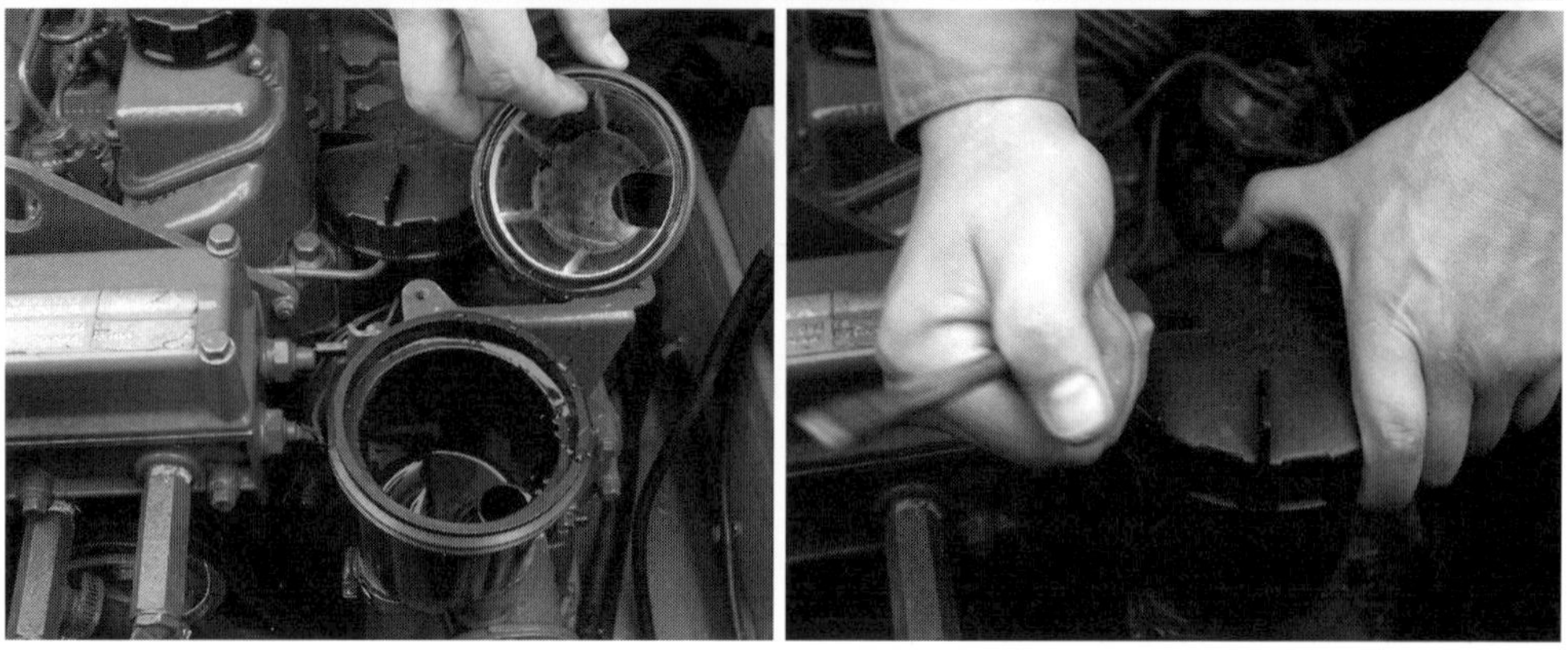

写真は、ボルボ・ペンタの船内外機の海水フィルター。吃水線より高い位置にあるので、エンジンを止めれば、水は上がってこない。細かなゴミを吸い込むと、左の写真で持ち上げているカップ状のエレメントの中にゴミがたまるので、これを取り除く。なお、再始動後に走りだしたのち、ふたが緩んでしまわないよう、しっかり締めておこう（右）

船底部に設けられた海水フィルター

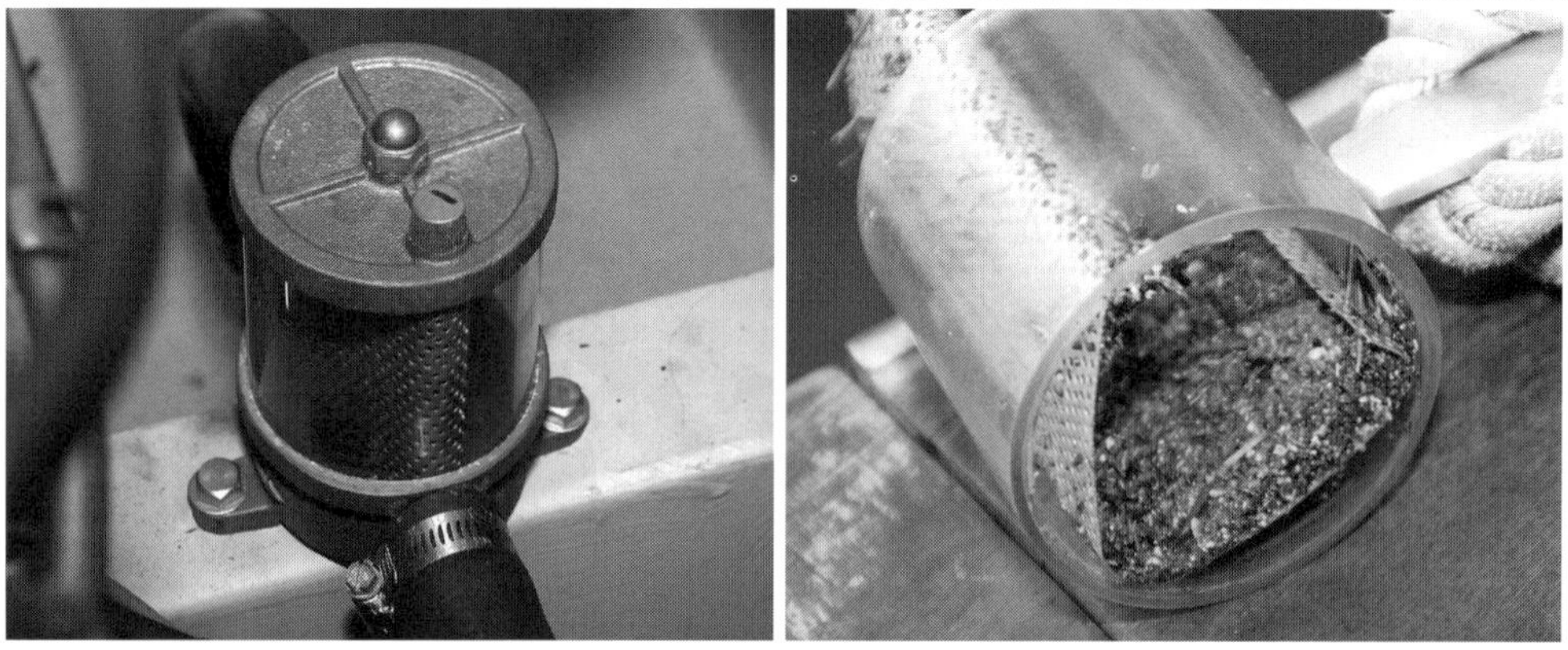

インテークが船底にあり、キングストンバルブが設けられている艇では、写真のような海水フィルターが設けられていることが多い。このタイプの海水フィルターを開ける際には、かならずキングストンバルブを締めてから作業すること。右写真は、砂やアシくずを吸い込んだ例。なお、金属製のエレメントは、折り曲げられているほうを吐出側（エンジン側）にセットする

インペラ式の冷却水ポンプ

マリン用エンジンでは、インペラ式の冷却水ポンプが使用されている。左写真の場合、黒い海水フィルターのすぐ下に、冷却水ポンプのケースが見える（矢印）。右写真は、ケースのふたを外した状態。どのエンジンの冷却水ポンプも、ほぼ同じような内部構造となっている

いるので、船底に一番近い冷却水ホースを外して、船内側から針金などでゴミを突き出しましょう。こういった事態に何度も悩まされている筆者は、エアコンプレッサーを積んでいて、ホース内に空気を送ってゴミを吹き飛ばしています。パイプを外してインテークのゴミ詰まりを解消すると、直後に水が噴き出しますが、ある程度は仕方ないので、すぐにバルブを締めるなり、ホースをつなぎ直すなりしてください。

■直接冷却式の場合

厄介なのは、海水フィルターがない直接冷却式のガソリンエンジンでしょう。

船外機ではインテークのメッシュが細かいので、細かいゴミが内部まで入り込んでトラブルが起きたというのはあまり聞きませんが、ガソリン船内外機では、アシなどの細かいくずを吸い込んで内部に詰まってしまうことがあるのです。

一番詰まりやすいのが、ドライブのすぐ近くにあるオイルクーラーです。後述のインペラが問題なく、外見的にはゴミも引っかかっていないのにオーバーヒートするようなら、この部分を疑ってみてください。

このタイプのトラブルの解決方法は、ともかく掃除をする、のひと言に尽きますが、洋上では手が出せません。よって、オーバーヒートした場合は、すぐにエンジンを止めて温度が下がるまでしばらく待ったのち、あまり温度が上がらないアイドリング程度のスピードでゆっくり走って、ホームポートに帰るなり、最寄りの港に逃げ込むなりするしかありません。

冷却水ポンプのインペラがダメになる

ゴミなどの詰まりに次いで、オーバーヒートの原因となるのがインペラでしょう。

インペラとは、冷却水ポンプ（海水ポンプ、ローウォーターポンプともいう）の内部に入っているゴム製の星形

の羽根車で、エンジンによって回転し、羽根で掻《か》いた水をエンジンの冷却系統へと送るものです。構造が簡単でコンパクト、かつコストも安く、さらに、消費するパワーのわりに吐出量が多いという特徴があるので、エンジンの冷却水ポンプは、例外なくこのゴムのインペラを使用しています。

インペラ式の冷却水ポンプは、船外機ではロワーユニットの上部に、マークルーザーのアルファードライブなど比較的小型の船内外機ではドライブの下部、ちょうどインテークのすぐ上の部分に組み込まれています。大型の船内外機、船内機では、Vベルト駆動やギア駆動の冷却水ポンプが、独立してエンジンに付いています。

さて、インペラ式の冷却水ポンプは、ドライ運転と異物に弱いという弱点があります。ここでは洋上でのトラブルを中心にお届けするので、詳しくは触れませんが、1点だけ、陸上での取り扱いについて覚えておいてください。それは、「水洗キットで水を通さない限り、決してエンジンを回してはいけない」ということです。インペラ式の冷却水ポンプでは、吸い上げた水が潤滑や冷却の役目を果たすため、水がない状態でポンプを回すと、インペラがこすれて羽根がちぎれたり、熱で溶けて変形し、動かなくなったりするのです。

これは、洋上でのトラブルでも同様です。ビニールなどが引っかかった状態で、もたもたしてエンジンを止めずにいると、インペラが空回りしているので、ひどい場合は溶けて変形することがあります。こうなると、異物を取り除いても水をくみ上げられず、エンジンを冷却できなくなり、いつまでたってもオーバーヒートが解消しないので、結局、航行不能に陥ります。このような事態にならないためにも、「オーバーヒートしたらまずはエンジンを止める」ということを肝に銘じておいてください。

次に、冷却水ポンプを壊してしまうケースとしては、砂や泥によるトラブルが挙げられます。浅瀬で座礁したり、ビーチングしたりしたとき、プロペラが泥を掻いている状態で無理に脱出しようとエンジンを吹かしたりすると、巻き上げた海底の砂や泥を、冷却水と一緒にインテークから吸い込んでしまいます。特に、シフトを後進に入れた場合によく起こります。

ポンプ内にまで砂や泥が入ると、インペラの羽根を傷めてしまい、ひどい場合は、羽根の部分がちぎれて、すっかりなくなったりもします。よって、プロペラが砂や泥に触れているときは、必ずエンジンを止めてください。

いずれにせよ、洋上でのインペラの交換は不可能です。冷却水ポンプがドライブ内部にある場合は言うに及びませんが、エンジンサイドについている場合も、ポンプの位置は通常、水線下にあるので、インペラケースのふたを外しただけで水が噴き出してきます。特に船内外機艇の場合、ドライブではなく船底から冷却水を取り入れる一部のモデルを除けば、キングストンバルブがないので、水を止める手立てがありません。

なお、インペラを交換したとき、インペラの羽根がちぎれてなくなっていたら、必ずその破片を探してください。ちぎれた羽根もゴムなので、溶けてなくなったりはしません。必ず下流に押し流されて、どこかに引っかかっています。海水ポンプの吐出口をふさぐように挟まっていたり（これが非常に見にくく発見しづらい）、ヒートエクスチェンジャーの穴をふさいでいたり（ヒートエクスチェンジャーを分解しないと取り出せない）と、見つけ出すのはとても困難です。

しかし、この回収を怠ると、しつこいオーバーヒートの原因となったり、「新品のインペラに交換してもオーバーヒートする！」という、トラブルシューティングにおけるとんでもないミスリードを引き起こす原因となったりして、本当に厄介なのです。よって、必ず破片を拾い集めて、羽根の数が全部そろっているかを確認してください。プロに依頼した際にも、この点に関しては念を押しておきましょう。

また、こうしたトラブルを避けるためにも、インペラは定期的に交換しなければならないのです。

ちぎれたインペラ

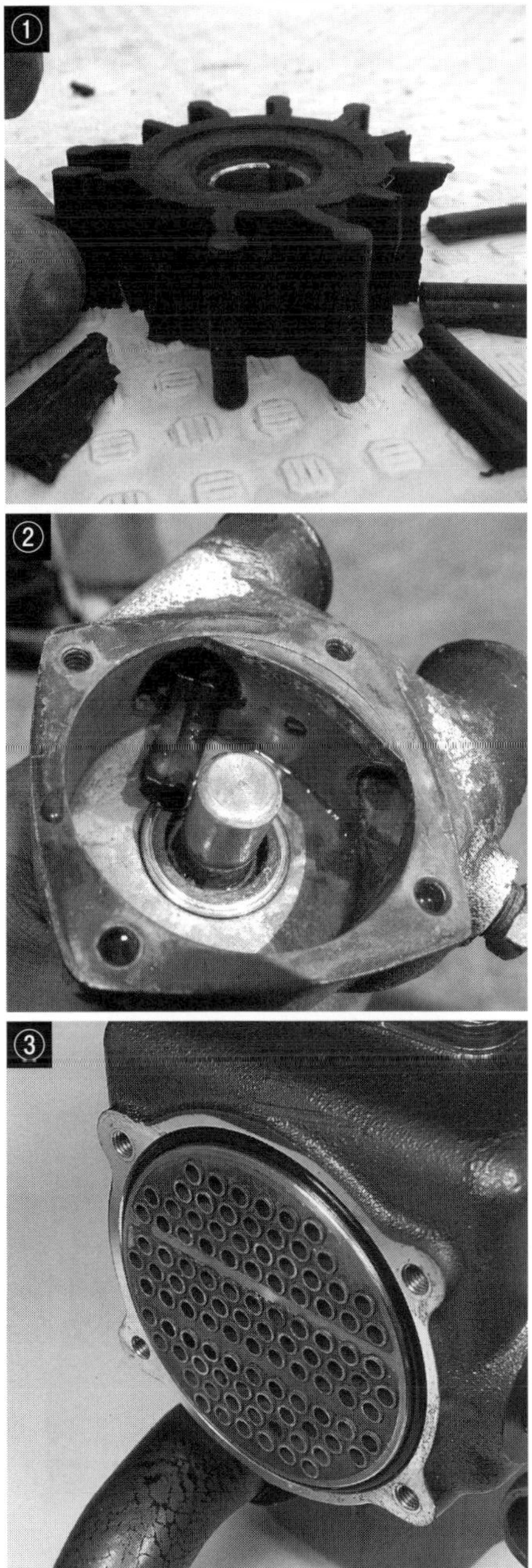

インペラを交換した際、特に、異物を吸い込むなどのトラブルがあったあとは、インペラがちぎれていないかを確認する必要がある（①）。この破片の回収を怠ると、しつこいオーバーヒートの原因ともなる。②は、ちぎれたインペラの破片が、冷却水ポンプ内の吐出口に詰まっていた例。③は、間接冷却式のエンジンのヒートエクスチェンジャーの内部構造（オイルクーラーもほぼ同じ構造）。冷却水が流れる内部の細い管にインペラの破片が詰まると、ヒートエクスチェンジャーを分解して取り出さなければならない

【第7回】エンジンの水回り②

前項に引き続き、エンジンの冷却系統のトラブルについて見てみましょう。航行中にベルトやホース類の不具合によるトラブルが起こると、予備のパーツを持っていない限り、応急処置はできませんが、その対処の方法についても説明します。

ベルト切れによるオーバーヒート

船内外機、船内機では、ディーゼル、ガソリンともに、海水ポンプがエンジンの横に付いていて、エンジンの動力を利用したベルトで駆動されるものが多くあります。大きめのエンジンでは大量の熱が発生するので、これを冷却するための大容量ポンプが必要で、かつ、エンジンの横にあるほうがインペラ交換が容易になるからです（船外機や一部の小型船内外機では、インペラがドライブ内部にあります）。

このポンプの駆動ベルトがよくトラブルを起こします。工業的に見れば十分な信頼性があるベルトですが、ボートの場合、プーリーの錆を放置していたり、定期的な交換を怠ったりすることで、航行中に切れてしまうことがあるのです。そして、このベルトが切れると、海水冷却水が循環しなくなるので、オーバーヒートするのは自明です。

エンジンによっては、ベルトが細く切れやすい機種もあるようなので、こういうエンジンをお使いの方は、ベルトの状態に十分注意しましょう。

この点を見ると、ボルボ・ペンタのディーゼルエンジンの多くで採用されているように、エンジンの横に付いている海水ポンプがギア駆動となっているもののほうが、トラブルが少ないといえるでしょう。とはいえ、ギア駆動の海水ポンプには、ポンプのレイアウト（設置場所）に自由度がなくなる、ポンプ自体が高価になる、水漏れを起こすとエンジンの被害がより大きくなる、といった短所があり、このあたりは設計思想の違いなのでしょう。

そんなギア駆動の海水ポンプにも、ベルト切れが関係します。なぜなら、エンジンには、内部に清水冷却水（クーラント）を循環させるためのもう一つのポンプ、サーキュレーションポンプ（クランクシャフトのすぐ上にあり、ホースが集まっている）が付いていて、これがベルト駆動なので、ベルトが切れてしまうとエンジン内部

ベルトのいろいろ

Ⓐは、サーパンタインベルトを採用したガソリン船内外機の例。さまざまなプーリーを長い１本のベルトで駆動する。Ⓑはディーゼル船内外機のVベルト。こちらは、複数のベルトで、海水ポンプ、サーキュレーションポンプ、パワステの油圧ポンプ、オルタネーターなどを駆動する。いずれも、強過ぎず、弱過ぎない張り具合を保つことが重要だ。なお、Ⓒのようにプーリーに錆が出ていると、あっという間にベルトが削れてしまう。Ⓓの下のベルトは、削れて切れる寸前の状態になったベルト。ベルトとともに、プーリーの状態も日ごろからチェックしよう

に清水冷却水が循環せず、オーバーヒートを起こすのです。

ちなみに、一部の大型ディーゼルエンジンでは、海水ポンプもサーキュレーションポンプもギア駆動のものがあり、こういったエンジンでは、ベルトは冷却に関係ありません。ただし、ベルトは冷却系のポンプだけでなく、オルタネーターやパワステポンプ、スーパーチャージャーも回しているので、切れれば何らかの不具合が発生します。

さて、ベルトが切れてオーバーヒートした場合は、予備のベルトがなければ、いかんともできません。ベルトがあったとしても、揺れる洋上で交換するのは不可能に近いでしょう。なにしろ、オーバーヒートしたエンジンは熱くて、とても近寄れないのが普通です。

よって、ベルト切れによるオーバーヒートが発生したら、その場での復旧をあきらめて、2基掛けの場合は、正常なほうのエンジンだけでゆっくり帰港もしくは避難しましょう。手元に予備のベルトがあれば、近くの港や波静かな内水面に逃げ込んで、交換できるかもしれません。1基掛けの場合は、艇の安全を確保した上で、早急に救助を求めましょう。

ベルト切れは、わりと頻繁に起こります。長い間交換していなくて、ベルトがひび割れている……なんていうのは論外としても、しばらく乗らずにいてプーリーが錆でザラついたりしていると、ベルトの内側が削られて、あっという間に切れるのです。よって、出港前には、少なくともベルトの張り具合とともに、劣化具合やプーリーの状態をチェックしましょう。

それから、ベルトの張りは、強すぎても弱すぎてもいけません。プーリーとプーリーの真ん中を押して1センチほどへこむくらいが目安です。あまりに強く張ると、ベルト切れの原因となるだけでなく、プーリーが付いている機器（オルタネーターやポンプなど）のベアリングやシールを傷めます。特に、サーパンタインベルト（一筆書きになっていて、いくつものプーリーを経由している、幅広のフラットベルト）を使っている艇では要注意です。

反対に、張りが弱すぎると、ベルトが滑ってしまいます。エンジンを吹かしたときに、「キュルキュルキュ～」っと音がしたら、ベルトが滑っている証拠。多少なら構いませんが、年中キュルキュル鳴っていると、ベルトが滑る際に擦れて切れやすくなります。また、張りが弱すぎてポンプなどを回せなくなることもあります。

いずれにせよ、ベルトの張り具合とコンディションは非常に大切です。

古くなったヒートエクスチェンジャー

ヒートエクスチェンジャーが古くなると、電食により内部でクーラント漏れが発生することがある。また、ガスケットの抜けやホースの緩みなどでクーラントが漏れることもあるので、始業前、終業時には、エンジンルームの底にクーラントが漏れていないかチェックする。なお、ヒートエクスチェンジャー内部に異物が詰まると、オーバーヒートの原因を把握しづらい

サーモスタット

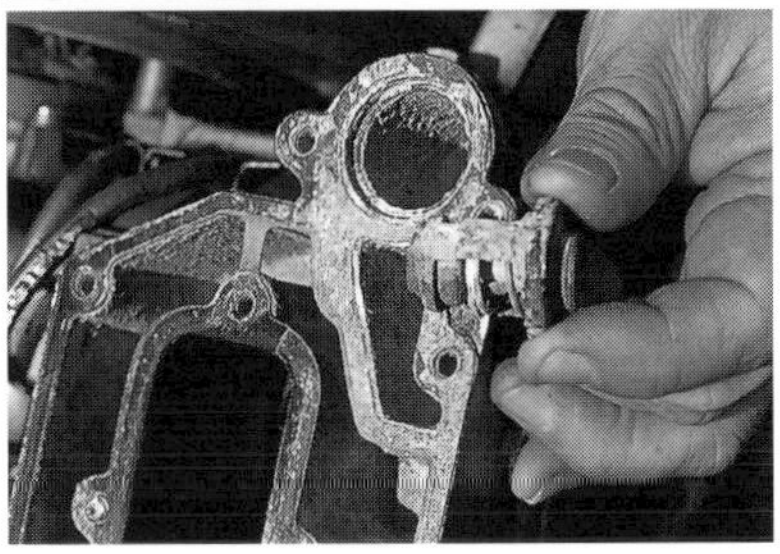

写真は、塩が固着した船外機のサーモスタット。このような状態になると、サーモスタットが正常に動かなくなり、オーバーヒートの原因となり得る。このようにならないためには、日常的なフラッシングが重要だ

熱交換器からの水漏れ

間接冷却方式のエンジンは、直接冷却方式のエンジンより、ずっと安定した冷却と良好なエンジンの運転コンディションを保てますが、ヒートエクスチェンジャー（熱交換器）という複雑な部品を持つのが難点です。

前項の写真説明で簡単に触れましたが、ヒートエクスチェンジャーは、清水流路と海水流路が分かれた二重構造になっているのですが、特にジンクなどの交換を怠っていると、電食で内部の管に穴が開きます。すると、エンジンの運転中は、二重になっているうちの清水流路のほうが圧力が高いので、クーラントが抜け出てしまってオーバーヒートを起こします。いわゆる「空だき」状態になるのです。

電食以外でも、ガスケットが抜けたり、ホースの緩みや亀裂が発生したりして、クーラントが漏れることもあります。

よって、始業前点検では、クーラントの量をチェックするとともに、エンジンの下にグリーンやオレンジのクーラントが漏れた跡がないかをチェックしましょう。

航行中にクーラントが減ってしまったら、2基掛けの場合は、正常なほうのエンジンだけでゆっくり走って、近くの安全な場所に逃げ込むのが一番です。

1基掛けの場合は、あくまで艇の安全を確保するための緊急措置として、応急的に水を足してエンジンを回すという手があります。その場合は、十分注意しながらヒートエクスチェンジャーにあるフィラーキャップを開け、きれいな水を足し、エンジンを回します。コポコポと泡が出て少し水が減るのは正常な状態で、中の空気が出てきているのです。本当は、ターボチャージャーの脇にあるエアベントを開いて、エア抜きをしなくてはならないのですが、ゆっくり走る分には大丈夫でしょう。水温が下がって正常に動いたら、低回転のまま、絶えずクーラントの量をチェックしながら、そのままゆっくり帰港、もしくは避難しましょう。あくまで緊急措置なので、無理してそのまま航行を続けてはいけません。

ホース類の不具合

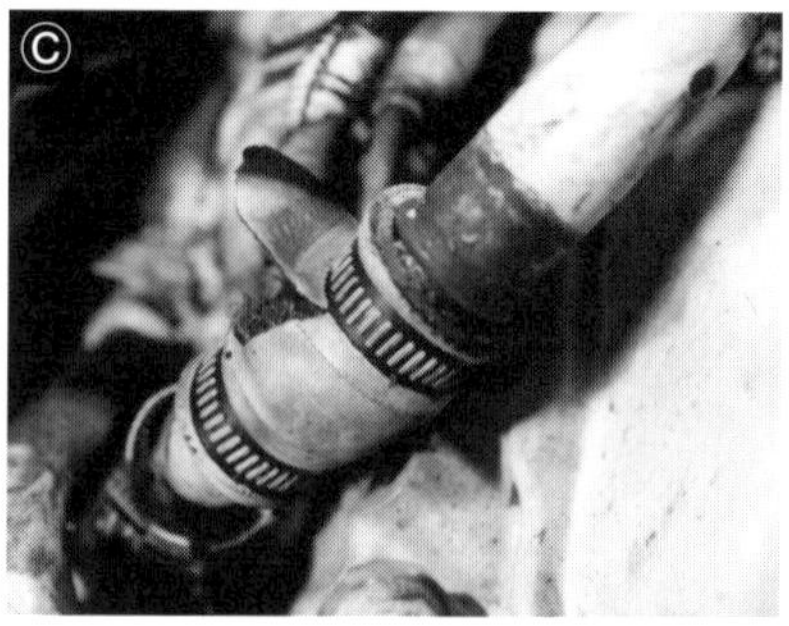

Ⓐは、裂けて水漏れしていた排水ホース。Ⓑはオーバーヒートによる熱ストレスで一部が膨らんでしまった冷却水ホースで、破裂するのは時間の問題。Ⓒは水圧によって、傷んでいた部分が破裂してしまったホース。いずれも、そのまま放置しておけば浸水につながる、非常に危険なケースである。航行中にこのような事態になったときに備えて、自艇で使用しているサイズに合わせた予備のホースを用意しておくと安心だ

特に原因がないのに冷却水温が上がる

エンジンのトラブルの中でも特に厄介なのが、「外見的な原因は見当たらないのに、冷却水の温度が上がってしまう」というもの。走り始めてしばらくすると、水温計の針が徐々に上がってオーバーヒートする、というのが典型的な症状です。海水フィルターも掃除したし、インペラも新品にしたのに、走り始めると水温が上がり、メカニックに修理を依頼してもなかなかわかってもらえない……というパターンになりがちです。

この症状は、冷却水がエンジン内にうまく回っていないことを示していますが、エンジンの年式や使用状況により、その原因は非常に多岐にわたります。ざっと挙げてみるだけでも、経年変化でインペラケースが削れてダメになっている、以前ちぎれたインペラの羽根が冷却系統の途中に引っかかっている、オイルクーラーやエキゾーストエルボーが塩詰まりを起こして水の抜けが悪くなっている、直接冷却のエンジンでサーキュレーションポンプの羽根が電食で小さくなっている、間接冷却のエンジンでヒートエクスチェンジャーが詰まっている……という具合です。

例えば、まだ新しいエンジンでこの症状が出た場合は、電食や塩詰まりによるとは考えにくいので、サーモスタットの故障やゴミによるトラブルというのが一番多そうです。進水後の年数は長いけれど頻繁に乗っていないという艇では、ウオータージャケットの塩詰まりや、エキゾーストエルボーの冷却水出口が腐食で詰まっている……なんていう可能性が考えられます。

この症状が出た場合、航行中に水温計に注意していると、巡航で走っているうちに、だんだんと水温が上がってくる……というような症状を呈します。早めに気づいてオーバーヒートする前にスロットルを絞るなり、帰港の算段をするなりすれば、傷が浅くて済みます。こういった意味でも、航行中は計器に注意を払いましょう。のっぴきならない重大なトラブルに陥るのを防ぐことができるはずです。

いずれにせよ、外から見ているだけでは原因はわかりませんし、洋上ですぐに対処できるものでもありません。このような場合、巡航は無理でも、アイドリングプラスアルファの低速でなら、なんとか運転を続けられるケースが少なくないので、低速で帰港しましょう。

さて、この症状は、放っておいて直るものではありません。それなりのトラブルシューティングと、必要な修理をしないと元通りに走れるようにならないのです。機械は問題がなければちゃんと動きますが、何か問題がある限り、人間のように時間がたてば自然に治るということはありません。なんらかの手を講じない限り、いつも調子が悪いエンジンが出来上がってしまうということを、よく理解しておいてください。

冷却系統からの水漏れ

ボートでの水漏れは、水没、沈没に直結する重大なトラブルです。よって、始業前点検はもちろんのこと、帰港後に艇を離れる前の終業時点検でも隅々までチェックして、冷却系統に水漏れがないかを確認する必要があります。

特に、船内外機、船内機の冷却系統は、いわば「ボートの中にある船外」なので、特に注意が必要な部分です。中でも、エンジンの横に海水ポンプとその後ろにプラスチック製の海水フィルターがある場合は要注意です。

水漏れの原因として挙げられるのは、冷却水ホースのひび割れ、ホースを留めているクランプの緩みや断裂、海水フィルターの破損など、さまざまです。ポタポタ滴る程度の水漏れならまだしも、場合によってはエンジンルーム内に海水が噴き出し、せっせと海水をくみ入れてしまうこともあります。また、あまり頻繁に発生することではないのですが、オーバーヒートしたあと、熱ストレスで冷却水を通すゴムホースが破れることもあります。

もし、航行中に冷却水が噴出するような事態に遭遇したら、まずはエンジンを止めることが重要です。こういったトラブルでは、エンジンが動いている(＝海水ポンプが動いている)間は水の噴出が止まらないからです。そんな状況では、落ち着いてトラブルシューティングすることなんてできません。

エンジンを止めて落ち着いたら、どこから漏れているのかをチェックします。ホースが破損しているのか? ホースを留めているクランプが緩んだり切れたりしているのか? プラスチック製の海水フィルターが割れたり、ふたが飛んだりしているのか? ともかく、原因となる箇所を見つけましょう。

クランプやホースの不具合

ホースの接続部を締め付けるホースクランプは、多くが金属製で、ネジで締める形になっています。この部分が緩んだり切れたりしているだけなら、増し締めするか、交換すれば大丈夫です。ただし、単にホースのクランプが緩んでいるだけで水が漏れたり、ポンプがエアを吸ってうまく水をくみ上げられなかったり、といったことがあるので、十分にチェックしてください。

また、古くなったり、傷が入ったりした海水ホースは、より大きなトラブルが発生する前に、早め早めに交換することが肝心です。

海水ホースが破裂した場合

海水ホースが破裂すると、少々厄介です。特に、船内外機のドライブからエンジンにつながるホースは、吃水線より下にあるので、ボートが水面に浮かんでいる限り、おいそれと外すわけにもいきません。

海水ポンプがエンジンの横にある場合は、海水ホースに吸い上げた水による水圧（正圧）がかかっておらず、特にドライブから海水ポンプまでは水を吸い上げようとする負圧があるので、破裂することはあまりありません。

しかし、マークルーザーのアルファドライブのように、ドライブ側に海水ポンプがあるエンジンでは、運転中は常にホースに水圧がかかります。エンジンをかけなければ、水が噴き出す程度も軽く、ビルジポンプで十分排出できるでしょうが、エンジンをかけた途端、手がつけられないくらい噴き出すのです。

こんなときは、破れた部分にテープを巻いて、少しでも噴出を抑えるしかありません。その際、ガムテープは伸縮性がないので、あまりうまくいきません。水に濡れると粘着力はないに等しくなりますが、まだビニールテープのほうが扱いやすいくらいです。グルグル巻きにした上から、ホースクランプで締めるといいでしょう。

おすすめなのが、自転車のハンドルに巻く粘着剤付きの布テープと、古い自転車から外したタイヤのチューブです。布テープを巻いて、チューブを引っ張りながらグルグル巻きにすると、ピタッと止まります。

また、破れ目がホースの途中にあり、切り代《しろ》とホースジョイントがある場合は、破裂した部分の前後を切って、ジョイントでつないでクランプで留めるという手が使えます。こういうときのために、自艇のサイズに合う予備ホースや、補修用資材を用意しておきたいものです。

海水フィルターが割れた場合

プラスチック製の海水フィルターが割れる原因は、内部のエレメント（こし網）の清掃不足です。エレメントの目が詰まって水の流れが悪くなっているのに、エンジン横の海水ポンプがどんどん水を押しこむので、その水圧に負けてしまうのです。つまり、このトラブルは、キャプテンの始業前点検不足が原因の人災であるケースがほとんどです。

海水フィルター本体にヒビが入った程度なら、ガムテープでも貼った上からひもで縛っておくという対策も可能ですが、パイプとの接合部などが割れてしまうと、実質的に止めようがないので大変です。こんなときに予備のホースを持っていれば、緊急措置として、海水フィルターをバイパスしてつなぎ直せばいいのですが、洋上で作業するのはなかなか難しいものです。

また、プラスチック製の海水フィルターは、点検後のふたの締め付けが甘いと、航行中の振動で外れてしまうことがあります。こうなったら一大事。エンジンが動いている間中、じゃんじゃん水をくみ入れてしまうので、すぐにエンジンを止めて、緩まないようにしっかりふたを締め付けてください。

ホースクランプ

冷却系統などで使用されている太いホースは、そのほとんどが、金属製のホースクランプで固定されている。ただし、このホースクランプが振動で緩んだり、金属疲労を起こして断裂してしまうことがある。ときどき、緩みがないかチェックして増し締めする（上写真）とともに、下右写真のような亀裂を発見したときは即、交換しよう

海水フィルター破損時の応急処置

航行中に破損した海水フィルターをバイパスしたときの状態。冷却水が回るので、オーバーヒートせずに航行できるが、冷却系統の内部に水中の異物が詰まる可能性もあるので、あくまで、緊急回避のための方法である。とはいえ、予備のホースを積んでおけば、このような方法でトラブルに対処することもできる

【第8回】

潤滑系統／プロペラ回り①

ここでは、発生頻度こそ少ないものの、一度起きると重症化しやすい潤滑系統のトラブルと、ボーティングでは起こりやすい、プロペラ周りのトラブルについて解説します。いざというときに備えて、どんな症状が発生するのかを覚えておいてください。

潤滑不良は重症化しやすい

洋上で、潤滑系統のトラブルが起きるのは比較的珍しいですが、いったん発生すると重症になることも多いので、十分な注意が必要です。

2ストローク船外機の場合

潤滑系統のトラブルで特に気をつけなければならないのが、最近では少なくなってきた2ストローク船外機の場合です。2ストローク船外機は、燃料にオイルを混ぜて燃焼させています。このため、小型モデルでは、事前にガソリンとオイルを一定の割合で混ぜた「混合燃料」を燃料タンクに入れるのが普通です。

ただし、この方法だと、いちいち混合の手間がかかるので、ちょっと出力が大きなモデルになると、オイルとガソリンは別々に給油して、エンジンに供給するときに混合する、オートルーブなどの商品名で呼ばれる「分離給油」が一般的です。

この分離給油の機構は、十分な信頼性があるのですが、時として故障してしまうことがあり、そうなると、エンジンはオイルなしで酷使されるのです。

船外機によっては、オイルポンプの回転が下がったりすると、その異常を検知してワーニングブザーを鳴らし、エンジンを止めるモデルもありますが、このようなオイル切れのケースでは、通常、巡航中に突然エンストする、というのがよくあるパターンです。オイルがないため、ピストンが渋くなってガシッと止まってしまうのです。このとき、注意していると、エンジンが「キュ～」っと悲鳴を上げるのが聞こえます。

この段階で原因に気づき、燃料タンクにオイルを入れて混合燃料にするなどの対処をすれば、まだ救われます。でも、気づかずに再始動して走り始めたりすると、今度こそエンジンが焼き付いたり、ピストンを吹き抜いたりすることがあります。自分でとどめを刺してしまうんですね。そうなると、もうどうしようもありません。

2ストローク船外機で突然エンストするのは、潤滑系のトラブルの可能性が高いので、まずは、燃料タンクにオイルを入れて様子を見てみましょう。もし、潤滑系のトラブルでなかったとしても、オイルが少々濃くなって、アイドリングが不安定になったり、全開時のパワーが少し落ちたり、白い排気が出たりするくらいで、別に支障はありません。新しい燃料を入れれば、オイルが薄くなって元に戻るので心配無用。エンジンを壊してしまうよりはよほどいいので、万一のときに備えて予備のオイルを持っておきましょう。

また、航行中に突然エンストして、その後、スロットルを開けていったときに、ある一定の回転数になるとエンストするというのは、エンジンの圧縮がなくなったときの典型的な症状です。その原因のほとんどは潤滑不良で、ピストンを吹き抜いたか、ピストンリングが破損したかしています。2ストロークエンジンは、ピストンの上下動によるクランクケースの圧縮を利用して混合気をシリンダーに送り込んでいるので、ピストンの気密性が落ちるとこの機構が働かなくなり、止まってしまうのです。こうなると洋上ではどうしようもないので、ガソリンにオイルを混ぜた上で、エンストしないスピードで最寄りの港に避難しましょう。

ちなみに、4ストロークエンジンではクランクケースががらんどうなので、万一、ピストンを吹き抜いたり、ピストンリングを破損したりしても、焼き付かない限り、エンストすることはありません。その代わり、パワーが出なくなり、クランクケース

2ストローク船外機のオイルタンク

分離給油方式の2ストローク船外機のオイルタンク（右の白い部分）。もし、航行中にいきなりエンストするなど、潤滑不足が疑われる場合は、すぐにエンジンを止め、燃料タンクに直接、予備のオイルを入れるなどの対策が必要だ

オイル点検は必須

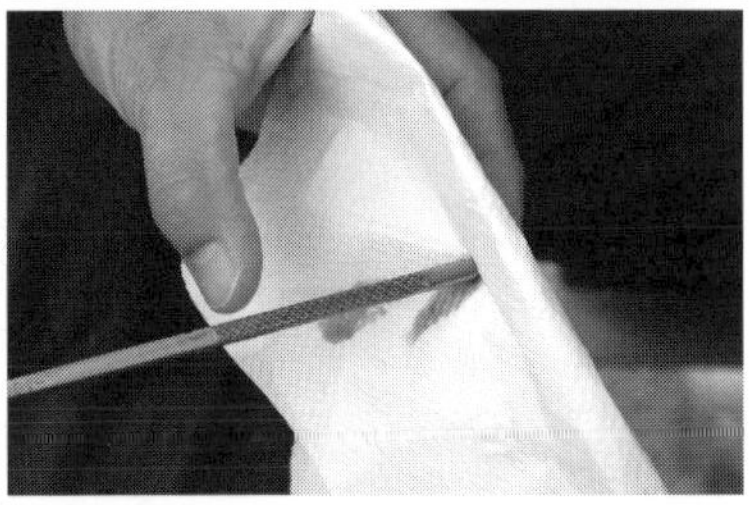

4ストロークエンジンの潤滑は、オイルパンにたまったオイルを、オイルポンプで各部に供給する形で行われる。潤滑関連の機構が故障することはまずないので、最低限、出航前にオイルの量と質を点検しておこう

オイル漏れを起こしたエンジン

モノクロ写真でわかりにくいが、オイルが抜けてしまった船内外機の例。エンジンルームの床に、オイルがたまっている。腐食により、オイルフィルターやオイルクーラーが抜けてしまうことがあるので、こうした部分の点検は普段からきちんと行っておきたい

内にあるブローバイ（未燃焼）ガスがもうもうと出てきます。こうした点が、トラブル発生時における2ストロークと4ストロークの違いです。

4ストローク エンジンの場合

現在の主流となった4ストローク船外機はもちろんですが、船内外機、船内機も4ストロークが一般的です。4ストロークの潤滑系は、オイルパンにためたエンジンオイルをポンプでエンジン各部に循環させて潤滑効果を得ています。

このオイルポンプは十分に信頼性が高く、故障することは考えなくてもいいでしょう。特に4ストローク船外機では、オイルポンプを含め、潤滑系で故障する部分がないので、出航時にオイルの量と質をチェックしておけば、洋上でトラブルが起きることはまれです。

船内外機、船内機では、ガソリン、ディーゼルのいずれでも、オイルを冷却するオイルクーラーがあり、ここが腐食して航行中にオイルが抜けてしまうというトラブルがあります。そのほかにも、オイルフィルターが腐食で抜けてしまったり、オイルホースが抜けてしまったりという事例も目にします。いずれにせよ、オイルプレッシャーゲージやワーニングブザーがあるはずなので、メーターが異常な数値を示したり、ワーニングブザーが鳴ったりしたら、すぐにエンジンを止めてください。「なんだなんだ!?」とためらいながらエンジンを回し続けているうちに焼き付いてしまう例がとても多いのです。

4ストロークエンジンのオイル喪失は、最悪の事態ともいえる「エンジンの焼き付き」に直結します。オイルプレッシャーが低下するトラブルは、オーバーヒートなどに比べると、はるかに頻度が低いのですが、実際のボートシーンでは結構お目にかかります。頻度が低いとはいえ、重大な損傷につながるので、その症状をよく理解し、大事に至る前に対処してください。

危険にひんしたときは 鬼になることも必要

電気系統のトラブルでは、エンジンが動かなくなっても壊れてしまうことはありません。しかし、冷却系統と潤滑系統のトラブルでは、時にエンジンをダメにすることがあることを覚えておいてください。

調子のよいエンジンは、原因がなければ勝手に止まることはありません。だからこそ、エンジンがひとりでに止まったときに、その原因を把握

せずに漫然と動かし続けると、取り返しがつかないことになるのです。

また、ワーニングブザーが鳴ってからの時間的余裕は極めて少ないことが多いので、ブザーが鳴ったらなによりもまず回転数をアイドリングまで落とし、メーターを確認したのちに、エンジンを停止させましょう。

さて、こういうトラブルを起こしたエンジンは、修理が終わるまで役立たずでしょうか？　いえいえ、そんなことはありません。

2基掛け艇の場合、片舷機だけだと操向性が著しく低下するので、ホームポートなり避難先の港なりに着いたあとで、難しいバース着けが必要だったり、風や潮、川の流れがあったりして、危険な状況に陥ることがあります。そんなとき、衝突などの「最悪のケース」を防ぐために、トラブルが起きたエンジンに〝最後の力を振り絞って死んでもらう〟という選択が必要になることもあるのです。たとえ水鉄砲のようにオイルを吹いていても、たとえ何気筒か吹き抜いていても、動くなら一瞬だけでいいから動かしたい、というときがありますからね。

こうしたケースは、鬼手仏心の鬼手なのです。小の虫を殺して大の虫を助けるという厳しさなのです。ボートに乗っていると、時と場合によっては、心を鬼にする必要があることも心に留めておきましょう。

プロペラへの異物の巻き込み

ボートのトラブルの中でも、プロペラやドライブのトラブルはよく遭遇します。一番多いのが、プロペラにゴミやロープを絡ませてしまうケースで、航行中、突然推進力がなくなって失速してしまう……というのがよくあるパターン。特に、都市部周辺の汚れた水域を走っていると、宿命みたいなものでもあります。

航行中にゴミなどを巻き込むと、ひどい振動が出たり、空回りしたようになって後述するハブのスリップと勘違いしたりすることもあり、とても焦ります。

ゴミなどのトラブルで困るのが、ボルボ・ペンタのデュオプロに代表される二重反転プロペラの場合です。このプロペラにロープを巻きこむと、前後両方のプロペラにかみ込んで、「バキーン」とか「ドーン」という音とともに瞬間的に止まってしまい、被害が大きくなりがちです。こういう止まり方をしたときは、内部のドライブシャフトが折れていて、ロープを取り去っても走れない、というケースが少なくありません。

よって、ドライブをチルトアップして、プロペラがぐちゃぐちゃになっているようなら、必死になってロープを切っても、どうせ元通りには走れないので、諦めて救助を依頼するという判断が必要かもしれません。いずれにせよ、損傷の程度をよく見極めてください。

シングルプロペラの場合は、ショックがあったり、急に失速したり、エンストしたりしますが、多くの場合、内

ロープやゴミがプロペラに絡まると

Ⓐはロープを巻き込んでしまった事例。このような状態になると、ロープはもちろん、ビニールも非常に固く締まってしまい、普通のナイフでは歯がたたないので、右上のような波刃のロープカッターを用意しておきたい。ただし、船内外機艇の場合、ドライブを目いっぱいチルトアップしても、プロペラは水の中にある（Ⓑ）。そこで、離れたプロペラに届かせるための柄などがあると便利だ。なお、Ⓒのような二重反転プロペラの場合、ロープが絡むと通常のプロペラ以上に複雑に絡まる上、衝撃でドライブ内部のシャフトが折れることもあるので、無理をせずに救助を要請することも考えよう

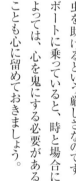

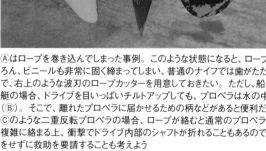

部がひどく壊れることはありません。船外機や船内外機では、チルトアップして手を伸ばし、絡まったものを取り除けば大丈夫な場合がほとんどです。

プロペラのブッシュ

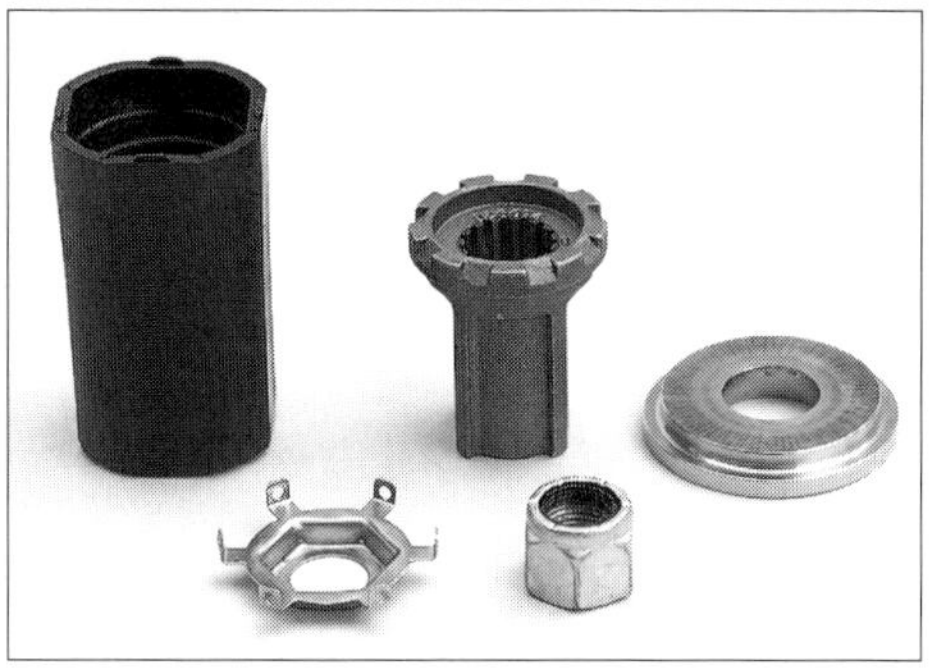

一般的なプロペラは、左写真の矢印が指す部分に、ハブとプロペラシャフトとをつなぐブッシュ（筒状のゴム）が圧入されているが、劣化や衝突の衝撃などでスリップしてしまうことがある。右は、ブッシュの代わりにプラスチック製の筒をはめ込む、マーキュリーの「フロートルクⅡハブ」

とはいえ、プロペラに巻き付いたロープを取り除く際は、不安定な姿勢になります。沖の大揺れの艇上で作業するのは危険なので、2基掛け艇で片舷機だけで自走できるなら、波静かなところに逃げ込んでから作業しましょう。一方、波がそれほどでもなかったり、少し高くても1基掛けで自走できないときは、安全を確保しつつ、その場での除去にトライすることになります。

なお、この作業は、船外機艇ならばプロペラが完全に水上に出るのでまだ楽ですが、トランサムからかなり離れてしまうので、ナイフ片手に身を乗り出して……というのはあまりおすすめしません。こういうときに備えて、ロープカッターに50センチくらいの柄を付けたものを用意しておきましょう。

それから、プロペラに絡まると、たとえビニールといえども固く締まって、カッターやストレートエッジ（直刃）のナイフではなかなか切れません。かといって、のこぎりのように鋭く歯が立ったものは引っかかって役に立たないので、セレーションエッジ（波刃）のナイフや、専用のロープカッターを用意しておきましょう。

ちなみに、ロープの巻き込みで多いのが、自艇のアンカーロープや舫いロープを巻きこんでしまうケースです。投錨・揚錨時にキャプテンとクルーの息が合わずロープが船底に入り込んでしまったときや、ビーチング状態から離礁するときのスターン・アンカーのハンドリングミスによって起こりがちです。

こういう状況で巻き込んでしまった場合も、チルトアップしてロープを切るしかありませんが、艇が流されて危険なところに近付かないよう、必ずアンカーを打って艇を止めておく必要があります。そのためにも予備のアンカーは必須なのです。

突然起きるハブのスリップ

船外機や船内外機のプロペラでは、そのほとんどが、プロペラの中心にある「ハブ」に、「ブッシュ」と呼ばれるゴムが圧入されています。このブッシュは、シフト時のショックを吸収したり、万一の座礁や流木などとの衝突のショックから高価なドライブ内部のギアなどを保護するためのもので、かなりの高圧で押し込まれているので、そう簡単には動きません。ところが、時としてこのブッシュが滑ってしまうことがあり、この現象をハブのスリップといいます。

ちなみに、小型船外機でシャーピン（衝撃が加わると折れてギアを保護する、プロペラ固定用の細いピン）を使っている場合や、多板クラッチを用いることでギアの損傷の心配がない一部のスタンドライブのプロペラには、ブッシュはありません。

さて、ハブのスリップは、長年使い古したプロペラや、浅瀬でこすったあとのプロペラなどで、ときどき発生します。巡航中に突然「ウォ～ン」とエンジンがものすごいうなりを上げ、回転数が一気に上がるとともに失速する、あるいは、加速しようと回転数を上げると、アイドリング・プラスアルファまではなんとか進むのに、それ以上になると回転数ばかり上がってちっとも加速しない、というのが典型的な症状です。

こういう場合は、いったんエンジンを止めてチルトアップし、プロペラに何か絡まっていないかを確認します。なんともなかったら、チルトダウンしてエンジンをかけ、クラッチを抜いたり入れたりしてみます。このとき、ちゃんと「ドンッ」と手応えがあってプロペラが回っているなら、まずハブのスリップです。

クラッチは、船外機や軽量艇のドライブに使われているドッグクラッチでも、重量艇のドライブに使われているコーンクラッチでも、いったん、ドッとつながってしまえば滑ることはありません。

ハブがスリップしていたら、決して回転数を上げてはいけません。スリップがどんどんひどくなって、すぐに動けなくなります。必ず、アイドリング程度でだましだまし進みながら帰港するか、近くの港に逃げ込むかしてください。海が荒れていて、とてもじゃないけれど走れない、というようなときでも、少なくとも船首を波に立て、ほかの救助手段を段取りするくらいの時間は稼げます。落ち着いて行動しましょう。

逆にいうと、一度でも泥をかいたり、流木などにぶつけてしまったりしたプロペラは、荒れた外洋を走るにはちょっと心もとない、ということです。特に1基掛けのボートでは、そのプロペラが滑ってしまったら、即座に航行が困難な状況に陥ります。

なお、最近では、ハブが四角いプラスチックの筒状の別パーツになっており、いざというときにはこのパーツが壊れて内部を保護するタイプのものも増えてきました。大型エンジン用のものはないようですが、このタイプではスリップすることはありませんので、多少は改善されたといえるのではないでしょうか。

【第9回】
プロペラ回り②／操舵系のトラブル

前項に続き、プロペラ回りのトラブルと、操舵系に関するトラブルについて見てみましょう。プロペラもステアリングも、ひとたび不具合が生じれば航行に大きな影響を及ぼす部分。ただし、実際のトラブル発生時には、早めに救助を依頼する判断を下すことも必要です。

洋上では交換できないと割り切るべし

ボートのプロペラはクルマのタイヤに例えられ、タイヤと同じようにスペアを積んでおけといわれます。しかし、洋上でプロペラを交換するのは至難の業です。

船外機ならまだしも、船内外機は、一部のものを除くと、ドライブをいっぱいにチルトアップしても、プロペラは水中にあるのが普通です。つまり、洋上で交換するということは、水中に入って作業するということです。夏場ならともかく、それ以外の季節では、おいそれとできるものではありません。

また、よしんば潜れたとしても、事前に十分な練習をしていないと、交換はまず無理。少なくとも、陸上でスイスイ交換できるようになっていて、水中でも実践練習をしておかないとできない、と思っていたほうがいいでしょう。練習していても、

プロペラの交換

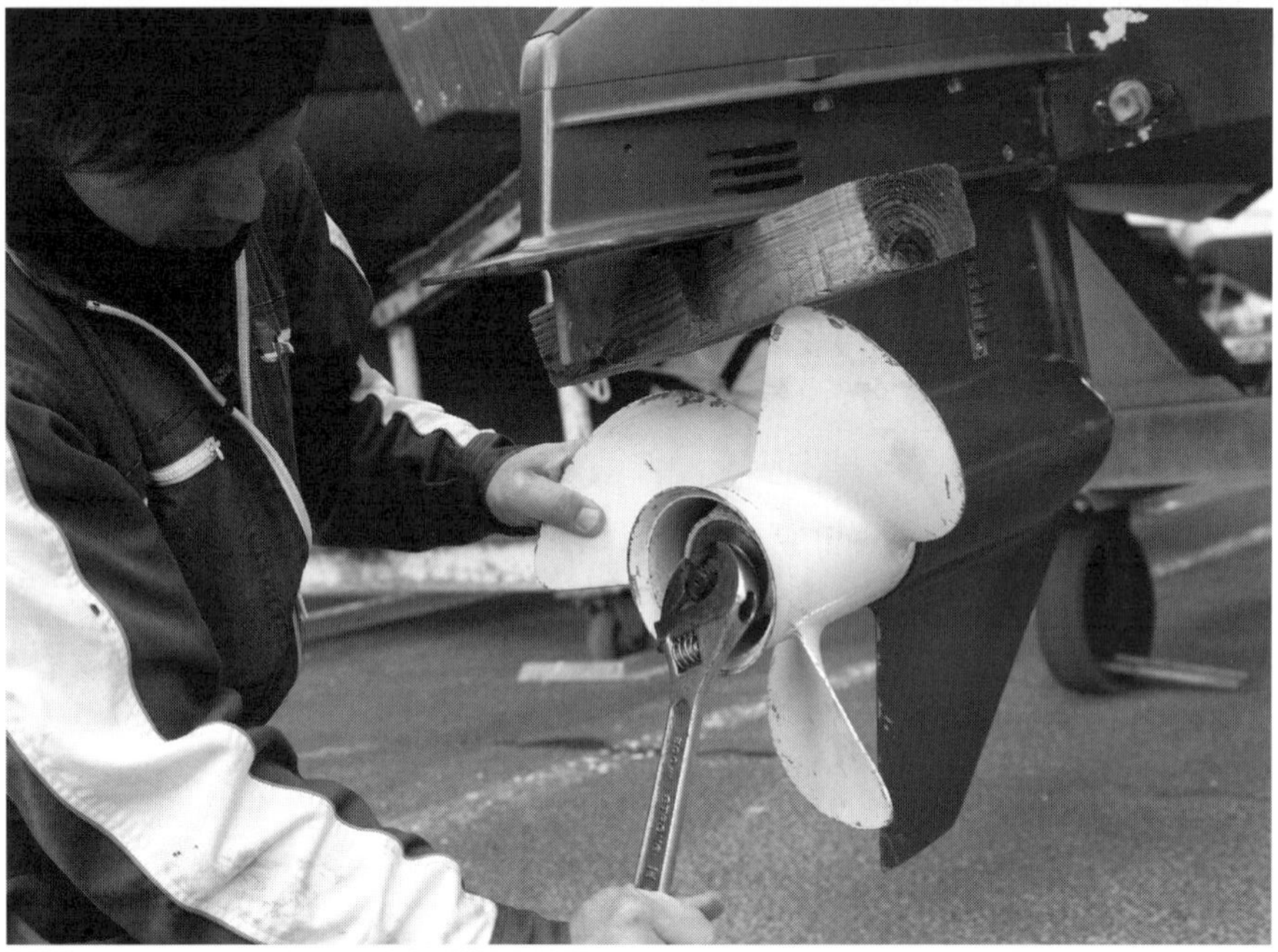

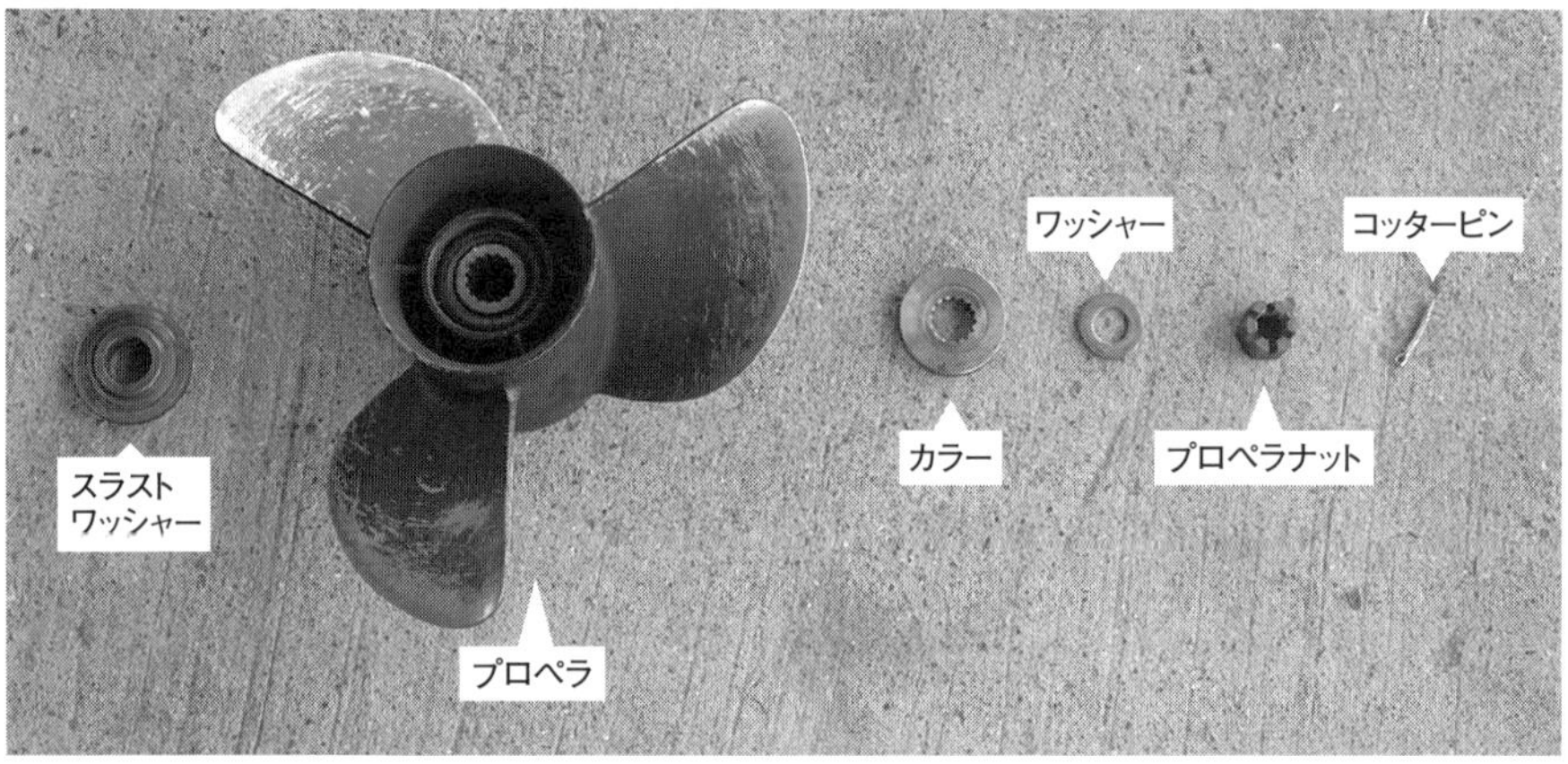

陸上で行うプロペラの交換は慣れればさほど難しい作業ではないが、それなりの工具やグリスが必要となる。一方、ボートが浮かんだ状態で行うのは非常に困難。また、プロペラには小さなパーツが複数付属するので、これらを落とさないように注意が必要だ。予備を持つなら、プロペラ本体だけでなく、パーツ類も用意しておきたい

ステアリングオイルの点検・補充

油圧式ステアリングの場合、パワステか否かに関係なく、ステアリングポストの部分にステアリングオイルの給油口がある。ポスト下部や船外機側の油圧シリンダーからのオイル漏れがないかを日常的に点検し、オイルが減っている場合は専用のオイルを補充する

パワステ機構

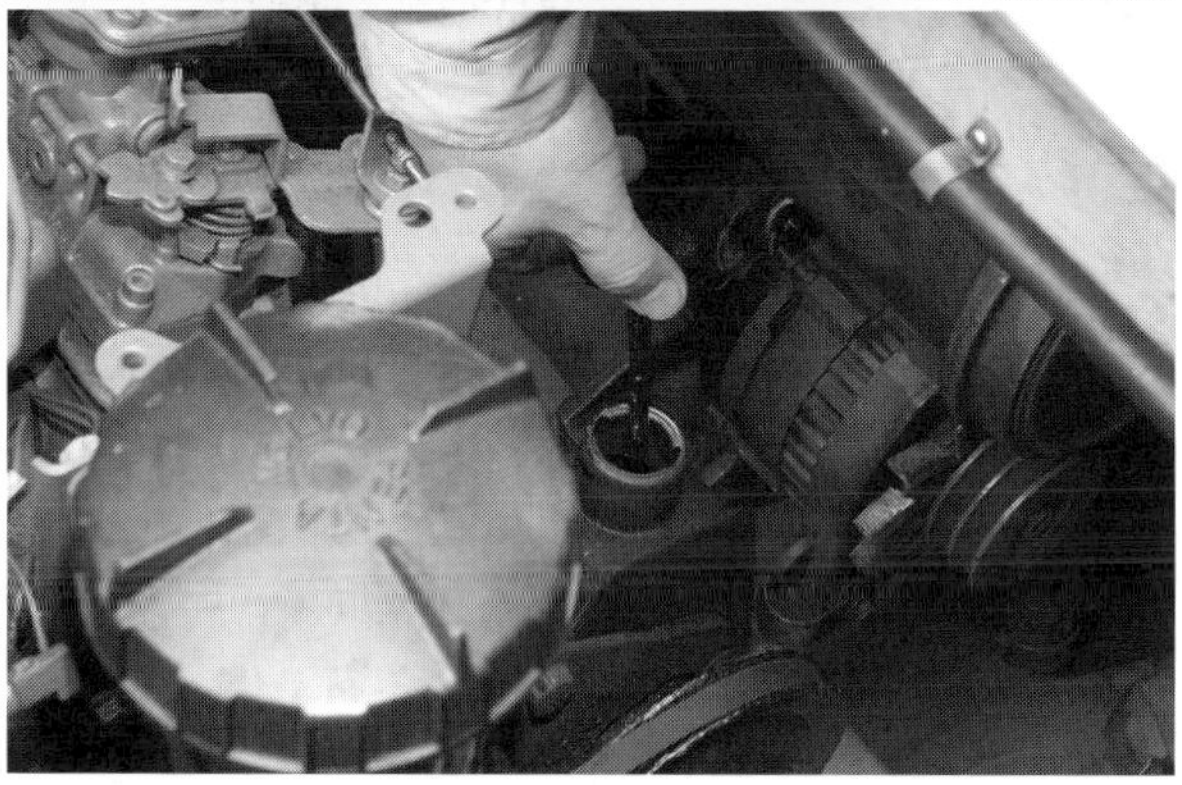

船内外機艇には、ベルト駆動によるパワーステアリング機構が備わっている。写真上のドライバーで指している部分が、ボルボ・ペンタAD41のパワステオイルタンク&ポンプ。このポンプを駆動するベルトが切れる、パワステオイルが抜けてしまう、2基掛けの場合はパワステポンプがあるほうのエンジンが止まってしまう、などの原因があると、急にステアリングが重くなる。よって、普段から、ベルトの点検、パワステオイルの量の点検（写真下）と補充を行っておこう。なお、人力でドライブの位置を修正する必要がある場合は、この駆動ベルトを外さなければならない

船外機用油圧式ステアリング

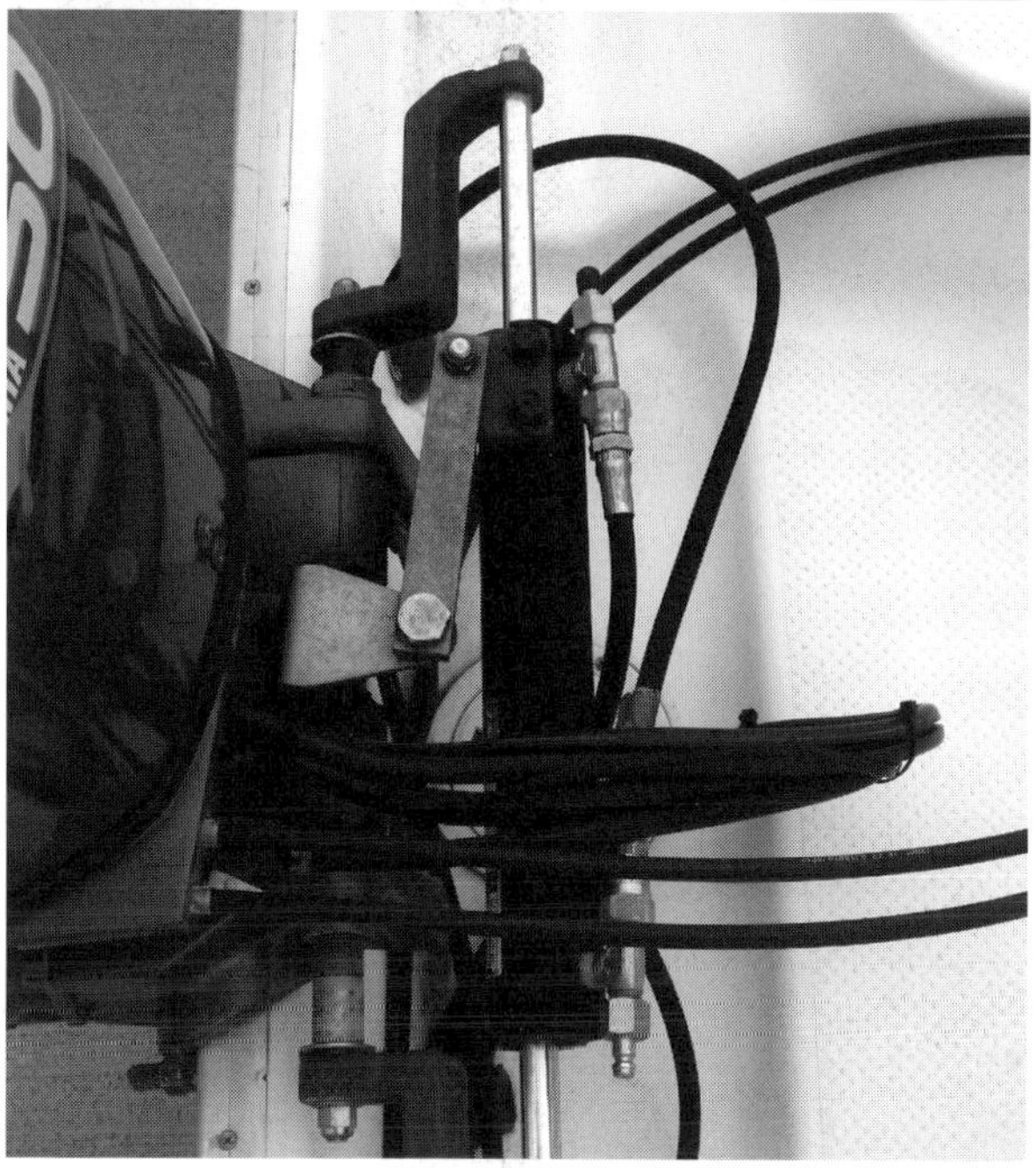

近年では、ステアリング式の船外機艇の場合、その多くが油圧式ステアリングを採用している。ワイヤ式に比べると操作感がよく、メンテも比較的簡単ではあるが、シリンダーのシャフトやオイルシール部分は、定期的にグリスアップしておこう

揺れる海上で作業するのはとても無理です。しかも、ナットやスペーサー、ワッシャー、そして工具などを海中に落としてしまったら、その時点でアウトです。さらに、水中での交換に要する時間は、足場のよい陸上で作業するときの約3倍、陸上で10分で交換できる人なら30分は必要になるでしょう。

とはいえ、桟橋や岸壁に係留して作業すれば、プロペラの交換は可能なので、特にクルージングなどで遠出する場合は、やはり予備を持っていると安心です。ナットなどの部品類も予備を用意しておきましょう。加えて、水中、水上で作業する際には、必ず工具に尻手ひもを付けて、取り落としに対処することも必要です。

ちなみに、プロペラシャフトのグリスアップを定期的に行っていないと、プロペラがシャフトに食いついてしまって、どうにも外れなくなることがあります。どうやっても外れない場合は、プロペラを電動サンダーなどで切り刻んで、無理やり剥ぎ取るという荒技に出なくてはならず、出先ではいかんともするすべがありません。

なお、船内機のプロペラは、船底の真下の水中にあり、基本的には専用のプーラーがないとシャフトから外すことができないので、洋上での交換は不可能です。

油圧／ワイヤで異なるステアリングのトラブル

航行中、急に舵が効かなくなってしまったら、誰しもかなり慌てることと思いますが、そんなトラブルも実際に起こり得ます。とはいえ、オーバーヒートなどのトラブルと比べると、発生頻度がずっと低いのが救いです。

操舵系に関するトラブルは、前述のパワステを含む油圧式と、古い船外機艇などに見られるワイヤ式とで、原因や対処法が異なります。

以下では、各方式ごとのトラブルについて見てみましょう。

■油圧式ステアリング

油圧式ステアリングは、後述するワイヤ式に比べると、ステアリング操作が軽く、メインテナンスもしやすいので、最近では比較的小型の船外機でも油圧式を採用するケースが増えてきました。

油圧式ステアリングでは、オイルが抜けると舵をコントロールできな

くなります。よって、ステアリングポストの下などにオイルが染み出した跡がないか、日ごろからチェックし、たまには、ステアリングオイルの給油口を開けて、中のオイルの量を確認しましょう。

なお、航行中、このオイル抜けでステアリングが効かなくなった場合、フライブリッジ艇でロワーステーションがあるなら、アッパーステーションではダメでも、ロワーステーションでは、まだかろうじてステアリングが効くかもしれません。というのも、オイルは下にたまるので、多少減っていても、下で操作するぶんには大丈夫なことがあるからです。

ところで、2基掛けのドライブ艇で、パワーステアリングのオイルポンプがついてる側のエンジンがトラブルで止まってしまったとき、ハンドルがとても重くなって、「舵が壊れたのか？」と思うことがありますが、これは正常です。

クルマでもパワステが付いていないもの（最近はほとんど見かけませんが）は、とてもハンドルが重いのと同じです。

パワステポンプの駆動ベルトが切れたときや、パワステオイルが抜けたときなども、同様の症状を呈します。こんなときは、力任せにえっちらおっちらハンドルを切って帰港してください。

一度、安全な場所でパワステ側のエンジンを止めたらどんなふうになるのかを体験しておくと、トラブルが発生した際に慌てずに対処できるでしょう。

■ワイヤ式ステアリング

ワイヤ式ステアリングのトラブルで一番多いのは、船外機艇でしばらく乗らなかったあとに艇を訪れると、ステアリングがびくともしなくなっていた、というものです。

これは、船外機を左右に振るステアリングワイヤを伸びきったままの状態にしていたために、ワイヤの先端に付いているプッシュプルロッドが固着してしまった、というケースがほとんどです。この場合、出航を諦めて修理を依頼するしかありません。こうした事態を防ぐため、保管中はプッシュプルロッドが縮む方向いっぱいに舵を切っておきましょう。また、ステアリング周りへのこまめなグリスアップも欠かせません。

一方、ラダーが備わる船内機艇のワイヤ式ステアリングは、ラダーシャフトに固定されているクォードランドと呼ばれる部品をワイヤで動かすことで舵を切っているのですが、このワイヤが切れて舵が効かなくなることもあります。

船外機艇のワイヤ式ステアリング

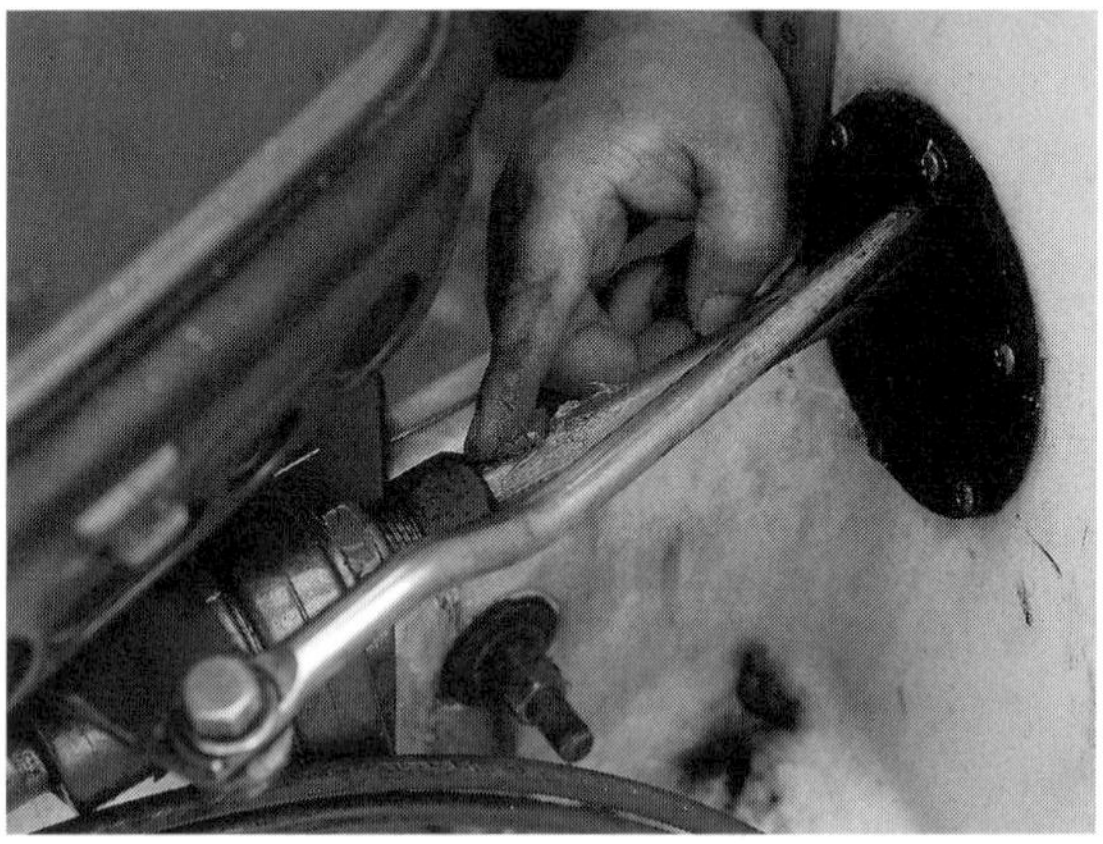

近年では数が減ってきたものの、年式が古く、比較的小出力の船外機を搭載しているボートに見られる、ワイヤ式ステアリング。ステアリング操作によって伸び縮みするプッシュプルロッドが伸びた状態で長期保管していると、内部が錆やグリスで固着してしまい、ステアリングが重くなったり、動かなくなったりする。よって、保管時はプッシュプルロッドが完全に引っ込む方向に舵を切っておくこと。また、ロッドに直接グリスアップ（写真下）するほか、グリスニップルからの給脂も定期的に実施する必要がある

エマージェンシーティラー

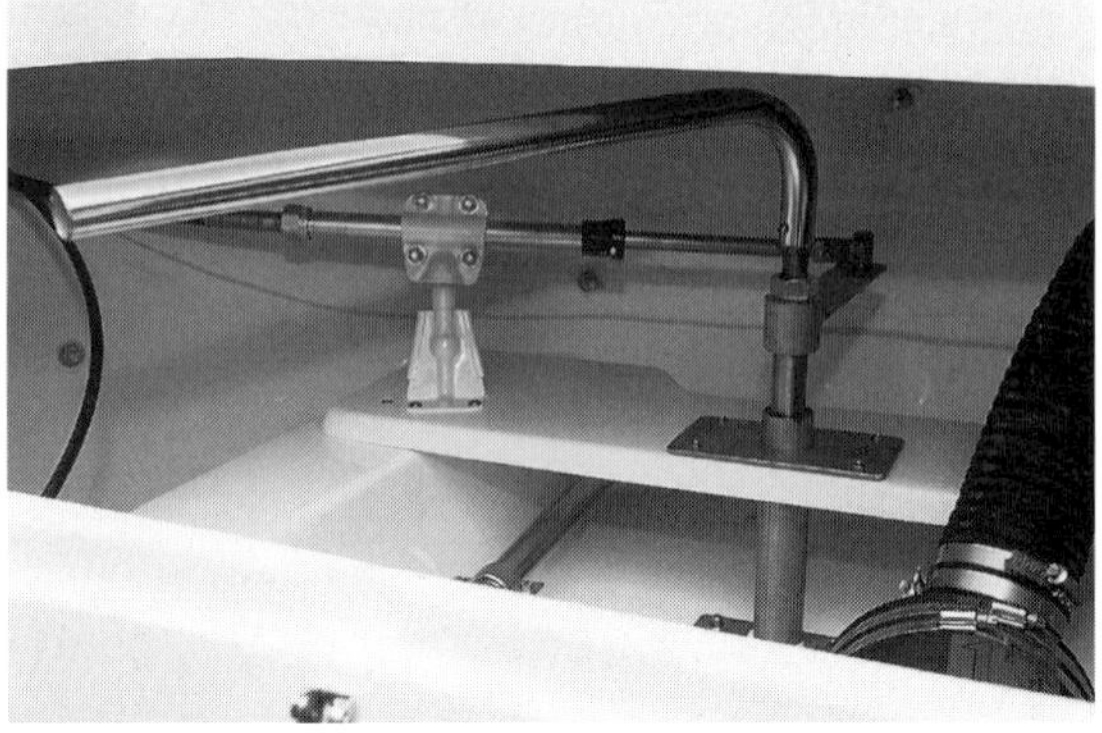

船内機艇では、操舵系の不具合が発生したとき、ラダーシャフトの頂部にセットして使用する、エマージェンシーティラー（応急舵柄）を用意しているモデルもある。写真はワイヤ式ステアリングの船内機艇

ちなみに、船内機艇では、油圧式、ワイヤ式とも、ラダーシャフトの頂部にエマージェンシーティラーを取り付けられるようになっているものもあるので、自艇の装備をよく確かめておきましょう。

航行中に舵が効かなくなったら？

航行中、急に舵が効かなくなったときは、何はともあれ、船外機やラダー、ドライブを真っすぐに戻しましょう。

船外機艇と船内機艇はパワステがないので、ロープなどをかけて人力で引っ張れば、真っすぐにすることができます。

船内外機艇ではパワステが付いているので、このポンプを止めないと、ドライブが思うように真っすぐになりません。人力でドライブの角度を変えるときは、パワステポンプの駆動ベルトを外してから作業しましょう。また、ドライブ本体にはロープをかけにくいので、船内側のステアリングアーム（パワステのアクチュエーターがつかんでいるアーム）にロープをかけます。2基掛けなら、タイロッドにロープをかけるといいでしょう。

舵をできる限り真っすぐにしたら、エンジンをかけて前進します。2基掛けか1基掛けかで方法は異なりますが、後述のような対処法で、なんとか針路を変えることも可能です。

ただし、緊急時向けの対処法を取れるのは、当然、広い水面で周りに障害物や他船がいないことが前提。操舵不能は大きなトラブルにつながりかねないので、狭い水面や他船がひんぱんに行き交うような場所では、一刻も早く救助要請の判断を下すことも重要です。

2基掛け艇の場合

2基掛け艇であれば、左右のスロットルを調整して、推力差で針路を定めれば真っすぐ進めるでしょう。

右の推力を上げたら左に曲がる、左の推力を上げたら右に曲がる。左をバックに入れたら船首が左に振れる……。操作方法は2基掛け艇での離着岸時のシフト操作と同様です。

どうしても針路が曲がってしまうときは、場合によっては、片舷をときどき後進に入れる必要があるかもしれません。

こうして推力差を利用することで、少しずつでも進めるのであればラッキー。最寄りの港に逃げ込みます。

2基掛け艇では、ドライブや舵をほぼ真っすぐにさえできれば、あとは特に支障なく走れます。筆者も舵がまったく効かなくなった32フィートの2基掛けドライブ艇で、ロープでドライブをほぼ真っすぐに固定し、伊豆大島の北側から東京湾湾奥のホームポートまで、普通にプレーニングして、特に困難を感じずに帰ってきたことがあります。

1基掛け艇の場合

1基掛け艇の場合は少々厄介で、ドライブや舵を真っすぐにできずにぐるぐる回ってしまい、真っすぐ走れない……ということもままあるでしょう。

こんなとき、「曲がっていく方向の反対舷からロープなどの抵抗物を流して調節する……」なんていう話を聞きますが、果たして本当に可能でしょうか？ いったん流してしまったロープは、ボートを止めないと回収できないので、現実的ではないように思います。

そこで、可動式のフラップが付いている艇では、曲がりたい方向のフラップを下げてみてください。傾くとは思いますが、艇がフラップを下げたほうに曲がるのがわかるはずです。これを使わない手はありません。

もちろん、大きな針路修正は無理ですし、ステアリングのようにすぐに曲がれるわけではありませんが、ちょっとした針路修正をするための強力な味方です。これは2基掛け艇でも同じなので、推力差の調整とともにフラップも操作すると、ずいぶん楽になります。

1基掛けでフラップもない艇で舵が効かなくなると、なかなか困難ですが、それでも、トリムを蹴り上げたり追い込んだりすることで船首が振れることもあるので、こうしたわずかな挙動の違いも利用してみましょう。

推力差による旋回

2基掛けの船内外機艇で、ステアリングが効かなくなった場合の応急処置例。パワステの駆動ベルトを外したら、両舷のドライブをつなぐタイロッドにロープを結び、左右のクリートに固定して直進状態を維持し（写真上）、両舷機の推力差で変針する。写真左は、推力差だけで変針した場合の旋回例。通常のステアリングと同等の旋回性能は望むべくもないが、ある程度なら航行を続けることも可能だ

ステアリング不調時の1基掛け艇の針路変更手段

効果は限定的だが、可動式トリムタブの操作や、船外機のチルト操作によっても針路を変えることができる。外洋から岸近くまで戻るというような、広い水面を移動する場合には有効な手段として覚えておきたい。なお、ステアリングの不調は重大なトラブルに直結しかねないので、無理して走り続けず、早めに救助を要請することも検討しよう

【第10回】衝突とボート火災

ここからは、艇体に関するトラブルについて見てみましょう。艇体にダメージが及ぶトラブルが発生すれば、それはすなわち、乗員も大きな危険にさらされるということでもあります。そうした危険を避けるために、原因と対処法をしっかり覚えておきましょう。

衝突時は被害確認と人命の安全確保が最優先

ここからは、洋上で発生する、艇体にまつわるトラブルについて解説します。

幸い、艇体関連のトラブルは、航行中に起こることはそれほど多くない、という点が救いです。

その中でも最も多いのが衝突で、離着岸の際に流されてどこかにぶつける、係留中にフェンダーが不十分でぶつける、そして、航行中に他船などと衝突する、というあたりが主なところですが、運用上、特に気をつけなくてはならないのが、衝突による艇体破損でしょう。

航行中の衝突には、他船への衝突、ブイや防波堤などへの衝突と、さまざまなパターンがありますが、その原因は、一にも二にも見張り不足にあります。この点に関しては、当連載でもこれまで何度か取り上げてきましたので、ここでは、実際に衝突してしまったあとの対処について見てみましょう。

ひと口に衝突といっても、その程度はさまざまなので、なにはともあれ、負傷者の有無や艇体のダメージを確認します。低速でぶつかり、運よく艇体表面にかすり傷が入る程度で済んだというのであれば、航行には特に支障がないので、さほど気にしないほうがいいでしょう。

問題は、激しく衝突し、深刻なダメージがあった場合です。万一浸水していたら大変ですから、ぐずぐずしている時間はありません。運よく浸水していなければ、少しは時間的余裕があるので、被害の状況を見ながら慎重に対応します。

まず、艇体脇のサイドウインドーが割れてしまった、というときは、そのままというわけにはいかないので、大きなゴミ袋やビニールシート、段ボール、ベニヤ板など、ボートにあるものをなんでも使って、ガムテープなどで貼って応急処置をし、ひとまず最寄りの港に避難しましょう。

激しく衝突し、特に吃水線から下にまで及ぶような破口ができていたら大変です。破口からの浸水量は、ビルジポンプなどではとても追いつかないほど大量なので、ただちに救助を求めて、逃げる準備をします。全員のライフジャケット着用を確かめ、「ボートが沈没したとしても、救助を求めたので安心すること」「落ち着いて、パニックに陥らないようにすること」を全員によく言い聞かせておきましょう。

捜索する側にとっては、海面に浮かんでいる人よりも、艇体のほうが圧倒的に見つけやすいので、退船するのはギリギリまで待ちましょう。浸水し、転覆しても、ボートが浮いているのであれば、それにつかまって救助を待つのが基本です。くれぐれも、あわてて海に飛び込んで、乗

岸壁への衝突による破損例

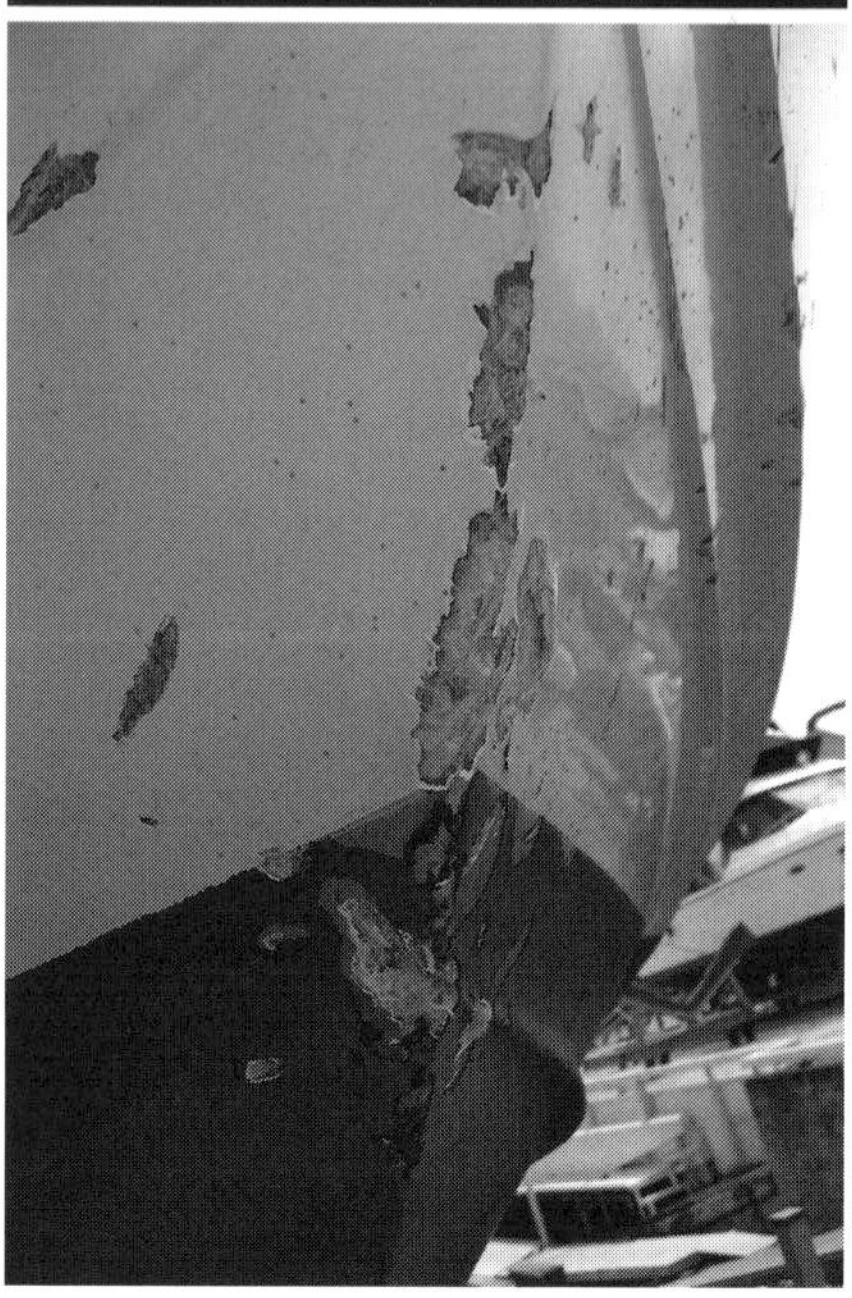

岸壁に衝突し、ステム部分が破損した例。ゲルコートが割れているので補修しなければならないが、航行中の場合は、沈没などの差し迫った危険はないので、ひとまず自走してホームポートへ戻れる

衝突の原因の多くは見張り不足

衝突にはさまざまな事例があるが、その原因のほとんどが見張り不足にある。大きな流木に衝突してハルに破口を生じることもあるので、他船やブイ、防波堤などだけでなく、海面にも気を配らなければならない

沈没したボートの破損例

灯浮標に衝突したボートの破損例。このケースでは、浸水して沈没に至った。艇体に大きな破口を生じた場合、あっという間に浸水し、沈没する可能性があるので、まずは全員が救命胴衣を着用していることを確認し、すぐさま救助を要請する。そして、あわてて海に飛び込むことなく、沈没直前まではボートで救助を待つ

船舶同士の衝突

船舶同士が衝突し、一方の艇体にもう一方が突き刺さった場合は、慌ててフネ同士を引き離すと、そこから一気に浸水し、沈没に至ることもある。まずは救助を要請するとともに、人命の安全を第一に考え、少しでも被害が少ないほうに乗員を移乗させる

員同士がバラバラにならないよう、船長が全員の動きを掌握しておきましょう。退船する場合は、防水パックに入れた携帯電話やハンディーのVHF無線機を持っておくこともポイントです。

なお、艇同士がぶつかって、片方が相手方に食いこんでいるときは、あわててボートを引き離すと、吃水線下の破口から浸水して、あっという間に沈んでしまうことがあります。こういうときは、状況をよくよく確かめてから行動に移してください。そして、沈没の危険があるときは、被害の大きい艇から、比較的ダメージの小さい艇へ乗員を移乗させ、人命の安全を確保することが最優先だということも、必ず覚えておきましょう。

ちなみに、衝突とは異なりますが、時化の中を航行していてバウが波に突っ込み、波をしゃくり上げたときに、フロントウインドーを割ってしまうことがあります。そうなると大変で、艇内には粉々になったガラスとともに大量の水が流れ込み、水浸しになってしまいます。フロントウインドーが割れてしまってからでは遅いので、バウが波に突っ込むようになる前に、最寄りの港に逃げ込みましょう。

そもそも、バウが波に突っ込むようになったら、もうその艇の限界だということを認識してください。また、このような状態になった場合は、ちょっと針路を変えるだけで、ずいぶん走りやすくなることもあるので、無理に目的地への直線コースを取らずに、波をかわしやすいジグザグのコース取りをする、などの対応をとりながら逃げ帰りましょう。

ボート火災の原因は電気と油脂類

ボートはいったん火がついてしまうと、思っている以上によく燃えます。艇体を構成するFRPはもとより、シートやクッション、カーペット、内装に使われている木部、そしてエンジンルームにある数々の油脂類。これだけ燃えやすいものが多いという状況ですから、出火したら一気に燃え上がってしまうのも無理からぬところ。一度火がついてしまうと、ボート火災の消火は非常に困難で、特に、航行中の火事は非常に怖いものなのです。

ともあれ、火災を起こさないことが重要なので、まずはボート火災の

燃え盛るプレジャーボート

簡易係留場所で係留中に出火したプレジャーボート。燃料などの油脂類に加え、艇体各部に燃えやすい素材を用いているプレジャーボートは、いったん燃え始めると、かなりの勢いで火の手が広がってしまう

パイロットハウスが燃え落ちた例

全焼は免れたものの、パイロットハウスが燃え落ちた例。ここまで燃えてしまうと、修理の手立てはなく、廃船にせざるを得ない

原因から見てみましょう。

■電気系による火災

ボートの火災原因として最も多いのが漏電でしょう。特に船齢を重ねた古い艇では要注意です。インバーターなど、よほど大電流を使う機器でない限り、12V系で火災になるケースは少ないとはいえ、油断は禁物です。

一般家屋の場合は、経年変化で絶縁が低下しての漏電や、端子部分にほこりがたまって起きるトラッキング現象による発火が多いのかもしれませんが、ボートでの出火原因で多いのは、やはり塩害と腐食によるものです。ご存じのように、塩は導電性があるので、電線がつながっているターミナル（端子台）の表面にびっしりと白い粉を吹いたように塩が付いていたら、多かれ少なかれ漏電しています。こういった漏れ出した電気で、周囲にある木が炭化していたりすると非常に危険です。よって、機会があったら、壁裏などにあるターミナルをチェックし、きれいにしておく必要があります。

次に多いのが、コネクター（接続部）やターミナル、コンセントなどが、腐食により接触不良となり、電気が流れるのに抵抗となって熱を持つ、というケースでしょう。

電気の性質として、どのくらいの電流が流れるかは、負荷側（各機器）によって決まります。例えば、モーターが10Aを必要とすれば、電源も電線もその電気を流そうと一生懸命がんばります。その際、電源に十分な容量があれば、それだけの電流が流れてしまうわけですが、十分太い電線を使っていても、コネクターやターミナル部が接触不良になっていると、そこだけ電線が細くなっているのと変わりません。そうすると、電流は流れようとするのに線が細いので、その部分が抵抗となり、発熱してしまうのです。

実際、これが原因で発生した火災がよくあるようです。特に条件が悪いのが、陸電レセプタクル部分。外部にさらされている上に、塩水をかぶることもあるので、ときどきターミナルの腐食の具合をチェックしたり、電気を多く使っているときに熱を持っていないかを手で触ってみたりしましょう。この「手で触ってみる」というのは、簡単な上にわりと正確で、最も基本的なチェック方法です。医師の触診と同じですね。

■オイルや燃料による火災

船内機艇で使われるトランスミッションのオイルクーラーも、火災の原因となり得ます。

ミッションオイルにはかなり高い圧力がかかっているので、ホースに亀裂が入ったり、ガスケットが抜けたりすると、すごい勢いで霧状のオイルが噴出します。こうなると、普段は火のつかないオイルにも火がつくのです。よって、ミッションからオイルクーラーにつながっているホースに亀裂がないか？　漏れがないか？　を、ときどきチェックしましょう。

軽油も、燃料噴射ポンプから燃料噴射ノズルへの間は超高圧になっているので、その危険性は言うまでもありません。そういった部分からの燃料漏れがないかも、ときどきチェックしてください。

また、気をつけなければならないのが、ウエスに染み込んだオイルや燃料です。「油の染み込んだツナギなどを衣類乾燥機に入れてはいけない」という注意書きを見たことがないでしょうか？　油脂類が染み込んだ布地は発火しやすいので、このような注意書きがあるのです。エンジンルームに古い汚れたウエスが放置

陸電のレセプタクル

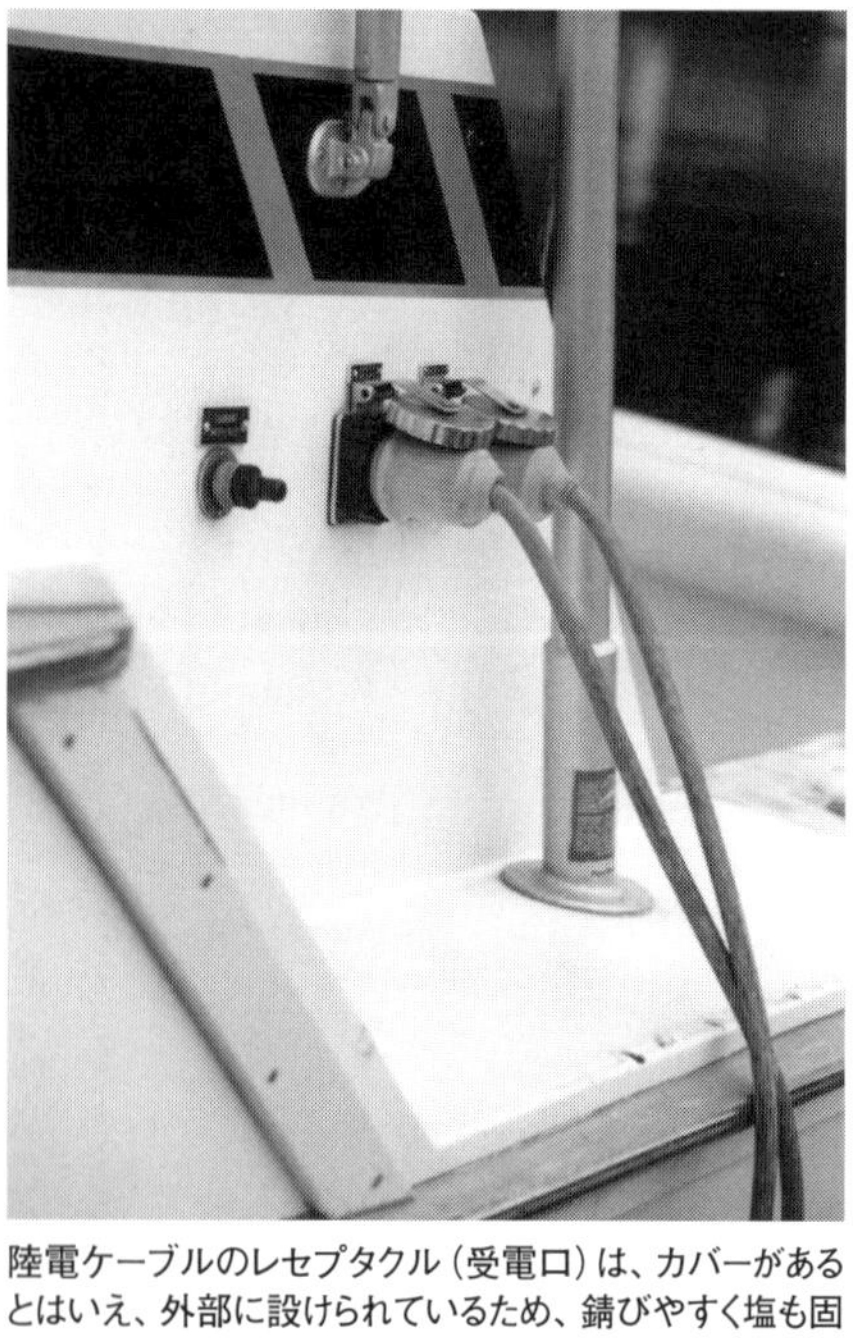

陸電ケーブルのレセプタクル（受電口）は、カバーがあるとはいえ、外部に設けられているため、錆びやすく塩も固着しやすい。艇内のターミナルやコネクター周りなども含めて、漏電しやすい場所、接触不良が起こりやすい場所などは、定期的に点検、メンテを行いたい

されたまま……、というのをよく見かけますが、ターボチャージャー周りなどの高温になる部分に放置するのは厳禁。エンジンルーム内には不要なものを置かず、常にきれいにしておきましょう。

そして、最も気をつけなくてはならないのがガソリンです。ご存じのように、ガソリンは極めて揮発性が高く、漏れるとその蒸気が充満しやすいのです。しかも、気化したガスの比重は空気より重いので、ビルジに沈んだガスはなかなか出ていきません。こんなとき、スパークが飛べば「ドッカ〜ン」ですので、くれぐれもガソリン漏れには注意しましょう。

漏れないまでも、携行缶のエアベント（空気抜き）が緩んでいたりしても同じことです。

覚えておいてほしいのですが、ガソリン船内外機のエンジンルームに使われている機器は、防爆型になっています。そんなところに、汎用機器を持ち込んだりしてはいけません。特に、エンジンルームに汎用の空冷発電機を入れて使っている方は、とても危険なことをしているという自覚を持って、排熱と換気に十分注意してください。

燃料やオイルの取り扱いに注意

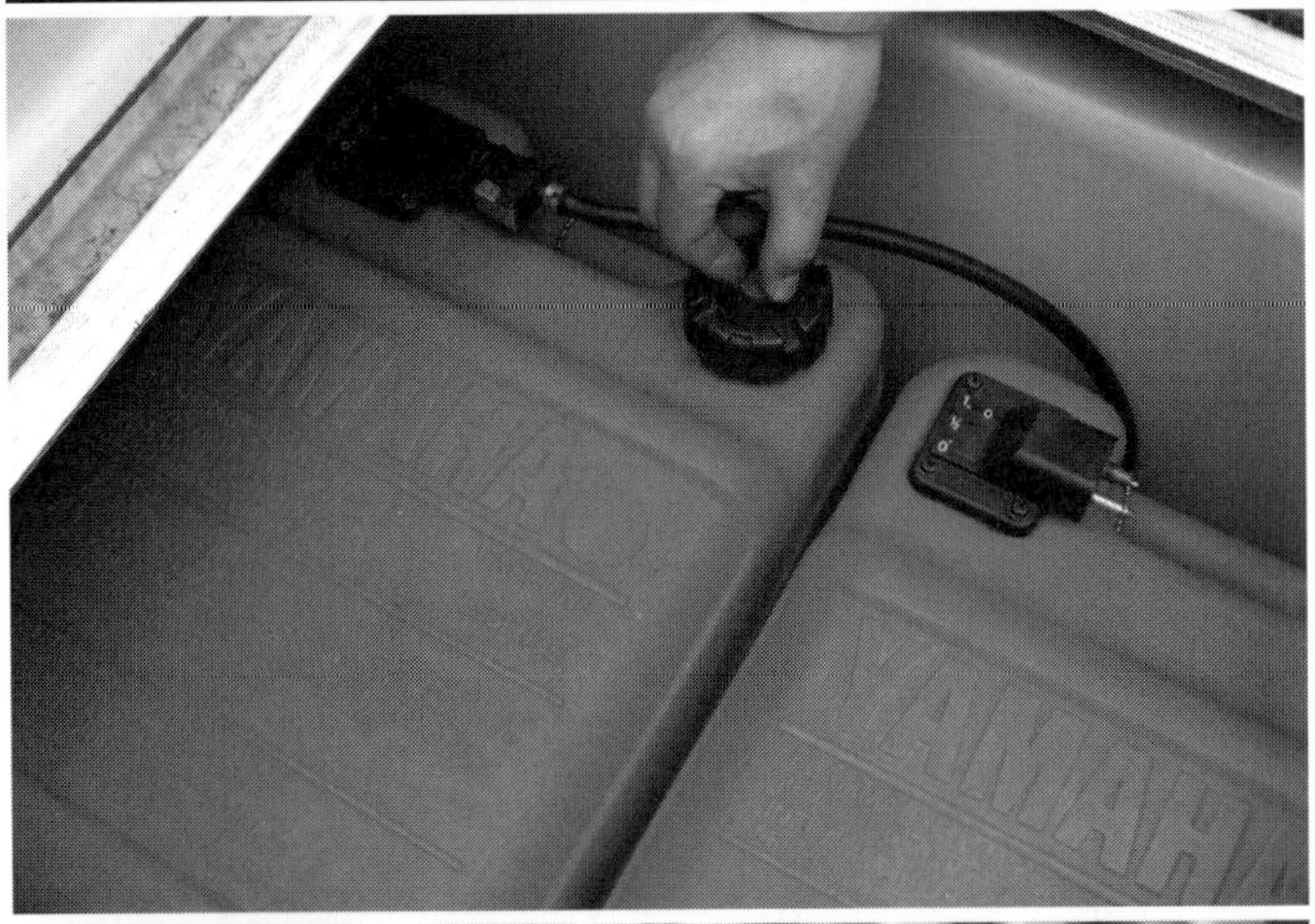

航行中は燃料タンクのエアベントを開けておく必要があるが、ここから燃料が漏れることもあるので、取り扱いには十分に注意しよう（上）。また、ディーゼルエンジンの高圧配管周り（下）からの軽油漏れや、やはり高圧がかかっているオイルクーラー周りからのオイル漏れがないかも、定期的に点検する必要がある。なお、エンジンルームの高温になる場所に、オイルやガソリンが染み込んだ古いウエスなどを置いておくのも非常に危険だ

出火した際の対策と消火法

まずは、ボートでの火災を防ぐ手立てが最も重要であることを理解した上で、出火してしまった場合にどのように立ち向かえばよいかを見てみましょう。

まず、噴き出すオイルや燃料に火がついた場合は、何はともあれエンジンを止めて、オイルや燃料の噴出を止める必要があります。次から次に噴出している状態では、対処のしようがありません。もっとも、タンクからの漏れなど、簡単には止めようがない場合は、すぐに救助を要請し、脱出の準備をしましょう。

一方、電気系が火を噴いている場合は、ともかくありとあらゆるスイッチを切って、電気を止めなければなりません。これも、オイルや燃料と同じ理由で、火災発生の原因を取り除くということです。

ガソリンに限らず、いったん漏れた燃料やオイルを、水で消火するのはなかなか困難です。水をかけてもいいことはありません。流れて飛び散り、余計ひどいことになります。よって、粉末消火器や濡れた毛布などをかぶせる「窒息消火」をするしかないでしょう。ただし、この方法だと、火の手が大きくなってしまってからでは困難です。そのためにも、火が小さいうちに自動で消し止める自動拡散型消火器を装備するとよいでしょう。また、小型消火器も備えておきたいものですね。

なお、ボートの電気火災で怖いのが、出火原因となりうる場所の大部分が壁裏になっていて、容易にアクセスできない、ということです。電気火災で壁裏が燃えているときは、場合によっては、壁をたたき壊して消火器や水を突っ込むくらいの対策が必要になります。壁を壊すのをためらって、火の手が広がってしまったのでは、元も子もありません。

消火器を備えよう

火の手が大きくなってからの消火作業は非常に困難なので、船内機艇、船内外機艇では、エンジンルーム内に、火が小さいうちに消火する船舶用の自動拡散型消火器を備えておきたい。もちろん、一般的な小型消火器を備えておくことも有効だ

【第11回】座礁および絡網への対処

ここでは、座礁と絡網への対処について解説します。どちらのトラブルも、最悪の場合、航行不能や沈没という重大な事態に発展することがあるため、十分な注意が必要です。また、万一、遭遇してしまった場合には、船長の迅速かつ的確な対応が求められます。

場所や状況で異なる乗り揚げ時の対応

座礁と絡網《らくもう》は、航行中に遭遇しやすい危険の代表といえるでしょう。一見、何もないように見える大海原も、水面下をのぞいてみると、実にさまざまな障害物があります。

その中でも、砂州や浅瀬、岩礁などに乗り揚げてしまうのが「座礁」です。艇の破損だけにとどまらず、人命にまでかかわる重大な事故になるケースも多く、大変危険です。

座礁はほとんどの場合、船長の知識不足、経験不足から起こります。水路調査不足、船位把握不足、潮位調査不足、見張り不足といった原因を見ても、すべては操船者の責任であることが理解できるでしょう。逆にいうと、十分な知識と細心の注意を払っていれば、座礁することはないはずなのです。

とはいえ、座礁してしまった場合はどうしたらよいでしょうか？ここでは、砂泥地に座礁した場合と、岩礁地帯に座礁した場合に分けて見てみましょう。

ボートの座礁例

上の写真は砂浜に乗り揚げた例。砂浜への座礁の場合、艇体へのダメージは少ないが、写真のようになってしまうと、自力での脱出は不可能。また、脱出できた場合も、慌ててエンジンをかけ、冷却水と一緒に砂や泥を吸い込でしまわないように気をつけなければならない。一方、下の写真のように岩礁帯や消波ブロックに乗り揚げてしまうと、艇体に大きなダメージを受け、最悪、浸水・沈没といった危険性がある。まずは艇体の状況を確認し、人命を優先して対処する必要がある

■砂泥地への座礁

砂泥地に乗り揚げた場合は、「座礁した」と思ったら、すぐニュートラルにして行き足を止め、エンジンを切って、どの程度乗り揚げたかを判断します。行き足を止めるのはそれ以上ひどく乗り揚げないため、エンジンを止めるのは砂や泥を吸い込んでエンジントラブルを起こさないためです。

続いて、負傷者はいないか？浸水はないか？艇体に破損はないか？波の状況は？潮位や潮流は？風向や風速は？など、さまざまなファクターを瞬時に把握し、判断しなければなりません。風が穏やかで波もなく、差し迫った危険がなければ、ゆっくり時間をかけて対処してもよいのですが、風や波の状況が悪いと、最悪の場合、横波を受けて転覆してしまう可能性だってあります。しかも、浅瀬では波が高くなり、波頭が崩れるので、転覆の可能性は沖合にいるとき以上に高くなるのです。

よって、コンディションが悪い中で座礁したときは、艇体は二の次にして、人命の確保に当たらなくてはならないこともあるでしょう。万一、座礁して危険を感じた場合は、速やかに救助を求め、艇体は放棄してでも人命の救助を最優先にしてください。そうしたときには、パニックにならずに的確に指示をすることも重要ですので、いざというときに備えた心構えも必要です。

座礁時の風や潮による影響

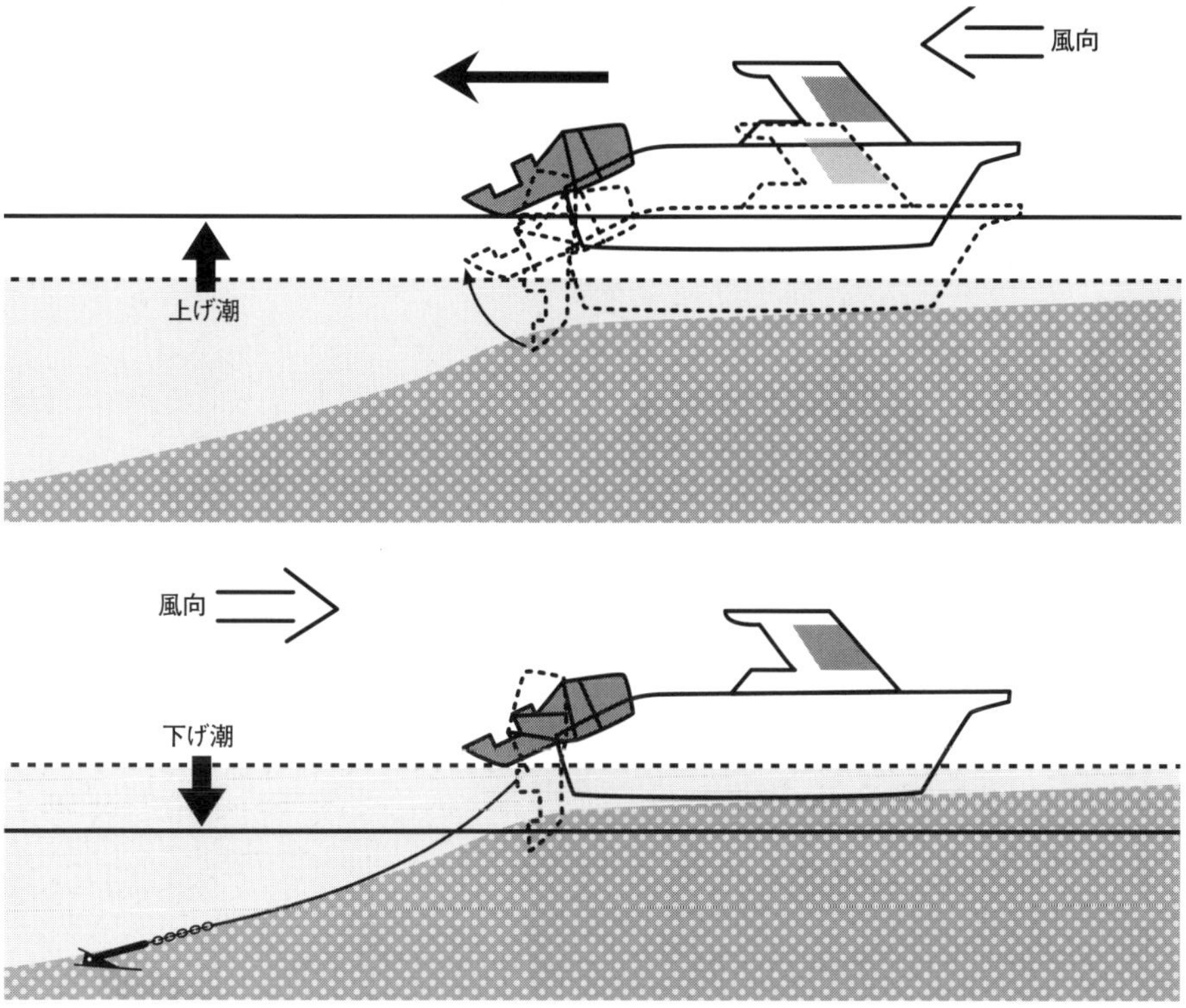

砂浜などに座礁し、その乗り揚げ具合も軽微だった場合は、自力脱出できる可能性が高い。特に、上げ潮の途中で陸側からの風が吹いている場合は、ドライブをチルトアップし、しばらく待っていれば、自然と脱出できることが多い（上）。一方、下げ潮の途中で沖側から風が吹いている場合は、水深がどんどん浅くなっていくのに加え、ボートが陸側に押されてしまうため、よりひどく乗り揚げてしまうことになる。よって、沖側にアンカーを打ち、それ以上乗り揚げないように、早急に対応しなければならない（下）

では、破損も浸水もなく、とりあえず転覆などの差し迫った危険がないときの対処法を見てみましょう。

「潮流や風が離礁する向きの場合」

まず、潮や風の向きが離礁する方向に作用しているなら、船外機艇や船内外機艇ではドライブをいっぱいに上げて、ボートが浮くかどうか試してみます。通常、座礁するときはドライブが先に着底するからです。もし幸運にも浮けば、自然と深い方へ押し流されて、無事に離礁できます。

このとき、リカバリーを焦って、浮くやいなやエンジンをかけて脱出しようとしてはいけません。冷却系統に砂や泥を吸い込んだり、回頭しようと前進して再度乗り揚げたりしないように、落ち着いて、浅瀬から十分に離れてから次の行動に移ります。

もし浮かなければ、清水を廃棄したりして、できるだけボートを軽くしてみましょう。夏場であれば、男性陣にちょっと〝海水浴〟してもらう、という方法も取れます。比較的小さいボートで、座礁の程度も軽いなら、これで艇が浮くので、深いところまで押していくのは簡単です。

それでも浮かなかったとしても、乗り揚げた時点が上げ潮で、その後、潮位が1メートルも上がるようであれば、焦らずそのまま落ち着いて待っていれば、自然と離礁するでしょう。

逆に、下げ潮であと1メートルも下がるようであれば、早急に手を打たないと危険なことになります。大潮の満潮時に座礁してしまうと、ひどい場合は離礁不可能になってしまう場合もあり得ます。

いずれにせよ、出られないとなったら、沖合にアンカーを打って引っ張るか、ボートフックなどで船首側の海底を押してみるかです。このとき、慌ててエンジンを吹かして脱出しようとするのは禁物。プロペラを壊したり、泥を吸ってエンジンを壊したりするので、絶対にやってはいけません。

高速航行中に座礁してしまい、押しても引いてもびくともしない場合は、沖合にアンカーを打って、横倒しになるのを防止したあと、救助を求めるか、上げ潮になるのを待つかしましょう。

「潮流や風が浅瀬に向かっている場合」

潮の流れや風が浅瀬の方に向かっていて、ますます座礁する方向に働いているときは、現実問題として、離礁はなかなか困難です。常に風に押されますし、潮が上がってボートが浮いたとしても、潮の動きとともに艇も浅い方へと押し上げられ、結局、より離礁しにくいところへ乗り揚げてしまうからです。

こういったケースでは、降りて押しても思うほど遠くには動かせません。必ず沖合にアンカーを打ってボートが流されないようにし、その上で対策を考えます。

具体的な対策としては、バウとスターンにアンカーを打って、交互に引くのがよいでしょう。こういうとき、小さなものでも構わないので、テンダーを積んであると非常に役に立ちます。テンダーがなかったら、沖にアンカーを打つといっても、「一体どうやって……？」ということになりかねません。また、1回で離礁できなかったときのために、予備アンカーを積んでおくのも大切なことです。

■ 岩礁への座礁

岩礁への座礁は大変危険です。程度にもよりますが、すぐに離礁できないほどがっちり乗り揚げてしまったら、艇体を破損している場合が多く、その後、波にもまれるうちに、FRPがますます岩にかみ砕かれてしまうからです。

また、軽い座礁であっても、艇体やドライブを破損してるケースが多く、早急に対応しないと危険な状況に陥ります。

真っ先にやらなければならないのが、ハルの損傷状態の確認です。少しでも浸水している場合は、浸水箇所に毛布などの詰め物をして、木の棒などで押さえつけます。大きく破損した場合は、うっかり離礁させると、そのまま沈没してしまいます。離礁作業に入る前には、必ず艇体の状況を確認しましょう。

座礁したボートのプロペラ周り

ある程度のスピードで岩礁帯などに乗り揚げると、水線下のドライブやプロペラ、ラダーを大きく損傷してしまう。上の写真は、座礁によりプロペラとラダーシャフトが大きく曲がってしまった例。ここまで損傷していれば、舵は動かず、プロペラも回転に伴って大きく振動し、自走はできない。右の写真は、岩礁帯に乗り揚げ、プロペラのブレードと、ドライブ下部のスケグが欠けてしまった例。ここまでひどいと自走できないが、仮に自走できる程度の欠損だった場合も、ギアケースの破損や亀裂、オイル漏れなどがないかを確認する必要がある

大きな破口が開くなど、破損状況がひどい場合は、そのまま離礁を試みるより、人命の確保を優先してください。安全に避難できる場所があるなら、艇体は放棄して岩礁上に避難します。避難する場所がなかったら、至急救助を要請して、ライフジャケットの着用を確認し、万一の場合はすぐに艇から離れて水中に逃げられるような態勢を取って救助を待ちましょう。

幸いにも損傷が軽く、離礁を試みる場合、同乗者に降りて押してもらうのであれば、降りた人にライフジャケットを着せて、ボートとつないだロープを持たせるのを忘れないでください。力いっぱい押してもらって離礁したのはいいけれど、降りた人が乗り込む前に遠くに離れてしまったら、ピックアップに戻るのは不可能です。

このように、岩礁での座礁は、ボートにとって、はなはだ危険なことですので、できる限り岩礁地帯に入り込まないことが肝要です。釣りの場合などには、往々にしてこういった岩礁に近づきますから、操船には十分に注意して、突然の波や風などを受けても打ち上げられないように注意してください。

座礁による艇体の損傷

座礁により艇体が大きく損傷し、浸水がある場合は、沈没の危険性が非常に高いので、早急な救助の要請と、乗員のライフジャケット着用の確認、そして、万が一の場合の退船の準備が必要となる。損傷箇所が小さい場合は、破孔部分に毛布などを詰めてしっかり固定し、浸水を押さえなければならない

なお、2機掛けの船内外機艇でドライブをぶつけたことがわかっている場合は、片舷を止めて帰港したほうが無難です。無理して両舷機で航行すると、ドライブが割れていた場合など、両舷とも同時に焼き付いて航行不能になるとともに、多大な修理費がかかります。片舷ずつ動かせば、万一、片舷が焼き付いたとしても、残ったほうで一時的に航行することができます。

*

どのような状況であったとしても、座礁したらともかく落ち着くことが肝心です。船長はひどく気が動転しがちですが、船長がパニックになると、同乗者もパニックになってしまうもの。ゆえに、なんとか冷静さを保ちながら、乗員の安全を最優先に、迅速に対応しましょう。

ロープや定置網が絡んだら……

■ロープなどが絡んだ場合

絡網も、ボートにとっては非常に危険なトラブルです。流れているロープなどをプロペラに絡めてしまった場合は、すぐにエンジンを止めて、船外機艇、船内外機艇であれば、ドライブをチルトアップして絡まったものを取り除きます。その具体的な方法は、238ページで解説しているので参考にしてください。

なお、繰り返しになりますが、ロープにしろ、ちぎれて漂っていた網などにしろ、いったんプロペラに巻いてしまうと固く締まってしまい、手で外そうとしても、どうにもなりません。よって、切って取り除かなければならないのですが、普通のナイフではとても切れないので、ボートには波刃のナイフや専用のロープカッターを備えておくことを強くおすすめします。

また、船外機艇や船内外機の場合、チルトアップしてもプロペラの位置は案外遠く、特に船内外機艇でもスイミングプラットフォームのオーバーハングが大きいモデルでは、ドライブに手が届かないこともあります。よって、先のナイフに長い柄が

付いていると、無理な体勢を取ることなく、ロープや網を取り除くことができます。

ちなみに、船内機艇で絡網すると、潜って外すしかないのがつらいところ。潜って作業をする場合は、周囲に他船がいないか、流されないかなど、安全確保に十分に留意してください。

■定置網に絡んだ場合

定置網に絡網すると、プロペラにロープや網がガッチリ食いついて捕らえられてしまい、船尾側の自由が奪われてしまいます。そのため、船尾を中心にして船首が風下に向いてしまうので、そのまま波や風に翻弄されるのはきわめて危険なのです。海況によっては、コクピットに波が打ち込み、浸水して沈没に直結してしまうかもしれません。

定置網は、場所によってはかなり沖合にまで張り巡らされていることがありますので、自分が航行する海域の定置網の場所は、必ず事前に調べておきましょう。引っかかってしまってからでは遅いからです。

さて、定置網に絡網してしまったら、どうしたらよいでしょうか?

まず考えなければならないのは乗員の安全です。少なくとも全員がライフジャケットをしっかり着用しているかを確認した上で、118番などで救助を求めてください。定置網がある場所は陸岸の近くがほとんどなので、通話ができないことはないはずです。

ひと通りの安全確保が済み、差し迫った危険がないことを確認しても、ロープを切ろうとキャプテンが慌てて海に飛び込むのは考えもの。定置網の構造は複雑ですし、場合によってはワイヤが使われていて、簡単には外せない場合もあります。また、手当たり次第に網やロープを切って被害を広げてしまうと、その後の損害賠償額が跳ね上がる可能性もあります。

定置網への絡網で118番などに救助を求めると、海上保安庁から網元へ連絡が入り、巡視船艇のほかに網元の船も現場に駆けつけますので、まずはこの救助を待ちましょう。

救助後は、網元に連絡して、きちんとおわびしましょう。これも船長の責任の一つです。漁業者にとって、定置網は生活の糧であり、その網に損傷を与えてしまったのですから、当然、償いをしなくてはならないのです。間違っても、強引に引きちぎったり、潜って切ったりして、そのまま知らぬ存ぜぬで逃げてはいけません。

ただ、その賠償額は相当な高額になることが多いもの。そのためにも、ぜひ賠償責任保険には加入しておきたいものです。プレジャーボートの保険加入率は著しく低いそうですが、万一のときのことを考えると、少なくとも賠償責任保険にだけは入っておくことも、ボートに乗る上での船長の義務だと思います。

プロペラにロープを絡めた場合

自艇のアンカーロープを巻き込む、航行中に漂っていたロープを巻き込むなど、プロペラにロープを絡めてしまうケースは少なくない。いったんプロペラに巻き付いたロープは、非常に固く締まり、とても手で外せる状態ではない（上）ので、下の写真のような波刃（セレーションエッジ）がついたナイフや専用のロープカッターで切断するしかない。ドライブをチルトアップできる船外機、船内外機でも、プロペラの位置は思っている以上に遠いので、少し長めの柄を付けると使いやすい。船内機の場合は、潜ってロープを切断することになる

定置網に注意

定置網は、非常に広範囲に設置されていることもあるし、視認しにくいものも多い。海域のどこに定置網が設置されているのか、事前にしっかりと確認しておこう。また、定置網には、ロープだけでなくワイヤも使用されているので、絡網した場合、自力での処理は難しいケースが多い。その後の賠償などにもかかわってくるので、海上保安庁や会員制ボートレスキューサービスのBANに救助を要請し、網元に対処してもらうのが基本だ

【第12回】漂流への対応と曳航時の安全確保

ここでは、漂流と曳航について見てみましょう。いずれの事態も、救助を要請しなければなりませんが、その際、救助される側も、ただ漫然と待つのではなく、安全を確保し、作業をスムースにするための、さまざまな自助努力が必要になります。

無為に漂っていては危険 漂流時の注意点

不幸にして、エンジンやプロペラのトラブルで自力航行できなくなってしまったときには、救助を求めることになります。

しかし、ボートは推進力なく漂っていると、バウを風に吹き落とされて、風軸に対して横を向いてしまいます。そうすると、横波を受けて揺れが大きくなりますし、波の状況によっては転覆の危険すら生じます。よって、トラブルに対処する間や救助を求めている間は、何も手を打たず、無為に漂流してはいけません。

特に注意しなくてはならないのが、沖合で波の高いときと、岸近くのときです。波が高いときは、すぐにバウを波に立てないと転覆の危険がありますし、岸近くではあっという間に吹き寄せられてしまい、座礁したり、岸近くの巻き波でひっくり返されたりするかもしれません。こういった場合はトラブルに対処する前に、アンカリングしたり、安全に漂流したりしましょう。

岸近くでアンカーが届く水深であれば、安全な場所でアンカーを打つのが鉄則。無為に漂流すると、救助艇との会合にも時間がかかってしまいます。

沖合で、とてもアンカーが届かない場合でも諦めてはいけません。抵抗になるものならなんでもいいので、それをバウから流し、船首を風上に向けましょう。パラシュートアンカー（シーアンカー）があれば最適。流し釣りでも使われているように、バウを風上に向けながら、安全に流されることができます。適したものがなければ、アンカーをセットしたロープを目いっぱい繰り出して、ドローグとします。これだけでも、ボートの安定度はかなり違います。

こんなときのためにも、ロープは余分に積んでおきましょう。アンカーとセットになっているような、30メートルのアンカーロープだけではちょっと不安です。

航行不能時の最後の救助手段、曳航

漂流を経て、救助艇が到着しても、現場でトラブルが解決せずに自力航行できない場合は、ホームポートか最寄りの港まで曳航してもらう必要があります。

曳航とは、動かなくなったボートをほかの艇で引っ張ること。「艇の間にロープをつないで引っ張るだけじゃん」と思われるかもしれませんが、実際は、そう簡単なものではなく、かなり奥が深い、難しいテクニックを駆使しなければなりません。特に、曳航するほうの操船テクニックは上級の部類に入ります。

以下では曳く側と曳かれる側、

漂流時の対処

エンジンやプロペラにトラブルが発生し、漂流する事態となった場合、ただ漫然と流されていると、ボートの側面に横波を受けるようになり、転覆の危険性が高まる。そこで、バウから抵抗物を流し、船首を波に立てて姿勢を安定させる。抵抗物としては、写真のようなパラシュートアンカーが最も理想的だが、なければ、アンカーを結びつけたロープを水中にぶら下げるだけでもかなり違う

両方の立場から曳航時の注意点を見てみましょう。

■曳航の検討

曳航する際には、
○曳く側（曳航艇）と曳かれる側（被曳航艇）の大きさの関係はどうか?
○ロープの長さと太さは十分か?
○海の荒れ具合はどうか?
などを判断して、曳航が可能かどうかを見極める必要があります。

基本的に、自艇より大きな艇を曳航することはできません。タグボートは専門に造られているからあんな芸当ができるわけで、プレジャーボートで同じことはできないのです。また、ロープがなければ曳きようがないわけですし、外洋で海が荒れているときは、プレジャーボートで曳航すること自体が困難でしょう。

「横抱きにすればいいじゃないか」と思う方もいるかもしれませんが、横抱きの状態では真っすぐに走れませんし、海が荒れていれば、ボートが暴れてとても横抱きなどできないものです。せいぜい、移乗のため一時的に横着けするのがやっとです。

また、余裕があれば、被曳航艇にはロープハンドリングに必要な人員だけを残し、曳航する前に、それ以外の乗員を曳航艇に移乗させましょう。これは、被曳航艇の重量を減らすためと、万一、曳航が困難になって断念せざるを得なくなったときなどに、救助すべき人数を少なくするためです。移乗する際は、貴重品を除く荷物は残したままにして、素早く移動しましょう。

■ロープの準備

曳航で最も大切なのは、ロープとそのハンドリングです。できれば、曳航が必要になったときに備えて、普段使っている舫いロープよりも1サイズ太い、専用のロープを用意しておきたいものです。なお、細いロープしかなく、曳航中にテンションがかかったときに伸びて切れそうな場合は、曳航索の中間に小さなアンカーなどのおもりをぶら下げておくと、ショックが吸収されて切れにくくなります。また、曳航索の途中に、古タイヤなどのクッションを入れるのも有効です。

さて、曳航艇は、スターンの両舷のクリートにロープを取り、そのロープのちょうど真ん中に長い曳航索を結んで、上から見たときにY字形になるようにして、曳航索のエンドを被曳航艇へ渡します。

ロープに余裕があるときは、曳航艇の船尾両舷のクリートと、被曳航艇の船首両舷のクリートとを、左右1本ずつの曳航索で結ぶという方法も採れます。こうすると狭い場所でのハンドリングが楽になります。

曳航艇の準備が整ったら、曳航索をハンドリングするクルーに、キャプテンの意向と曳航索を扱う手順をよく説明しておきます。例えば、「すれ違いざまに曳航索を投げ込め」とか、「バウ側まで曳航索を回してバウ同士で手渡す」といった感じです。

なお、曳航艇では、プロペラのすぐ近くで曳航索を扱うことになるので、キャプテンとクルーは、念には念を入れて、綿密な打ち合わせをしておきましょう。

曳航索を渡し損ねて水中に落ちてしまったときや、渡したあとに手繰り寄せる間にたるんで水中に

いろいろな曳航事例

左は、1本の曳航索による例。被曳航艇では曳航索をバウクリートに取ったのみなので、この状態での曳航は非常に心もとない。上は、両舷のクリートにそれぞれ1本ずつの曳航索を取った例。このようにしておくと、狭いエリアでの被曳航艇の取り回しが容易になるが、ロープが増えるぶん、そのハンドリングが難しくなる

一般的な曳航索の取り方

最も一般的な曳航索の取り方。船首両舷のクリートに短いロープを結び、そのちょうど真ん中に曳航索を結んで、Y字状にする。写真は被曳航艇の場合で、曳航艇の場合には、船尾両舷のスターンクリートで同様の準備をする

曳航索の取り方

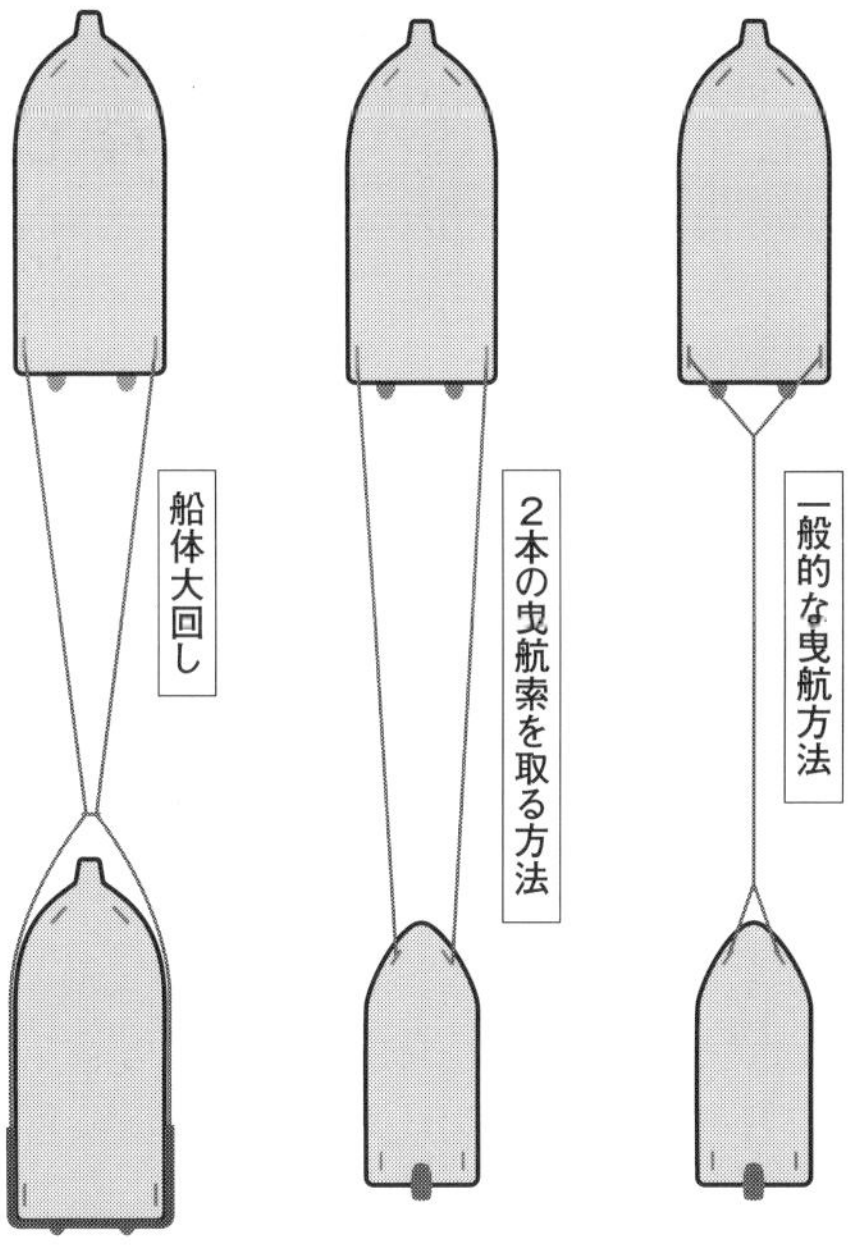

右の1本の曳航索を用いた一般的な方法の場合も、艇体への固定は、別のロープを使ってY字形になるようにするのが基本。中央の2本の曳航索を用いた場合は、被曳航艇の取り回しはしやすくなるものの、ロープをプロペラに巻き込むなどのトラブルの可能性も増える。左の船体大回しは、準備の手間はかかるものの、最も理想的な曳航方法といえるだろう

入ってしまったときなどに、曳航索をプロペラに絡めないようにするにはどのように扱えばよいかも、十分にレクチャーしておく必要があります。

一方、被曳航艇は、通常、船首のクリートに曳航索を結ぶことになると思いますが、軽量艇やごく短い距離を曳航する場合ならいざ知らず、重量のある艇や長距離を曳航する場合、または、海が荒れていたりする場合は、船首のクリートに曳航索を結ぶのでは、少々心もとないもの。曳航時にはクリートに相当の過重がかかり、あの丈夫そうに見えるクリートが簡単にもげてしまうこともあります。

よって、被曳航艇が大型の場合や海が荒れているときなどは、「船体大回し」という手法でロープを取ることをおすすめします。これは、曳航索にかかる力を被曳航艇のトランサムで受け止められるよう、ロープを艇体の周囲にぐるりと回し、それが落ちないように数カ所を細いロープでつっておく方法です。こうすれば、被曳航艇の艇体がしっかり固定されるので安心です。また、船首に曳航索を取ると、引っ張られることで船首の動きが妨げられ、波をかぶりやすくなるのですが、船体大回しにすれば、船首を押さえられることがないので凌波《りょうは》性も向上します。

なお、船体大回しのような、被曳航艇側の準備は、できれば救助艇が到着する前に済ませておきたいものです。

■曳航艇の注意点

両方の艇で曳航索の準備が整ったら、曳航艇はロープをプロペラに巻き込まないように注意しながら、ゆっくりと離れていきます。たるんだロープをいきなり張ると事故の元ですから、たるみが少なくなったらシフトをニュートラルにして、惰性で進むようにします。

なお、ボートには惰性がつきものですが、曳航時は特にその影響が大きいので、万事をゆっくり慎重に進めてください。

ロープが張ってくると、被曳航艇の船首がだんだんと曳航艇を向くように動き始めます。こうして前進とニュートラルを繰り返しながらロープを張っていき、ピンと張ったら前進に入れ続けるようにします。

このとき、最初のうちは回転数を上げてはいけません。まずはアイドリングでロープの張り具合や相手の艇の挙動を見て、安全に曳かれているかを確認しながら、少しずつ回転数を上げていきます。

また、どんなに回転数を上げても、プレーニングできるわけもなく、回転数を上げれば上げるほど曳航艇のエンジンに無理な負荷をかけるだけなので、曳航時の回転数はアイドリングプラスアルファ、速度も5ノット程度がいいところだと思ってください。アイドリングでもハンプ状態でも、速力は大して変わらないわりに、エンジンに対する負荷は天と地ほども違うのです。

さらに、航行中は、水温計や油圧計、排気の色などに注意しながら操船します。特にディーゼルエンジンの場合、黒煙をもうもうと吐いているようなら、負荷がかかり過ぎている、ということ。プレジャーボートのエンジンは、重過重に耐えられるようには造られていないのです。自艇の負荷だけでもウンウンうなりながら働いているエンジンを、必要以上に酷使してはいけません。逆説的

船体大回し

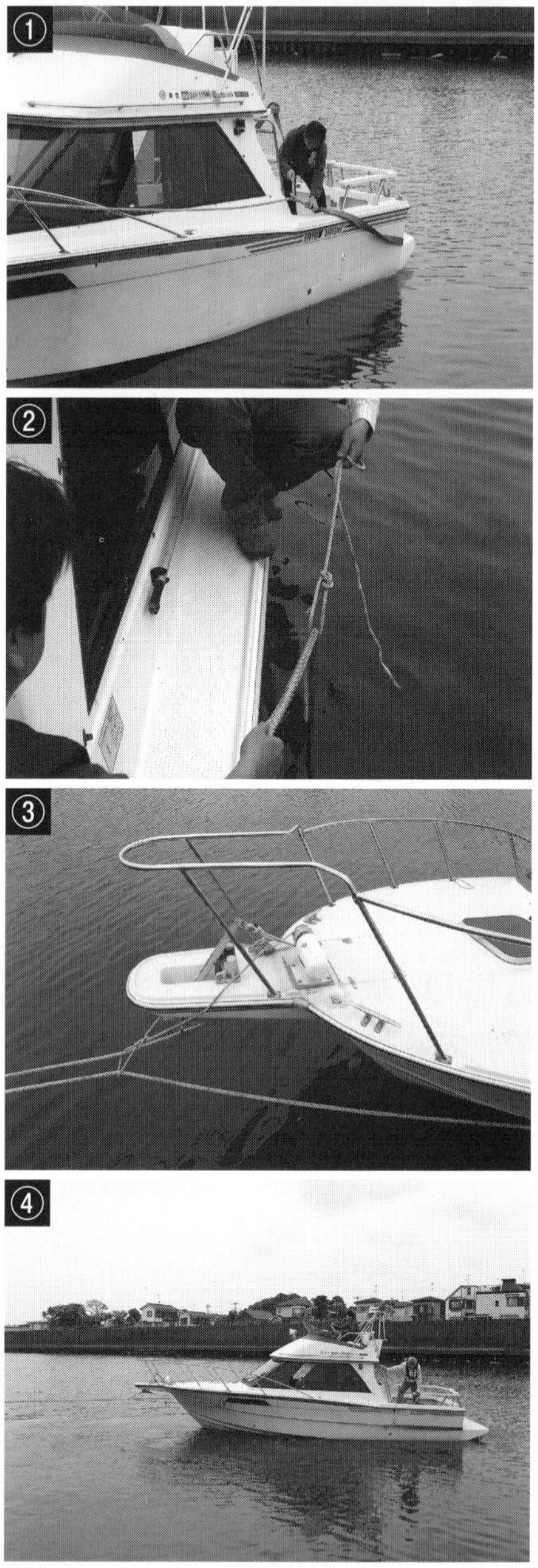

被曳航艇が大型の場合、あるいは、波がある場合、長距離を曳航する場合などは、曳航索にかかる大きな力を被曳航艇のトランサムで受け止めるよう、ロープを艇体全体に回す「船体大回し」という方法で曳航索を取る。
①トランサムに回したロープ（スリングベルトなどがあると理想的）を、曳航索につなげる
②トランサムや舷側に回したロープがずり落ちないよう、数カ所で細いロープでつっておく
③左右の曳航索を、細いロープを使ってバウ側で軽くまとめておく
④船体大回しによる曳航状態。バウが押さえられることがないので、曳航中の動きもスムースになる

曳航索への工夫

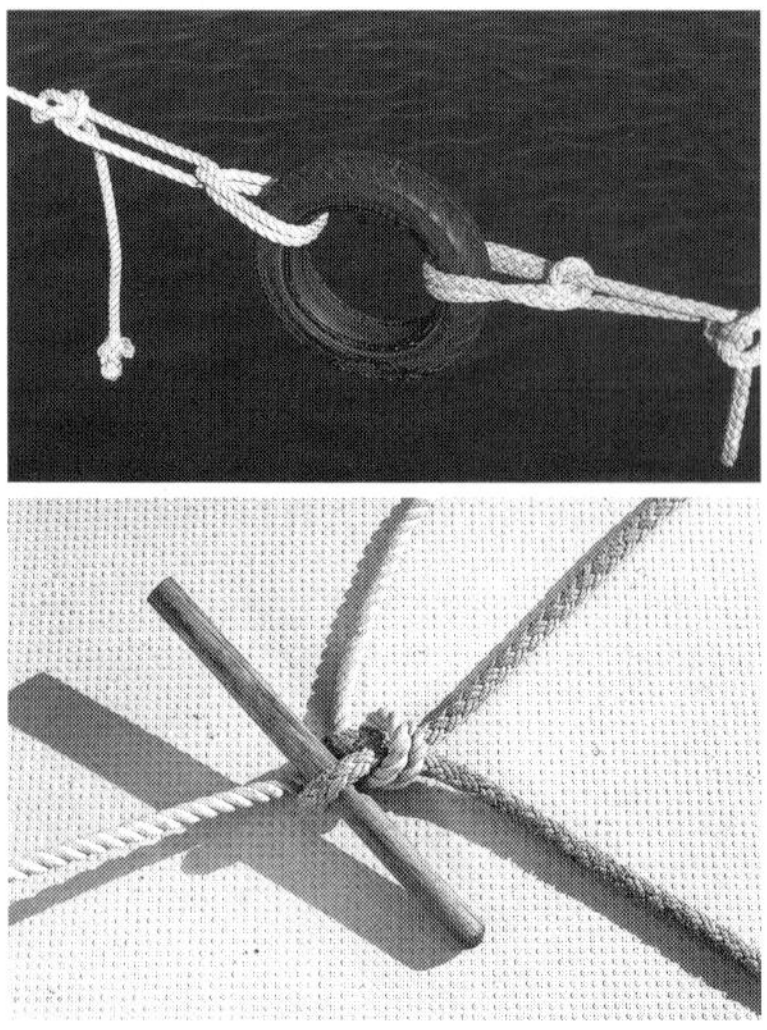

曳航索には非常に大きな力がかかるので、余裕があるときは、いくつかの工夫をしておくと理想的。まず、途中に古タイヤなどのクッションを入れると、曳航索の断裂を防ぎやすい（上）。ただし、たるんで着水したときに沈んでしまわないよう、チューブを入れるなり、別途、フェンダーなどをくくりつけておくとよい。一方、結び目も非常に固く締まってしまうので、ダブルシートベンドでつなぐ場合は、締める前の輪の中に、短い棒を入れておくといい（下）

に言えば、海が荒れていたり、目的地までの距離が遠かったりする場合は、プレジャーボートでの曳航はできない、ということでもあります。

無理な曳航をして自艇までオーバーヒートを起こし、共倒れになってしまったという笑えない実例もあるので、エンジンの状態には、くれぐれも細心の注意を払いましょう。

曳航索の長さは、外洋でやや長めの距離を曳く場合は長く、港内や狭い場所を曳く場合は短くするのが基本です。といっても、多分に感覚的なもので難しいのですが、長く延ばすときは、少なくとも30メートル程度は繰り出しましょう。

曳航中は、曳航艇、被曳航艇とも自由に動けないので、普段以上に見張りをしっかり行い、早め、早めに相手船を避けなければなりません。

また、曳航中は、〝急〟のつく操船(急発進、急転舵、急停止)は禁物です。中でも、急停止は厳禁。被曳航艇にも惰性があるので、急停止すると追突されます。

ちなみに、減速、停船しようとニュートラルにして徐々にスピードを落とすと、曳航索がたるんできます。これをそのままにするとプロペラに絡める危険があるので、曳航索がたるんできたら、ともかく艇上に手繰り寄せておくことが、ロープハンドリングの要点です。よって、曳航索をハンドリングするクルーには、よくレクチャーしておきましょう。

減速や停船が必要になるのは、港内や狭水道、桟橋近くの場合がほとんどなので、曳航索をプロペラに絡めると、即、事故に直結します。

最後に、被曳航艇が沈没するなどといった万一の場合、悠長にロープを解いている余裕はありません。もたもたして引きずり込まれたら大変なので、曳航索はいつでも切れるよう、専用のロープカッターなどを用意しておきましょう。

■被曳航艇の注意点

被曳航艇では、何はともあれ、全員が救命胴衣を着て救助を待ちます。また、特に海が荒れ気味のときは、曳航索を受け取ってから船体大回しをして……なんていう余裕はないので、曳航艇が到着するまでに、準備を整えておきましょう。

曳航艇が到着したら、あとは操船席に1人、曳航索をハンドリングする練達のクルーをバウに1人配置し、それ以外の乗員を曳航艇に移乗させます。また、曳航艇との間で、無線なり携帯電話なりで意思疎通が図れるようにしておくことも重要です。

曳航索を受け取って自艇のロープとつなぎ、曳航が始まったあとは、何か異変が起きない限り、特にすることはありません。長距離を曳航されるときは、ほんのちょっとのスピードの増減でボートの挙動が厳しくなったりしますので、挙動が安定するまでは、曳航艇に連絡をとって曳き方を加減してもらいましょう。

また、操船席にいる人は、真っすぐ曳かれるように舵を調整します。舵が左右どちらかに切れた状態のままになっていると、あらぬ方向に進もうとして抵抗が増えてしまいます。真っすぐ進まない艇を曳航するのは、それはそれは大変です。

パワーステアリングが付いている船内外機艇では、エンジンが止まるとハンドルがとても重くなりますが、できるだけ真っすぐに直してください。

ちなみに、小回りの旋回時には、被曳航艇も曳航艇と同じ方向に舵を切ってアシストします。また、曳航索が2本の場合は、旋回内側のロープのたるみを調整しましょう。

それから、曳航中に波が打ち込んだりして危険な状態になった場合は、その旨を適宜知らせるというのも大切な役割ですし、見張りにも協力しなければなりません。やることがないからと、ぼんやりしていてはダメなのです。

最後に、目的地が近くなったら、着岸するための舫いロープやボートフック、十分な数のフェンダーを用意して待ちましょう。着岸時は、艇の自由が利かない上に、曳航艇からのアシストもほとんど受けられませんし、場合によっては、舫いロープを渡せるチャンスが一度きり、ということもあり得るので、十分に準備をしておく必要があります。そして、ひとまずどこかに舫いを取って、あとは人力でボートを移動させましょう。

万一の事態への備え

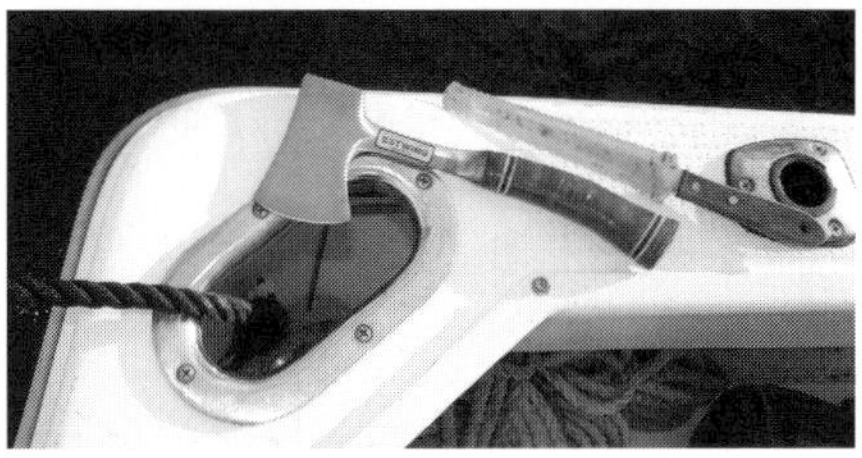

被曳航艇が沈没するなどの事態に陥った場合、曳航艇が巻き添えを食わないよう、曳航索をすぐに切れる準備が必要だ。写真は小型の手おのとロープカッター

曳航開始は慎重に

曳航準備が整ったら、曳航艇はロープがピンと張るまで、シフトの「前進⇔中立」を繰り返してごく低速で前進し、被曳航艇の向きが変わって曳航索が完全に張ったところで前進に入れ続ける

曳航中は低速で

曳航中は、決してプレーニングはできないので、アイドリングプラスアルファの回転数を維持し、スピードも5ノット以下を目安にする。また、曳航艇、被曳航艇間の連絡手段を確保することも重要だ

【第13回】艇上でのけがや病気①

ここでは、ボーティングのトラブルの中でも、人間に直接影響があるけがや病気などについて解説します。海の上では、緊急事態が起きたとき、すぐに助けを呼ぶことができません。最寄りの港にたどり着くまでは、応急処置を自ら行わなければならないのです。

けがや病気への心構え

揺れるボートの上は危険がいっぱい。しかも周りは水だらけで、すぐに救助を呼ぶこともできません。転倒によるけが、落水、船酔い、熱中症、海水浴で毒魚に刺されるなど、人間に関するトラブルは、それこそ数え上げればきりがありません。ここでは誌面の関係ですべてを解説することはできませんが、代表的な対処法をご紹介しましょう。

けがや病気の対処においては、まず、「ボートの上は陸とは隔絶された世界だ」ということを再認識してください。万一、けが人や具合の悪い人が出たとしても、最寄りのマリーナや港に戻るまでは、なんとしても自力で対処しなくてはならないのです。

この点をしっかり理解していれば、ある程度の救急用品を積んでおくのは当然のことだと理解できるでしょう。せめて、消毒薬やばんそうこう、包帯などは準備しておきたいものです。

なお、けがの処置をしているとき、キャプテンはたわいのない会話を心がけてください。けがをした本人は、痛さや苦しさでついつい必死の形相になりがちですが、そうしたところで事態がよくなるはずはありません。なるべくリラックスさせるように、慌てず騒がず、冷静に対処しましょう。

ちなみに、ボートの上でのけがは、ちょっとした切り傷から、揺れて転倒・転落した、釣りバリを刺してしまった、などというパターンが多いですね。つまり、揺れて手元、足元が不安定になったときにトラブルが起きやすいということです。

特に荒天が予想されるとき、不意の大波や他船の曳き波が来て激しくたたかれそうなときは、乗船者の安全確保に注意してください。操船するキャプテンは事前に身構えることができますが、同乗者、特にキャビン内で座っている人は不意打ちを食らいがちです。

また、トイレに行こうと立ちあがったときなど、船内の移動時も危険です。同乗者が動くときは、キャプテンにひと声かけてもらうように注意しておきましょう。

さらに、場合によっては、天井につってあるものなどが落ちてくること

救急箱を準備しよう

航行中にけが人が発生した場合、最寄りの港に入るまでの応急処置は、艇内で行わなければならない。写真のような充実したセットでなくとも、せめて消毒薬と包帯、ばんそうこうといった、最低限のファーストエイドキットをボートの中に備えておきたい

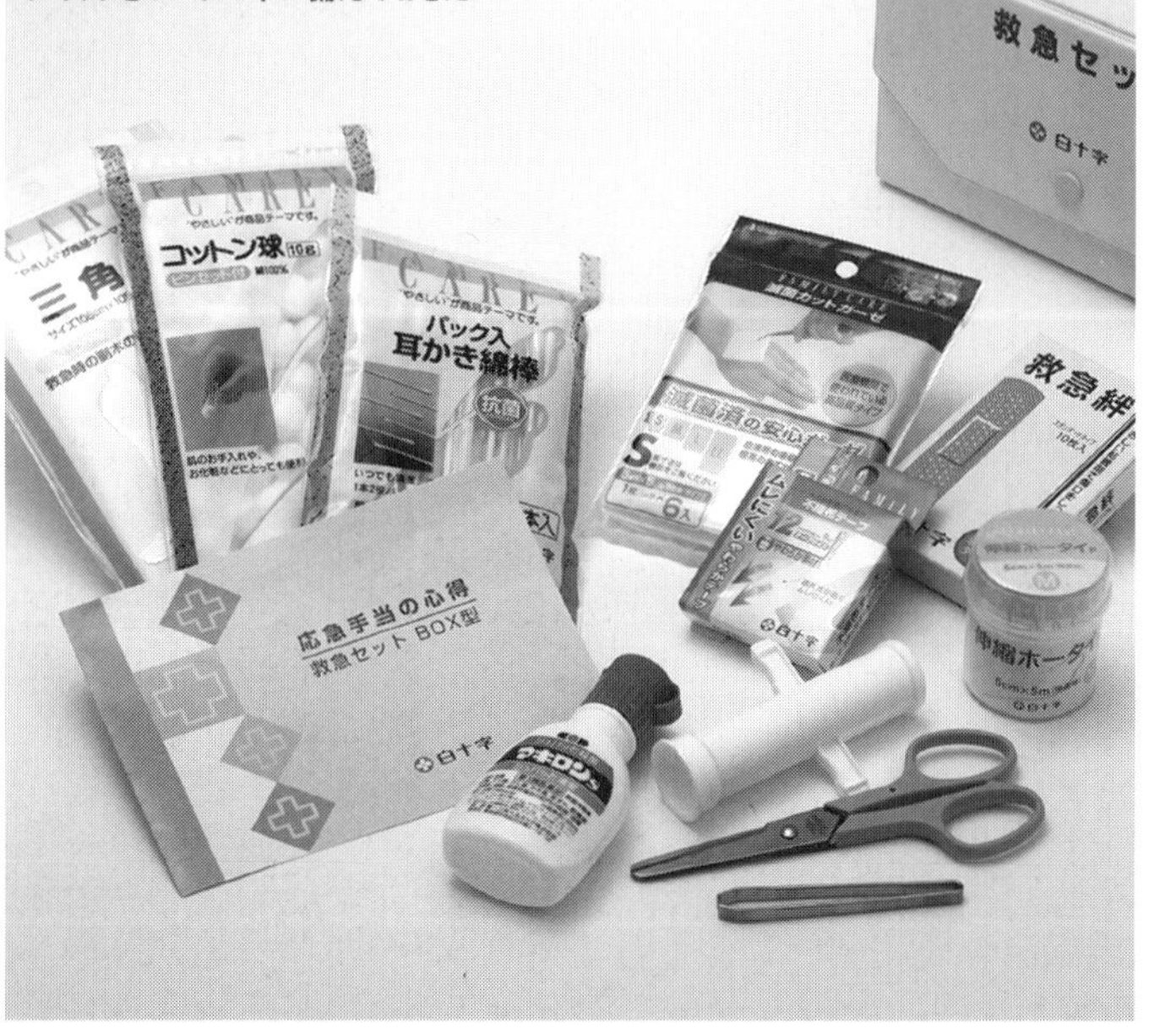

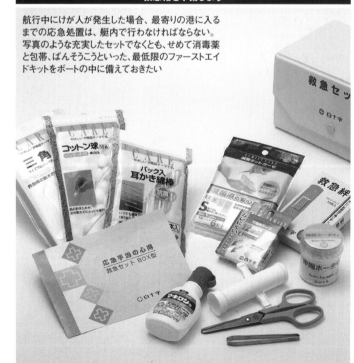

もあります。こうしたトラブルは、「発生してから対処する」のではなく「発生しないように事前に注意する」ことが必要です。

落水

ひと口に落水といっても、そのシチュエーションはさまざまですが、落水が発生しやすいのは、主に離着岸時と航行中の二つに分けられます。以下ではそれぞれの状況別に対処法を見てみましょう。

■離着岸時

離着岸時に、ボートと桟橋の間に落水すると大変危険です。ボートと桟橋に挟まれて、泳ぐに泳げなくなりますし、落ちるときに体をどこかに打ちつけていたりすると身動きができないこともあります。くれぐれもライフジャケットを着用していることを確認してください。

特に、ゲストに即席クルーを依頼し、舫いロープを持ってもらって着岸するときは要注意。桟橋にゆっくりと近づいて、あともう少しというところまで来ると、慣れない人には、近く見えるのか、気がはやるのか、桟橋に飛び移ろうとしがちです。すると、往々にして届かずに落水してしまうというのがよくあるパターン。こういうケースでは、ボートと桟橋の間に挟んでしまっては大変ですし、プロペラに巻き込んだりしたらもっと大変です。落ちるときに艇や桟橋に体をぶつけて、動けなくなることもあるので、すぐにシフトをニュートラルにして、ほかの人にも手伝ってもらいながら、ボートが桟橋に押し付けられないようにボートフックやフェンダーで押さえましょう。

なお、ボートを動かすのは、落水者を水中から引き上げ、流された舫いロープを手繰り寄せたあとです。人だけ助けて舫いロープのことを忘れると、プロペラに絡めたりしてしまいます。

■航行中

航行中に落水者が発生すると非常に危険です。同乗者にも手伝ってもらって、落水者から絶対に目を離さないようにしてください。洋上で落水した人を探すというのは、とても難しいのです。昼間でも、ちょっと波があるとなかなか見つからないですし、ましてや夜間では、航行中に落水してしまったら発見はかなり困難なのではないでしょうか？ 落水したのに気づくのが遅れると、捜索の困難さは倍増します。

よって、まずは落水しないように十分説明し、一人で動き回らないことを徹底しておきましょう。特に、小さなお子さんは要注意です。

一方、シングルハンドでの落水は、即、致命傷となり得ます。オートパイロットを作動させたまま一人で釣りに興じているときに落水したら、愛艇は走り去ってしまいます。よって、シングルハンドを身上とする人は、ライフジャケットの着用はもち

着岸時の落水

写真は、着岸時にクルーが落水した例。離着岸時の落水は、プロペラに巻き込まれる、艇と桟橋との間に挟まれるといった危険性があるほか、落水時に体を打ってけがをする可能性もあり、思っている以上に危険なもの。仮に無傷であったとしても、着衣泳の状態となり、落水者自身は思うように動けないことも少なくない。ちなみに、このときは自動膨張式のライフジャケットがなかなか膨張せず、ライフジャケットの点検の重要性を再確認することになった

航行中の落水

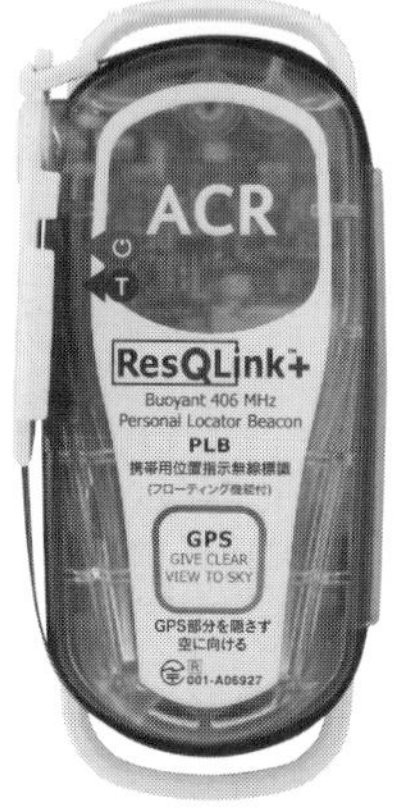

航行中に落水が発生した場合、即座に気づかない限り、捜索は非常に難しいものであることを認識しておこう。キャプテンは、大きく揺れる際などに同乗者に注意するのはもちろん、みだりに動きまわらないように、あらかじめ説明しておくことが重要だ。なお、上の写真は、PLB（パーソナルロケータービーコン）と呼ばれる通信衛星を利用した位置通報装置。万一、落水者が船舶と離れてしまった場合でも、救助機関が位置情報を取得することができる

ろんのこと、ストップランヤードの装着も怠ってはなりません。

なお、落水者救助の際は、ボート免許の講習で習った通り、必ず風下から接近します。風上から接近すると、風や波に押されたボートで落水者を巻き込んでしまいます。

また、落水者を引き上げたら、まずはけがの有無を確認します。特にけがをしていなければ、濡れた衣服を脱ぎ、乾いた衣類を着せて保温に努めます。濡れねずみで大丈夫なのは真夏の日中だけ。それ以外は、低体温症などの二次的なトラブルを引き起こします。よって、乾いた着替え一式とバスタオルなども、常備しておけるといいですね。

溺水

ボーティング中のトラブルの中で、最悪のケースが溺れてしまうことでしょう。その状況は海水浴中であったり、不意の落水であったりと、いろいろあるようです。特に、飲酒後に水に入って溺れる……というケースが目立つようです。

また、小さい子どもが落水すると、「それこそあっという間に沈む」そうです。航行中はもちろん、停泊中もライフジャケットを着用。どれだけ嫌がっても、子どもには必ずライフジャケットを着せるようにしましょう。子どもを守るのは大人の義務です。

また、混雑した海水浴場ではなく、静かな入江や沖合にアンカリングして、海水浴をするのを楽しみにしている人も多いでしょう。ただし、そういう場所で泳ぐのは、あくまで自己責任なので、くれぐれも安全には注意しましょう。近くに危険な岩場がないか? 潮の流れが速くないか? など、事前に注意深く観察する必要があります。また、そういったところで海水浴を楽しむなら、キャプテンは自身の遊びはほどほどにして、常に同乗者の動向に注意し、危険な状態にならないよう気を配る必要があります。

もう一つ覚えておきたいのが、「服を着たまま泳ぐのは大変だ」ということです。衣服が体にまとわりついて、本当に泳げないものなのです。安全を確保した上で、一度、着衣泳を試しておくと、どんな状況になるのかがわかり、いざというときにパニックに陥らないで済みます。

さて、ボーティングでは溺水事故が起こりやすい環境であるという自覚のもと、キャプテンはぜひとも、CPR(心肺蘇生術)を学んでおきましょう。ここでは、CPRの具体的な方法は割愛しますが、心構えとして大切なことを2点だけ覚えてください。第一は、1分でも1秒でも早く始めること。第二は、絶対諦めてはいけないこと。特に、諦めないということが非常に大切で、適切な医療機関にバトンタッチするまで、1時間でも2時間でもやり続けなが

溺れる!

水の中では、ほんのささいなきっかけで溺れることも多いもの。特にアンカリングしての海水浴中などは、キャプテンは周囲の状況や乗員の様子に気を配っておく必要がある。小さな子どもは特に注意が必要だ。なお、海水浴の際にも、固形式ライフジャケットを着用する、常に救命浮環や浮き輪を用意しておくなどの自衛策をとっておこう

CPR講座受講のすすめ

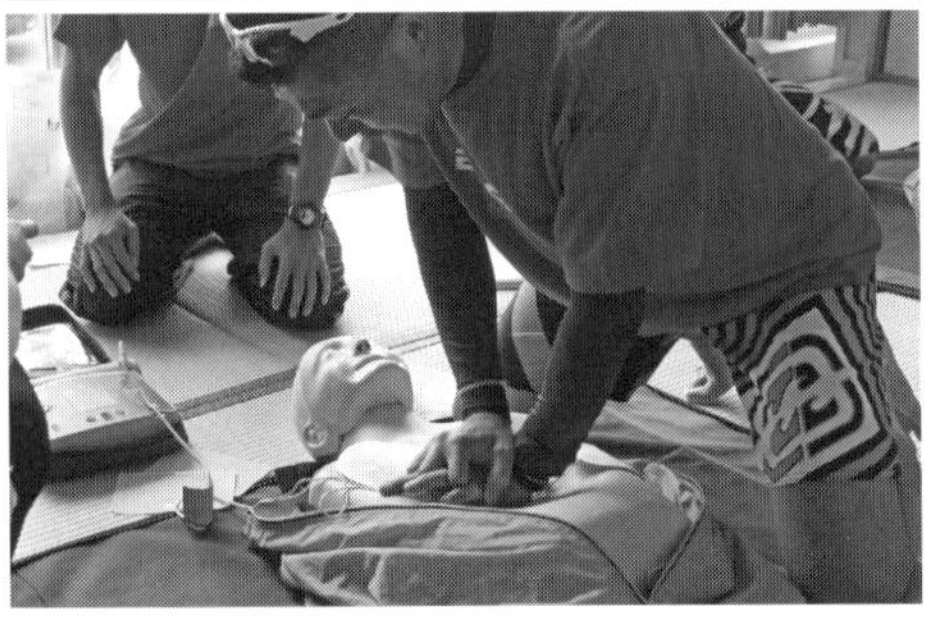

すぐには助けが呼べないボートの上では、緊急時の自助努力が生死の境目となることも十分に有り得る。溺水者発生時など、いざというときのために、消防署や病院などで開催されているCPR(心肺蘇生術)の講座を受講しておくことも、ボート乗りにとって必要なことの一つと言っても過言ではない。なお、CPRは一刻も早く開始し、医療機関に引き継ぐまでずっと続けることが重要だ

日焼け対策

ボート乗りには、一年を通して真っ黒に日焼けしている人も少なくないが、たかが日焼けと侮ってはならない。急激な日焼けは、熱中症ともども、非常に危険。特に、普段ボートに乗らないゲストがいるときなどは、十分に注意しよう。日焼け止めやつばの広い帽子、薄手の長袖の上着など、対策グッズも用意しておきたいところ

ら、できるだけ早く最寄りの医療機関に運び込むことが重要なのです。

なお、CPRが必要な事態になったときは、場合によっては118番に連絡して、最寄りの港や医療機関の手配などの指示を仰いでもいいでしょう。

熱中症対策

ここ数年、毎夏、熱中症による死亡事故のニュースがあとを絶たない。それほどに、重症化した熱中症は危険だということを心得ておこう。特に、急に暑くなったとき、湿度が高いとき、長い間直射日光にさらされたときなどは要注意。塩分などの電解質をバランスよく含んだ飲み物を選んで、積極的な水分補給を心がけよう。熱中症と思われる症状を示した場合は、日陰の涼しいところに寝かせ、経口補水液やスポーツドリンクなどを飲ませながら、体温を下げるように体を冷やすことが肝心だ

日焼け

晴れ渡った空の下、太陽の光を浴びるのはとても気持ちのよいものですが、過度の日焼けには注意しないといけません。「日焼けは軽いやけどです」というフレーズを聞いたことがあるかと思いますが、英語で言うと日焼けは「sun burn」、つまり、"太陽によるやけど"という意味なのです。

特に、アンカリングして海水浴などをする場合は、解放感も手伝って、ついつい肌の防御を忘れがちですが、調子に乗って遊んでいると、あとでひどい目に遭います。海や山は紫外線が強いと聞いたことがあると思いますが、ボートは広い海原を走りますので、海面からの照り返しを思いっきり浴びるのです。

海水浴をしたあとなど、ぐったりしているゲストがいないか注意して見てみましょう。単に疲れて寝ているだけなら問題ありませんが、気持ちが悪い、寒気がする……という場合は要注意です。肌に触れてみて、熱を持っているようであれば、それは過度な日焼けです。いきなり強烈な海の紫外線に肌をさらせば、全身がひどい日焼けを起こしてしまうのは当然です。

こんなときは、本当は水で冷やすのがいいのですが、プールでもない限り、全身を水に浸けるわけにもいきませんし、寒気を訴えているときも無理です。そんなときは、日焼け対策用のローションなどを塗り、保温して寝かせましょう。また、水分をたっぷりとらせるのも忘れないでください。なお、このような事態にならないよう、日焼けには十分注意するように、事前に伝えておくことも重要です。

熱中症

夏場にもう一つ注意しなくてはならないのが熱中症です。熱中症とは、高温環境下にいることによって、代謝のバランスが崩れたり、体温調節機能が狂ってしまったりすることの総称で、熱射病（高温多湿の環境下で発生する症状。そのうち、日光の直射で起こるものを日射病という）が、発生メカニズムが同一のため、熱射病に統一されつつある）も熱中症の一つとされています。

ボート上は日差しが強い上に、風に吹かれるため、体の表面からどんどん蒸発して水分が失われます。特に女性は、トイレに行くのを我慢したくないために水分を控える方がいらっしゃいますが、これは危険です。適度に水分を補給して、帽子などをかぶって日光を防ぐなどの対策をとれば、熱中症にもなりにくく、脱水症状を起こすこともありません。

また、水分と同時に、適度なバランスで電解質（主に塩分など）を取る必要もあるので、ただの水ではなく、経口補水液や熱中症対策をうたっているスポーツドリンクなどを飲むことをおすすめします。

さて、熱中症は、最初は少し頭が痛いな……と思う程度ですが、そのうち冷や汗が出て気持ちが悪くなり、もっと症状が進むと息苦しくなって意識を失います。ここ数年、熱中症による死亡事故のニュースをたびたび耳にしますが、熱中症が重症化すると非常に危険なのです。

こういった症状が出ていたら、重度の日焼けの場合と同じように、涼しいところに寝かせて、経口補水液やスポーツドリンクなどを飲ませます。さらに、氷があれば脇の下や首周り、太ももの内側など、太い血管が表面に通っているところに氷のうを当てて、体温を下げます。意識があれば、この程度の処置で徐々に回復するはずです。

もし、意識を失って倒れてしまった、脈を測ってもなんだか弱くて遅い、体温が異常に高い……という状態なら、急いで最寄りの医療機関に運び込む必要があります。場合によっては、救急車を呼ぶこともためらってはいけません。

こうした事態にならないためにも、キャプテンは同乗者の体調に十分気を配りましょう。

【第14回】艇上でのけがや病気②

引き続き、ボーティングのトラブルの中でも、人間に直接影響があるけがや病気などについて解説します。ボーティングにはつきものともいえる船酔いも、場合によっては大きなトラブルの原因ともなりますし、やけどや骨折などのけがも少なくないので、事前の対策や準備がとても重要です。

船酔い

船酔いは、ボート遊びにはつきものといってもいい、身近な症状です。その程度は個人差が大きく、強い人はどんなに揺れても平然としていますが、特に弱い人にとっては、フネと聞いただけで気持ち悪くなることもあるようです。

「精神力で酔うな！」と言っても、無理なものは無理。船酔いしてしまうと、楽しいはずのクルージングも台なしです。船酔いしてからでは挽回するのがなかなか難しいですから、ゲストや船酔いしやすい人には、あらかじめ酔い止め薬を飲んでもらったり、見晴らしのよい場所で風に当たってもらったりするなど、キャプテンも気を使いましょう。

なお、船酔いしないための対策としては、月並みですが、

・消化の悪いものを食べない
・空腹で乗らない
・睡眠不足の状態で乗らない
・うつむきっぱなしにならない
・キャビンの奥深くに入らない
（特にトイレで突っ伏すのは最悪）

といったところでしょうか？ ともかく、事前の体調管理や心配りが大切です。

また、燃料やオイル、トイレのにおい、エサなどの生臭さ、芳香剤や化粧品類などの香りのきついものなど、においも船酔いを誘発します。艇内を清潔にしておくのはもちろんですが、消臭剤を無臭性のものにするといったことも必要かもしれません。

ところで、船酔いは、キャプテン次第で未然に防げることが多いのをご存じでしょうか？ ボートに弱そうな人が乗るときは沖で停泊しない、荒れたところに乗り出さない、揺れないように気を使う、景色を説明したり話題を提供したりして気を紛らわせる……。こんなちょっとした心遣いをするだけで、ずいぶん結果が違ってきます。

いろいろ手を尽くしても、航行中に船酔いした人が出た際には、ひどくなる前にバケツやビニール袋などを用意して渡しておきましょう。コクピットの片隅で身を乗り出して落水したらとても危険ですし、キャビンの中で嘔吐《おうと》されても大変です。

クルージングにせよ釣りにせよ、ときには外洋を長時間航行する機会もあるでしょう。そんなときは、事前に船酔いしにくい人ばかりを選んで乗せていきましょう。これ

船酔い防止には雰囲気づくりも大切

船酔いには、体質や体調はもちろん、そのときの精神状態も大きく影響するので、楽しい雰囲気づくりも船酔い対策の重要な要素となる。ずっと下を向かない、遠くを見るといった、姿勢に関するアドバイスも有効だ

船べりで吐くのは危険

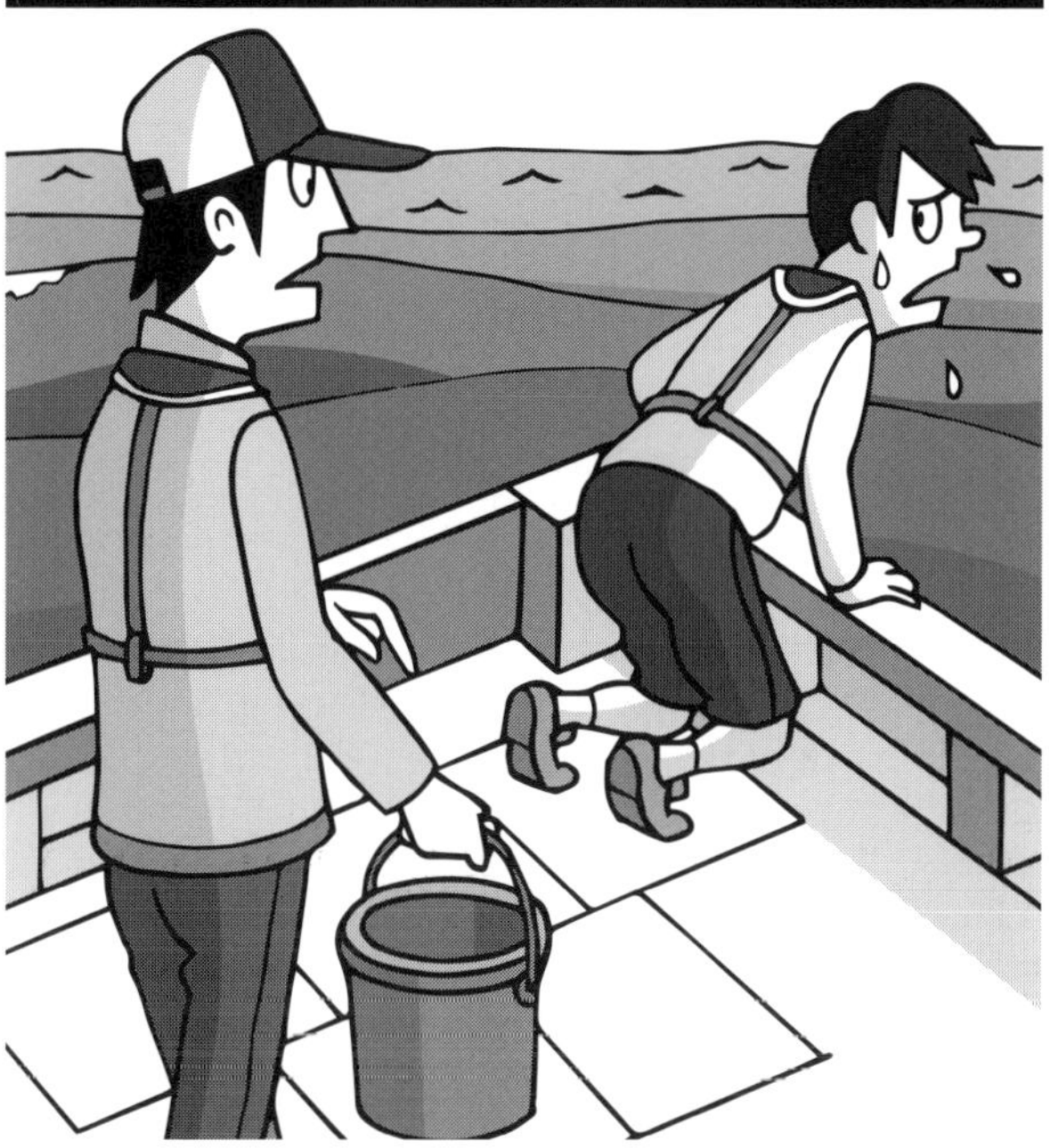

船酔いして嘔吐する場合、船べりに身を乗り出すと、落水などのより大きなトラブルに発展する可能性がある。また、船内のトイレで嘔吐すると、船酔いがより悪化しがちだ。船酔いの兆候がある人、船酔いした人は、風通しのよい場所で休ませ、ビニール袋やバケツを渡しておこう

も立派なトラブル回避法です。特にゲストを招くときには、船酔いに強いか弱いかを考えずに誘ってしまいがちですが、こういった配慮を忘れると、トラブルの発生が出航前に約束されているようなものなのです。

やけど

エンジンルームで排気系統に触ってしまったり、オーバーヒートしたヒートエクスチェンジャーのキャップを外して熱湯が噴出したりと、ボートに乗っていると、やけどを負う危険は結構多いものです。特に排気管に触ったときなどは反射的に手を引きますので、その弾みで反対側の壁にぶつけて打撲したり、切り傷を負ったりということもあります。

また、艇上でバーベキューをしていて、他船の曳き波でプレートや鍋がひっくり返ってやけどを負ったという例も少なくありません。艇上で火を扱うときは場所をよく考えて、こういったことがないようにしましょう。

さて、やけどを負ってしまったら、何よりもまず、患部を冷やすことが大切です。流水で冷やすのが一番ですが、ボートの上ではままならないことも多いでしょう。そんなときは、厚手のタオルにたっぷり水を含ませて当てておくのがよいでしょう。

いくら冷やしたいといっても、氷を直接当てるのはやりすぎです。ビニール袋に入れた氷水ならまだしも、氷を直接当てるとかえってよくありません。必ずタオルに包むなどして、冷やしすぎないようにしてください。ずっと当てていても苦痛にならない程度の冷やし方で十分です。何事も過ぎたるはなお及ばざるがごとし、です。冷やす時間は、最低でも30分。「もう痛くない……」と思っても、できれば1時間以上冷やすのが望ましいです。十分冷やしておくと、あとがとても楽になります。

酔い止め薬を準備しよう

特にゲストを招く際には、酔い止め薬を用意しておきたい。こうした配慮も、キャプテンの務めの一つ。なお、船酔いの症状が出てから飲んでも遅いので、遅くとも出航する30分前には服用してもらうこと

水がないときはどうしたらよいでしょうか？ ボートは水の上に浮かんでいる、といっても、海水で直接冷やすのは感心しません。やったことがある方はおわかりだと思いますが、ヒリヒリしてとても我慢できません。こんなときは、ビニール袋に海水を入れて冷やすのがいいと思います。こうしたことも踏まえ、ボートには飲料用も兼ねた水を余分に持ち込んでおきましょう。

なお、やけどで水ぶくれができたときは、破ってはいけません。細菌に感染しやすくなりますし、痛みが出ますので、破らずにそっとその上にガーゼなどを当てて冷やしてください。十分に冷やせば、ボートの上では軟膏などを塗る必要はないでしょう。たとえ医師の手当てが必要なひどいやけどだったとしても、まずは冷やすだけで十分。なにか塗ると、かえってあとに尾を引くことがありますのでご注意を。

転倒・転落によるけが

ボートの上では、転倒・転落するケースが少なくありません。

不意の波でボートが揺れて、コクピットやキャビン内で転んでしまうというのが、最も一般的でしょうか。また、ウオークアラウンドになっているボート以外では、フォアデッキに行くには狭いサイドデッキを行き来しますが、ボートによっては曲芸まがいの動きになることも多く、途中で転んでしまうこともありがちです。

エンジン周りはやけどに注意

ボートの中でも、エンジンの周りはやけどをしやすい場所。排気管の周り（上）に触れる際や、ヒートエクスチェンジャーのキャップを開ける際（下）などは、特に高温になっているため注意が必要だ

また、フライブリッジ艇では、ステップを踏み外す事故もあとを絶ちません。特にサンダルを履いていて滑るケースが多いようです。

そうした転倒・転落が原因で打撲したくらいであれば、冷やして湿布すればよいのですが、骨折したり脱臼したりしたら大変です。その場合、まずは、できるだけ揺れないよう、ボートをゆっくり走らせます。完全に停船させてしまうと余計にボートが揺れることもあるので、波に逆らわないようにして、低速走行したほうがよいでしょう。

その上で、添え木を当てて包帯を巻くなどして、患部が動かないよう固定します。ボートの上ではたいしたことはできませんが、ブラブラしている状態ではとても我慢できませんので、少なくとも固定だけはしておきたいところです。

そういった用途のために、伸縮性のある包帯は積んでおいたほうがよいでしょう。なければ、シーツでもカーテンでもなんでもいいので、手近な布などを巻いて固定します。

なお、骨折も脱臼も、素人が整復するのは禁物。添え木を当てるときは、無理に整復したりせずに、一番痛くない状態で固定しましょう。

固定が終わったら、あまり揺れたり衝撃を受けたりしないようにしながら、最寄りの港に寄港して、医療機関を受診します。

トーイングによる事故

特に夏場は、ウェイクボード、バナナボート、トーイングチューブなどのさまざまなマリンプレーを楽しむ方も多いかと思います。これらの遊びは確かに面白いのですが、そのぶん、けがもしやすいものです。

ウェイクボードは、上達してより高度なトリックに挑戦するようになるに従い、膝や足首の靭帯《じんたい》を伸ばしてしまうというけがをしがちなので、上級者でも油断は禁物です。

より気軽なトーインググッズであるバナナボートやチューブでも、肩を脱臼してしまったり、くるぶしを骨折してしまったりと、さまざまな事例があります。これらは、適度なスリルがあってこそ楽しいものですが、スピードの出しすぎには十分な注意が必要です。

骨折や脱臼の応急処置

転倒・転落などが原因で、骨折したり脱臼した場合、まずは、けが人の痛みが最も少ない状態にして添え木を当て、包帯などで固定するのが応急処置の第一歩。添え木には、段ボールや丸めた新聞・雑誌、指の場合には割り箸なども使える。包帯がない場合は、カーテンや細いロープなど、艇内にあるものを活用しよう

やけどの患部を冷やす

エンジン以外にも、艇上での調理中の加熱機器、沸騰した鍋の中身、また、ロープや釣りイトなどが流れ出たりしたときにとっさにつかんだ場合の摩擦熱など、やけどの原因は意外と多い。やけどを負ったときは、とにかく患部を十分に冷やすことが重要。清水や氷がない場合には、海水を入れたビニール袋を当てておくとよい

清水とタオル

ボートには救急箱と併せて、清水と大きめのタオルを常備しておきたい。やけどや切り傷の応急処置はもちろん、幅広く使えるので、なにかと重宝する機会が多い

まずは転倒・転落防止が重要

航行中のボートでは、姿勢を低くしてきちんと座る、立っているときはハンドレールやグリップにつかまるなどして不意の動きに備え、転倒・転落を防ぐ必要がある。特に、ボートに不慣れなゲストを乗せる場合は、このことをきちんと説明しておこう

トーイング

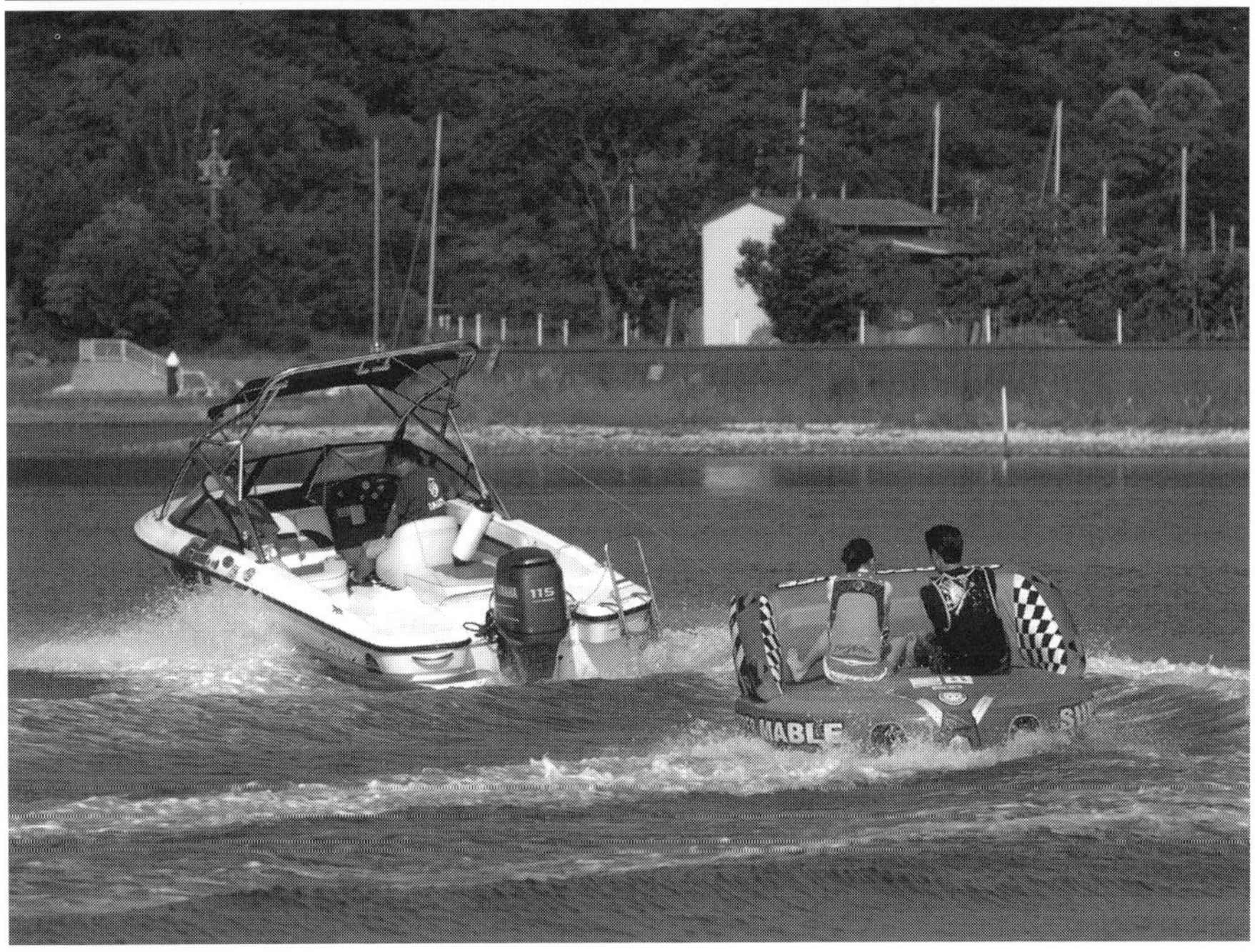

トーイングは、スリリングさもその楽しみの一つではあるが、危険と隣り合わせの遊びであることを十分理解し、キャプテンは常に安全を意識した操船を心がけなければならない。特にライダーがボートに乗り降りする際には、必ずエンジンを切ること

また、トーイングでは、岸辺に近づきすぎた上に、旋回時に引かれる側の軌跡が振り子のように膨らんで、そのまま岸の上に乗り揚げて転げ回っていたのを目撃したことがあります。幸い、砂地で大きなけがはありませんでしたが、これが岩場だったら、ただでは済みません。

トーイング中は、単にひっくり返って海面に落ちるだけでも結構痛いものなので、固型式のライフジャケットを着用するのはもちろんのこと、ウエットスーツやラッシュガードなどを着て、肌の露出を抑えることも重要です。こうした対処をすることで、なにかあった場合もけがの度合いが大きく異なります。

なお、トーイング中、ドライバーは決して気を抜いてはいけません。ライダーが水中に入るときとボートに上がるときは、必ずエンジンを停止してください。万一、なにかの弾みでシフトが入ったら、プロペラで大けがをさせてしまいます。実際、トーイングを終えてボートに上がろうとしたときに、プロペラに巻き込まれて亡くなったという痛ましい事故も起きていますので、くれぐれも注意してください。

水生生物の危険

ご存じのように、海の中にはさまざまな生物が棲んでいます。その中には、人間にとってありがたくない毒を持つものも数多くいます。

普通の海水浴場であれば、問題となるのはミズクラゲ程度でしょうが、それも刺されると結構チクチクします。中には、カツオノエボシのように、切れた触手に触れただけでもビリビリと猛烈なしびれが出るものもあります。

さらに、海水浴場以外の砂洲や岩礁で遊んでいるときは、エイやゴンズイ、ウニなどに代表される、ほかの生物にも注意が必要です。

クラゲや毒魚に刺されたときは、まず第一に刺胞やとげを取り去って水で洗い流し、毒を絞り出すのが基本です。このとき、患部をこするのは厳禁。また、特にクラゲの触手などが残っている場合は、処置する人にも刺さって大変なことになりますので、手袋を使うなどして、素手で触らないように注意します。

なお、クラゲの場合、患部を真水で洗うと浸透圧によって毒が体内に流れやすくなるため、海水で洗い流します。また、クラゲの種類によって、酢やアンモニア水が有効なものと、反対にさらなる毒の発射を誘発するものとがあるので、まずは十分に洗浄することが大切です。ちなみに、〝クラゲに刺されたら、おしっこをかけるとよい〟というのはまったくの俗説だそうです。

生物の毒（タンパク毒）は熱に弱いので、我慢できる程度の高温で温めると楽になるようですが、それもなかなか難しいもの。また、強いアレルギー反応により、息苦しさ、寒気、めまいといった症状が出る場合もあります。よって、決して侮ることなく、迅速に医療機関を受診しましょう。

そのほかにも、ウニやエイを踏んづけてしまい、折れたとげが足に残ってしまう……なんていうことがあります。特にウニのとげは、非常にもろくて、抜こうとしても抜けないことがあります。ときに、ウエットスーツやグローブを突き抜けて刺さることもありますが、まずは、素肌を出さないようにする（特に素足で歩かないようにマリンブーツを履く）などの予防が必要でしょう。

水生生物への対処

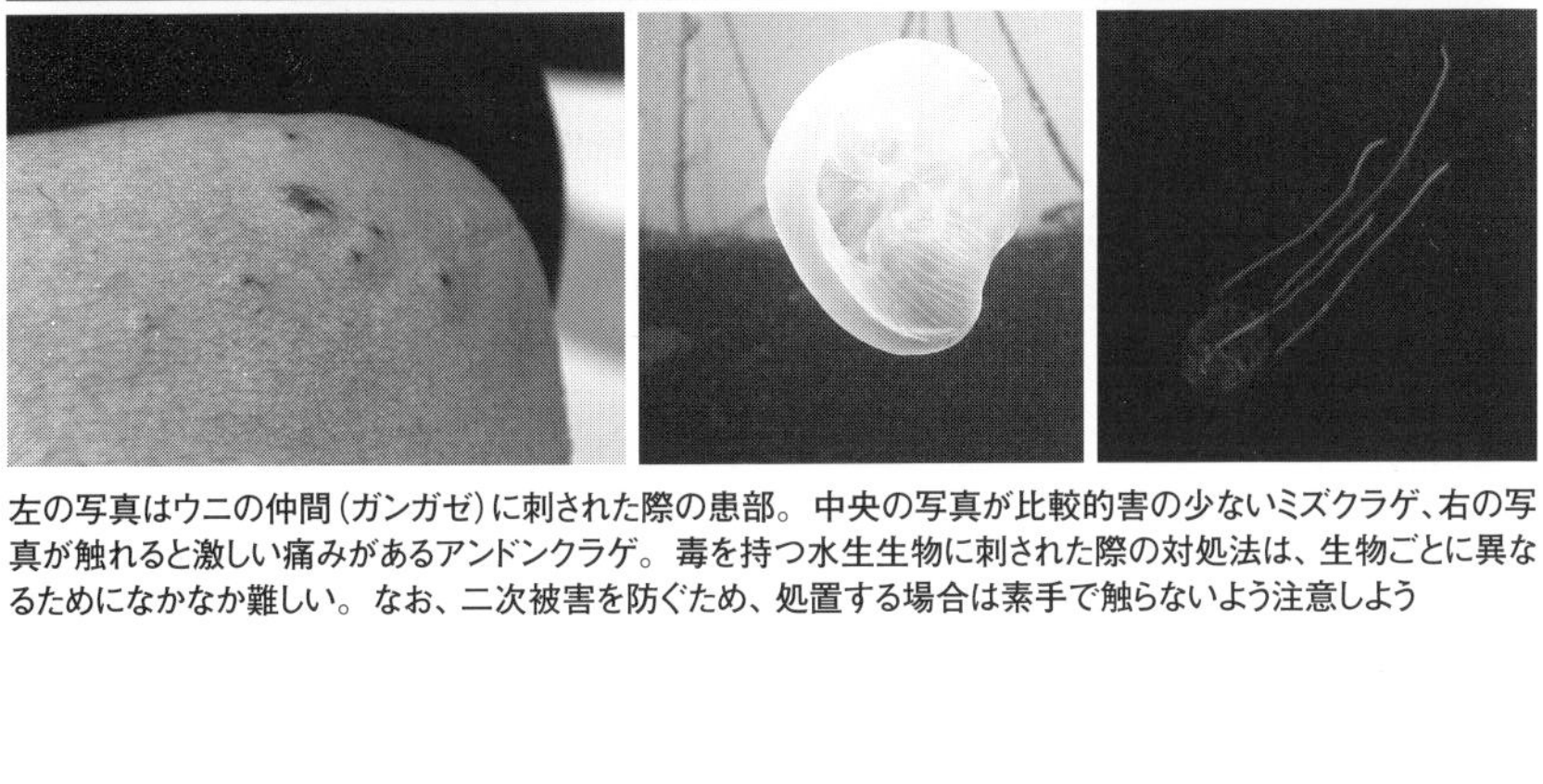

左の写真はウニの仲間（ガンガゼ）に刺された際の患部。中央の写真が比較的害の少ないミズクラゲ、右の写真が触れると激しい痛みがあるアンドンクラゲ。毒を持つ水生生物に刺された際の対処法は、生物ごとに異なるためになかなか難しい。なお、二次被害を防ぐため、処置する場合は素手で触らないよう注意しよう

【第15回】ボートに積んでおくべき備品

トラブルシューティング編の総括として、ここからはボートに積んでおくべきものと、トラブル発生時の心構えについて解説します。海上でトラブルが発生した際は、ボートの中に必要なものがなければ、対処のしようがありません。そこでまずは、備品について見てみましょう。

さまざまなトラブルに対処するために

これまで説明してきたように、洋上では実にさまざまなトラブルに遭遇します。そんなとき、キャプテンはためらうことなく、適切な対処をとらなくてはなりません。

とはいえ、陸とは隔絶された艇上で、なんの用意もない丸腰の状態では、いかんともするすべがありません。ネジ一つ締めるのも工具がなければかなり厳しいですし、針金一本あれば解決できる状況でも、針金自体がなければどうにも手の下しようがないのです。

ということで、今回はさまざまな事態に対応するために準備しておいたほうがよい備品について見てみましょう。「備えあれば憂いなし」。昔からあることわざですが、まさにボーティングにおける真理です。ここまで、愛艇に準備しておいたほうがよいものをたびたび紹介してきましたが、その総まとめとして読み進めてください。

工具がなければ始まらない

道具を使いこなすのは人間の最も優れた能力の一つですが、ボーティングでも、シチュエーションに合わせて、さまざまな道具を使いこなすことが求められます。

各種トラブルに対処するために必要な道具の代表が工具でしょう。ベルトが切れた、GPSプロッターの取り付けがゆるんだ、ホースクランプが外れて水が漏れてきた……。こうしたトラブルにはわりとよく遭遇しますが、工具がなければどうしようもありません。

よって、愛艇には最低限の工具を積んでおきましょう。ドライバー、ニッパー、ペンチ、スパナ、カッター、ハンマー……、少なくともこの程度はそろえておきたいものです。こうした一般的な工具は、ホームセンターで売っているような「70ピースセット」など、セット売りのものでも構いません。ないよりはずっとましです。もちろん、セット売りの工具は、本格的な修理をするには心もとないものですが、洋上で応急修理をするのに使うには十分です。

なお、こうした手ごろな工具を積む場合には、錆への注意が必要です。艇上は常に錆や腐食との闘いですが、こういった工具も例外ではありません。ドライバーやハンマーがちょっと錆びたくらいならまだしも、ペンチやプライヤーが錆びて動かなくなってしまうと、いざというときに役に立ちません。そんなことにならないよう、ときどきケースを開けて、防錆スプレーを吹きかけておきましょう。

もう一つ、特に船外機艇では、自

工具

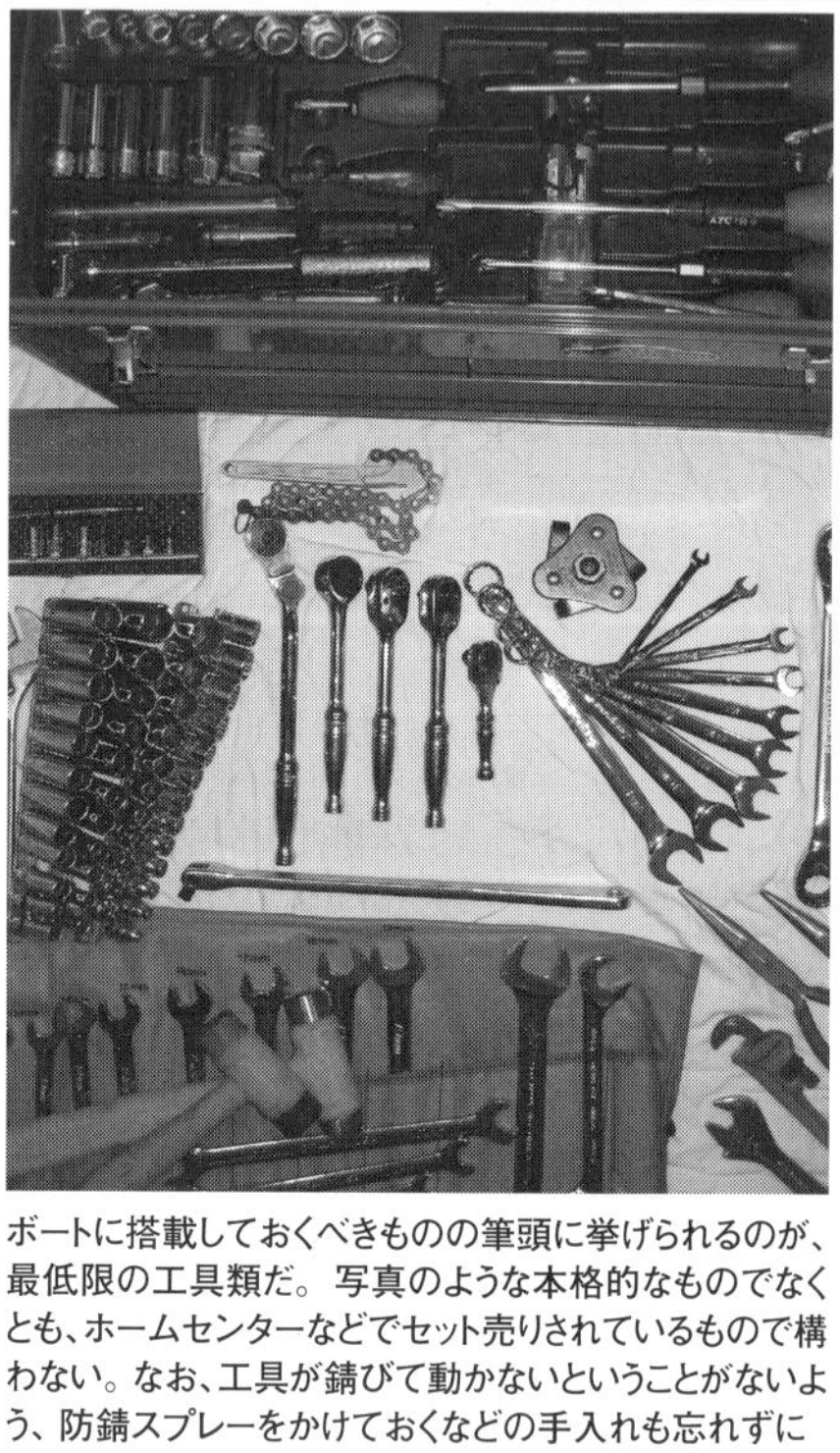

ボートに搭載しておくべきものの筆頭に挙げられるのが、最低限の工具類だ。写真のような本格的なものでなくとも、ホームセンターなどでセット売りされているもので構わない。なお、工具が錆びて動かないということがないよう、防錆スプレーをかけておくなどの手入れも忘れずに

艇のプロペラナットを回せる程度の、ちょっと大きめのモンキーレンチ（できればボックスレンチが望ましい）を積んでおくとよいでしょう。

また、工具とはちょっと違いますが、バッテリートラブルに備えて、緊急始動用のバッテリーや、ブースターケーブルも積んでおきたいもの。ボートでは、バッテリー自体が奥のほうにあることが多いので、バッテリーケーブルは、どうせなら2組搭載しておくといいでしょう。救援時に他艇とバッテリーをつないだり、両舷に分かれて搭載してあるバッテリーを並列につないだりするのに欠かせません。

予備パーツも積んでおこう

次に、補修する際に使用する資材です。

まずは、エンジン関連のスペアパーツを見てみましょう。ただし、航行中や寄港先ではさわれない部分、自分で対処できない部分のパーツは、持っていても仕方ありません。ここでは、航行中にトラブルを起こしやすく、かつ、洋上や寄港先でも対処できるものを挙げておきます。

まず、船内機艇、船内外機艇で、必ず搭載しておきたいのがベルトです。万一、切れた場合も、予備のベルトがあれば交換して帰港することができます。これは、わざわざ新品を買うことはありません。定期点検のときに交換した「お古」を積んでおくだけで十分です。

次に、冷却用の海水ポンプがエンジン横に付いているタイプなら、インペラを一つ用意しておいたほうがいいでしょう。逆に、海水ポンプがドライブの中にあるタイプなら、洋上での交換はできないので、持っている必要はありません。船外機のインペラも、出先で自力交換することはまず不可能なので、「いざというときの対処のため」という意味では不要です。

船外機をはじめとするガソリンエンジン、特に2ストロークエンジンでは、スパークプラグも用意しておきましょう。消耗するものではないものの、燃料を吸い過ぎてカブってしまったときや、排気口から水が逆流して濡れてしまったときに、新品と交換して対処できる場合があります。

バッテリー関連品

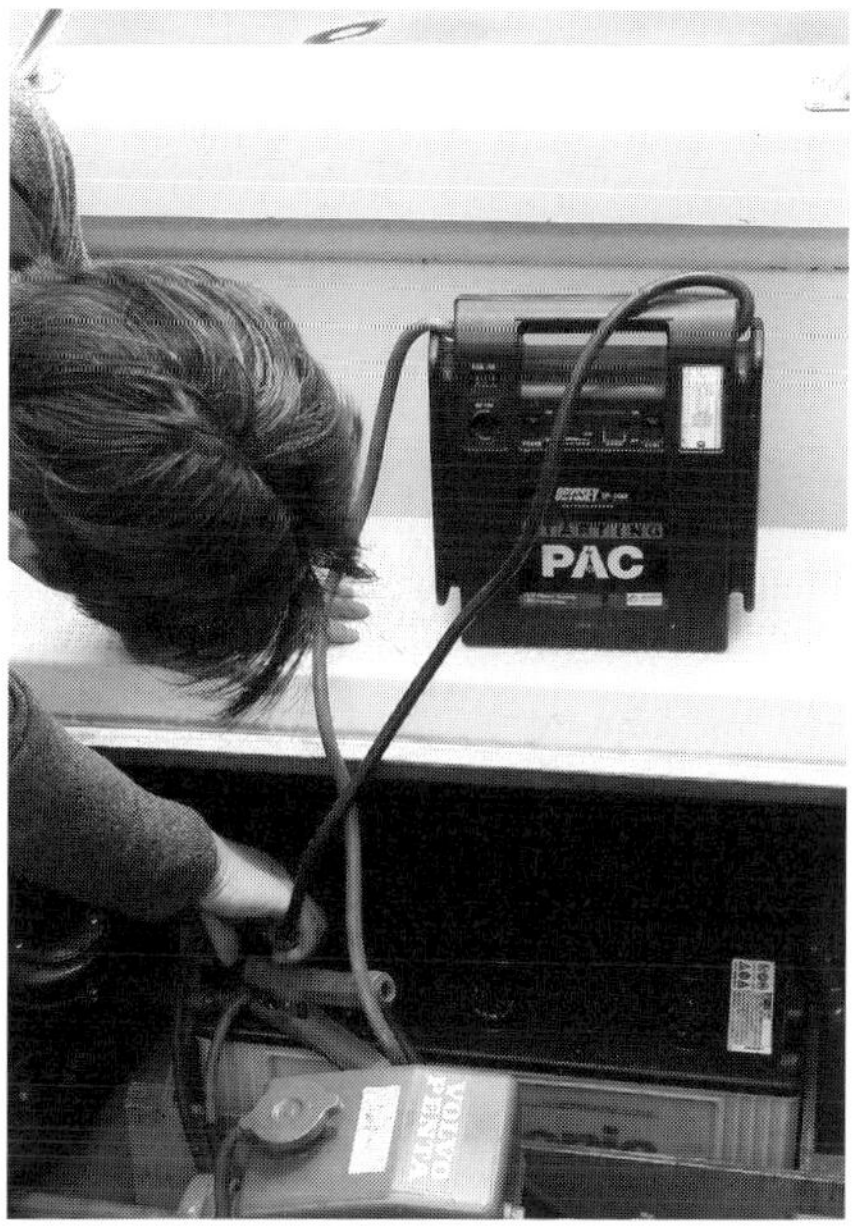

バッテリー上がりなどのトラブルでエンジンが始動しない場合などに備え、写真の緊急始動用バッテリー、あるいは十分な太さがあるブースターケーブルを搭載しておきたい。なお、ブースターケーブルは2組用意しておくと、いざという場合に重宝する

予備パーツ

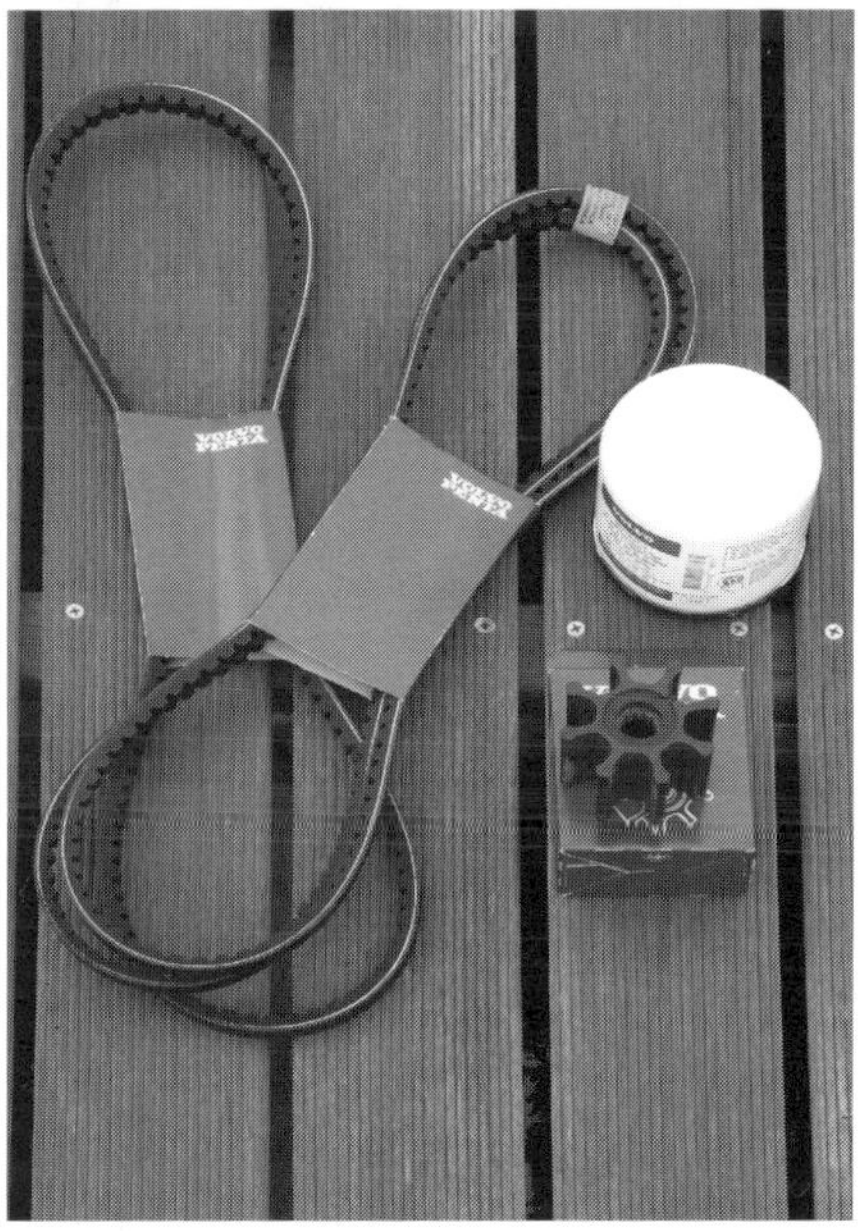

船内機、船内外機艇の場合、予備のベルトと、1次、2次の燃料フィルターは必ず用意しておきたい。エンジンの脇に冷却水ポンプがある場合は、インペラもあると望ましい。船外機艇の場合は、スパークプラグやプロペラなどの予備を用意しよう

なお、洋上でのプラグ交換時には、力のかけ具合で「ポキッ」と折ってしまうことがありますし、特に船外機艇では、うっかり海に落としてしまうかもしれません。そんなときに予備がないと、自分で〝とどめ〟を刺してしまうことになりますから、用心のために1、2本積んでおくとよいと思います。

ディーゼルエンジンの場合は、燃料フィルターを必ず積んでおきましょう。プライマリー（1次：燃料タンク側に設置してあるもの）、セカンダリー（2次：エンジン側に設置してあるもの）とも必要です。洋上での交換は難しいものの、最寄りの港までたどり着いて、落ちついて作業すれば交換可能です。また、自分で作業できなくても、予備のフィルターさえあれば、最寄りのショップや周りの詳しい人に助けを求めることができます。

同様に、寄港先での交換という意味では、船外機の場合、プロペラとその必要備品一式も積んでおくとよいでしょう。なお、寄港先でのプロペラ交換は、船内機では非現実的ですし、船内外機の場合もかなり難しいと思っておくべきです。

パーツ以外に予備が必要なものの筆頭が、エンジンオイルです。

通常、始業点検でオイル量を確認していれば、航行中に減ってしま

オイル

エンジンに深刻なダメージを与える可能性がある潤滑不良を防ぐため、予備のオイルはぜひとも積んでおきたいものの一つだ。なお、言うまでもないが、燃料残量は常に気にかけておく必要がある。備え付けのタンクが小さめの場合、予備の燃料を用意しておくことも重要だ

補修用資材

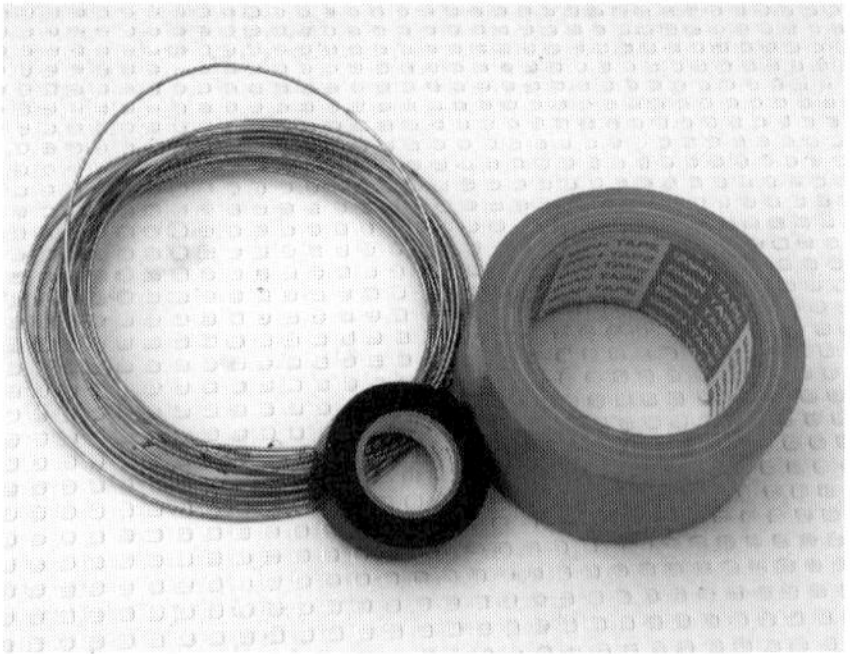

ガムテープやビニールテープ、針金などの補修用資材は、ありふれたものではあるが、使い勝手がいいものの代表。これらがあったことで、一時的にトラブルをしのげたという例も少なくない

うことはないのですが、船齢を重ねたボートの場合、航行中にエンジンがオイル漏れを起こすことがあります。こうした原因による単純な油圧低下でワーニングが出たケースであれば、オイルを継ぎ足しながら、ひとまず最寄りの港まで逃げ込むということが可能です。

しかし、予備のオイルを積んでいなければ、焼き付き覚悟で走り続けるか、航行を諦めて救助を求めるかしなければなりません。

潤滑不良は重大なトラブルを起こしますので、ぜひとも、ボートには予備のエンジンオイルを搭載しておきましょう。

そのほかの補修用資材

トラブル発生時の補修用資材として搭載しておきたいものは、ガムテープとビニールテープ、針金とブルーシート、バケツ、といったところでしょうか。

ガムテープは、どこかが壊れたとき、ものを固定するときなど、使い道はいろいろあります。ちょっとしたハルの割れや冷却水ホースの穴もふさぐことができるので、ぜひとも用意しておいてください。銀色のダクトテープなど、粘着力の強いものがあれば、なお便利に使えます。

一方のビニールテープは、各種電線の被覆が破れた部分のカバーや、電線をつないだときのカバー、といった用途で使います。

針金は、多少、力がかかる部分が折れたとき、例えば折れたステーやボートフックなどを一時的につなげたり、補強したりする際に使います。冷却水ホースのクランプが切れてしまったときに、一時的な代用品として使うこともできます。そういった用途を考えると、鉄製だと錆びてしまって始末が悪いので、ステンレス製を選びましょう。また、あまりに太いものは硬くて使いにくいので、φ1ミリ程度のものがおすすめです。

船内機艇、船内外機艇で余裕があれば、万一の浸水に備えて、予備の冷却水ホースや木栓も積んでおきたいところ。ちょっと変わったところでは、自転車の古いタイヤチューブもあると便利です。冷却水ホースが破れたとき、このチューブを破れた部分にグルグル巻きにすれば、止水のための応急処置に使えます。

ブルーシートは、艇体に亀裂が入ったときや窓が割れたときなどに重宝します。消火用バケツは法定備品の一つですが、それより大きめの丈夫なものがあると、浸水時の水のくみ出しのほか、さまざまな用途で活躍します。

ボートと人のために備えておきたいもの

乗り揚げや漂流などの事態に陥ったとき、ボートを守るための装備として、アンカーとロープは必ず積んでおきましょう。いずれも法定備品に含まれていますが、ここでいっているのは、予備も用意しておく

予備のアンカーとロープ

法定備品として備えているアンカーとロープ一式のほか、予備のアンカーと長めのロープを積んでおきたい。座礁や漂流といったトラブルの際に役立つほか、ロープは曳航の際にも必ず必要となる

非常食と着替え

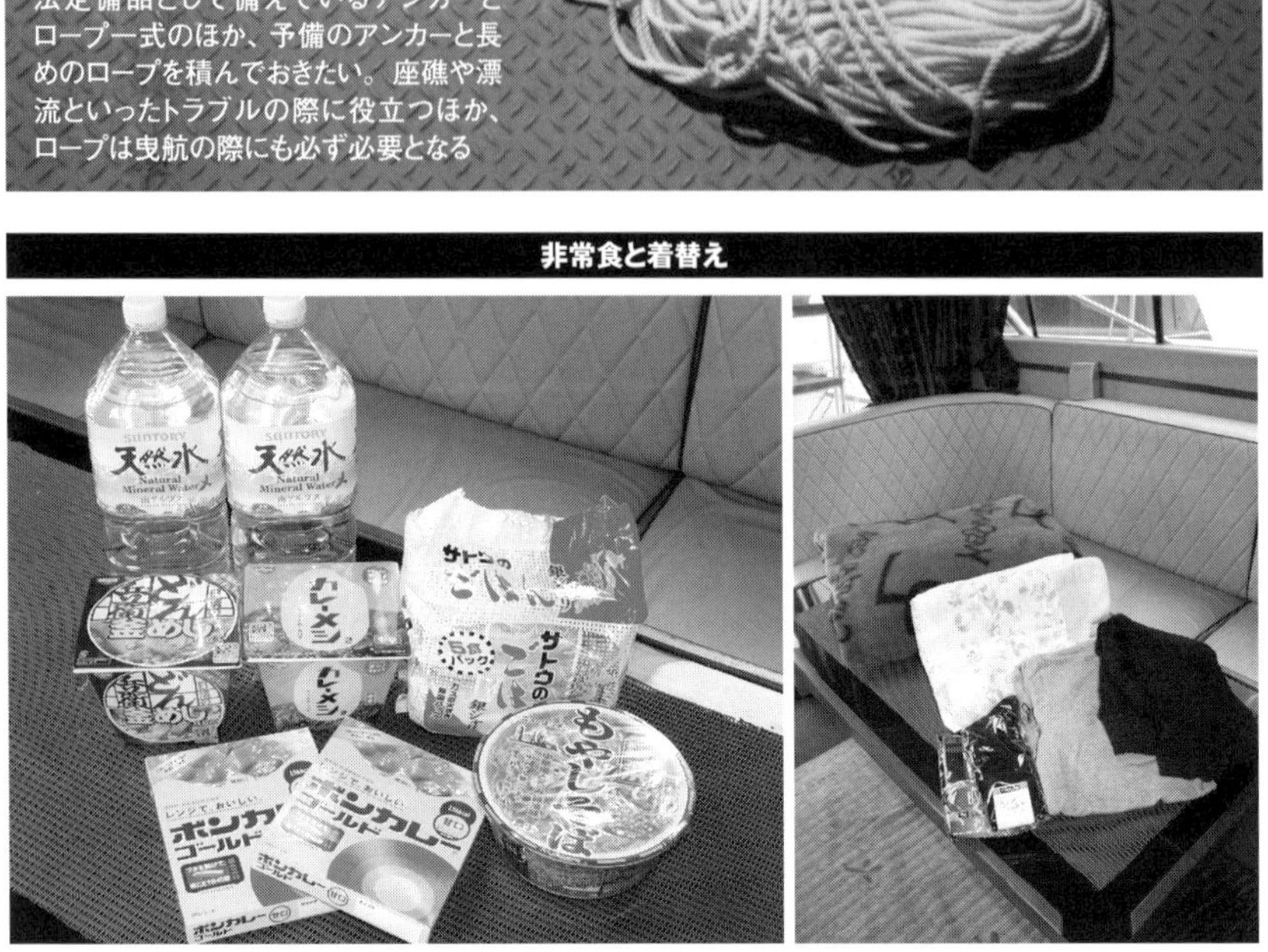

予定の帰港時間を大幅に過ぎてしまった場合などに、ひもじい思いをするのはつらいもの。また、落水した場合に濡れたままでいると、さらなるトラブルにつながることもある。乗員のための備えも、重要な装備の一つだ

べき、ということです。

予備のアンカーとロープがあれば、座礁したときの脱出に使う、あるいは、漂流したときにドローグとして利用するなど、使い道はさまざまです。

ロープは、普段使っている舫いロープだけでは足りません。特に曳航が必要になったとき（されるときも、するときも）、ロープが1本しかないのではどうしようもありません。また、ボーティングにおいては、ロープの使い道はたくさんあります。よって、普段使うものとは別に、最低でも30メートルほどのロープを1本、用意しておきましょう。準備しておいて、決して損はありません。

一方、乗員のための備品としては、けがに対するための救急箱や、さまざまなトラブルで予定した帰港時間に戻れなくなったときのための非常用の食料や飲料水などが挙げられます。

ボートでは、けがをしてもすぐに病院に行く、というわけにはいきません。加えて、ボート上では水に濡れて皮膚が弱くなっていることも多く、また、デッキが濡れて滑りやすくなっている上に揺れるので、ちょっとしたけがはつきものです。ロープワーク中に、ロープに巻かれてけがをする場合もあります。

もちろん、けがをしないように用心するのが第一ですが、万一の際に備えて、救急箱はぜひ用意しておきましょう。

非常用の食料や飲料水に関しては、「何を大げさな」といわれてしまいそうですが、海の上では水と食料は余裕を持っておくのが原則です。ちょっとしたトラブルで身動きがとれなくなった、あるいは、帰路で海が荒れたり、やむを得ず避航して待機したりして、帰港時間が予定より大幅に遅れる、ということもありがちです。そんなとき、水や食料がなく、ひもじい思いをするのはつらいもの。ぜひ、ミネラルウオーターやクッキーなど、保存のきくものを積んでおくことをおすすめします。

また、落水した場合に備えて、最低限の着替えや毛布も用意しておきましょう。真夏ならともかく、それ以外の季節に濡れたまま風に吹かれると、低体温症などの余計なトラブルを引き起こします。ジャージーの上下や着古したカッパなどでも構わないので、最低1組は用意しておきたいものです。

携帯電話

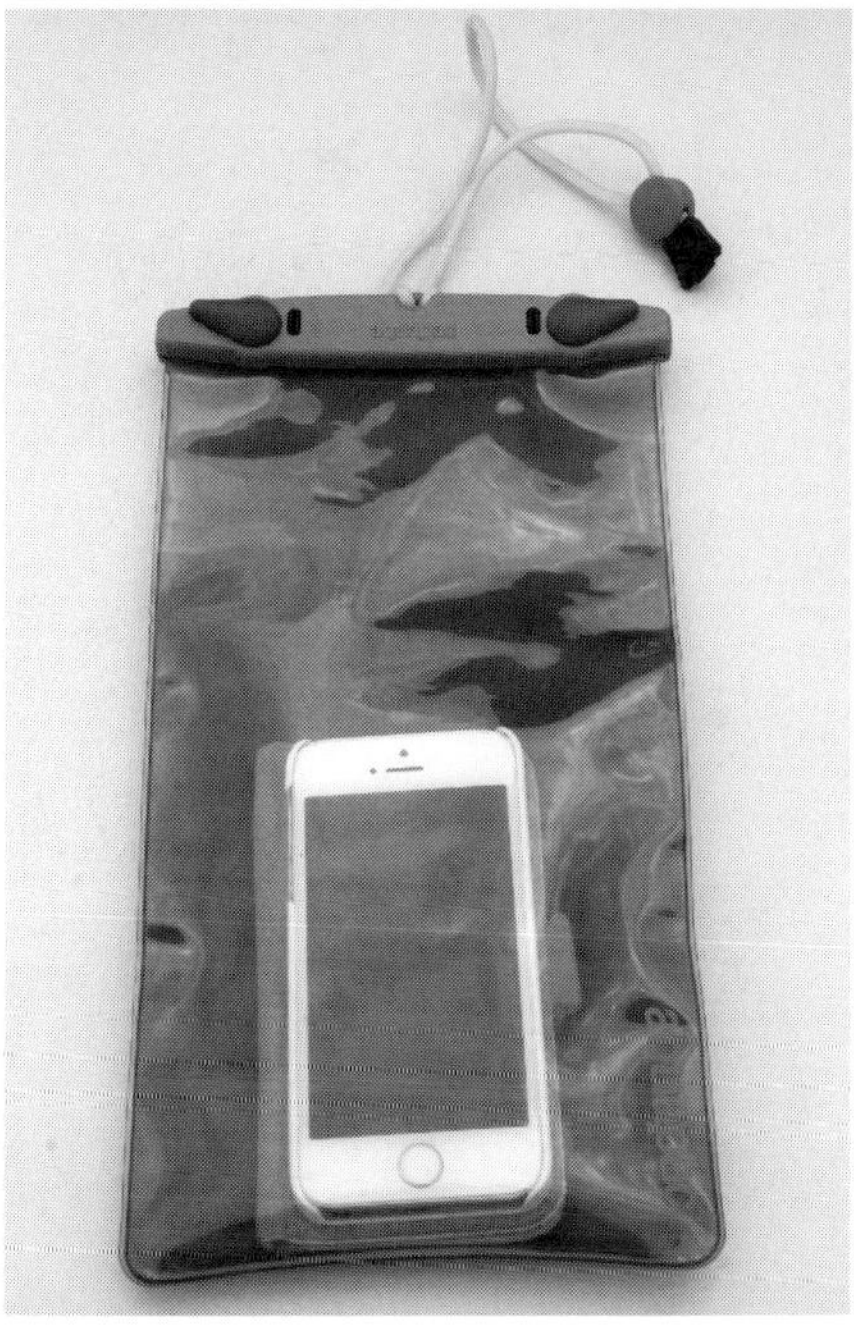

いまや、多くの人が携帯電話を持ち歩いているが、海上に出る場合は、予備のバッテリーや充電器を忘れてはならない。また、防水パックも用意しておくと安心だ

通信手段はバックアップを

最後に忘れないでほしいのは、救助を求めるための通信手段です。

特に、大都市近郊の船舶輻輳《ふくそう》エリアをホームゲレンデとしているボートでは、プレジャーボート以外の船舶や海上保安庁とも交信できる、国際VHFを搭載しておきたいところです。その場合、免許が必要となり、使えるようになるまでには時間やコストがかかりますが、法改正により、以前よりかなり導入しやすくなってきました。安全確保のためにも、ぜひ検討してほしい装備です。

一方、一般的な通信手段としては、携帯電話やスマートフォンが挙げられます。最近ではこれらを持っていない人を探すほうが難しいくらいですし、洋上の通話エリアも、ひと昔前に比べるとずっと広がり、つながりやすくなりました。そんな携帯電話は、特に「備品」と意識する必要はありませんが、唯一、忘れないでほしいのが、充電器、もしくは予備のバッテリーを積んでおく、ということです。

モバイル機器の連続通話時間は、意外と短いもの。トラブルを起こして頻繁に通話をしていると、いつの間にかバッテリーアラームが……。「肝心なときに使えない」、ということがないようにしましょう。加えて、防水パックも用意しておくと安心です。

なお、会員制レスキューボートサービス BAN (Boat Assistance Network) のサービスエリア内であれば、同組織で運営されている緊急時位置通報システム「BANコール」に登録しておくというのも大切な準備です。このシステムを使用すれば、万一のトラブルが発生した際、BANのROC（レスキュー・オペレーション・センター）に連絡すると、携帯電話のGPS機能で得た現在位置を自動的に送信してくれます。

こうしたサービスを活用するほか、ナビゲーションに必要となる海図類もきちんと用意しておかなければならないのは、いうまでもありません。

以上、海に乗りだす前に、キャプテンとして愛艇に準備しておかなければならない備品について述べてきました。くれぐれも、釣り道具や遊び道具だけは山ほどあるのに、肝心なものが積まれていない、なんていうことがないように、しっかりした準備を心がけてください。

【第16回】緊急時の心構え

トラブルシューティング編の総括として、さらには、全体の総括として、ここではトラブルに遭遇した際の心構えについて見ていきましょう。いざというときの適切な対応力こそ、キャプテンが備えるべき、最も重要なスキルであることを覚えておいてください。

キャプテンに不可欠な不動心

これまで述べてきたように、トラブルシューティング編の中で述べてきたように、長年ボートに乗っていると、いくらキャプテンが気をつけていても、不可抗力のトラブルに見舞われてしまう、ということがあります。ボートに乗っているがゆえの「宿命」とでもいえるでしょうか。

しかし、同じトラブルに遭遇しても、それによって引き起こされる結果には、キャプテンの腕次第で天と地ほどの差が生じます。なにかトラブルがあっても、キャプテンが落ち着いてしっかり事態をコントロールしていれば、同乗している人たちの安心にもつながります。

ボーティングでは、いったん陸から離れて海に出たならば、その運航にはキャプテンであるあなたが全責任を負わなければなりません。今回は、重大な責任を負うキャプテンの、心構えとスキルについて見てみましょう。

さて、キャプテンに適切で迅速な対処が求められるのは、やはりなんといっても、時化やトラブルに遭遇した〝いざというとき〟でしょう。こういった緊急事態に際して、最も大切なのがメンタルな部分です。

不動心とは、読んで字のごとく、何か危急の事態に際しても、動揺せず、落ち着いて対処できる強い心のこと。ボートの経験やスキルをうんぬんする前に、キャプテンたる者、常に心に留めておかなくてはならない言葉です。

特に、ボートに不慣れなゲストが同乗している場合、頼れるのはキャプテンであるあなたしかいないのです。たとえ自力で対処できずとも、乗員をしっかりと指揮統率していれば、落ち着いて救助を待つことができます。

反対に、キャプテンが動揺して適切な指示や対処ができなくなったら、乗員はどうしたらよいかわからず、パニックに陥ってしまいます。海というフィールドで、こうした事態

緊急時にこそ冷静な対処を

ボートにトラブルが発生した際、キャプテンが取り乱してしまうと、同乗者はより不安になってしまう。まずは、やせ我慢をしてでも冷静さを保つことが重要。その上で、適切な判断を下し、同乗者に指示を与えつつ、状況を説明する努力が必要だ

対処法のシミュレーションを

なんらかのトラブルが発生した際、なんの予備知識もない状態では、正しい判断を下すことも、適切な対処をすることもできない。ボート雑誌や専門書のハウツー記事を読むなどして、基本的な対処法を覚えること、また、自分のボートでトラブルが発生したときの対処の流れをシミュレーションしておくことが、トラブルシューティングの重要な第一歩といえる

に陥ることがいかに危険であるかは、容易に想像できますよね。

　というわけで、エンジントラブルであれなんであれ、トラブルシューティングする以前に、キャプテンが冷静さを欠いてはいけません。たとえやせ我慢であっても、落ち着きを失ってはいけないのです。起こってしまったこと、失敗してしまったことは悔やんでも元には戻りません。「しまった、しまった」と騒いでも、なんの解決にもならないのです。

　なによりもやらなければならないのは、冷静に状況を分析すること。トラブルの中には、時間的余裕のあるものと、即座に対応しないと乗員に危険が及んでしまうもののいずれもがあるので、まずは落ち着いて事の緊急度を判別しましょう。その上で最善の対処をする――キャプテンは常にこういった心構えを持っていたいものです。こうした心構えができていないと、いかにトラブルシューティングの手順を読みあさったとしても、まったく役には立ちません。

平常心を保つには事前の準備が肝心

「自分はあがり症だから自信がないな……」という不安型の人から、「俺はずぶといから心配する必要はないさ！」という自信満々型の人まで、いろいろなタイプの方がいますが、どういうタイプの方であれ、いざというときに平常心を保つ上で重要なのは、「起こった事態を理解するための知識を持つこと」と、「トラブルに遭遇したときにどうしたらよいか？というシミュレーションをしておくこと」に尽きると思います。

　誰だって、思いも寄らないことに遭遇すれば、動揺してしまいます。あがり症の人もそうでない人も、自信を持って事に臨むためには、十分な準備をしておく必要があるはずです。「人事を尽くして天命を待つ」という悟りの境地は、やるだけのことをやって準備万端になったときに、初めて得られるものだと思います。

　ちなみに、ボートにはマニュアル（取扱説明書）がないことも多々ありますが、いざというときのために、自分で「緊急対応マニュアル」を作ってみるというのはいかがでしょう？

　トラブルに遭遇したときは、正しい知識のもとに、正しい判断ができるかできないかが、運命の分かれ目になってしまうこともあり得ます。こうした点は、ある意味、登山と同じですね。気象が急変した、けが人が出た、ルートから外れてしまった、というときに、無駄にさまよって最悪の事態となるか、ビバークして助かるか……リーダーの判断一つで運命が決まるのです。具体的な対処法はこの連載を読み返していただくとして、ぜひ、トラブルが起きた際に必要となる知識を備え、シミュレーションを繰り返し、十分な心構えを持っていてください。

救助を求める前の安全確保

　さて、なにかトラブルが発生した場合、状況を把握したあとで最初にしなければならないのは、「その瞬間の艇の安全確保」と、次いで「事態の連絡」です。

　例えば、「狭水道を航行中にエンジントラブルを起こした」「海が荒れた中でプロペラにロープを絡めて動けなくなってしまった」などという場合、ボヤボヤしていると、浅瀬に流されたり、波に翻弄《ほんろう》されて横波を受けたりして、危険な状態になりかねません。そんなとき、悠長に電話をして陸にいる誰かに助けを求めても、なんの手助けもしてもらえないのです。波にもまれて転覆しそうなときも、同じように役に立ちません。

　こうした場合には、アンカーでも、ロープでも、手近なものを海に放り込んで、それらを抵抗にして艇を波に立て、姿勢を安定させます。これが最初に必要な安全確保です。そして、これを終えたのちに、救助要請の連絡を入れるのです。

　映画のタイトルではありませんが、「今そこにある危機」は、キャプテン自らの手で対処しなければならないのです。機敏な対処をせず、いたずらに漂流して大変な目に遭ったキャプテンの例は、枚挙にいとまがありません。

　もちろん、急場の対処が終わったら、速やかに救助要請の連絡をすることも大切です。

　トラブルシューティングにおいては、何よりもまず、この「安全確保→連絡」が必要であることを頭に入れておきましょう。

なお、しっかりとした通報ができる信頼できるクルーがいたら、安全確保と連絡を手分けして行ってもいいでしょう。なお、クルーに連絡を頼む場合は、なにを伝えなくてはならないか、しっかり理解させておきましょう。

救助の求め方と事後の連絡

深刻なトラブルに遭遇して救助を要請する際には、どんなことを伝えなければならないのでしょうか？ここでは、具体的な救助の求め方について見てみましょう。

携帯電話が通じる範囲であれば、海上保安庁への緊急通報である118番へ電話します。また、差し迫った危険がない状況で、会員制レスキューボートサービスBAN（BoatAssistanceNetwork）に加入しているのであれば、BANのレスキューオペレーションセンターなり、自分がボートを保管しているマリーナなりに連絡します。

海上保安庁であれ、BANであれ、マリーナであれ、救助を求めてから現場に駆けつけてくれるまでは、ある程度の時間がかかります。場所によっては、数時間かかることもあるので、救助を待つ間に漂流しないようにするなど、しっかりとした対策をとりましょう。

一方、すぐ周りにほかのプレジャーボートや大型船が見えていたら、国際VHFの16チャンネルで救助を求めてもいいでしょう。無線の場合、基本的には自艇を中心とした周囲の船舶に呼びかけることになるので、より素早い救助が期待できます。

ただし、16チャンネルで緊急通報をしたら、重大な海難と同様の扱いとなり、海上保安庁での事情聴取を受けることになるので、荒天時に浸水して沈没の危険があるといったような緊急事態や、電話が不通でほかの連絡手段もないようなときにのみ用いるべきです。単にエンジンが不調になったといった程度で、気軽に使ってはいけません。

ちなみに、国際VHFでは、第2級海上特殊無線技士以上の資格で申請できるDSC（デジタル選択呼出装置）を用いた「DISTRESS」スイッチを押すのも、同様に重大海難とみなされます。このスイッチを押すと、遭難信号が自艇位置（GPS信号の入力が必要）とともに自動的に送信され、ほかの船舶のGPSプロッター上に遭難位置が表示されます。いざというときに大変心強い仕組みですが、これもむやみに使ってはいけません。

さて話が脱線しましたが、救助を求める際には、要点を整理しておくことが重要です。

まず、「自艇の置かれている状況」と「現在位置」を、正確に伝えることを心がけてください。艇名や艇の大きさ、同乗者の有無、どんな状態なのか（差し迫った危険があるのか）はもちろん、自分の携帯電話番号だけでなく、同乗者の電話番号もすべて連絡しましょう。

特に、自艇の正確な位置を連絡

トラブル対処の優先順位

実際にトラブルに見舞われた場合は、対処の優先順位が重要となる。まず最初に行うべきは、自艇の安全確保。仮にエンジンが不調で止まってしまった場合なら、漂流や座礁などの二次被害を防ぐため、最初にボートの安全確保（アンカーを打つ、ドローグを流す）などが必要。無線や携帯電話で救助を要請するのはその次だ。信頼できるクルーが同乗している場合は、必要な対処を同時進行で進めることも可能になる

国際VHF

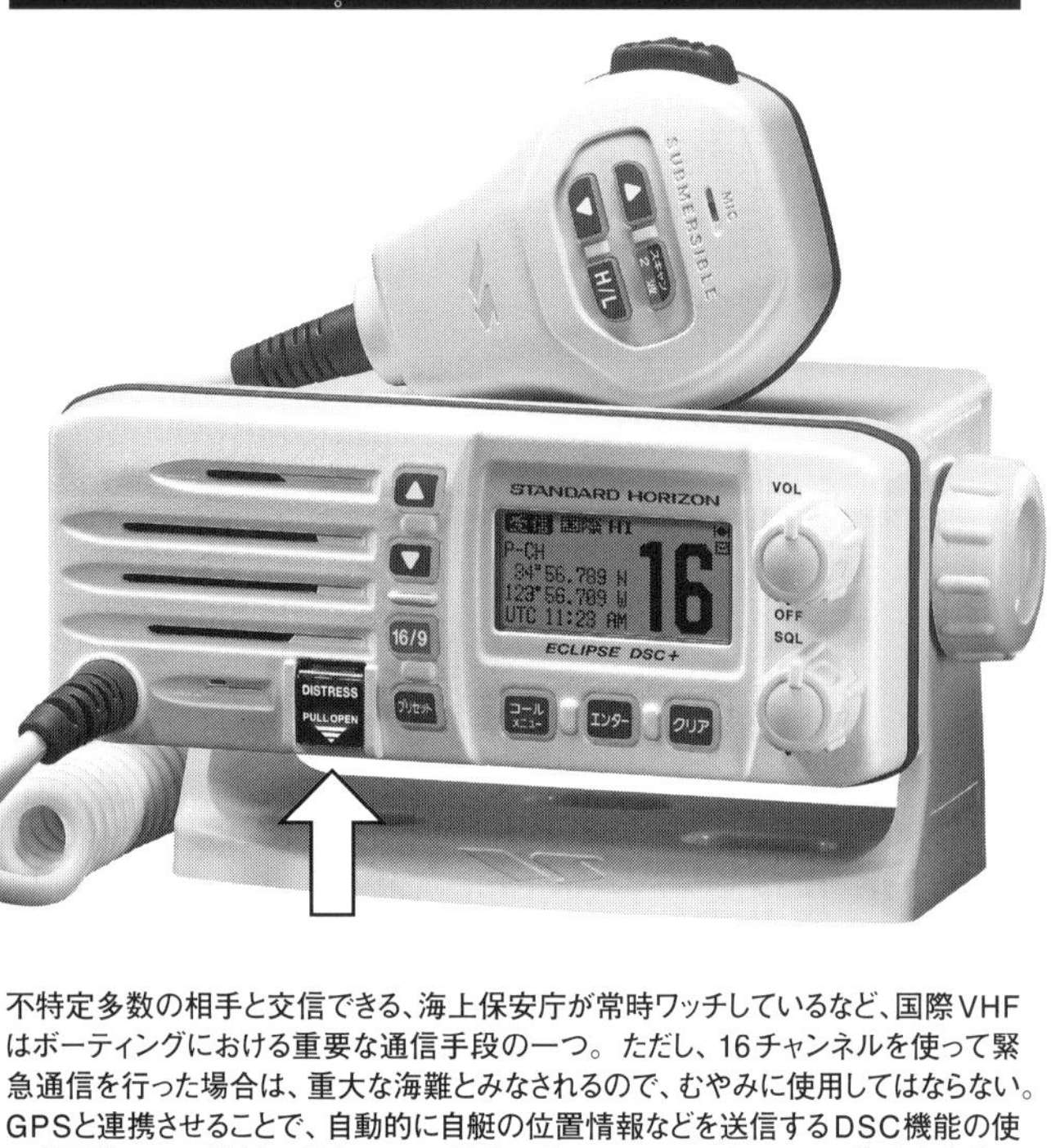

不特定多数の相手と交信できる、海上保安庁が常時ワッチしているなど、国際VHFはボーティングにおける重要な通信手段の一つ。ただし、16チャンネルを使って緊急通信を行った場合は、重大な海難とみなされるので、むやみに使用してはならない。GPSと連携させることで、自動的に自艇の位置情報などを送信するDSC機能の使用も同様。この機種の場合、DSC機能の「DISTRESS」スイッチ（矢印）自体が、すぐに押せないようカバーリングされている

救助を要請した際によくあるのが、動転してしまい、自分が見ている風景を一方的に伝える、というパターン。これでは正確な位置を伝えられないばかりか、救助する側が誤認してまったく別のエリアを捜索する、といった事態にもなりかねない。自艇の位置を伝える場合は、GPSの緯度経度を読み上げよう。GPSが故障した場合などは、自艇から見た顕著な物標の方位と、そこまでのおおよその距離を伝えること

するのは必須です。漂流しているときは、刻々と変わる位置を適宜連絡して、捜索の手助けをします。特に荒天時や夜間は、海の上でぽつんと漂流するボートを見つけるのは非常に難しいのです。

なお、位置を知らせる際のよくある悪い例が、「○○岬の沖で、右のほうに△△が見える」といったパターン。自艇から見えるものだけを一方的に話したのでは、ちっとも要領を得ず、位置の特定はできません。

位置はGPSの緯度経度を伝えましょう。GPSが使えないときは、顕著な物標からの方位とおおよその距離を伝えます。方位は、自艇から物標を見た角度を伝えるのが基本です。実際、物標と自艇との方位を180度間違えて伝えて、救助が著しく遅れた例もあります。

気が動転していると、ごく簡単な内容ですらきちんと伝えられない、ということがままあります。GPSがあるにもかかわらず、それをすっかり忘れていた、ということも実際に起きています。こうした面でも、最初に冷静さを取り戻すことが重要なのです。

さて、このようにして救助要請したあとに、刻一刻と状況が変わるようなら、その都度連絡するのも大切です。ボートに乗る者として、同乗者の命を預かる者としてのキャプテンの責務です。

仮にトラブルが解決して自力で航行できるようになったときは、必ず、救助を要請した相手にその旨を連絡してください。連絡がないと、相手はいつまでも心配したり、救助の手配をしたりしています。トラブル解消後の連絡は、最低限のマナーです。救助の必要性がなくなったこと、安全に航行できていることを伝え、救助の手配に対するお礼を述べましょう。

トラブルとうまく付き合おう

「あれ？　このトラブルシューティング編の最初と同じ見出しだ」と思われた方も多いでしょう。でも、間違いではありません。

ここまで読み進めてきて、「ボーティングでは、なんとトラブルが多いんだろう！」と思った方も少なくないでしょう。そう、実際、とても多いんです。しかも、およそ想像もしていなかったようなトラブルが起きたりするのがボーティングなのです。

ですから、「ボーティングではトラブルに遭うものだ」と思っておいたほうがいいかもしれません。そして、ボーティングを楽しんでいくためには、適度なレベルでトラブルと付き合っていくことも肝要です。

人間でも、年をとってくるとあちこちガタがきて、あっちが痛い、こっちが痛いと言いながらも、痛みとうまく付き合って生活することがありますよね？　ボートも古くなってくると、あちらこちらに不具合が出てくるのは無理からぬこと。また、海の上では、外的要因によるトラブルに遭うこともままあります。

そうした問題が重大なものか？　ボートの運航に支障があるのか？　を確かめて、軽微なトラブルなら、だましだまし運用する、ある種の「割り切り」も必要ですので覚えておいてください。

小川 淳（おがわ・あつし）

1961年4月東京都大田区の羽田生まれ。町工場で生まれ育ち、父親の仕事の手伝いで小学生の頃から旋盤を回していた。大学での専攻は工業化学。バッテリーや海水の電気分解（いわゆる電蝕）などを研究テーマとする。卒業後は某精密機器メーカーに勤務。会社では、社内技術系システムのソフトウェア開発に携わっている。少年時代、近所の人の海苔船（20フィートぐらいの和船）に乗せてもらい羽田周辺の海を闊歩。海と船が大好きになる。1987年、大学卒業の時にオーストラリアのゴールドコーストへ旅行に行き、水上スキーとPWCを体験。帰国後、すぐにＰ WCを手に入れ、その後、父親と共同でボートを購入。山中湖をベースにマリンスポーツを楽しむ。1995年の東京国際ボートショーを見学して、いよいよ海に出ることを決意。会社の仲間２人と従兄弟４人で、25フィートの中古艇を購入した。東京都江戸川区にあるIZUMIマリーンがホームポート。現在は、主に愛艇の〈TRITONV〉（ヤマハSF-38）で、家族や友人らとともに週末のクルージングを満喫している。

安全航海の指針
ボーティングマスター
モーターボートの運用＆操船パーフェクトガイド

2018年2月15日 第1版第1刷発行

著者	小川 淳
発行者	大田川茂樹
発行	株式会社 舵社 〒105-0013 東京都港区浜松町 1-2-17 ストークベル浜松町 TEL:03-3434-5181 FAX:03-3434-2640
装丁・デザイン	菅野潤子
印刷	株式会社 シナノ パブリッシング プレス
イラスト	内山良治
写真	舵社、小川 淳
協力	日本総合システム株式会社

©2018 by Ogawa Atsushi,Printed in Japan
ISBN978-4-8072-5308-1　C2075

定価はカバーに表示してあります
不許可無断複製複写